光盘导航

光盘界面

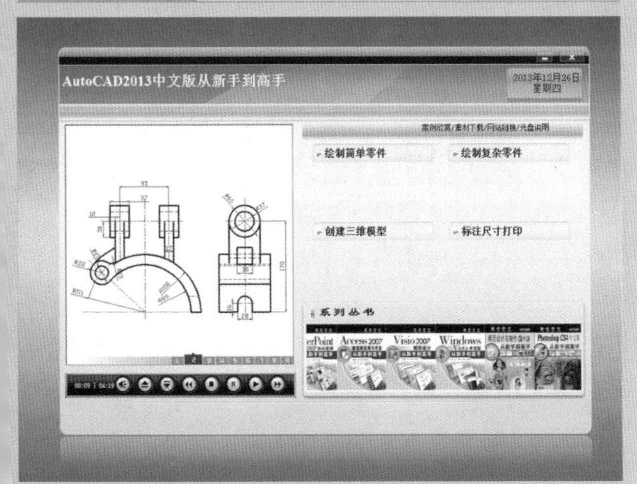

案例赏析

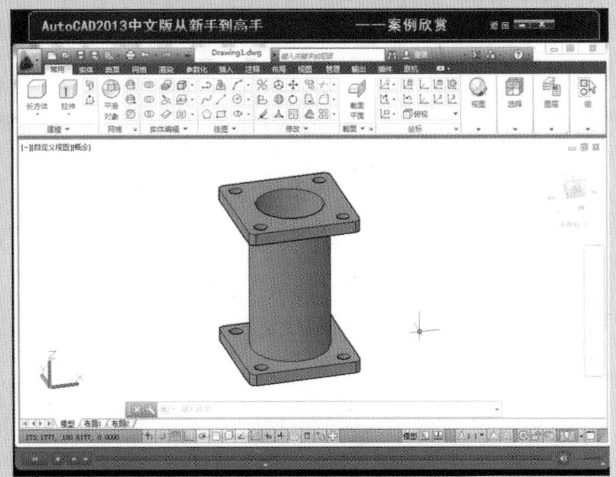

案例欣赏

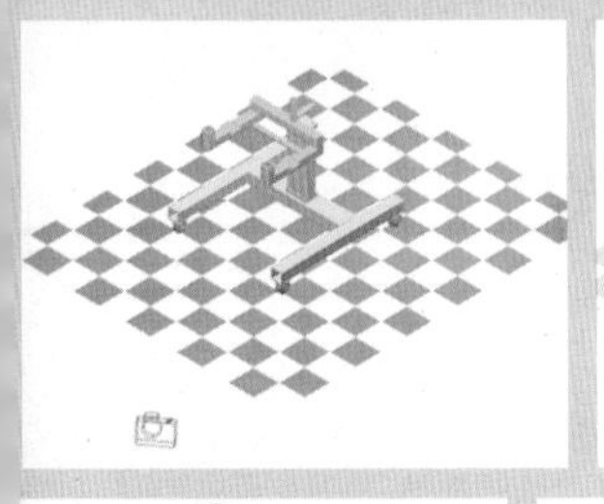

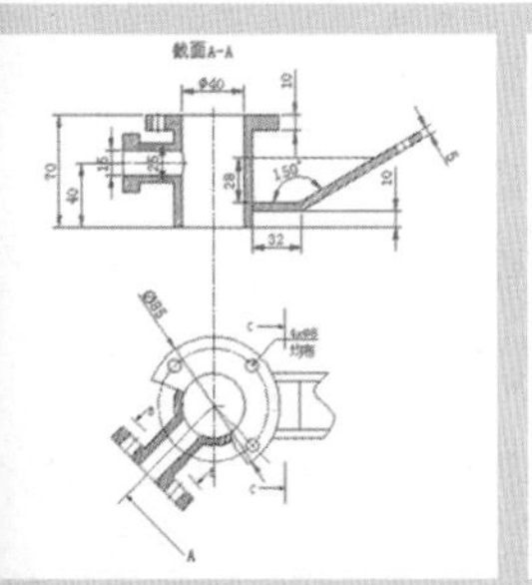

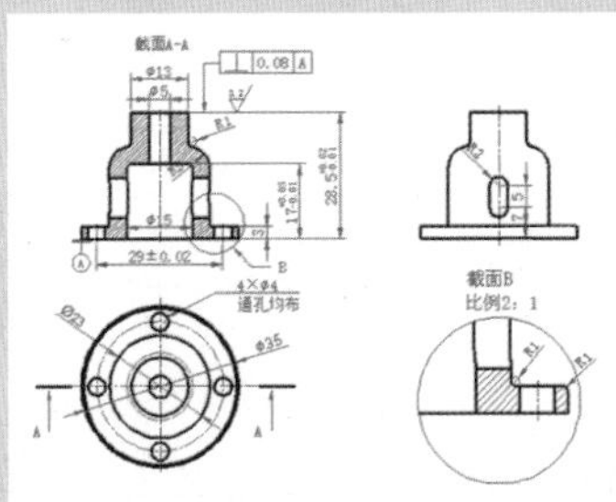

素材下载

素材图片下载

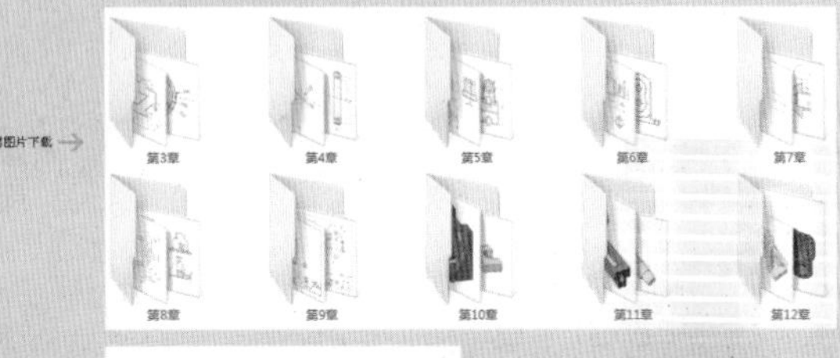

第3章

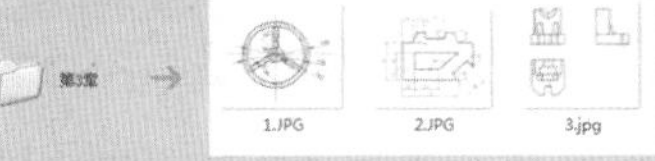

第4章

第5章

第6章

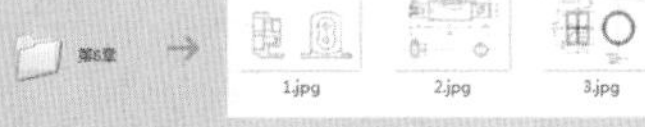

第7章

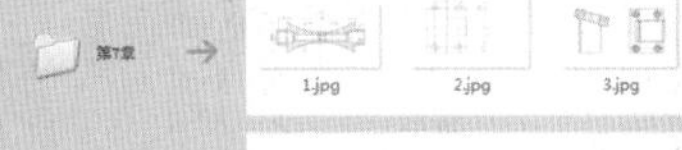

第8章

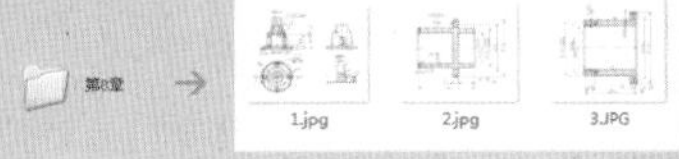

第9章

第10章

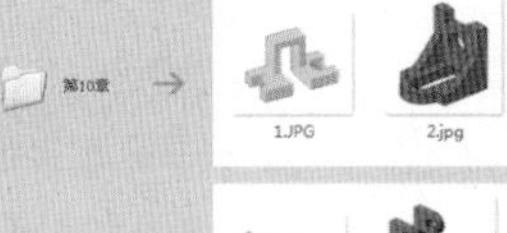

第11章

第12章

视频文件

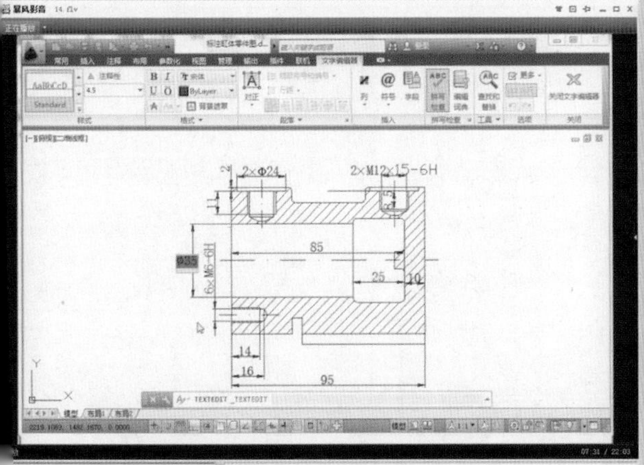

案例欣赏

创建三维模型

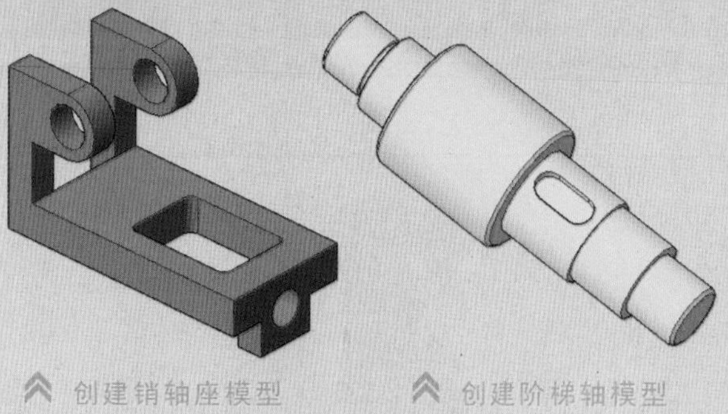

创建销轴座模型　　创建阶梯轴模型

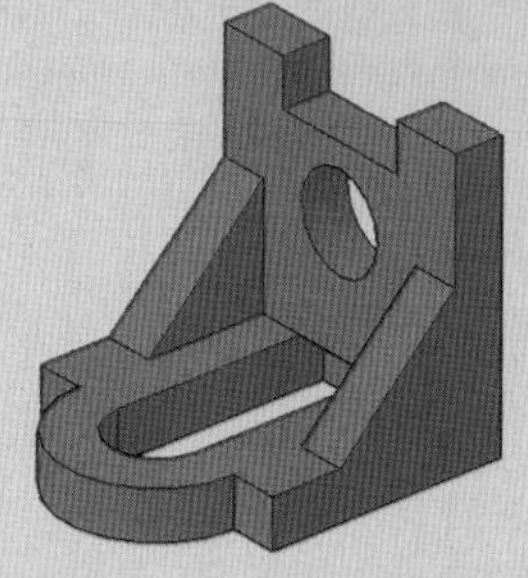

创建轴承座模型

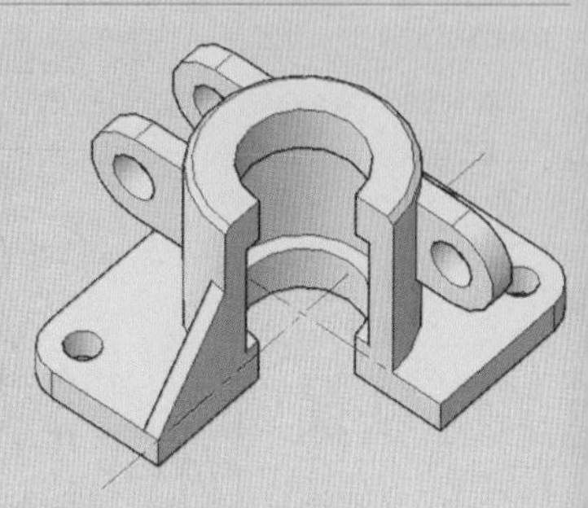

创建轴承座剖切模型

添加尺寸标注

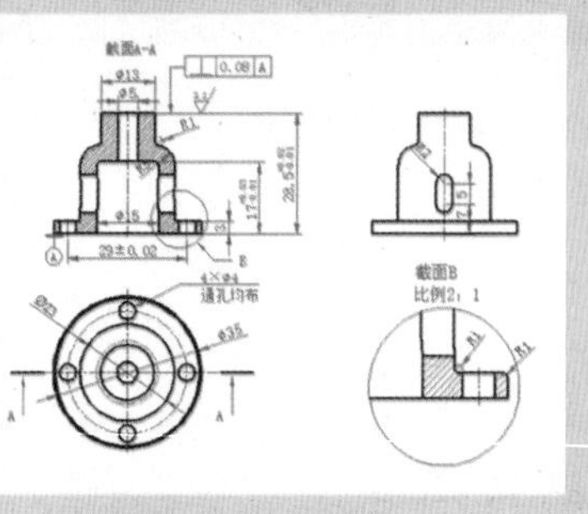

标注端盖零件图

标注法兰套

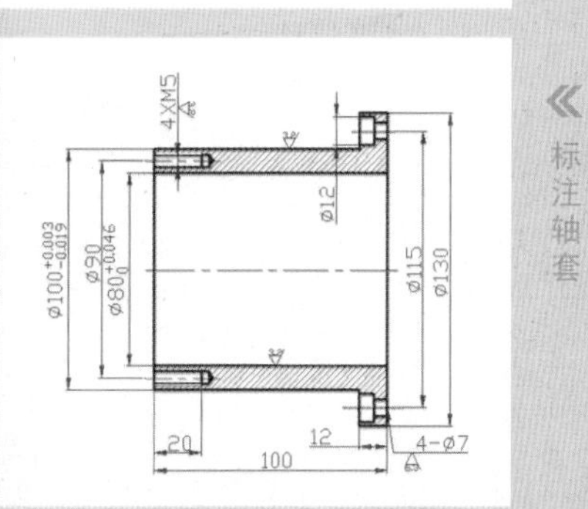

标注轴套

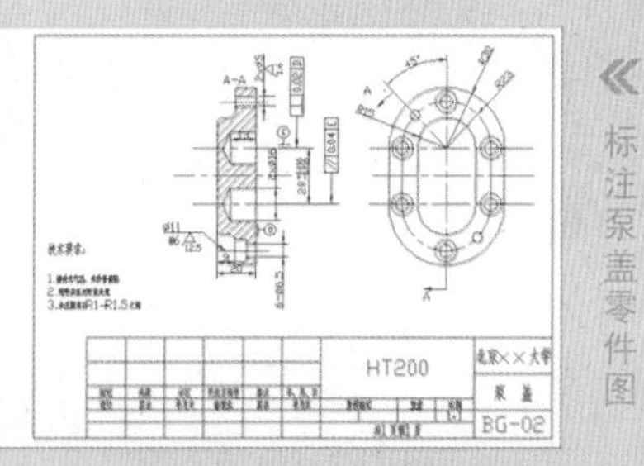

标注泵盖零件图

绘制二维零件

绘制齿轮泵体

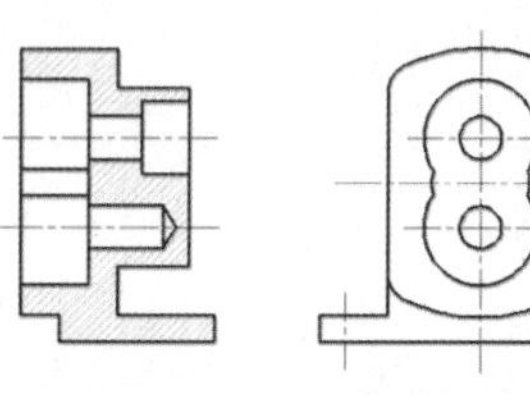

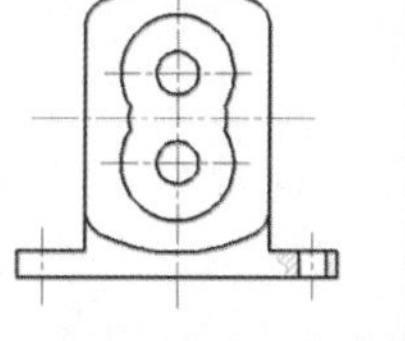

绘制摇臂轴铜套

利用动态图块绘制支座零件图

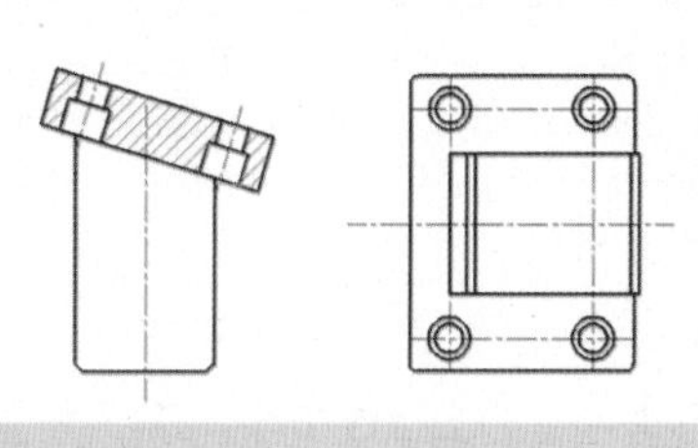

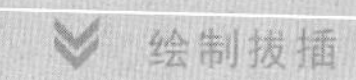

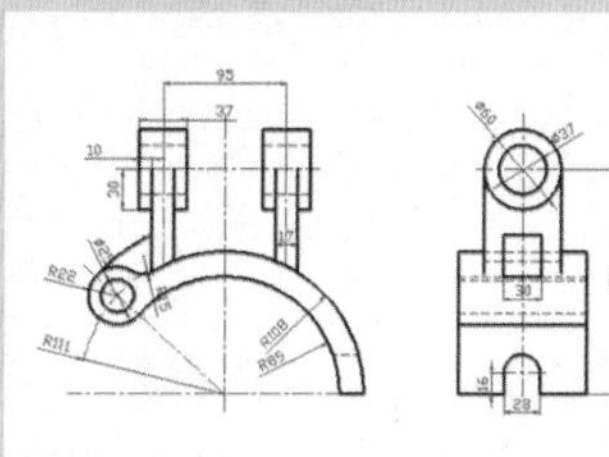

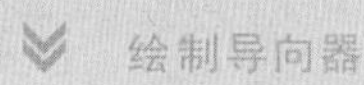

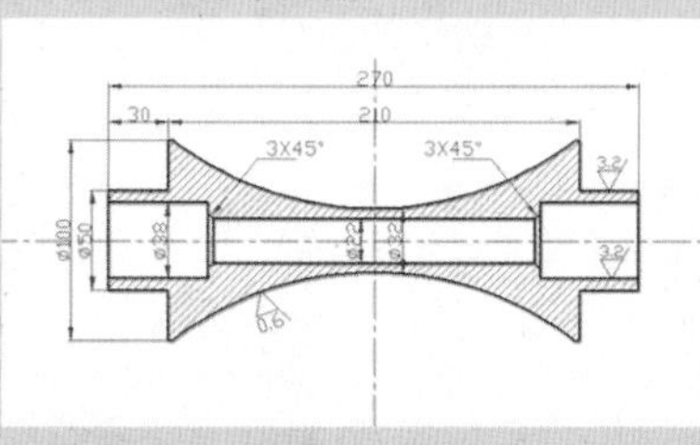

绘制法兰零件

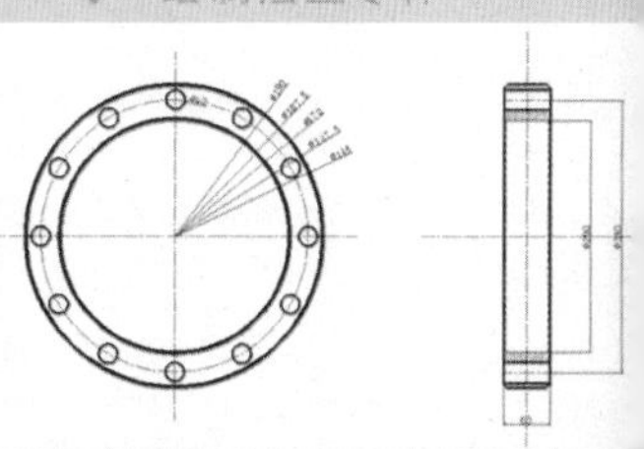

打印输出图纸

输出踏架工程图

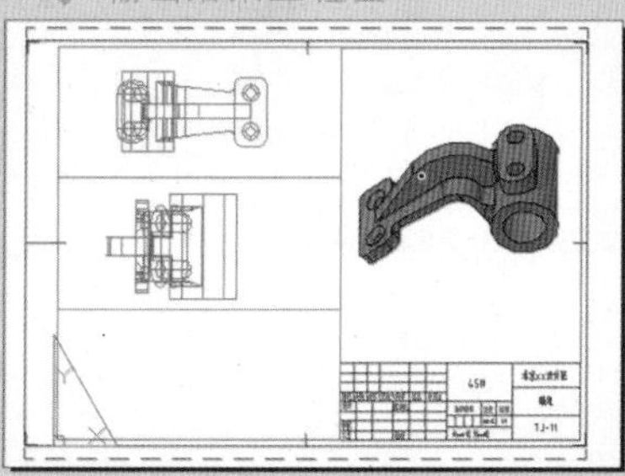

输出支座工程图

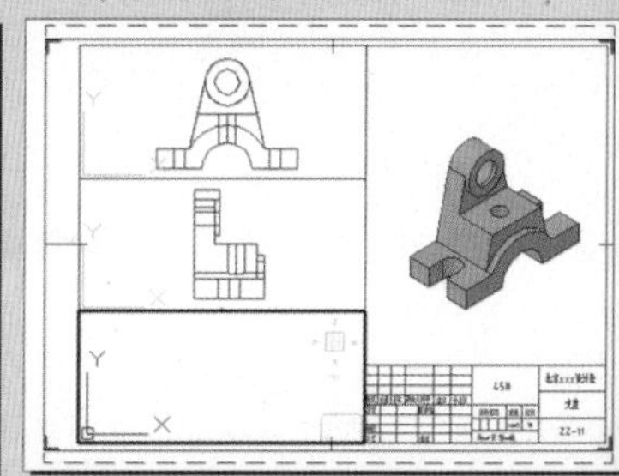

从新手到高手

AutoCAD 2013中文版从新手到高手

马玉仲 郭进保 编著

清华大学出版社
北　京

内 容 简 介

本书以最新版本的 AutoCAD 为操作平台，介绍 AutoCAD 知识。全书共 14 章，内容包括 AutoCAD 基础知识、绘制和编辑二维图形、块与外部参照、文本注释、三维建模和编辑、渲染图形，以及打印和输出图形等，覆盖了使用 AutoCAD 设计各种产品的全面过程。本书在讲解软件功能的同时，在每一章章后都安排了丰富的练习以辅助读者巩固所学知识，解决读者在使用 AutoCAD 软件过程中所遇到的大量实际问题。此外，本书配套光盘附有多媒体语音视频教程和大量的图形文件，供读者学习和参考。

本书内容结构严谨、分析讲解透彻，且实例针对性极强，既适合作为 AutoCAD 的培训教材，也可以作为 AutoCAD 工程制图人员的参考资料。

图书在版编目（CIP）数据

AutoCAD 2013 中文版从新手到高手/马玉仲等编著. —北京：清华大学出版社，2014
（从新手到高手）
ISBN 978-7-302-33761-4

Ⅰ. ①A…　Ⅱ. ①马…　Ⅲ. ①AutoCAD 软件　Ⅳ. ①TP391.72

中国版本图书馆 CIP 数据核字（2013）第 211403 号

责任编辑：冯志强
封面设计：吕单单
责任校对：胡伟民
责任印制：李红英

出版发行：清华大学出版社
　　网　　址：http://www.tup.com.cn，http://www.wqbook.com
　　地　　址：北京清华大学学研大厦 A 座　　**邮　　编**：100084
　　社 总 机：010-62770175　　**邮　　购**：010-62786544
　　投稿与读者服务：010-62776969，c-service@tup.tsinghua.edu.cn
　　质 量 反 馈：010-62772015，zhiliang@tup.tsinghua.edu.cn
印 装 者：清华大学印刷厂
经　　销：全国新华书店
开　　本：190mm×260mm　**印　张**：21.75　**插　页**：1　**字　数**：635 千字
　　附光盘 1 张
版　　次：2014 年 12 月第 1 版　　**印　次**：2014 年 12 月第1 次印刷
印　　数：1～3000
定　　价：59.80 元

产品编号：050580-01

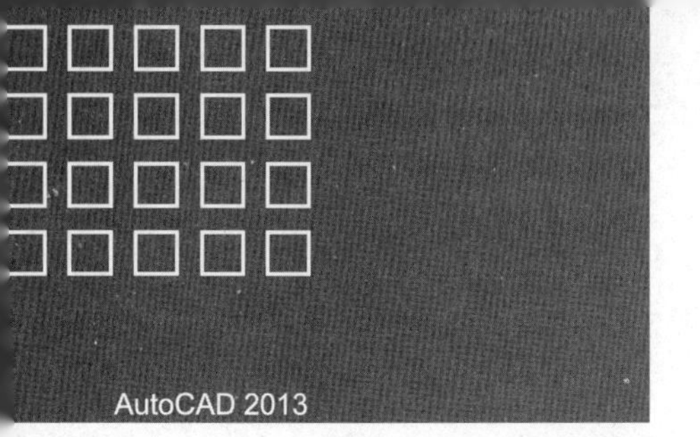

前　　言

AutoCAD 是一款强大的工程绘图软件。在传统手工绘图基础上，它吸收了各种图形绘制的基本原则、要求和技巧，并将此加以巩固发展，可以轻松有效地帮助用户实现数据设计和图形绘制等多项功能。AutoCAD 已经成为工程人员工作中不可或缺的重要工具，使用该软件绘制的二维和三维图形，在工程设计、生产制造和技术交流中起着不可替代的重要作用。

最新推出的 AutoCAD 2013 在其原有版本的基础上，做了较大的改动，使其功能日益完善起来。另外，该软件的操作界面和细节功能更加人性化，在运行速度和数据共享等方面都有较大的增强，便于设计者快捷和准确地完成设计任务。

本书为读者快速入门提供了一个崭新的学习和实践平台，无论从基础知识安排还是实践应用能力的训练，都充分地考虑了用户的需求。本书采用由浅入深、由易到难的方式讲解，读者还可以通过随书赠送的多媒体视频光盘学习。全书结构清晰、内容丰富。

1．本书内容

第 1 章介绍 AutoCAD 2013 软件的操作界面、基本功能和部分新增功能，并详细介绍了文件管理、对象选择和视图的控制等操作方法。

第 2 章介绍绘图环境的设置和图形的精确控制设置等绘图通用知识，并通过细致地讲解坐标系的使用方法，使用户对 AutoCAD 的绘图环境有进一步的了解。

第 3 章介绍创建和编辑图形特性的方法，重点介绍设置图层特性和图层状态的方法，包括设置图层的颜色、线型和线宽，以及相关图层管理的操作方法和技巧等。

第 4 章介绍使用点、线、矩形和圆等工具来绘制图形的方法和技巧，并详细介绍某些线条的编辑方法，例如对多段线和样条曲线的编辑修改。

第 5 章介绍常用编辑工具的使用方法和操作技巧，以及夹点编辑的操作方法。

第 6 章介绍创建图案填充和面域的操作方法和技巧，以及查询图形数据信息的相关方法。

第 7 章介绍常规块和动态块的创建方法，以及块和块属性的相关编辑技巧。此外还详细介绍了使用外部参照插入各种对象的方法。

第 8 章介绍尺寸标注的相关设置和操作方法，其中重点是各类图形尺寸的标注和编辑方法。此外还详细介绍了如何添加几何约束和尺寸约束等内容。

第 9 章介绍文字样式的创建方法和添加各类文本的方法，并详细介绍了表格的创建和编辑方法。

第 10 章介绍 AutoCAD 三维绘图的基础知识、UCS 的设置方法，以及控制三维视图显示效果的方法，并详细介绍了各种观察三维视图的方法。

第 11 章介绍在三维建模环境中创建各种三维曲线和网格曲面的方法，以及利用 AutoCAD 相关的实体工具创建各种三维实体的方法。

第 12 章介绍实体间的布尔运算和相关的三维操作方法。此外，还详细介绍了编辑实体的边、面和体的方法。

第 13 章介绍添加光源和为模型赋予材质或贴图等渲染模型的基本操作方法。

第 14 章介绍视图布局和视口的设置方法，以及常用图形的打印输出和格式输出方法。此外还介绍了 DWF 格式文件的发布方法，以及将图形发布到 Web 页的方法，并简要介绍了使用设计中心插入各种对象的方法。

2．本书特色

- ❑ **全面系统　专业品质**　本书全面介绍了 AutoCAD 软件应用的全部命令和工具，涉及 AutoCAD 2013 应用的各个领域，书中实例经典，创意独特，效果精美。
- ❑ **版式美观　图文并茂**　版式风格活泼、紧凑美观；图解和图注内容丰富，抓图清晰考究。
- ❑ **虚实结合　超值实用**　知识点根据实际应用安排，重点和难点突出，对于主要理论和技术的剖析具有足够的深度和广度。并且在每章的最后还安排了高手答疑，针对用户经常遇到的问题逐一解答。
- ❑ **书盘结合　相得益彰**　随书配有大容量 DVD 光盘，提供多媒体语音视频讲解，以及全套素材图和效果图。书中内容与配套光盘紧密结合，读者可以通过交互方式，循序渐进地学习。

3．读者对象

本书紧扣工程专业知识，不仅带领读者熟悉该软件，而且可以了解产品的设计过程，是真正面向实际应用的 AutoCAD 基础图书。全书内容丰富、结构合理，不仅可以作为高校、职业技术院校机械和模具等专业的初中级培训教程，而且还可以作为广大从事 CAD 工作的工程技术人员的参考书。

参与本书编写的除了封面署名人员外，还有王翠敏、吕咏、刘艳春、黄锦刚、冀明、刘红娟、谢华、刘凌霞、王海峰、张瑞萍、吴东伟、王健、倪宝童、温玲娟、石玉慧、李志国、唐有明、王咏梅、李乃文、陶丽、王黎、连彩霞、毕小君、王兰兰、牛红惠等人。由于时间仓促，水平有限，疏漏之处在所难免，敬请读者朋友批评指正。

编者

2013.12

目　　录

第 1 章

AutoCAD 2013 入门基础

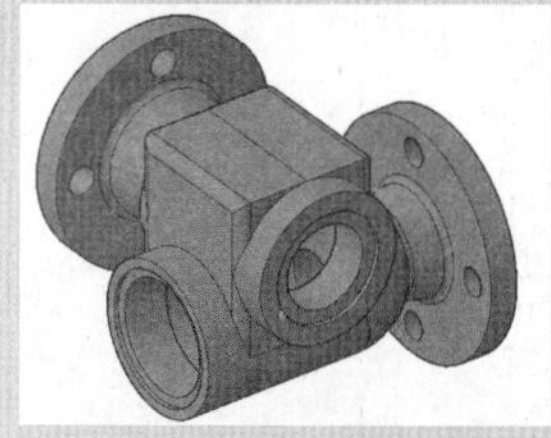

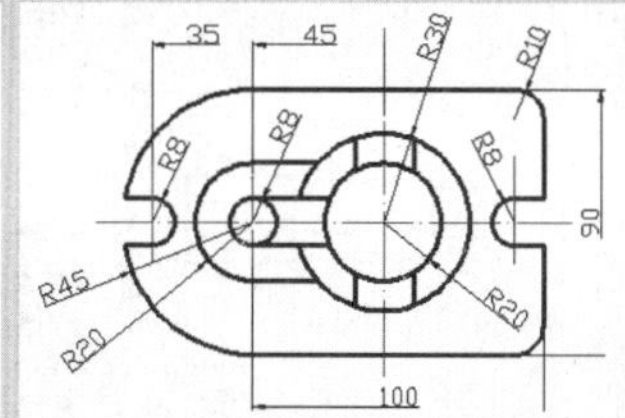

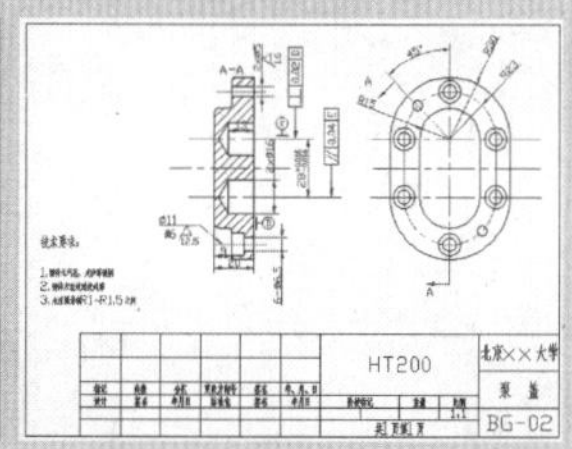

AutoCAD 是一款强大的工程绘图软件。在传统手工绘图基础上，它吸收了各种图形绘制的基本原则、要求和技巧，并将此加以巩固发展，可以轻松有效地帮助用户实现数据设计和图形绘制等多项功能。AutoCAD 已经成为工程人员工作中不可或缺的重要工具，使用该软件绘制的二维和三维图形，在工程设计、生产制造和技术交流中起着不可替代的重要作用。

本章主要介绍 AutoCAD 2013 软件的操作界面、基本功能和部分新增功能，并详细介绍了文件管理、对象选择和视图的控制等操作方法。

1.1 AutoCAD 基本功能

版本：AutoCAD 2013

AutoCAD 是一款强大的工程绘图软件，已经成为工程人员工作中不可或缺的重要工具，用户可以利用该软件对产品进行设计、分析、修改和优化等操作。AutoCAD 软件的基本功能主要体现在产品的绘制、编辑、注释和渲染等多个方面，现分别介绍如下。

1．绘制与编辑图形

在 AutoCAD 软件的【草图和注释】工作空间中，【常用】选项卡包含各种绘图工具和辅助编辑工具。用户可以利用这些工具绘制各种二维图形。

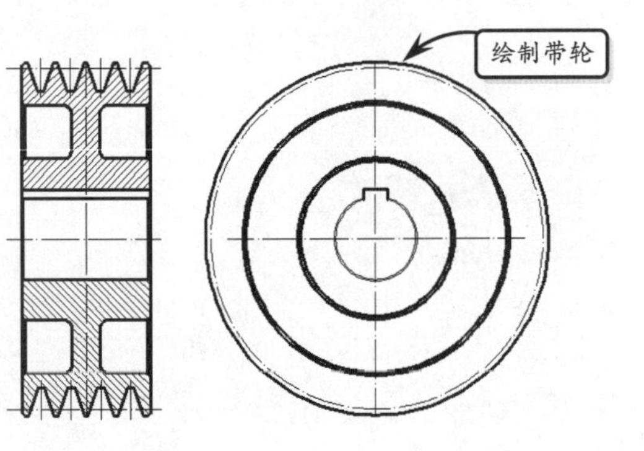

在【三维建模】工作空间中，可以利用【常用】选项卡下各个选项板上的工具快速创建三维实体模型和网格曲面。

2．尺寸标注

尺寸标注是在图形中添加测量注释的过程。在 AutoCAD 的【注释】选项卡中包含了各种尺寸标注和编辑工具。使用它们可以在图形的各个方向上创建各种类型的标注，也可以以一定格式方便、快捷地创建符合行业或项目标准的标注。

AutoCAD 软件提供了线性、半径和角度等多种基本标注类型，可以进行水平、垂直、对齐、旋转、坐标、基线或连续等标注。此外还可以进行引线标注、公差标注，以及自定义粗糙度标注，且标注的对象可以是二维图形或三维图形。

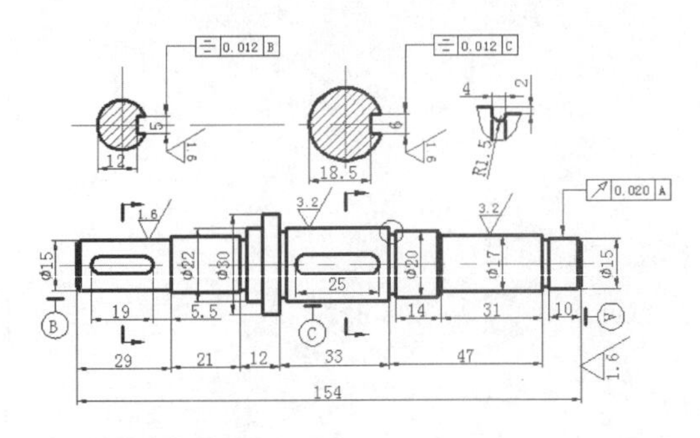

3．渲染三维图形

在 AutoCAD 中运用雾化、光源和材质，可以将模型渲染为具有真实感的图像。如果是为了演示，可以渲染全部对象；如果时间有限，或显示设备不能提供足够的灰度等级和颜色，就不必精细渲染；如果只需快速查看设计的整体效果，则可以简单消隐或设置视觉样式。

4．输出与打印图形

AutoCAD 不仅允许用户将所绘图形以不同的样式通过绘图仪或打印机输出，还能够将不同格式的图形导入 AutoCAD 或将 AutoCAD 图形以其他格式输出。

1.2 AutoCAD 2013 新增功能

版本：AutoCAD 2013

2013 版 AutoCAD 在原有版本的基础上，添加了全新功能，并对相应操作功能进行了改动和完善，使该新版软件可以帮助设计者更加方便快捷地完成设计任务。AutoCAD 2013 的新增功能介绍如下。

1．交互命令行的改进

命令行界面已在 2013 版 AutoCAD 中得到革新，包括颜色和透明度。此外，还可以更灵活地显示历史记录和访问最近使用的命令。用户可以将命令行固定在 AutoCAD 窗口的顶部或底部，或使其浮动以最大化绘图区域。

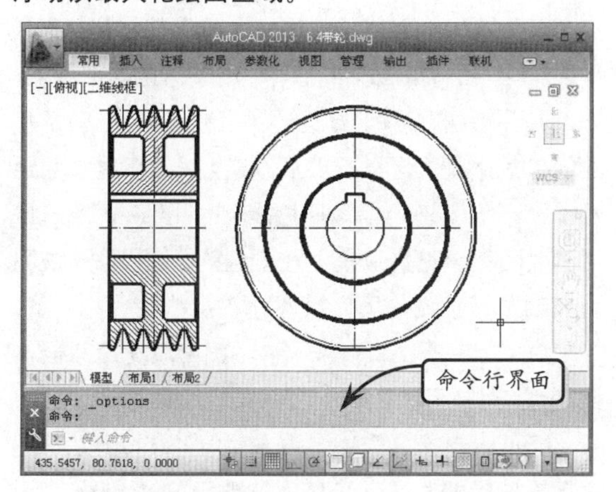

其中，浮动命令行以单行显示，可在 AutoCAD 窗口上方浮动。它包括半透明的提示历史记录，可以在不影响绘图区域的情况下显示多达 50 行历史记录。而命令行中的新工具可以使用户轻松访问提示历史记录的行数以及自动完成、透明度和选项控件。

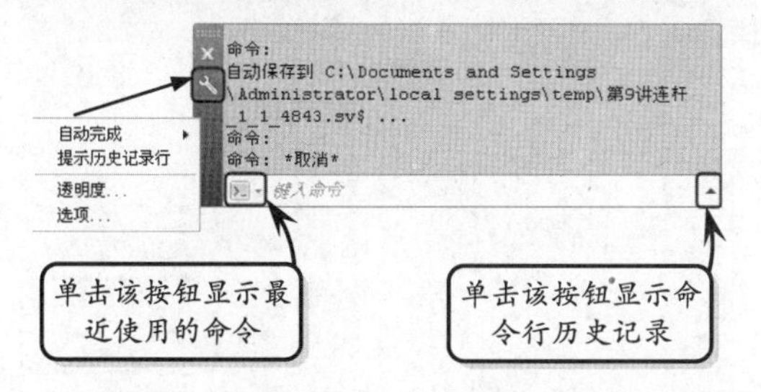

此外，当命令行处于浮动状态时，只需将它移动到 AutoCAD 窗口或固定选项板的边附近，命令行即可快速附着到这些边上；当调整 AutoCAD 窗口或固定选项板的大小或移动它们时，命令行也会相应地移动，以保持其相对于边的位置；如果解除相邻选项板的固定，命令行会自动附着到下一个选项板或 AutoCAD 窗口。

> **提示**
>
> 在命令行处于浮动状态时，按 F2 键会显示更多的命令执行记录，而按 Ctrl+F2 键才会打开命令文本窗口。

2．阵列增强功能

利用阵列工具可以按照矩形、路径或环形的方式，以定义的距离或角度复制出源对象的多个对象副本。在绘制孔板、法兰等具有均布特征的图形时，利用该工具可以大量减少重复性图形的绘图步骤，提高绘图效率和准确性。

在 2013 版 AutoCAD 中，阵列增强功能可以帮助用户以更快且更方便的方式创建对象特征。其中，为矩形阵列选择了对象之后，系统会在 3 行 4 列的栅格中立即生成相关的阵列特征预览；创建环形阵列时，在指定圆心后系统将立即生成 6 个完整的环形阵列特征预览；为路径阵列选择对象和路径后，系统将会沿路径的整个长度立即均匀生成相关的阵列特征预览。

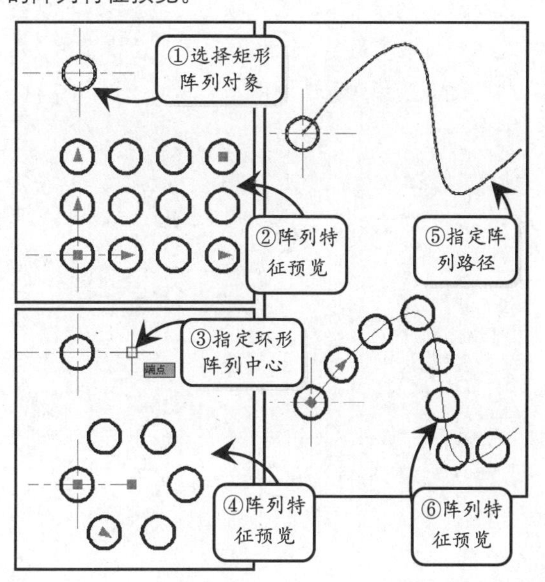

在创建路径阵列特征时，用户可以基于间距和曲线长度来控制阵列数量（以填充路径），也可以明确控制该数量。在增加或减少项目间距时，项目数会自动增大或减小以适合指定的路径；同样，当路径长度更改时，项目数会自动增加或减少以填充路径。当项目计数切换处于禁用状态时，阵列末端的其他夹点提供项目计数和项目总间距的动态编辑，以沿路径曲线的一部分进行排列。

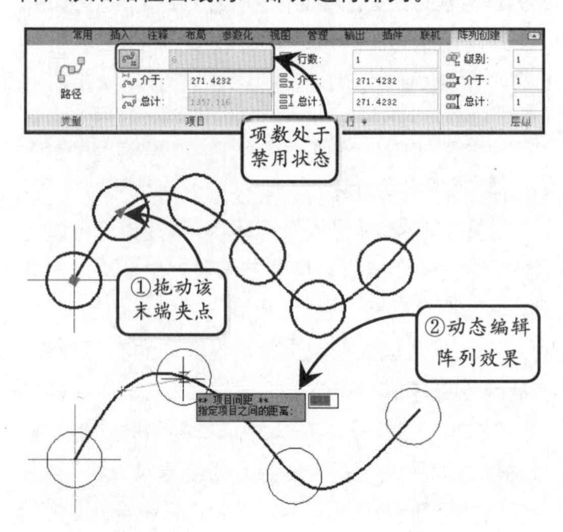

3. 特性预览

在 2013 版 AutoCAD 中，用户可以在应用更改前动态预览对视口特性和选择对象的更改。例如当更改对象的颜色时，在打开的【特性】选项板中，当光标经过列表框中的每种颜色时，选定的对象会随之动态地改变颜色。且当用户更改透明度时，系统也会动态应用对象透明度。

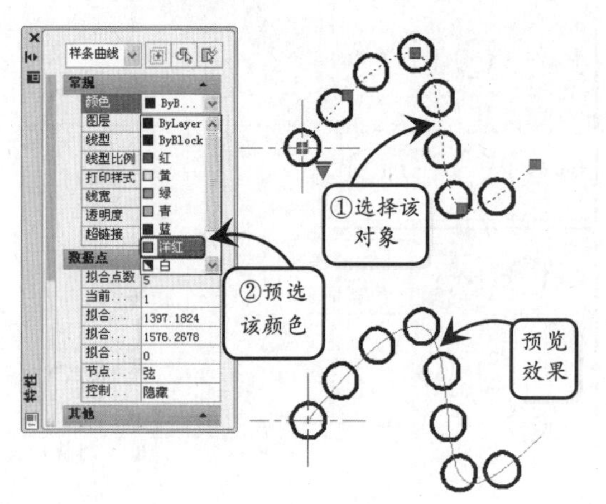

预览不仅局限于对象特性，视口内显示的任何更改都可预览。例如，当光标经过视觉样式、视图、日光和天光特性、阴影显示和 UCS 图标时，其效果会随之动态地应用到视口中。

> **提示**
>
> 用户可以在命令行中输入 PROPERTYPREVIEW 系统变量来控制预览行为，也可以在打开的【选项】对话框中切换至【选择集】选项卡来进行相关的预览设置。

4. 图案填充编辑器

在绘制图形时常常需要以某种图案填充一个区域，以此来形象地表达或区分物体的范围和特点，以及零件剖面结构大小和所使用的材料等。这种被称为"画阴影线"的操作，也被称为图案填充。

使用传统的手工方式绘制阴影线时，必须依赖绘图者的眼睛。这样不仅工作量大、且角度和间距都不太精确，影响画面质量。但利用 AutoCAD 提供的【图案填充】工具，只需定义好边界，系统即可自动进行相应的填充操作。

在 2013 版 AutoCAD 中，图案填充编辑器得到增强，用户可以更快且更轻松地编辑多个填充对象。即可以选择多个图案填充对象，在打开的【图案填充编辑器】选项卡中同时进行编辑操作。

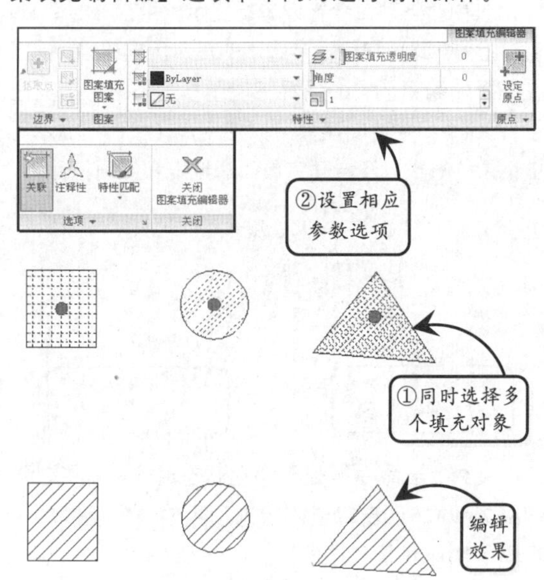

AutoCAD

1.3 AutoCAD 2013 用户界面

版本：AutoCAD 2013

启动 2013 版 AutoCAD 软件，系统将打开相应的操作界面，并默认进入【草图与注释】工作空间。该操作界面包括菜单、工具栏、工具选项板和状态栏等，各部分的含义介绍如下。

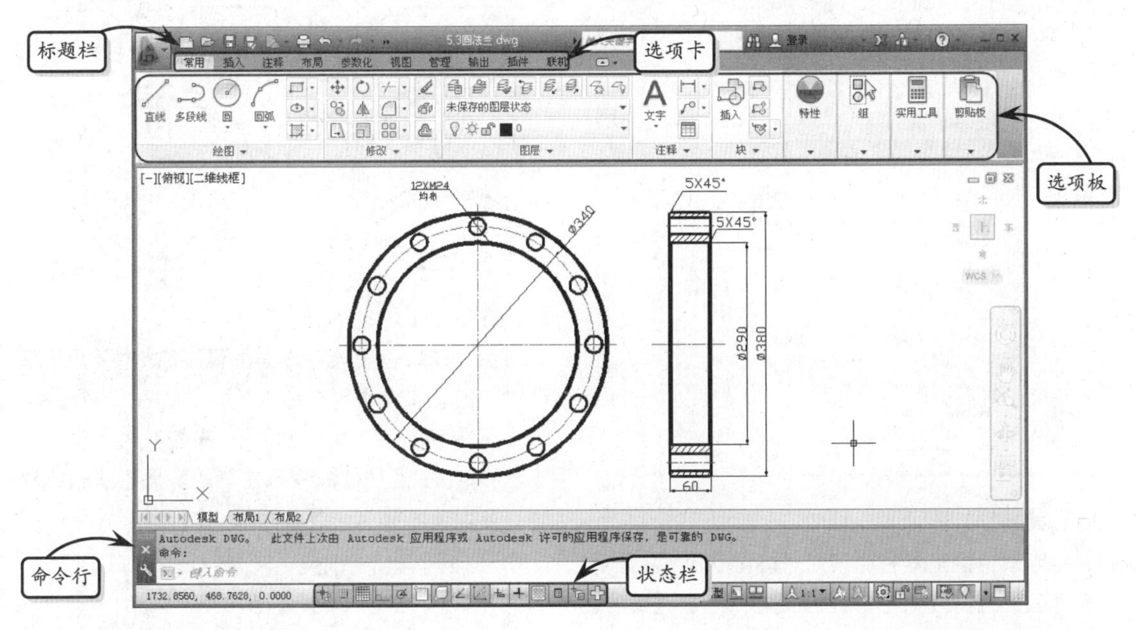

1．标题栏

屏幕的顶部是标题栏，它显示了 AutoCAD 2013 的名称及当前的文件位置、名称等信息。在标题栏中包括快速访问工具栏和通讯中心工具栏。

❑ 快捷工具栏

位于标题栏左边位置的快速访问工具栏，包含新建、打开、保存和打印等常用工具。如有必要还可以将其他常用的工具放置在该工具栏中。

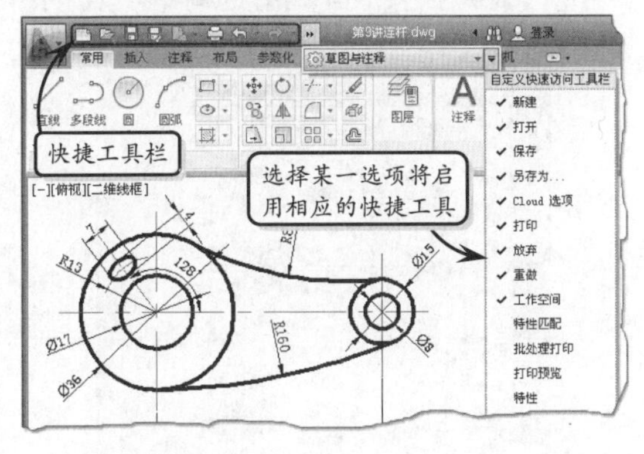

❑ 通讯中心

在标题栏的右侧为通讯中心，是通过 Internet 与最新的软件更新、产品支持通告和其他服务的直接连接，快速搜索各种信息来源、访问产品更新和通告、以及在信息中心中保存主题。通讯中心提供一般产品信息、产品支持信息、订阅信息、扩展通知、文章和提示等通知。

2．文档浏览器

单击窗口左上角按钮，系统将打开文档浏览器。该浏览器中左侧为常用的工具，右侧为最近打开的文档，并且可以指定文档名的显示方式，便于更好地分辨文档。

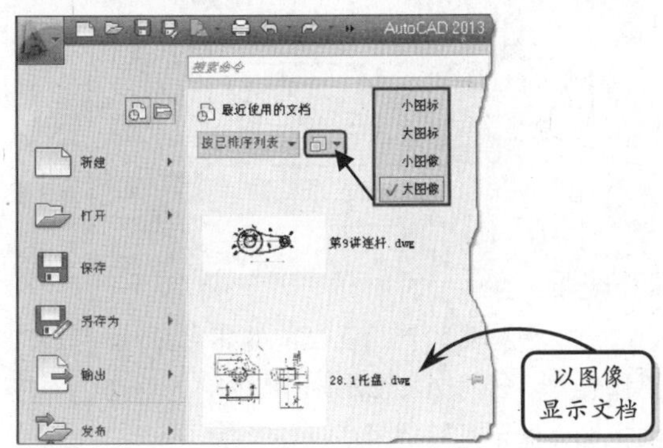

当鼠标在文档名上停留时，系统将会自动显示一个预览图形，以及它的文档信息。此时，用户可以按顺序列表来查看最近访问的文档，也可以将文档以日期、大小或文件类型的方式显示。

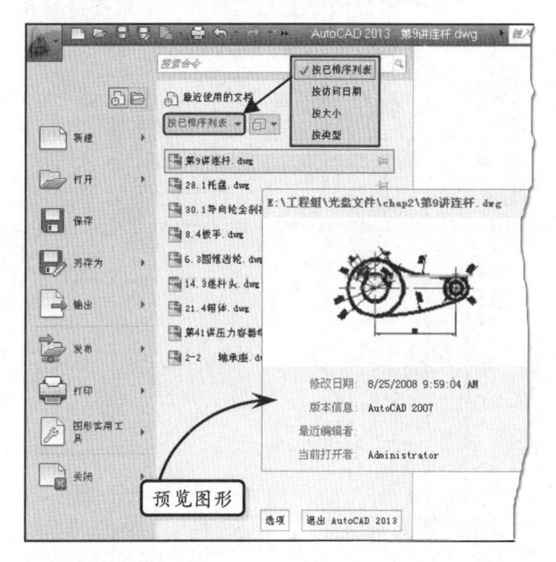

3．工具栏

新版软件的工具栏通常处于隐藏状态，要显示所需的工具栏，切换至【视图】选项卡，在【窗口】选项板中单击【显示工具栏】按钮，在其下拉列表中选择【AutoCAD】选项，系统将显示所有工具栏选项名称。此时，用户可以根据需要选择打开或者关闭任一个工具栏。如选择【标注】选项，系统将打开【标注】工具栏。

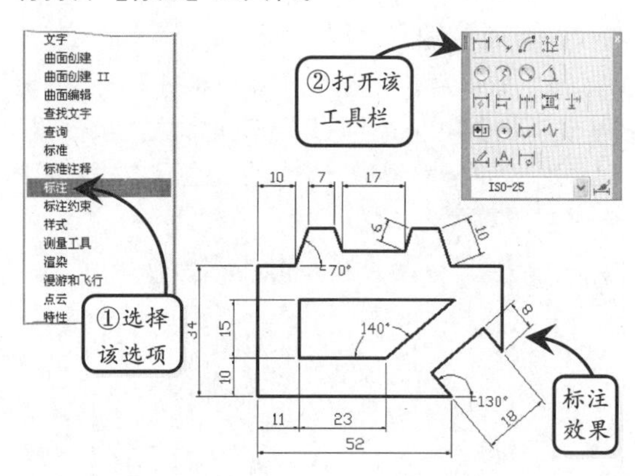

4．光标

光标是指工作界面上当前的焦点，或者当前的工作位置。针对 AutoCAD 工作的不同状态，对应的光标会显示不同的形状。

当光标位于 AutoCAD 的绘图区时，呈现为十字形，在这种状态下可以通过单击来执行相应的绘图命令；当光标呈现为小方格型时，表示 AutoCAD 正处于等待选择状态，此时可以单击鼠标在绘图区中进行对象的选择。

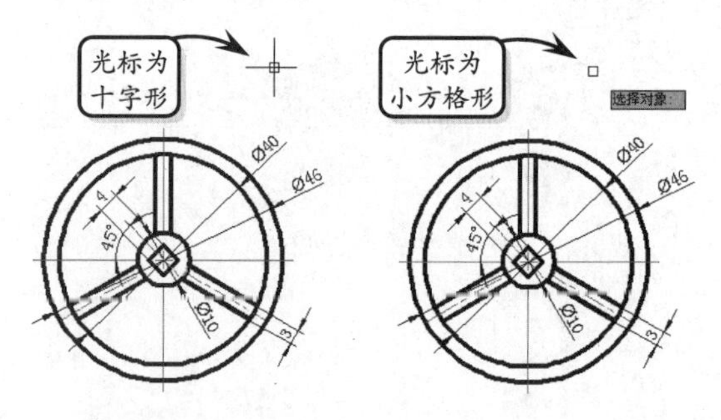

5．命令窗口

命令窗口位于绘图界面的最下方，主要用于显示提示信息和接收用户输入的数据。在 AutoCAD 中，用户可以按下快捷键 Ctrl+9 来控制命令窗口的显示和隐藏。当按住命令行左侧的标题栏进行拖动时，可以使其成为一浮动面板。

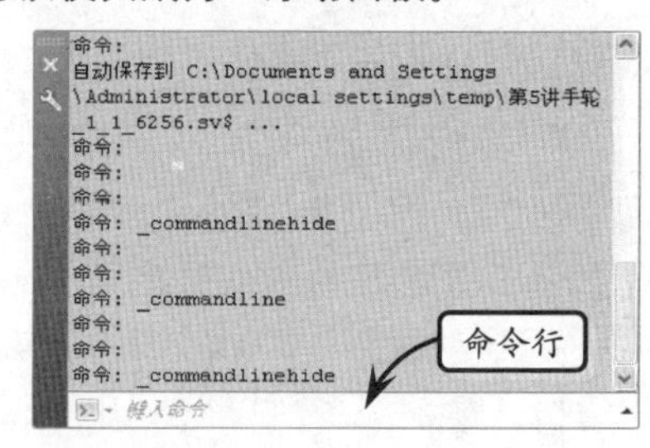

AutoCAD 还提供一个文本窗口，按下 F2 快捷键将显示该窗口。它记录了本次操作中的所有操作命令，包括单击按钮和所执行的菜单命令。在该窗口中输入命令后，按下回车键，也同样可以执行相应的操作。

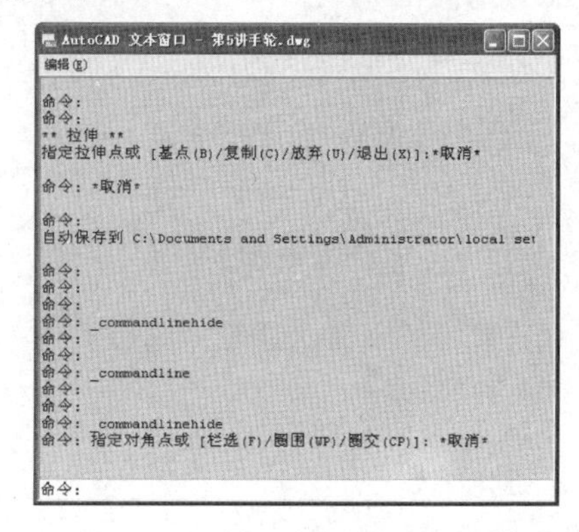

6. 状态栏

状态栏位于整个界面的底端。它的左边用于显示 AutoCAD 当前光标的状态信息，包括 X、Y 和 Z 三个方向上的坐标值；右边则显示一些具有特殊功能的按钮，一般包括捕捉、栅格、动态输入、正交和极轴等。如单击【显示/隐藏线宽】功能按钮+，系统将显示所绘图形的轮廓线宽效果。

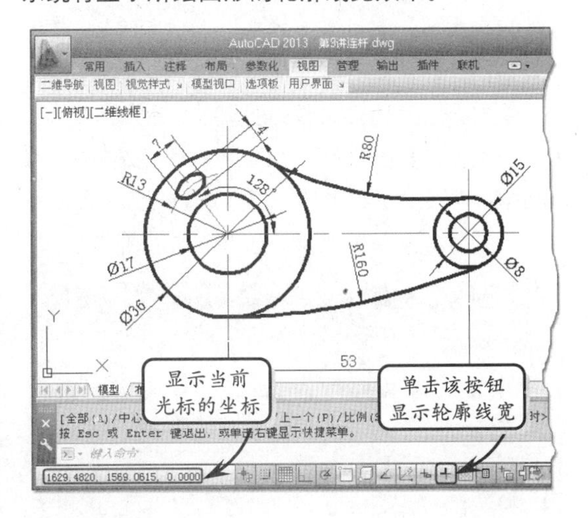

7. 选项卡

新版软件的界面显示具有与 Office 2007 软件相似的工具选项卡，几乎所有的操作工具都位于选项卡对应的选项板中。

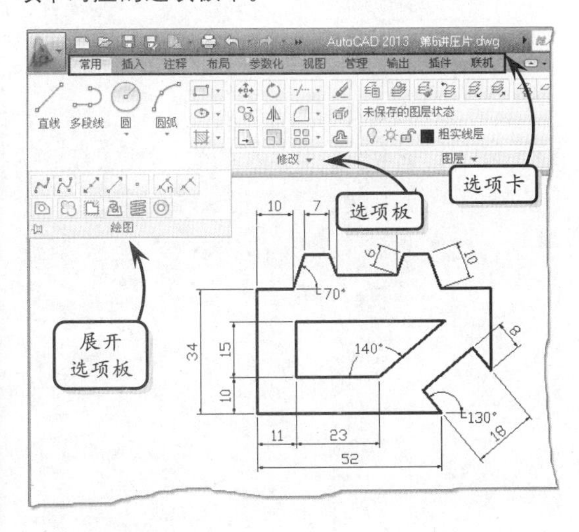

8. 坐标系

与传统的手工绘图相比较，使用 AutoCAD 软件绘图的优势之一就是该软件为用户提供了众多的辅助绘图工具。如利用捕捉和栅格功能可以控制光标的精确移动，利用正交和极轴追踪功能可以绘制水平、垂直和倾斜直线。特别是坐标系的应用，为用户快速准确地定位点提供了极大的方便。

AutoCAD 提供了两个坐标系：一个称为世界坐标系（WCS）的固定坐标系和一个称为用户坐标系（UCS）的可移动坐标系。其中在二维视图上，世界坐标系的 X 轴呈水平方向，Y 轴呈垂直方向。且规定沿 X 轴向右和 Y 轴向上的位移为正方向，X 轴和 Y 轴的交点为世界坐标系的原点。

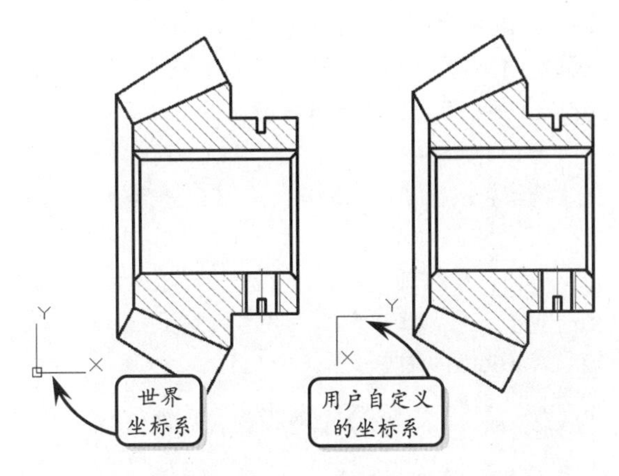

启动 AutoCAD 或新建三维图形文件时，系统默认坐标系为世界坐标系（WCS），而用户通过改变坐标系原点或旋转坐标轴而创建的坐标系为用户坐标系（UCS）。UCS 对于输入坐标、定义图形平面和设置视图非常有用。改变 UCS 并不改变视点，只改变坐标系的方向和倾斜角度。

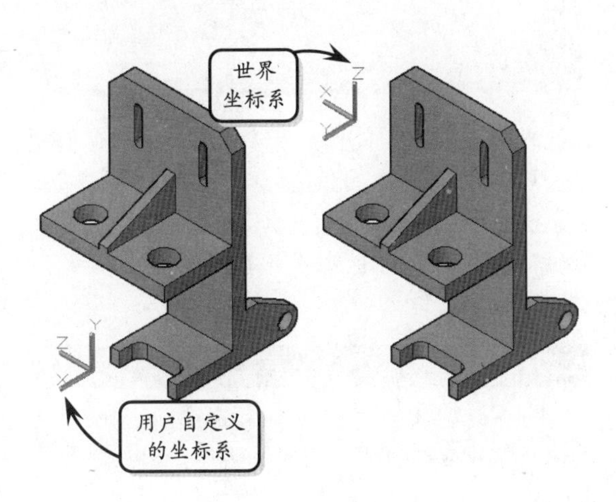

1.4 新建、打开和关闭文件

版本：AutoCAD 2013

在 AutoCAD 中，新建图形文件和打开现有文件进行编辑是最常用的管理图形文件的方法。其中，通过新建图形可以创建多个类型的图形文件，而利用【打开】工具不仅可以打开这些类型的文件，且图形文件不受时间和版本的限制。

1. 新建图形文件

当启动了 AutoCAD 2013 以后，系统将默认创建一个图形文件，并自动被命名为 Drawing1.dwg。这样在很大程度上就方便了用户的操作，只要打开 AutoCAD 即可进入工作模式。

要创建新的图形文件，可以在快捷工具栏中单击【新建】按钮，系统将打开【选择样板】对话框。此时，在该对话框中选择一个样板，并单击【打开】按钮，系统即可打开一个基于样板的新文件。且一般情况下，日常设计中最常用的是“acad”样板和“acadiso”样板。

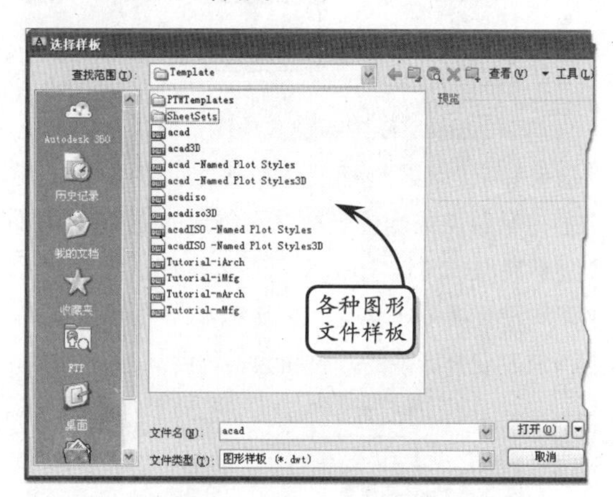

此外，在创建样板时，用户可以不选择任何样板，从空白开始创建。此时需要在对话框中单击【打开】按钮旁边的黑三角打开其下拉菜单，然后选择【无样板打开－英制】或【无样板打开－公制】方式即可。

提示

第一个新建的图形文件命名为“Drawing1.dwg”。如果再创建一个图形文件，其默认名称为“Drawing2.dwg”，依此类推。

2. 打开图形文件

在机械设计过程中并非每个零件的 AutoCAD 图形都必须绘制，用户可以根据设计需要将一个已经保存在本地存储设备上的文件调出来编辑，或者进行其他操作。

要打开现有图形文件，可以直接在快捷工具栏中单击【打开】按钮，系统将打开【选择文件】对话框。在该对话框中单击【打开】按钮旁边的黑三角，其下拉菜单中提供了以下 4 种打开方式。

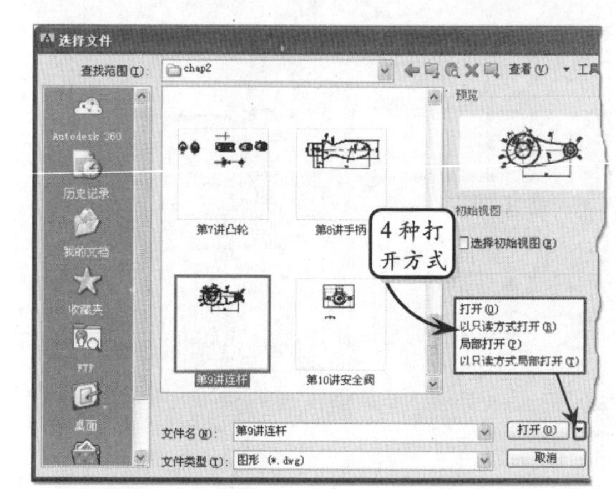

❑ 打开

该方式是最常用的打开方式。用户可以在【选择文件】对话框中双击相应的文件，或者选择相应的图形文件，然后单击【打开】按钮即可。

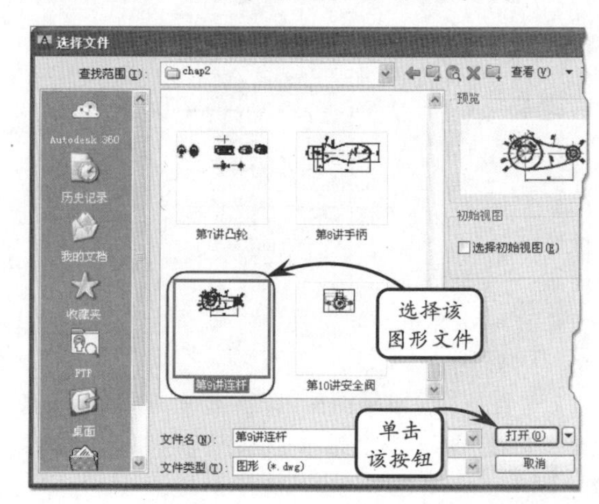

❑ 以只读方式打开

选择该方式表明文件以只读的方式打开。用户可以进行编辑操作，但编辑后不能直接以原文件名存盘，需另存为其他名称的图形文件。

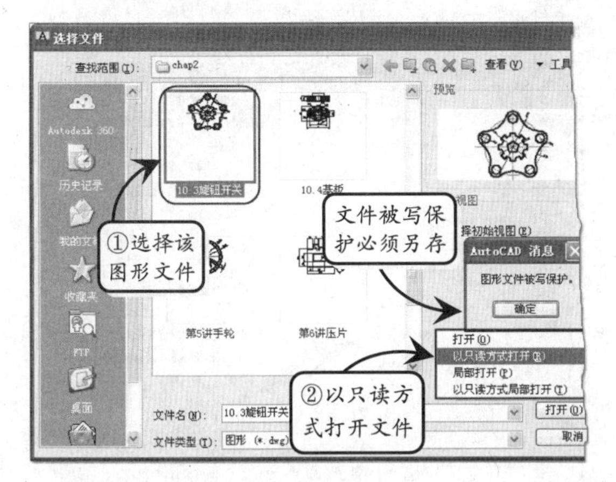

❑ 局部打开

选择该方式仅打开图形的指定图层。如果图形中除了轮廓线、中心线外，还有尺寸、文字等内容分别属于不同的图层，此时，采用该方式可执行选择其中的某些图层打开图样。

如果使用局部打开方式，则在打开后只显示被选图层上的对象，其余未选图层上的对象将不会被显示出来。

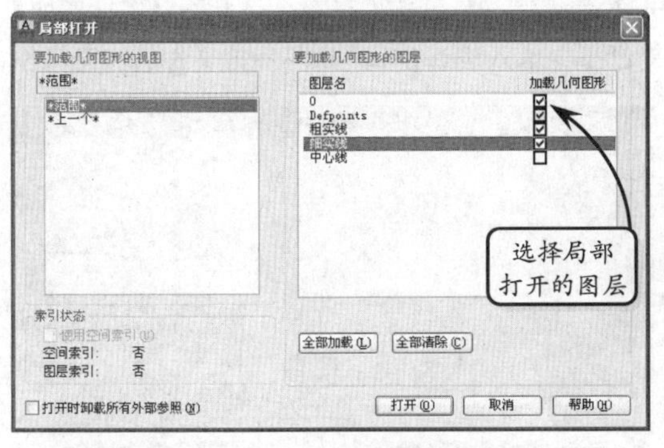

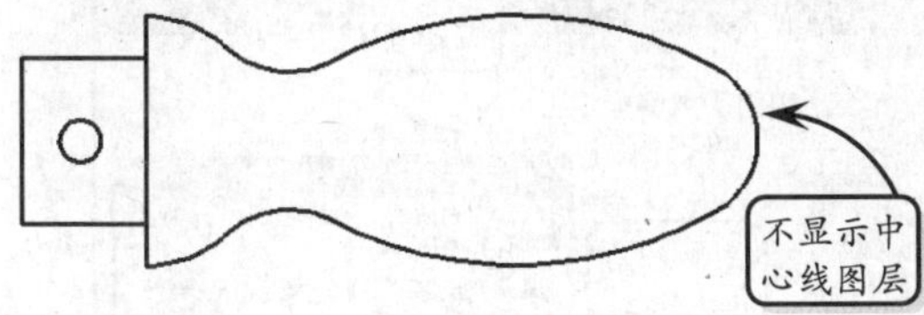

选择【局部打开】方式，系统在打开的对话框左边的列表框中列举出了打开图形文件时的可选视窗，其右边的列表框列出了用户所选图形文件中的所有图层。如果使用局部打开方式，则必须在打开文件中选定相应的图层，否则将出现警告对话框提示用户。

❑ 以只读方式局部打开

选择该方式打开当前图形与局部打开文件一样需要选择相应的图层。用户可以对当前图形进行相应的编辑操作，但无法进行保存，需另存为其他名称的图形文件。

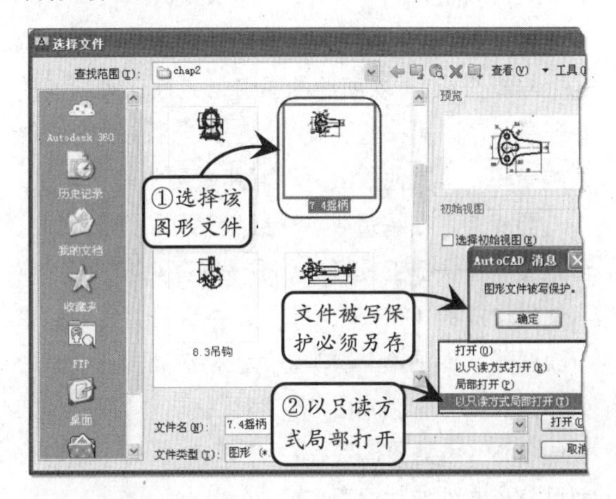

3. 关闭图形文件

当需要关闭当前的图形文件或指定的图形文件时，用户可以单击【菜单浏览器】按钮，在展开的菜单中选择【关闭】|【当前图形】/【所有图形】选项，或者在绘图窗口中直接单击【关闭】按钮，即可关闭相应的文件。

当关闭相应的图形文件时，如果当前图形没有保存，系统将弹出 AutoCAD 警告对话框，询问是否保存文件。此时，单击【是（Y）】按钮，可以保存当前图形文件并将其关闭；单击【否（N）】按钮，可以关闭当前图形文件但不保存；单击【取消】按钮，可以取消关闭当前图形文件，即不保存也不关闭当前图形文件。

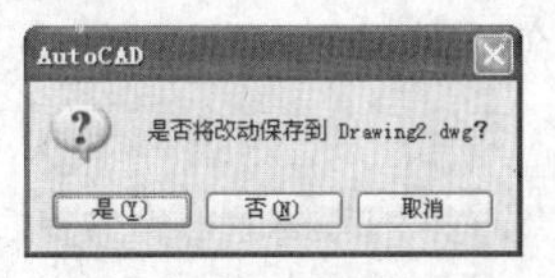

如果当前所编辑的文件没有命名，那么当单击【是（Y）】按钮后，系统将打开【图形另存为】对话框，要求确定图形文件的存放位置和名称。

AutoCAD 1.5 保存和加密文件

版本：AutoCAD 2013

在创建和编辑图形后，用户可以将当前图形保存到指定的文件夹。另外，出于对图形文件的安全性考虑，可以对相应的图形文件使用密码保护功能，即对指定图形文件执行加密操作。

1．保存图形文件

在使用 AutoCAD 软件绘图的过程中，应每隔 10~15min 保存一次所绘的图形。定期保存绘制的图形是为了防止一些突发情况，如电源被切断、错误编辑和一些其他故障，尽可能做到防患于未然。

要保存正在编辑或者已经编辑好的图形文件，可以直接在快捷工具栏中单击【保存】按钮（或者使用快捷键 Ctrl+S），即可保存当前文件。如果所绘图形文件是第一次被保存，系统将打开【图形另存为】对话框。此时，在该对话框中输入图形文件的名称（不需要扩展名），并单击【保存】按钮，即可将该文件成功保存。

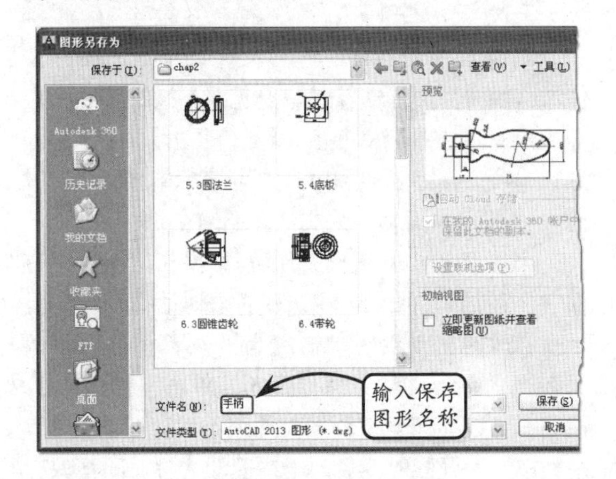

除了上面的保存方法之外，AutoCAD 还为用户提供了另外一种保存方法，即间隔时间保存。其设置方法是：在空白处单击鼠标右键，在打开的快捷菜单中选择【选项】选项。然后在打开的对话框中切换至【打开和保存】选项卡。

此时，在该选项卡中启用【自动保存】复选框，并在【保存间隔分钟数】文本框中设置相应的数值。这样在以后的绘图过程中，系统即可以该数值为间隔时间，自动对文件进行存盘。

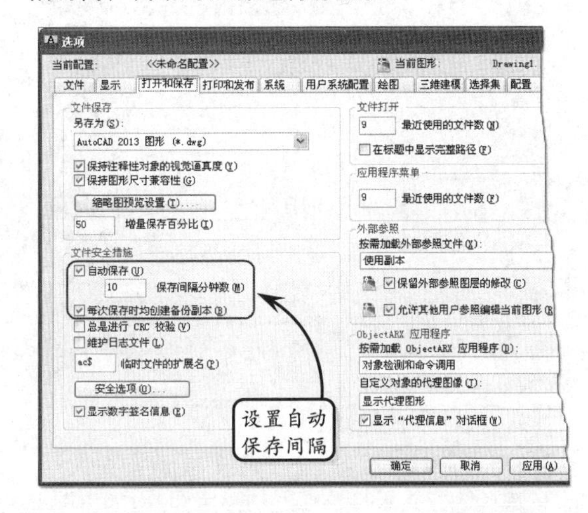

2．文件加密

要执行图形加密操作，用户可以在快捷工具栏中单击【另存为】按钮，系统将打开【图形另存为】对话框。然后在该对话框的【工具】下拉菜单中选择【安全选项】选项，打开【安全选项】对话框。此时，在【密码】选项卡的文本框中输入密码，并单击【确定】按钮，接着在打开的【确认密码】对话框中输入确认密码，即可完成文件的加密操作。

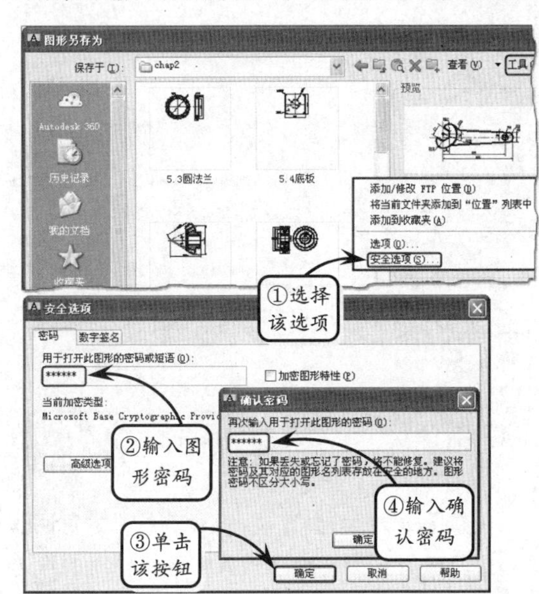

1.6 构造选择集

版本：AutoCAD 2013

在 AutoCAD 中执行绘制或编辑操作，通常情况下需要首先选择相应的图形对象，然后再进行相应的操作。这样所选择的对象便将构成一个集合，称为选择集。用户可以根据个人使用习惯，通过设置选择集的各选项对拾取框、夹点显示以及选择视觉效果等方面的选项进行详细的设置，从而提高选择对象时的准确性和速度，达到提高绘图效率和精确度的目的。

在命令行中输入 OPTIONS 指令，并按下回车键，系统将打开【选项】对话框。此时切换至【选择集】选项卡，即可展开相应的对话框界面。该选项卡中各选项组的含义分别介绍如下。

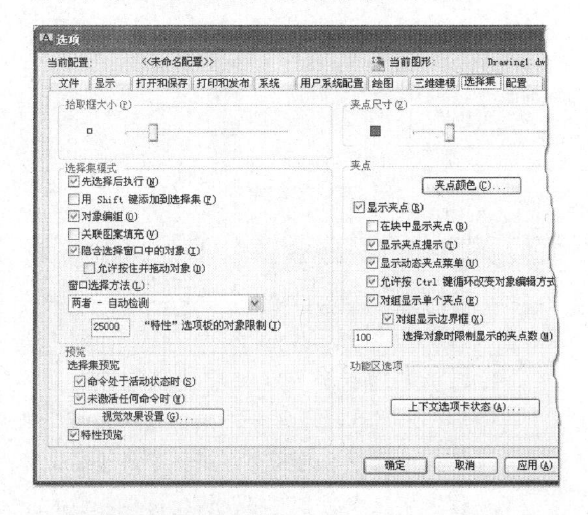

1. 拾取框和夹点大小

拾取框是指十字光标中部用以确定拾取对象的方形图框，而夹点则是图形对象被选中后，处于对象端部、中点或控制点等处的矩形或圆锥形实心标识。其各自的大小都可以通过该选项卡中的相应选项进行详细调整。

❑ 调整拾取框大小

进行图形对象的点选时，只有处于拾取框内的图形对象才可以被选取。因此，在绘制较为简单的图形时，可以将拾取框调大，以便于图形对象的选取；反之，绘制复杂图形对象时，适当地调小拾取框的大小，可以避免图形对象的误选取。

在【拾取框大小】选项组中拖动滑块，即可改变拾取框的大小。且在拖动滑块的过程中，其左侧的调整框预览图标将动态显示调整框的适时大小。

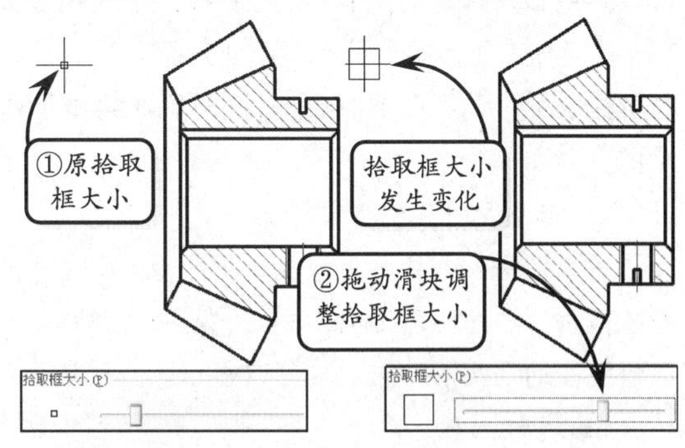

❑ 调整夹点大小

夹点不仅可以标识图形对象的选取情况，用户还可以通过拖动夹点的位置对选取的对象进行相应的编辑。但需要注意的是，夹点在图形中的显示大小是恒定不变的，也就是说当选择的图形对象被放大或缩小时，只有对象本身的显示比例被调整，而夹点的大小不变。

利用夹点编辑图形时，适当地将夹点调大，可以提高选取夹点的方便性。此时如果图形对象较小，夹点出现重叠的现象，采用将图形放大的方法，即可避免该现象的发生。夹点的调整方法同拾取框大小的调整方法相同，都是利用拖动调整滑块的方法调整。

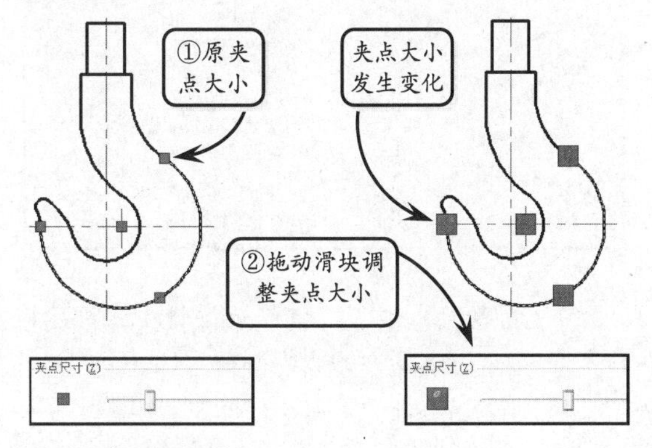

2. 选择集预览

选择集预览就是当光标的拾取框移动到图形

对象上时，图形对象以加粗或虚线的形式显示预览效果。用户可以通过启用该选项组中的相应复选框来调整图形预览与工具之间的关联方式，或通过单击【视觉效果设置】按钮，对预览样式进行详细的调整。

❑ 命令处于活动状态时

启用该复选框后，只有当某个命令处于激活状态，并且命令提示行中显示"选取对象"提示，此时将拾取框移动到图形对象上，该对象才会显示选择预览。

❑ 未激活任何命令时

该复选框的作用同上述复选框相反，即启用该复选框后，只有没有任何命令处于激活状态时，将拾取框移动到图形对象上才可以显示选择预览。

❑ 特性预览

启用该复选框，当对图形对象的特性进行编辑操作时，系统将同步显示修改后的图形效果。

❑ 视觉效果设置

选择集的视觉效果包括被选择对象的线型、线宽以及选择区域的颜色和透明度等，用户可以根据个人的使用习惯进行相应调整。单击【视觉效果设置】按钮，系统将打开【视觉效果设置】对话框。该对话框中各选项组的含义分别介绍如下。

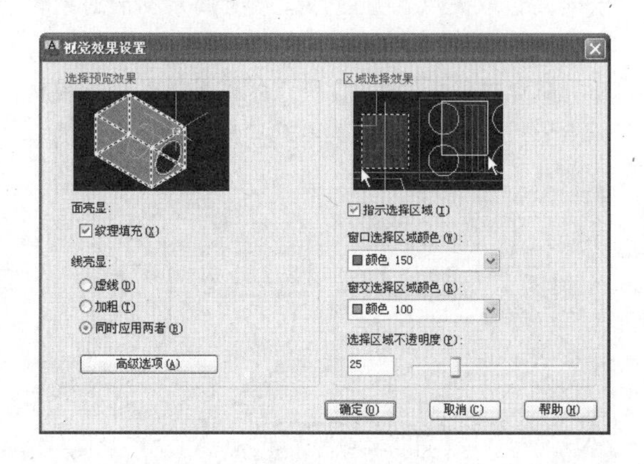

➢ **面亮显**　该复选框用于控制在三维建模环境下选取模型表面时的显示效果。当启用该复选框时，所选模型表面轮廓亮显的同时，轮廓内的面也以纹理填充方式亮显。

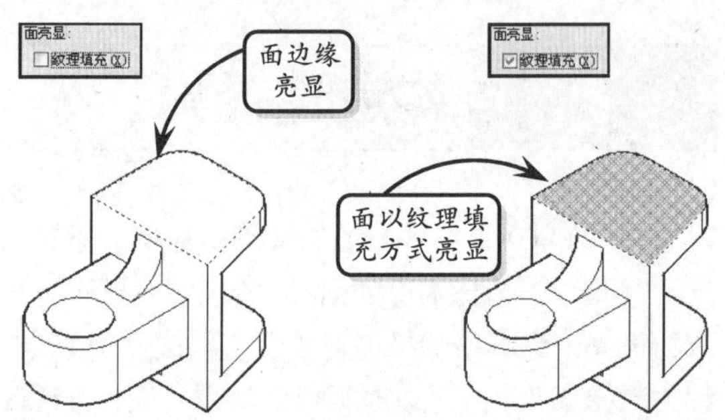

➢ **线亮显**　在该选项组中，包括3个用于定义选择集对象的线型和线宽预览显示效果的单选按钮。其中，选择【虚线】单选按钮时，预览效果将以虚线的形式显示；选择【加粗】单选按钮时，预览效果将以加粗的形式显示；选择【同时应用两者】单选按钮时，预览效果将以虚线和加粗两种形式显示。

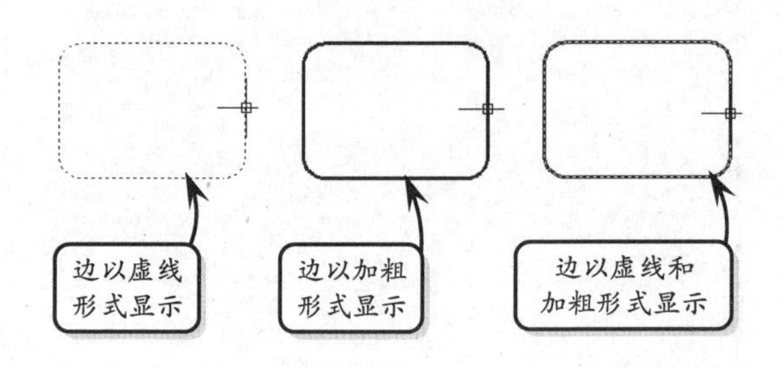

➢ **区域选择效果**　在进行多个对象的选取时，采用区域选择的方法，可以大幅度地提高对象选取的效率。用户可以通过设置该选项组中的各选项，调整选择区域的颜色、透明度以及区域显示的开、闭情况。

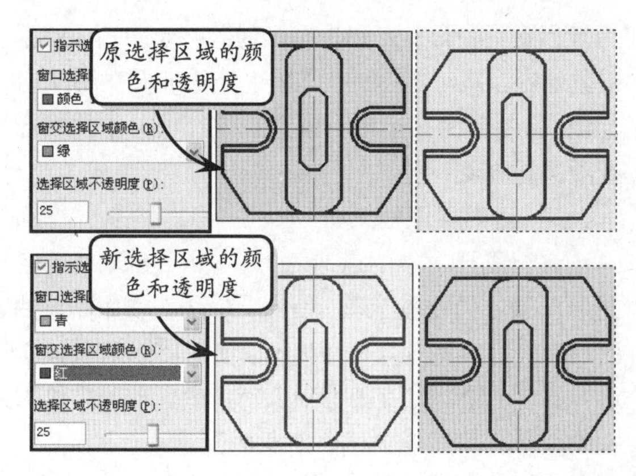

提示

通过滑块调整拾取框或夹点的大小时，不仅可以直接拖动滑块进行调整，还可以单击激活相应的选项滑块，滚动鼠标的滚轮进行调整。

3. 选择集模式

该选项组中包括 6 种用以定义选择集同命令之间的先后执行顺序、选择集的添加方式以及在定义与组或填充对象有关选择集时的各类详细设置，现分别介绍如下。

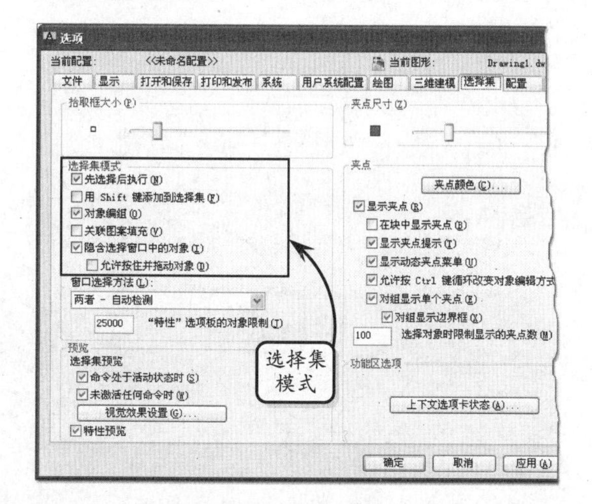

❑ 先选择后执行

启用该复选框，可以定义选择集与命令之间的先后次序。启用该复选框后，即表示需要先选择图形对象再执行操作，被执行的操作对之前选择的对象产生相应的影响。

如利用【偏移】工具编辑对象时，可以先选择要偏移的对象，再利用【偏移】工具对图形进行偏移操作。这样可以在调用修改工具并选择对象后，省去了按回车键的操作，简化了操作步骤。但是并非所有命令都支持【先选择后执行】模式。例如【打断】、【圆角】和【倒角】等命令，这些命令需要先激活工具再定义选择集。

❑ 用 Shift 键添加到选择集

该复选框用以定义向选择集中添加图形对象时的添加方式。默认情况下，该复选框处于禁用状态。此时要向选择集中添加新对象时，直接选取新对象即可。当启用该复选框后，系统将激活一个附加选择方式：即在添加新对象时，需要按住 Shift 键才能将多个图形对象添加到选择集中。

如果需要取消选择集中的某个对象，无论在两种模式中的任何一种模式下，按住 Shift 键选取该对象即可。

❑ 对象编组

启用该复选框后，选择组中的任意一个对象时，即可选择组中的所有对象。当将 PICKSTYLE 系统变量设置为 1 时，可以设置该选项。

❑ 关联图案填充

主要用在选择填充图形的情况。当启用该复选框时，如果选择关联填充的对象，则填充边界的对象也被选中。当将 PICKSTYLE 系统变量设置为 2 时，可以设置该选项。

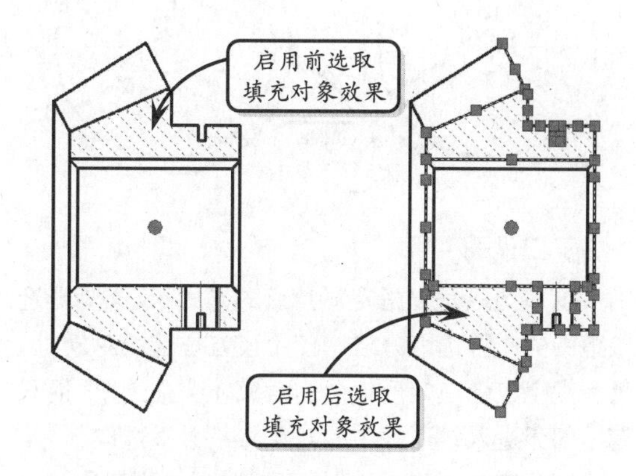

❑ 隐含选择窗口中的对象

当启用该复选框后，可以在绘图区用鼠标拖动或者用定义对角点的方式定义选择区域，进行对象的选择。当禁用该复选框后，则无法使用定义选择区域的方式定义选择对象。

❑ 允许按住并拖动对象

该复选框用以定义选择窗口的定义方式。当启用该复选框后，单击鼠标左键指定窗口的第一点后按住左键并拖动，在第二点位置松开即可确定选择窗口的大小和位置。当禁用该复选框后，需要在选择窗口的起点和终点分别单击鼠标左键，才能定义出选择窗口的大小和位置。

1.7 选取对象方式

版本：AutoCAD 2013

在 AutoCAD 中，针对图形对象的复杂程度或选取对象数量的不同，有多种选择对象的方法，总的可以分为点选或区域选取两种选取方式。下面介绍几种常用的对象选择方法。

1．直接选取

该方法也被称为点选对象，是最常用的对象选取方法。用户可以直接将光标拾取框移动到欲选取的对象上，并单击左键，即可完成对象的选取操作。

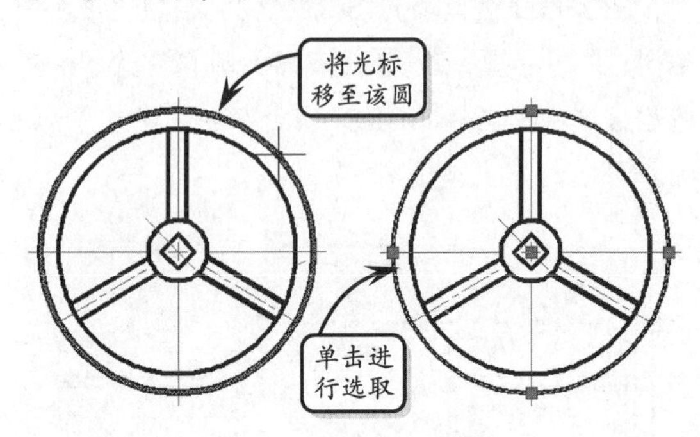

2．窗口选取

窗口选取是以指定对角点的方式，定义矩形选取范围的一种选取方法。使用该方法选取对象时，只有完全包含在矩形框中的对象才会被选取，而只有一部分进入矩形框中的对象将不会被选取。

采用窗口选取方法时，可以首先单击确定第一个对角点，然后向右侧移动鼠标，此时选取区域将以实线矩形的形式显示。接着单击确定第二个对角点后，即可完成窗口选取。

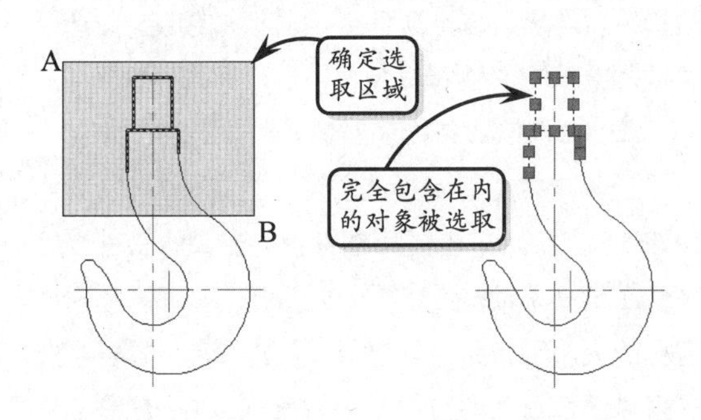

3．交叉窗口选取

在交叉窗口模式下，用户无须将欲选择对象全部包含在矩形框中，即可选取该对象。交叉窗口选取与窗口选取模式很相似，只是在定义选取窗口时有所不同。

交叉选取是在确定第一点后，向左侧移动鼠标，选取区域将显示为一个虚线矩形框。此时再单击确定第二点，即第二点在第一点的左边，即可将完全或部分包含在交叉窗口中的对象选中。

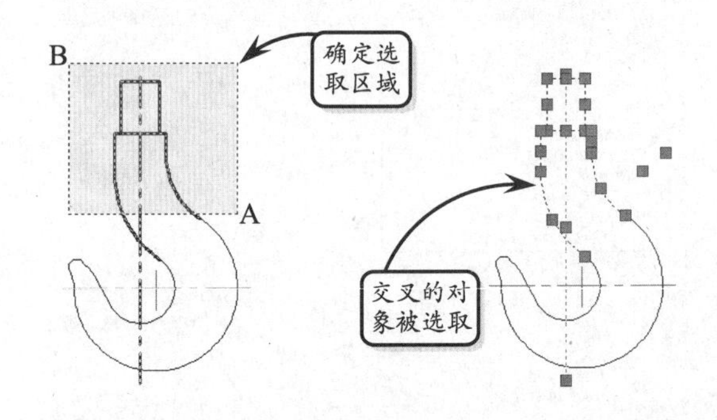

4．不规则窗口选取

不规则窗口选取是通过指定若干点的方式定义不规则形状的区域来选择对象，包括圈围和圈交两种选择方式。其中，圈围多边形窗口只选择完全包含在内的对象，而圈交多边形窗口可以选择包含在内或相交的对象。

在命令行中输入 SELECT 指令，按下回车键后输入"？"，然后根据命令行提示输入 WP 或 CP，即可通过定义端点的方式在绘图区中绘制相应的多边形区域来选取指定的图形对象。

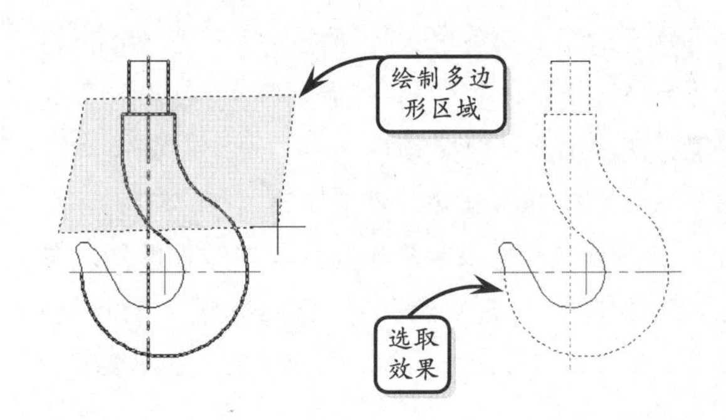

1.8 平移和重生成视图

版本：AutoCAD 2013

在绘制图形的过程中，为了更方便地观察图形的不同位置，可以对图形进行平移操作。此外，还可以利用视图的重生成工具更新视图，提高绘图的准确性和画面清晰度。

1. 平移视图

使用平移视图工具可以重新定位当前图形在窗口中的位置，以便对图形其他部分进行浏览或绘制。此命令不会改变视图中对象的实际位置，只改变当前视图在操作区域中的位置。在 AutoCAD 中，平移视图工具包含【实时平移】和【定点平移】两种方式，现分别介绍如下。

❑ 实时平移

利用该工具可以使视图随光标的移动而移动，从而在任意方向上调整视图的位置。切换至【视图】选项卡，在【二维导航】选项板中单击【平移】按钮，此时鼠标指针将显示形状。然后按住鼠标左键并拖动，窗口中的图形将随着光标移动的方向而移动，按 Esc 键可退出平移操作。

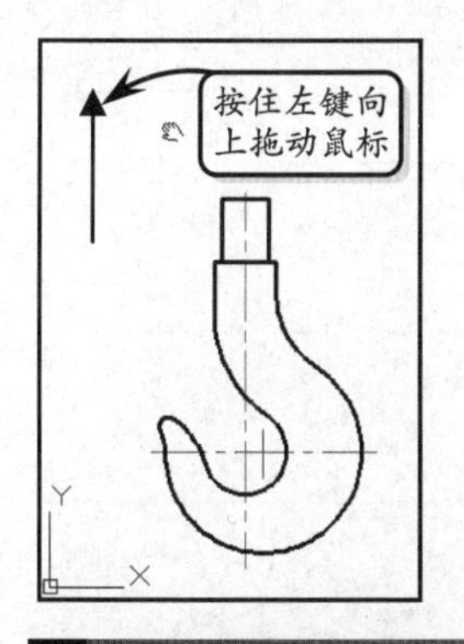

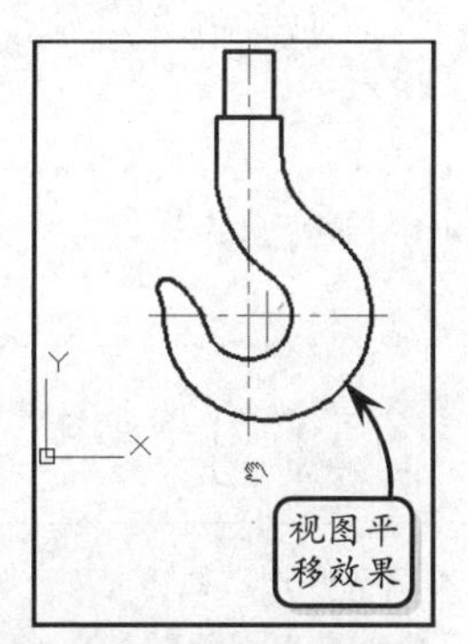

提示

在绘图过程中为提高绘图的效率，当平移视图时可以直接按住鼠标中键将视图移动到指定的位置，释放视图即可获得移动效果。

❑ 定点平移

执行【定点平移】指令可以通过指定移动基点和位移值的方式进行视图的精确平移。在命令行中输入 MOVE 指令，并选取要移动的对象，按下回车键后，此时屏幕中将显示一个“十”形光标。然后在绘图区中的适当位置单击左键指定基点，并偏移光标指定视图的移动方向。接着输入位移距离并按回车键，或直接单击左键指定目标点，即可完成视图的定点平移。

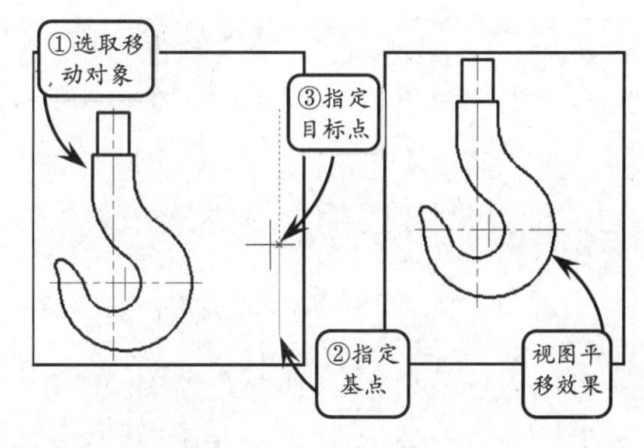

2. 重生成图形

执行重生成操作，在当前视口中以最新的设置更新整个图形，并重新计算所有对象的屏幕坐标。另外，该命令还可以重新创建图形数据库索引，从而优化显示和对象选择的性能。

在命令行中输入 REGEN 指令，即可完成图形对象的重生成操作。在 AutoCAD 中，某些操作只有在使用【重生成】命令后才生效。例如在命令行中输入 FILL 指令后输入 OFF，关闭图案填充显示，此时只有对图形进行重生成操作，图案填充才会关闭。

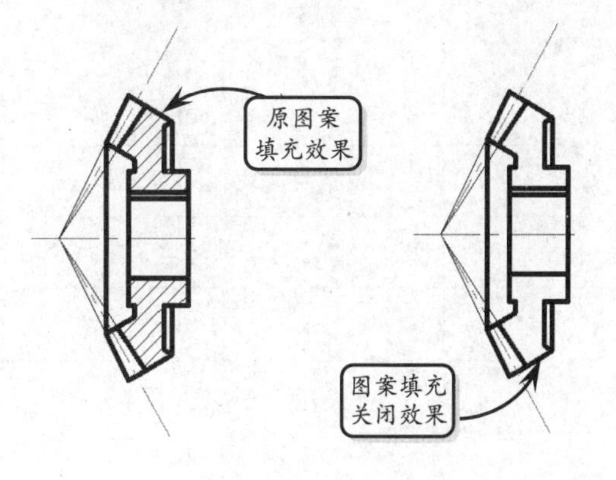

1.9 缩放视图

版本：AutoCAD 2013

在绘制图形的局部细节时，通常需要使用相应的缩放工具放大绘图区域，且当绘制完成后，再使用缩放工具缩小图形来观察图形的整体效果。

切换至【视图】选项卡，在【二维导航】选项板中单击【范围】按钮右侧的黑色小三角，系统将打开【缩放】菜单。该菜单中包含了 11 种视图缩放工具，各工具的具体含义如下表所示。

提示

在绘制图形的过程中，为了更方便地观察图形的不同位置，可以对图形进行平移和缩放操作。且通常情况下，这两种操作同时进行。

工具名称	功能说明
范围	系统能够以屏幕上所有图形的分布距离为参照，自动定义缩放比例对视图的显示比例进行调整，使所有图形对象显示在整个图形窗口中
窗口	可以在屏幕上提取两个对角点以确定一个矩形窗口，之后系统将以矩形范围内的图形放大至整个屏幕。当使用【窗口】缩放视图时，应尽可能指定矩形对角点与当前屏幕形成一定的比例，才能达到最佳的放大效果
上一个	单击该按钮，可以将视图返回至上次显示位置的比例
实时	按住鼠标左键，通过向上或向下移动进行视图的动态放大或缩小操作。在使用【实时】缩放工具时，如果图形放大到最大程度，光标显示为时，表示不能再进行放大；反之，如果缩小到最小程度，光标显示为时，表示不能再进行缩小
全部	可以将当前视口缩放来显示整个图形。在平面视图中，所有图形将被缩放到栅格界限和当前范围两者中较大的区域中
动态	可以将当前视图缩放显示在指定的矩形视图框中。该视图框表示视口，可以改变它的大小，或在图形中移动
比例	执行比例缩放操作与居中缩放操作有相似之处。当执行比例缩放操作时，只需设置比例参数即可。例如，在命令行中输入 5X，可以使屏幕上的每个对象显示为原大小的 1/2
居中	缩放以显示由中心点及比例值或高度定义的视图。其中，设置高度值较小时，增加放大比例；反之，则减小放大比例。当需要设置比例值来相对缩放当前的图形时，可以输入带 X 的比例因子数值。例如，输入 2X 显示比当前视图放大两倍的视图
对象	能够以图中现有图形对象的形状大小为缩放参照，调整视图的显示效果
放大	能够以 2X 的比例对当前图形执行放大操作
缩小	能够以 0.5X 的比例对当前图形执行缩小操作

AutoCAD 1.10 高手答疑

版本：AutoCAD 2013

问题 1：如何新建图形文件？

解答：要创建新的图形文件，可以在快捷工具栏中单击【新建】按钮，系统将打开【选择样板】对话框。此时，在该对话框中选择一个样板，并单击【打开】按钮，系统即可打开一个基于样板的新文件。且一般情况下，日常设计中最常用的是“acad”样板和“acadiso”样板。

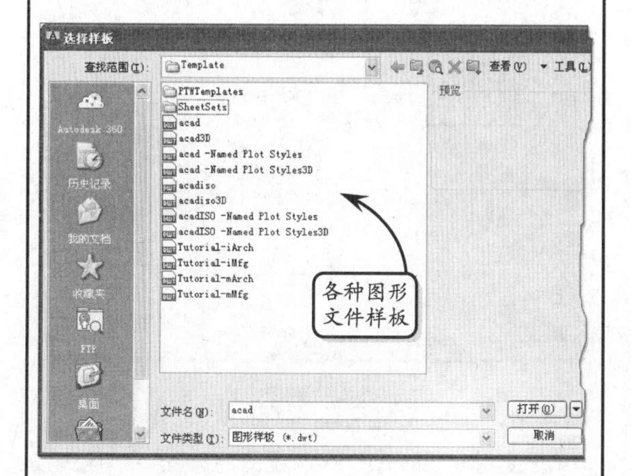

此外，在创建样板时，用户可以不选择任何样板，从空白开始创建。此时需要在对话框中单击【打开】按钮旁边的黑三角以打开其下拉菜单，然后选择【无样板打开—英制】或【无样板打开—公制】方式即可。

提示

第一个新建的图形文件命名为“Drawing1.dwg”。如果再创建一个图形文件，其默认名称为“Drawing2.dwg”，依此类推。

问题 2：如何给图形文件加密？

解答：要执行图形加密操作，用户可以在快捷工具栏中单击【另存为】按钮，系统将打开【图形另存为】对话框。然后在该对话框的【工具】下拉菜单中选择【安全选项】选项，将打开【安全选项】对话框。此时，在【密码】选项卡的文本框中输入密码，并单击【确定】按钮，接着在打开的【确认密码】对话框中输入确认密码，即可完成文件的加密操作。

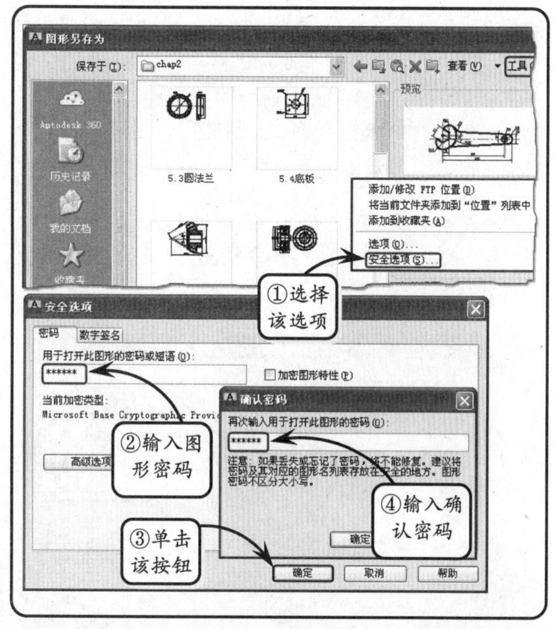

问题 3：什么叫选择集？

解答：在 AutoCAD 中执行绘制或编辑操作，通常情况下需要首先选择相应的图形对象，然后再进行相应的操作。这样所选择的对象便构成一个集合，称为选择集。

用户可以根据个人使用习惯，通过设置选择集的各选项对拾取框、夹点显示以及选择视觉效果等方面的选项进行详细的设置，从而提高选择对象时的准确性和速度，达到提高绘图效率和精确度的目的。

问题 4：在 AutoCAD 中，选择图形对象的常用方式有哪些？

解答：针对图形对象的复杂程度或选取对象数量的不同，有多种选择对象的方法，总的可以分为点选或区域选取两种选取方式。在 AutoCAD 中，常用的对象选择方法包括直接选取、窗口选取、交叉窗口选取和不规则窗口选取 4 种方式。

其中，利用不规则窗口选取对象时，包括圈围和圈交两种选择方式：圈围多边形窗口只选择完全包含在内的对象；而圈交多边形窗口可以选择包含在内或相交的对象。

1.11 高手训练营

版本：AutoCAD 2013

练习 1．局部打开手柄图形，不显示中心线图层

如果使用局部打开方式，则在打开后只显示被选图层上的对象，其余未选图层上的对象将不会被显示出来。

该例选择局部方式打开手柄图形，并不显示其上的中心线图层。

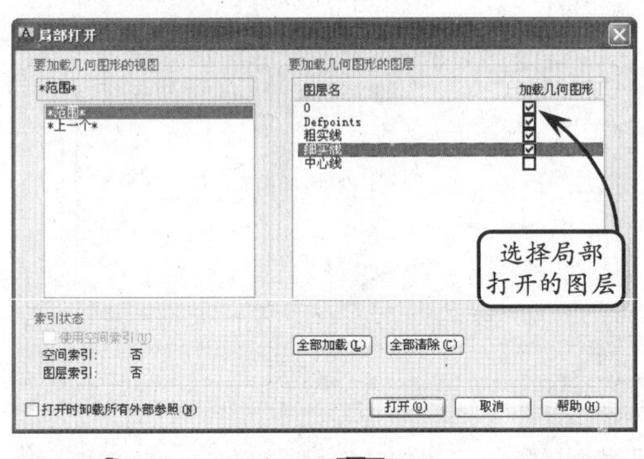

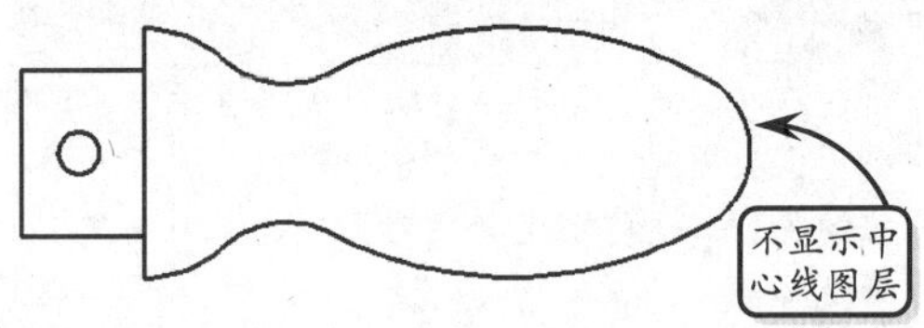

练习 2．交叉窗口选取吊钩图形上的指定对象

在交叉窗口模式下，用户无须将欲选择对象全部包含在矩形框中，即可将完全或部分包含在交叉窗口中的对象选中。

该例选择交叉方式通过确定相应的两点来选取吊钩图形上的指定区域对象。

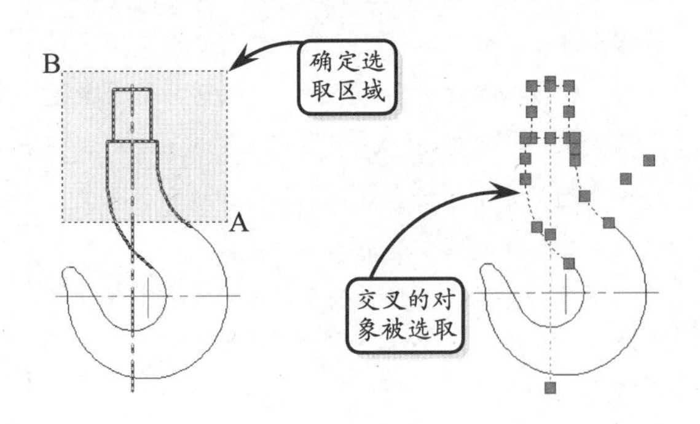

练习 3．以只读方式打开旋钮开关图形文件

选择该方式表明文件以只读的方式打开。用户可以进行编辑操作，但编辑后不能直接以原文件名存盘，需另存为其他名称的图形文件。

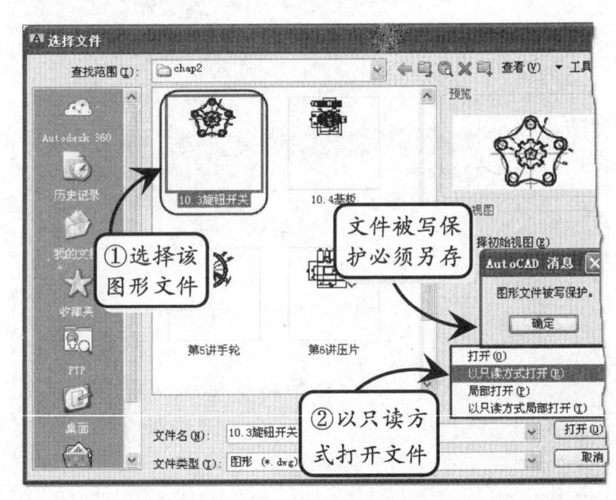

练习 4．设置文件自动保存间隔时间

在使用 AutoCAD 软件绘图的过程中，应每隔 10~15min 保存一次所绘的图形。定期保存绘制的图形是为了防止一些突发情况，如电源被切断、错误编辑和一些其他故障，尽可能做到防患于未然。

在【选项】对话框中的【打开和保存】选项卡中启用【自动保存】复选框，并在【保存间隔分钟数】文本框中设置相应的数值。这样在以后的绘图过程中，系统即可以该数值为间隔时间，自动对文件进行存盘。

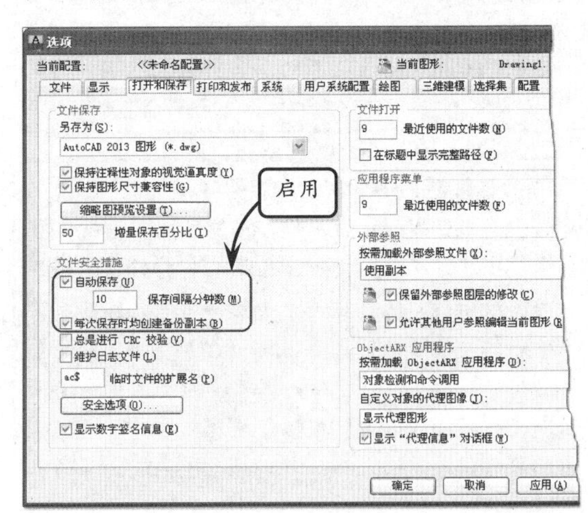

第 2 章

AutoCAD 2013 绘图基础

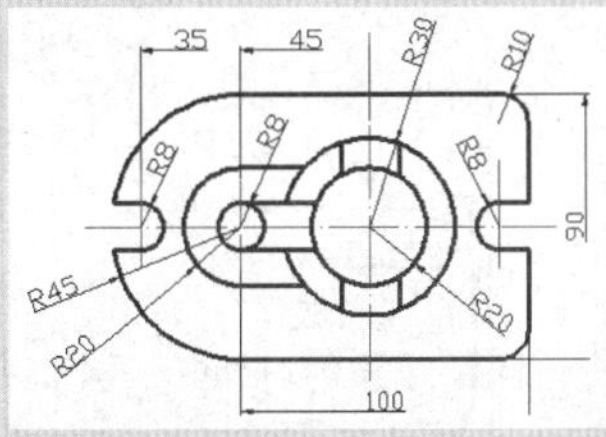

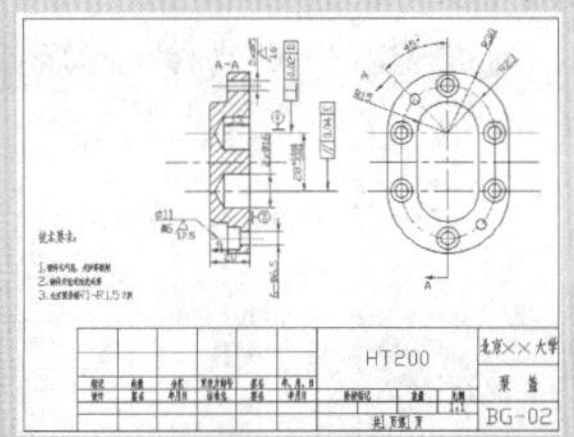

在系统学习一个软件之前，首要的工作就是熟悉并了解该软件的各种相关知识。AutoCAD 作为专业化的绘图软件，具有其他软件所不同的特点和操作要求。作为 AutoCAD 软件的初学者，灵活掌握这些相关知识和基本操作方法是学好该软件的关键，也为以后进一步提高绘图能力打下坚实的基础。

本章主要介绍绘图环境的设置和图形的精确控制设置等绘图通用知识，并通过细致地讲解坐标系的使用方法，使用户对 AutoCAD 的绘图环境有进一步的了解。

2.1 绘图环境的设置

版本：AutoCAD 2013

绘图环境是用户与 AutoCAD 软件的交流平台，构建一目了然、操作方便的绘图界面，直接关系着用户能否快捷、准确地完成设计任务。其中，设置大部分绘图环境最直接的方法是使用【选项】对话框。在该对话框中可以分别设置图形显示、打开、打印和发布等参数。

要设置参数选项，用户可以在绘图区的空白处单击鼠标右键，在打开的快捷菜单中选择【选项】选项，系统将打开【选项】对话框。该对话框中各选项卡的具体设置内容分别介绍如下。

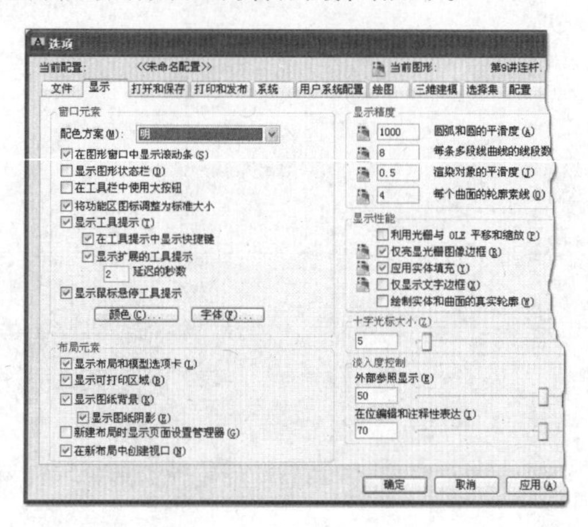

❑ 文件

在该选项卡中可以确定 AutoCAD 各类支持文件、设备驱动程序文件、菜单文件和其他文件的搜索路径，以及用户定义的一些设置。

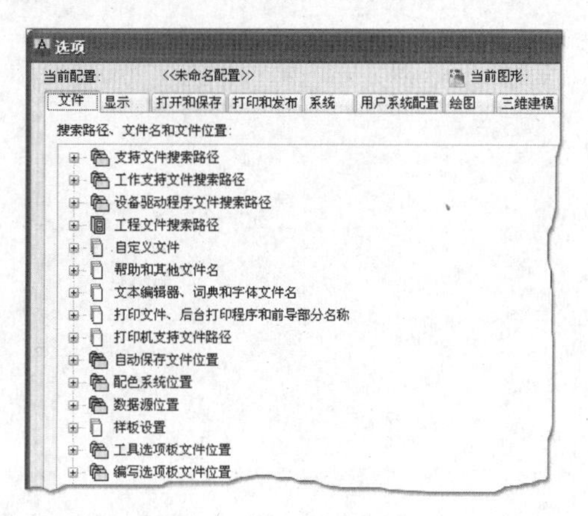

❑ 显示

在该选项卡中可以设置窗口元素、布局元素、显示精度、显示性能、十字光标大小和淡入度控制等显示属性。

其中，在该选项卡中经常执行的操作为设置图形窗口的颜色，即单击【颜色】按钮，然后在打开的【图形窗口颜色】对话框中设置各类背景的颜色。

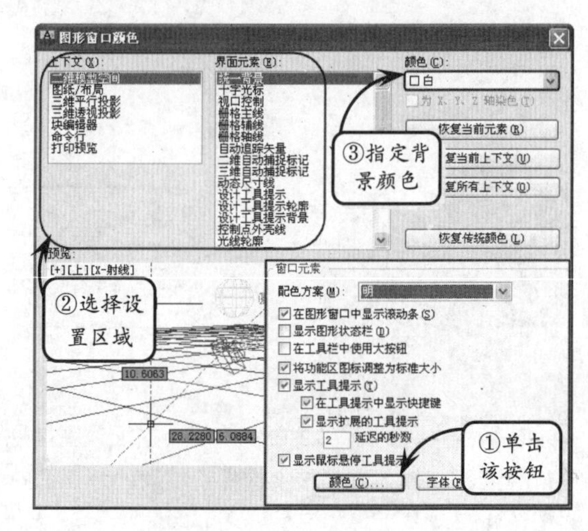

❑ 打开和保存

在该选项卡中可以设置是否自动保存文件，以及指定保存文件时的时间间隔、是否维护日志，以及是否加载外部参照等。

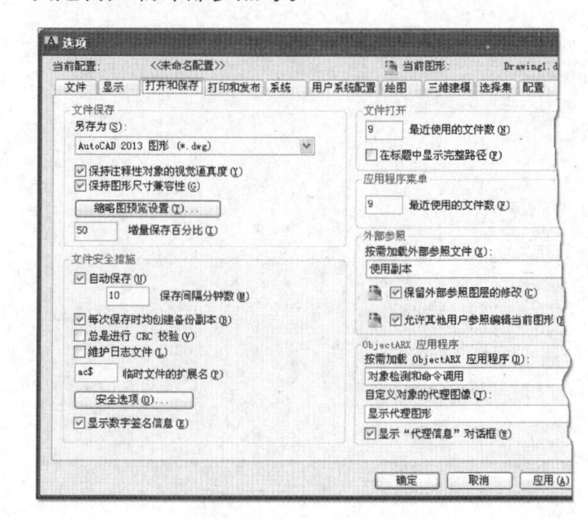

❑ 打印和发布

在该选项卡中可以设置 AutoCAD 2013 的输出设备。默认情况下，输出设备为 Windows 打印机。但在多数情况下为了输出较大幅面的图形，常使用专门的绘图仪。

❑ 系统

在该选项卡中可以设置当前三维图形的显示特性、指定当前的定点设备、是否显示“OLE 文字大小”对话框，以及是否允许设置长符号名等。

❑ 用户系统配置

在该选项卡中可以设置是否使用快捷菜单，以及进行坐标数据输入优先级的设置。为了提高绘图的速度，避免重复使用相同命令，通常单击【自定义右键单击】按钮，在打开的【自定义右键单击】对话框中进行相应的设置。

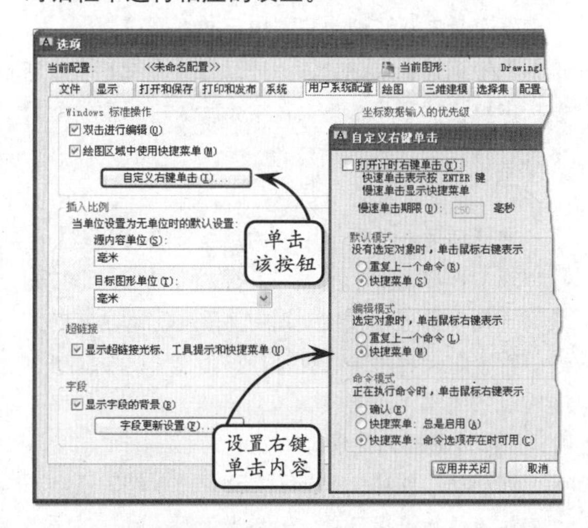

❑ 三维建模

三维模型是对三维形体的空间描述，可以直观地表达产品的设计效果。在机械设计中，三维零件由于其立体性和各部分结构的复杂多样性，需要设置不同的视觉样式来显示模型，或从不同的方位来观察模型，进而详细了解零件的各部分结构。

在该选项卡中可以对三维绘图模式下的三维十字光标、三维对象和三维导航等参数选项进行设置。

❑ 绘图

在该选项卡中可以进行自动捕捉的常规设置，以及指定对象捕捉标记框的颜色、大小和靶框的大小。且这些选项的具体设置，需要配合状态栏的功能操作情况而定。

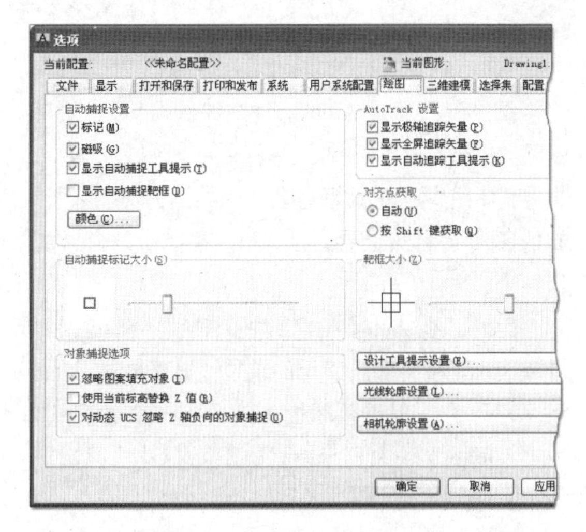

❑ 选择集

在该选项卡中可以设置选择集模式、拾取框大小及夹点大小等内容。若单击【视觉效果设置】按钮，则可以在打开的对话框中设置区分其他图线的显示效果。

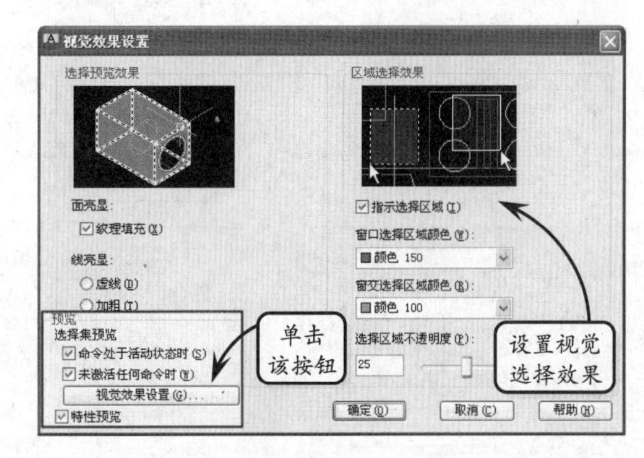

❑ 配置

在该选项卡中可以实现新建系统配置文件、重命名系统配置文件，以及删除系统配置文件等操作。

❑ 联机

在该选项卡中可以设置使用 AutoCAD 360 联机工作的相关选项，并可以访问存储在 Cloud 账户中的设计文档。

2.2 设置图形界限和单位

版本：AutoCAD 2013

图形界限就是 AutoCAD 的绘图区域，也称为图限。设置图形界限就是要标明工作区域和图纸的边界，让用户在设置好的区域中绘图，以避免所绘制的图形超出该边界，从而在布局中无法正确显示。

此外，在 AutoCAD 中对于任何图形而言，总有其大小、精度和所采用的单位。屏幕上显示的仅为屏幕单位，但屏幕单位应该对应一个真实的单位，不同的单位其显示格式也不同。

1. 设置图形界限

在模型空间中设定的图形界限实际上是一假定的矩形绘图区域，用于规定当前图形的边界。

在命令行中输入 LIMITS 指令，然后指定绘图区中的任意一点作为空间界限的左下角点，并输入相对坐标（@410，290）确定空间界限的右上角点。接着启用【栅格显示】功能，即可查看设置的图形界限效果。

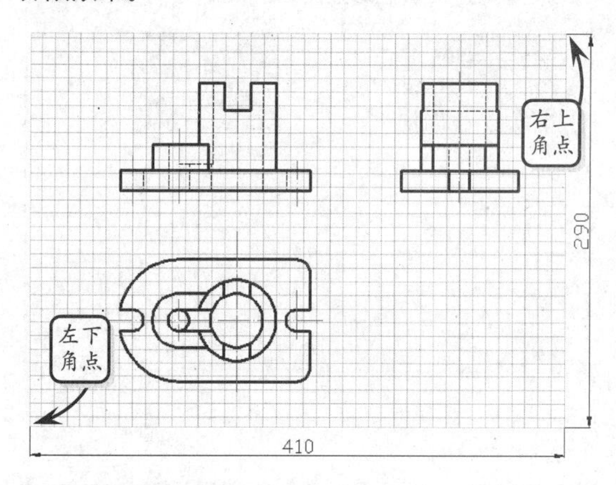

2. 设置图形单位

图形单位的相关设置主要是指设置长度和角度的类型、精度以及角度的起始方向。

单击窗口左上角按钮，在其下拉菜单中选择【图形实用工具】|【单位】选项，即可在打开的【图形单位】对话框中设置长度、角度，以及插入时的缩放单位等参数选项。

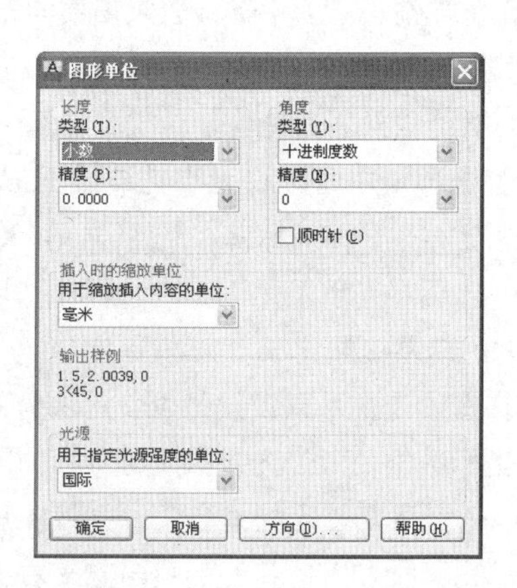

❑ 设置长度

在【长度】选项组中，用户可以在【类型】下拉列表中选择长度的类型，并通过【精度】下拉列表指定数值的显示精度。其中，默认的长度类型为小数，精度为小数点后 4 位。

❑ 设置角度

在【角度】选项组中，用户可以在【类型】下拉列表中选择角度的类型，并通过【精度】下拉列表指定角度的显示精度。其中，角度的默认方向为逆时针，如果启用【顺时针】复选框，则系统将以顺时针方向作为正方向。

❑ 设置插入比例

在该选项组中，用户可以设置插入块时所应用的缩放单位，包括英寸、码和光年等。默认的插入时的缩放单位为【毫米】。

❑ 设置方向

单击【方向】按钮，即可在打开的【方向控制】对话框中设定基准角度的0° 方向。且一般情况下，系统默认的正东方向为0° 方向。

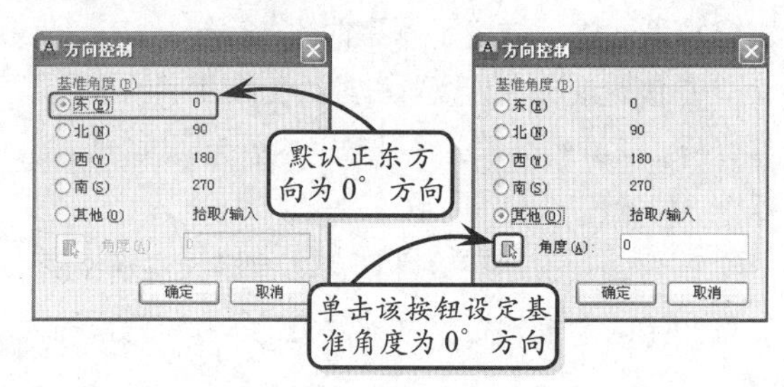

2.3 对象捕捉

版本：AutoCAD 2013

在绘图过程中常常需要在一些特殊几何点之间连线，如通过圆心、线段的中点或端点等。虽然有些点可以通过输入坐标值来精确定位，但有些点的坐标是难以计算出来的，且通过输入坐标值定位点的方法过于繁琐，耗费大量时间。此时，用户便可以利用软件提供的对象捕捉工具来快速准确地捕捉这些特殊点。在 2013 版 AutoCAD 中，启用对象捕捉有以下 4 种方式。

1. 工具栏

在绘图过程中，当要求指定某点时，可以在【对象捕捉】工具栏中单击相应的特征点按钮，然后将光标移动到捕捉对象的特征点附近，即可捕捉到相应的点。

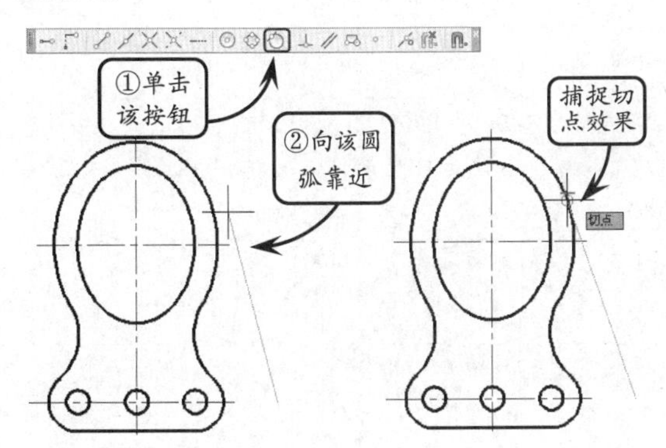

2. 右键快捷菜单

使用右键快捷菜单指定捕捉类型是一种常用的捕捉设置方式。该方式与【对象捕捉】工具栏具有相同的效果，但操作更加方便。在绘图过程中，按住 Shift 键并单击右键，系统将打开【对象捕捉】快捷菜单。在该菜单中，选择指定的捕捉选项即可执行相应的对象捕捉操作。

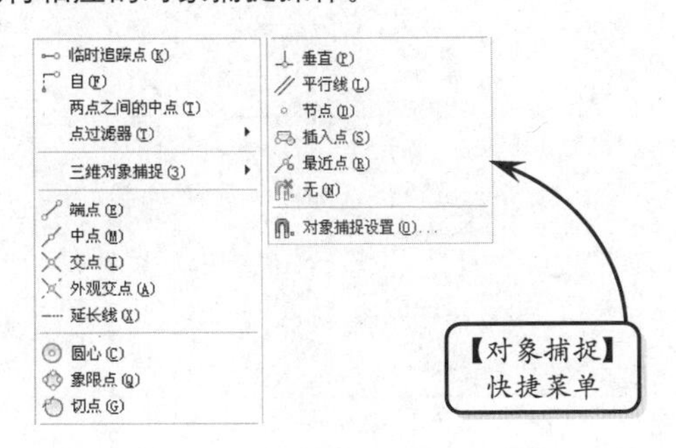

3. 草图设置

前两种方式仅对当前操作有效，当命令结束后，捕捉模式将自动关闭。所以，用户可以通过草图设置捕捉模式来定位相应的点。且当启用该模式时，系统将根据事先设定的捕捉类型，自动寻找几何对象上的点。

在状态栏中的【对象捕捉】功能按钮上右击，并选择【设置】选项，系统将打开【草图设置】对话框。此时，用户即可在该对话框的【对象捕捉】选项卡中启用相应的复选框，指定所需的对象捕捉点的类型。

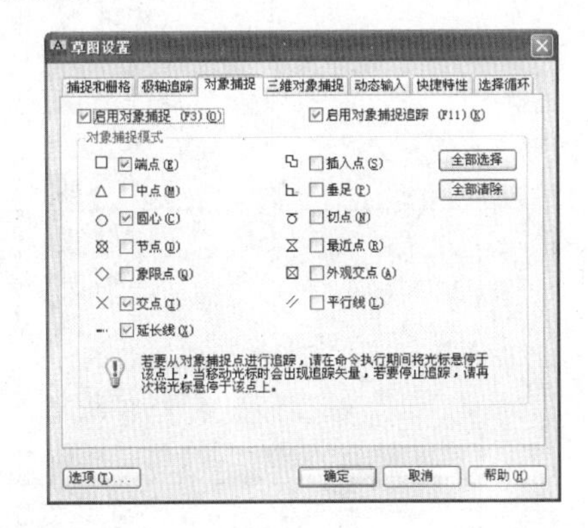

4. 输入命令

在绘制或编辑图形时捕捉特殊点，也可以通过在命令行中输入捕捉命令（例如中点捕捉命令为 MID、端点捕捉命令为 ENDP）来实现捕捉点的操作。如利用【直线】工具指定一点后，可以通过在命令行中输入 TAN 指令来捕捉圆弧的切点。此外，捕捉各个特殊点的快捷键和具体操作方法可以参照下表所示。

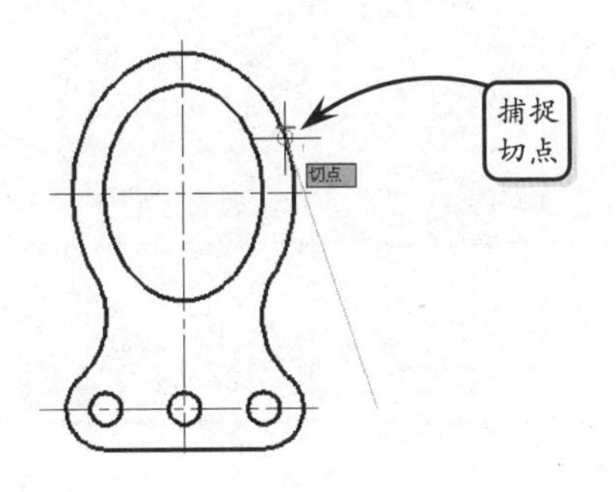

对象捕捉类型	快捷键	含义	操作方法
临时追踪点	TT	创建对象捕捉所使用的临时点	用户将光标从几何对象上现有点（需要单击选取该点）开始移动时，系统沿该对象显示双侧捕捉辅助线和捕捉点的相对极坐标，输入偏移距离后，即可定位新点
捕捉自	FROM	从临时参照点偏移捕捉至另一个点	启用【捕捉自】模式后，先指定几何对象上一点作为临时参照点即基点。然后输入偏移坐标，即可确定捕捉目标点相对于基点的位置
捕捉到端点	ENDP	捕捉线段、圆弧等几何对象的端点	启用【端点】捕捉后，将光标移动到目标点附近，系统将自动捕捉该端点
捕捉到中点	MID	捕捉线段、圆弧等几何对象的中点	启用【中点】捕捉后，将光标的拾取框与线段或圆弧等几何对象相交，系统将自动捕捉中点
捕捉到交点	INT	捕捉几何对象间现有或延伸交点	启用【交点】捕捉后将光标移动到目标点附近，即可自动捕捉该点；如果两个对象没有直接相交，可先选取一对象，再选取另一对象，系统将自动捕捉到交点
捕捉到外观交点	APPINT	捕捉两个对象的外观交点	在二维空间中该捕捉方式与捕捉交点相同。但该捕捉方式还可在三维空间中捕捉两个对象的视图交点（在投影视图中显示相交，但实际上并不一定相交）
捕捉到延长线	EXT	捕捉线段或圆弧的延长线	用户将光标从几何对象端点开始移动时（不需要单击选取该点），系统沿该对象显示单侧的捕捉辅助线和捕捉点的相对极坐标，输入偏移距离后，即可定位新点
捕捉到圆心	CEN	捕捉圆、圆弧或椭圆的中心	启用【圆心】捕捉后，将光标的拾取框与圆弧、椭圆等几何对象相交，系统将自动捕捉这些对象的中心点
捕捉到象限点	QUA	捕捉圆、圆弧或椭圆的0°、90°、180°、270°的点	启用【象限点】捕捉后，将光标拾取框与圆弧、椭圆等几何对象相交，系统将自动捕捉距拾取框最近的象限点
捕捉到切点	TAN	捕捉圆、圆弧或椭圆的切点	启用【切点】捕捉后，将光标的拾取框与圆弧、椭圆等几何对象相交，系统将自动捕捉这些对象的切点
捕捉到垂足	PER	捕捉线段或圆弧的垂足点	启用【垂足】捕捉后，将光标的拾取框与线段、圆弧等几何对象相交，系统将自动捕捉这些对象的垂足点
捕捉到平行线	PAR	平行捕捉，可用于绘制平行线	绘制平行线时，指定一点为起点。然后启用【平行线】捕捉，并将光标移至另一直线上，该直线上将显示平行线符号。再移动光标将显示平行线效果，此时输入长度即可
捕捉到插入点	INS	捕捉文字、块、图形的插入点	启用【插入点】捕捉后，将光标的拾取框与文字或块等对象相交，系统将自动捕捉这些对象的插入点
捕捉到最近点	NEA	捕捉距离光标最近的几何对象上的点	启用【最近点】捕捉后，将光标的拾取框与线段或圆弧等对象相交，系统将自动捕捉这些对象上离光标最近点

2.4 自动追踪

版本：AutoCAD 2013

在绘制具有多角度的图形时，为提高设计效率，可以使用自动追踪功能辅助操作。使用该类功能可以按照指定的角度绘制图形对象，或者绘制与其他对象有特定关系的图形对象。在 AutoCAD 中，自动追踪主要有以下两种追踪功能。

1. 极轴追踪

极轴追踪是按事先的角度增量来追踪特征点的。该追踪功能通常是在指定一个点时，按预先设置的角度增量显示一条无限延伸的辅助线，这时就可以沿辅助线追踪获得光标点。在绘制二维图形时常利用该功能绘制倾斜的直线。

在状态栏中的【极轴追踪】功能按钮上右击，并选择【设置】选项，即可在打开对话框的【极轴追踪】选项卡中设置极轴追踪对应的参数选项。

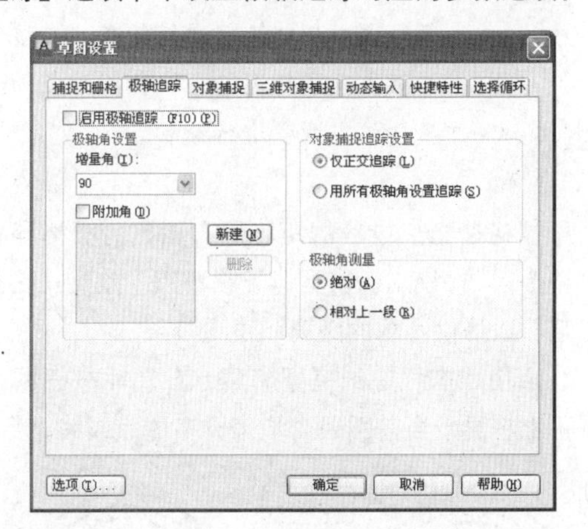

其中，在【极轴角测量】选项组中可以设置极轴对齐角度的测量基准：选择【绝对】单选按钮，可基于当前 UCS 坐标系确定极轴追踪角度；选择【相对上一段】单选按钮，可基于最后所绘的线段确定极轴追踪的角度。

此外，在该对话框的【增量角】下拉列表中选择系统预设的角度，即可设置新的极轴角；如果该下拉列表中的角度不能满足需要，可以启用【附加角】复选框，并单击【新建】按钮，然后在文本框中输入新的角度即可。如新建附加角角度值为 80°，绘制角度线将显示该附加角的极轴跟踪。

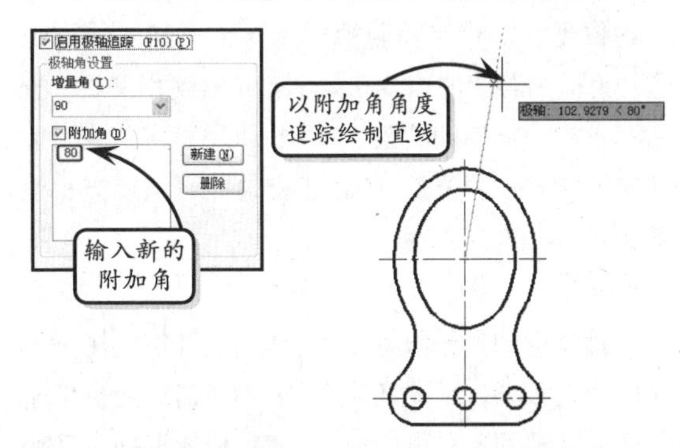

2. 对象捕捉追踪

当不知道具体角度值但知道特定的关系时，可以通过进行对象捕捉追踪来绘制某些图形对象。

依次启用状态栏中的【对象捕捉追踪】功能按钮和【对象捕捉】功能按钮，然后在绘图区中选取一端点作为追踪参考点，并沿极轴角方向显示的追踪路径确定第一点，接着继续沿该极轴角方向显示的追踪路径确定第二点，即可绘制相应的直线。

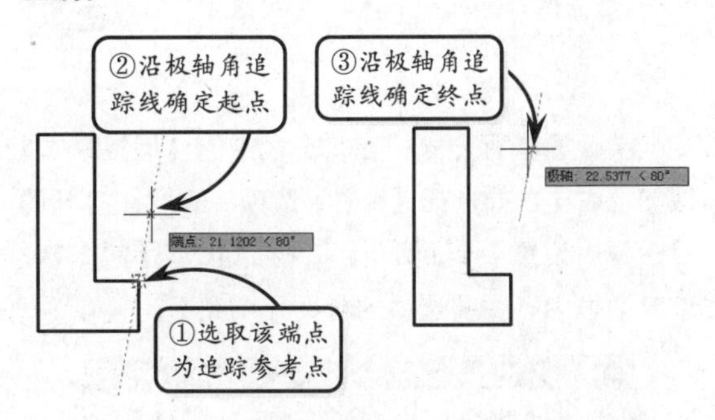

从追踪参考点进行追踪的方向可以在【极轴追踪】选项卡中的【对象捕捉追踪设置】选项组中进行设置，该选项组中两个选项的含义如下所述。

- **仅正交追踪**　选择该单选按钮，系统将在追踪参考点处显示水平或竖直的追踪路径。
- **用所有极轴角设置追踪**　选择该单选按钮，系统将在追踪参考点处沿预先设置的极轴角方向显示追踪路径。

2.5 捕捉、栅格和正交

版本：AutoCAD 2013

在绘图过程中，尽管可以通过移动光标来指定点的位置，却很难精确地指定对象的某些特殊位置。为提高绘图的速度和效率，通常使用捕捉、栅格和正交功能辅助绘图。其中，使用栅格功能可以快速地指定点的位置，使用正交功能可以使光标沿垂直或平行方向移动。

1. 捕捉

捕捉模式用于限制十字光标，使其按照用户定义的间距移动。当【捕捉模式】启用时，光标似乎附着或捕捉到不可见的栅格。捕捉模式有助于使用箭头键或定点设备来精确定位点。

要执行捕捉操作，首先启用状态栏中的【捕捉模式】功能按钮，然后在屏幕上移动光标，该光标将沿着栅格点或线进行移动。

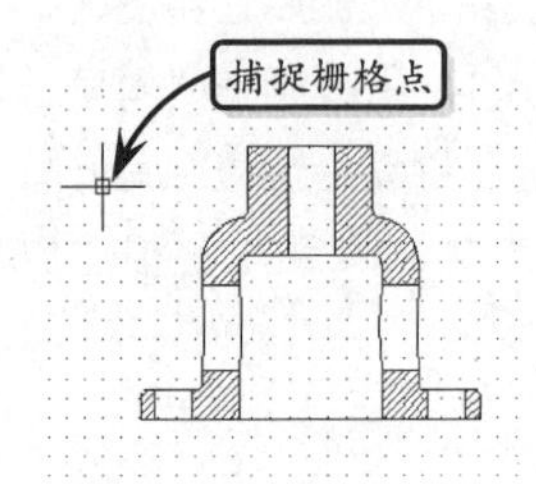

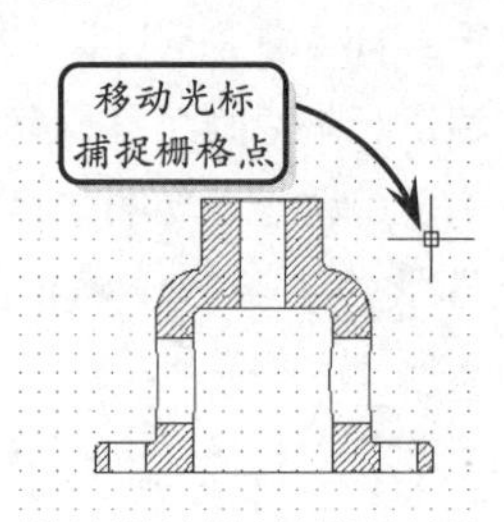

要设置捕捉方式，在状态栏中的【捕捉模式】按钮上右击，并选择【设置】选项，即可在打开的对话框中设置【捕捉间距】和【捕捉类型】等参数。该对话框中各主要选项的含义介绍如下。

- ❑ **捕捉间距**　在该选项组中可设置捕捉间距。禁用【X 轴间距和 Y 轴间距相等】复选框，可设置 X、Y 轴不同间距。
- ❑ **捕捉类型**　在该选项组中可设置捕捉类型和样式，包括【栅格捕捉】和【PolarSnap】两种。
  - ➢ **栅格捕捉**　选择该单选按钮，可设置捕捉方式为栅格。其中选择【矩形捕捉】单选按钮，设置为标准矩形捕捉方式，光标可捕捉一个矩形栅格；选择【等轴测捕捉】单选按钮，可设置为等轴测捕捉方式。
  - ➢ **PolarSnap**　选择该单选按钮，将捕捉方式设置为极轴捕捉。此时【极轴距离】文本框将处于激活状态，在该文本框内设置距离值，光标将沿极轴角度按指定增量进行移动。

2. 栅格

栅格是指点或线的矩阵遍布指定为栅格界限的整个区域。使用栅格类似于在图形下放置一张坐标纸，以提供直观的距离和位置参照。

启用状态栏中的【栅格显示】功能按钮，屏幕上将显示当前图限内均匀分布的点或线。

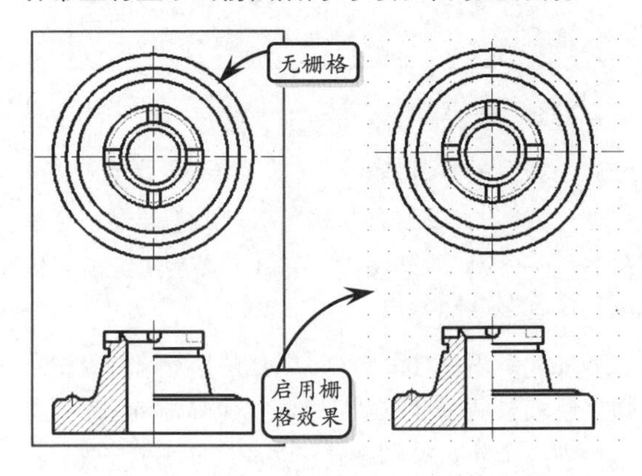

使用栅格功能不仅可以控制其间距、角度和对齐，而且可以设置显示样式和区域，以及控制主栅

格频率等，现分别介绍如下。

❑ **控制栅格的显示样式和区域**

栅格具有两种显示方式：点栅格和线栅格。其中，点栅格方式为系统默认的显示方式，而当视觉样式不是二维线框时将显示为线栅格。

展开【视图】选项卡，在【视觉样式】下拉列表中指定其他视觉样式，即可将栅格样式设置为线或点。

此外如要修改栅格覆盖的区域，可以在命令行中输入 LIMITS 指令，然后按照命令行提示，分别输入位于栅格界限左下角和右上角的点的坐标值即可。

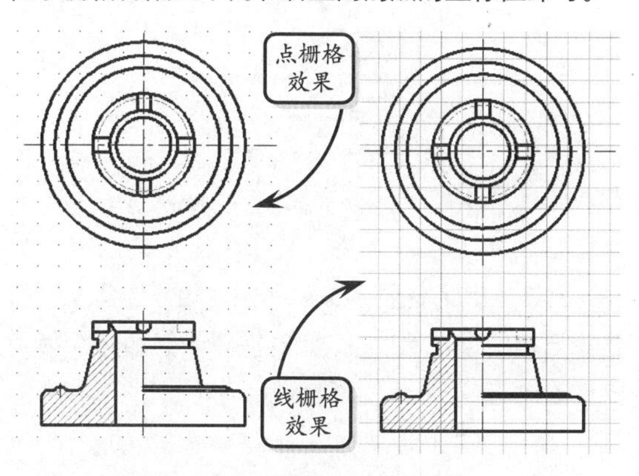

❑ **控制主栅格线的频率**

如果栅格以线显示，则颜色较深的线（主栅格线）将间隔显示。在以十进制单位或英寸绘图时，主栅格线对于快速测量距离尤其有用。

要设置主栅格线的频率，可以在状态栏的【栅格显示】功能按钮上右击，并选择【设置】选项。然后在打开对话框的【栅格 X 轴间距】和【栅格 Y 轴间距】文本框中输入间距值，即可控制主栅格线的频率。

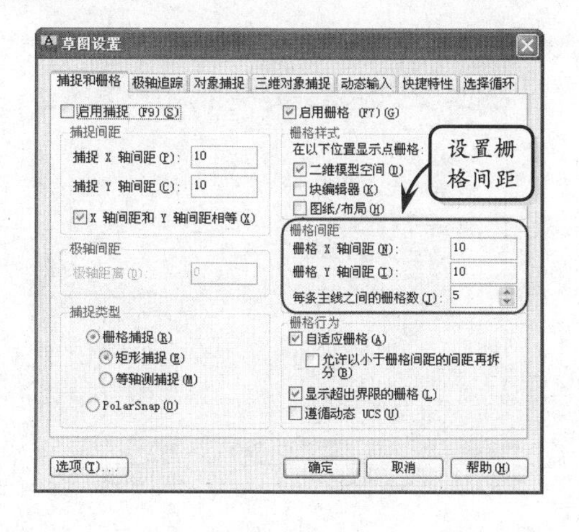

该对话框的【栅格行为】选项组用于设置视觉样式下栅格线的显示样式（三维线框除外），各复选框的含义如下所述。

➢ **自适应栅格**　启用该复选框，可以限制缩放时栅格的密度。

➢ **允许以小于栅格间距的间距再拆分**　启用该复选框，能够使小于指定栅格间距的间距来拆分该栅格。

➢ **显示超出界限的栅格**　启用该复选框，将全屏显示栅格。

➢ **遵循动态 UCS**　启用该复选框，将跟随动态 UCS 的 XY 平面而改变栅格平面。

❑ **更改栅格角度**

在绘图过程中如果需要沿特定的角度绘图，可以通过 UCS 坐标系来更改栅格角度。此旋转操作将十字光标在屏幕上重新对齐，以与新的角度匹配。

在命令行中输入 SNAPANG 指令，可以修改栅格角度。如修改栅格角度为 45°，与固定支架的角度一致，则便于绘制相关的图形对象。

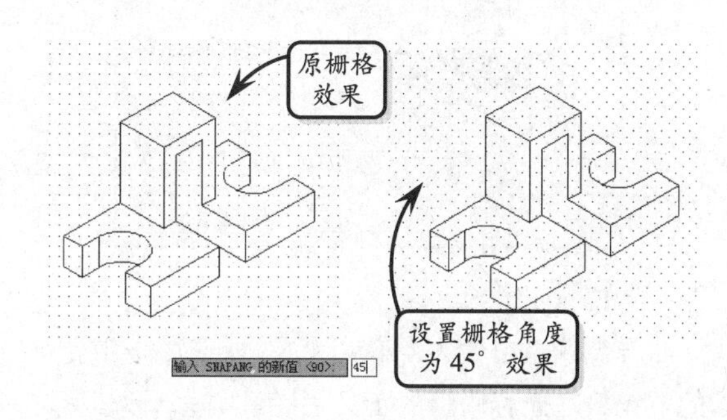

3．正交

启用状态栏中的【正交模式】功能按钮，这样在绘图过程中，拖动光标将受到水平和垂直方向限制，无法随意拖动，便于精确地绘制和修改对象。

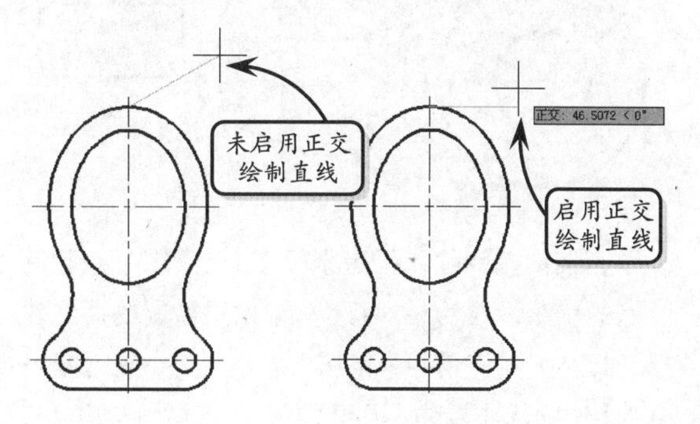

2.6 动态输入

版本：AutoCAD 2013

启用状态栏中的【动态输入】功能，系统将会在指针位置处显示命令提示信息、光标点的坐标值，以及线段的长度和角度等内容，以帮助用户专注于绘图区域，从而极大地提高设计效率，且这些信息会随着光标的移动而动态更新。

在状态栏中启用【动态输入】功能按钮，即可启用动态输入功能。如果右击该功能按钮，并选择【设置】选项，系统将打开【动态输入】选项卡。该选项卡中包含指针输入和标注输入两种动态输入方式，现分别介绍如下。

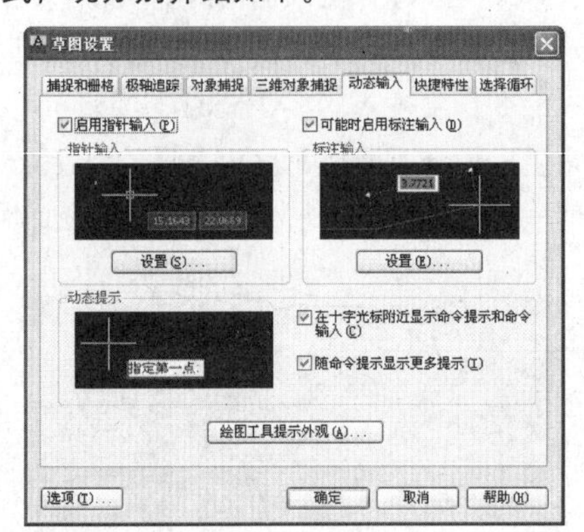

1．指针输入

当启用指针输入且有命令在执行时，十字光标的位置将在光标附近的工具栏提示中显示为坐标。此时，用户可以在工具栏提示中输入坐标值，而不用在命令行中输入。

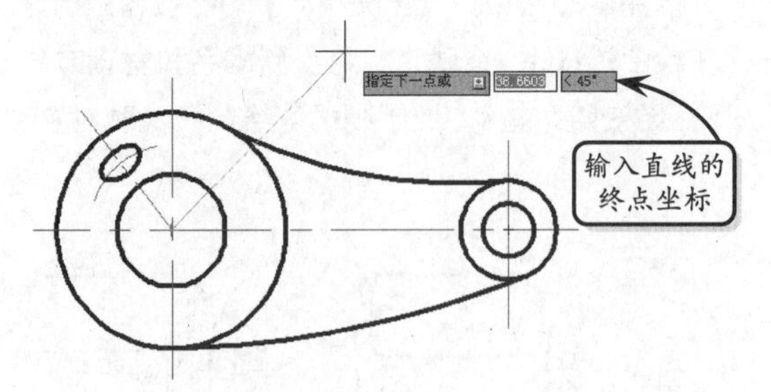

在使用指针输入指定坐标点时，第二个点和后续点的默认设置为相对极坐标。如果需要使用绝对极坐标，则需使用井号前缀（#）。此外，在【指针输入】选项组中单击【设置】按钮，系统将打开【指针输入设置】对话框。用户可以在该对话框中设置指针输入的格式和可见性。

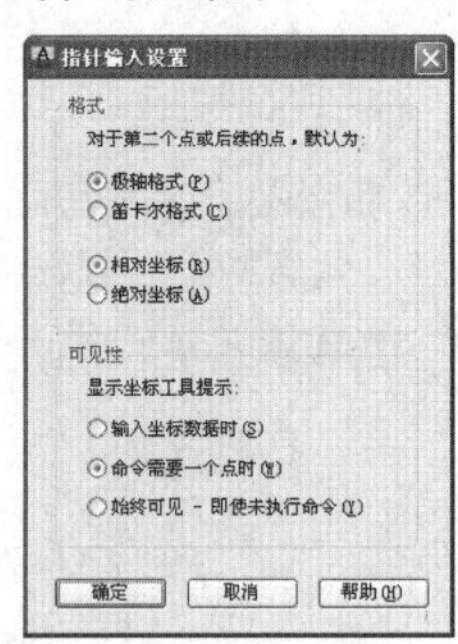

2．标注输入

启用标注输入功能，当命令提示输入第二点时，工具栏提示将显示距离和角度值，且两者的值随着光标的移动而改变。此时按 Tab 键即可切换到要更改的值。

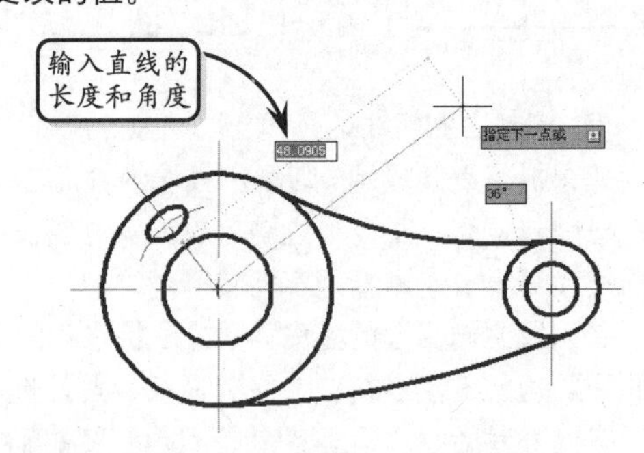

要进行标注输入的设置，单击【标注输入】选项组中的【设置】按钮，即可在打开的【标注输入的设置】对话框中设置标注输入的可见性。

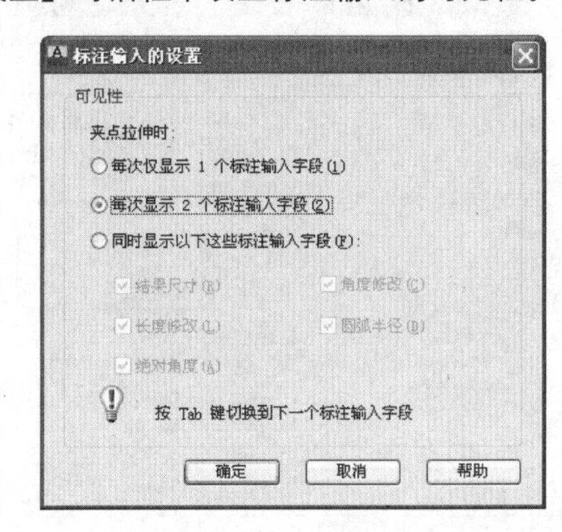

2.7 坐标系的分类

版本：AutoCAD 2013

与传统的手工绘图相比较，使用 AutoCAD 软件绘图的优势之一就是该软件为用户提供了众多的辅助绘图工具。如利用捕捉和栅格功能可以控制光标的精确移动，利用正交和极轴追踪功能可以绘制水平、垂直和倾斜直线。特别是坐标系的应用，为用户快速准确地定位点提供了极大的方便。

在 AutoCAD 中，坐标系按不同的类别分为世界坐标系和用户坐标系，以及直角坐标系和极坐标系两大类，现分别介绍如下。

1．世界坐标系和用户坐标系

AutoCAD 提供了两个坐标系：一个称为世界坐标系（WCS）的固定坐标系和一个称为用户坐标系（UCS）的可移动坐标系。

其中在二维视图上，世界坐标系的 X 轴成水平方向，Y 轴成垂直方向。且规定沿 X 轴向右和 Y 轴向上的位移为正方向，X 轴和 Y 轴的交点为世界坐标系的原点。

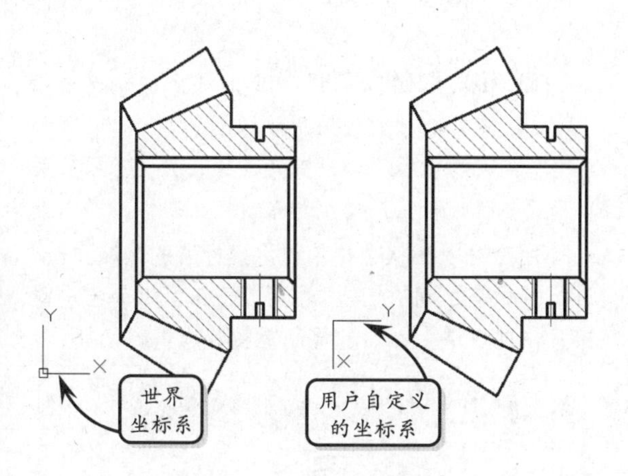

启动 AutoCAD 或新建三维图形文件时，系统默认坐标系为世界坐标系（WCS），而用户通过改变坐标系原点或旋转坐标轴而创建的坐标系为用户坐标系（UCS）。UCS 对于输入坐标、定义图形平面和设置视图非常有用。改变 UCS 并不改变视点，只改变坐标系的方向和倾斜角度。

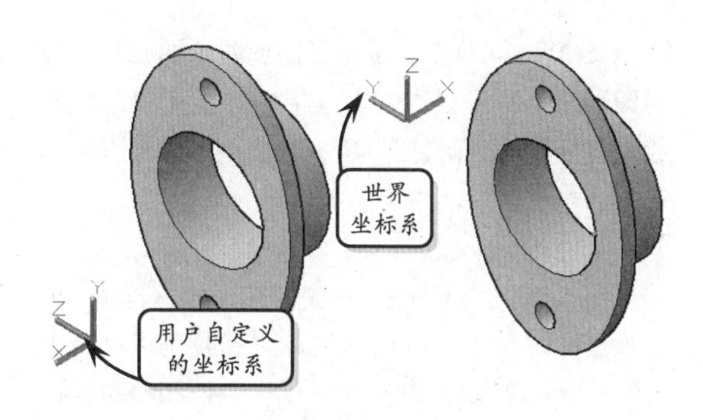

2．直角坐标系和极坐标系

直角坐标系又称为笛卡儿坐标系，由一个原点和两个通过原点的、互相垂直的坐标轴构成。该坐标系的样式与世界坐标系相同，且平面上任何一点都可以由 X 轴和 Y 轴的坐标所定义，即用一对坐标值（x，y）来定义一个点。

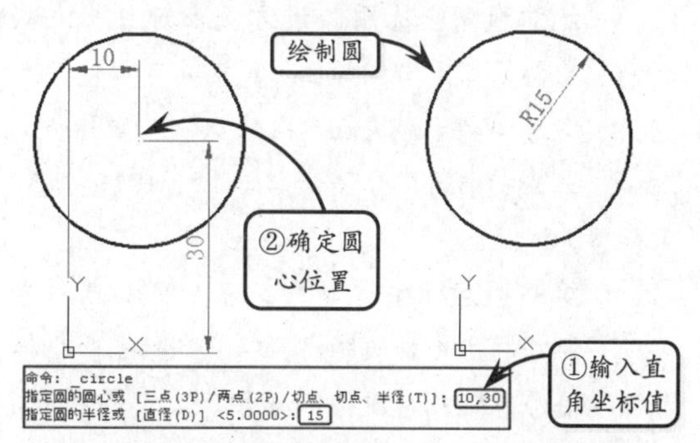

极坐标系是由一个极点和一个极轴构成的，极轴的方向为水平向右。平面上的任何一点都可以由该点到极点的连线长度 L（L<0）与连线和极轴的夹角 a（极角，逆时针方向为正）所定义，即用一对坐标值（L<a）来定义一个点，其中“<”表示角度。

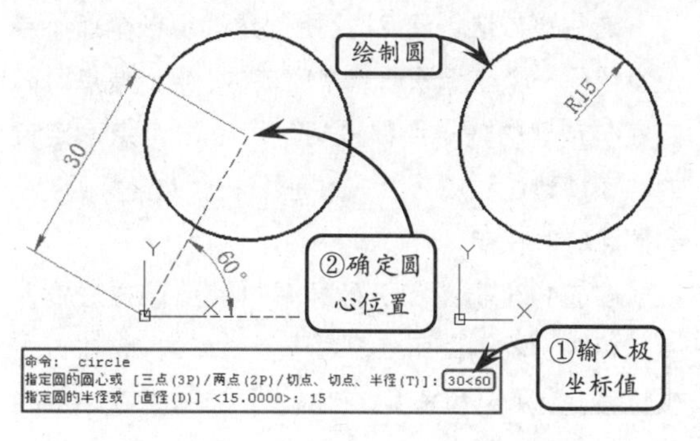

2.8 坐标的输入法和显示

版本：AutoCAD 2013

在 AutoCAD 中，坐标是图形对象的标尺，任何图形对象都可以通过输入相应的坐标值来完成绘制或创建。坐标为用户快速准确地定位点提供了极大的方便。

1．坐标的输入法

为了体现出精确性，在绘制图形的过程中，点必须要精确定位。AutoCAD 软件提供了两种精确定位的坐标输入法，即绝对坐标输入法和相对坐标输入法。

❑ **绝对坐标输入法**

选用该方法创建点时，任何一个点都是相对于同一个坐标系的坐标原点，也就是世界坐标系的原点来创建的，参照点是固定不变的。在直角坐标系和极坐标系中，点的绝对坐标输入形式分别如下所述。

➢ **绝对直角坐标系** 该方式表示目标点从坐标系原点出发的位移。用户可以使用整数和小数等形式表示点的 X、Y 坐标值，且坐标间用逗号隔开，如（9，10），（1.5，3.5）。

➢ **绝对极坐标系** 该方式表示目标点从坐标系原点出发的距离，以及目标点和坐标系原点连线（虚拟）与 X 轴之间的夹角。其中距离和角度用“<”隔开，且规定 X 轴正向为 0°，Y 轴正向为 90°，逆时针旋转角度为正，顺时针旋转角度为负，如（20<30），（15<–30）。

❑ **相对坐标输入法**

选用该方法创建点时，所创建的每一个点不再是参照同一个坐标系原点来完成的，坐标原点时时在变，创建的任一点都是相对于上一个点来定位的。在创建过程中，上一点是下一点的坐标原点，参照点时时在变。

在直角坐标系和极坐标系中使用该方法输入点坐标时，表示目标点相对于上一点的 X 轴和 Y 轴位移，或距离和角度。它的表示方法是在相应的绝对坐标表达式前加上“@”符号，如（@9，10），（@20<30），其中相对极坐标中的角度是目标点和上一点连线与 X 轴的夹角。

2．坐标值的显示

在 AutoCAD 操作界面底部左边的状态栏中，显示着当前光标所处位置的坐标值。该坐标值主要有以下几种显示状态。

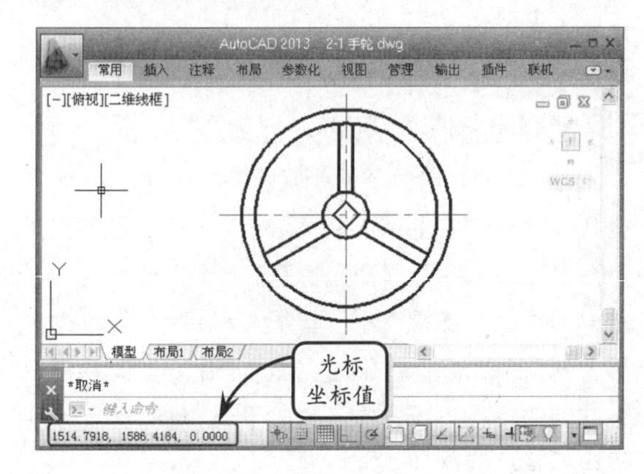

❑ **绝对坐标状态** 显示光标所在位置的坐标。

❑ **相对极坐标状态** 在相对于上一点来指定第二点时可使用该状态。

❑ **关闭状态** 颜色变为灰色，并“冻结”关闭时所显示的坐标值。

用户可以在状态栏中显示坐标值的区域双击，进行各状态之间的切换，也可以在该区域单击右键打开快捷菜单，然后选择所需的状态进行切换。

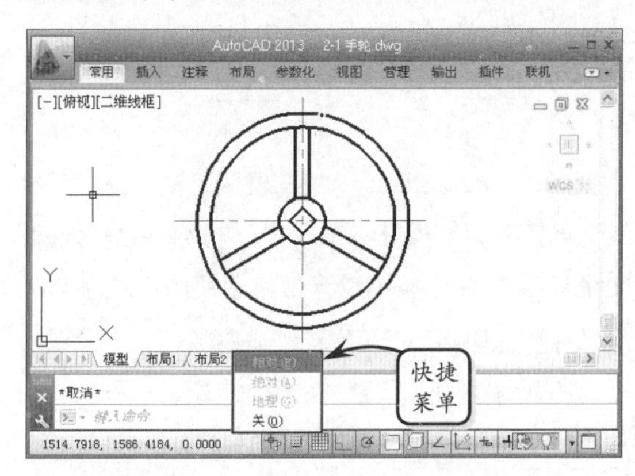

AutoCAD 2.9 高手答疑

版本：AutoCAD 2013

问题 1：如何设置图形界限？

解答：图形界限就是 AutoCAD 的绘图区域，也称为图限。设置图形界限就是要标明工作区域和图纸的边界，让用户在设置好的区域中绘图，以避免所绘制的图形超出该边界，从而在布局中无法正确显示。

在模型空间中设定的图形界限实际上是一假定的矩形绘图区域，用于规定当前图形的边界。在命令行中输入 LIMITS 指令，然后指定绘图区中的任意一点作为空间界限的左下角点，并输入相对坐标（@410，290）确定空间界限的右上角点。接着启用【栅格显示】功能，即可查看设置的图形界限效果。

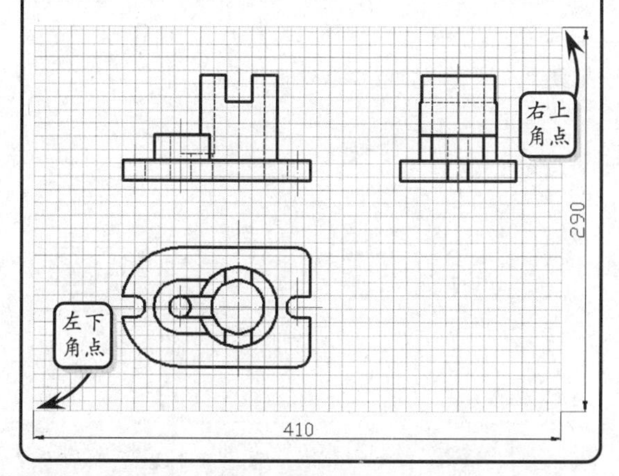

问题 2：常用的对象捕捉方式有哪几种？

解答：在 2013 版 AutoCAD 中，启用对象捕捉主要有以下 4 种方式：通过单击【对象捕捉】工具栏中的相应特征点按钮；通过单击右键，选择【对象捕捉】快捷菜单中的相应选项；通过在【草图设置】对话框中启用【对象捕捉】选项卡中相应的复选框；通过在命令行中输入相应的捕捉命令。

问题 3：如何更改栅格角度？

解答：在绘图过程中如果需要沿特定的角度绘图，可以通过 UCS 坐标系来更改栅格角度。此旋转操作将十字光标在屏幕上重新对齐，以与新的角度匹配。

在命令行中输入 SNAPANG 指令，可以修改栅格角度。如修改栅格角度为 45°，与固定支架的角度一致，则便于绘制相关的图形对象。

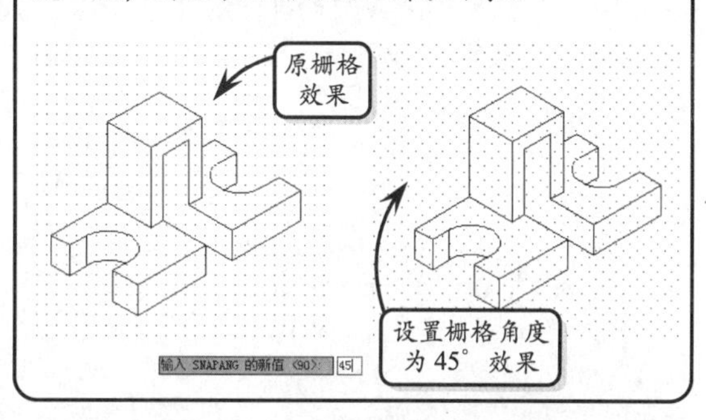

问题 4：在 AutoCAD 中，坐标系一般分为哪几类？

解答：坐标系按不同的类别可分为世界坐标系和用户坐标系，以及直角坐标系和极坐标系两大类。其中，直角坐标系又称为笛卡儿坐标系，由一个原点和两个通过原点的、互相垂直的坐标轴构成。

问题 5：绝对极坐标系的含义是什么？

解答：该方式表示目标点从坐标系原点出发的距离，以及目标点和坐标系原点连线（虚拟）与 X 轴之间的夹角。其中距离和角度用“<”隔开，且规定 X 轴正向为 0°，Y 轴正向为 90°，逆时针旋转角度为正，顺时针旋转角度为负，如（20<30），（15<–30）。

问题 6：如何输入相对坐标？

解答：选用相对坐标方法创建点时，所创建的每一个点不再是参照同一个坐标系原点来完成的，坐标原点时时在变，创建的任一点都是相对于上一个点来定位的。在创建过程中，上一点是下一点的坐标原点，参照点时时在变。

在直角坐标系和极坐标系中使用该方法输入点坐标时，表示目标点相对于上一点的 X 轴和 Y 轴位移，或距离和角度。它的表示方法是在相应的绝对坐标表达式前加上“@”符号，如（@9，10），（@20<30），其中相对极坐标中的角度是目标点和上一点连线与 X 轴的夹角。

2.10 高手训练营

版本：AutoCAD 2013

练习 1．利用工具栏捕捉圆弧切点

在绘图过程中，当要求指定某点时，可以在【对象捕捉】工具栏中单击相应的特征点按钮，然后将光标移动到捕捉对象的特征点附近，即可捕捉到相应的点。

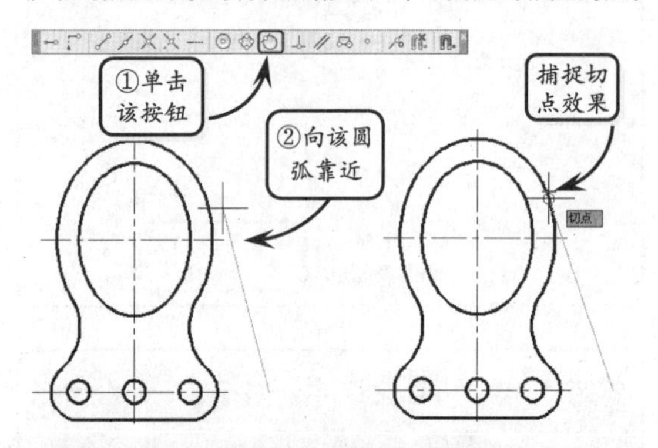

练习 2．利用极轴追踪绘制角度线

极轴追踪是按事先的角度增量来追踪特征点的。该追踪功能通常是在指定一个点时，按预先设置的角度增量显示一条无限延伸的辅助线，这时就可以沿辅助线追踪获得光标点。

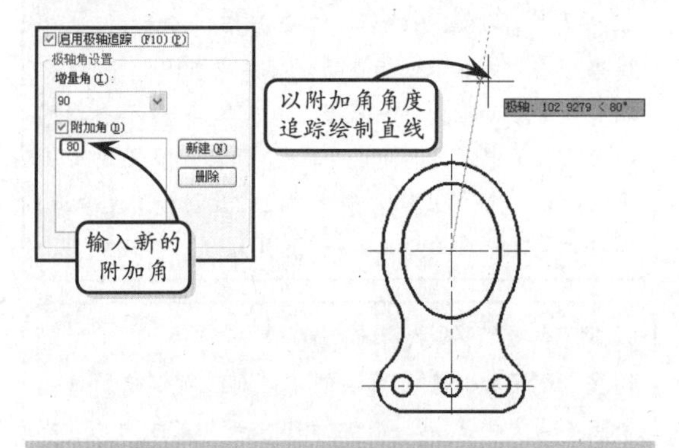

练习 3．切换栅格的显示样式

栅格是指点或线的矩阵遍布指定为栅格界限的整个区域。使用栅格类似于在图形下放置一张坐标纸，以提供直观的距离和位置参照。

栅格具有两种显示方式：点栅格和线栅格。其中，点栅格方式为系统默认的显示方式，而当视觉样式不是二维线框时将显示为线栅格。在【视觉样式】下拉列表中指定其他视觉样式，即可将栅格样式设置为线或点。

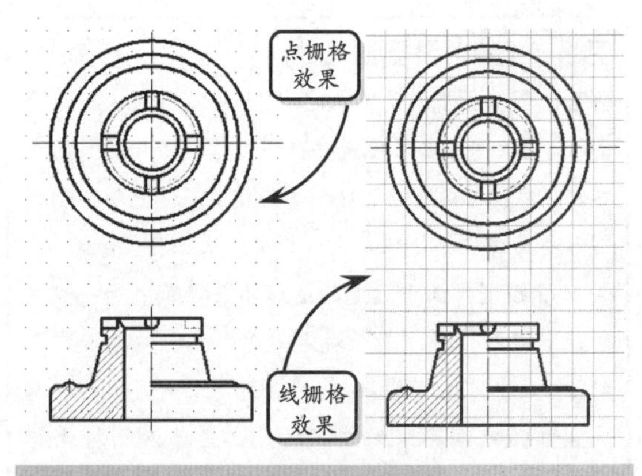

练习 4．启用正交功能绘制直线

启用【正交模式】功能按钮，这样在绘图过程中，拖动光标将受到水平和垂直方向限制，无法随意拖动，便于精确地绘制和修改对象。

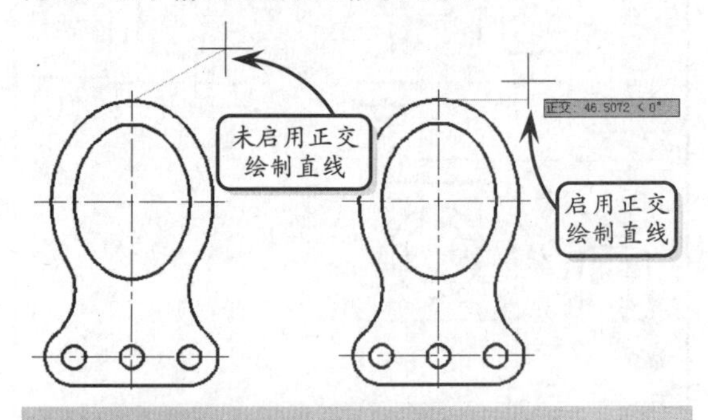

练习 5．利用极坐标系指定圆心绘制圆

极坐标系是由一个极点和一个极轴构成的，极轴的方向为水平向右。平面上的任何一点都可以由该点到极点的连线长度 L（L<0）与连线和极轴的夹角 a（极角，逆时针方向为正）所定义，即用一对坐标值（L<a）来定义一个点，其中“<”表示角度。

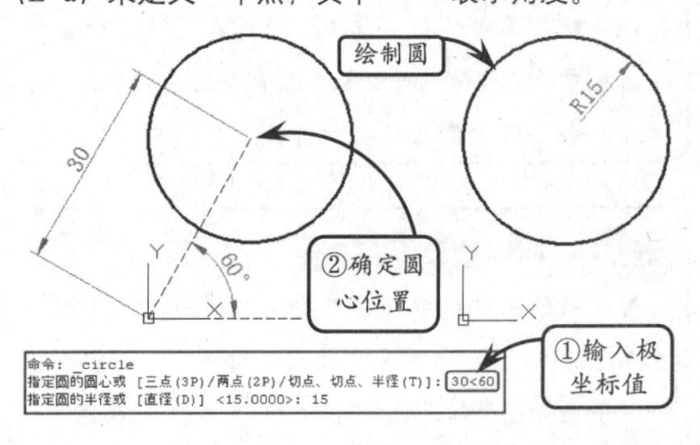

第 3 章

管理图层和图形特性

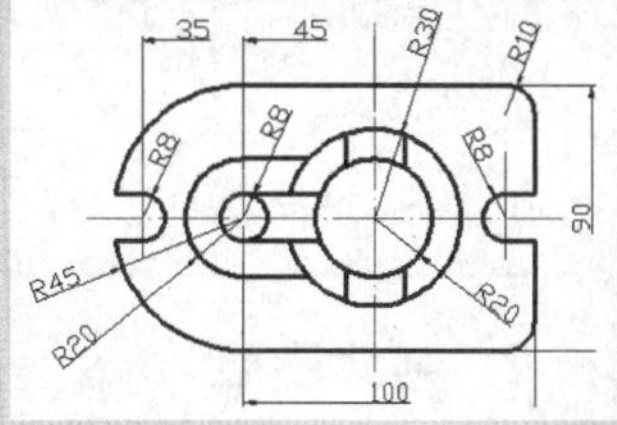

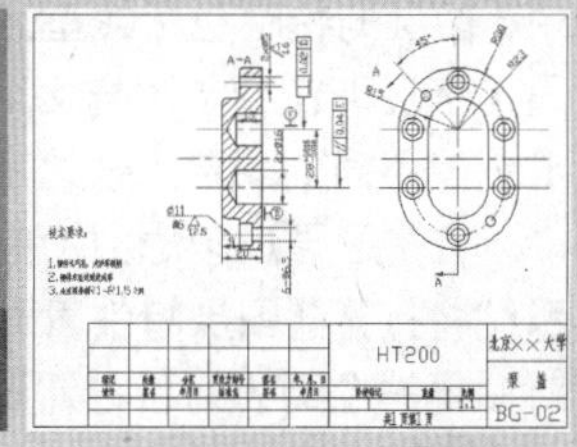

图层相当于绘图中使用的重叠图纸，且通常情况下图形都是由一层或多层图层组成的。利用AutoCAD 提供的图层设置，可以创建出符合国家规定的各种图线样式。如用于绘制可见轮廓线的粗实线；用于绘制不可见轮廓线的虚线；用于绘制轴线和对称中心线的细点划线，以及用于绘制尺寸线和剖面线的细实线等。通过对图层进行合理地划分，采用良好的命名，会使图形更加清晰有序。

本章简要介绍创建和编辑图形特性的方法，重点介绍设置图层特性和图层状态的方法，包括设置图层的颜色、线型和线宽，以及相关图层管理的操作方法和技巧等。

3.1 图层操作

版本：AutoCAD 2013

图层是将图形中的对象进行按类分组管理的工具。通过分层管理利用图层的特性来区分不同的对象，这样便于图形的修改和使用。在 AutoCAD 中，图层的特性包括线型、线宽和颜色等内容。在绘图过程中，这些内容主要通过图层来控制。通常在绘制图样之前，应该根据国家制图标准用不同线型和图线的宽度来表达零件的结构形状。

1．图层特性管理器

图层是将图形中的对象按类进行分组管理的工具。通过分层管理可以利用图层的特性来区分不同的对象，以便于图形的修改和使用。在 AutoCAD 中，图层的特性包括线型、线宽和颜色等内容。且通常情况下在绘制图样之前，应该根据国家制图标准创建不同的图层来表达零件的结构形状。

在【图层】选项板中单击【图层特性】按钮，系统将打开【图层特性管理器】对话框。其中，该对话框的左侧为树状过滤器窗口，右侧为图层列表窗口。该对话框中包含多个功能按钮和参数选项，其具体含义可以参照下表。

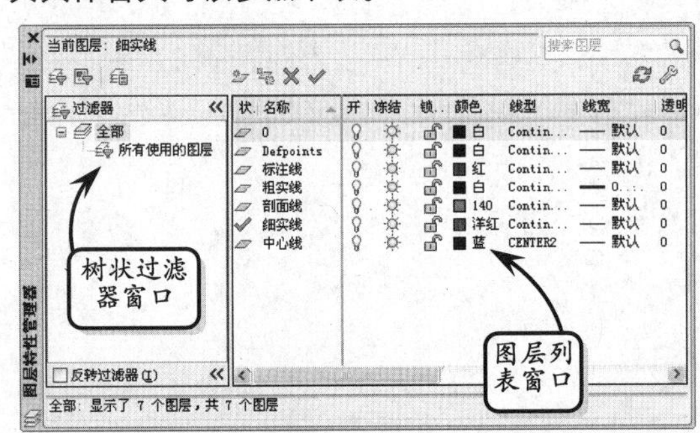

按钮和选项	含义及设置方法
新建图层	单击该按钮，可以在【图层列表】窗口中新建一个图层
新建冻结图层	单击该按钮，可以创建在所有视口中都被冻结的新图层
置为当前	单击该按钮，可以将选中的图层切换为当前活动图层
新建特性过滤器	单击该按钮，系统将打开【图层过滤器特性】对话框。在该对话框中可以通过定义图层的特性来选择所有符合特性的图层，而过滤掉所有不符合条件的图层。这样可以通过图层的特性快速地选择所需的图层

续表

按钮和选项	含义及设置方法
新建组过滤器	单击该按钮，可以在【树状过滤器】窗口中添加【组过滤器】文件夹，然后用户可以选择图层，并拖到该文件夹，以对图层列表中的图层进行分组，达到过滤图层的目的
图层状态管理器	单击该按钮，可以在打开的【图层状态管理器】对话框中管理图层的状态
反转过滤器	启用该复选框，在对图层进行过滤时，可以在图层列表窗口中显示所有不符合条件的图层
设置	单击该按钮，可以在打开的【图层设置】对话框中控制何时发出新图层通知，以及是否将图层过滤器应用到【图层】工具栏。此外，还可以控制图层特性管理器中视口替代的背景色

2．新建图层

通常在绘制新图形之前，可以首先创建并命名多个图层，或者在绘图过程中根据需要随时增加相应的图层。而当创建一个图层后，往往需要设置该图层的线型、线宽、颜色和显示状态，并且根据需要随时指定不同的图层为当前图层。

在【图层】选项板中单击【图层特性】按钮，并在打开的对话框中单击【新建图层】按钮，系统将打开一个新的图层。此时即可输入该新图层的名称，并设置该图层的颜色、线型和线宽等多种特性。且为了便于区分各类图层，用户应取一个能表征图层上图元特性的新名字取代默认名，使之一目了然，便于管理。

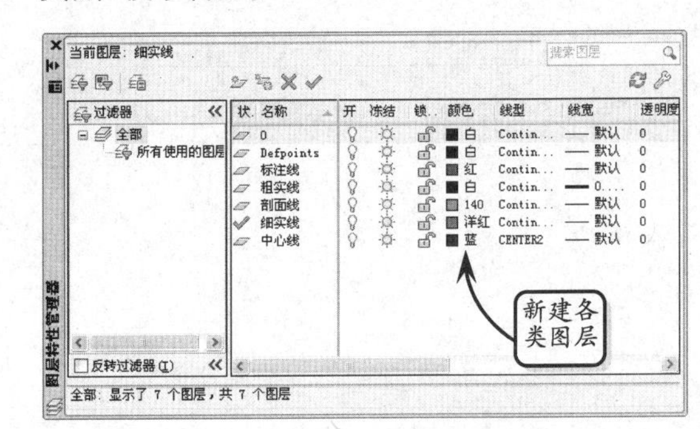

如果在创建新图层前没选中任何图层，则新创建图层的特性与 0 层相同；如果在创建前选中了其他图层，则新创建的图层特性与选中的图层具有相同的颜色、线型和线宽等特性。

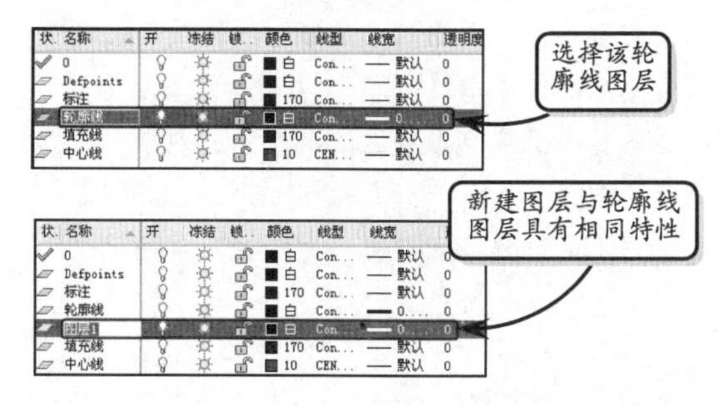

此外，用户也可以利用快捷菜单来新建图层，其设置方法是：在【图层特性管理器】对话框中的图层列表框空白处单击右键，在打开的快捷菜单中选择【新建图层】选项，即可创建新的图层。

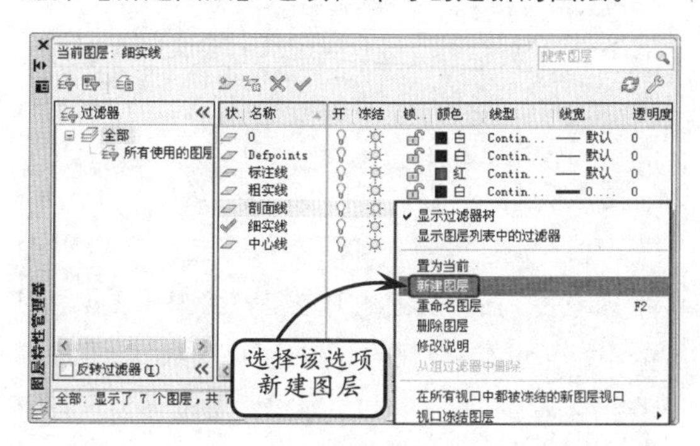

为新图层指定了名称后，图层特性管理器将会按照名称的字母顺序排列各个图层。如果要创建自己的图层方案，则用户需要系统地命名图层的名称，即使用共同的前缀命名有相关图形部件的图层。

提示

在绘图或修改图形时，屏幕上总保留一个“当前层”。在 AutoCAD 中有且只能有一个当前层，且新绘制的对象只能位于当前层上。但当修改图形对象时，则不管对象是否在当前层，都可以进行修改。

3. 图层置为当前

创建多个图层并命名和设置特性后，在绘图过程中就需要不断切换图层，将指定图层切换为当前层，这样创建的图形对象将默认为该图层。一般情况下，切换图层置为当前层有以下两种方式。

❑ **常规置为当前层**

在【图层特性管理器】对话框的【状态】列中，显示图标为✔的图层表示该图层为当前层。要切换指定的图层，只需在【状态】列中双击相应的图层，使其显示✔图标即可。

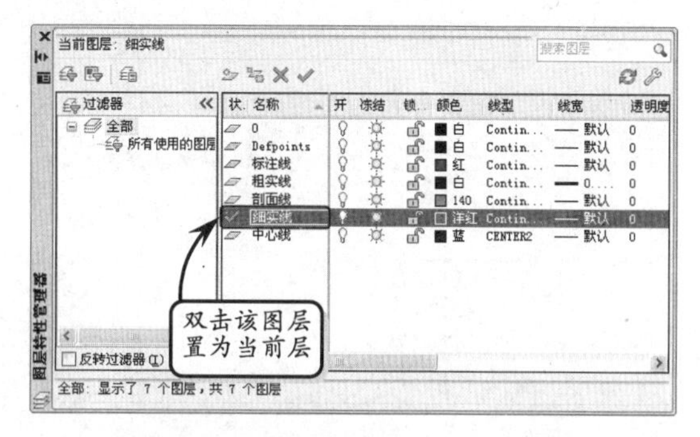

❑ **指定图层置为当前层**

在绘图区中选取要置为当前层的图形对象，此时在【图层】选项板中将显示该对象所对应的图层列表项。然后单击【将对象的图层设为当前图层】按钮，即可将指定的对象图层设置为当前层。

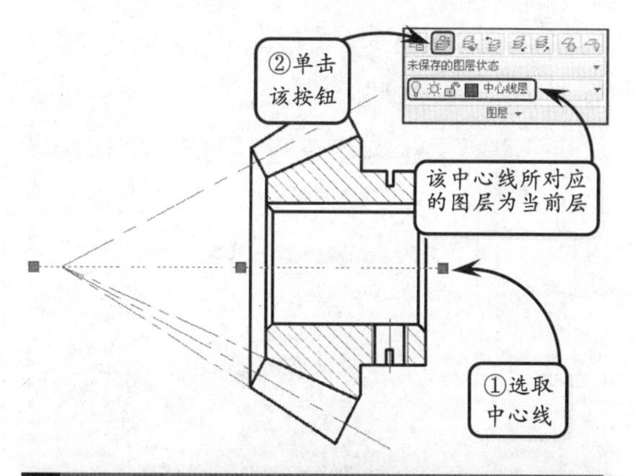

提示

使用 AutoCAD 软件绘图时，所绘的图形元素均处于某个图层上。在默认情况下，当前层是 0 层，且如果没有切换至其他图层，所绘制的图形均在 0 层上。

4. 重命名图层

在创建图层并命名和设置特性后，为了方便记忆和选取图层，可以对指定的图层进行重新命名的操作。在 AutoCAD 中，用户可以通过以下两种方式对图层进行重命名的操作。

❑ 常规方式

在【图层特性管理器】对话框中，慢双击要重命名的图层名称，使其变为待修改的状态。然后输入新名称即可。

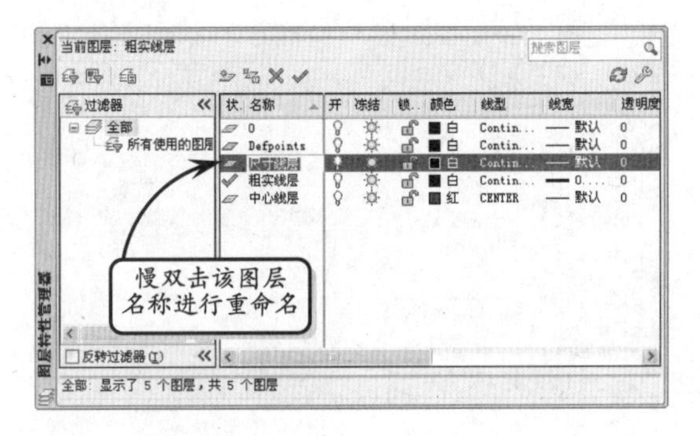

❑ 快捷菜单方式

在【图层特性管理器】对话框中，选择要重命名的图层，并单击鼠标右键，在打开的快捷菜单中选择【重命名图层】选项，即可输入新的图层名称。

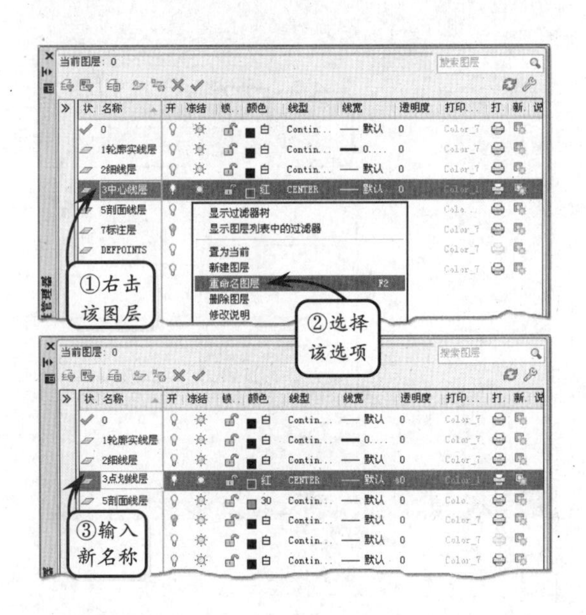

5．图层匹配

利用【匹配】工具可以将指定的对象特性快速替换为另一种特性。其可以将源对象的特性，包括颜色、图层、线型和线型比例等，全部替换为目标对象的特性。

在绘图过程中，通过图层匹配操作可以将特性从一个图层复制到另一个图层上，使选定对象的图层与目标图层相匹配。该方式使用灵活，在绘制图形的过程中，可以随时对图形对象进行图层替换，以提高绘图的效率。

在绘图区中选取要匹配图层上的对象，然后单击【图层】选项板中的【匹配】按钮，并指定目标图层上的对象，即可进行相应的图层匹配操作。

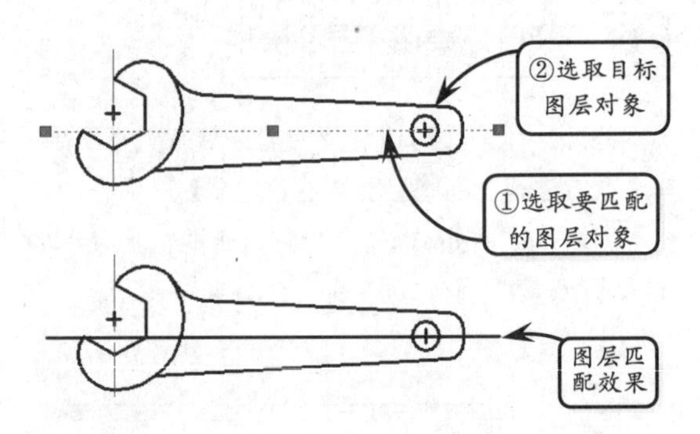

6．图层打印

可以对图层设置打印或不打印。当指定某一图层不打印后，该图层上的对象仍然会显示出来。图层的不打印设置只对图样中的可见图层（图层是打开的并且是解冻的）有效。如果图层设置为可打印但该图层是冻结的或关闭的，则 AutoCAD 不会打印该层。

选择一图层，并单击【打印】列的打印图标，该图标将切换为不打印图标，即该图层所在的图形对象将不被打印。

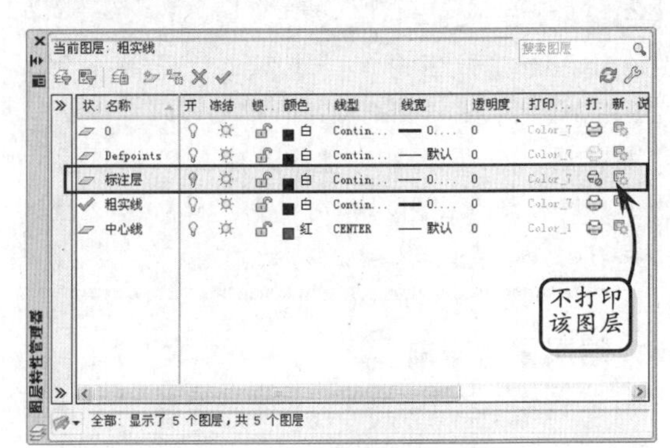

3.2 图层管理

版本：AutoCAD 2013

在 AutoCAD 中，如果零件图中包含大量的信息，且具有很多图层，用户便可以通过对图层的特性管理达到高效绘制或编辑图形的目的。一般情况下，其主要包括打开与关闭、冻结与解冻、锁定与解锁、以及合并和删除图层等相关操作。

1. 打开和关闭图层

在绘制复杂图形时，由于过多的线条干扰设计者的工作，这就需要将无关的图层暂时关闭。通过这样的设置不仅便于绘制图形，而且减少系统的内存，提高了绘图的速度。

□ 关闭图层

关闭图层是暂时隐藏指定的一个或多个图层。打开【图层特性管理器】对话框，在【图层列表】窗口中选择一个图层，并单击【开】列对应的灯泡按钮。此时，该灯泡的颜色将由黄色变为灰色，且该图层对应的图形对象将不显示，也不能打印输出。

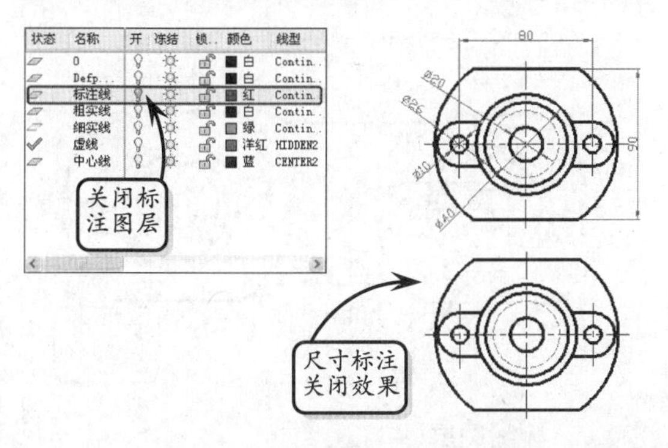

此外，还可以通过两种方式关闭图层。一种是在【图层】选项板的【图层】下拉列表中，单击对应列表项的灯泡按钮，可以关闭所指定的图层；另一种是在【图层】选项板中单击【关闭】按钮，然后选取相应的图形对象，即可关闭该图形对象所对应的图层。

□ 打开图层

打开图层与关闭图层的设置过程正好相反。在【图层特性管理器】对话框中选择被关闭的图层，单击【开】列对应的灰色灯泡按钮，该按钮将切换为黄色的灯泡按钮，即该图层被重新打开，且相应的图层上的图形对象可以显示，也可以打印输出。此外，单击该选项板中的【打开所有图层】按钮，将显示所有隐藏的图层。

2. 冻结图层与解冻

冻结图层可以使该图层不可见，也不能被打印出来。当重新生成图形时，系统不再重新生成该层上的对象。因而冻结图层后，可以加快显示和重生成的速度。

□ 冻结图层

利用冻结操作可以冻结长时间不用看到的图层。一般情况下，图层的默认设置为解冻状态，且【图层特性管理器】对话框的【冻结】列中显示的太阳图标视为解冻状态。

指定一图层，并在【冻结】列中单击太阳图标，使该图标改变为雪花图标，即表示该图层被冻结。此外也可以在【图层】选项板中单击【冻结】按钮，然后在绘图区中选取要冻结的图层对象，即可将该对象所在的图层冻结。

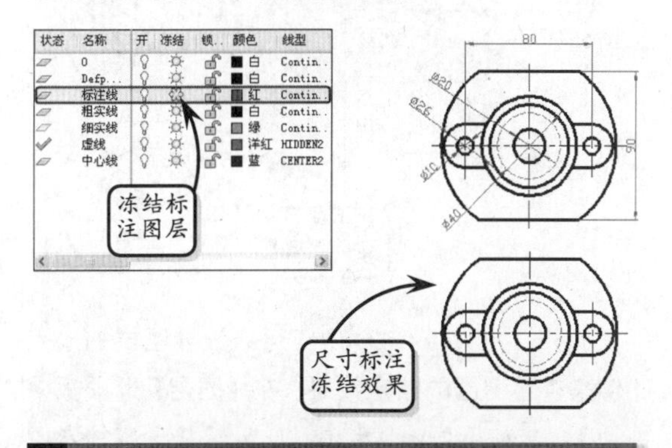

提示

解冻一个图层将引起整个图形重新生成，而打开一个图层则不会导致这种现象（只是重画这个图层上的对象）。因此，如果需要频繁地改变图层的可见性，应关闭图层而不应冻结图层。

另外，在 AutoCAD 中不能冻结当前层，也不能将冻结层设置为当前层，否则系统将会显示警告信息。冻结的图层与关闭的图层的可见性是相同的，但冻结的对象不参加处理过程的运算，而关闭的图层则要参加运算。所以在复杂图形中，通过冻结不需要的图层，可以加快系统重新生成图形的速度。

❑ 解冻

解冻是冻结图层的逆操作。选择被冻结的图层，单击【冻结】列的雪花图标，使之切换为太阳图标，则该图层被解冻。解冻被冻结的图层时，系统将重新生成并显示该图层上的图形对象。

3．锁定图层与解锁

通过锁定图层可以防止指定图层上的对象被选中和修改。锁定的图层对象将以灰色显示，可以作为绘图的参照。

❑ 锁定图层

锁定图层就是取消指定图层的编辑功能，防止意外地编辑该图层上的图形对象。打开【图层特性管理器】对话框，在【图层列表】窗口中选择一个图层，并单击【锁定】列的解锁图标，该图标将切换为锁定图标，即该图层被锁定。

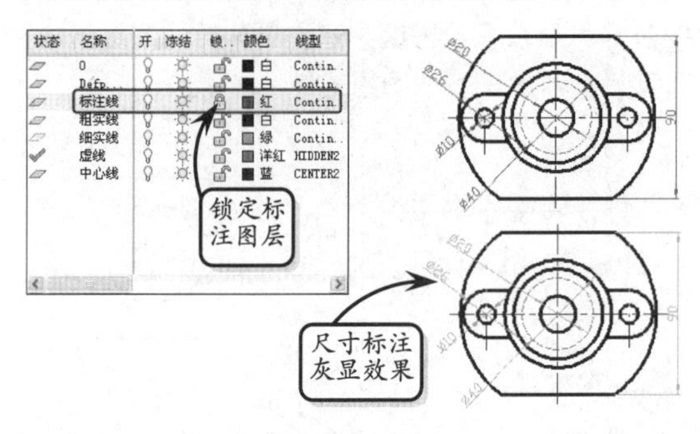

此外，在 AutoCAD 中还可以设置图层的淡入比例来查看图层的锁定效果。在【图层】选项板中拖动【锁定的图层淡入】滑块，系统将调整锁定图层对应对象的显示效果。

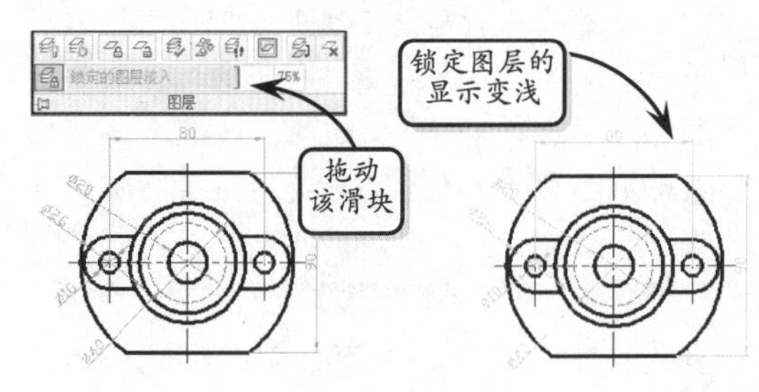

❑ 解锁

解锁是锁定图层的逆操作。选择被锁定的图层，单击【锁定】列的锁定图标，使之切换为解锁图标，即该图层被解锁。此时图形对象显示正常，并且可以进行编辑操作。

4．合并与删除图层

在绘制复杂图形对象时，如果图形中的图层过于繁多，将影响绘图的速度和准确率，且容易发生误选图层进行绘图的情况。此时，可以通过合并和删除图层的操作来清理一些不必要的图层，使图层列表窗口简洁明了。

❑ 合并图层

在 AutoCAD 中，可以通过合并图层的操作来减少图形中的图层数。执行该操作可以将选定的图层合并到目标图层中，并将该选定的图层从图层列表窗口中删除。

在【图层】选项板中单击【合并】按钮，然后在绘图区中分别选取要合并图层上的对象和目标图层上的对象，并在命令行中输入字母 Y，即可完成合并图层的操作，且此时系统将自动删除要合并的图层。

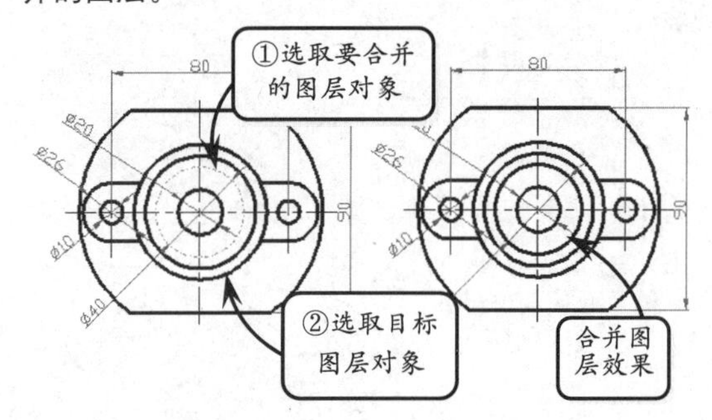

❑ 删除图层

在绘图过程中，执行此操作可以删除指定图层上的所有对象，并在图层列表窗口中清理该图层。

在【图层】选项板中单击【删除】按钮，然后选取要删除图层上的对象，并在命令行中输入字母 Y，即可完成删除图层的操作。

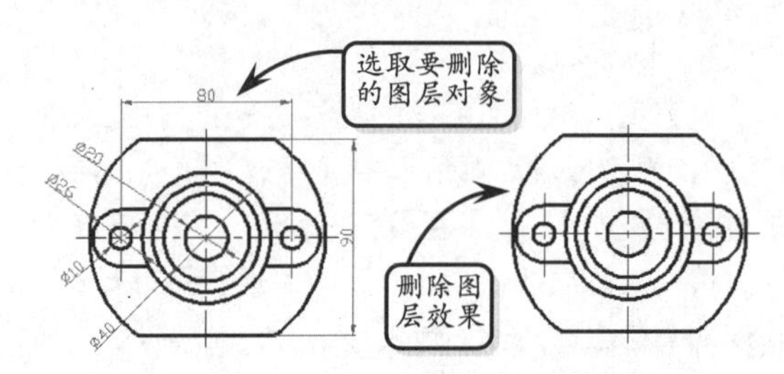

3.3 图层设置

版本：AutoCAD 2013

每个图层都有与其相关联的颜色、线型和线宽等属性信息。其中，对象颜色有助于辨别图样中的相似对象，线型和线宽可以表示不同类型的图形元素。在创建新的图层后，用户可以对这些信息进行相应的设定或修改。

1. 颜色设置

对象颜色将有助于辨别图样中的相似对象。新建图层时，通过给图形中的各个图层设置不同的颜色，可以直观地查看图形中各部分的结构特征，同时也可以在图形中清楚地区分每个图层。

要设置图层的颜色，用户可以在【图层特性管理器】对话框中单击【颜色】列表项中的色块，系统将打开【选择颜色】对话框。该对话框中主要包括以下 3 种设置图层颜色的方法。

❑ 索引颜色

索引颜色又称为 ACI 颜色，它是在 AutoCAD 中使用的标准颜色。每种颜色用一个 ACI 编号标识，即 1~255 之间的整数，例如红色为 1，黄色为 2，绿色为 3，青色为 4，蓝色为 5，品红色为 6，白色/黑色为 7，标准颜色仅适用于 1~7 号颜色。当选择某一颜色为绘图颜色后，AutoCAD 将以该颜色绘图，不再随所在图层的颜色变化而变化。

切换至【索引颜色】选项卡后，将出现 ByLayer 和 ByBlock 两个按钮：单击 ByLayer 按钮时，所绘对象的颜色将与当前图层的绘图颜色相一致；单击 ByBlock 按钮时，所绘对象的颜色为白色。

❑ 真彩色

真彩色使用 24 位颜色来定义显示 1600 万种颜色。指定真彩色时，可以使用 HSL 或 RGB 颜色模式。这两种模式的含义分别介绍如下。

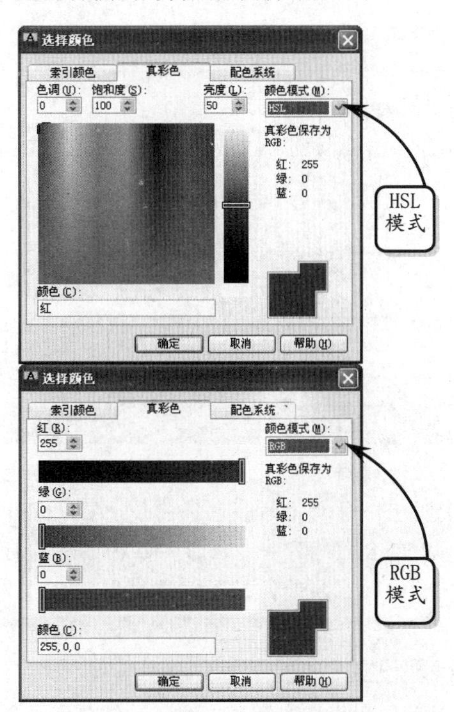

➢ **HSL 颜色模式**　HSL 颜色是描述颜色的另一种方法，它是符合人眼感知习惯的一种模式。它是由颜色的三要素组成，分别代表着 3 种颜色要素：H 代表色调，S 代表饱和度，L 代表亮度。通常如果一幅图像有偏色、整体偏亮、整体偏暗或过于饱和等缺点，可以在该模式中进行调节。

➢ **RGB 颜色模式**　RGB 颜色通常用于光照、视频和屏幕图像编辑，也是显示器所使用的颜色模式，分别代表着 3 种颜色：R 代表红色，G 代表绿色，B 代表蓝色。通过这三种颜色可以指定颜色的红、绿、蓝组合。

❑ 配色系统

在该选项卡中，用户可以从所有颜色中选择程序事先配置好的专色，且这些专色是被放置于专门的配色系统中。在该程序中主要包含三个配色系统，分别是 PANTONE、DIC 和 RAL，它们都是全球流行的色彩标准（国际标准）。

在该选项卡中选择颜色大致需要 3 步：首先在【配色系统】下拉列表中选择一种类型，然后在右侧的选择条中选择一种颜色色调，接着在左侧的颜色列表中选择具体的颜色编号即可。

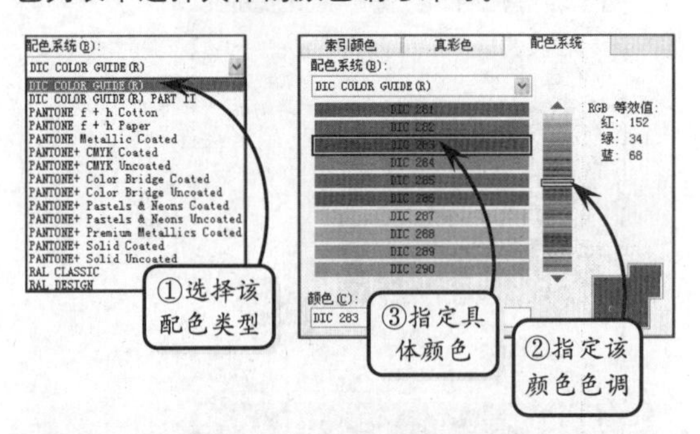

提示

各行业均以国际色卡为基准，可以从千万色彩中明确一种特定的颜色。例如 PANTONE 色卡中包含 1900 多个色彩，各种色彩均标有统一的颜色编号，在国际上通用。

2. 线型设置

线型是图形基本元素中线条的组成和显示方式，如虚线、中心线和实线等。通过设置线型可以从视觉上很轻易地区分不同的绘图元素，便于查看和修改图形。此外，对于虚线和中心线这些由短横线或空格等构成的非连续线型，还可以设置线型比例来控制其显示效果。

❑ 指定或加载线型

AutoCAD 提供了丰富的线型，它们存放在线型库 ACAD.LIN 文件中。在设计过程中，用户可以根据需要选择相应的线型来区分不同类型的图形对象，以符合行业的标准。

要设置图层的线型，可以在【图层特性管理器】对话框中单击【线型】列表项中的任一线型，然后在打开的【选择线型】对话框中选择相应的线型即可。如果没有所需线型，可在该对话框中单击【加载】按钮，在打开的新对话框中选择需要加载的线型，并单击【确定】按钮，即可加载该新线型。

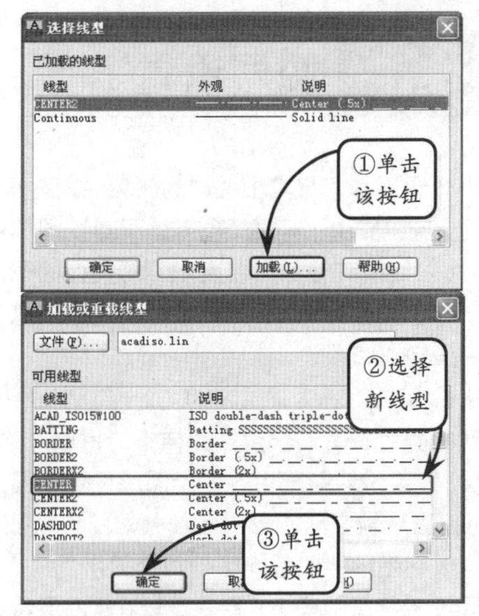

❑ 修改线型比例

在绘制图形的过程中，经常遇到细点划线或虚线的间距太小或太大的情况，以至于无法区分点划线与实线。为解决这个问题，可以通过设置图形中的线型比例来改变线型的显示效果。

要修改线型比例，可以在命令行中输入 LINETYPE 指令，系统将打开【线型管理器】对话框。在该对话框中单击【显示细节】按钮，将激活【详细信息】选项组。用户可以在该选项组中修改全局比例因子和当前对象的缩放比例。这两个比例因子的含义分别介绍如下。

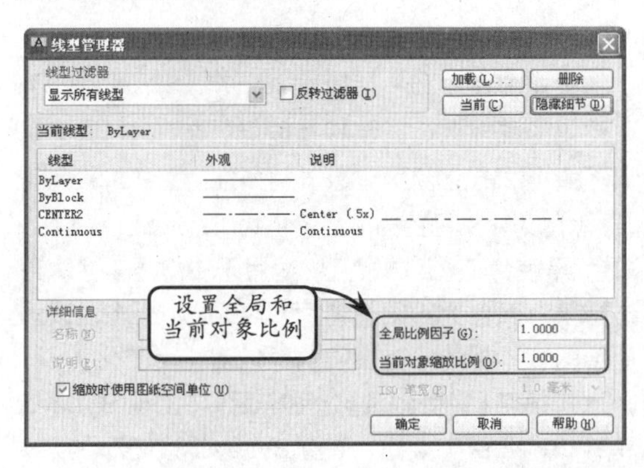

➢ **全局比例因子** 设置该文本框的参数可以控制线型的全局比例，将影响到图形中所有非连续线型的外观：其值增加时，将使非连续线型中短横线及空格加长；反之将使其缩短。当用户修改全局比例因子

后，系统将重新生成图形，并使所有非连续线型发生相应的变化。若将全局比例因子由1修改为3，则零件图中的中心线和虚线会发生相应的变化。

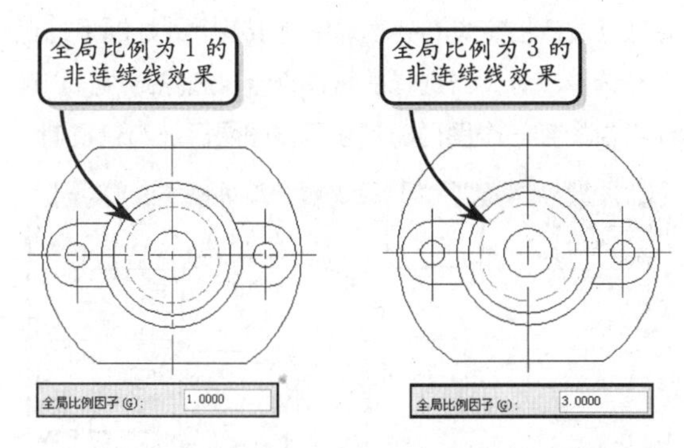

➢ **当前对象缩放比例**　在绘制图形的过程中，为了满足设计要求和让视图更加清晰，需要对不同对象设置不同的线型比例，此时就必须单独设置对象的比例因子，即设置当前对象的缩放比例参数。

在默认情况下，当前对象的缩放比例参数值为1，该因子与全局比例因子同时作用在新绘制的线型对象上。新绘制对象的线型最终显示缩放比例是两者间的乘积。

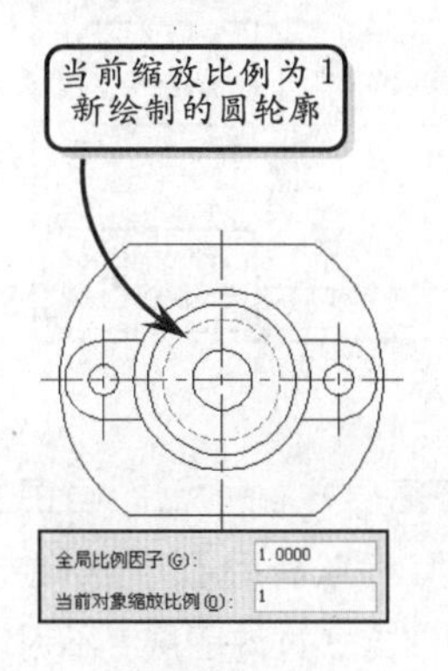

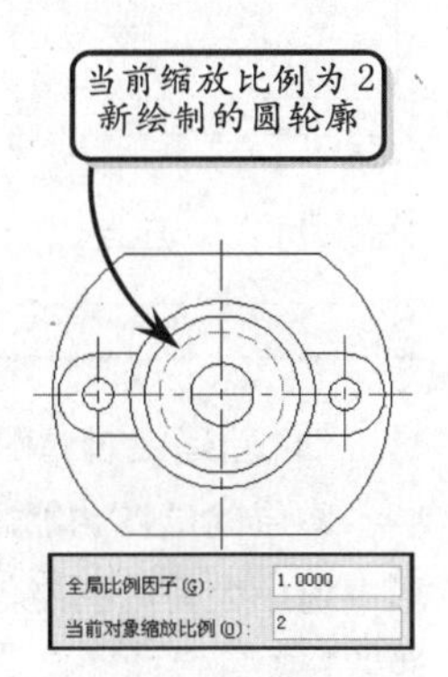

3．线宽设置

线宽是指用宽度表现对象的大小和类型。设置线宽就是改变线条的宽度，通过控制图形显示和打印中的线宽，可以进一步区分图形中的对象。此外，使用线宽还可以用粗线和细线清楚地表现出部件的截面、边线、尺寸线和标记等，提高了图形的表达能力和可读性。

要设置图层的线宽，可以在【图层特性管理器】对话框中单击【线宽】列表项的线宽样图，系统将打开【线宽】对话框。在该对话框的【线宽】列表框中即可指定所需的各种尺寸的线宽。

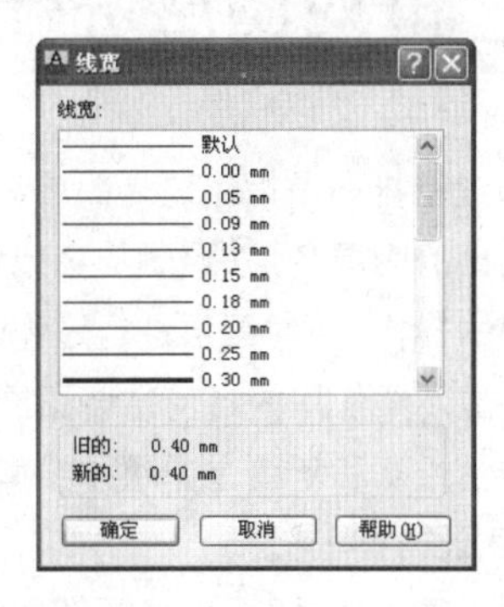

此外，用户还可以根据设计的需要设置线宽的单位和显示比例。在命令行中输入LWEIGHT指令，系统将打开【线宽设置】对话框。在该对话框中即可设置线宽单位和调整指定线宽的显示比例，各选项的具体含义分别介绍如下。

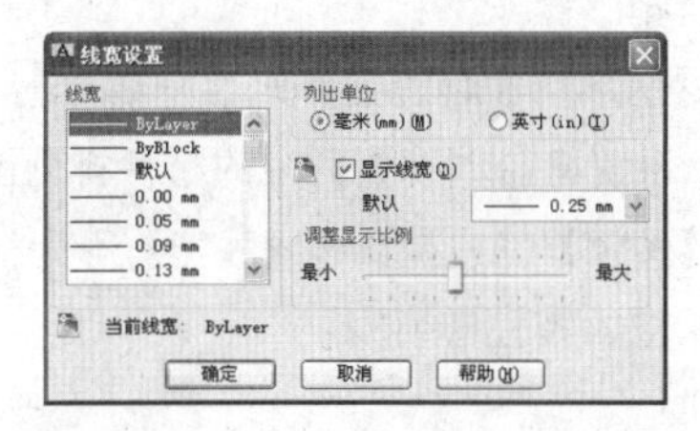

❑ **列出单位**　在该选项组中可以指定线宽的单位，可以是毫米或英寸。

❑ **显示线宽**　启用该复选框，线型的宽度才能显示出来。用户也可以直接启用软件界面状态栏上的【线宽】功能按钮来显示线宽效果。

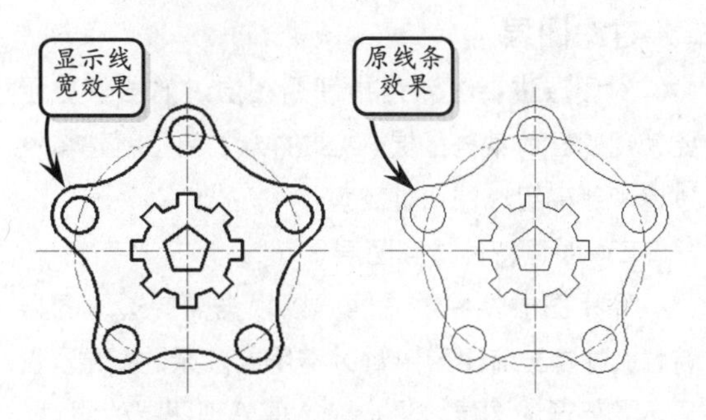

❑ **默认**　在该下拉列表中可以设置默认的线宽参数值。

❑ **调整显示比例**　在该选项区中可以通过拖动滑块来调整线宽的显示比例大小。

3.4 对图层进行排序和过滤

版本：AutoCAD 2013

对图层进行排序是指通过【图层特性管理器】对话框中列出的图层名，按照图层名或图层特性对其进行排序的操作；而对图层进行过滤是指利用图层过滤器仅显示要使用的当前某些图层，过滤的方式包括新特性过滤和新组过滤两种类型。

1. 对图层进行排序

为了方便图层管理，可以按照图层名或图层特性对其进行重新排序操作。排序的对象类型包括名称、状态、颜色、线型、线宽以及打印等，且通常是按照字母的升序或降序排列的。一旦创建了图层，便可以使用图层列表中的图层名称或其他特性对其进行排序操作。

在【图层特性管理器】对话框中单击【名称】列标题，系统将自动按该列中的特性排列图层。如果单击【颜色】、【线型】和【线宽】等列标题，系统会以相应的特性排列图层。

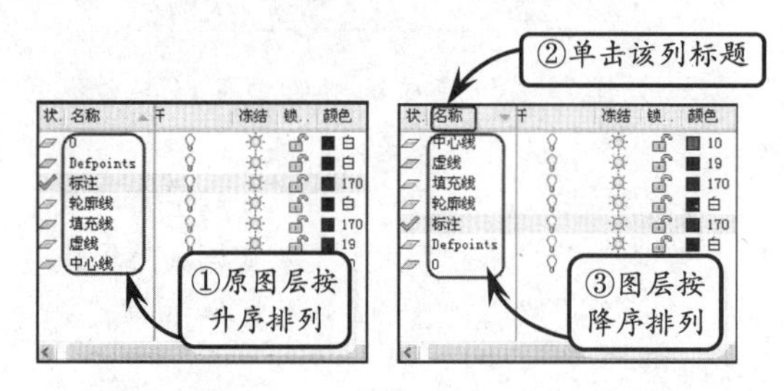

2. 过滤图层

对图层进行过滤是指利用图层过滤器仅显示要使用的当前某些图层，过滤的方式包括新建特性过滤和新建组过滤两种类型。

❑ 新建特性过滤图层

利用图层特性过滤器可以根据需要选取图层特性，过滤当前图形中暂时不用或多余的图层，仅显示要处理的图层。这样在方便管理图层的同时，也大大提高了图层的使用效率。

在【图层特性管理器】对话框中单击【新建特性过滤器】按钮，系统将打开【图层过滤器特性】对话框。此时在该对话框中可以设置过滤器名称，并在【过滤器定义】列表框中单击各个列标题下的选项来选择特性。当选择的特性符合【过滤器预览】选项组中的某一个图层时，表示该图层已被选取过滤。

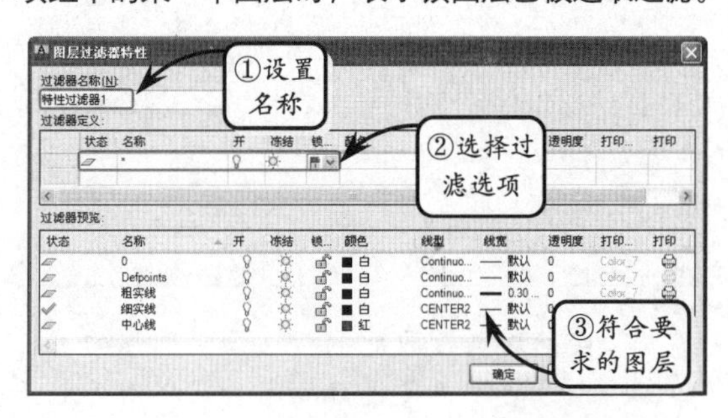

另外，此时如果单击【线型】列标题下选项右侧的色块，并在打开的【线型】对话框中选择一种线型，即可在【过滤器预览】选项组中显示符合该线型要求的全部图层。

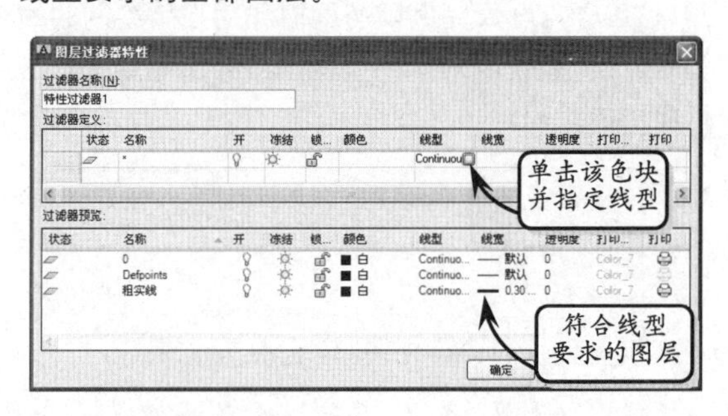

❑ 新建组过滤图层

图层的过滤功能简化了图层方面的操作，当图形中包括大量的图层信息时，可以利用【新建组过滤器】工具过滤图层。使用该方式过滤图层，不用设置限制条件，只需通过将选定的图层拖到组过滤器中，即可使过滤器中包含来自图层列表的图层。

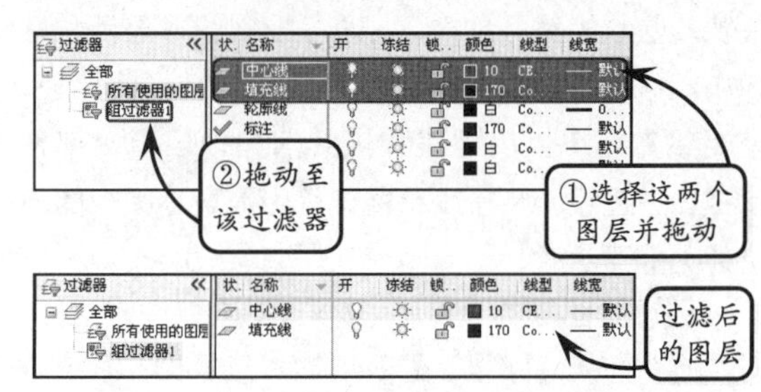

AutoCAD 3.5 设置和编辑图形特性

版本：AutoCAD 2013

对于任何一个图形对象来讲，都具有独立的或者与其他对象相同的特性，包括图层、线型、颜色、线宽和打印样式等，且这些对象特性都具有可编辑性。通过编辑特性不仅可以重新组织图形中的对象，还可以控制这些对象的显示和打印方式。

1. 设置对象特性

对象的特性包括基本特性、几何特性，以及根据对象类型的不同所表现的其他一些特性。为了提高图形的表达能力和可读性，设置图形对象的特性是极有必要的。在 AutoCAD 中，主要有以下两种设置对象特性的方法。

❑ **设置图层**

用户可以将同类对象设置相同的图层特性，并编组各种不同的图形信息，其中包括颜色、线型和线宽等。这种方法便于在设计前后管理图形，通过组织图层以及图层上的对象使管理图形中的信息变得更加容易。

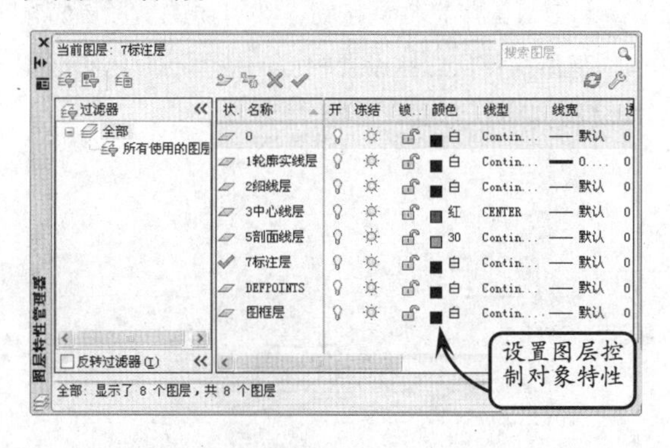

❑ **分别设置对象特性**

分别为每个对象指定特性，这种方法不便于图形管理，因此在设计时很少使用。在 AutoCAD 中，系统为设计者提供了独立设置对象的常用工具，其中主要有颜色、线型和线宽等。

在绘制和编辑图形时，选取图形对象并单击鼠标右键，选择【特性】选项，即可在打开的【特性】对话框中设置指定对象的所有特性。

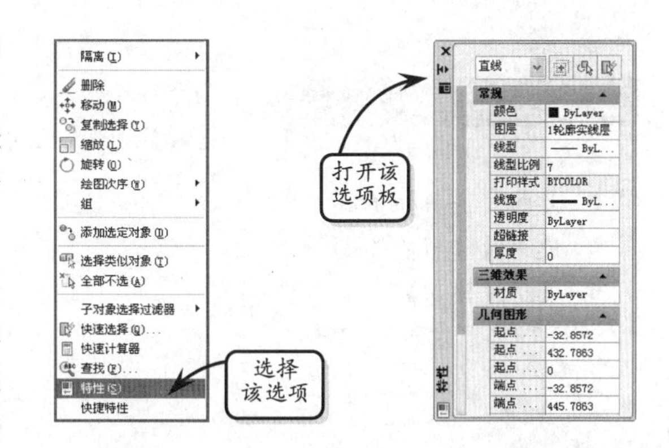

此外，当没有选取图形对象时，该选项板将显示整个图纸的特性；选择同一类型的多个对象，选项板内将列出这些对象的共有特性及当前设置；选择不同类型的多个对象，在选项板内将只列出这些对象的基本特性以及这些对象的当前设置。

2. 编辑对象特性

要在图形的编辑过程中修改对象的相关特性信息，即调整对象的颜色、线型、图层和线宽，以及尺寸和位置等特性，可以直接在【特性】对话框中设置和修改。

单击【特性】选项板中右下角的箭头，系统将打开【特性】对话框。在该对话框对应的编辑栏中即可直接修改对应的特性，且改变的对象将立即更新。在该对话框中可以设置以下主要特性。

❑ **修改线宽**　在【线宽】下拉列表中可以选择所需的线宽。

❑ **修改颜色**　在【颜色】下拉列表中可以指定当前所选图形的颜色。

❑ **修改线型**　在【线型】下拉列表中可以设置当前所选图形线条的线型。

❑ **超链接**　通过【超链接】文本框可以插入超级链接。

❑ **快速选择**　在【特性】对话框中单击该按钮，系统将打开【快速选择】对话框，用户可以通过该对话框快速选取相应的对象。

AutoCAD

3.6 绘制压片

版本：AutoCAD 2013 downloads/第 3 章/

练习要点

- 使用【直线】工具
- 使用【偏移】工具
- 使用【修剪】工具
- 使用【镜像】工具

压片是一个有一定厚度的薄片。主要应用在各种压片机中，适用于各种粉末原料压制成圆片状、圆柱状、球状、凸面、凹面或其他各种几何形状的产品，如方形、环形、三角、椭圆、囊形等，主要应用于制药、食品、化工、农业等领域。

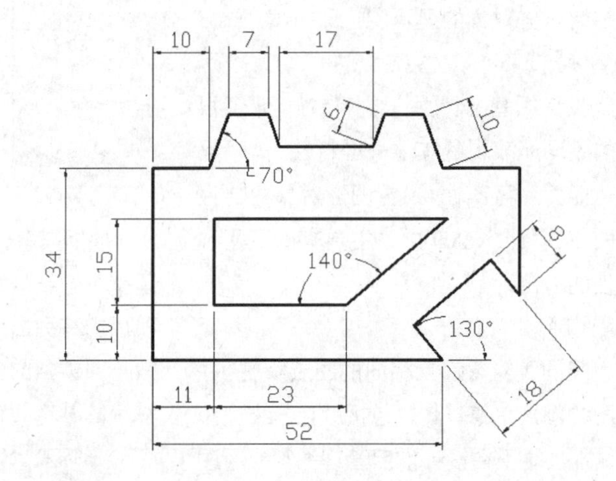

提示

通常在绘制新图形之前，可以首先创建并命名多个图层，或者在绘图过程中根据需要随时增加相应的图层。而当创建一个图层后，往往需要设置该图层的线型、线宽、颜色和显示状态，并且根据需要随时指定不同的图层为当前图层。

操作步骤

STEP|01 新建图层。单击【图层特性】按钮，在打开的【图层特性管理器】对话框中，新建所需图层，并设置相应的线型、颜色和线宽等图层特性。并切换【粗实线】为当前图层。

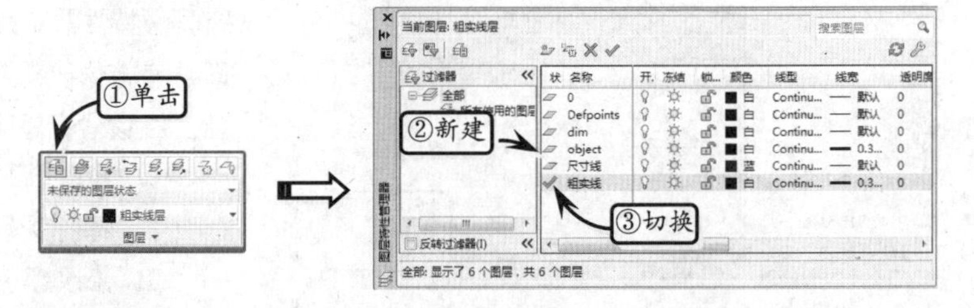

STEP|02 绘制内轮廓线。单击【直线】按钮，在绘图区中单击以确定直线的起始点，绘制轮廓线。

提示

绘制内轮廓线时，先从右向左绘制 41 的线段。然后再绘制 15、23 的线段。最后连接线段 41 的起始点。

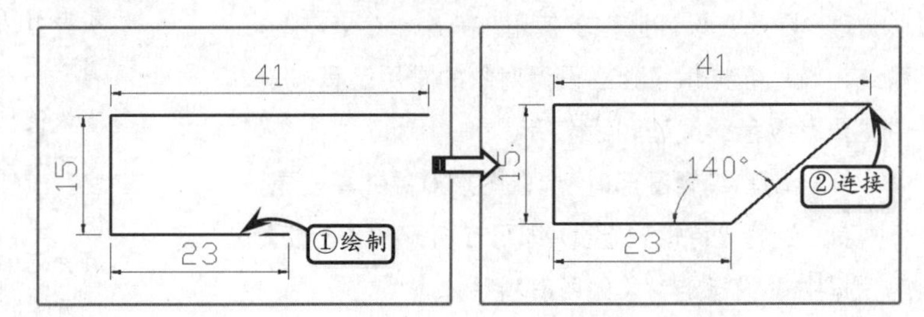

STEP|03 偏移并修剪内轮廓线。单击【偏移】按钮，将上步绘制的内轮廓边线向外均偏移 11，生成相应的偏移线段。然后选取偏移后的左侧轮廓线为偏移对象，将其向右偏移 10、52。接着分别拖动相应偏移线段的夹点进行延长操作，并利用【修剪】工具修剪多余线段。

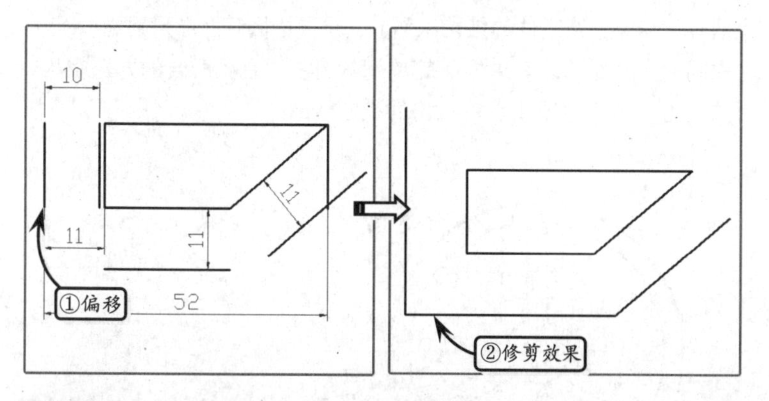

STEP|04 绘制角度斜线。启用【对象捕捉】功能，单击【构造线】按钮，在命令行中输入【角度】命令 a，角度值为 130°，并指定相应的通过点，绘制 130° 的斜线。再次利用【构造线】工具，绘制 70°、110° 的斜线。

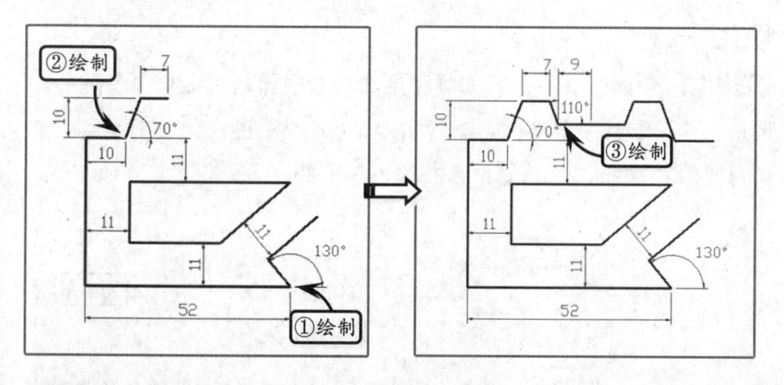

STEP|05 镜像图形。沿图形上部直段 9 处，向上绘制一条垂直线。然后，单击【镜像】按钮，选取镜像对象，再选取垂直线为镜像中心线，进行镜像操作。接着，单击【直线】按钮，绘制竖直轮廓线，并修剪多余线段。

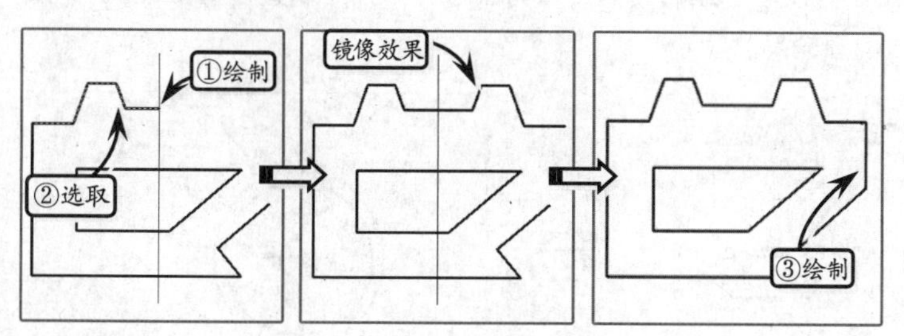

STEP|06 尺寸标注。利用尺寸标注工具，标注图形尺寸。

提示

系统默认的偏移操作是在保留源对象的基础上偏移出新图形对象，但如果仅以源图形对象为偏移参照，偏移出新图形对象后需要将源对象删除，即可利用删除源对象偏移的方法。

提示

命令行有两个作用：在执行一些命令操作后显示命令提示；也可以在命令行直接输入命令字段进行绘图操作。

提示

利用【线性】、【对齐】和【角度】尺寸工具，对图形进行标注。

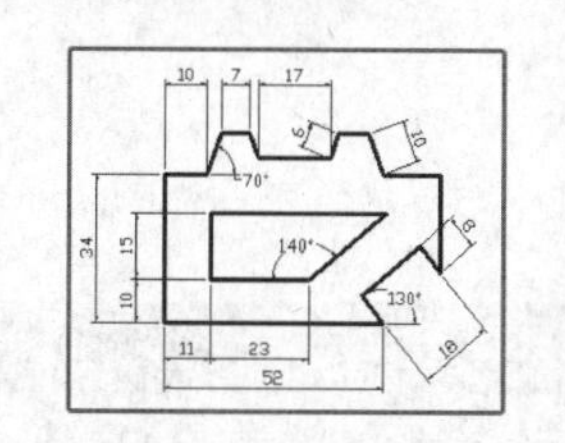

3.7 绘制手轮

AutoCAD 版本：AutoCAD 2013 downloads/第 3 章/

手轮的作用是通过限制阀门来控制运动方向的，具有操作方便、灵活等优点。从该零件的结构来看，其主要由圆环、加强圆柱以及手轮中间的方孔组成。其中，手轮中间的方孔与之相配合的方形螺栓，目的是为了更好地提高手轮机构的稳定性。

练习要点

- 切换线型
- 使用【旋转】工具
- 使用【修剪】工具
- 使用【圆角】工具
- 使用【阵列】工具
- 使用【镜像】工具

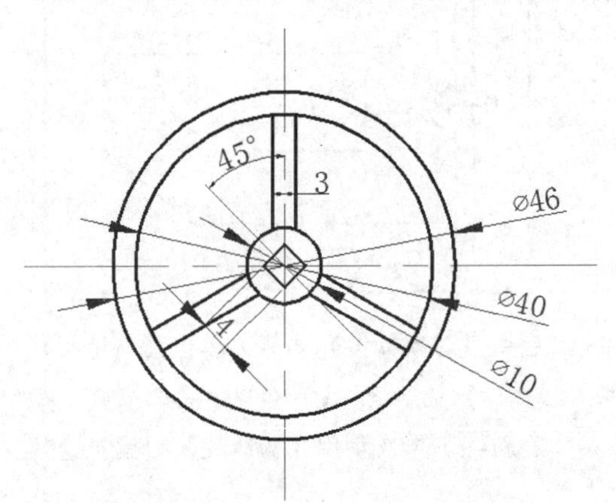

提示

转换线段的图层类型是为了便于查看或编辑图形。

操作步骤

STEP|01 新建图层特性。在【图层特性管理器】对话框中新建所需图层，并设置其图层特性。然后切换【中心线】图层为当前图层。单击【直线】按钮，绘制两条相交的中心线。

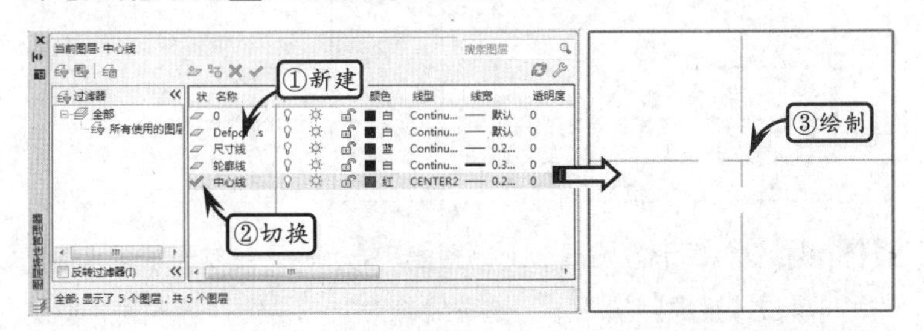

STEP|02 绘制圆轮廓。切换【轮廓线】为当前图层，然后，单击【圆】按钮，以中心线相交的交点为圆心，分别绘制直径为ϕ10、ϕ40 和ϕ46 的圆轮廓。

提示

绘制圆轮廓时，切忌将半径与直径相混淆。

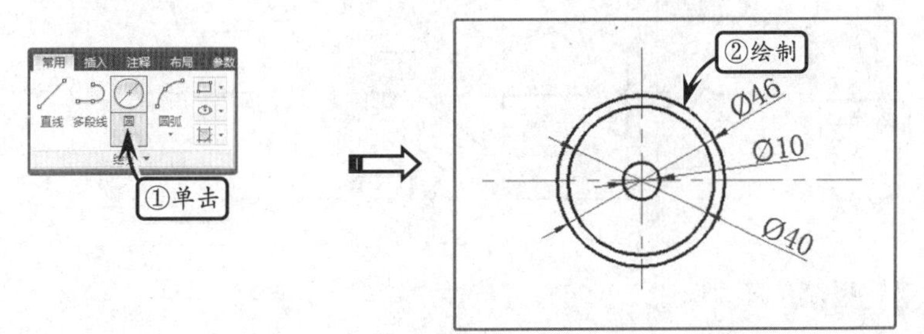

STEP|03 绘制矩形。单击【矩形】按钮，在空白处绘制一个边长为 4 的正方形。然后单击【旋转】按钮，将该正方形旋转 45°。最后利用【移动】工具捕捉该正方形的中心，将其移动至同心圆的圆心处。

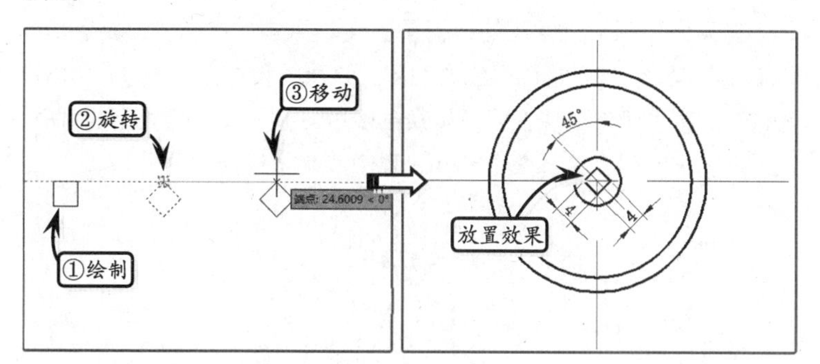

> **提示**
>
> 在移动图形对象时，先选取该对象，在移动对象时以追踪矢量点为准，至移动终点后单击即可完成对象的移动。

STEP|04 偏移中心线。单击【偏移】按钮，选取竖直中心线为偏移对象，向左右各偏移 1.5。单击【修剪】按钮，选取直径为ϕ26 和ϕ10 的两个圆轮廓为修剪边界，对上步偏移的两条直线进行修剪操作。并将其转换为【粗实线】图层。

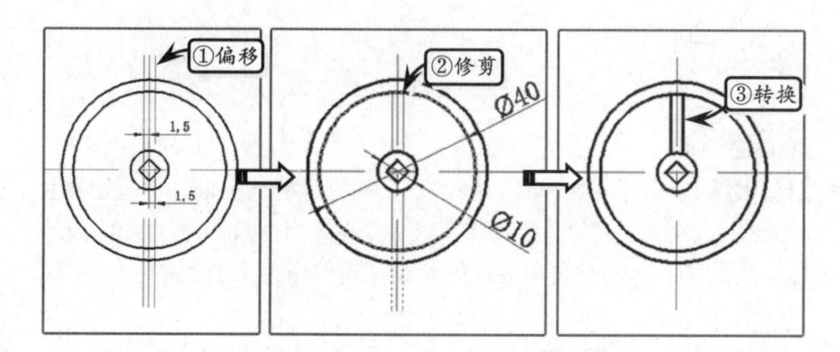

STEP|05 创建阵列对象。单击【环形阵列】按钮，选取上步绘制的两条竖直线为阵列对象，并指定中心线交点为阵列中心。然后设置阵列项目数为 3，填充角度为 360°，进行阵列操作。

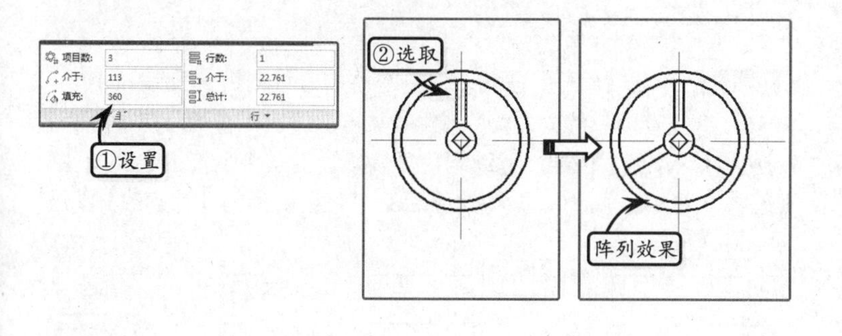

> **提示**
>
> 使用【线性】、【圆】和【角度】标注工具进行标注。

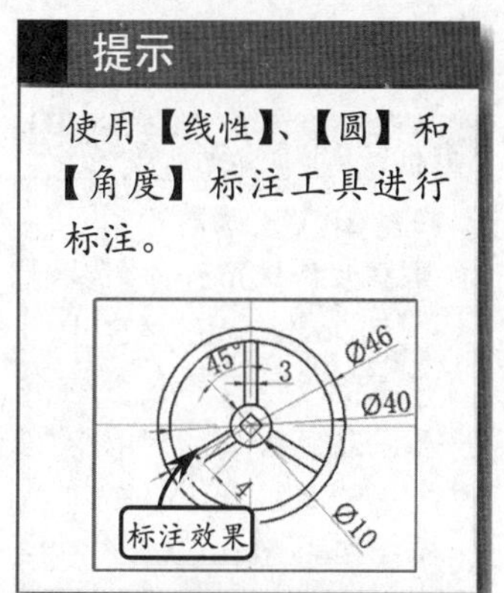

STEP|06 标注尺寸线。切换【尺寸线】图层为当前图层，然后利用标注工具分别对绘制的图形进行标注。至此，手轮绘制完成。

AutoCAD 2013 中文版从新手到高手

3.8 绘制轴承座

版本：AutoCAD 2013 downloads/第 3 章/

本实例绘制一轴承座的三视图。该轴承座主要用于固定轴承，支撑轴类零件。该三视图是由主视图、俯视图和左视图组成，如同此类的轴承座视图常出现在各类机械制图中，是一个比较典型的例子。因此通过该实例，着重介绍零件三视图的基本绘制方法。

练习要点

- 使用相关图层工具
- 使用【偏移】工具
- 使用【镜像】工具
- 使用【修剪】工具
- 使用【极轴追踪】功能

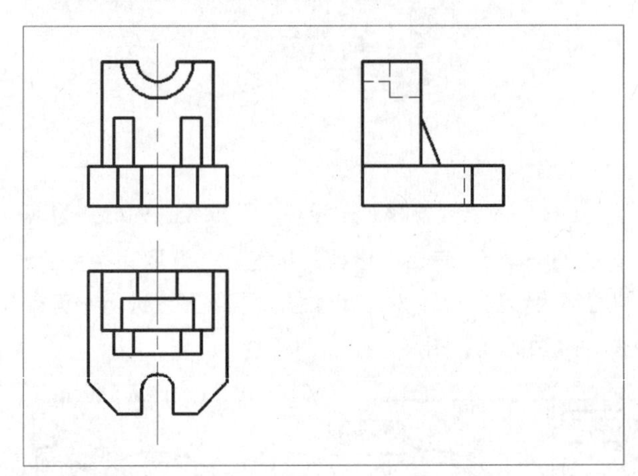

提示

在 AutoCAD 中，图层的特性包括线型、线宽和颜色等内容。在绘图过程中，这些内容主要通过图层来控制。通常在绘制图样之前，应该根据国家制图标准用不同线型和图线的宽度来表达零件的结构形状。

操作步骤

STEP|01 单击【图层特性】按钮，在打开的【图层特性管理器】对话框中新建所需图层。然后切换【中心线】为当前图层，并单击【直线】按钮，分别绘制水平线段和竖直线段作为图形的中心线。

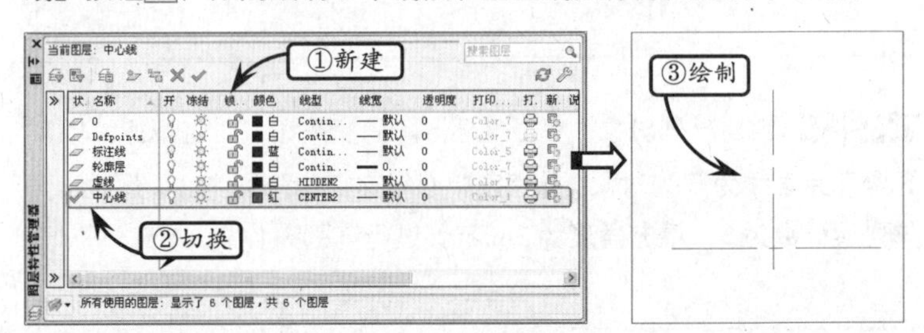

STEP|02 单击【偏移】按钮，将水平中心线向上分别偏移 10，22 和 36，将竖直中心线向左分别偏移 14 和 17.5，并将偏移后的中心线转换为【轮廓线】图层。继续利用【偏移】工具将竖直中心线向左分别偏移 6，11，4 和 10，并将偏移后的中心线转换为【轮廓线】图层。

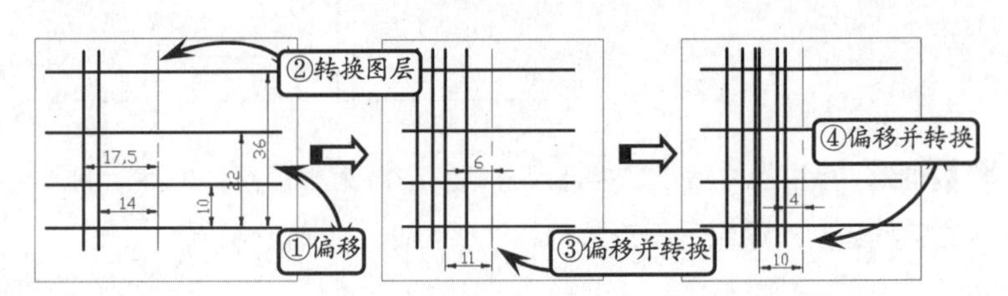

提示

在绘图或修改图形时，屏幕上总保留一个“当前层”。在 AutoCAD 中有且只能有一个当前层，且新绘制的对象只能位于当前层上。但当修改图形对象时，则不管对象是否在当前层，都可以进行修改。

STEP|03 单击【修剪】按钮，选取 4 条水平线段为修剪边界，对竖直线段进行修剪操作。然后选取相应的竖直线段为修剪边界，对水平线段进行修剪操作。接着单击【镜像】按钮，选取修剪后的轮廓为要镜像的对象，并指定竖直中心线上的两个端点确定镜像中心线，进行镜像操作。

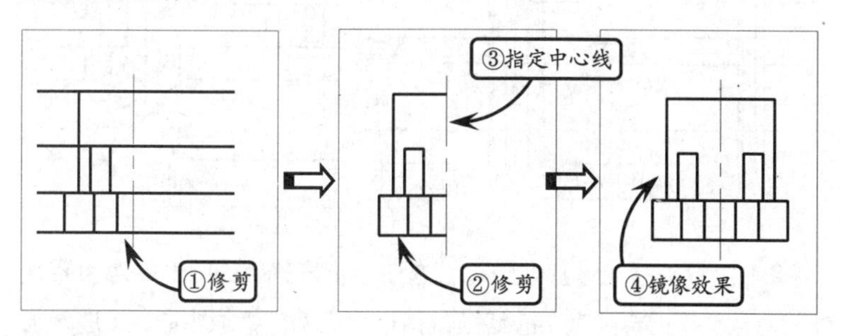

提示

解冻一个图层将引起整个图形重新生成，而打开一个图层则不会导致这种现象（只是重画这个图层上的对象）。因此，如果需要频繁地改变图层的可见性，应关闭图层而不应冻结图层。

STEP|04 切换【轮廓层】图层为当前图层。然后单击【圆】按钮，以点 A 为圆心，分别绘制半径为 R5 和 R9 的圆。接着利用【修剪】工具选取相应的线段和圆弧为修剪边界，对图形进行修剪操作。

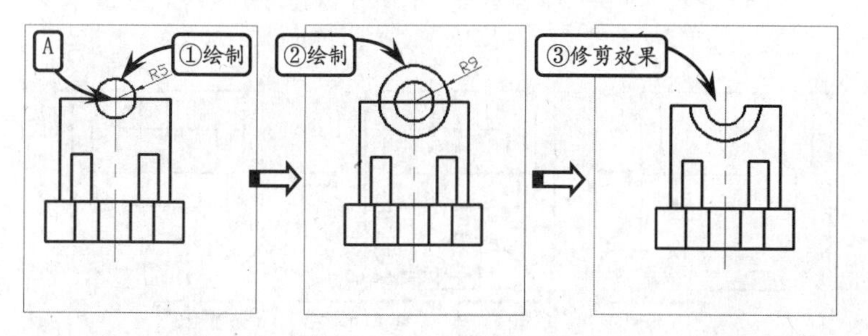

提示

利用【修剪】工具可以以某些图元为边界，删除边界内的指定图元。且默认情况下，指定边界对象后，选取的待修剪对象上位于拾取点一侧的部分图形将被切除。

STEP|05 在状态栏中单击【极轴追踪】按钮，启用极轴追踪功能。然后切换【中心线】图层为当前层，利用【直线】工具根据视图的投影规律绘制俯视图的竖直中心线和一条水平辅助线。接着利用【偏移】工具将水平辅助线向下分别偏移 28 和 30。最后将水平辅助线向下依次偏移 7，15，21 和 36，并将这些偏移后的线段转换为【轮廓线】图层。

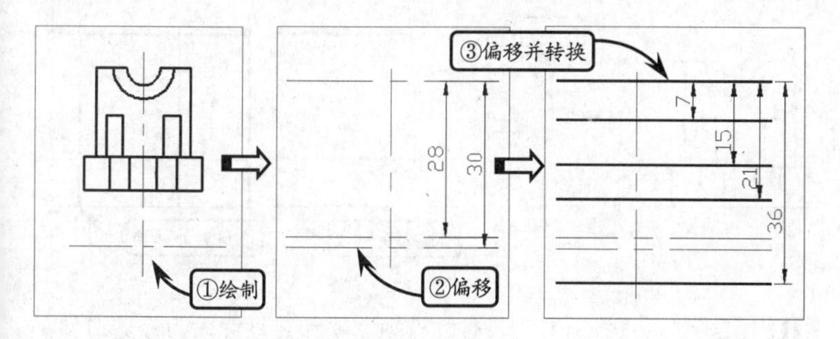

提示

在实际绘图过程中常将【极轴追踪】和【对象捕捉追踪】功能结合起来使用，这样既能方便地沿极轴方向绘制线段，又能快速地沿极轴方向定位点。

STEP|06 利用【偏移】工具将竖直中心线向左分别偏移 5，6，9，11，14 和 17.5，并将偏移后的中心线转换为【轮廓线】图层。继续利用【偏移】工具将竖直中心线向左偏移 10。然后利用【修剪】工

具选取相应的线段为修剪边界，依次对图形中的竖直和水平线段进行修剪操作。接着利用【直线】工具连接 B、C 两点即可。

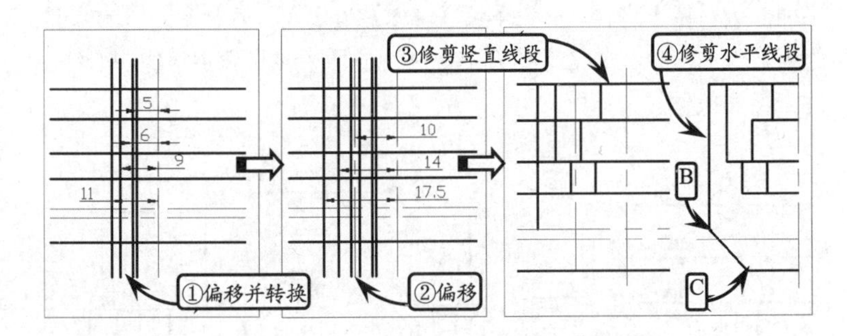

提示

默认情况下，对图形执行镜像操作后，系统仍然保留源对象。如果对图形进行镜像操作后需要将源对象删除，只需在选取源对象并指定镜像中心线后，在命令行中输入字母 Y，然后按下回车键，即可完成删除源对象的镜像操作。

STEP|07 单击【镜像】按钮，选取上步修剪后的图形轮廓为要镜像的对象，并指定竖直中心线上的两个端点确定镜像中心线，进行镜像操作。然后利用【圆】工具选取点 D 为圆心，绘制直径为$\phi 8$ 的圆。接着利用【直线】工具绘制两条线段，使这两条线段与该圆相切。最后利用【修剪】工具对图形进行修剪操作。

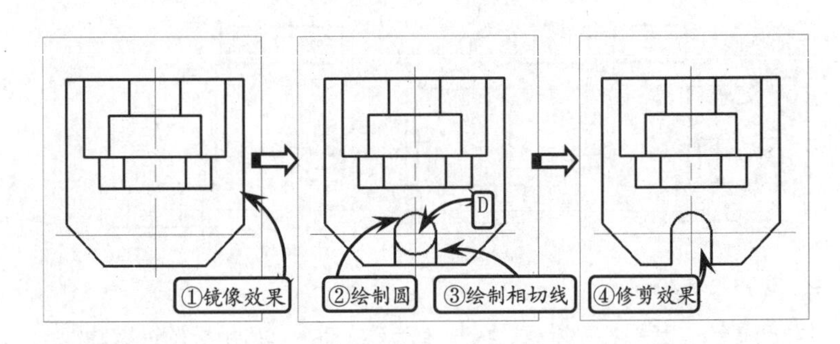

STEP|08 切换【中心线】图层为当前层，利用【直线】工具根据视图的投影规律，并结合极轴追踪功能，绘制左视图的辅助线。然后利用【偏移】工具将水平中心线向上偏移 10，22 和 36，将竖直中心线向右偏移 15，20 和 36，并将相应的辅助线转换为【轮廓线】图层。

提示

系统默认情况下，对对象进行偏移操作时，可以重复性地选取源图形对象进行图形的重复偏移。如果需要退出偏移操作，只需在命令行中输入字母 E，并单击回车键即可。

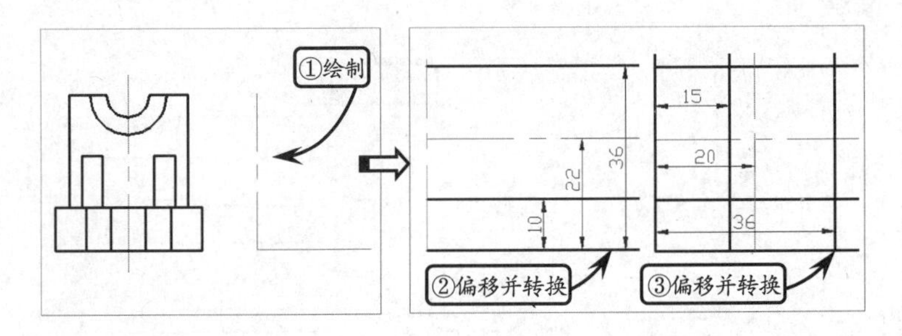

STEP|09 利用【修剪】工具依次选取水平和竖直线段为修剪边界，对图形进行修剪操作。然后利用【直线】工具连接 E、F 两点。接着利用【偏移】工具将线段 a 向左分别平移 8 和 10。

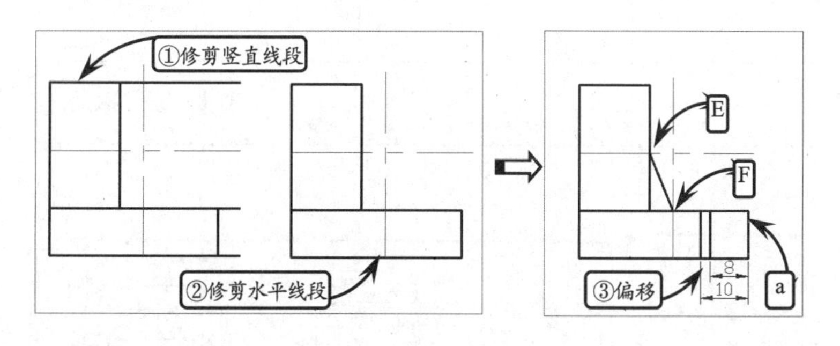

> **提示**
> 利用【偏移】工具偏移直线时，可以绘制出与其平行的多个相同副本对象；偏移圆、椭圆、矩形以及由多段线围成的图形来说，可以绘制出一定偏移距离的同心圆或近似图形。

STEP|10 切换【轮廓线】图层为当前层。利用【直线】工具根据视图的投影规律，并结合极轴追踪功能，向左视图绘制投影直线。然后利用【偏移】工具选取相应的线段为偏移对象，向左偏移 8。

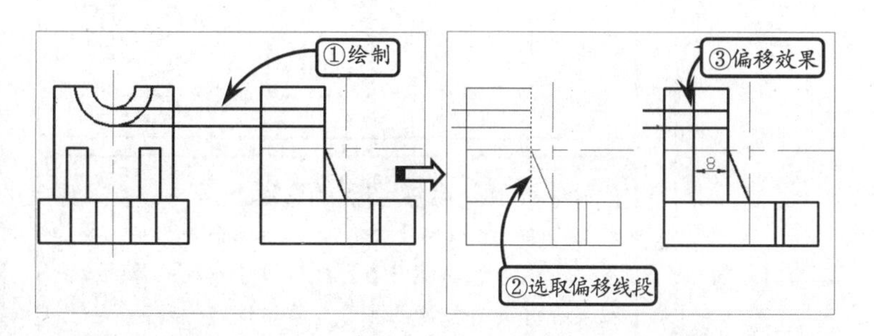

STEP|11 利用【修剪】工具选取相应的水平线段为修剪边界，对图形进行修剪操作。继续利用【修剪】工具选取相应的竖直线段为修剪边界，对图形再次进行修剪操作。

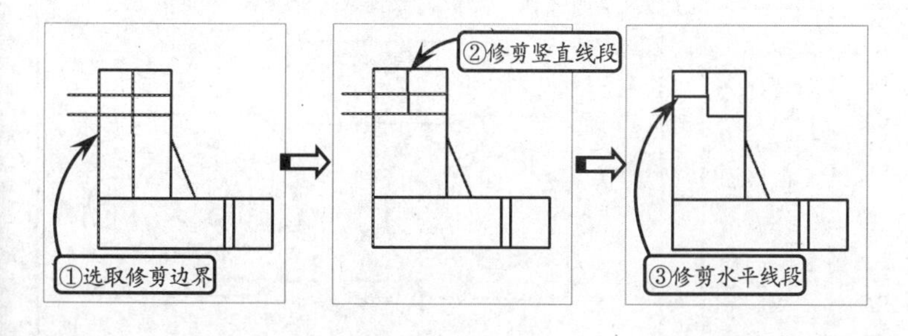

> **提示**
> 修剪和延伸工具的共同点都是以图形中现有的图形对象为参照，以两图形对象间的交点为切割点呈延伸终点，对与其相交或呈一定角度的对象进行去除或延长操作。

STEP|12 最后将修剪后的相关线段转换为【虚线】图层，并将指定的线段同时转换为【虚线】图层，即可完成左视图的绘制。至此，轴承座零件的三视图绘制完成。

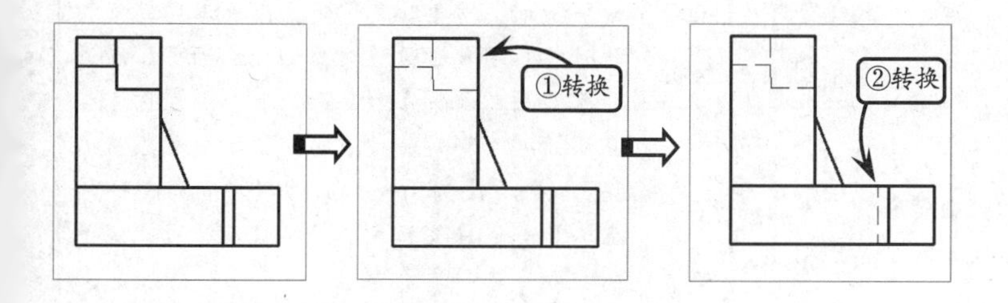

3.9 高手答疑

版本：AutoCAD 2013

问题1：如何新建图层？

解答：在【图层】选项板中单击【图层特性】按钮，并在打开的对话框中单击【新建图层】按钮，系统将打开一个新的图层。此时即可输入该新图层的名称，并设置该图层的颜色、线型和线宽等多种特性。

且为了便于区分各类图层，用户应取一个能表征图层上图元特性的新名字取代默认名，使之一目了然，便于管理。

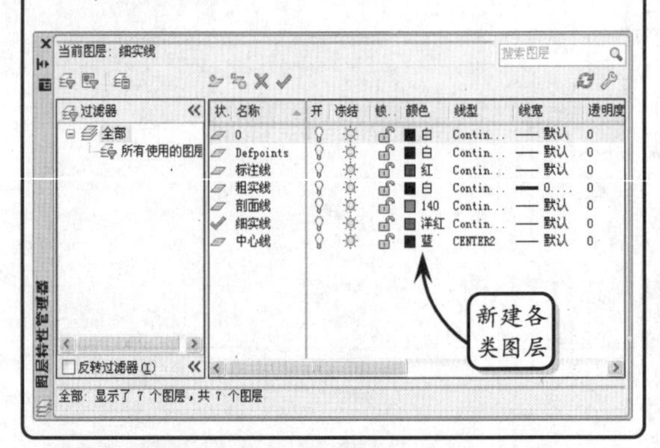

问题2：将指定图层置为当前有哪几种常用的方式？

解答：创建多个图层并命名和设置特性后，在绘图过程中就需要不断切换图层，将指定图层切换为当前层，这样创建的图形对象将默认为该图层。一般情况下，切换图层置为当前层有以下两种方式。

其一是在【图层特性管理器】对话框的【状态】列中双击相应的图层，使其显示✔图标即可；另外一种是在绘图区中选取要置为当前层的图形对象，并单击【将对象的图层设为当前图层】按钮即可。

问题3：简述关闭图层的过程。

解答：关闭图层是暂时隐藏指定的一个或多个图层。打开【图层特性管理器】对话框，在【图层列表】窗口中选择一个图层，并单击【开】列对应的灯泡按钮。此时，该灯泡的颜色将由黄色变为灰色，且该图层对应的图形对象将不显示，也不能打印输出。

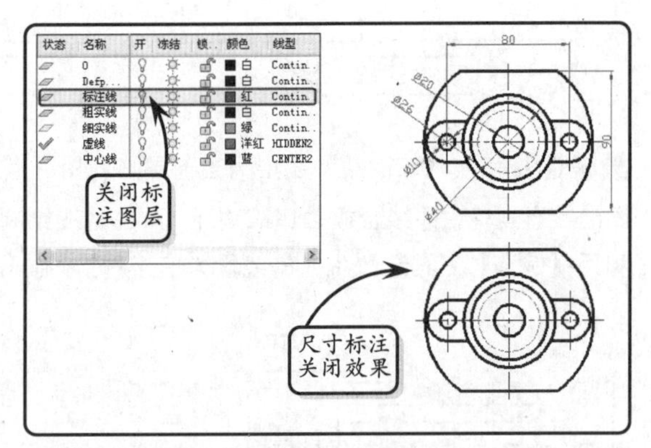

问题4：简述合并图层的过程。

解答：在 AutoCAD 中，可以通过合并图层的操作来减少图形中的图层数。执行该操作可以将选定的图层合并到目标图层中，并将该选定的图层从图层列表窗口中删除。

在【图层】选项板中单击【合并】按钮，然后在绘图区中分别选取要合并图层上的对象和目标图层上的对象，并在命令行中输入字母 Y，即可完成合并图层的操作，且此时系统将自动删除要合并的图层。

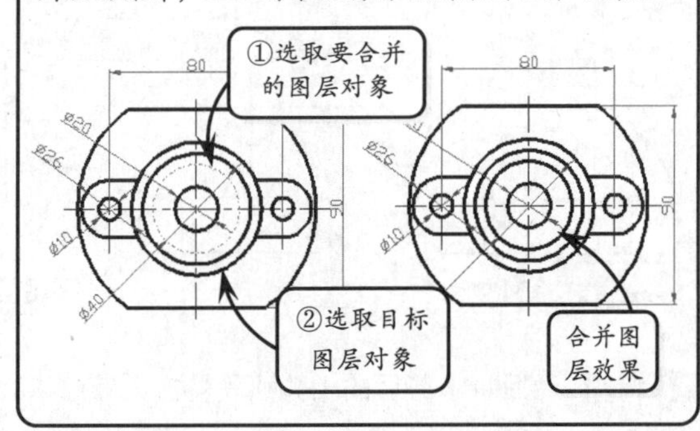

问题5：当前对象缩放比例的含义是什么？

解答：在绘制图形的过程中，为了满足设计要求和让视图更加清晰，需要对不同对象设置不同的线型比例，此时就必须单独设置对象的比例因子，即设置当前对象的缩放比例参数。

在默认情况下，当前对象的缩放比例参数值为1，该因子与全局比例因子同时作用在新绘制的线型对象上。新绘制对象的线型最终显示缩放比例是两者间的乘积。

AutoCAD 3.10 高手训练营

版本：AutoCAD 2013

练习 1．新建与轮廓线图层具有相同特性的图层

通常在绘制新图形之前，可以首先创建并命名多个图层，或者在绘图过程中根据需要随时增加相应的图层。而当创建一个图层后，往往需要设置该图层的线型、线宽、颜色和显示状态，并且根据需要随时指定不同的图层为当前图层。

如果在创建前选中了指定的图层，则新创建的图层特性与选中的图层具有相同的颜色、线型和线宽等特性。

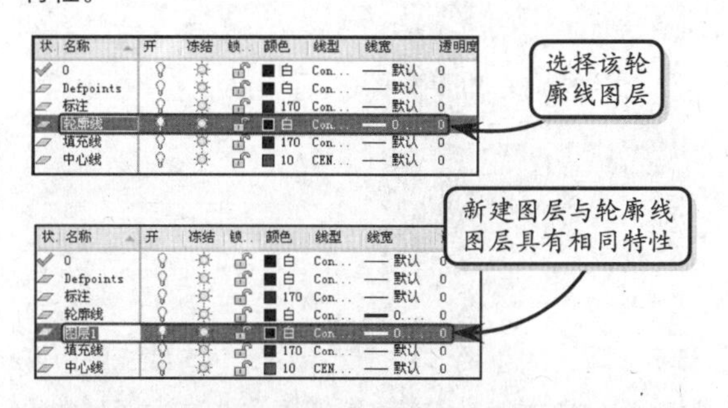

练习 2．将中心线图层置为当前层

创建多个图层并命名和设置特性后，在绘图过程中就需要不断切换图层，将指定图层切换为当前层，这样创建的图形对象将默认为该图层。

在绘图区中选取要置为当前层的图形对象，此时在【图层】选项板中将显示该对象所对应的图层列表项。然后单击【将对象的图层设为当前图层】按钮，即可将指定的对象图层设置为当前层。

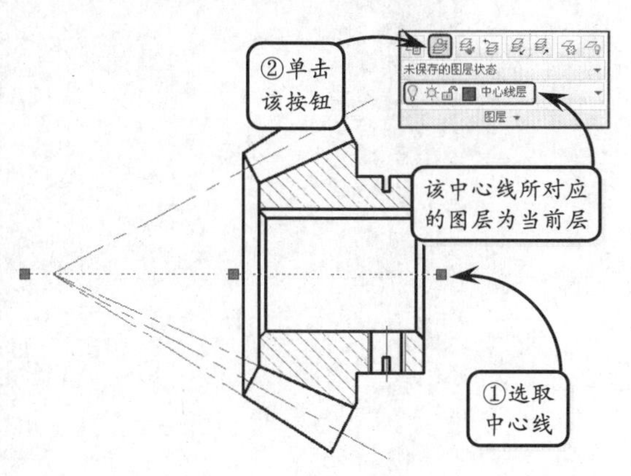

练习 3．冻结标注线图层

冻结图层可以使该图层不可见，也不能被打印出来。当重新生成图形时，系统不再重新生成该层上的对象。因而冻结图层后，可以加快显示和重生成的速度。

利用冻结操作可以冻结长时间不用看到的图层。一般情况下，图层的默认设置为解冻状态，且【图层特性管理器】对话框的【冻结】列中显示的太阳图标视为解冻状态。

指定【标注线】图层，并在【冻结】列中单击太阳图标，使该图标改变为雪花图标，即表示该图层被冻结。

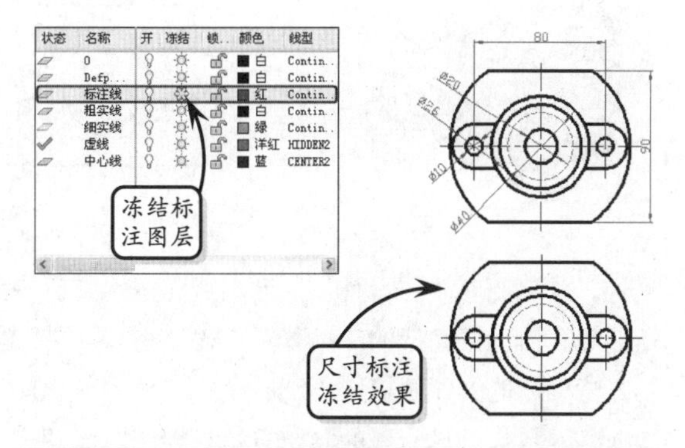

练习 4．锁定标注线图层

锁定图层就是取消指定图层的编辑功能，防止意外地编辑该图层上的图形对象。其中，锁定的图层对象将以灰色显示，可以作为绘图的参照。

打开【图层特性管理器】对话框，在【图层列表】窗口中选择【标注线】图层，并单击【锁定】列的解锁图标，该图标将切换为锁定图标，即该图层被锁定。

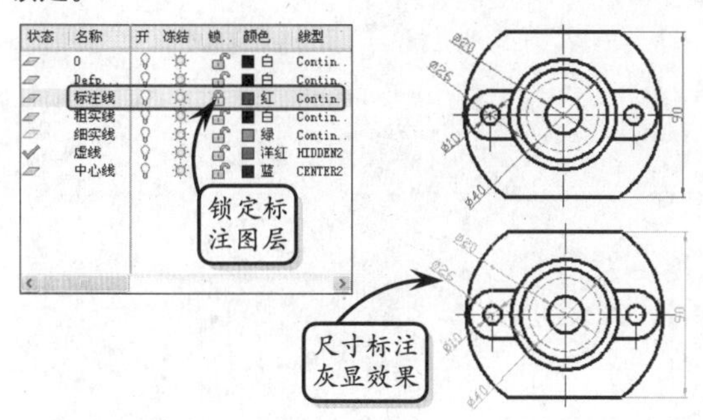

第 4 章

绘制二维图形

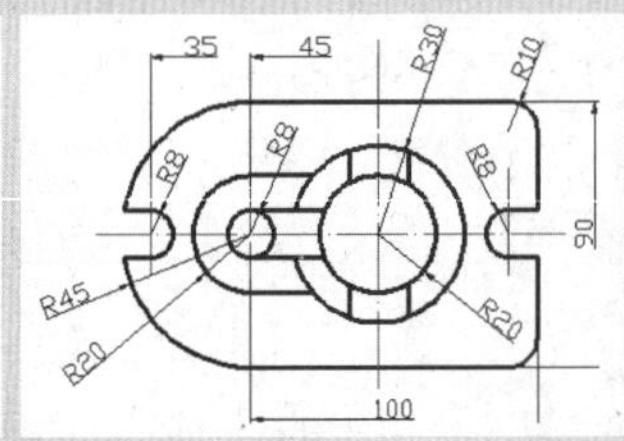

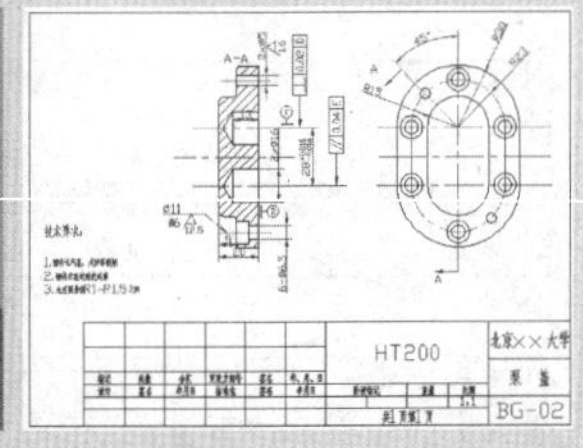

二维草图在工程设计、生产制造和技术交流中起着不可替代的重要作用。其中由点、直线、圆弧和矩形等几何元素组成的二维草图是表达机械零件形状效果的重要方式。只有熟练掌握这些基本图形的绘制方法，才能方便快捷地绘制出机械零件的三视图、装配图和电子电路图等各种更加复杂多变的图形。掌握各种基本图形元素的绘制方法是绘制二维图形的前提条件。

本章主要介绍使用点、线、矩形和圆等工具来绘制图形的方法和技巧，并详细介绍某些线条的编辑方法，例如对多段线和样条曲线的编辑修改。

4.1 绘制点

版本：AutoCAD 2013

点是组成图形的最基本元素，通常用来作为对象捕捉的参考点，例如标记对象的节点、参考点和圆心点等。掌握绘制点方法的关键在于灵活运用点样式，并根据需要定制各类型的点。

1．点样式的设置

绘制点时，系统默认为一个小黑点，在图形中并不容易辨认出来。因此在绘制点之前，为了更好地用点标记等距或等数等分位置，用户可以根据系统提供的一系列点样式，选取所需的点样式，且必要时自定义点的大小。

在【草图与注释】工作空间界面中，单击【实用工具】选项板中的【点样式】按钮，系统将打开【点样式】对话框。此时，用户即可选择指定的点样式并设置相应的点参数。该对话框中各主要选项的含义现分别介绍如下。

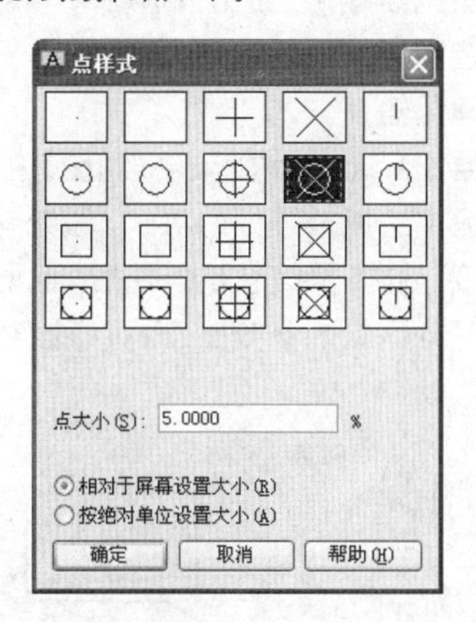

- **点大小** 该文本框用于设置点在绘图区中显示的比例大小。
- **相对于屏幕设置大小** 选择该单选按钮，则可以相对于屏幕尺寸的百分比设置点的大小，比例值可大于、等于或小于 1。
- **按绝对单位设置大小** 选择该单选按钮，则可以按实际单位设置点的大小。

2．绘制单点和多点

单点和多点是点常用的两种类型。所谓单点是在绘图区中一次仅绘制的一个点，主要用来指定单个的特殊点位置，如指定中点、圆心点和相切点等；而多点则是在绘图区中可以连续绘制的多个点，且该方式主要是用第一点为参考点，然后依据该参考点绘制多个点。

- **绘制任意单点和多点**

当需要绘制单点时，可以在命令行中输入 POINT 指令，并按下 Enter 键。然后在绘图区中单击左键，即可绘制出单个点。当需要绘制多点时，可以直接单击【绘图】选项板中的【多点】按钮，然后在绘图区中连续单击，即可绘制出多个点。

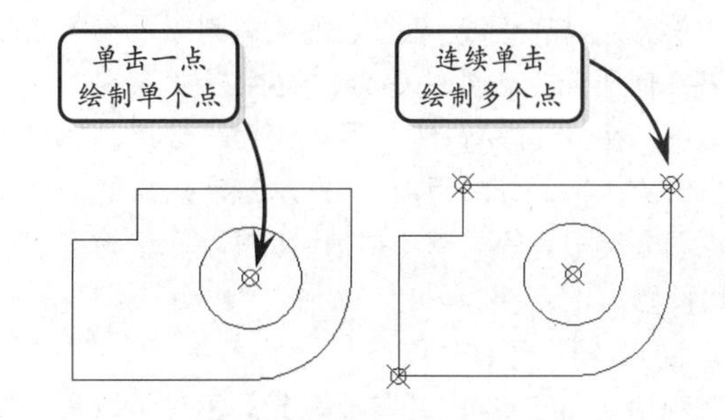

- **绘制指定位置单点和多点**

由于点主要起到定位标记参照的作用，因此在绘制点时并非是任意确定点的位置，需要使用坐标确定点的位置。

> **鼠标输入法** 该输入法是绘图中最常用的输入法，即移动鼠标直接在绘图区中的指定位置处单击鼠标左键，获得指定点效果。

在 AutoCAD 中，坐标的显示是动态直角坐标。当移动鼠标时，十字光标和坐标值将连续更新，随时指示当前光标位置的坐标值。

> **键盘输入法** 该输入法是通过键盘在命令行中输入参数值来确定位置的坐标，且位置坐标一般有两种方式，即绝对坐标和相对坐标，这两种坐标的定义方式在第二章中已经详细介绍，这里不再赘述。

> **用给定距离的方式输入** 该输入方式是鼠标输入法和键盘输入法的结合。当提示输入一个点时，将鼠标移动至输入点附近

（不要单击）用来确定方向，然后使用键盘直接输入一个相对前一点的距离参数值，按下回车键即可确定点的位置。

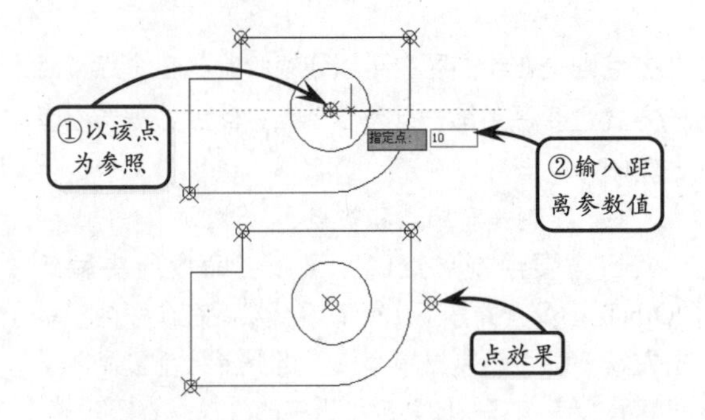

3．绘制等分点

等分点是在直线、圆弧、圆或椭圆以及样条曲线等几何图元上创建的等分位置点或插入的等间距图块。在 AutoCAD 中，可以使用等分点功能对指定对象执行等分间距操作，即从选定对象的一个端点划分出相等的长度，并使用点或块标记将各个长度间隔。

❑ 绘制定数等分点

利用 AutoCAD 的【定数等分】工具可以将所选对象等分为指定数目的相等长度，并在对象上按指定数目等间距创建点或插入块。该操作并不将对象实际等分为单独的对象，它仅仅是标明定数等分的位置，以便将这些等分点作为几何参考点。

在【绘图】选项板中单击【定数等分】按钮，然后在绘图区中选取被等分的对象，并输入等分数目，即可将该对象按照指定数目等分。

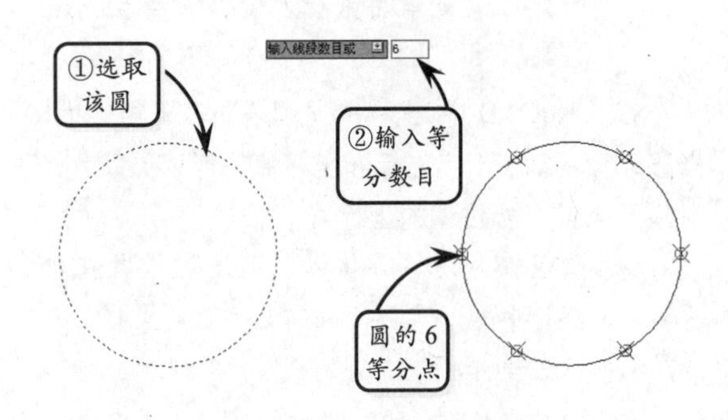

选取等分对象后，如果在命令行中输入字母 B，则可以将选取的块对象等间距插入到当前图形中，且插入的块可以与原对象对齐或不对齐分布。

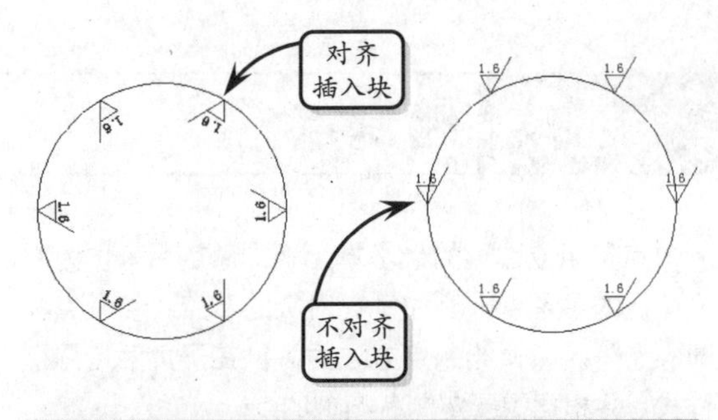

> **提示**
>
> 在创建等分点时，该等分点可以与几何图元上的圆心、端点、中点、交点、顶点以及样条定义点等类型点重合，但要注意的是重合的点是两个不同类型的点。

❑ 绘制定距等分点

定距等分点是指在指定的图元上按照设置的间距放置点对象或插入块。一般情况下放置点或插入块的顺序是从起点开始的，并且起点随着选取对象的类型变化而变化。由于被选对象不一定完全符合所有指定距离，因此等分对象的最后一段通常要比指定的间隔短。

在【绘图】选项板中单击【测量】按钮，然后在绘图区中选取被等分的对象，系统将显示“指定线段长度”的提示信息和列表框。此时，在列表框中输入等分间距的参数值，即可将该对象按照指定的距离等分。

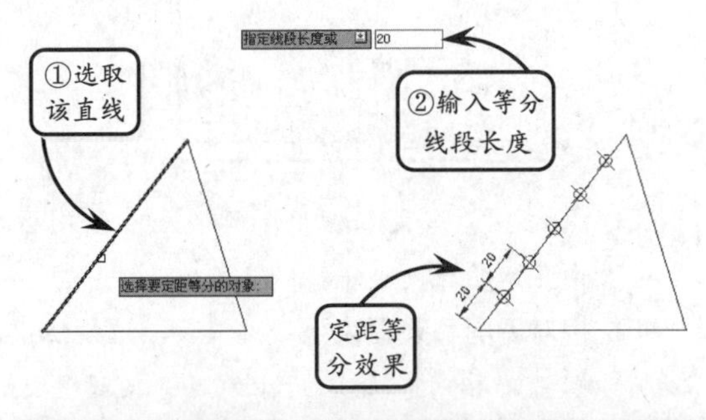

> **提示**
>
> 在执行等分点操作时，对于直线或非闭合的多段线，起点是距离选择点最近的端点；对于闭合的多段线，起点是多段线的起点；对于圆，起点是以圆心为起点、当前捕捉角度为方向的捕捉路径与圆的交点。

4.2 绘制线

版本：AutoCAD 2013

在 AutoCAD 中，直线、射线和构造线都是最基本的线性对象。这些线性对象和指定点位置一样，都可以通过指定起始点和终止点来绘制，也可以通过在命令行中输入坐标值确定起始点和终止点位置来获得相应的线轮廓。

1. 绘制直线

在 AutoCAD 中，直线是指两点确定的一条直线段，而不是无限长的直线。构造直线段的两点可以是图元的圆心、端点（顶点）、中点和切点等类型。根据生成直线的方式，可以分为以下 3 种类型。

❑ **一般直线**

一般直线是最常用的直线类型。在平面几何内，其是通过指定起点和长度参数来完成绘制的。

在【绘图】选项板中单击【直线】按钮，然后在绘图区中指定直线的起点，并设定直线的长度参数值，即可完成一般直线的绘制。

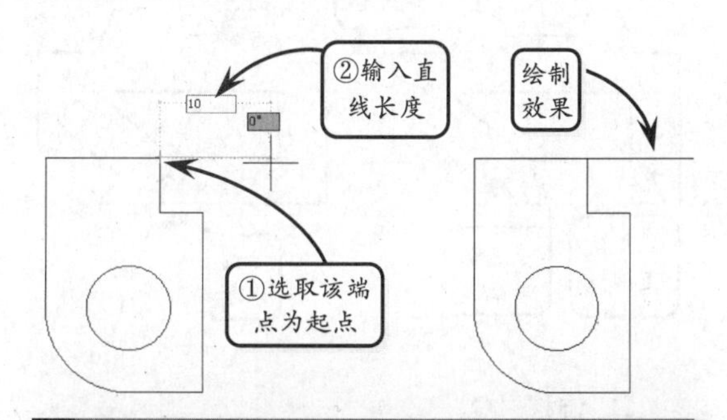

提示

在绘制直线时，若启用状态栏中的【动态输入】功能按钮，则系统将在绘图区中显示动态输入的标尺和文本框。此时在文本框中直接设置直线的长度和其它参数，即可快速地完成直线的绘制。其中，按下 Tab 键可以切换文本框中参数值的输入。

❑ **两点直线**

两点直线是由绘图区中选取的两点确定的直线类型。其中，所选的两点决定了直线的长度和位置，且所选的点可以是图元的圆心、象限点、端点（顶点）、中点、切点和最近点等类型。

单击【直线】按钮，在绘图区中依次指定两点作为直线要通过的两个点，即可确定一条直线段。

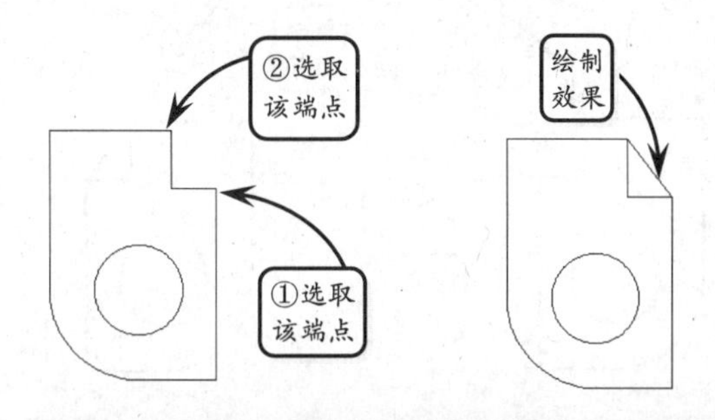

提示

为了绘图方便，可以设置直线捕捉点的范围和类型。在状态栏中右击【对象捕捉】按钮，并在打开的快捷菜单中选择【设置】选项，然后在打开的【草图设置】对话框中设置直线捕捉的点类型和范围即可。

❑ **成角度直线**

成角度直线是一种与 X 轴方向呈一定角度的直线类型。如果设置的角度为正值，则直线绕起点逆时针方向倾斜；反之直线绕顺时针方向倾斜。

选择【直线】工具后，指定一点为起点，然后在命令行中输入“@长度<角度”，并按下回车键结束该操作，即可完成该类直线的绘制。

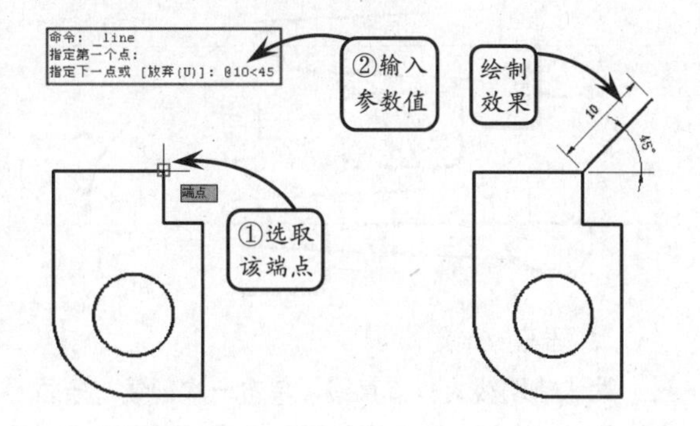

2. 绘制射线

射线是一端固定、另一端无限延伸的直线，即只有起点没有终点或终点无穷远的直线。其主要用来作为图形中投影所得线段的辅助引线，或某些长度参数不确定的角度线等。

在【绘图】选项板中单击【射线】按钮，然后在绘图区中分别指定起点和通过点，即可绘制一条射线。

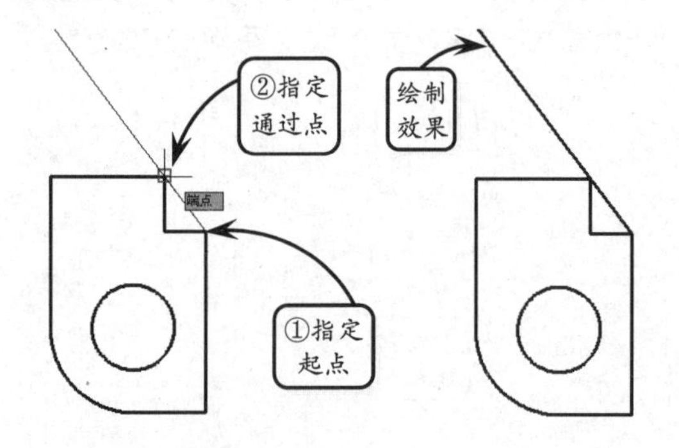

3. 绘制构造线

与射线相比，构造线是一条没有起点和终点的直线，即两端无限延伸的直线。该类直线可以作为绘制等分角、等分圆等图形的辅助线，如图素的定位线等。

在【绘图】选项板中单击【构造线】按钮，命令行将显示"指定点或 [水平(H)/垂直(V)/角度(A)/二等分(B)/偏移(O)]："的提示信息，各选项的含义分别介绍如下。

- 水平（H）

默认辅助线为水平直线，单击一次绘制一条水平辅助线，直到用户单击鼠标右键或按下回车键时结束。

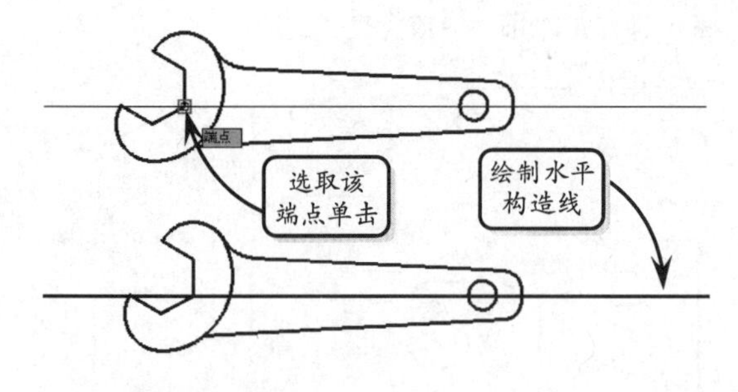

- 垂直（V）

默认辅助线为垂直直线，单击一次创建一条垂直辅助线，直到用户单击鼠标右键或按下回车键时结束。

- 角度（A）

创建一条用户指定角度的倾斜辅助线，单击一次创建一条倾斜辅助线，直到用户单击鼠标右键或按下回车键时结束。

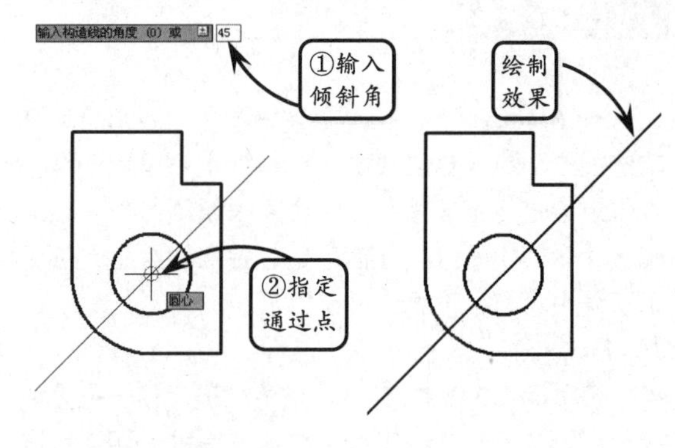

- 二等分（B）

创建一条通过用户指定角的顶点，并平分该角的辅助线。首先指定一个角的顶点，再分别指定该角两条边上的点即可。需要提示的是：这个角不一定是实际存在的，也可以是想象中的一个不可见的角。

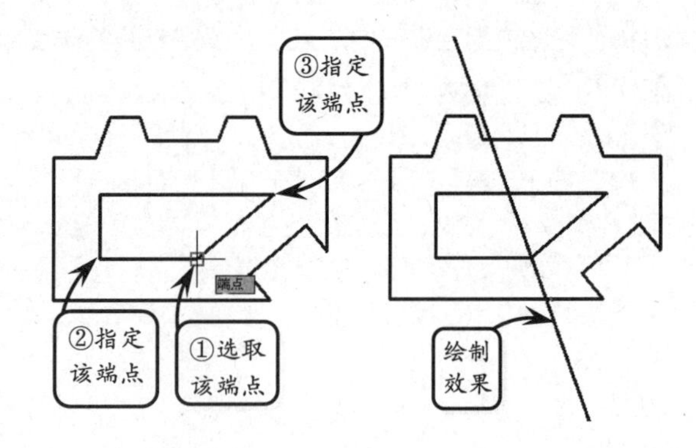

- 偏移（O）

创建平行于另一个对象的辅助线，类似于偏移编辑命令。且选择的另一个对象可以是一条辅助线、直线或复合线对象。

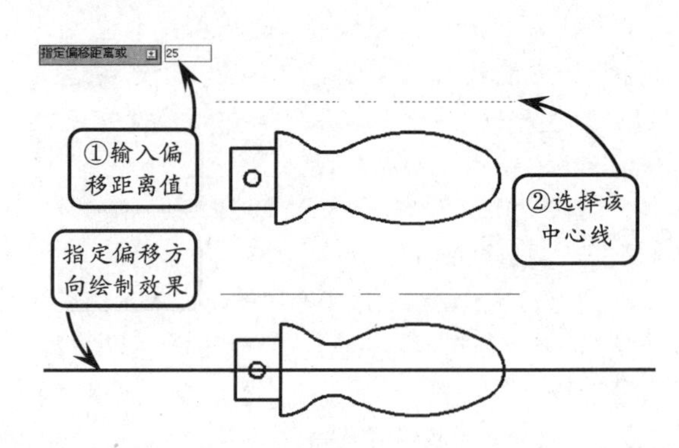

4.3 绘制一般线性对象

版本：AutoCAD 2013

在 AutoCAD 中，矩形、正多边形和区域覆盖属于一般线性对象，且该类图形中所有线段并不是孤立的，而是合成一个面域。灵活使用该类图形工具可以大大简化绘图过程，使操作更加方便。

1．绘制矩形

在 AutoCAD 中，用户可以通过定义两个对角点，或者长度和宽度的方式来绘制矩形，且同时可以设置其线宽、圆角和倒角等参数。

在【绘图】选项板中单击【矩形】按钮，命令行将显示“指定第一个角点或 [倒角(C)/标高(E)/圆角(F)/厚度(T)/宽度(W)]:”的提示信息，其中各选项的含义如下所述。

- **指定第一个角点**　在屏幕上指定一点后，然后指定矩形的另一个角点来绘制矩形。该方法是绘图过程中最常用的绘制方法。
- **倒角（C）**　绘制倒角矩形。在当前命令提示窗口中输入字母 C，然后按照系统提示输入第一个和第二个倒角距离，明确第一个角点和另一个角点，即可完成矩形的绘制。其中，第一个倒角距离指沿 *X* 轴方向（长度方向）的距离，第二个倒角距离指沿 *Y* 轴方向（宽度方向）的距离。
- **标高（E）**　该命令一般用于三维绘图中。在当前命令提示窗口中输入字母 E，并输入矩形的标高，然后明确第一个角点和另一个角点即可。
- **圆角（F）**　绘制圆角矩形。在当前命令提示窗口中输入字母 F，并输入圆角半径参数值，然后明确第一个角点和另一个角点即可。
- **厚度（T）**　绘制具有厚度特征的矩形。在当前命令行提示窗口中输入字母 T，并输入厚度参数值，然后明确第一个角点和另一个角点即可。
- **宽度（W）**　绘制具有宽度特征的矩形。在当前命令行提示窗口中输入字母 W，并输入宽度参数值，然后明确第一个角点和另一个角点即可。

下图所示就是执行各种操作获得的矩形绘制效果。

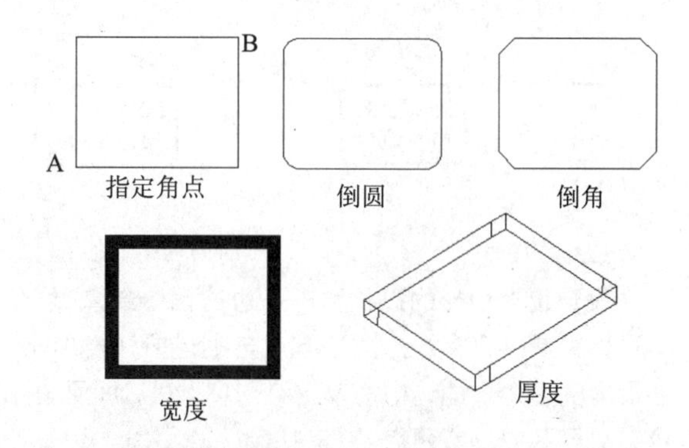

2．绘制正多边形

利用【正多边形】工具可以快速绘制 3～1024 边的正多边形，其中包括等边三角形、正方形、五边形和六边形等。在【绘图】选项板中单击【多边形】按钮，即可按照以下 3 种方法绘制正多边形。

- **内接圆法**

利用该方法绘制多边形时，是由多边形的中心到多边形的顶角点间的距离相等的边组成，也就是整个多边形位于一个虚构的圆中。

单击【多边形】按钮，然后设置多边形的边数，并指定多边形中心。接着选择【内接于圆】选项，并设置内接圆的半径值，即可完成多边形的绘制。

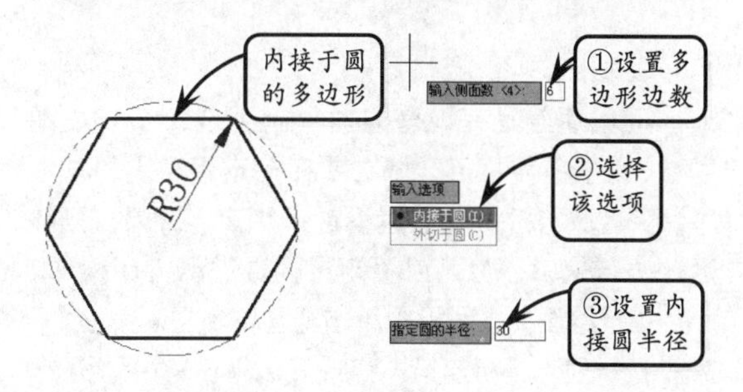

- **外切圆法**

利用该方法绘制正多边形时，所输入的半径值是多边形的中心点至多边形任意边的垂直距离。

单击【多边形】按钮，然后输入多边形的边数为 6，并指定多边形的中心点。接着选择【外切于圆】选项，并设置外切圆的半径值即可。

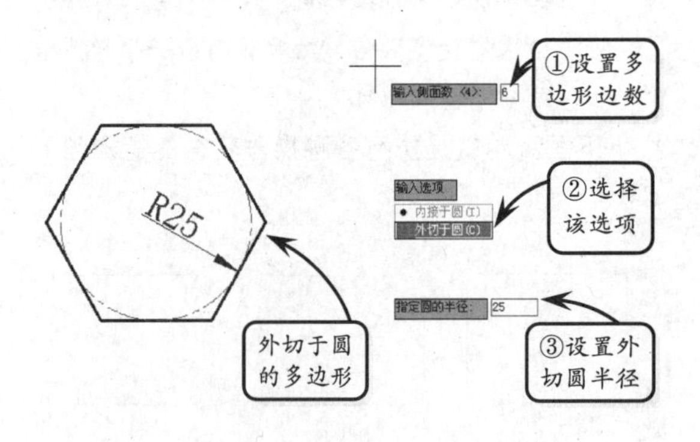

❑ 边长法

设定正多边形的边长和一条边的两个端点，同样可以绘制出正多边形。该方法与上述方法类似，在设置完多边形的边数后输入字母 e，然后即可直接在绘图区中指定两点，或者指定一点后输入边长值来绘制出所需的多边形。

下图所示就是分别选取长方形一条边上的两个端点，绘制以该边为边长的正六边形。

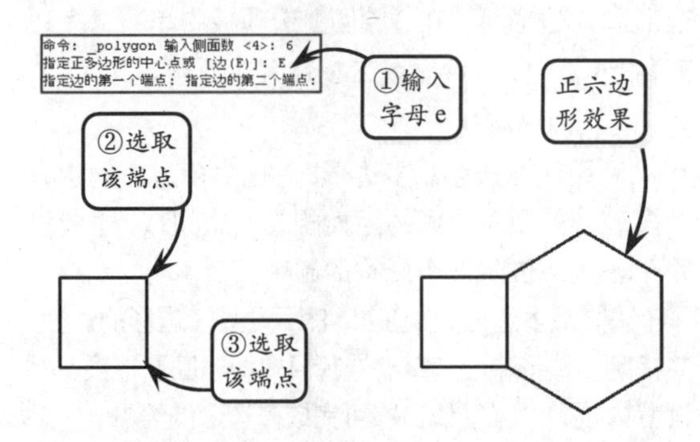

3．绘制区域覆盖

区域覆盖是在现有的对象上生成一个空白的区域，用于覆盖指定区域或要在指定区域内添加注释。该区域与区域覆盖边框进行绑定，可以打开该区域进行编辑，也可以关闭该区域进行打印操作。

在【绘图】选项板中单击【区域覆盖】按钮，命令行将显示"指定第一点或 [边框(F)/多段线(P)] <多段线>:"的提示信息，各选项的含义及设置方法分别介绍如下。

❑ 边框

该方式是指绘制一个封闭的多边形区域，并使用当前的背景色遮盖被覆盖的对象。

默认情况下，用户可以通过指定一系列控制点来定义区域覆盖的边界，并可以根据命令行的提示信息对区域覆盖进行编辑，确定是否显示区域覆盖对象的边界。若选择【开（ON)】选项可以显示边界；若选择【关（OFF)】选项，则可以隐藏绘图窗口中所要覆盖区域的边界。

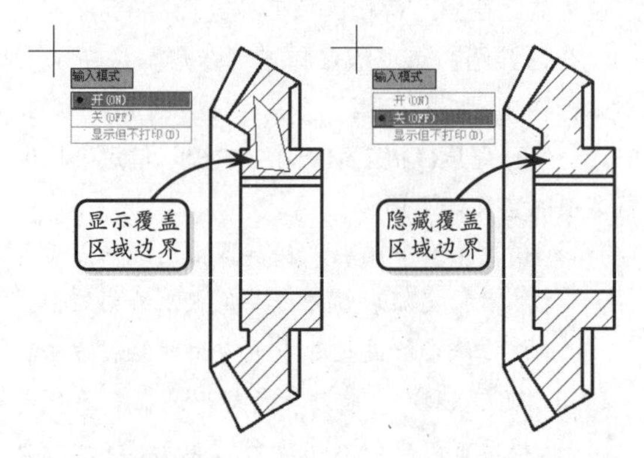

❑ 多段线

该方式是指选取原有的封闭多段线作为区域覆盖对象的边界。

当选择一个封闭的多段线时，命令行将提示是否要删除多段线。如果选择【是（Y)】选项，系统将删除用来绘制区域覆盖的多段线；如果选择【否（N)】选项，则保留该多段线。

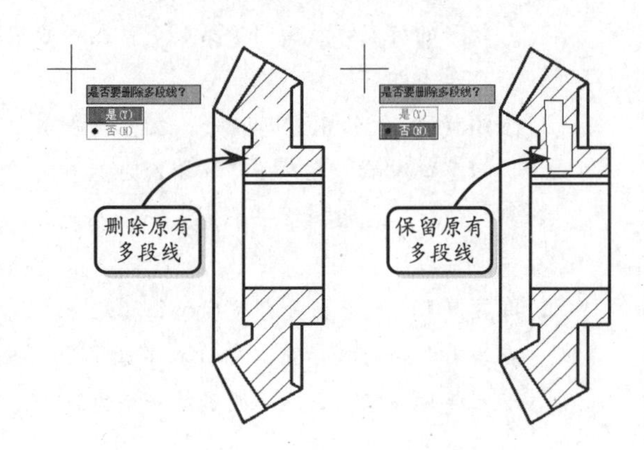

4.4 多段线

版本：AutoCAD 2013

多段线是作为单个对象创建的相互连接的线段组合图形。该组合线段作为一个整体，可以由直线段、圆弧段或两者的组合线段组成，并且可以是任意开放或封闭的图形。

此外，为了区别多段线的显示，除了设置不同形状的图元及其长度外，还可以设置多段线中不同的线宽显示。

1．直线段多段线

直线段多段线全部由直线段组合而成，是最简单的一种类型。一般用于创建封闭的线性面域。

在【绘图】选项板中单击【多段线】按钮，然后在绘图区中依次选取多段线的起点和其他通过的点即可。

如果欲使多段线封闭，则可以在命令行中输入字母 C，并按下回车键确认。需要注意的是起点和多段线通过的点在一条直线上时，不能成为封闭多段线。

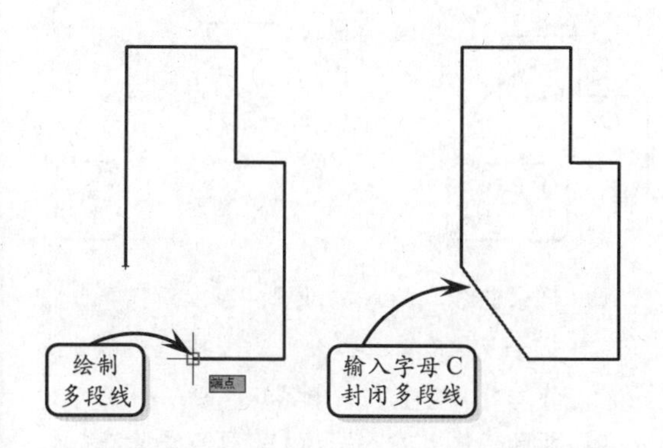

2．直线和圆弧段组合多段线

该类多段线是由直线段和圆弧段两种图元组成的开放或封闭的组合图形，是最常用的一种类型。在机械设计过程中，其主要用于绘制圆角过渡的棱边，或具有圆弧曲面的 U 形槽等实体的投影轮廓界线。

绘制该类多段线时，通常需要在命令行内不断切换圆弧和直线段的输入命令。

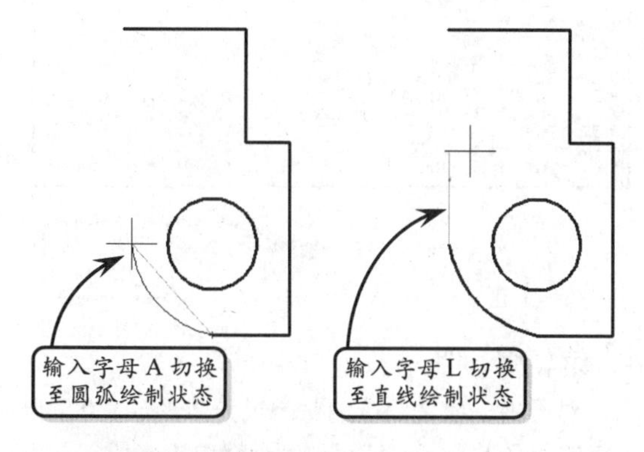

3．带宽度的多段线

该类多段线是一种带宽度显示的多段线样式。与直线的线宽属性不同，此类多段线的线宽显示不受状态栏中【显示/隐藏线宽】工具的控制，而是根据绘图需要而设置的实际宽度。在选择【多段线】工具后，在命令行中主要有以下两种设置线宽显示的方式。

❑ 半宽

该方式是通过设置多段线的半宽值而创建的带宽度显示的多段线。其中，显示的宽度为设置值的 2 倍，并且在同一图元上可以显示相同或不同的线宽。

选择【多段线】工具后，在命令行中输入字母 H，然后可以通过设置起点和端点的半宽值来创建带宽度的多段线。

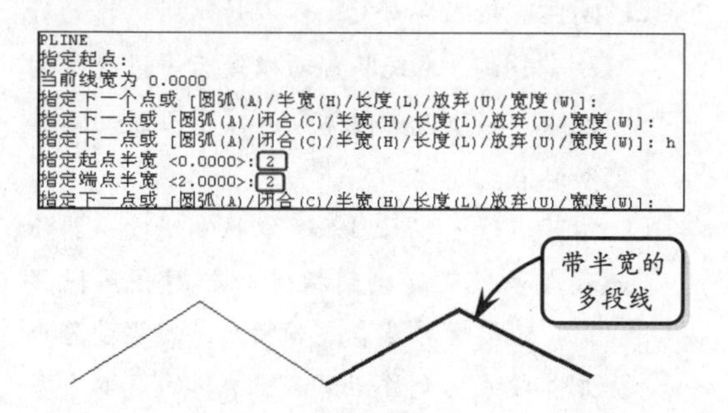

❑ 宽度

该方式是通过设置多段线的实际宽度值而创建的带宽度显示的多段线，显示的宽度与设置的宽度值相等。与【半宽】方式相同，在同一图元的起点和端点位置可以显示相同或不同的线宽，其对应的命令为输入字母 W。

```
命令: pl
PLINE
指定起点:
当前线宽为 4.0000
指定下一个点或 [圆弧(A)/半宽(H)/长度(L)/放弃(U)/宽度(W)]: w
指定起点宽度 <4.0000>: 0
指定端点宽度 <0.0000>: 0
指定下一个点或 [圆弧(A)/半宽(H)/长度(L)/放弃(U)/宽度(W)]:  <正交 开>
指定下一点或 [圆弧(A)/闭合(C)/半宽(H)/长度(L)/放弃(U)/宽度(W)]: w
指定起点宽度 <0.0000>: 15
指定端点宽度 <15.0000>: 0
指定下一点或 [圆弧(A)/闭合(C)/半宽(H)/长度(L)/放弃(U)/宽度(W)]:
```

4．编辑多段线

对于由多段线组成的封闭或开放图形，为了自由控制图形的形状，还可以利用【编辑多段线】工具编辑多段线。

在【修改】选项板中单击【编辑多段线】按钮，然后选取欲编辑的多段线，系统将打开相应的快捷菜单。此时，在该快捷菜单中选择对应的选项，即可进行相应的编辑多段线的操作。

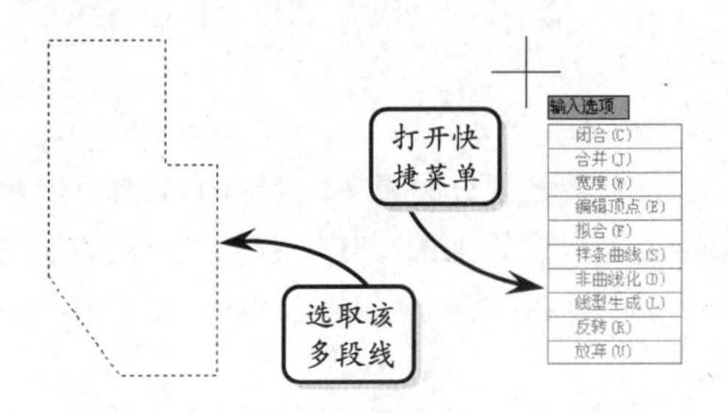

该快捷菜单中各主要编辑命令的功能分别介绍如下。

- ❑ **闭合**　输入字母 C，可以封闭所编辑的开放多段线。系统将自动以最后一段的绘图模式（直线或者圆弧）连接多段线的起点和终点。
- ❑ **合并**　输入字母 J，可以将直线段、圆弧或者多段线连接到指定的非闭合多段线上。若编辑的是多个多段线，需要设置合并多段线的允许距离；若编辑的是单个多段线，系统将连续选取首尾连接的直线、圆弧和多段线等对象，并将它们连成一条多段线。需要注意的是，合并多段线时，各相邻对象必须彼此首尾相连。
- ❑ **宽度**　输入字母 W，可以重新设置所编辑多段线的宽度。
- ❑ **编辑顶点**　输入字母 E，可以进行移动顶点、插入顶点以及拉直任意两顶点之间的多段线等操作。选择该选项，系统将打开新的快捷菜单。例如选择【编辑顶点】选项后指定起点，然后选择【拉直】选项，并选择【下一个】选项指定第二点，接着选择【执行】选项即可。

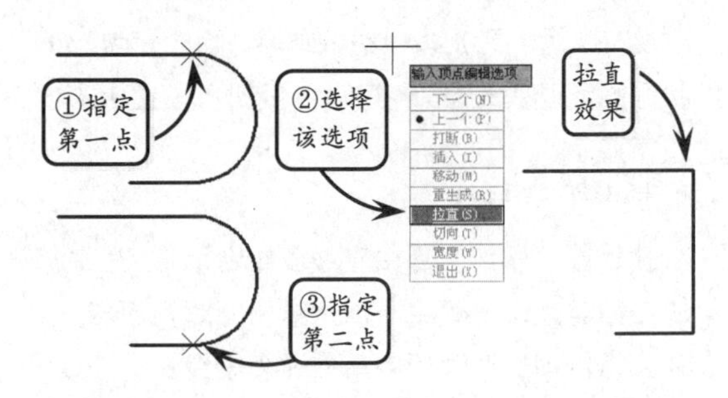

- ❑ **拟合**　输入字母 F，可以采用圆弧曲线拟合多段线的拐角，也就是创建连接每一对顶点的平滑圆弧曲线，将原来的直线段转换为拟合曲线。

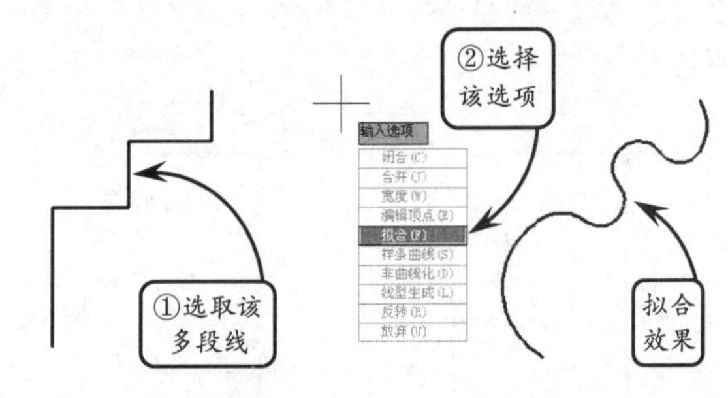

- ❑ **样条曲线**　输入字母 S，可以用样条曲线拟合多段线，且拟合时以多段线的各顶点作为样条曲线的控制点。
- ❑ **非曲线化**　输入字母 D，可以删除在执行【拟合】或【样条曲线】命令时插入的额外顶点，并拉直多段线中的所有线段，同时保留多段线顶点的所有切线信息。
- ❑ **线型生成**　输入字母 L，可以设置非连续线型多段线在各顶点处的绘线方式。输入命令 ON，多段线以全长绘制线型；输入命令 OFF，多段线的各个线段独立绘制线型，当长度不足以表达线型时，以连续线代替。

4.5 绘制圆、圆弧和修订云线

版本：AutoCAD 2013

在实际的绘图过程中，图形中不仅包含直线、多段线、矩形和多边形等线性对象，还包含圆、圆弧以及修订云线等曲线对象，这些曲线对象同样是 AutoCAD 图形的重要组成部分。

1. 圆

圆是指平面上到定点的距离等于定长的所有点的集合。在二维草图中，其主要用于表达孔、台体和柱体等模型的投影轮廓。

在【绘图】选项板中单击【圆】按钮下侧的黑色小三角，其下拉列表中主要有以下 5 种绘制圆的方法。

❑ 圆心，半径（或直径）

该方式可以通过指定圆心，并设置半径值（或直径值）来确定一个圆。单击【圆心，半径】按钮，然后在绘图区中指定圆心位置，并设置半径值，即可确定一个圆。此外，如果在命令行中输入字母 D，并按下回车键确认，则可以通过设置直径值来确定一个圆。

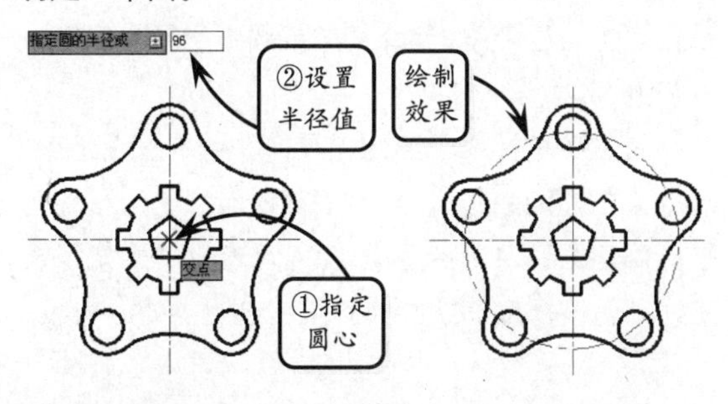

❑ 两点

该方式可以通过指定圆上的两个点来确定一个圆。其中，两点之间的距离确定了圆的直径，假想的两点直线间的中点确定圆的圆心。

单击【两点】按钮，然后在绘图区中依次选取圆上的点 A 和点 B，即可确定一个圆。

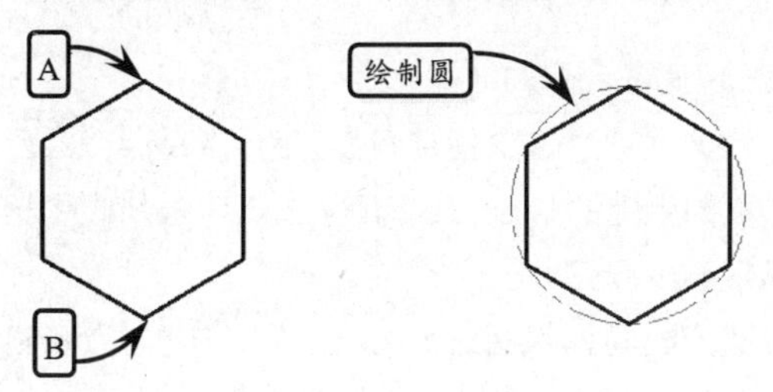

❑ 三点

该方式通过指定圆周上的三个点来确定一个圆。其原理是：在平面几何内三点的首尾连线可组成一个三角形，而一个三角形有且只有一个外接圆。

单击【三点】按钮，然后在绘图区中依次选取圆上的三个点即可。需要注意的是这三个点不能在同一条直线上。

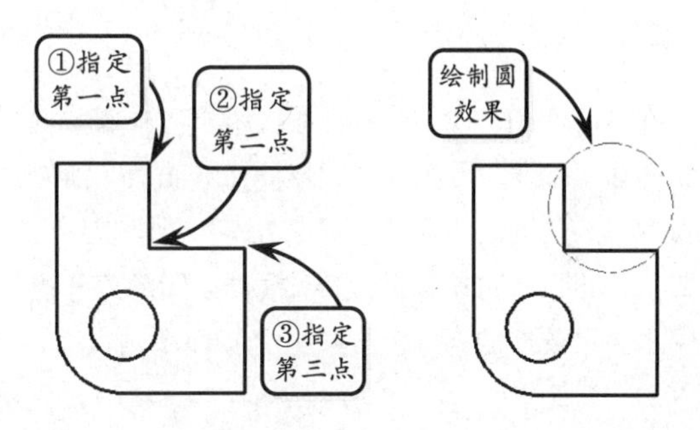

❑ 相切，相切，半径

该方式可以通过指定圆的两个公切点和设置圆的半径值来确定一个圆。单击【相切，相切，半径】按钮，然后在相应的图元上指定公切点，并设置圆的半径值即可。

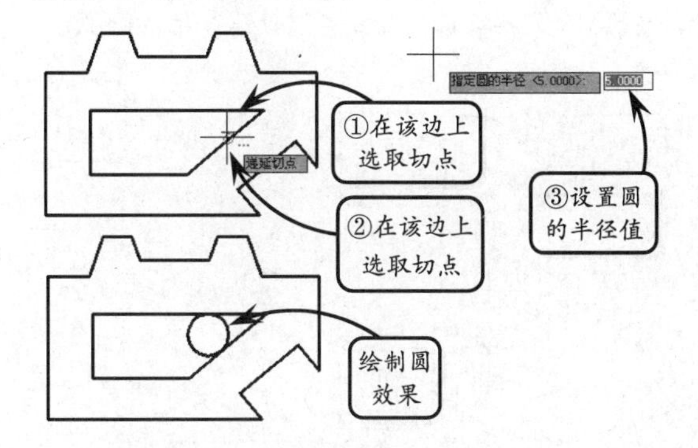

❑ 相切，相切，相切

该方式通过指定圆的三个公切点来确定一个圆。该类型的圆是三点圆的一种特殊类型，即三段两两相交的直线或圆弧段的公切圆，其主要用于确定正多边形的内切圆。

单击【相切，相切，相切】按钮，然后在

绘图区中依次选取相应图元上的三个切点即可。

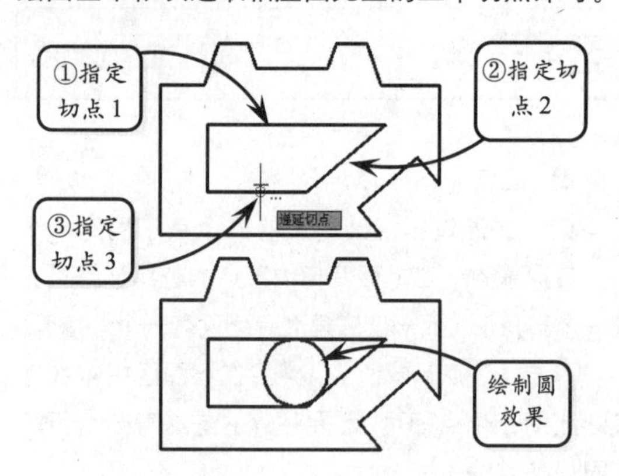

2. 圆弧

在 AutoCAD 中，圆弧既可以用于建立圆弧曲线和扇形，也可以用作放样图形的放样截面。绘制圆弧的方法与圆基本类似，既要指定半径和起点，又要指出圆弧所跨的弧度大小。根据绘图顺序和已知图形要素条件的不同，主要分为以下 5 种类型。

❑ 三点

该方式通过指定圆弧上的三点来确定一段圆弧。其中，第一点和第三点分别是圆弧上的起点和端点，且第三点直接决定圆弧的形状和大小，第二点可以确定圆弧的位置。

单击【三点】按钮，然后在绘图区中依次选取圆弧上的三点，即可绘制通过这三个点的圆弧。

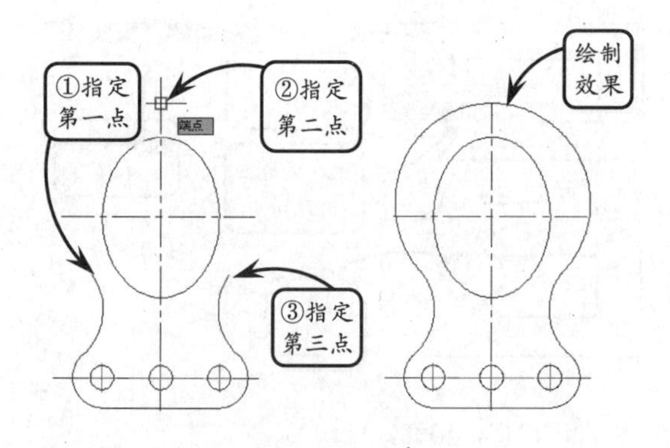

❑ 起点和圆心

该方式通过指定圆弧的起点和圆心，再选取圆弧的端点，或设置圆弧的包含角或弦长来确定圆弧。其主要包括 3 个绘制工具，最常用的为【起点，圆心，端点】工具。

单击【起点，圆心，端点】按钮，然后在绘图区中依次指定三个点作为圆弧的起点，圆心和端点，即可完成圆弧的绘制。

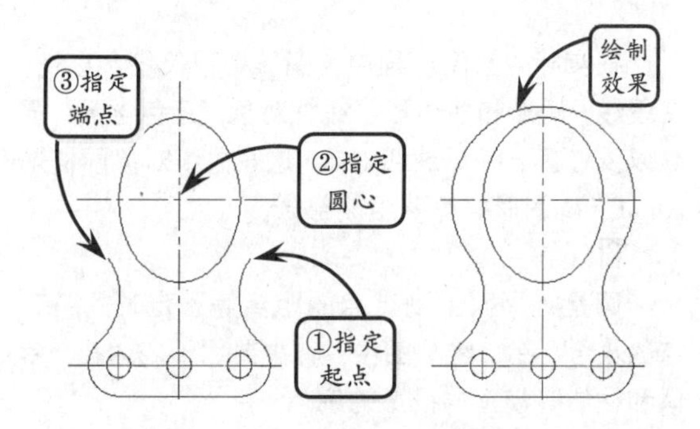

如果单击【起点，圆心，角度】按钮，则绘制圆弧时需要指定圆心角，且当输入正角度值时，所绘圆弧从起始点绕圆心沿逆时针方向绘制；如果单击【起点，圆心，长度】按钮，则绘制圆弧时所给定的弦长不得超过起点到圆心距离的两倍，且当设置的弦长为负值时，该值的绝对值将作为对应整圆的空缺部分圆弧的弦长。

❑ 起点和端点

该方式通过指定圆弧上的起点和端点，然后再设置圆弧的包含角、起点切向或圆弧半径来确定一段圆弧。

其主要包括 3 个绘制工具，其中单击【起点，端点，方向】按钮，绘制圆弧时可以拖动鼠标动态地确定圆弧在起点和端点之间形成的一条橡皮筋线，而该橡皮筋线即为圆弧在起始点处的切线。

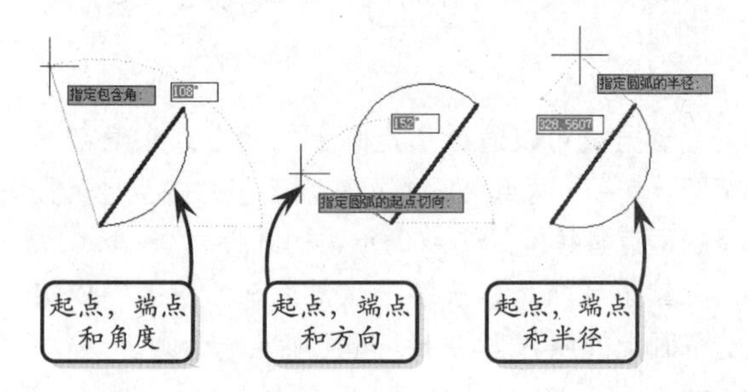

❑ 圆心和起点

该方式通过依次指定圆弧的圆心和起点，然后再选取圆弧上的端点，或者设置圆弧包含角或弦长来确定一段圆弧。

该方式同样包括三个绘制工具，与【起点和圆心】方式的区别在于绘图的顺序不同。如下图所示，单击【圆心，起点，端点】按钮，然后在绘图区中依次指定三点分别作为圆弧的圆心、起点和端点，即可完成圆弧的绘制。

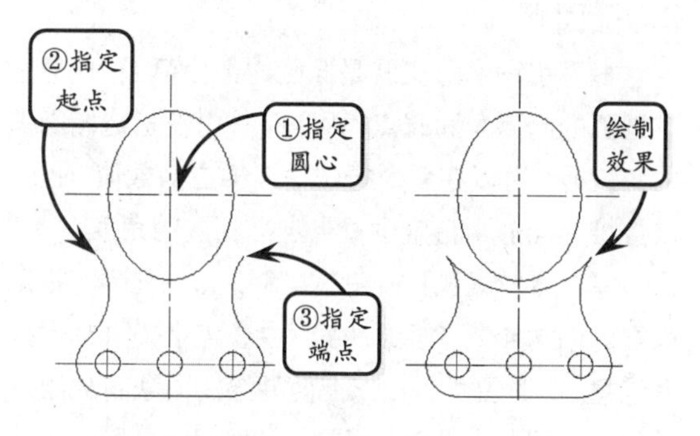

❑ 连续圆弧

该方式是以最后一次绘制线段或圆弧过程中确定的最后一点作为新圆弧的起点，并以最后所绘制线段方向，或圆弧终止点处的切线方向为新圆弧在起始点处的切线方向，然后再指定另一个端点确定的一段圆弧。

单击【连续】按钮，系统将自动选取最后一段圆弧。此时，仅需指定连续圆弧上的另一个端点即可。

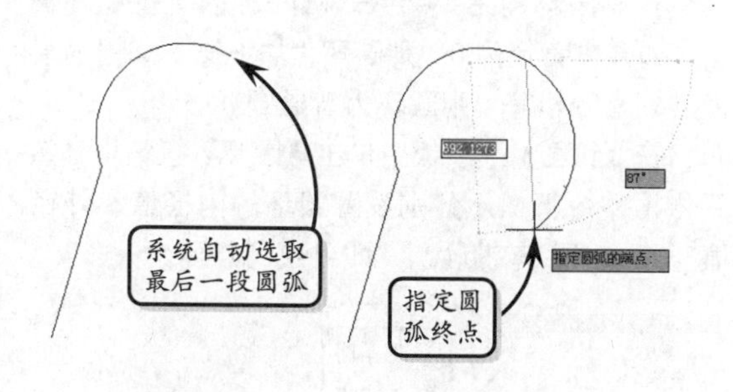

3．修订云线

利用该工具可以绘制类似于云彩的图形对象。在检查或用红线圈阅图形时，可以使用云线来亮显标记，以提高工作效率。

在【绘图】选项板中单击【修订云线】按钮，命令行将显示“指定起点或 [弧长(A)/对象(O)/样式(S)] <对象>:”的提示信息。各选项的含义及设置方法分别介绍如下。

❑ 指定起点

该方式是指从头开始绘制修订云线，即默认云线的参数设置。在绘图区中指定一点为起始点，拖动鼠标将显示云线，当移至起点时自动与该点闭合，并退出云线操作。

❑ 弧长（A）

选择该选项可以指定云线的最小弧长和最大弧长，默认情况下弧长的最小值为 0.5 个单位，最大值不能超过最小值的 3 倍。

❑ 对象（O）

选择该选项可以指定一个封闭图形，如矩形、多边形等，并将其转换为云线路径。且在绘制过程中如果选择 N，则圆弧方向向外；如果选择 Y，则圆弧方向向内。

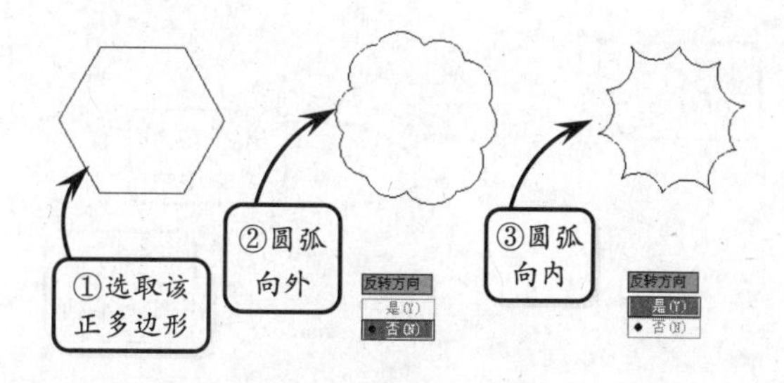

❑ 样式（S）

选择该选项可以指定修订云线的方式，包括【普通】和【手绘】两种样式。如下图所示就是两种云线样式的对比效果。

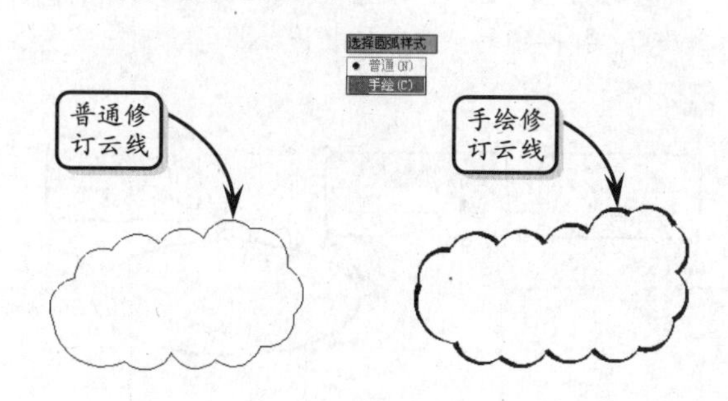

4.6 绘制椭圆、椭圆弧和圆环

版本：AutoCAD 2013

椭圆和椭圆弧曲线都是机械绘图时最常用的曲线对象。该类曲线 X、Y 轴方向对应的圆弧直径有差异，如果直径完全相同则形成规则的圆轮廓线，因此可以说圆是椭圆的特殊形式。

1．椭圆

椭圆是指平面上到定点距离与到定直线间距离之比为常数的所有点的集合。零件上圆孔特征在某一角度上的投影轮廓线、圆管零件上相贯线的近似画法等均以椭圆显示。

在【绘图】选项板中单击【椭圆】按钮右侧的黑色小三角，系统将显示以下两种绘制椭圆的方式。

❑ **指定圆心绘制椭圆**

指定圆心绘制椭圆，即通过指定椭圆圆心、主轴的半轴长度和副轴的半轴长度来绘制椭圆。

单击【圆心】按钮，然后在绘图区中指定椭圆的圆心，并依次指定两个轴的半轴长度，即可完成椭圆的绘制。

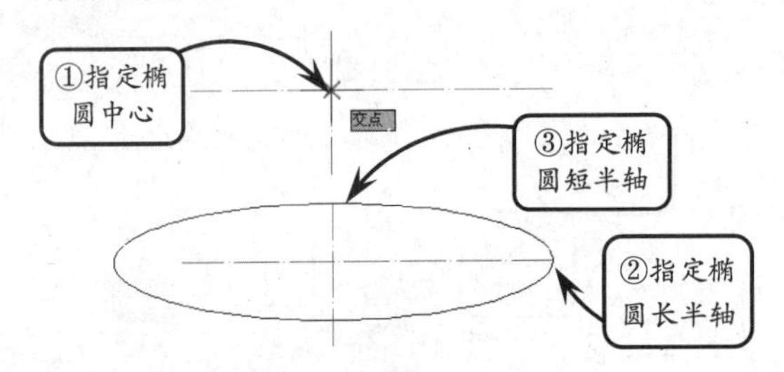

❑ **指定端点绘制椭圆**

该方法是 AutoCAD 绘制椭圆的默认方法，只需在绘图区中直接指定出椭圆的三个端点，即可绘制出一个完整的椭圆。

单击【轴，端点】按钮，然后选取椭圆的两个端点，并指定另一半轴的长度，即可绘制出完整的椭圆。

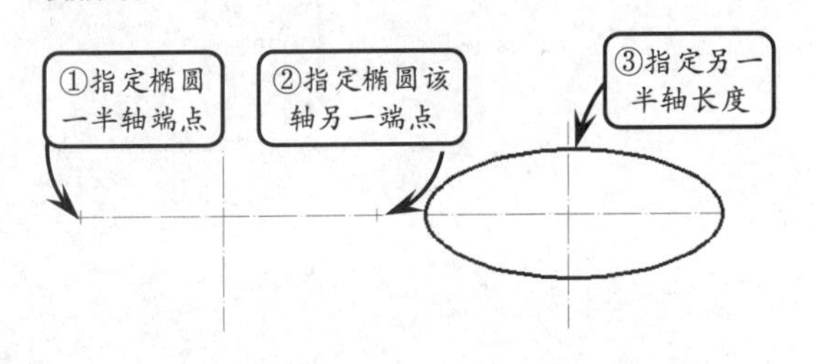

2．椭圆弧

椭圆弧顾名思义就是椭圆的部分弧线，只需指定圆弧的起点角和端点角即可。其中在指定椭圆弧的角度时，可以在命令行中输入相应的数值，也可以直接在图形中指定位置点定义相应的角度。

单击【椭圆弧】按钮，命令行将显示“指定椭圆的轴端点或 [圆弧（A）/中心点（C）]:”的提示信息。此时便可以按以上两种绘制方法首先绘制椭圆，然后再按照命令行提示的信息，分别输入起点和端点角度来获得相应的椭圆弧。

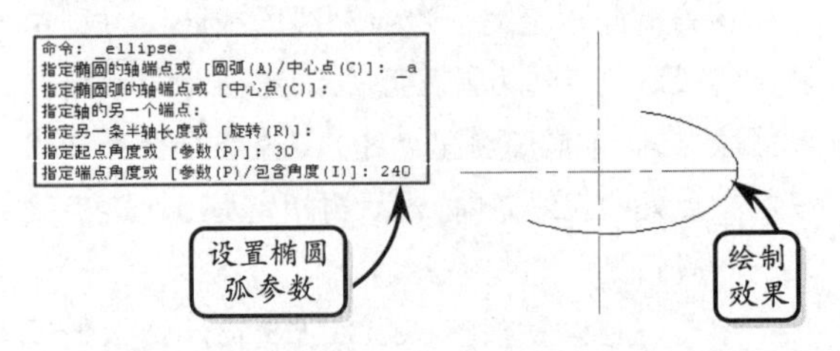

3．圆环

圆环是由两个同心圆组成的封闭的环状区域。其中控制圆环的主要参数是圆心、内直径和外直径。如果内直径为 0，则圆环为填充圆；如果内直径与外直径相等，则圆环为普通圆。

在【绘图】选项板中单击【圆环】按钮，然后依据命令行提示分别设置圆环的内径值和外径值，并按下回车键确认，即可绘制圆环。

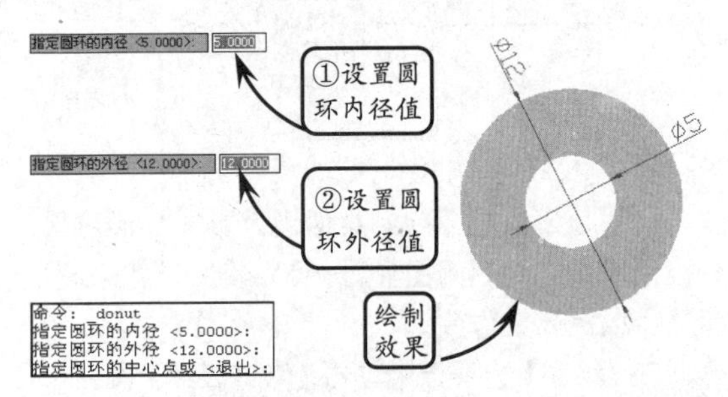

在绘制圆环之前，如果在命令行中输入命令 FILL，则可以通过命令行中的【开（ON）】或【关（OFF）】模式控制内部填充的显示状态：如果输入命令 ON，系统将打开填充显示；输入命令 OFF，系统则将关闭填充显示。

AutoCAD 4.7 绘制样条曲线和螺旋线

版本：AutoCAD 2013

样条曲线是经过或接近一系列给定点的光滑曲线，可以控制曲线与点的拟合程度。在机械绘图中，该类曲线通常用来表示区分断面的部分，还可以在建筑图中表示地形地貌等。而在绘制弹簧或内外螺纹时，则可以使用螺旋线作为相应的轨迹线。

1. 绘制样条曲线

样条曲线与直线一样都是通过指定点获得，不同的是样条曲线是弯曲的线条，并且线条可以是开放的，也可以是起点和端点重合的封闭样条曲线。

单击【样条曲线拟合】按钮，并依次指定起点、中间点和终点，即可完成样条曲线的绘制。

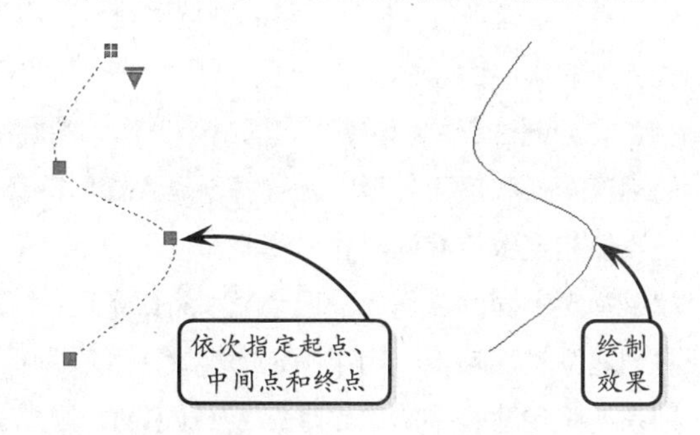

2. 编辑样条曲线

在样条曲线绘制完成后，往往不能满足实际的使用要求，此时即可利用样条曲线的编辑工具对其进行相应的操作，以达到设计要求。

在【修改】选项板中单击【编辑样条曲线】按钮，系统将提示选择样条曲线。此时，选取相应的样条曲线即可显示一快捷菜单。

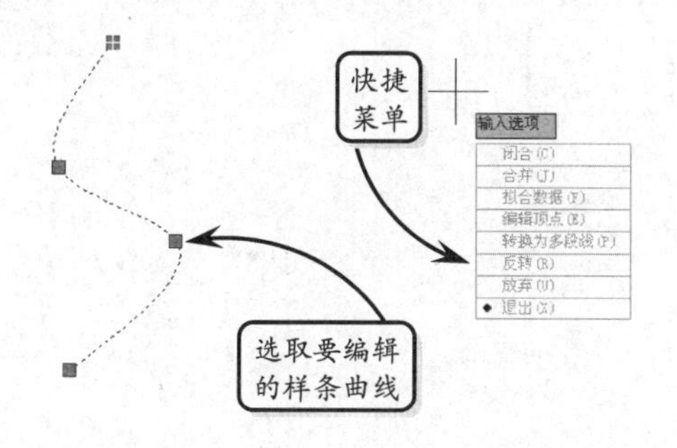

该快捷菜单中各主要选项的含义及设置方法如下所述。

❑ 闭合

选择该选项，系统自动将最后一点定义为与第一点相同，并且在连接处相切，以此使样条曲线闭合。

❑ 拟合数据

选择该操作方式可以编辑样条曲线所通过的某些控制点。选择该选项后，系统将打开拟合数据快捷菜单，且样条曲线上各控制点的位置均会以夹点的形式显示。

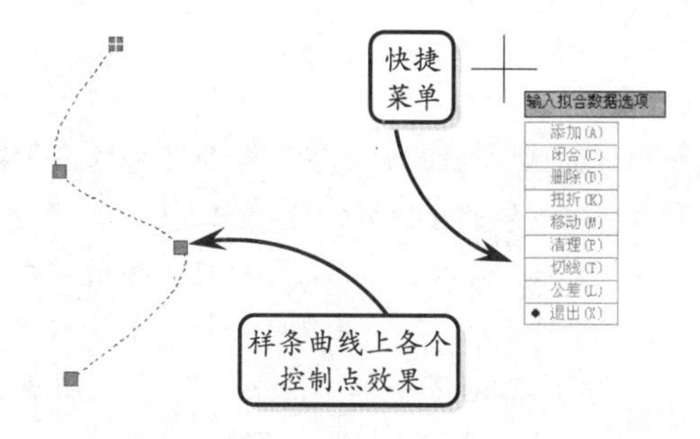

该快捷菜单主要包括 8 种编辑方式，现分别介绍如下。

➢ **添加**　输入字母 A，可以为样条曲线添加新的控制点。

➢ **闭合**　输入字母 C，系统自动将最后一点定义为与第一点相同，并且在连接处相切，以此使样条曲线闭合。

➢ **删除**　输入字母 D，可以删除样条曲线控制点集中的一些控制点。

➢ **扭折**　输入字母 K，可以在样条曲线上的指定位置添加节点和拟合点，且不会保持在该点的相切或曲率连续性。

➢ **移动**　输入字母 M，可以移动控制点集中点的位置。

➢ **清理**　输入字母 P，可以从图形数据库中清除样条曲线的拟合数据。

- **切线** 输入字母T，可以修改样条曲线在起点和端点的切线方向。
- **公差** 输入字母L，可以重新设置拟合公差的值。

❑ 编辑顶点

选择该选项可以将所修改样条曲线的控制点进行细化，以达到更精确地对样条曲线进行编辑的目的。

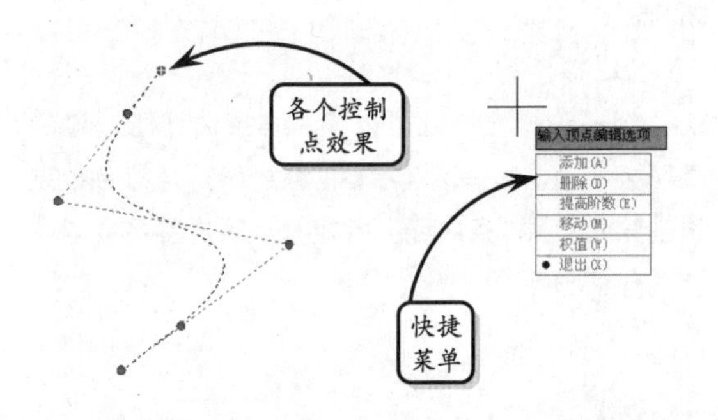

选择该选项，在打开的快捷菜单中包含多种编辑方式，各选项的含义分别介绍如下。

- **添加** 输入字母A，可以增加样条曲线的控制点。此时，在命令行提示下选取样条曲线上的某个控制点将以两个控制点代替，且新点与样条曲线更加逼近。
- **删除** 输入字母D，可以删除样条曲线控制点集中的一些控制点。
- **提高阶数** 输入字母E，可以控制样条曲线的阶数，且阶数越高控制点越多，样条曲线越光滑。如果选择该选项，系统将提示输入新阶数，例如输入阶次数为8，将显示如下图所示的精度设置效果。

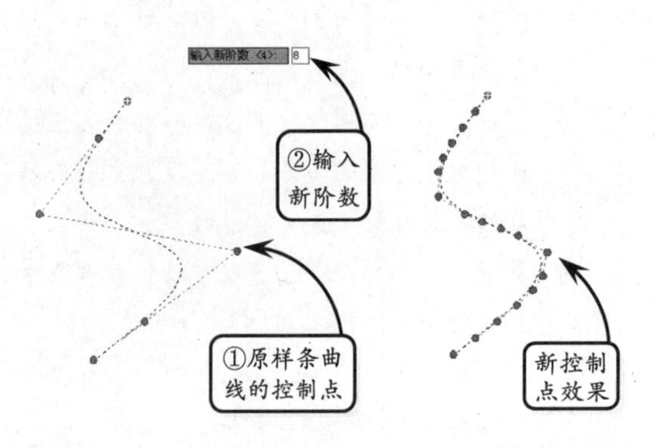

- **移动** 输入字母M，可以通过拖动鼠标的方式，移动样条曲线各控制点处的夹点，以达到编辑样条曲线的目的。其与【拟和数据】选项中的【移动】子选项功能一致。
- **权值** 输入字母W，可以改变控制点的权值。

❑ 转换为多段线

选择该选项，并指定相应的精度值，即可将样条曲线转换为多段线。

❑ 反转

选择该选项可以使样条曲线的方向相反。

3. 绘制螺旋线

在AutoCAD中，螺旋线包括开口的二维或三维螺旋线。绘制螺旋线时，通过指定螺旋线的底面中心点、底面半径、顶面半径和螺旋高度，即可完成相应螺旋线的绘制。

在绘制过程中，如果指定同一个值作为螺旋线的底面半径和顶面半径，系统将创建圆柱形螺旋，但不能指定数值0同时作为底面和顶面的半径值；如果指定不同的值作为顶面半径和底面半径，系统将创建圆锥形螺旋；如果指定的螺旋高度值为0，则系统将创建扁平的二维螺旋。现以绘制二维螺旋为例，介绍其具体操作方法。

在【绘图】选项板中单击【螺旋】按钮，然后在绘图区中选取螺旋线的底面中心点，接着设置该螺旋线的底面半径值和顶面半径值，并设定螺旋高度值为0，即可完成相应二维螺旋线的绘制。

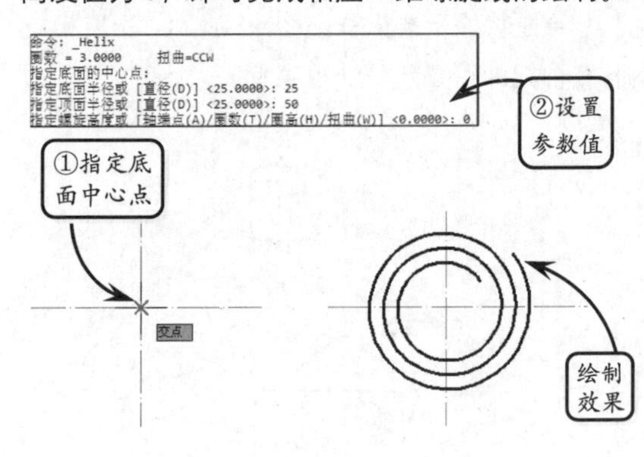

4.8 绘制连杆

版本：AutoCAD 2013　downloads/第 4 章/

连杆属于连杆机构的一部分，连杆机构在机械设计中则是一种常见机构。它可以将平移转化为转动，将摆动转化为转动。连杆机构传动的优点是可以传递复杂的运动，通过计算连杆的长度，可以实现比较精确的运动传递。

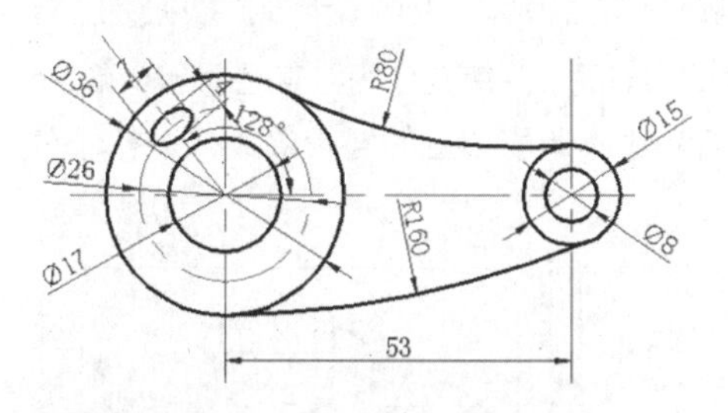

练习要点

- 绘制圆轮廓
- 使用【修剪】工具
- 使用【偏移】工具
- 绘制椭圆轮廓

操作步骤

STEP|01 新建图层。单击【图层】选项板中的【图层特性】按钮，打开【图层特性管理器】对话框。然后单击【新建图层】按钮，新建所需的图层，并分别设置图层的名称、线型和线宽等特性。接着切换【中心线】为当前层，单击【直线】按钮，在绘图区中绘制两条相交的线段。

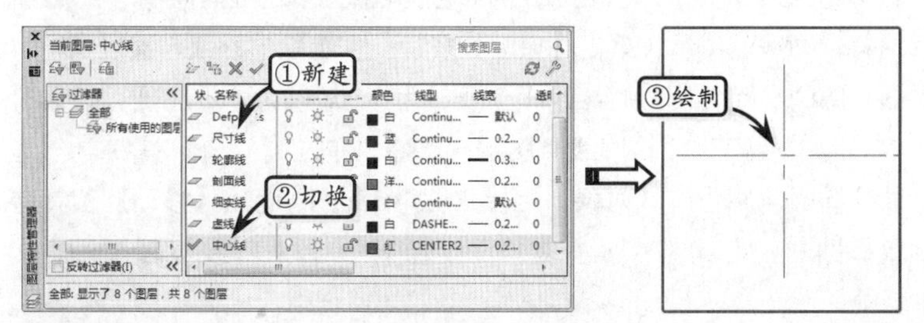

提示

用户可以将同类对象设置相同的图层特性，并编组各种不同的图形信息，其中包括颜色、线型和线宽等。这种方法便于在设计前后管理图形，通过组织图层以及图层上的对象使管理图形中的信息变得更加容易。

STEP|02 绘制圆轮廓。利用【圆】工具以中心线的交点为圆心依次绘制直径为ϕ17、ϕ26 和ϕ36 的同心圆，并将ϕ17 和ϕ36 的圆切换为【轮廓线】图层。

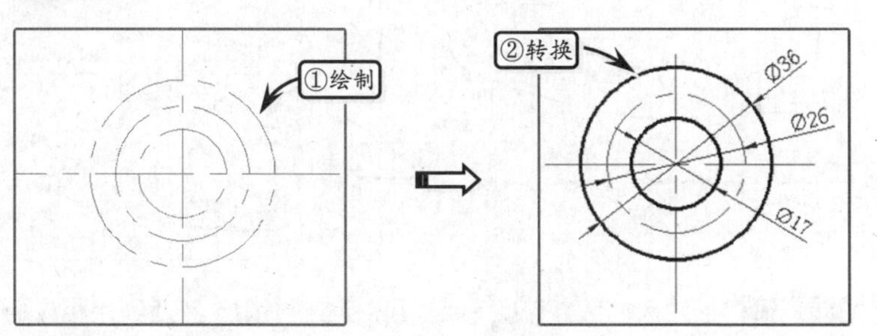

提示

绘制相同图形时，可以按空格键，连续快速地绘制。

STEP|03 绘制圆轮廓。利用【偏移】工具选取竖直中心线为偏移对象，向右偏移 53。然后利用【圆】工具选取偏移后的竖直中心线与

水平线的交点为圆心，分别绘制直径为ϕ8 和ϕ15 的圆轮廓。

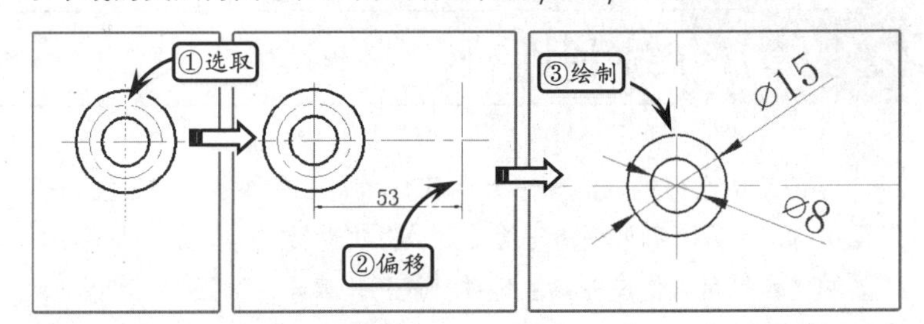

提示

在两个圆间绘制相切圆时，需要先确定对象上的相切点，再指定相切圆的方向，然后在命令行中输入半径值即可。

STEP|04 绘制相切圆轮廓。单击【相切，相切，半径】按钮，依次绘制直径为ϕ160 和ϕ320 的圆轮廓，并使其分别与直径为ϕ36 和ϕ15 的圆相切。然后利用【修剪】工具选取相应的圆轮廓线，进行修剪操作。

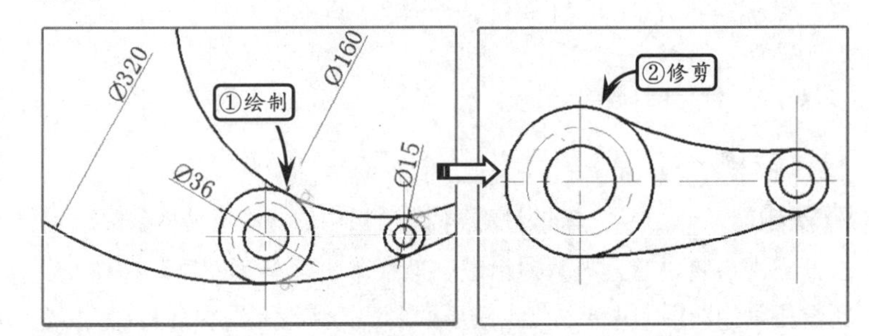

提示

在绘图区中指定椭圆的圆心，并依次指定两个轴的半轴长度，即可完成椭圆的绘制。

STEP|05 绘制椭圆并移动椭圆位置。切换【中心线】为当前图层，利用【直线】工具选取直径ϕ26 的圆心为起点，沿左上角绘制一条 128°的斜辅助线。然后，单击【椭圆】按钮，选取中心线与直径ϕ26 的圆轮廓的交点为圆心，绘制一个长轴为 7，短轴为 4 的椭圆，将该椭圆的线型转换为【轮廓线】图层。接着，单击【旋转】按钮，选取该椭圆轮廓为旋转对象，旋转角度为 38°。再利用【移动】工具选取椭圆的圆心为基点，将其拖动至绘制的 128°斜线与圆ϕ26 的交点处。

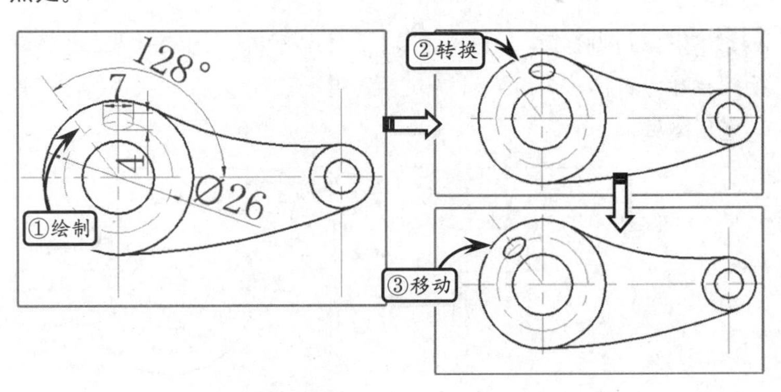

提示

移动是对象的重定位操作，是对图形对象的位置进行调整，而方向和大小不变。该操作可以在指定的方向上按指定距离移动对象，且在指定移动基点、目标点时，不仅可以在图中拾取现有点作为移动参照，还可以利用输入参数值的方法定义出参照点的具体位置。

STEP|06 标注尺寸线。切换【尺寸线】为当前图层，然后利用相应的尺寸标注工具对图形进行标注。

4.9 绘制法兰零件

版本：AutoCAD 2013　downloads/第 4 章/

法兰是使管道和管道或管道和阀门相互连接的一种盘状零件。其可分为螺纹（丝接）连接法兰和焊接法兰。法兰都是成对使用的，两片法兰之间加上法兰垫，然后用螺栓紧固，即可完成法兰的连接。本实例利用直线、圆、环形阵列和图案填充等工具，绘制一个法兰零件。

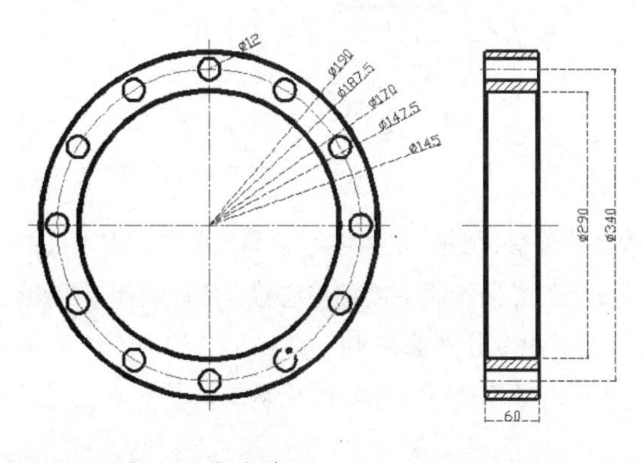

练习要点

- 使用修剪命令
- 使用偏移命令
- 使用倒斜角命令
- 使用阵列特征工具

操作步骤

STEP|01 新建图层。单击【图层特性】按钮，在弹出的【图层特性管理器】对话框中，分别新建尺寸线、粗实线、虚线和中心线等图层。然后切换【中心线】图层为当前层。

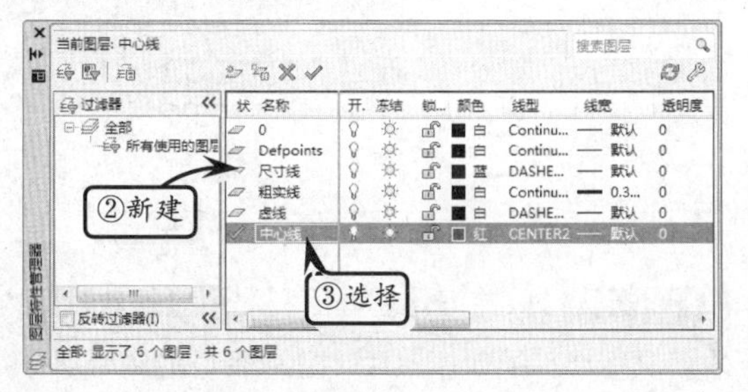

技巧

图层之间的切换有两种方法：其一，在图层特性对话框中，选择图层后单击对钩；其二，在图层选项面板中直接单击其他名称的图层。

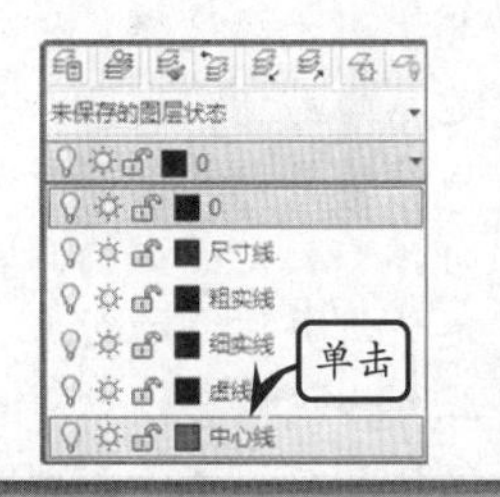

STEP|02 绘制圆轮廓。单击【直线】按钮，在绘图区中绘制两条相互垂直的直线作为中心线。然后单击【圆】按钮，以中心线的交点为圆心，绘制不同半径的圆轮廓，并将相应的轮廓线转换为粗实线。

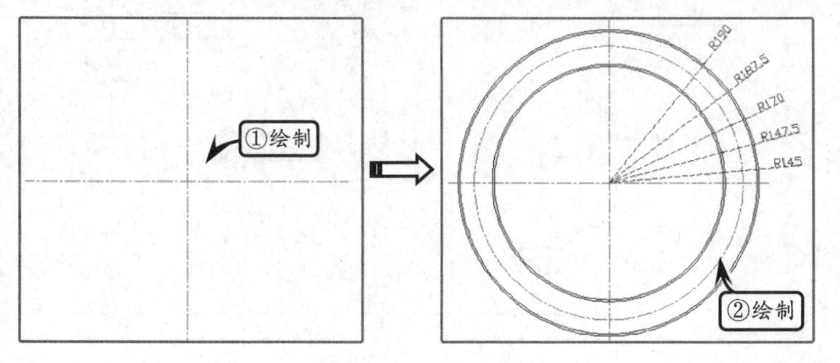

提示

绘制的圆轮廓半径分别为 R145、R147.5、R170、R187.5 和 R190。

STEP|03 阵列螺纹孔。切换【粗实线】图层为当前层，然后利用【圆】工具以 R170 的圆与竖直中心线的交点为圆心，绘制一个 R12 的圆。接着单击【环形阵列】按钮，选择 R12 的圆为阵列对象，中心线的交点为阵列中心，并设置阵列参数，创建环形阵列特征。

技巧

在使用【偏移】工具时，为了提高工作效率，一般先输入偏移数值，再选择偏移对象。

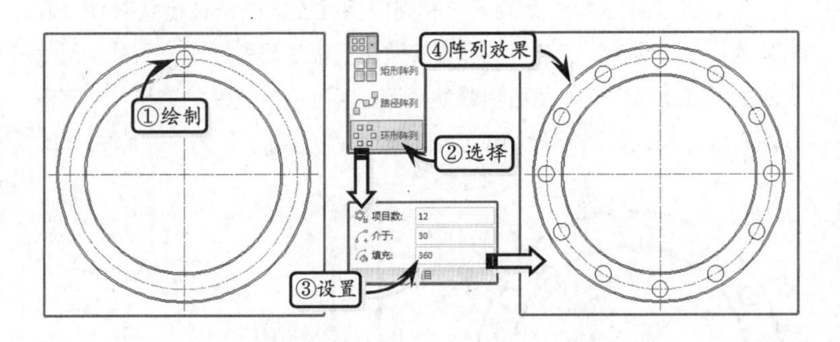

STEP|04 绘制左视图中心辅助线。切换中心线为当前层，根据视图的投影规律，利用【直线】工具绘制左视图中心线。然后利用【偏移】工具将水平中心线向上下两侧分别偏移 145、147.5、157、158、170、182、183、187.5 和 190，将竖直中心线向两侧偏移 27.5 和 30。

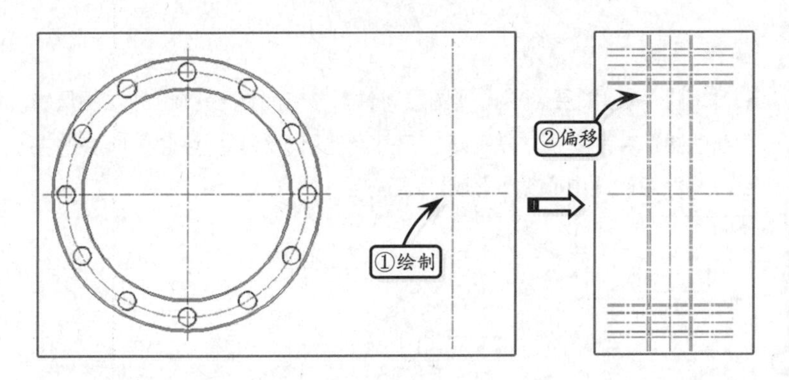

技巧

利用【修剪】工具可以某些图元为边界，删除边界内的指定图元。利用该工具编辑图形对象时，首先需要选择用以定义修剪边界的对象，且可作为修剪边的对象包括直线、圆弧、圆、椭圆和多段线等。默认情况下，指定边界对象后，选取的待修剪对象上位于拾取点一侧的部分图形将被切除。

STEP|05 修剪并细化左视图。利用【修剪】工具选取需要修剪的线段，进行修剪操作。然后，选取相应的中心线分别转换为【粗实线】和【细实线】图层。

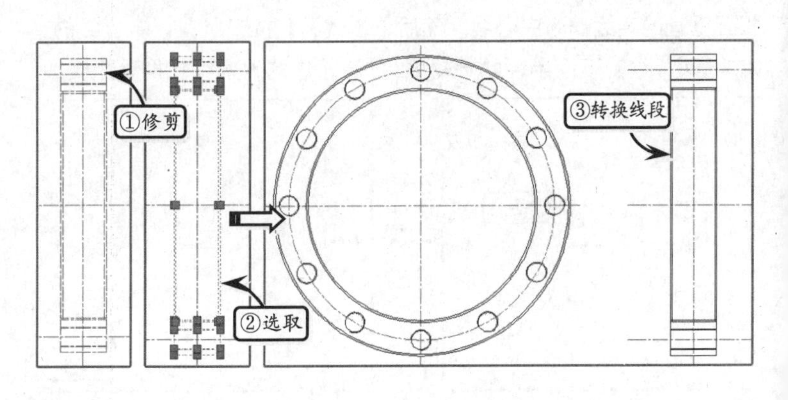

STEP|06 倒斜角操作。单击【倒斜角】按钮，在命令行中输入 D，输入距离 5，并分别选取相应的外轮廓线为倒角边线，进行倒斜角操作。继续使用相同的方法创建其他倒斜角特征。接着，利用【直线】工具依次连接相应的端点，并利用【修剪】工具进行修剪。

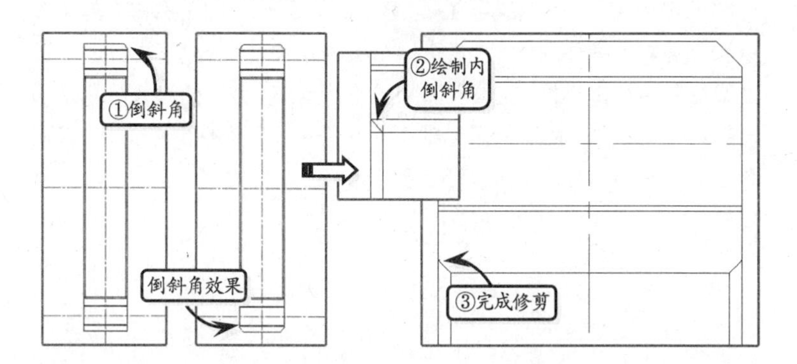

> **提示**
> 绘制倒斜角时，选取的倒角边线为垂直偏移 190 和竖直偏移 30 的外轮廓线。

STEP|07 图案填充操作。单击【图案填充】按钮，系统将展开【图案填充创建】选项卡。此时，选择“ANSI31”图案选项，并在绘图区中单击相应的区域，对零件封闭的区域进行图案填充操作。

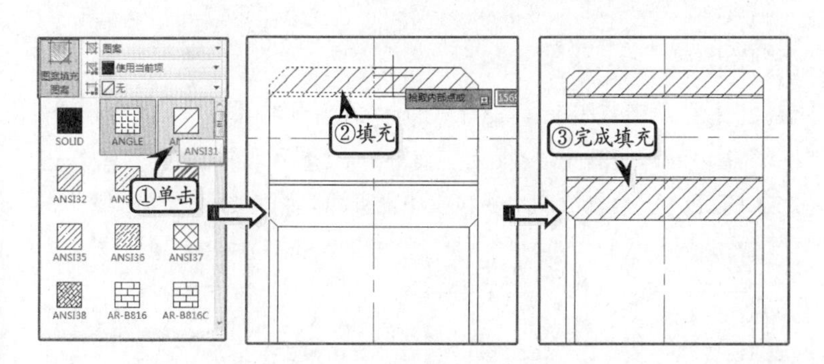

> **提示**
> 标注样式的调整。单击【标准样式】按钮，在打开的对话框中单击【替代】按钮，并在打开的对话框中切换至【主单位】选项卡。然后在【前缀】文本框中输入直径代号“%%c”，单击【确定】即可。

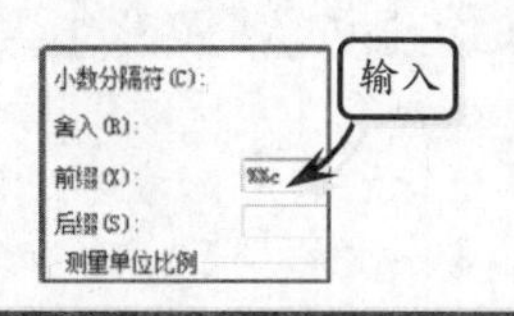

STEP|08 添加标注尺寸。切换至【尺寸线】图层，然后利用相应的标注尺寸工具标注线性尺寸。接着调整标注样式，利用【半径】标注工具标注带有直径前缀符号的圆弧尺寸即可。

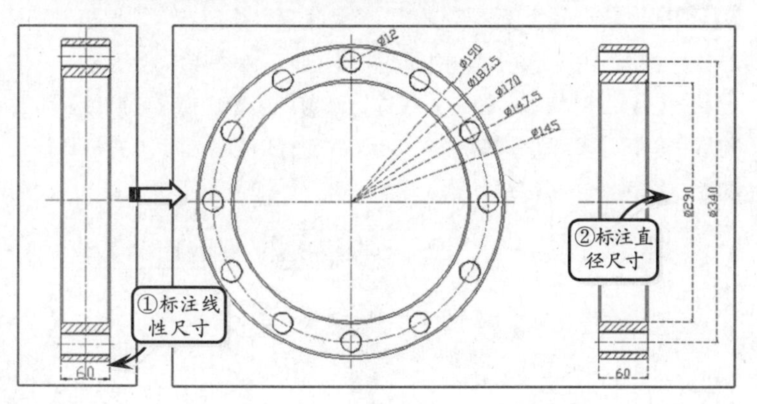

4.10 绘制支架

版本：AutoCAD 2013 downloads/第4章/

练习要点

- 使用【直线】工具
- 使用【偏移】工具
- 使用【修剪】工具
- 使用【镜像】工具
- 使用【样条曲线】工具

提示

在绘制直线时，若启用状态栏中的【动态输入】功能按钮，则系统将在绘图区中显示动态输入的标尺和文本框。此时在文本框中直接设置直线的长度和其他参数，即可快速地完成直线的绘制。其中，按下Tab键可以切换文本框中参数值的输入。

提示

在利用【多段线】工具进行绘制时，为了区别多段线的显示，除了设置不同形状的图元及其长度外，还可以设置多段线中不同的线宽显示。

且多段线的线宽显示不受状态栏中【显示/隐藏线宽】工具的控制，而是根据绘图需要而设置的实际宽度。

本实例绘制一支架零件的轮廓。支架在整个机械机构中起着支撑和容纳其他零件的作用，通常一个机械系统中的支架不止一个。该支架主要由支撑部件、定位孔和加强筋等构成。为了清楚表达模型的内部结构，对主视图进行了全剖。而为了表达侧面的孔特征，将俯视图绘制为局部剖视图。

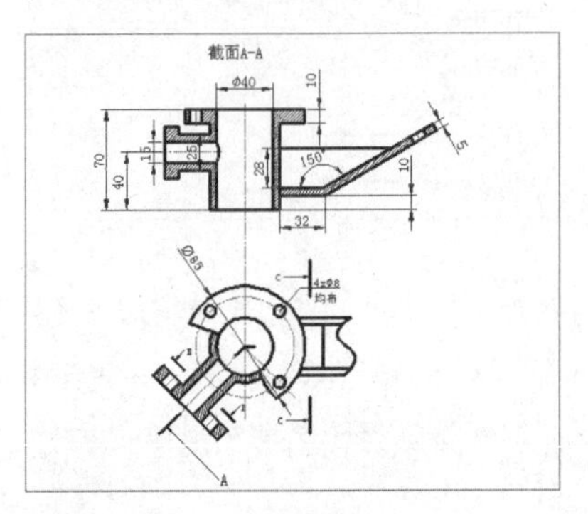

操作步骤

STEP|01 单击【图层特性】按钮，在打开的【图层特性管理器】对话框中新建所需图层。然后切换【中心线】为当前图层，并单击【直线】按钮，分别绘制水平线段和竖直线段作为图形的中心线。

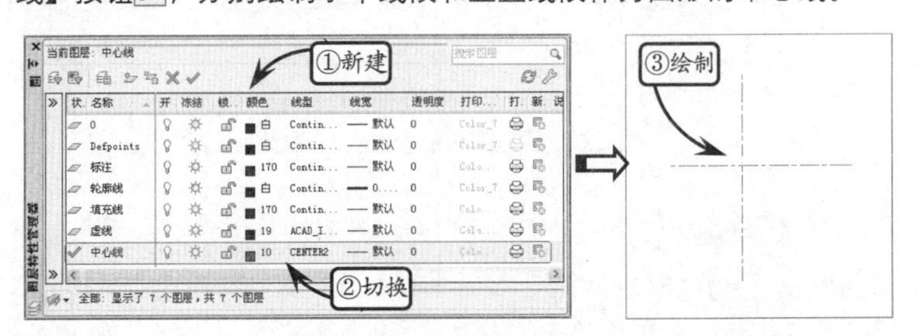

STEP|02 单击【偏移】按钮，将竖直中心线向右分别偏移20和25，并将水平中心线分别向上偏移30、向下偏移40。然后单击【修剪】按钮，对偏移后的中心线进行修剪。接着切换【轮廓线】为当前层，单击【多线段】按钮，选取指定的交点为起点，并打开正交功能，绘制一条多段线。

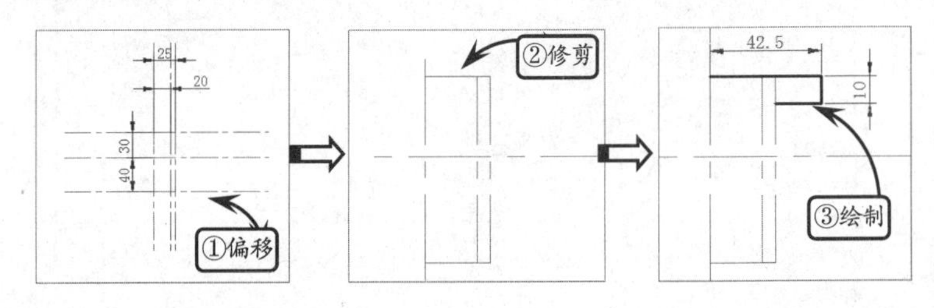

STEP|03 单击【修剪】按钮，对偏移后的中心线进行修剪，并将修剪后的中心线转换为【轮廓线】图层。然后单击【镜像】按钮，选取相应的图形为要镜像的对象，并指定竖直中心线的两个端点确定镜像中心线。接着输入字母N，不删除源对象进行镜像操作。

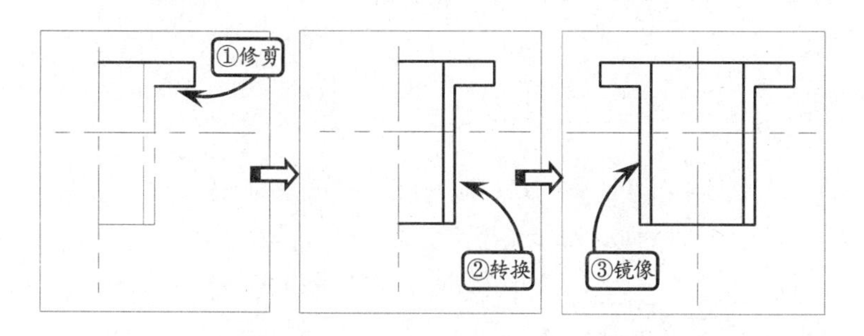

提示

默认情况下，对图形执行镜像操作后，系统仍然保留源对象。如果对图形进行镜像操作后需要将源对象删除，只需在选取源对象并指定镜像中心线后，在命令行中输入字母Y，然后按下回车键，即可完成删除源对象的镜像操作。

STEP|04 单击【偏移】按钮，将水平中心线向上分别偏移7.5、12.5和18，并将竖直中心线向左分别偏移47和57。然后单击【修剪】按钮，将偏移后的中心线修剪，并将修剪后的中心线转换为【轮廓线】图层。

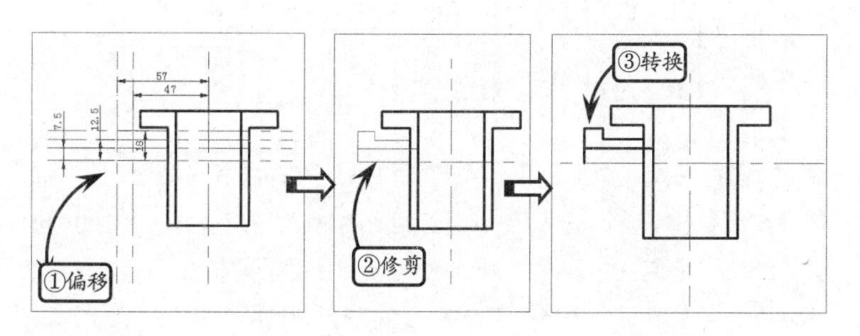

提示

利用【修剪】工具可以以某些图元为边界，删除边界内的指定图元。且默认情况下，指定边界对象后，选取的待修剪对象上位于拾取点一侧的部分图形将被切除。

STEP|05 利用【修剪】工具修剪多余轮廓线。然后利用【镜像】工具选取修剪后的图形为要镜像的对象，并指定水平中心线与轮廓线的两个交点确定镜像中心线，不删除源对象进行镜像操作。接着利用【修剪】工具再次修剪多余轮廓线。

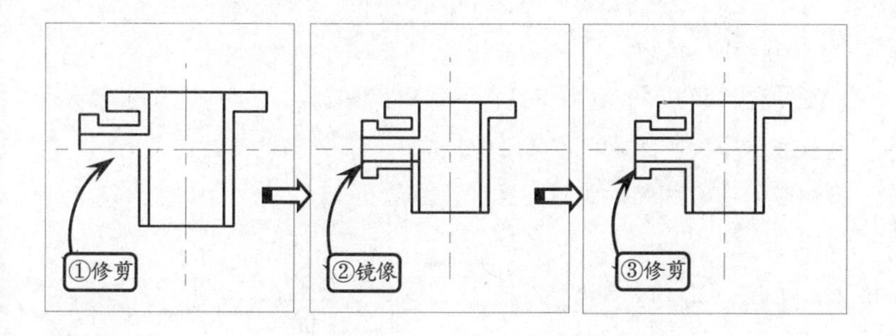

提示

系统默认情况下，对对象进行偏移操作时，可以重复性地选取源图形对象进行图形的重复偏移。如果需要退出偏移操作，只需在命令行中输入字母E，并单击回车键即可。

STEP|06 单击【偏移】按钮，将竖直中心线向左分别偏移31、35和39。然后利用【修剪】工具选取相应的轮廓线为修剪边界，修剪中心线。接着将修剪后的中心线转换为【轮廓线】图层。

提示

在 AutoCAD 中，圆弧既可以用于建立圆弧曲线和扇形，也可以用作放样图形的放样截面。绘制圆弧的方法与圆基本类似，既要指定半径和起点，又要指出圆弧所跨的弧度大小。

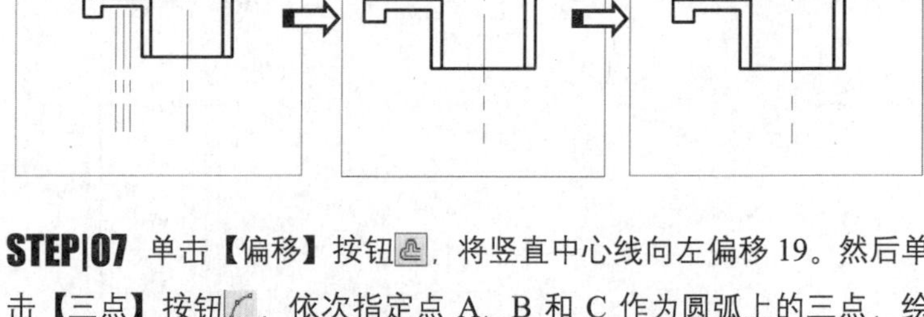

STEP|07 单击【偏移】按钮，将竖直中心线向左偏移 19。然后单击【三点】按钮，依次指定点 A、B 和 C 作为圆弧上的三点，绘制圆弧。接着单击【偏移】按钮，将水平中心线向上分别偏移 4 和 15，向下分别偏移 24 和 30，并将竖直中心线向右偏移 60。

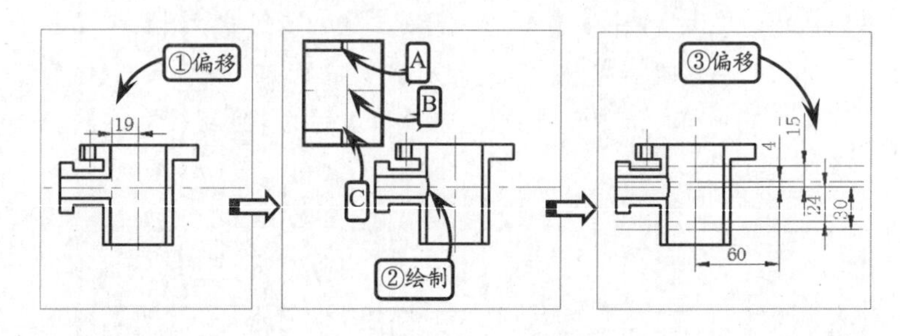

提示

利用【三点】方式可以通过指定圆弧上的三点来确定一段圆弧。其中，第一点和第三点分别是圆弧上的起点和端点，且第三点直接决定圆弧的形状和大小，第二点可以确定圆弧的位置。

STEP|08 利用【修剪】工具修剪偏移后的轮廓线和中心线。然后单击【直线】按钮，选取点 D 为起点，并输入相对坐标（@100<30）确定终点，绘制一条斜线。且该斜线与水平中心线相交于点 E。接着单击【偏移】按钮，将该斜线向上偏移 5，与水平中心线交于点 F。

提示

利用【偏移】工具偏移直线时，可以绘制出与其平行的多个相同副本对象；偏移圆、椭圆、矩形以及由多段线围成的图形来说，可以绘制出一定偏移距离的同心圆或近似图形。

STEP|09 单击【直线】按钮，选取点 E 为起点，向上一步偏移后的直线作垂线。然后单击【修剪】按钮，修剪轮廓线与中心线，并将相应的中心线转换为【轮廓线】图层。

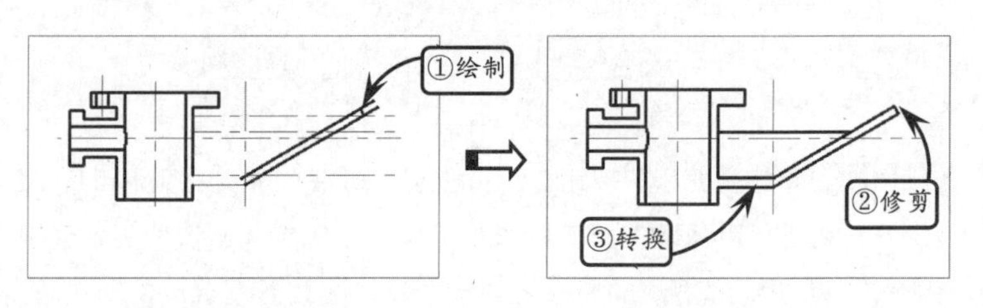

STEP|10 单击【偏移】按钮，将直线 a 向左分别偏移 8、13 和 18，并将偏移距离为 13 的直线转换为【中心线】图层。然后利用【偏移】工具将水平中心线向下偏移 120。接着单击【圆】按钮，选取点 G 为圆心，绘制指定尺寸的同心圆。

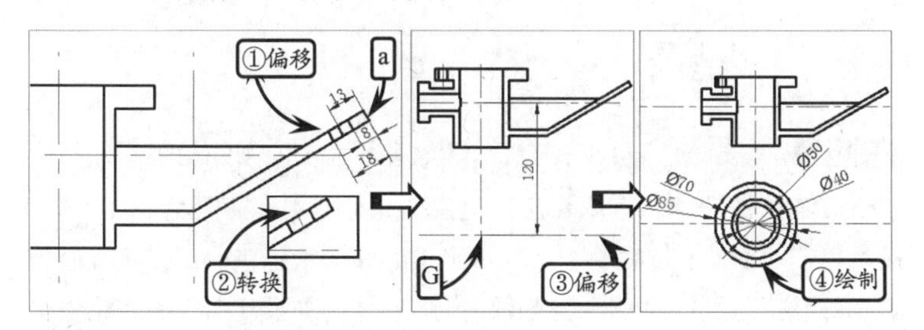

提示

圆是指平面上到定点的距离等于定长的所有点的集合。在二维草图中，其主要用于表达孔、台体和柱体等模型的投影轮廓。

STEP|11 单击【直线】按钮，选取点 G 为起点，分别输入相对坐标（@100<–45）和（@100<–135）确定两个终点，绘制两条斜线。然后将这两条斜线转换为【轮廓线】图层。接着单击【偏移】按钮，将左侧斜线向下分别偏移 7.5、12.5 和 32，将右侧斜线向下分别偏移 50 和 60。最后单击【修剪】按钮，修剪偏移后的中心线和轮廓线。

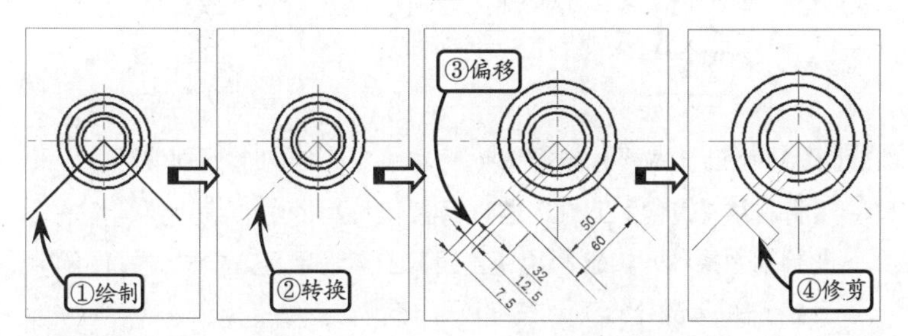

提示

样条曲线是经过或接近一系列给定点的光滑曲线，可以控制曲线与点的拟合程度。在机械绘图中，该类曲线通常用来表示区分断面的部分，还可以在建筑图中表示地形地貌等。而在绘制弹簧或内外螺纹时，则可以使用螺旋线作为相应的轨迹线。

STEP|12 单击【样条曲线拟合】按钮，绘制相应的两条样条曲线。然后单击【修剪】按钮，选取这两条样条曲线为修剪边界，修剪指定的圆轮廓线。接着单击【偏移】按钮，将直线 *b* 向左分别偏移 7、12 和 17。

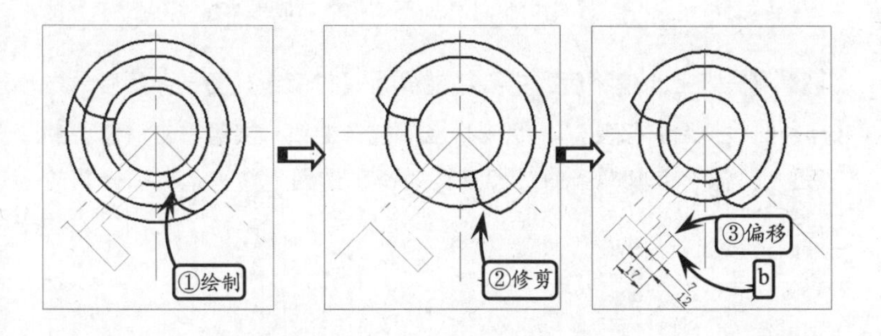

提示

样条曲线与直线一样都是通过指定点获得，不同的是样条曲线是弯曲的线条，并且线条可以是开放的，也可以是起点和端点重合的封闭样条曲线。

STEP|13 将上步偏移后的中心线转换为【轮廓线】图层。然后单击【镜像】按钮，选取相应的图形为要镜像的对象，并指定左侧斜线确定镜像中心线，进行镜像操作。接着将直径为$\phi 70$ 的圆转换为【中心线】图层。

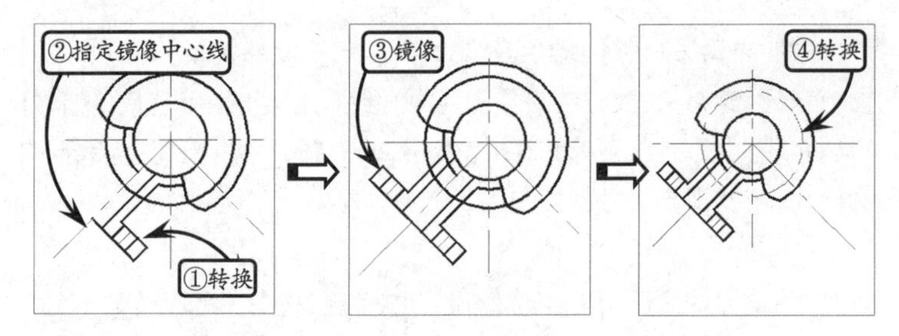

> **提示**
>
> 修剪和延伸工具的共同点都是以图形中现有的图形对象为参照，以两图形对象间的交点为切割点或延伸终点，对与其相交或呈一定角度的对象进行去除或延长操作。

STEP|14 单击【修剪】按钮，修剪直径为$\phi 50$ 圆的轮廓线。然后单击【圆】按钮，选取相应的交点为圆心，绘制直径为$\phi 8$ 的圆。接着单击【镜像】按钮，选取水平中心线为镜像中心线，将直径为$\phi 8$ 的圆进行镜像。继续利用【镜像】工具选取竖直中心线为镜像中心线，将镜像后的圆再次进行镜像。

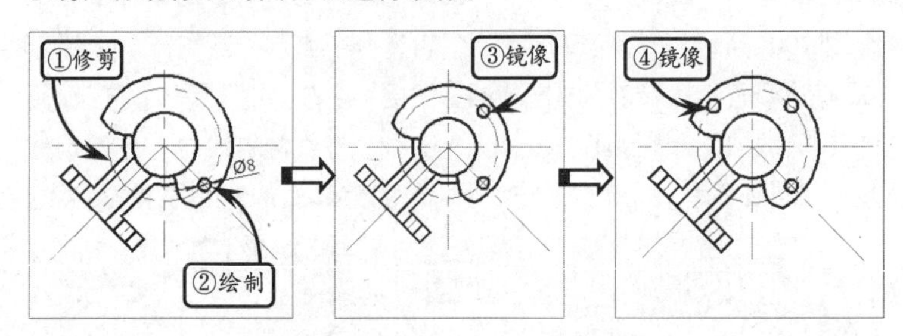

STEP|15 单击【偏移】按钮，将水平中心线向上分别偏移 15 和 20。然后利用【镜像】工具选取这两条偏移后的中心线为要镜像的对象，进行镜像操作。接着利用【直线】工具沿竖直方向向俯视图绘制一条直线，并单击【修剪】按钮，修剪该直线。

> **提示**
>
> 为了绘图方便，可以设置直线捕捉点的范围和类型。在状态栏中右击【对象捕捉】按钮，并在打开的快捷菜单中选择【设置】选项，然后在打开的【草图设置】对话框中设置直线捕捉的点类型和范围即可。

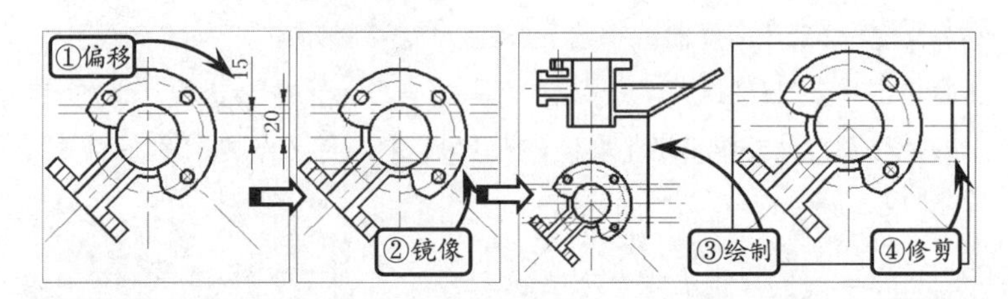

STEP|16 将上步偏移后的中心线转换为【轮廓线】图层。然后单击【样条曲线拟合】按钮，绘制相应的样条曲线。接着单击【修剪】按钮，依次选取样条曲线和直径为$\phi 85$ 的圆为修剪边界，修剪轮廓线。

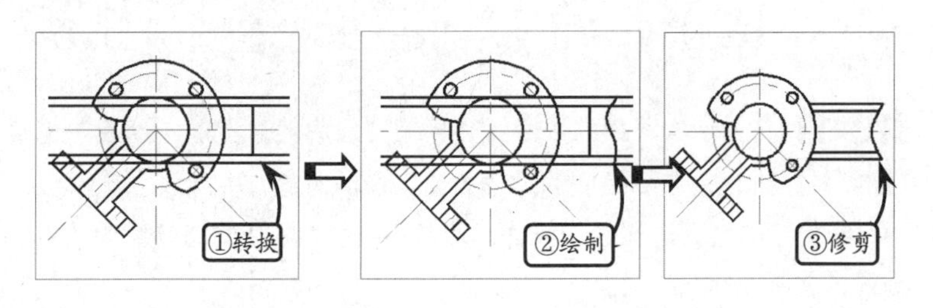

AutoCAD 4.11 高手答疑

版本：AutoCAD 2013

问题 1：如何绘制指定位置的点？

解答：由于点主要起到定位标记参照的作用，因此在绘制点时并非是任意确定点的位置，需要使用坐标确定点的位置。在 AutoCAD 中，一般情况下，用户可以通过鼠标、键盘，或者结合两者一起来确定点的准确位置。其中，鼠标输入法是绘图中最常用的输入法，即移动鼠标直接在绘图区中的指定位置处单击鼠标左键，获得指定点效果。

问题 2：如何绘制成角度的直线？

解答：在 AutoCAD 中，直线是指两点确定的一条直线段，而不是无限长的直线。且成角度直线是一种与 X 轴方向呈一定角度的直线类型。如果设置的角度为正值，则直线绕起点逆时针方向倾斜；反之直线绕顺时针方向倾斜。

选择【直线】工具后，指定一点为起点，然后在命令行中输入“@长度<角度”，并按下回车键结束该操作，即可完成该类直线的绘制。

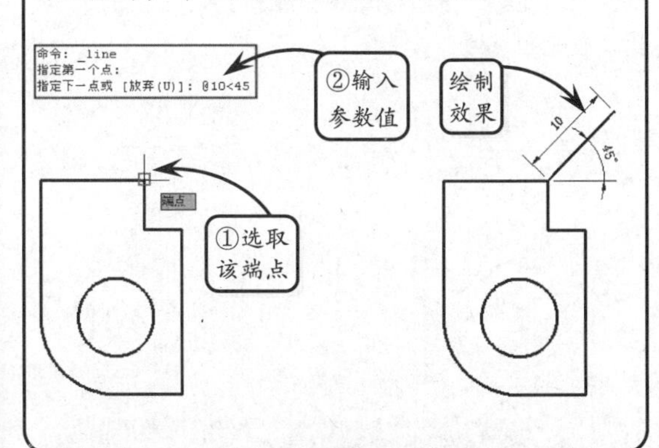

问题 3：构造线有哪些用途？

解答：与直线和射线相比，构造线是一条没有起点和终点的直线，即两端无限延伸的直线。该类直线可以作为绘制等分角、等分圆等图形的辅助线，如图素的定位线等。

问题 4：如何利用内接圆法绘制正多边形？

解答：利用该方法绘制多边形时，是由多边形的中心到多边形的顶角点间的距离相等的边组成，也就是整个多边形位于一个虚构的圆中。

单击【多边形】按钮，然后设置多边形的边数，并指定多边形中心。接着选择【内接于圆】选项，并设置内接圆的半径值，即可完成多边形的绘制。

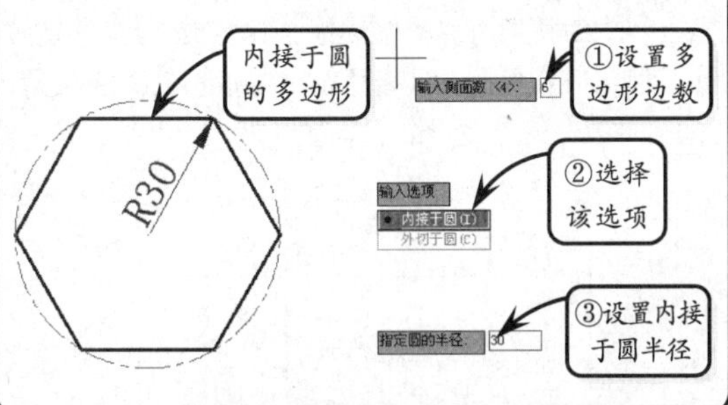

问题 5：如何利用【多段线】工具绘制箭头符号？

解答：多段线是作为单个对象创建的相互连接的线段组合图形。该组合线段作为一个整体，可以由直线段、圆弧段或两者的组合线段组成，并且可以是任意开放或封闭的图形。

在【绘图】选项板中单击【多段线】按钮，然后选择【宽度】方式，即可通过设置多段线的实际宽度值而创建带宽度显示的多段线，且显示的宽度与设置的宽度值相等。

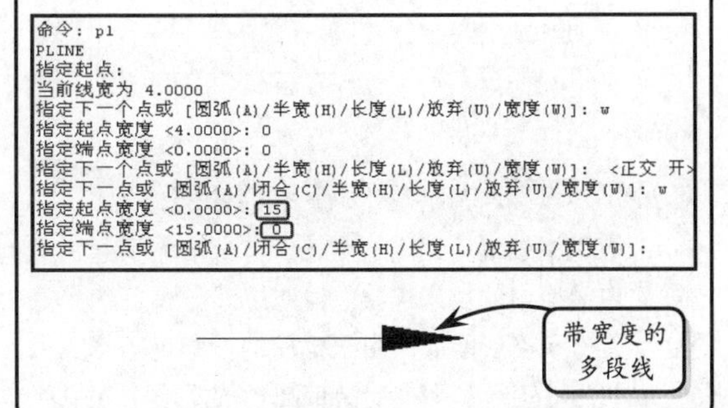

问题 6：绘制圆弧有哪几种方式？

解答：在 AutoCAD 中，圆弧既可以用于建立圆弧曲线和扇形，也可以用作放样图形的放样截面。

绘制圆弧时既要指定半径和起点，又要指出圆弧所跨的弧度大小。根据绘图顺序和已知图形要素条件的不同，主要分为以下 5 种类型：三点、起点和圆心、起点和端点、圆心和起点，以及连续圆弧。

4.12 高手训练营

版本：AutoCAD 2013

练习 1．利用射线绘制投影辅助线

在绘制零件的三视图时，均是利用“长对正、高平齐、宽相等”的投影原理进行绘制的。因此就需要通过绘制三视图的投影辅助线，来定位这些关键位置。而利用【射线】工具即可以定位投影的关键位置。

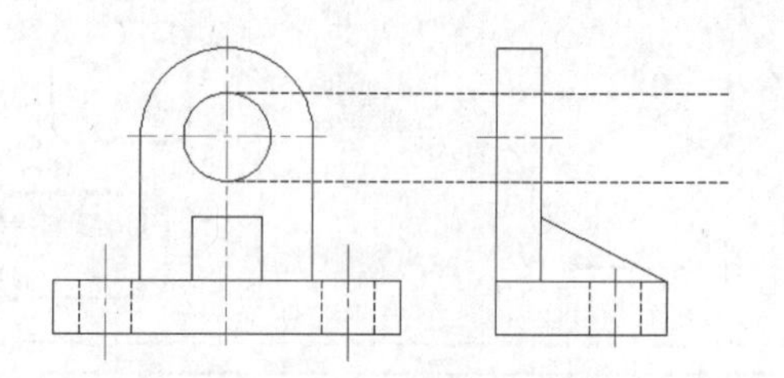

练习 2．使用对象捕捉绘制平行线

利用【直线】工具并结合平行捕捉功能“PAR”可以过一点绘制已知线段的平行线。利用该方式可以快速绘制出倾斜位置的图形结构。

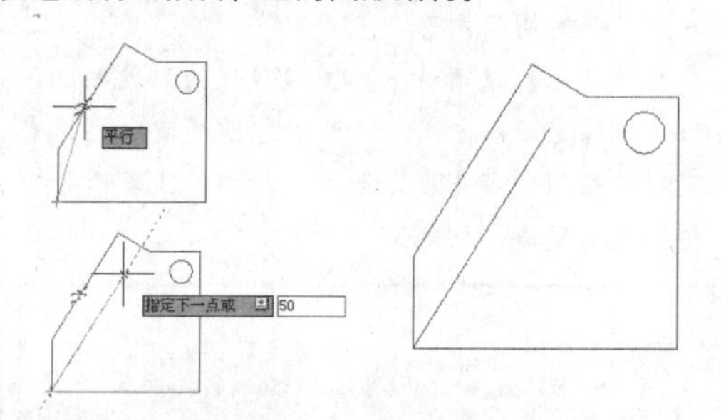

练习 3．利用矩形绘制键槽投影图

键槽是指轴或轮毂上的凹槽，其与轴之间通常通过安放在键槽中的键来连接。键槽按外形可分为平底槽、半圆槽和楔形槽等。由于键槽的投影是矩形，因此可以利用【矩形】工具绘制带圆角的矩形来绘制半圆键槽投影图。

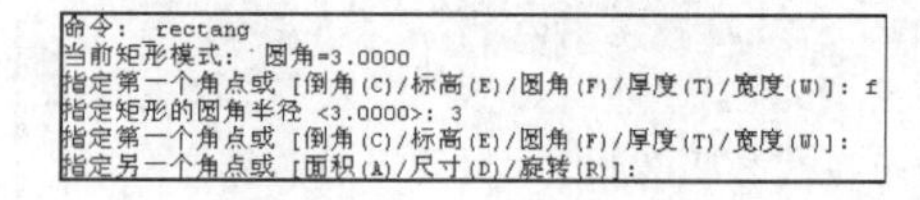

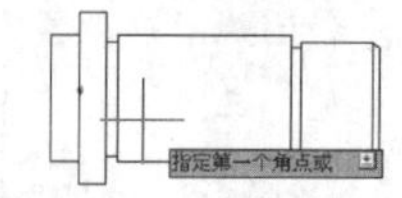

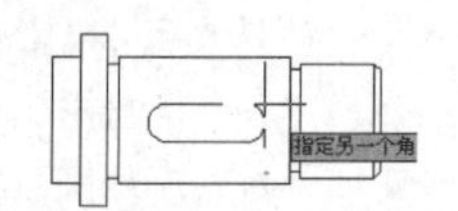

练习 4．利用多段线绘制轴类轮廓线

在机械设计中，轴类零件是经常遇到的典型零件。该类零件主要用于支撑齿轮、带轮、凸轮和连杆等传动件，以传递扭矩。由于轴类零件的轮廓是多段首尾相连的直线段，因此常利用【多段线】工具绘制轴的轮廓线。

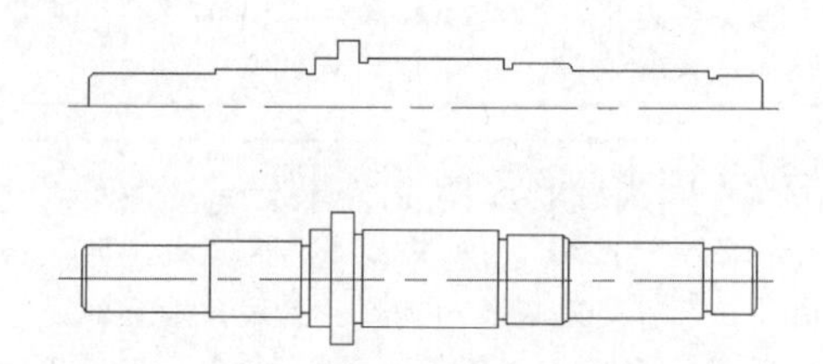

练习 5．利用样条曲线绘制断裂线

断裂线常用于表达断面图断裂处的边界或局部剖视图的填充边界。由于断裂线是不规则的波浪形，因此可以利用【样条曲线】工具绘制通过或接近指定点的拟合曲线。该曲线具有不规则变化曲率半径，以此来表达断裂线。

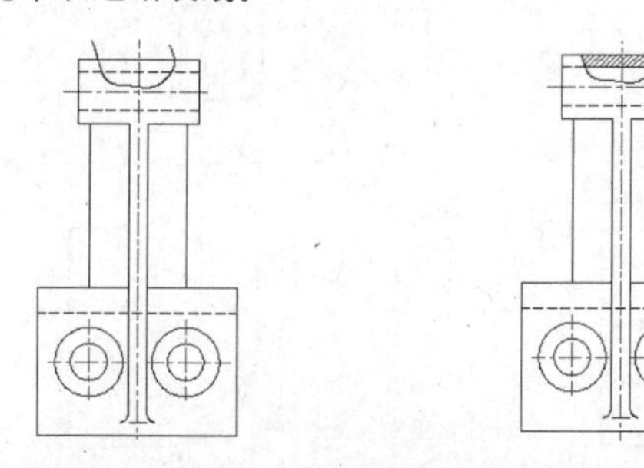

练习 6．利用圆弧绘制相贯线

两个立体相贯时产生的交线称为相贯线。相贯线是两个立体表面的公共线，并且相贯线上的点是两个立体表面的公共点。在机械制图中经常利用圆弧近似绘制相贯线。

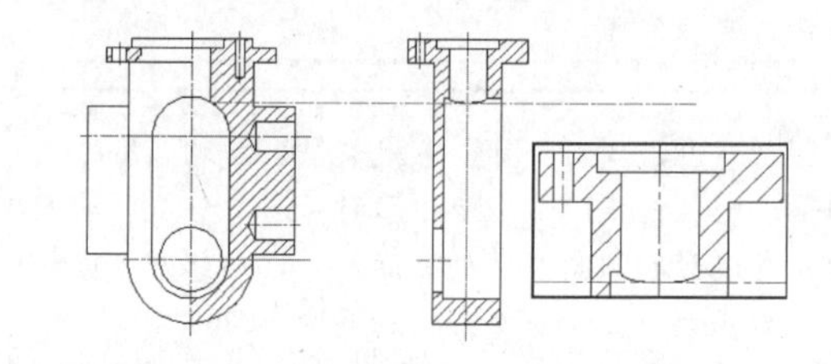

第 5 章

编辑二维图形

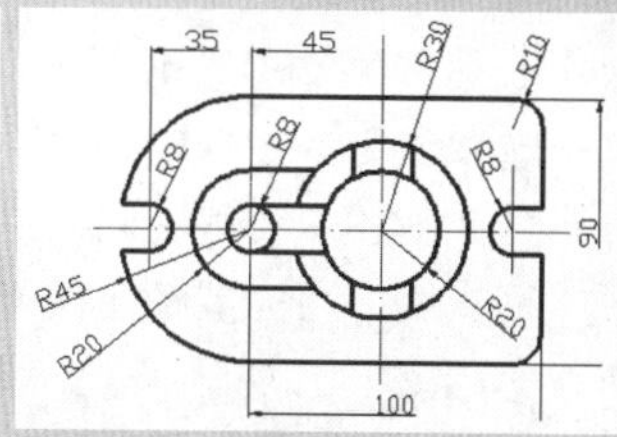

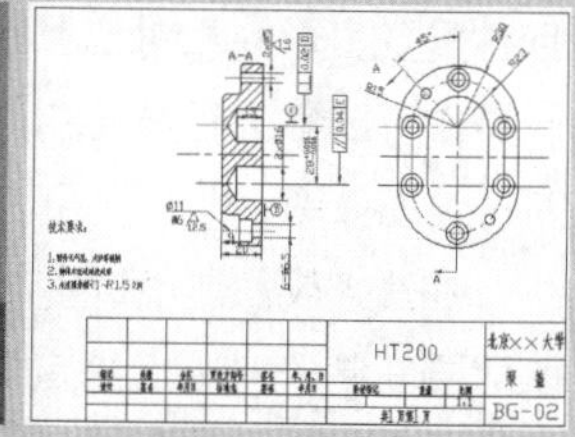

一幅工程图不可能仅利用基本绘图工具便可完成。在绘制二维草图的过程中，通常会由于作图需要或误操作产生多余的线条，此时就需要对图形进行必要的修改，使设计的图形达到实际要求。用户可以利用 AutoCAD 提供的相应编辑工具，对现有图形进行镜像、偏移、阵列、移动和修剪等操作，以减少重复的绘图操作，保证绘图的准确性，并极大地提高绘图效率。本章主要介绍常用编辑工具的使用方法和操作技巧，以及夹点编辑的操作方法。

AutoCAD

5.1 复制对象

版本：AutoCAD 2013

在 AutoCAD 中，零件图上的轴类或盘类零件往往具有对称结构，且这些零件上的孔特征又常常是均匀分布，此时便可以利用相关的复制类工具，以现有图形对象为源对象，绘制出与源对象相同或相似的图形，从而简化绘制具有重复性，或近似性特点图形的绘图步骤，以达到提高绘图效率和绘图精度的目的。

1．复制图形

复制工具是 AutoCAD 绘图中的常用工具，其主要用于绘制具有两个或两个以上的重复性图形，且各重复图形的相对位置不存在一定的规律性。复制操作可以省去重复绘制相同图形的步骤，大大提高了绘图效率。

在【修改】选项板中单击【复制】按钮，选取需要复制的对象后指定复制基点，然后指定新的位置点即可完成复制操作。

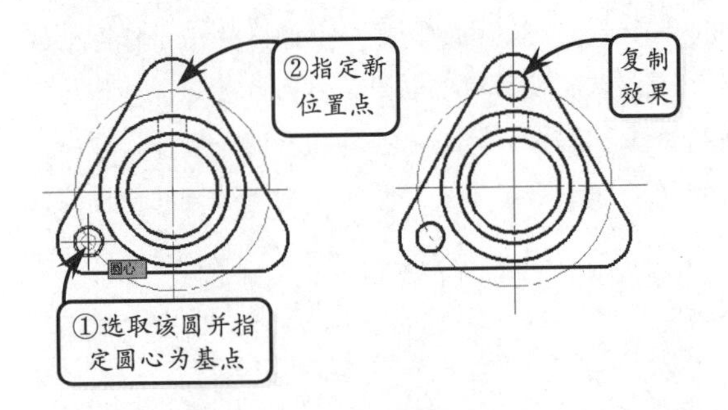

此外还可以单击【复制】按钮，选取对象并指定复制基点后，在命令行中输入新位置点相对于移动基点的相对坐标值来确定复制目标点。

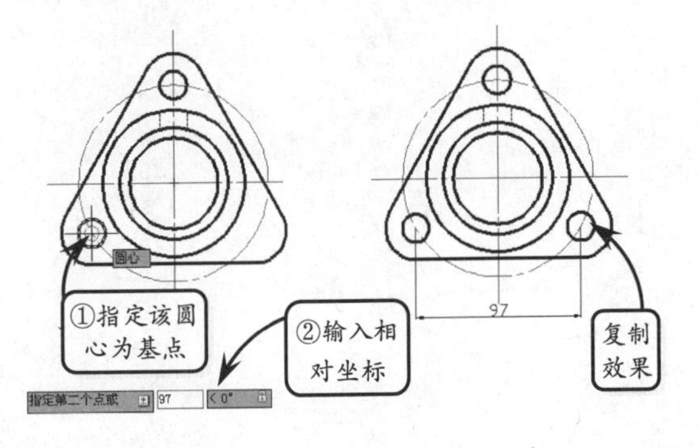

提示

在 AutoCAD 中执行复制操作时，系统默认的复制模式是多次复制。此时根据命令行提示输入字母 O,即可将复制模式设置为单个。

2．镜像图形

该工具常用于绘制结构规则，且具有对称性特点的图形，如轴、轴承座和槽轮等零件图形。绘制这类对称图形时，只需绘制对象的一半或几分之一，然后将图形对象的其他部分对称复制即可。

在绘制该类图形时，可以先绘制出处于对称中心线一侧的图形轮廓线，然后单击【镜像】按钮，选取绘制的图形轮廓线为源对象后单击右键。接着指定对称中心线上的两点以确定镜像中心线，按下回车键即可完成镜像操作。

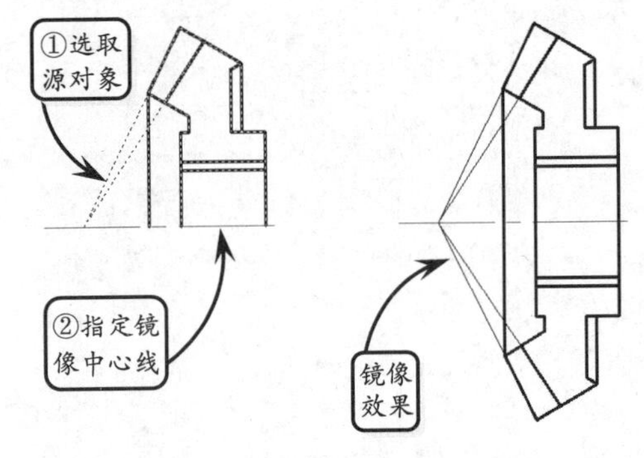

默认情况下，对图形执行镜像操作后，系统仍然保留源对象。如果对图形进行镜像操作后需要将源对象删除，只需在选取源对象并指定镜像中心线后，在命令行中输入字母 Y，然后按下回车键，即可完成删除源对象的镜像操作。

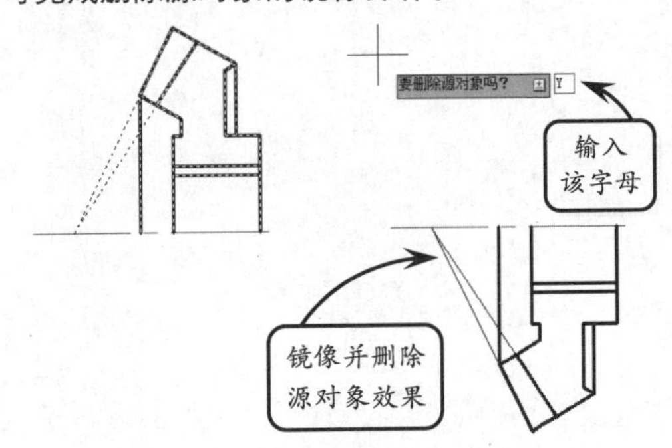

3．偏移图形

利用该工具可以创建出与源对象呈一定距离，且形状相同或相似的新对象。对于直线来说，可以绘制出与其平行的多个相同副本对象；对于圆、椭圆、矩形以及由多段线围成的图形来说，可以绘制出呈一定偏移距离的同心圆或近似图形。

❑ **定距偏移**

该偏移方式是系统默认的偏移类型。它是根据输入的偏移距离数值为偏移参照，指定的方向为偏移方向，偏移复制出源对象的副本对象。

单击【偏移】按钮，根据命令行提示输入偏移距离，并按下回车键。然后选取图中的源对象，并在偏移侧单击左键，即可完成定距偏移操作。

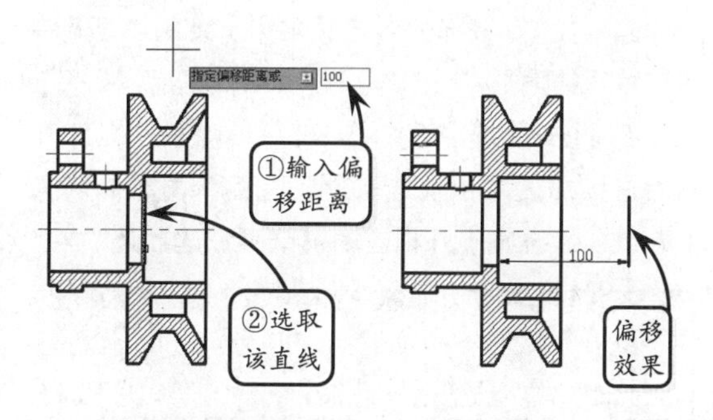

❑ **通过点偏移**

该偏移方式能够以图形中现有的端点、各节点和切点等定对象作为源对象的偏移参照，对图形执行偏移操作。

单击【偏移】按钮，并在命令行中输入字母T，然后选取图中的偏移源对象，并指定通过点，即可完成该偏移操作。

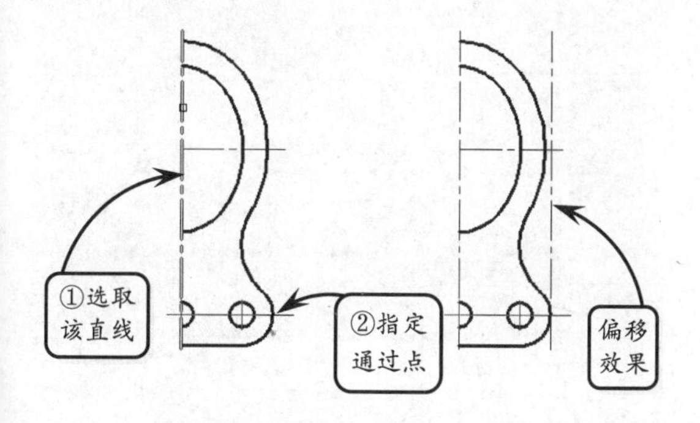

❑ **删除源对象偏移**

系统默认的偏移操作是在保留源对象的基础上偏移出新图形对象，但如果仅以源图形对象为偏移参照，偏移出新图形对象后需要将源对象删除，即可利用删除源对象偏移的方法。

单击【偏移】按钮，在命令行中输入字母E，并根据命令行提示输入字母 Y 后按下回车键。然后按上述偏移操作进行图形偏移时，即可将源对象删除。

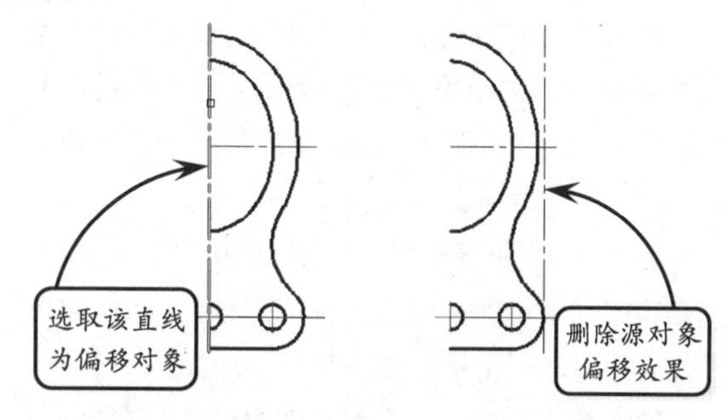

❑ **变图层偏移**

默认情况下偏移图形对象时，偏移出新对象的图层与源对象的图层相同。通过变图层偏移操作，可以将偏移出的新对象图层转换为当前层，从而可以避免修改图层的重复性操作，大幅度地提高绘图速度。

先将所需图层置为当前层，然后单击【偏移】按钮，在命令行中输入字母L，根据命令提示输入字母 C 并按下回车键。接着按上述偏移操作进行图形偏移时，偏移出的新对象图层即与当前图层相同。

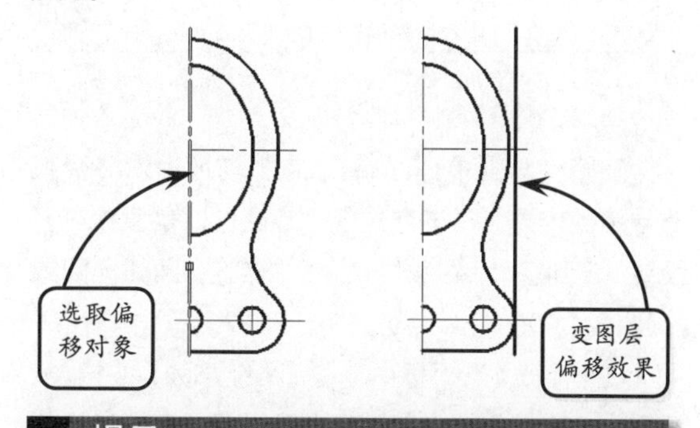

提示

系统默认情况下，对对象进行偏移操作时，可以重复性地选取源图形对象进行图形的重复偏移。如果需要退出偏移操作，只需在命令行中输入字母E，并单击回车键即可。

4. 阵列图形

利用该工具可以按照矩形、路径或环形的方式，以定义的距离或角度复制出源对象的多个对象副本。在绘制孔板、法兰等具有均布特征的图形时，利用该工具可以大量减少重复性图形的绘图步骤，提高绘图效率和准确性。

❑ 矩形阵列

矩形阵列是以控制行数、列数，以及行和列之间的距离，或添加倾斜角度的方式，使选取的阵列对象成矩形的方式进行阵列复制，从而创建出源对象的多个副本对象。

在【修改】选项板中单击【矩形阵列】按钮，并在绘图区中选取源对象后按下回车键，系统将展开相应的【阵列创建】选项卡。此时，在该选项卡中依次设置矩形阵列的行数和列数，并设定行间距和列间距，即可完成矩形阵列特征的创建。

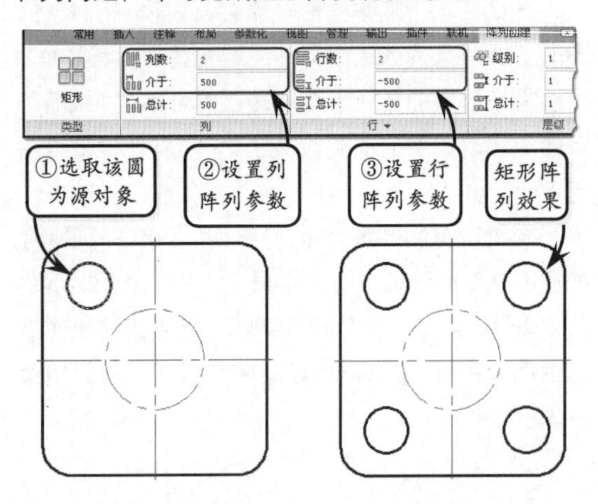

❑ 路径阵列

在路径阵列中，阵列的对象将均匀地沿路径或部分路径排列。在该方式中，路径可以是直线、多段线、三维多段线、样条曲线、螺旋、圆弧、圆或椭圆等。

在【修改】选项板中单击【路径阵列】按钮，并依次选取绘图区中的源对象和路径曲线，系统将展开相应的【阵列创建】选项卡。此时，在该选项卡中设置阵列项数，并指定沿路径的分布方式，即可生成相应的阵列特征。

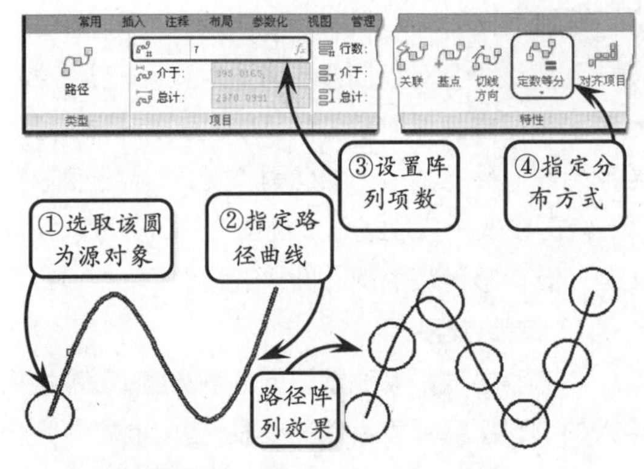

❑ 环形阵列

环形阵列能够以任一点为阵列中心点，将阵列源对象按圆周或扇形的方向，以指定的阵列填充角度，项目数目或项目之间夹角为阵列值，进行源图形的阵列复制。该阵列方法经常用于绘制具有圆周均布特征的图形。

在【修改】选项板中单击【环形阵列】按钮，然后在绘图区中依次选取要阵列的源对象和阵列中心点，系统将展开相应的【阵列创建】选项卡。

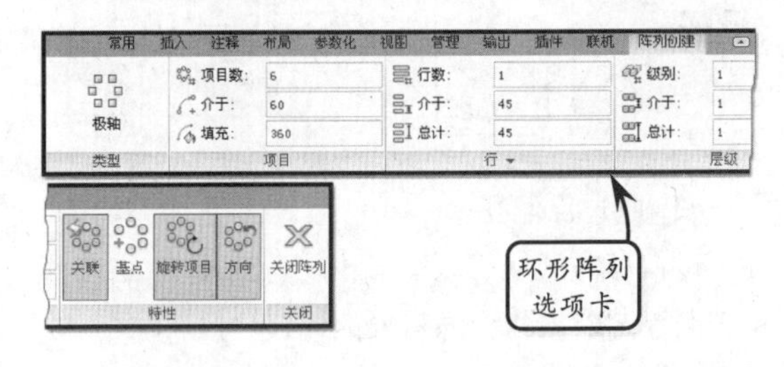

在该选项卡的【项目】选项板中，用户可以通过设置环形阵列的项目数、项目间的角度和填充角度三种参数中的任意两种来完成环形阵列的操作，且此时系统将自动完善其他参数的设置。

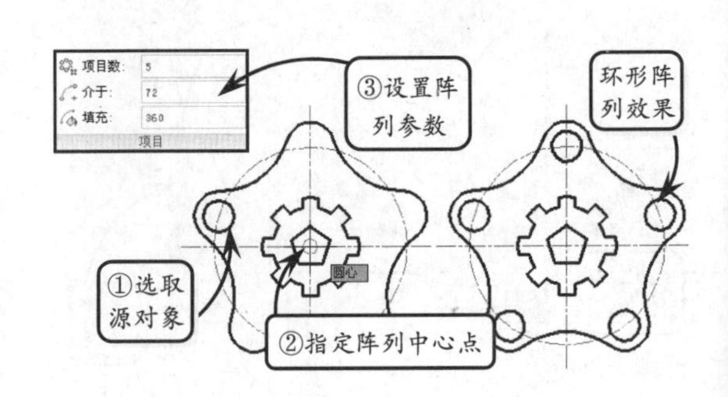

5.2 调整对象位置

版本：AutoCAD 2013

移动和旋转工具都是在不改变被编辑图形具体形状的基础上，对图形的放置位置、角度以及大小进行重新调整，以满足最终的设计要求。该类工具常用于在装配图或将图块插入图形的过程中，对单个零部件图形或块的位置和角度进行调整。

1．移动图形

移动是对象的重定位操作，是对图形对象的位置进行调整，而方向和大小不变。该操作可以在指定的方向上按指定距离移动对象，且在指定移动基点、目标点时，不仅可以在图中拾取现有点作为移动参照，还可以利用输入参数值的方法定义出参照点的具体位置。

单击【移动】按钮，选取要移动的对象并指定基点，然后根据命令行提示指定第二个点或输入位移参数来确定目标点，即可完成移动操作。

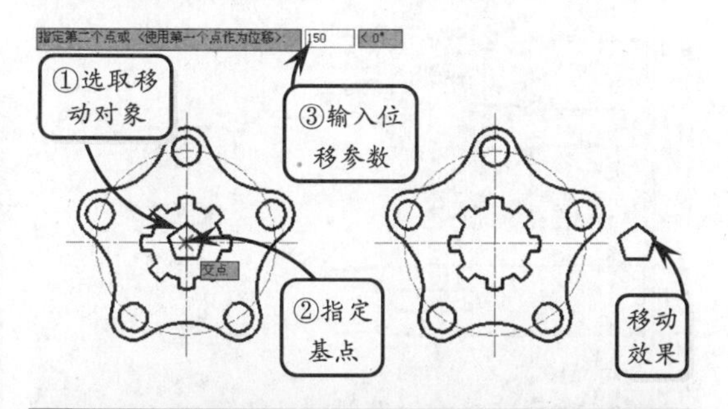

提示

在选取移动对象后单击右键，然后根据命令行提示输入字母D，即可直接指定位移量进行图形的移动操作。

2．旋转图形

旋转同样是对象的重定位操作，其是对图形对象的方向进行调整，而位置和大小不改变。

该操作可以将对象绕指定点旋转任意角度，从而以旋转点到旋转对象之间的距离和指定的旋转角度为参照，调整图形的放置方向。在 AutoCAD 中，旋转操作主要有以下两种方式。

❑ 一般旋转

该方式在旋转图形对象时，原对象将按指定的旋转中心和旋转角度旋转至新位置，并且将不保留对象的原始副本。

单击【旋转】按钮，选取旋转对象并指定旋转基点，然后根据命令行提示输入旋转角度，按下回车键，即可完成旋转对象操作。

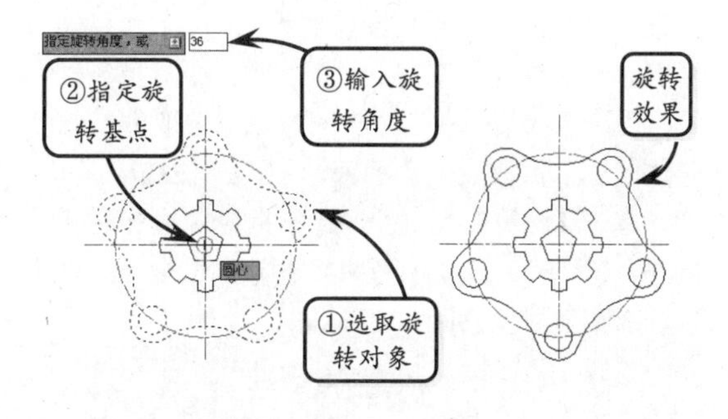

❑ 复制旋转

使用该旋转方式进行对象的旋转时，不仅可以将对象的放置方向调整一定的角度，还可以在旋转出新对象的同时，保留原对象图形，可以说该方式集旋转和复制操作于一体。

按照上述相同的旋转操作方法指定旋转基点后，在命令行中输入字母 C。然后设定旋转角度，并按下回车键，即可完成复制旋转操作。

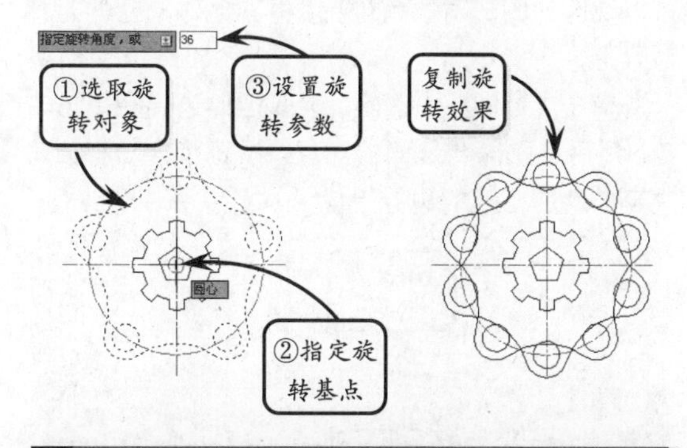

提示

在系统默认的情况下，输入角度为正时，对象的旋转方式为逆时针旋转；输入角度为负时，对象的旋转方式为顺时针旋转。

AutoCAD 5.3 修改对象形状

版本：AutoCAD 2013

在某些场合中需要将图形的形状和大小进行改变时，可执行修剪、延伸和拉伸等操作，调整现有对象相对于其他对象的形状和长度参数，以获得相应的设计效果。

1．修剪图形

利用【修剪】工具可以某些图元为边界，删除边界内的指定图元。利用该工具编辑图形对象时，首先需要选择用以定义修剪边界的对象，且可作为修剪边的对象包括直线、圆弧、圆、椭圆和多段线等。默认情况下，指定边界对象后，选取的待修剪对象上位于拾取点一侧的部分图形将被切除。

单击【修剪】按钮，选取相应的边界曲线并单击右键，然后选取图形中要去除的部分，即可将多余的图形对象去除。

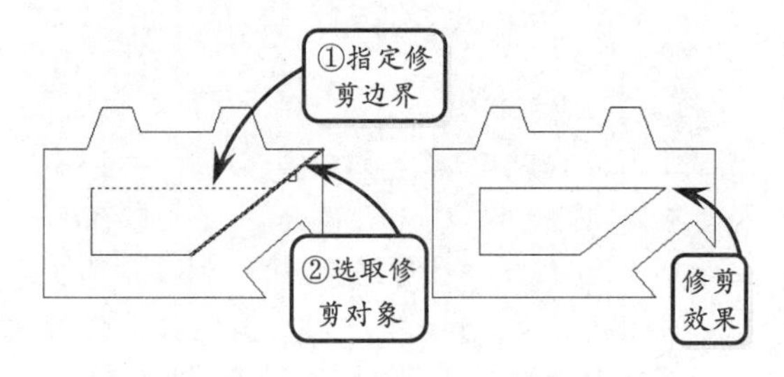

2．延伸图形

延伸操作的成型原理同修剪正好相反。该操作是以现有的图形对象为边界，将其他对象延伸至该对象上。

单击【延伸】按钮，选取延伸边界后单击右键，然后选取需要延伸的对象，系统将自动将该对象延伸到所指定的边界上。

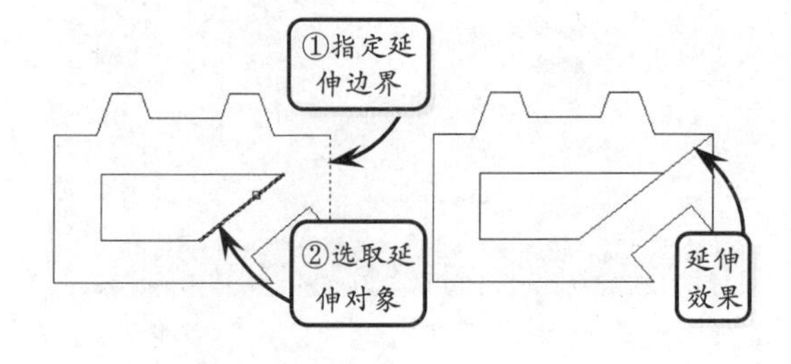

3．拉伸图形

执行拉伸操作能够将图形中的一部分拉伸、移动或变形，而其余部分保持不变，是一种十分灵活的调整图形大小的工具。选取拉伸对象时，可以使用“交叉窗口”的方式选取对象，其中全部处于窗口中的图形不作变形而只作移动，与选择窗口边界相交的对象将按移动的方向进行拉伸变形。

单击【拉伸】按钮，命令行将提示选取对象，用户便可以使用上面介绍的方式选取对象，并按下回车键。此时命令行将显示“指定基点或 [位移(D)] <位移>:”的提示信息，这两种拉伸方式现分别介绍如下。

❑ 指定基点拉伸对象

该拉伸方式是系统默认的拉伸方式。按照命令行提示指定一点为拉伸基点，命令行将显示“指定第二个点或 <使用第一个点作为位移>:”的提示信息。此时在绘图区中指定第二点，系统将按照这两点间的距离执行拉伸操作。

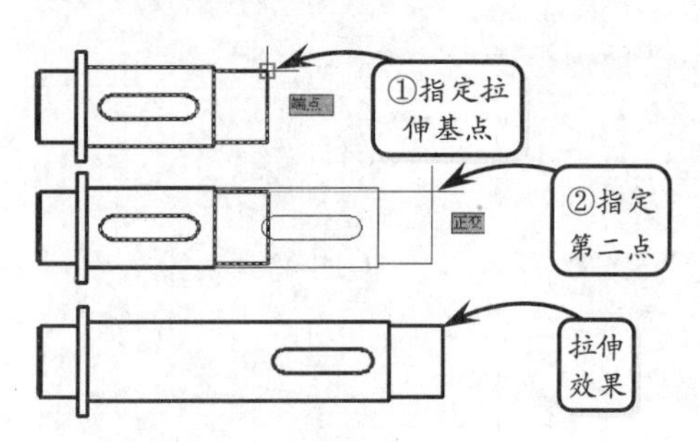

❑ 指定位移量拉伸对象

该拉伸方式是指将对象按照指定的位移量进行拉伸，而其余部分并不改变。选取拉伸对象后，输入字母 D，然后设定位移参数并按下回车键，系统即可按照指定的位移量进行拉伸操作。

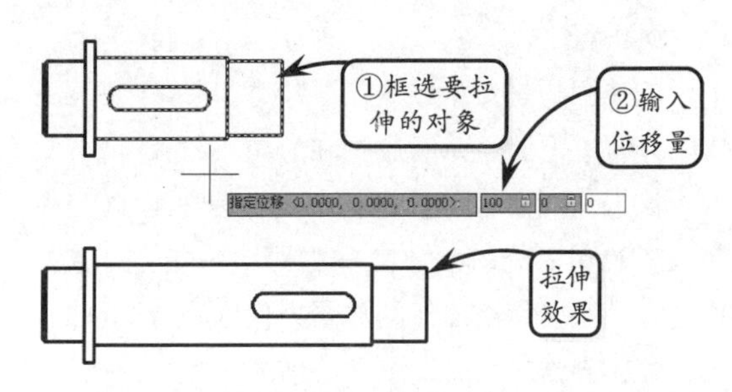

5.4 缩放图形和拉长图形

版本：AutoCAD 2013

缩放工具是在不改变被编辑图形具体形状的基础上，对图形的大小进行重新调整，以满足最终的设计要求。而拉长工具则是在不改变现有图形位置的情况下，对单个或多个图形进行拉长或缩减，从而改变被编辑对象的整体大小。

1．缩放图形

利用该工具可以将图形对象以指定的缩放基点为缩放参照，放大或缩小一定比例，创建出与源对象成一定比例且形状相同的新图形对象。在 AutoCAD 中，比例缩放可以分为以下 3 种缩放类型。

❑ 参数缩放

该缩放类型可以通过指定缩放比例因子的方式，对图形对象进行放大或缩小。且当输入的比例因子大于 1 时将放大对象，小于 1 时将缩小对象。

单击【缩放】按钮，选择缩放对象并指定缩放基点，然后在命令行中输入比例因子，并按下回车键即可。

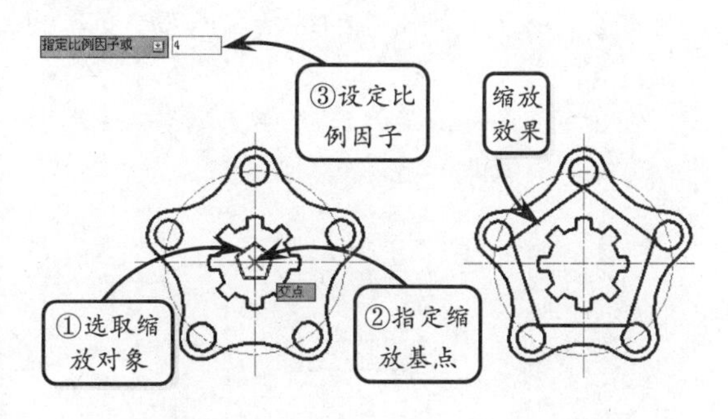

❑ 参照缩放

该缩放类型可以通过指定参照长度和新长度的方式，由系统计算两长度之间的比例数值，从而定义出图形的缩放因子来对图形进行缩放操作。当参照长度大于新长度时，图形将被缩小；反之将对图形执行放大操作。

按照上述方法指定缩放基点后，在命令行中输入字母 R，并按下回车键。然后根据命令行提示依次设定参照长度和新长度，按下回车键即可完成参照缩放操作。

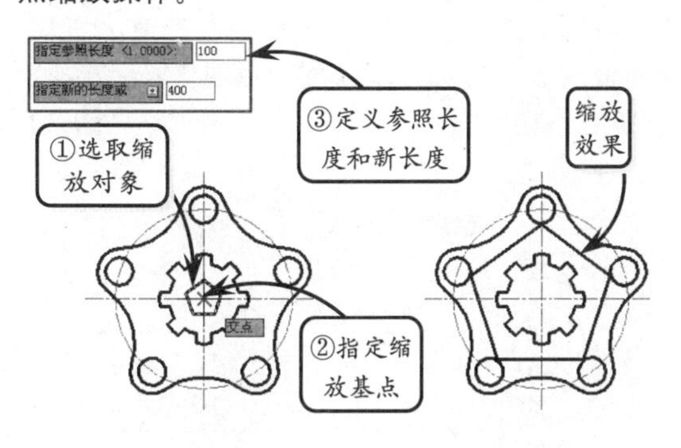

❑ 复制缩放

该缩放类型可以在保留原图形对象不变的情况下，创建出满足缩放要求的新图形对象。

利用该方式在指定缩放对象和缩放基点后，需要在命令行中输入字母 C，然后利用设置缩放参数或参照的方法定义图形的缩放因子，即可完成复制缩放操作。

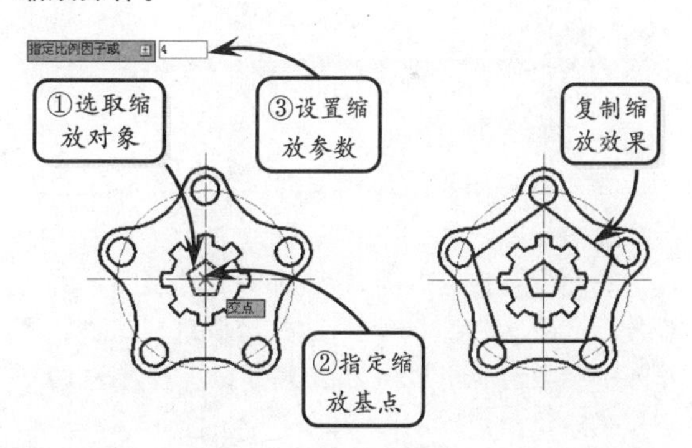

2．拉长图形

在 AutoCAD 中，拉伸和拉长工具都可以改变对象的大小，所不同的是拉伸操作可以一次框选多个对象，不仅改变对象的大小，同时改变对象的形状；而拉长操作只改变对象的长度，且不受边界的局限。其中，可用以拉长的对象包括直线、弧线和样条曲线等。

单击【拉长】按钮，命令行将显示“选择对象或 [增量(DE)/百分数(P)/全部(T)/动态(DY)]:”的提示信息。此时指定一种拉长方式，并选取要拉长的对象，即可以该方式进行相应的拉长操作。各种拉长方式的设置方法分别介绍如下。

❑ 增量

该方式以指定的增量修改对象的长度，且该增量从距离选择点最近的端点处开始测量。

在命令行中输入字母 DE，命令行将显示“输入长度增量或 [角度(A)] <0.0000>:”的提示信息。此时输入长度值，并选取对象，系统将以指定的增量修改对象的长度。

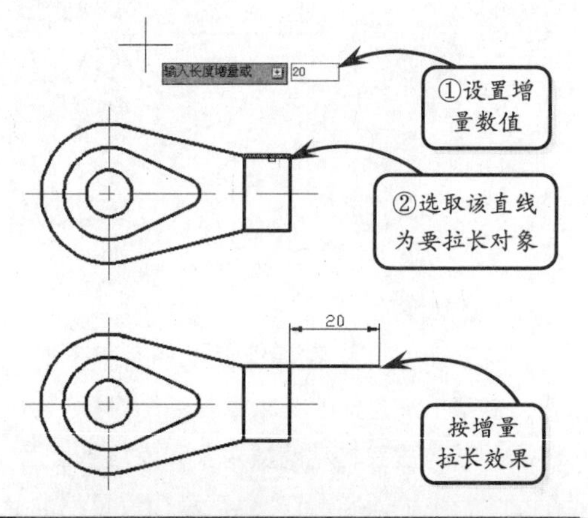

提示

此外，用户也可以输入字母 A，并指定角度值来修改对象的长度。

❑ 百分数

该方式以相对于原长度的百分比来修改直线或圆弧的长度。

在命令行中输入字母 P，命令行将显示“输入长度百分数 <100.0000>:”的提示信息。此时如果输入的参数值小于 100，则缩短对象；若大于 100，则拉长对象。

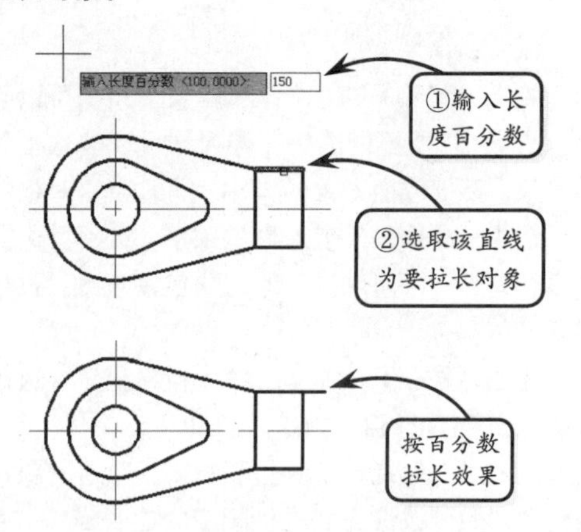

❑ 全部

该方式通过指定从固定端点处测量的总长度的绝对值来设置选定对象的长度。

在命令行中输入字母 T，然后输入对象的总长度，并选取要修改的对象。此时，选取的对象将按照设置的总长度相应地缩短或拉长。

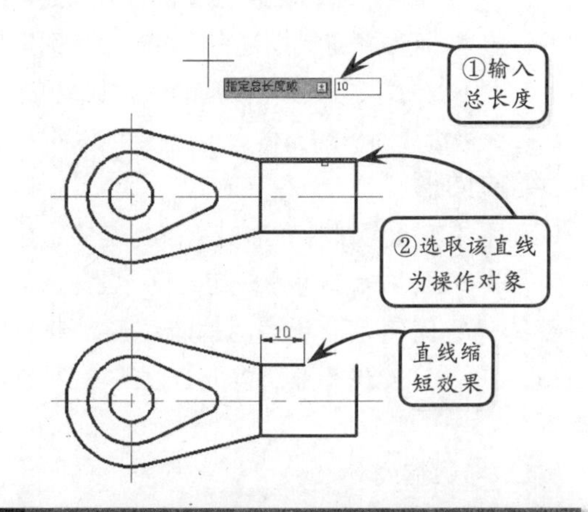

提示

在进行该方式操作时，选取修改对象的位置的不同将直接影响最终的拉长效果。

❑ 动态

该方式允许动态地改变直线或圆弧的长度。用户可以通过拖动选定对象的端点之一来改变其长度，且其他端点保持不变。

在命令行中输入字母 DY，并选取对象，然后拖动光标，对象即可随之拉长或缩短。

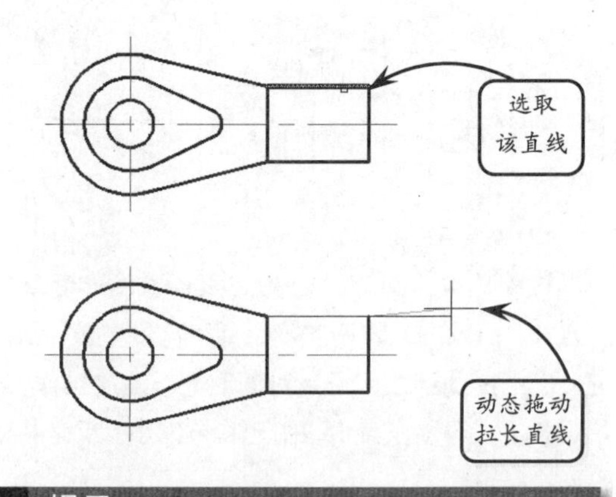

提示

在进行该方式操作时，指定的拉长方向的不同将直接影响最终的拉长效果。

5.5 使用夹点编辑图形对象

版本：AutoCAD 2013

当选取一图形对象时，该对象周围出现的蓝色方框即为夹点。在编辑零件图的过程中，有时需要不启用某个命令，却获得和该命令一样的编辑效果，此时就可以通过夹点的编辑功能来快速地调整图形的形状，如拖动夹点调整辅助线的长度，拖动孔对象的夹点进行快速复制等。

1．拉伸对象

在夹点编辑模式下，当选取的夹点是线条的端点时，可以通过拖动拉伸或缩短对象。如下图所示选取一中心线将显示其夹点，然后选取顶部夹点，并打开正交功能，向上拖动即可改变竖直中心线的长度。

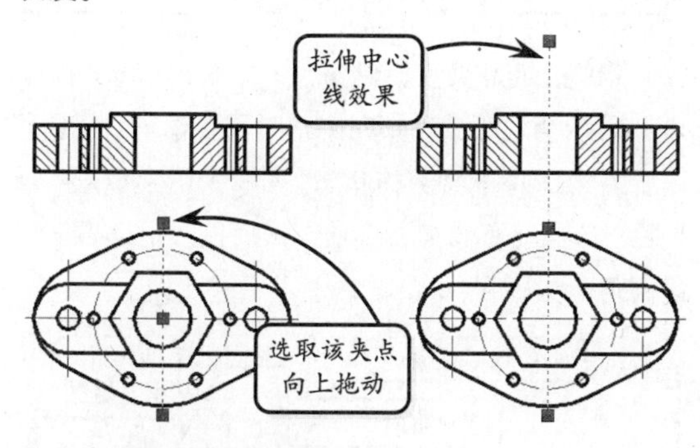

2．移动和复制对象

在夹点编辑模式下，当选取的夹点是线条的中点、圆或圆弧的圆心，或者块、文字、尺寸数字等对象时，可以移动这些对象，以改变其的放置位置，而不改变其大小和方向。且在移动的过程中如按住 Ctrl 键，则可以复制对象。

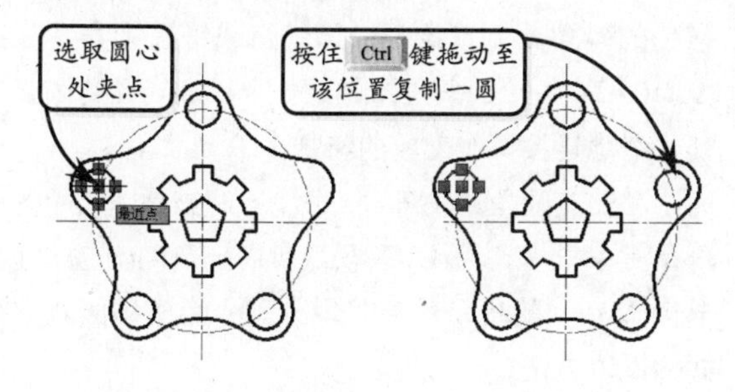

3．旋转对象

在夹点编辑模式下指定基点后，输入字母 RO 即可进入旋转模式。旋转的角度可以通过输入角度值精确定位，也可以通过指定点位置来实现。

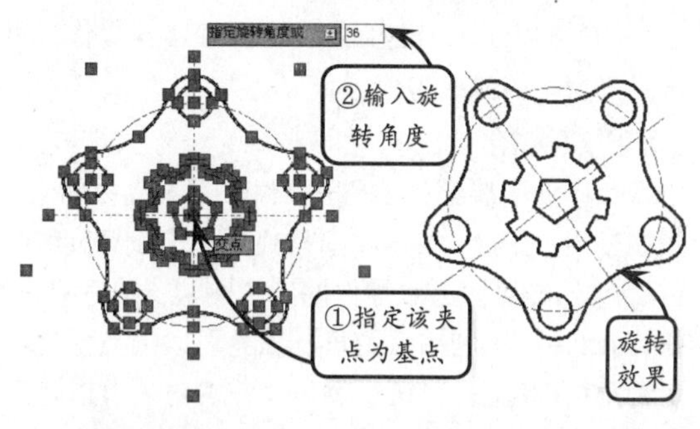

4．缩放对象

在夹点编辑模式下指定基点后，输入字母 SC 即可进入缩放模式。用户可以通过定义比例因子或缩放参照的方式缩放对象，且当比例因子大于 1 时放大对象，当比例因子大于 0 而小于 1 时缩小对象。

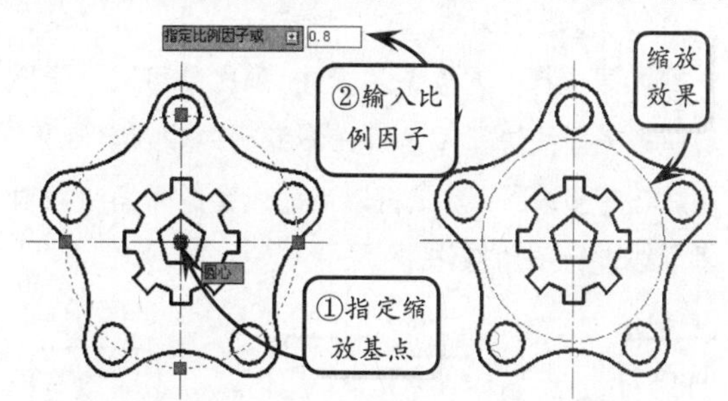

5．镜像对象

进入夹点编辑模式后指定一基点，并输入字母 MI，即可进入镜像模式。此时系统将会自动以刚选择的基点作为第一镜像点，然后输入字母 C，并指定第二镜像点。接着按下回车键，即可在保留源对象的情况下进行镜像复制操作。

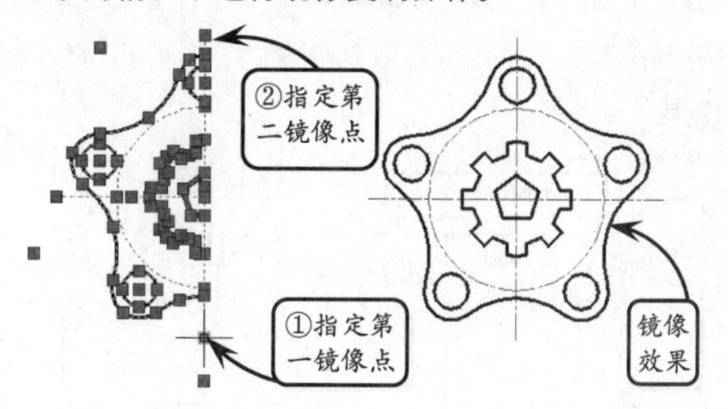

5.6 对象编辑

版本：AutoCAD 2013

在完成对象的基本绘制后，往往需要对相关对象进行编辑修改的操作，使之达到预期的设计要求。用户可以通过创建倒角和圆角等常规操作来完成图形对象的编辑工作。

1．创建倒角

为了便于装配，且保护零件表面不受损伤，一般在轴端、孔口、抬肩和拐角处加工出倒角（即圆台面），这样可以去除零件的尖锐刺边，避免刮伤。在 AutoCAD 中利用【倒角】工具可以很方便地绘制倒角结构造型，且执行倒角操作的对象可以是直线、多段线、构造线、射线或三维实体。

单击【倒角】按钮，命令行将显示“选择第一条直线或 [放弃(U)/多段线(P)/距离(D)/角度(A)/修剪(T)/方式(E)/多个(M)]:”的提示信息。现分别介绍常用倒角方式的设置方法。

❑ 多段线倒角

如果选择的对象是多段线，那么就可以方便地对整条多段线进行倒角。在命令行中输入字母 P，然后选择多段线，系统将以当前设定的倒角参数对多段线进行倒角操作。

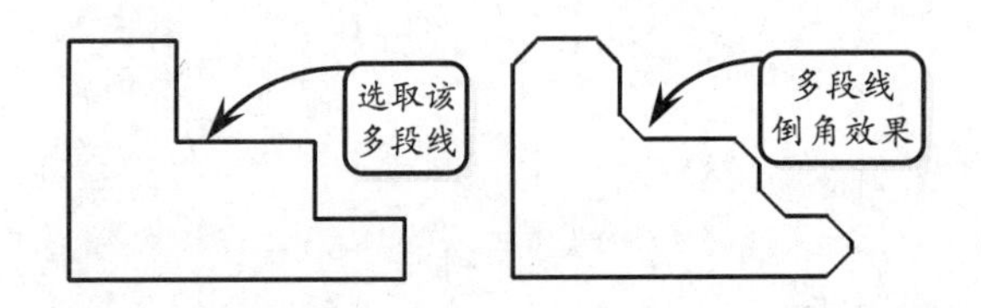

❑ 指定距离绘制倒角

该方式通过输入直线与倒角线之间的距离来定义倒角。在命令行中输入字母 D，然后依次输入两倒角距离，并分别选取两倒角边，即可获得倒角效果。

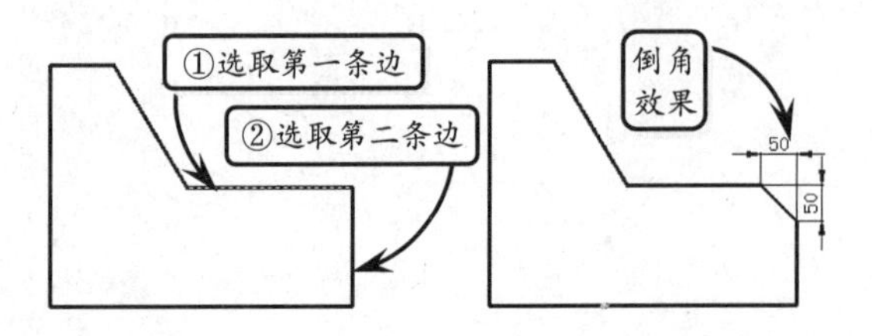

❑ 指定角度绘制倒角

该方式通过指定倒角的长度，以及它与第一条直线形成的角度来创建倒角。在命令行中输入字母 A，然后分别输入倒角的长度和角度，并依次选取两对象，即可获得倒角效果。

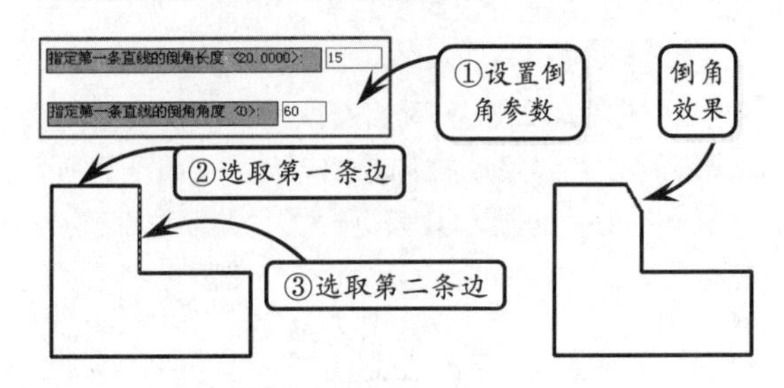

❑ 指定是否修剪倒角

默认情况下，对象在倒角时需要修剪，但也可以设置为保持不修剪的状态。在命令行中输入字母 T 后，选择【不修剪】选项，然后按照上述方法设置倒角参数即可。

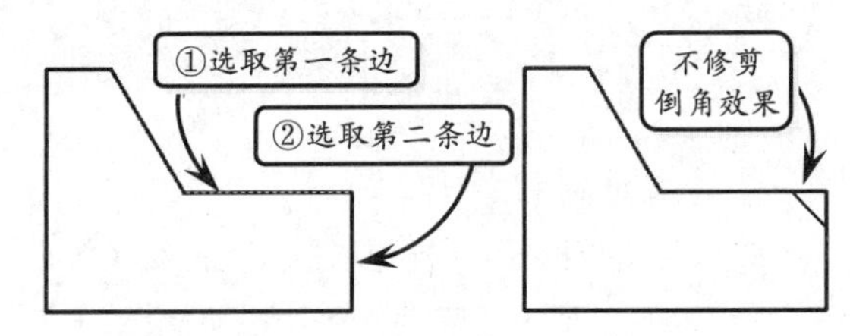

2．创建圆角

为了便于铸件造型时拔模，防止铁水冲坏转角处，并防止冷却时产生缩孔和裂缝，一般将铸件或锻件的转角处制成圆角，即铸造或锻造圆角。在 AutoCAD 中，圆角是指通过一个指定半径的圆弧来光滑地连接两个对象的特征。

单击【圆角】按钮，命令行将显示“选择第一个对象或 [放弃(U)/多段线(P)/半径(R)/修剪(T)/多个(M)]:”的提示信息。现分别介绍常用圆角方式的设置方法。

❑ 指定半径绘制圆角

该方式是绘图中最常用的创建圆角的方式。选择【圆角】工具后，输入字母 R，并设置圆角半径值。然后依次选取两操作对象，即可获得圆角效果。

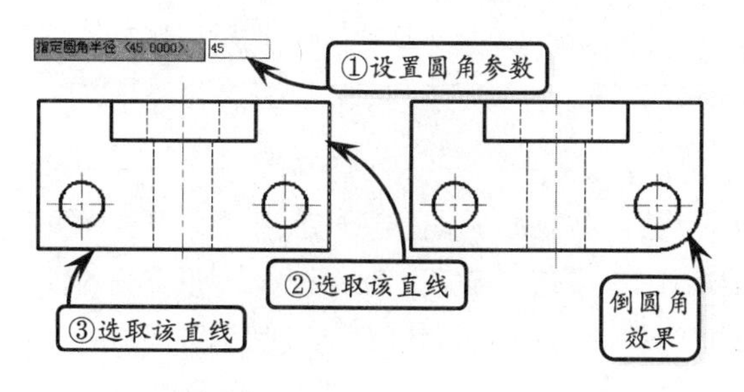

❑ 不修剪圆角

选择【圆角】工具后，输入字母 T 就可以选择相应的倒圆角类型，即设置倒圆角后是否保留源对象。用户可以选择【不修剪】选项，获得不修剪的圆角效果。

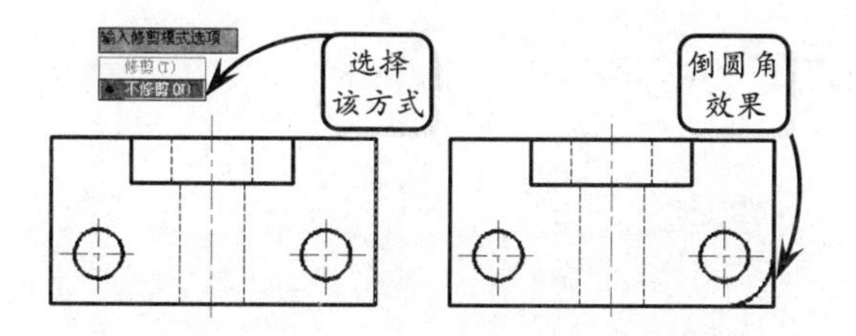

3．分解

对于多段线、矩形、多边形、块和各类尺寸标注等特征，以及由多个图形对象组成的组合对象，如果需要对单个对象进行编辑操作，就需要先利用【分解】工具将这些对象拆分为单个的图形对象，然后再利用相应的编辑工具进行进一步的编辑。

单击【分解】按钮，然后选取要分解的对象特征，单击右键或者按下回车键，即可完成分解操作。

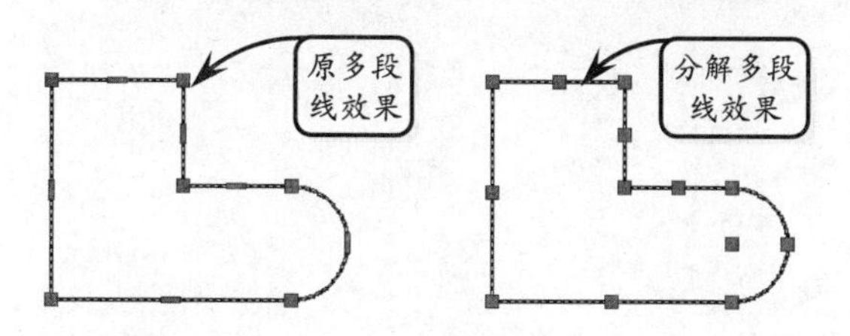

4．打断工具

在 AutoCAD 中，用户可以使用打断工具使对象保持一定的间隔，该类打断工具包括【打断】和【打断于点】两种类型。此类工具可以在一个对象上去除部分线段，以创建出间距效果，或者以指定分割点的方式将其分割为两部分。

❑ 打断

打断是删除部分对象或将对象分解成两部分，且对象之间可以有间隙，也可以没有间隙。其中，可以打断的对象包括直线、圆、圆弧、椭圆和参照线等。

单击【打断】按钮，命令行将提示选取要打断的对象。此时在对象上单击时，系统将默认选取对象时所选点作为断点 1，然后指定另一点作为断点 2，系统将删除这两点之间的对象。

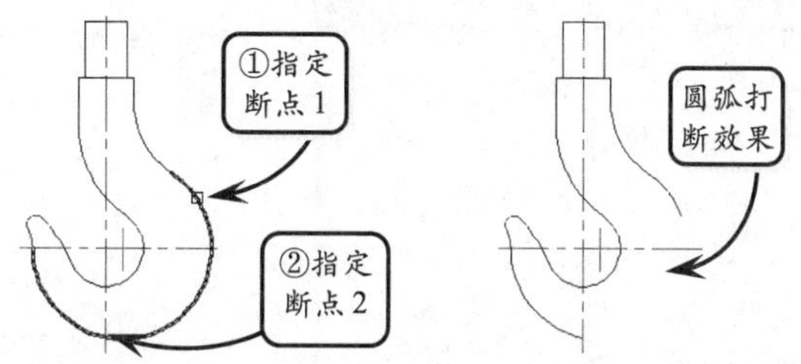

默认情况下，系统总是删除从第一个打断点到第二个打断点之间的部分，且在对圆等封闭图形进行打断时，系统将按照逆时针方向删除从第一打断点到第二打断点之间的圆弧等对象。

> **提示**
>
> 此外，如果在命令行中输入字母 F，则可以重新定位第一点；在确定第二个打断点时，如果在命令行中输入@，则可以使第一个和第二个打断点重合，此时该操作将变为打断于点。

❑ 打断于点

打断于点是打断命令的后续命令，它是将对象在一点处断开生成两个对象。一个对象在执行过打断于点命令后，从外观上并看不出什么差别。但当选取该对象时，可以发现该对象已经被打断为两部分。

单击【打断于点】按钮，然后选取一对象，并在该对象上单击指定打断点的位置，即可将该对象分割为两个对象。

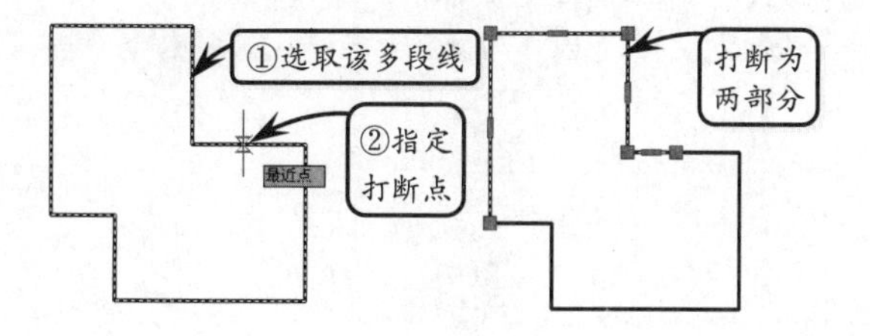

5.7 绘制扇形板平面图

版本：AutoCAD 2013 downloads/第 5 章/

该扇形板属于风箱底板的一部分，表面上圆周阵列的孔是螺纹孔，其是用来固定风头的，以将风压输送到产品；圆弧阵列的螺纹孔是底板与风箱的连接孔，主要起到连接固定的作用；矩形阵列的螺纹孔是用来固定风压的分配器，以平衡风压的输送，它通过压力标直接显示当前的风压。

本实例绘制一个扇形板零件，该扇形板的结构比较简单，但形状复杂。主要由一扇形板和螺纹孔以及圆孔组成，其结构可以简单地看作以竖直中心线为镜像线的对称图形。

练习要点

- 使用【旋转】工具
- 使用【修剪】工具
- 使用【圆角】工具
- 绘制螺纹孔
- 阵列螺纹孔
- 使用【镜像】工具

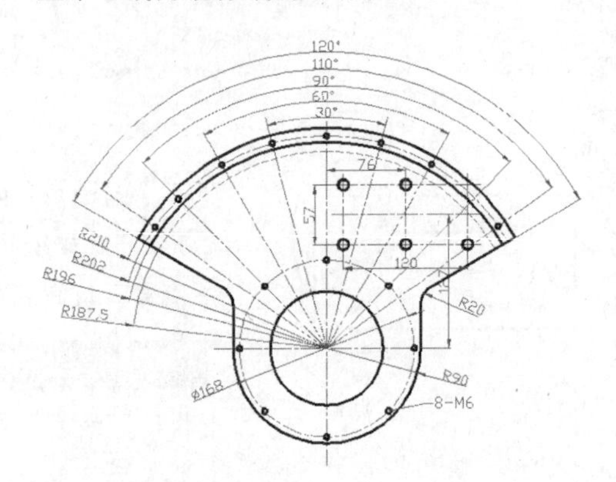

操作步骤

STEP|01 新建图层并绘制中心线。新建相应的图层，并分别设置图层的名称、颜色、线型和线宽等特性。然后，切换【中心线】图层为当前层，单击【直线】按钮，在绘图区中绘制两条垂直相交的线段作为绘制图形时的中心辅助线。

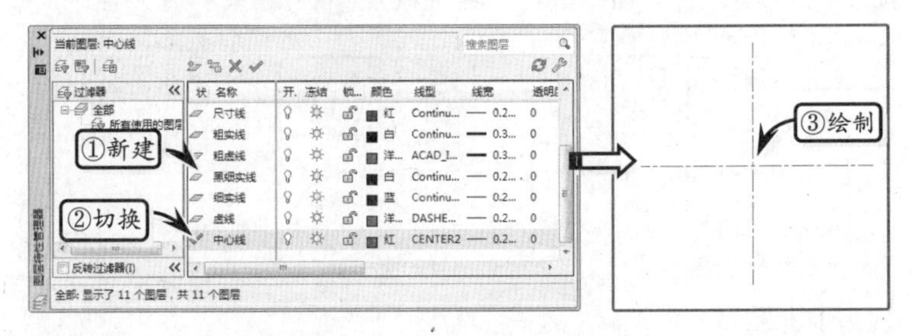

提示

在【绘图】选项板中单击【圆】按钮下侧的黑色小三角，其下拉列表中主要有以下 5 种绘制圆的方法：圆心，半径（或直径）；两点；三点；相切，相切，半径和相切，相切，相切。

STEP|02 绘制圆轮廓线并转换轮廓线线型。切换【粗实线】图层为当前层，单击【圆】按钮，以中心线的交点为圆心分别绘制半径为 54、84、90、210、202、196 和 187.5 的同心圆轮廓线。然后，选取半径为 R84 和 R202 的圆轮廓线，将其线型转换为中心线。选取半径为 R187.5 的圆轮廓线并转换为虚线线型。

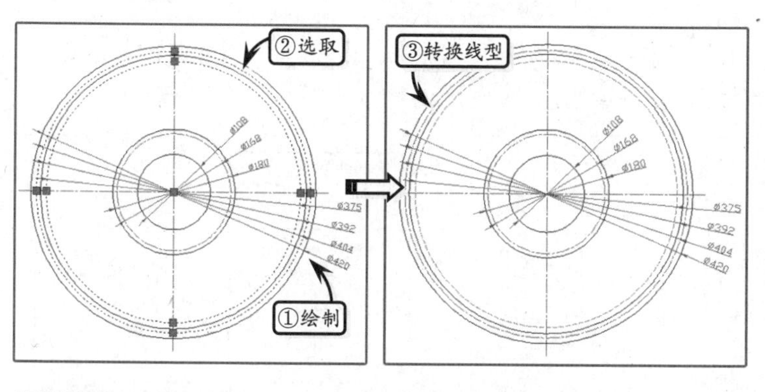

STEP|03 旋转并复制中心线。单击【旋转】按钮，选取竖直中心线为旋转对象，以中心线的交点为旋转中心，分别输入相应的旋转角度。然后，将 60° 的中心线转换为【粗实线】图层。

提示

旋转对象共有三种方法：在命令对话框中输入旋转角度的度数、复制旋转对象和参照其他对象进行旋转。

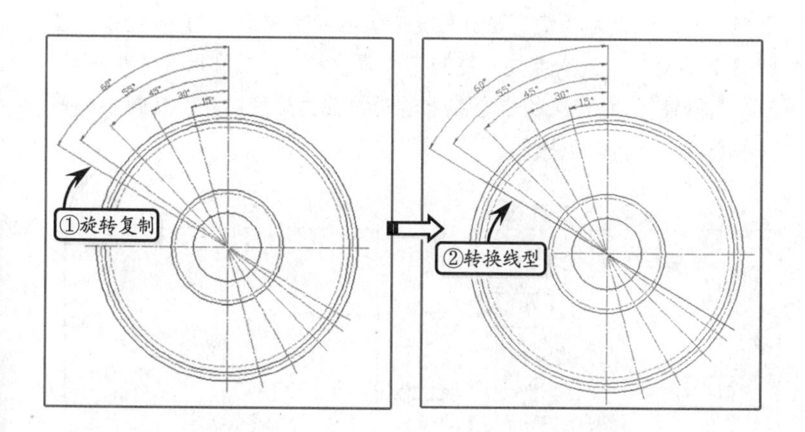

STEP|04 绘制圆角。单击【修剪】按钮，修剪相应的中心线。然后，单击【直线】按钮，沿直径ϕ180 的圆与中心线的交点为起点，向上绘制一条垂直线。接着，单击【圆角】按钮，并设置圆角半径为 20，分别选取垂直线和 60° 的斜线为圆角对象。

提示

选择【圆角】工具后，输入字母 R，并设置圆角半径值。然后依次选取两操作对象，即可获得圆角效果。

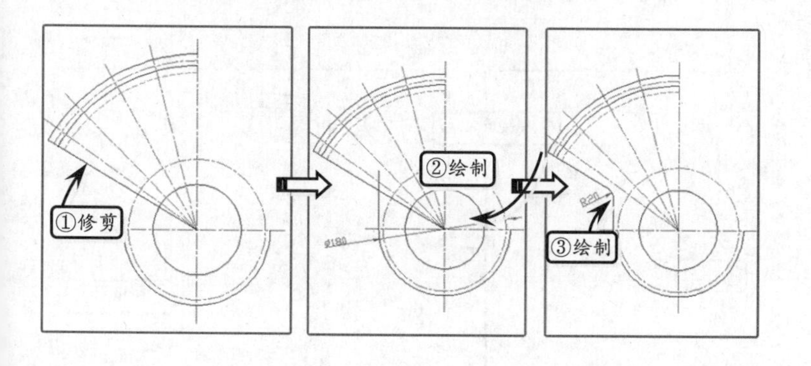

STEP|05 绘制螺纹孔。单击【圆】按钮，以半径为 R202 与竖直

中心线的交点为圆心，绘制圆轮廓。然后，单击【修剪】按钮，修剪相应的圆轮廓线。

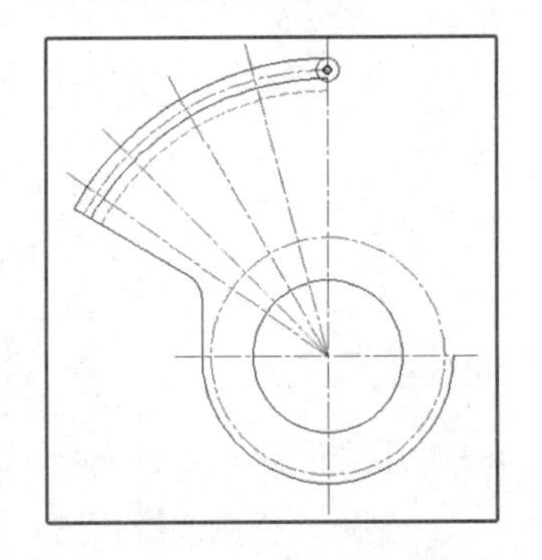

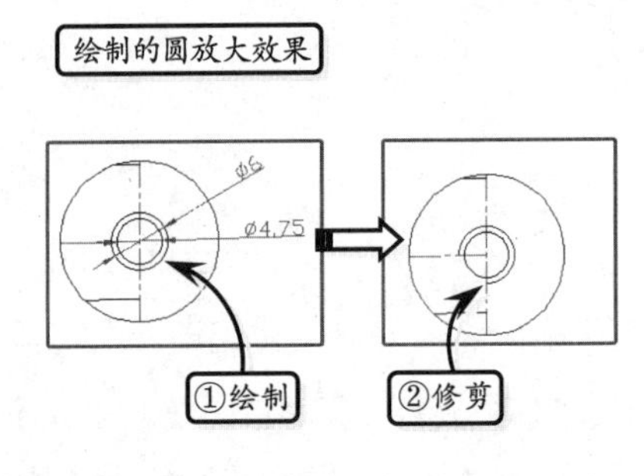

技巧

复制工具是 AutoCAD 绘图中的常用工具，主要用于绘制具有两个或两个以上的重复性图形，且各重复图形的相对位置不存在一定的规律性。

STEP|06 复制并阵列螺纹孔。单击【复制】按钮，选取螺纹孔为复制对象，圆心为基点，分别在旋转线与半径 R202 的交点处和直径 φ168 与竖直中心线交点处，复制多个螺纹孔。然后利用【环形阵列】工具选取直径为 φ168 的中心线上的螺纹孔为阵列对象，其圆心为阵列中心点，进行阵列操作。

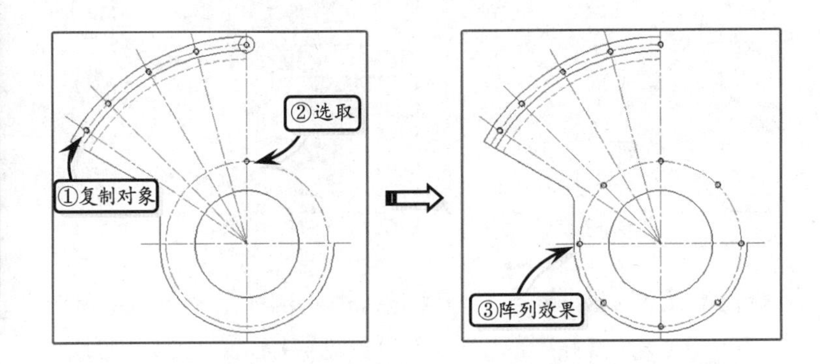

技巧

环形阵列以任意一点为阵列中心点，将阵列源对象按圆周或扇形的方向，以指定的阵列填充角度，项目数目或项目之间夹角的阵列值，进行源图形的阵列复制。该阵列方法经常用于绘制具有圆周均布特征的图形。

STEP|07 镜像对象。单击【镜像】按钮，选取相应的轮廓线为镜像对象，竖直中心线为镜像中心线，进行镜像操作。

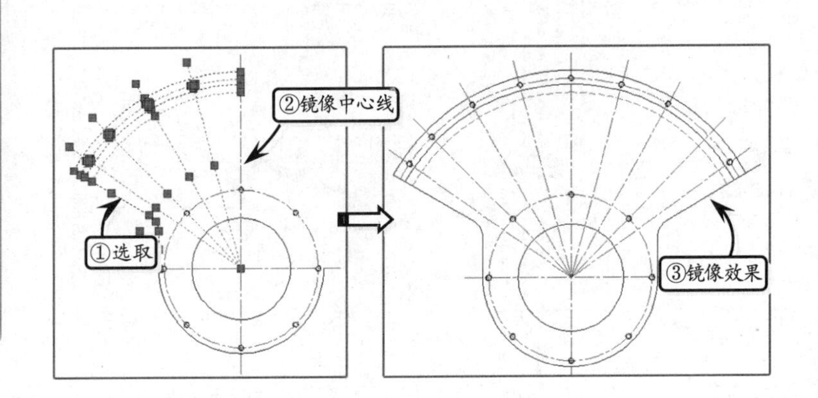

技巧

镜像工具常用于绘制结构规则，且具有对称性特点的图形，如轴、轴承座和槽轮等零件图形。绘制此类对称图形时，只需绘制对象的一半或几分之一，然后将图形对象的其他部分对称复制即可。

STEP|08 偏移辅助线。单击【偏移】按钮，分别选取竖直和水平中心线为偏移对象，偏移距离为 76 和 127。然后，选取偏移后的中心线，分别向两侧偏移 60 和 28.5。接着利用【修剪】工具，对偏移后的线段进行修剪操作。

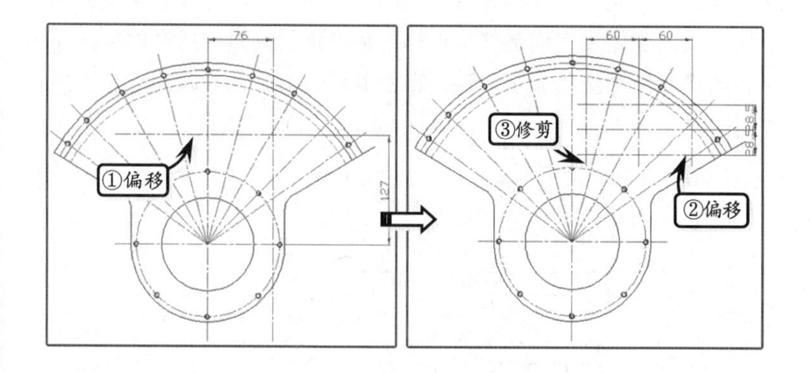

技巧

偏移工具可以创建出与源对象成一定距离、且形状相同或相似的新对象。对于直线来说，可以绘制出与其平行的多个相同的副本对象；对于圆、椭圆、矩形以及由多段线围成的图形来说，可以绘制出成一定偏移距离的同心圆或近似图形。

STEP|09 绘制圆轮廓线。单击【圆】按钮，选取偏移线段上的一个交点为圆心，并设置半径绘制螺纹孔圆轮廓线。然后，单击【修剪】按钮，修剪螺纹孔ϕ12 的圆轮廓线。

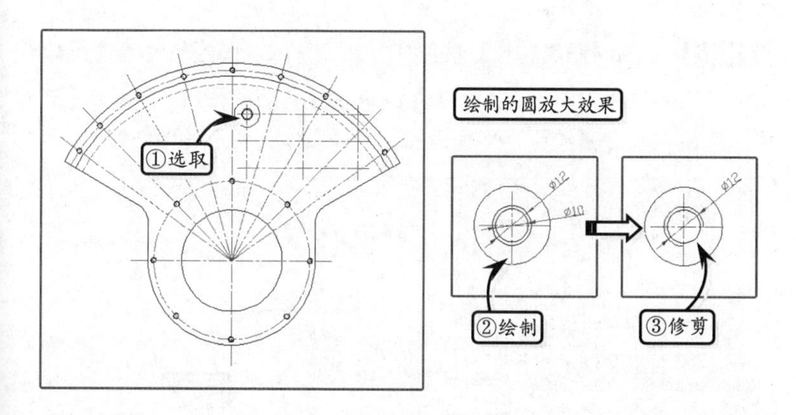

技巧

复制工具是 AutoCAD 绘图中的常用工具，其主要用于绘制具有两个或两个以上的重复性图形，且各重复图形的相对位置不存在一定的规律性。复制操作可以省去重复绘制相同图形的步骤，大大提高了绘图效率。

STEP|10 复制螺纹孔。单击【复制】按钮，选取螺纹孔圆轮廓线为复制对象，复制其他的螺纹孔。然后，利用【标注尺寸】工具，创建角度标注和半径标注。

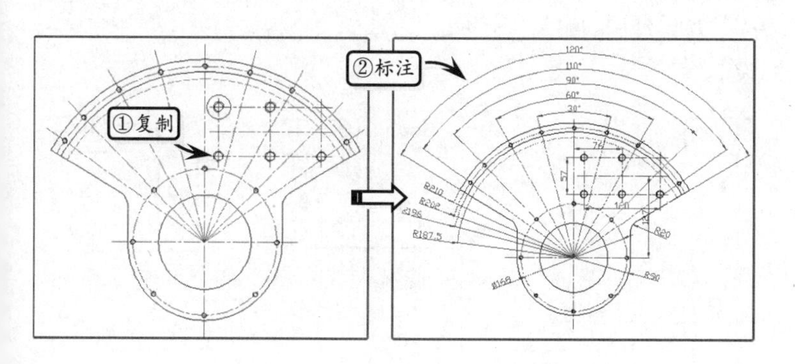

5.8 绘制固定底座

版本：AutoCAD 2013 downloads/第5章/

练习要点

- 使用【矩形】工具
- 使用【分解】工具
- 使用【修剪】工具
- 使用【镜像】工具
- 使用【打断】工具

本实例绘制一个底座组合体视图。机械系统中的底座、支座属于同一类组合体，它们是整个机构中直接承受推力或压力的结构部位。固定底座的应用非常广泛，在机械系统中，一般起固定和支撑作用。

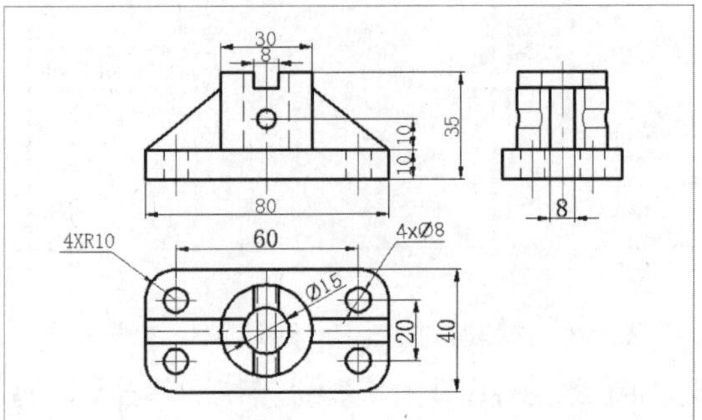

提示

为了绘图方便，可以设置直线捕捉点的范围和类型。在状态栏中右击【对象捕捉】按钮，并在打开的快捷菜单中选择【设置】选项，然后在打开的【草图设置】对话框中设置直线捕捉的点类型和范围即可。

操作步骤

STEP|01 单击【图层特性】按钮，在打开的【图层特性管理器】对话框中新建所需图层。然后切换【中心线】为当前图层，并单击【直线】按钮，分别绘制水平线段和竖直线段作为图形的中心线。

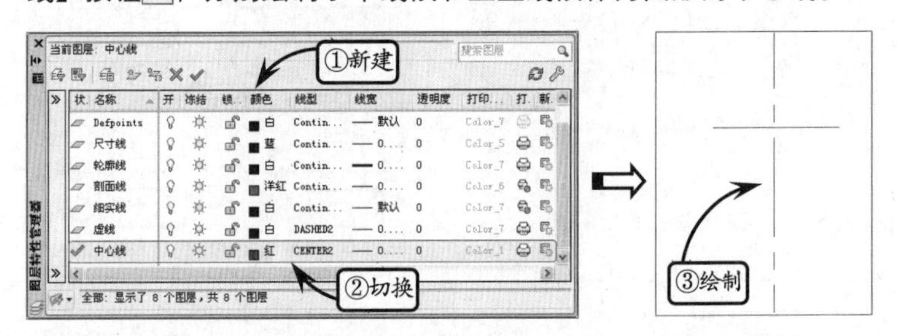

STEP|02 单击【偏移】按钮，将竖直中心线向两侧偏移30，将水平中心线向下偏移20。然后切换【轮廓线】图层为当前图层，单击【矩形】按钮，按照图示位置和尺寸绘制一个矩形。继续利用【矩形】工具以绘制的矩形的左上端点为起始点，按照图示尺寸绘制另一个矩形。

提示

在AutoCAD中，用户可以通过定义两个对角点，或者长度和宽度的方式来绘制矩形，且同时可以设置其线宽、圆角和倒角等参数。

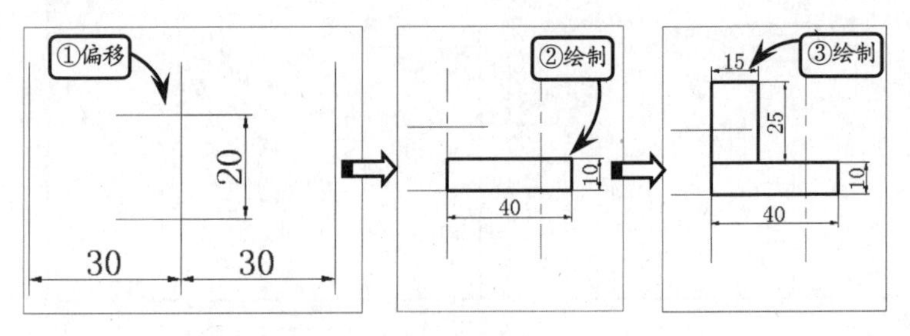

STEP|03 单击【分解】按钮，将上步绘制的矩形进行分解。然后单击【删除】按钮，删除多余线段。接着单击【圆】按钮，按照图示位置绘制一个直径为$\phi6$ 的圆轮廓。最后利用【偏移】工具选取相应的中心线和轮廓线为偏移对象，按照图示尺寸进行偏移操作。

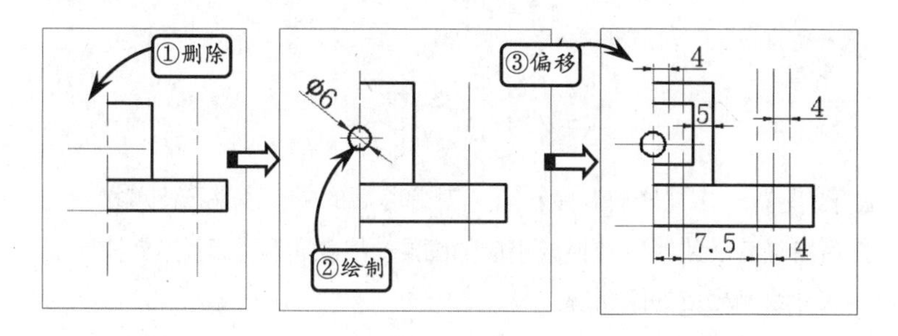

STEP|04 单击【修剪】按钮，修剪多余线段。然后按照图示将指定的线段转换为【粗实线】和【虚线】图层。接着利用【直线】工具绘制肋板轮廓线。

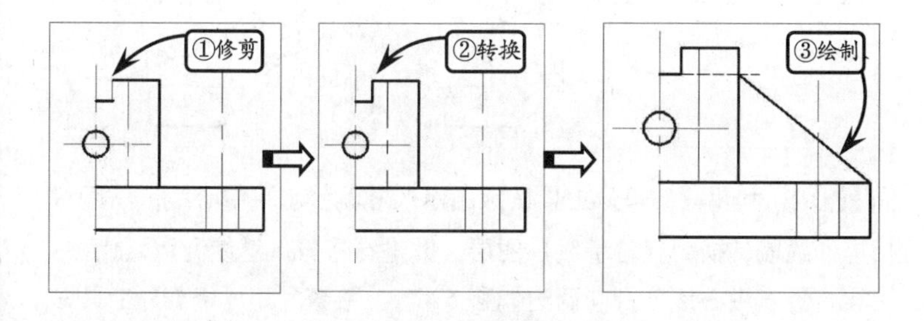

STEP|05 单击【镜像】按钮，选取竖直中心线右侧所有线段为镜像对象，并指定竖直中心线为镜像中心线，进行镜像操作。然后单击【打断】按钮，选取相应的中心线为操作对象，将其截取至合适长度。至此，主视图绘制完成。

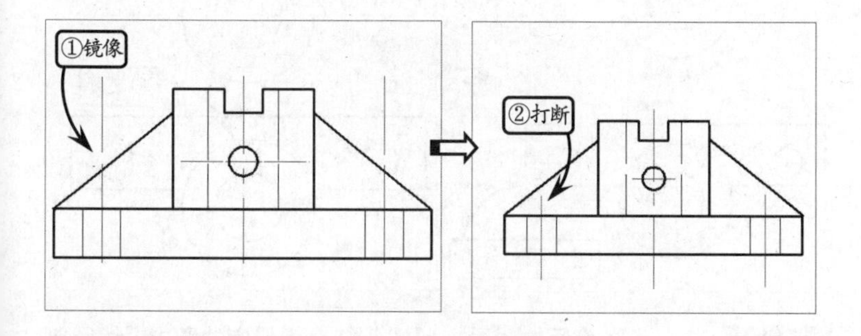

STEP|06 切换【中心线】图层为当前图层。然后利用【直线】工具，打开【极轴追踪】功能，并结合视图的投影规律，绘制俯视图的中心线。接着利用【偏移】工具将俯视图中的水平和竖直中心线按照图示尺寸进行相应的偏移操作。

提示

对于多段线、矩形、多边形、块和各类尺寸标注等特征，以及由多个图形对象组成的组合对象，如果需要对单个对象进行编辑操作，就需要先利用【分解】工具将这些对象拆分为单个的图形对象，然后再利用相应的编辑工具进行进一步的编辑。

提示

提默认情况下，对图形执行镜像操作后，系统仍然保留源对象。如果对图形进行镜像操作后需要将源对象删除，只需在选取源对象并指定镜像中心线后，在命令行中输入字母 Y，然后按下回车键，即可完成删除源对象的镜像操作。

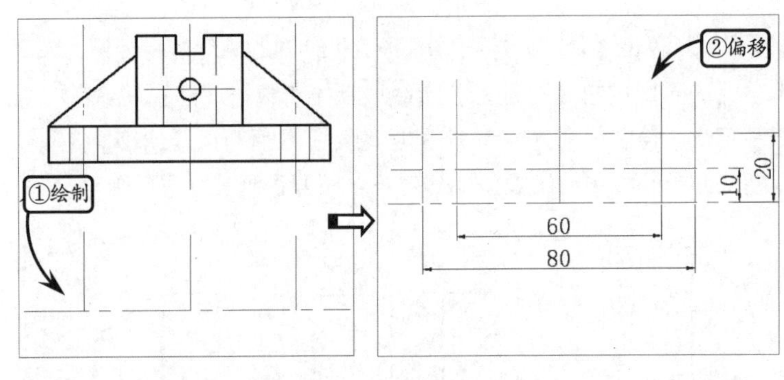

提示

利用【修剪】工具可以以某些图元为边界，删除边界内的指定图元。且默认情况下，指定边界对象后，选取的待修剪对象上位于拾取点一侧的部分图形将被切除。

STEP|07 单击【修剪】按钮，对偏移后的中心线进行修剪操作。然后将修剪后的线段转换成相应的图层。接着利用【圆】工具按照图示尺寸绘制相应的圆轮廓。

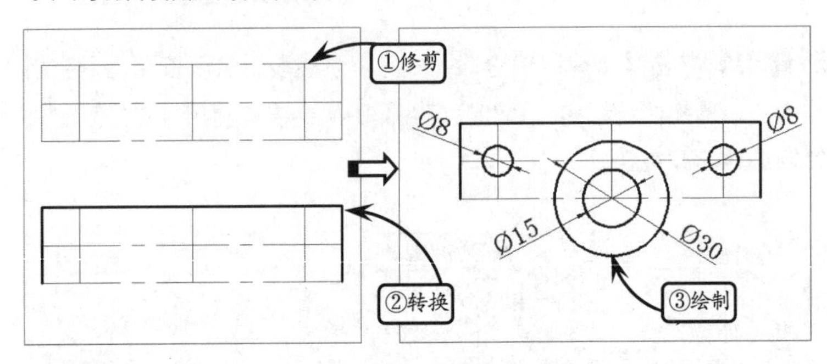

提示

系统默认情况下，对对象进行偏移操作时，可以重复性地选取源图形对象进行图形的重复偏移。如果需要退出偏移操作，只需在命令行中输入字母 E，并单击回车键即可。

STEP|08 利用【偏移】工具按照图示尺寸偏移水平中心线。然后将相应的线段转换为【轮廓线】图层，并进行修剪。继续利用【偏移】工具将竖直中心线分别向两边偏移 6 和 8。接着利用【修剪】工具修剪图中的多余线段。

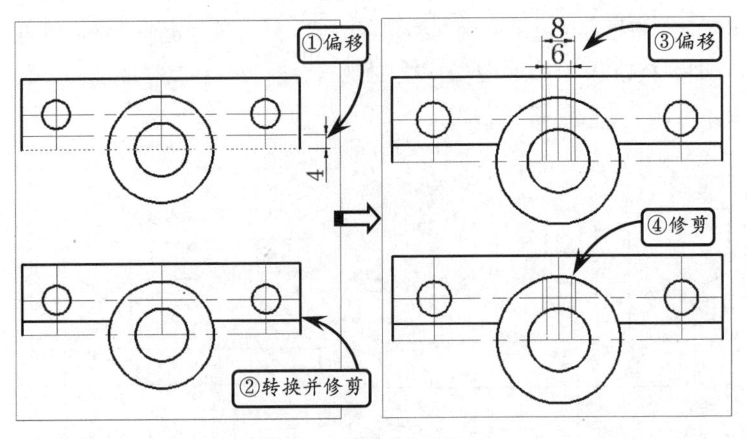

提示

在 AutoCAD 中，圆角是指通过一个指定半径的圆弧来光滑地连接两个对象的特征。

STEP|09 将上步修剪后的线段按照图示转换为相应的图层。然后单击【圆角】按钮，选取要倒圆角的图形对象，进行倒圆角操作。接着单击【镜像】按钮，选取相应的图形为镜像对象，并以水平中心线为镜像中心线，进行镜像操作。最后单击【打断】按钮，将指定的中心线截取至合适的长度。至此，俯视图绘制完成。

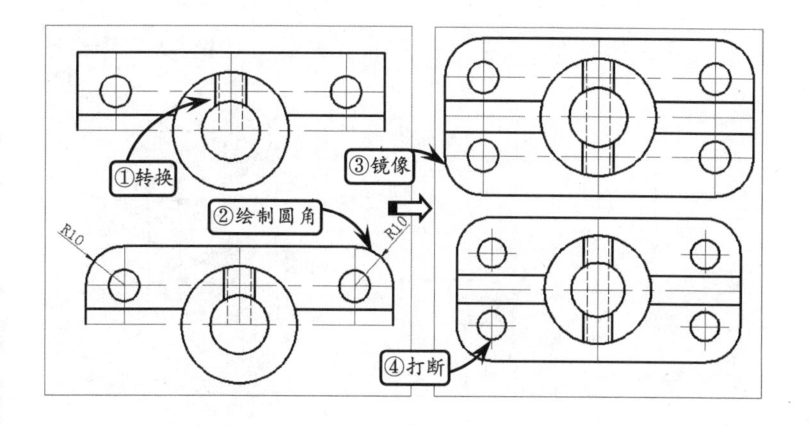

提示

在利用【打断】工具进行操作时，默认情况下系统总是删除从第一个打断点到第二个打断点之间的部分，且在对圆等封闭图形进行打断时，系统将按照逆时针方向删除从第一打断点到第二打断点之间的圆弧等对象。

STEP|10 切换【中心线】图层为当前图层。然后利用【直线】工具绘制左视图的水平和竖直中心线。接着利用【矩形】工具以两中心线的交点为起点，绘制一个长度为 30、宽度为 20 的矩形。最后将绘制的矩形转换为【轮廓线】图层，并单击【分解】按钮，将该矩形进行分解。

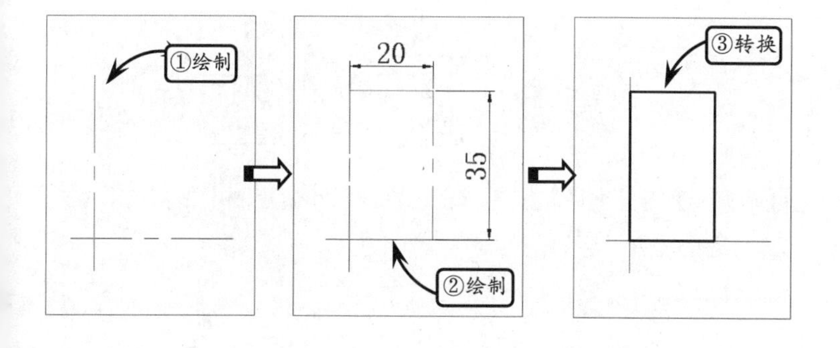

提示

修剪和延伸工具的共同点都是以图形中现有的图形对象为参照，以两图形对象间的交点为切割点或延伸终点，对与其相交或成一定角度的对象进行去除或延长操作。

STEP|11 切换【尺寸线】为当前图层。然后单击【直线】按钮，利用俯视图和左视图宽相等的投影规律绘制线段。接着利用【修剪】工具，选取全部的线段为修剪对象并右击，对图形进行修剪操作。最后单击【三点】按钮，绘制相贯线，并将其转换成相应的图层。

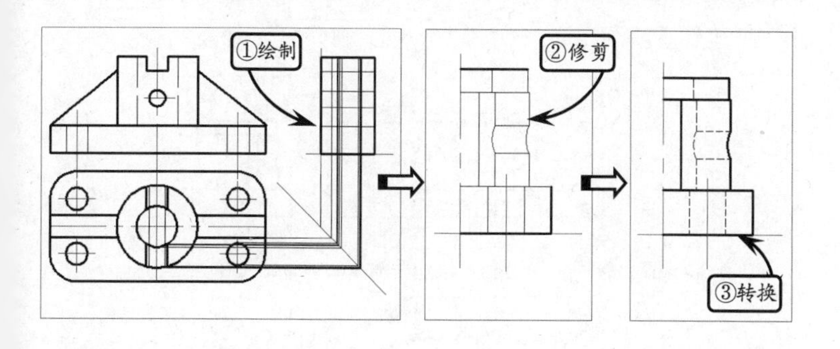

提示

利用【三点】方式可以通过指定圆弧上的三点来确定一段圆弧。其中，第一点和第三点分别是圆弧上的起点和端点，且第三点直接决定圆弧的形状和大小，第二点可以确定圆弧的位置。

STEP|12 单击【镜像】按钮，选取图中相应的线段为镜像对象，

提示

利用【偏移】工具偏移直线时，可以绘制出与其平行的多个相同副本对象；偏移圆、椭圆、矩形以及由多段线围成的图形来说，可以绘制出成一定偏移距离的同心圆或近似图形。

并指定竖直中心线为镜像中心线，进行镜像操作。至此，左视图绘制完成。

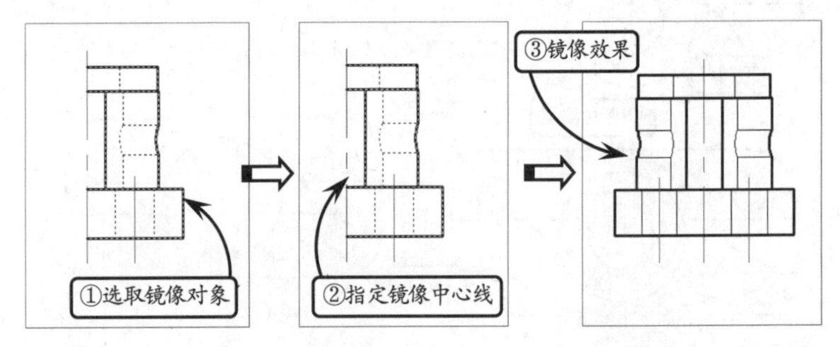

STEP|13 完成所有图形的绘制后，即可根据需要对所绘图形进行相应的尺寸标注操作。单击【线性】按钮，依次选取相应的图形对象进行线性标注。

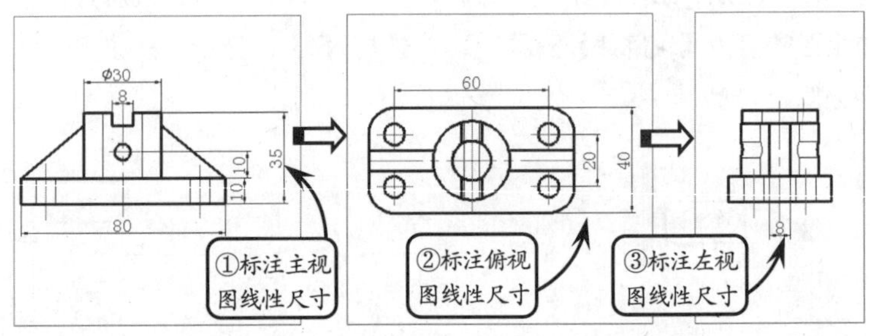
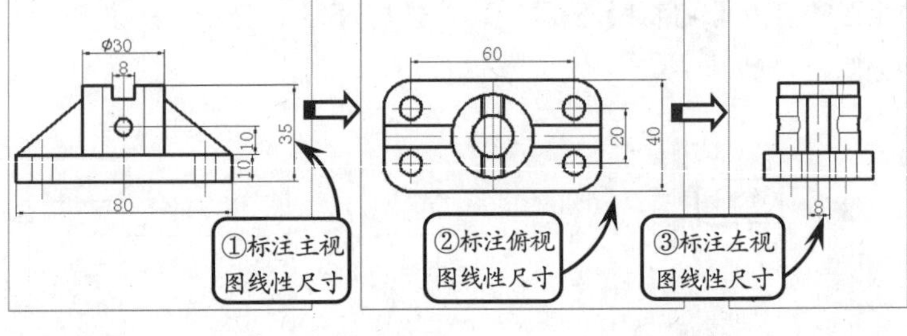

提示

当利用【线性】工具指定好两点时，拖动光标的方向将决定创建何种类型的尺寸标注。如果上下拖动光标将标注水平尺寸；如果左右拖动光标将标注竖直尺寸。

STEP|14 单击【直径】按钮，在主视图和俯视图中依次选取相应的圆轮廓进行直径标注。

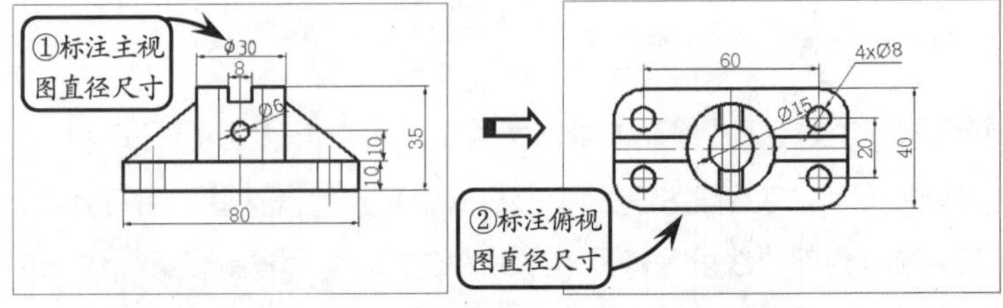
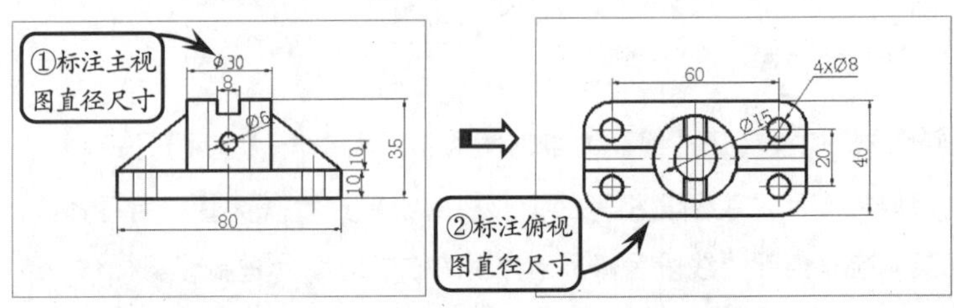

STEP|15 单击【半径】按钮，选取相应的圆弧进行半径标注。至此，固定底座绘制完成。

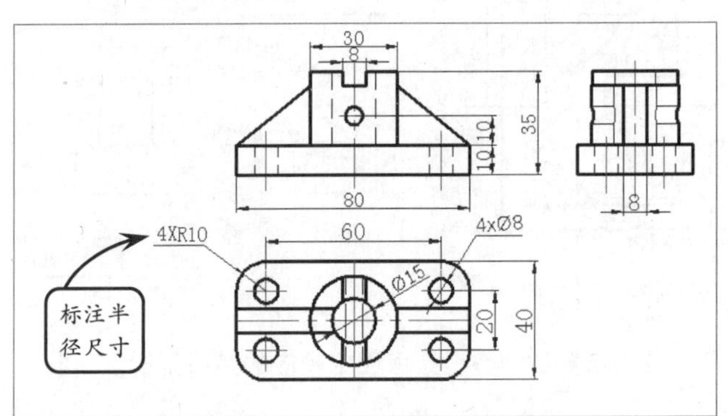

提示

利用【多重引线】工具可以绘制一条引线来标注对象，且在引线的末端可以输入文字或者添加块等。该工具经常用于标注孔、倒角和创建装配图的零件编号等。

5.9 绘制拨叉

版本：AutoCAD 2013　downloads/第 5 章/

本实例绘制一拨叉零件图。拨叉属于叉架类组合体，主要用在机床、内燃机、汽车、摩托车、农用车，以及车床的操纵机构中。其主要作用是操纵机器和调节速度。该拨叉零件主要由定位孔、支架和夹紧部分构成。该零件图主要包括主视图和左视图。

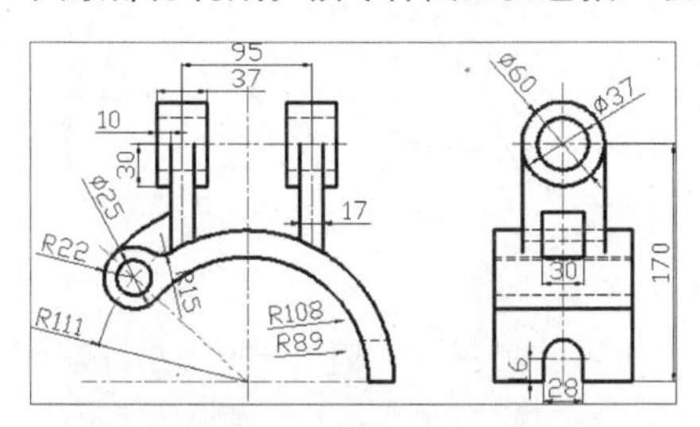

操作步骤

STEP|01 单击【图层特性】按钮，在打开的【图层特性管理器】对话框中新建所需图层。然后切换【中心线】为当前图层，并单击【直线】按钮，分别绘制水平线段和竖直线段作为图形的中心线。

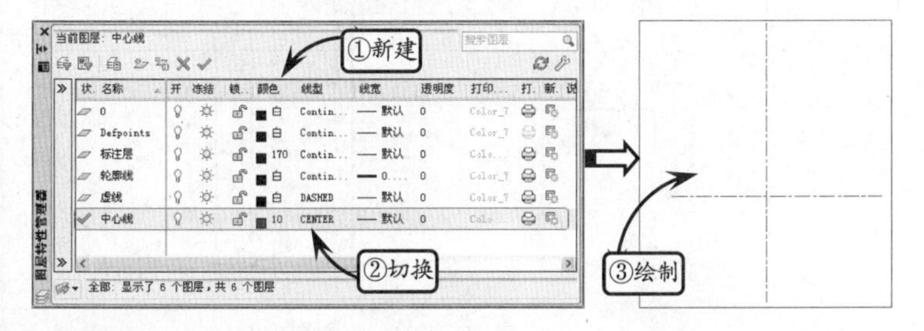

STEP|02 继续利用【直线】工具选取两中心线的交点 A 为起点，并输入相对坐标（@150<138）确定终点，绘制一条斜线。然后单击【圆】按钮，选取点 A 为圆心，绘制半径为 R111 的圆，且该圆与斜线相交于点 B。接着单击【修剪】按钮，对该圆进行修剪。最后切换【轮廓线】为当前层，利用【圆】工具选取点 A 为圆心绘制半径分别为 R89 和 R108 的圆。

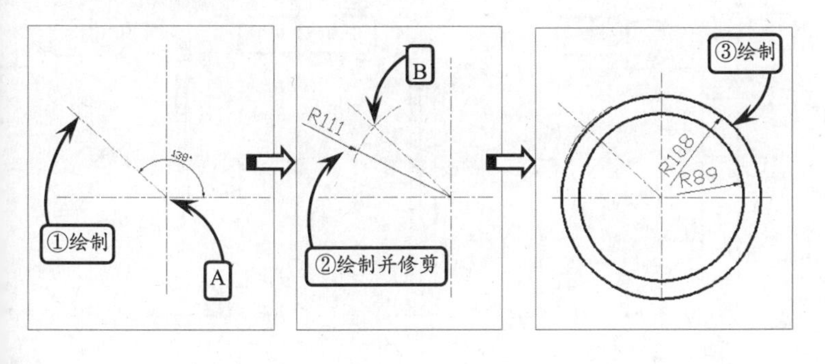

练习要点

- 使用【偏移】工具
- 使用【修剪】工具
- 使用【镜像】工具
- 使用视图的投影规律

提示

在绘制直线时，若启用状态栏中的【动态输入】功能按钮，则系统将在绘图区中显示动态输入的标尺和文本框。此时在文本框中直接设置直线的长度和其他参数，即可快速地完成直线的绘制。其中，按下 Tab 键可以切换文本框中参数值的输入。

提示

圆是指平面上到定点的距离等于定长的所有点的集合。在二维草图中，其主要用于表达孔、台体和柱体等模型的投影轮廓。

提示

利用【相切，相切，半径】工具可以通过指定圆的两个公切点和设置圆的半径值来确定一个圆。

STEP|03 利用【圆】工具选取点 B 为圆心，分别绘制半径为 R22 和直径为ϕ25 的圆。然后单击【相切，相切，半径】按钮，分别选取半径为 R22 和半径为 R108 的圆，并输入半径值为 R15，绘制与所选两圆均相切的圆。接着利用【修剪】工具分别选取相应的圆和圆弧为修剪边界，修剪多余线段。

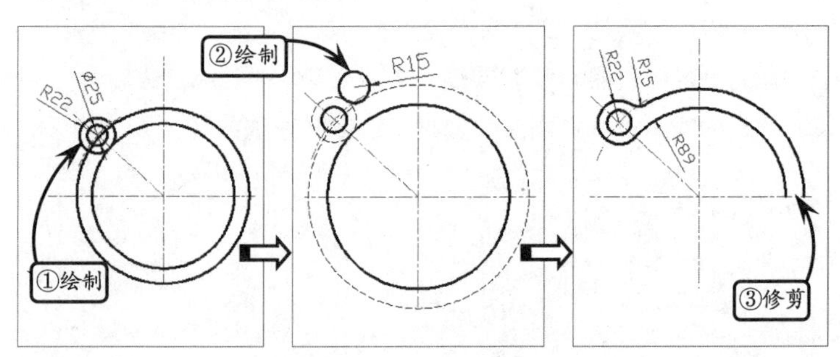

提示

系统默认情况下，对对象进行偏移操作时，可以重复性地选取源图形对象进行图形的重复偏移。如果需要退出偏移操作，只需在命令行中输入字母 E，并单击回车键即可。

STEP|04 利用【偏移】工具将水平中心线向上偏移 170，并将偏移后的中心线向上下分别偏移 30。继续利用【偏移】工具将竖直中心线向左偏移 47.5，并将偏移后的中心线向左右两侧分别偏移 18.5。然后将偏移后的相应中心线转换为【轮廓线】图层。接着利用【修剪】工具分别选取相应的轮廓线为修剪边界，修剪多余线段。

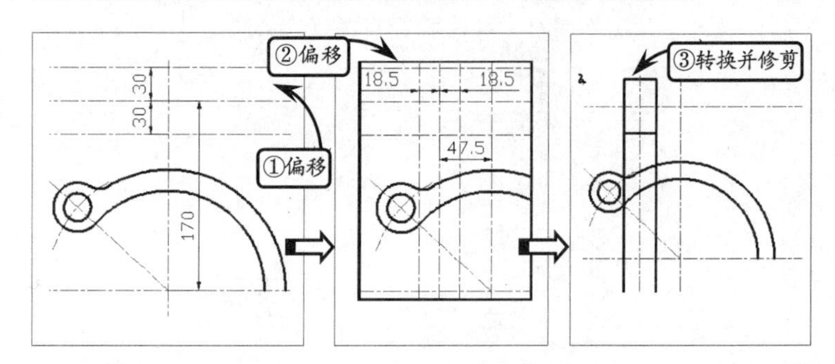

提示

利用【修剪】工具可以以某些图元为边界，删除边界内的指定图元。且默认情况下，指定边界对象后，选取的待修剪对象上位于拾取点一侧的部分图形将被切除。

STEP|05 利用【修剪】工具选取水平中心线 a 为修剪边界，修剪竖直中心线 b。然后利用【偏移】工具将修剪后的竖直中心线 b 向左右两侧分别偏移 8.5，并将偏移后的中心线转换为【轮廓线】图层。接着利用【修剪】工具分别选取相应的轮廓线为修剪边界，修剪多余线段。

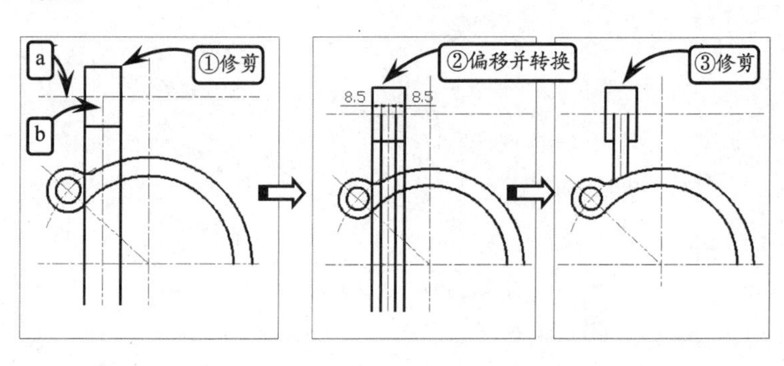

STEP|06 利用【偏移】工具将轮廓线 c 向下分别偏移 11.5 和 48.5。然后将偏移后的轮廓线转换为【虚线】图层。接着单击【镜像】按钮，选取指定的图形为要镜像的对象，并指定竖直中心线的两个端点确定镜像中心线，进行镜像操作。

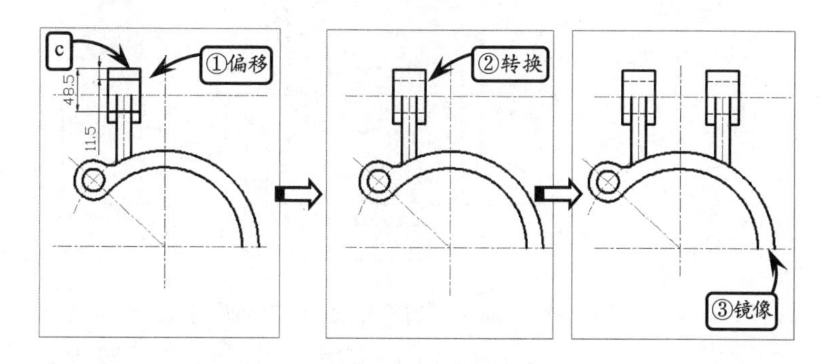

提示

默认情况下，对图形执行镜像操作后，系统仍然保留源对象。如果对图形进行镜像操作后需要将源对象删除，只需在选取源对象并指定镜像中心线后，在命令行中输入字母 Y，然后按下回车键，即可完成删除源对象的镜像操作。

STEP|07 利用【圆】工具选取点 A 为圆心，绘制直径为ϕ266 的圆。然后利用【修剪】工具选取相应的轮廓线为修剪边界，修剪该圆。接着利用【直线】工具选取点 C 为起点，向右绘制一条水平直线，并与半径为 R108 的圆弧相交。

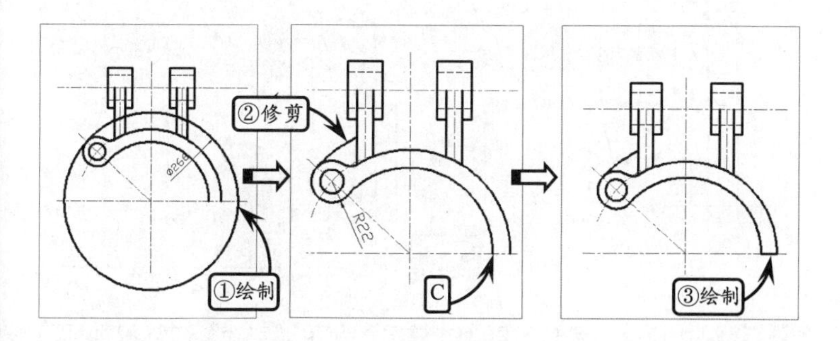

STEP|08 利用【偏移】工具将水平中心线向上偏移 30。然后利用【修剪】工具修剪该中心线，并将修剪后的中心线转换为【虚线】图层。接着切换【中心线】图层为当前层。最后利用【直线】工具根据视图的投影规律，并结合极轴追踪功能，绘制左视图的中心线。

提示

在实际绘图过程中常将【极轴追踪】和【对象捕捉追踪】功能结合起来使用，这样既能方便地沿极轴方向绘制线段，又能快速地沿极轴方向定位点。

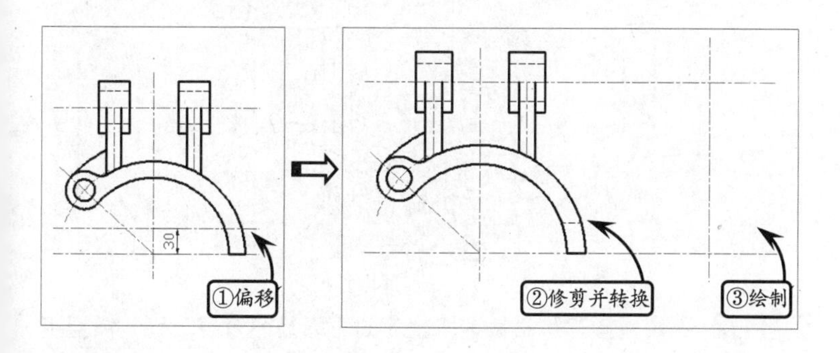

STEP|09 利用【偏移】工具将竖直中心线向左右两侧分别偏移 30

和 50，并将水平中心线向上偏移 108。然后将偏移后的中心线转换为【轮廓线】图层。接着利用【圆】工具选取点 D 为圆心，绘制直径分别为ϕ37 和直径为ϕ60 的两个圆，并利用【修剪】工具修剪多余线段。

提示

利用【偏移】工具偏移直线时，可以绘制出与其平行的多个相同副本对象；偏移圆、椭圆、矩形以及由多段线围成的图形来说，可以绘制出成一定偏移距离的同心圆或近似图形。

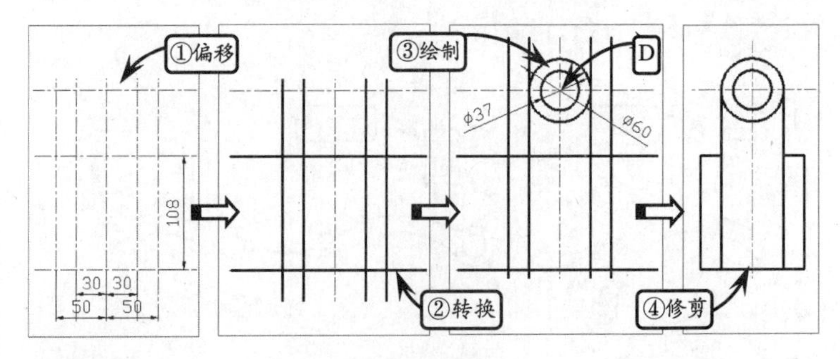

STEP|10 利用【偏移】工具将竖直中心线向左右两侧分别偏移 14，并将偏移后的中心线转换为【轮廓线】图层。继续利用【偏移】工具将底端轮廓线向上偏移 16。然后利用【修剪】工具修剪多余线段。接着利用【圆】工具选取点 E 为圆心，绘制半径为 R14 的圆，并利用【修剪】工具修剪该圆和多余的轮廓线。

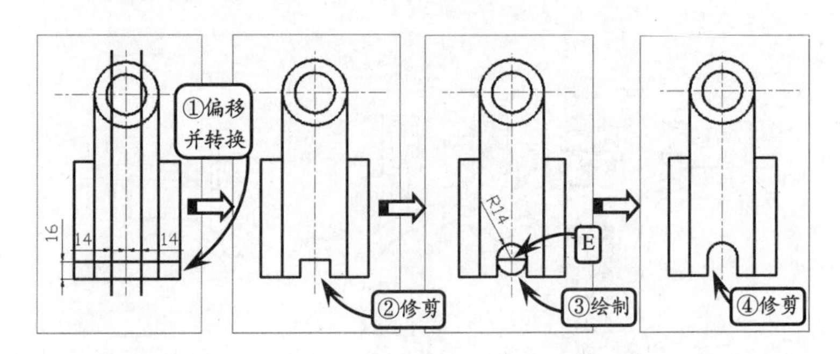

提示

与传统直线相比，构造线是一条没有起点和终点的直线，即两端无限延伸的直线。该类直线可以作为绘制等分角、等分圆等图形的辅助线，如图素的定位线等。

STEP|11 切换【虚线】图层为当前层，利用【直线】工具根据视图的投影规律，并结合主视图上的相关点，向左视图绘制三条投影虚线。然后单击【构造线】按钮，过点 B 绘制一条竖直直线。接着继续利用【直线】工具向左视图绘制两条水平投影虚线。

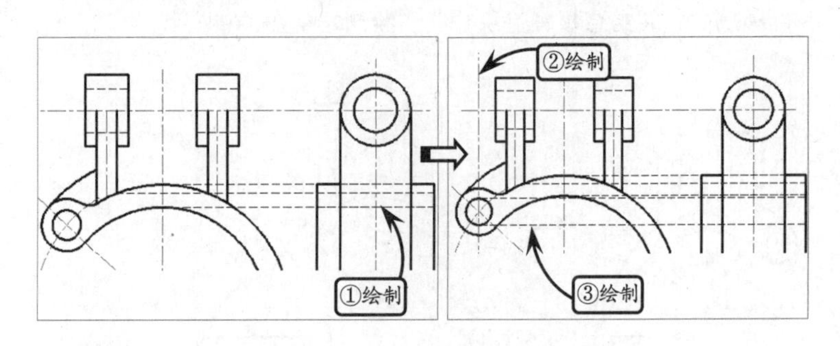

STEP|12 利用【修剪】工具选取相应的轮廓线为修剪边界，修剪水平虚线。然后切换【轮廓线】图层为当前层，利用【直线】工具根据

视图的投影规律，并结合极轴追踪功能，向左视图绘制投影直线。

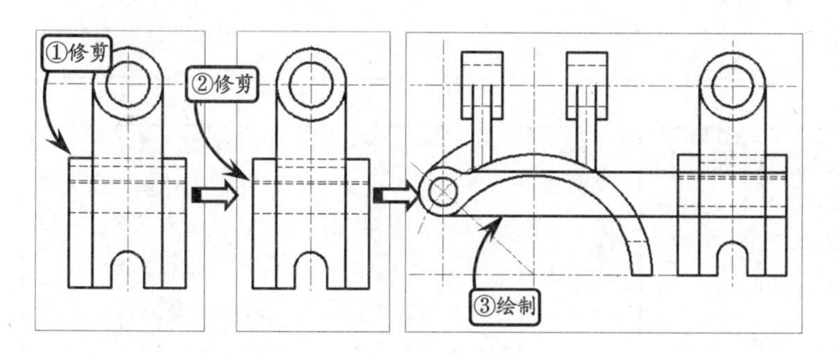

STEP|13 利用【修剪】工具选取相应的轮廓线为修剪边界，修剪多余线段。继续利用【修剪】工具选取相应的水平虚线为修剪边界，修剪多余轮廓线。然后利用【直线】工具根据视图的投影规律，并结合极轴追踪功能，向左视图绘制投影直线。

> **提示**
>
> 修剪和延伸工具的共同点都是以图形中现有的图形对象为参照，以两图形对象间的交点为切割点或延伸终点，对与其相交或成一定角度的对象进行去除或延长操作。

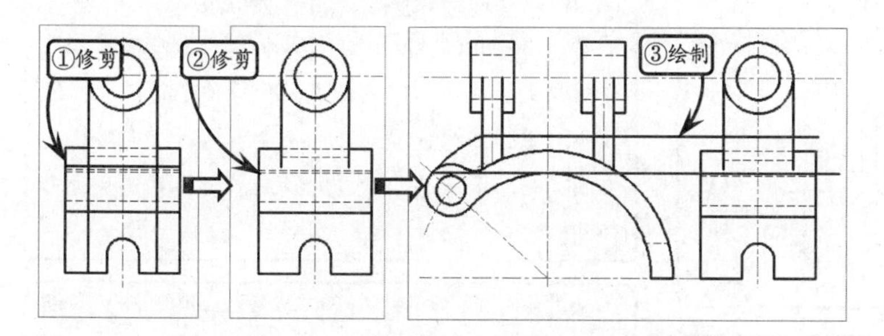

STEP|14 利用【偏移】工具将左视图中的竖直中心线向左右两侧分别偏移 15。然后将偏移后的中心线转换为【轮廓线】图层。接着利用【修剪】工具选取相应的轮廓线为修剪边界，修剪多余的竖直线段。继续利用【修剪】工具选取相应的轮廓线为修剪边界，修剪多余的水平线段。

> **提示**
>
> 当利用【线性】工具指定好两点时，拖动光标的方向将决定创建何种类型的尺寸标注。如果上下拖动光标将标注水平尺寸；如果左右拖动光标将标注竖直尺寸。

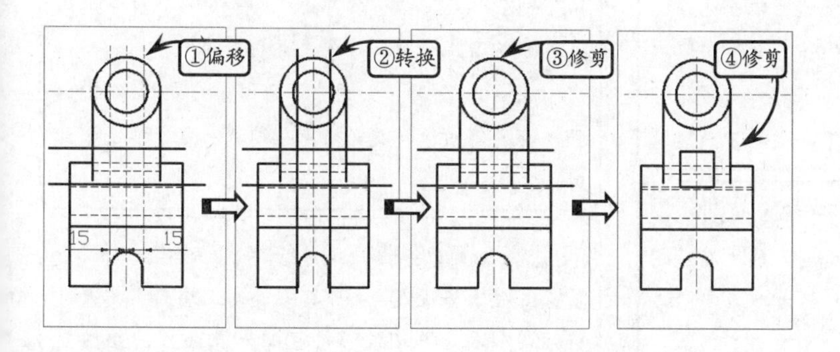

STEP|15 完成图形的绘制后，还可以根据需要依次利用【线性】、【直径】和【半径】等标注工具在该零件图上的相应位置分别标注各定位尺寸，即可完成拨叉零件图的绘制。

5.10 高手答疑

版本：AutoCAD 2013

问题 1：如何按指定的距离偏移相应的图形？

解答：利用【偏移】工具可以创建出与源对象成一定距离，且形状相同或相似的新对象。其中，用户可以根据输入的偏移距离数值为偏移参照，指定的方向为偏移方向，偏移复制出源对象的副本对象。

单击【偏移】按钮，根据命令行提示输入偏移距离，并按下回车键。然后选取图中的源对象，并在偏移侧单击左键，即可完成定距偏移操作。

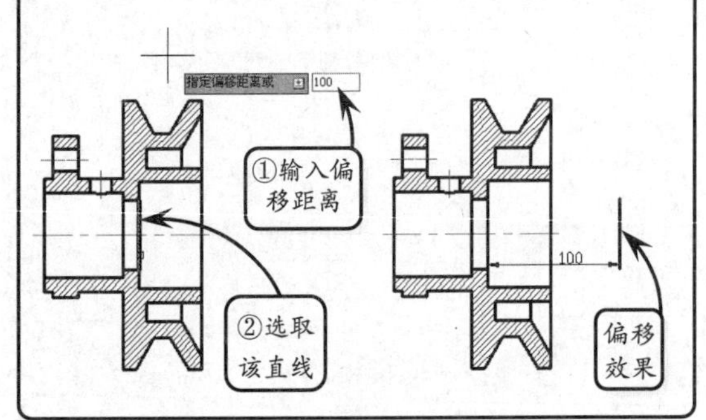

问题 2：调整对象位置的操作方法包括哪些？

解答：移动和旋转工具都是在不改变被编辑图形具体形状的基础上，对图形的放置位置、角度以及大小进行重新调整，以满足最终的设计要求。该类工具常用于在装配图或将图块插入图形的过程中，对单个零部件图形或块的位置和角度进行调整。

其中，移动是对象的重定位操作，是对图形对象的位置进行调整，而方向和大小不变；旋转是对图形对象的方向进行调整，而位置和大小不改变。

问题 3：修剪和延伸的操作原理有何区别？

解答：利用【修剪】工具可以某些图元为边界，删除边界内的指定图元；而延伸操作的成型原理同修剪正好相反，该操作是以现有的图形对象为边界，将其他对象延伸至该对象上。

问题 4：缩放图形有哪几种常用的方式？

解答：缩放工具是在不改变被编辑图形具体形状的基础上，对图形的大小进行重新调整，以满足最终的设计要求。利用该工具可以将图形对象以指定的缩放基点为缩放参照，放大或缩小一定比例，创建出与源对象成一定比例且形状相同的新图形对象。

在 AutoCAD 中，比例缩放可以分为以下 3 种缩放类型：参数缩放、参照缩放和复制缩放。其中，参数缩放类型可以通过指定缩放比例因子来对图形对象进行放大或缩小，是系统默认的图形缩放方式。

问题 5：拉长图形和拉伸图形的区别？

解答：在 AutoCAD 中，拉伸和拉长工具都可以改变对象的大小，所不同的是拉伸操作可以一次框选多个对象，不仅改变对象的大小，同时改变对象的形状；而拉长操作只改变对象的长度，且不受边界的局限。

问题 6：利用夹点可以执行哪些图形编辑操作？

解答：当选取一图形对象时，该对象周围出现的蓝色方框即为夹点。在编辑零件图的过程中，有时需要不启用某个命令，却获得和该命令一样的编辑效果，此时就可以通过夹点的编辑功能来快速地调整图形的形状，如拖动夹点调整辅助线的长度，拖动孔对象的夹点进行快速复制等。

在 AutoCAD 中，用户可以通过夹点拉伸对象、移动和复制对象、旋转对象、缩放对象，以及镜像对象。

问题 7：分解图形有何用途？

解答：对于多段线、矩形、多边形、块和各类尺寸标注等特征，以及由多个图形对象组成的组合对象，如果需要对单个对象进行编辑操作，就需要先利用【分解】工具将这些对象拆分为单个的图形对象，然后再利用相应的编辑工具进行进一步的编辑。

5.11 高手训练营

版本：AutoCAD 2013

练习 1．利用镜像绘制对称机件

镜像工具常用于绘制结构规则，且具有对称性的图形，如轴、轴承座和槽轮等零件图形。绘制这类对称图形，只需绘制对象的一半或几分之一，然后将图形的其他部分镜像复制即可。

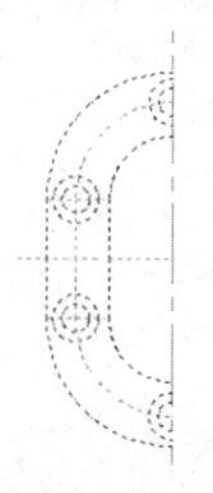
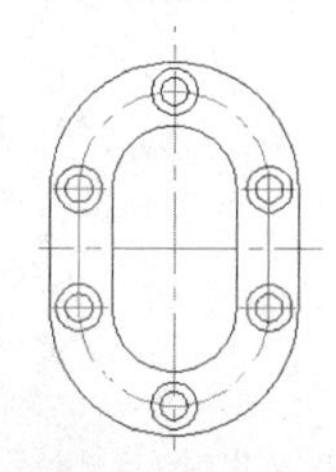

练习 2．利用旋转绘制斜视图

斜视图是机件向不平行于基本投影面的平面投影所获得的视图。该视图主要用于反映机件上倾斜结构的实形。绘制该类视图可利用正交或极轴追踪功能，绘制出水平或竖直位置的图形。然后利用【旋转】工具将其旋转至倾斜方向。

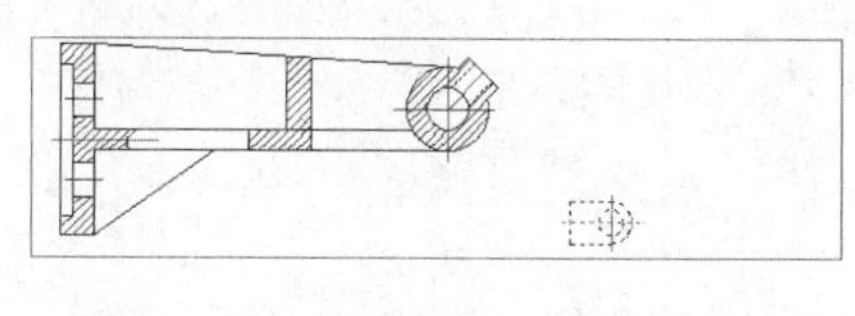
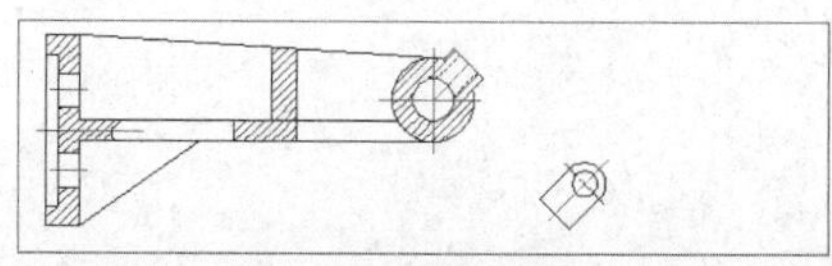

练习 3．利用拉伸改变零件平面图的长度

在编辑形状简单、结构单一的箱体类或轴类零件的图形时，可以将图形中的一部分拉伸、移动或变形，而其余部分保持不变。

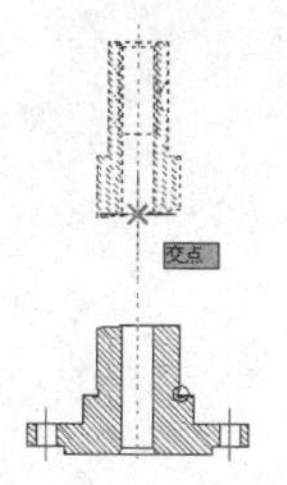
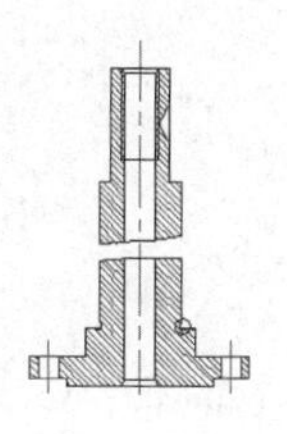

练习 4．利用拉长改变零件图中心线的长度

在绘制零件的三视图时，利用构造线或射线绘制的定位中心线或投影辅助线，有时会过长或过短，而影响视图的效果。此时利用【拉长】工具可以在不改变对象放置位置的情况下，根据具体的需要动态地任意拉长和缩短对象。

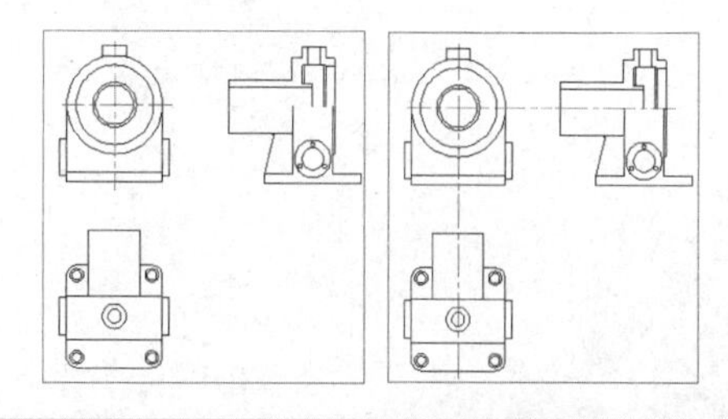

练习 5．利用缩放创建局部放大视图

局部放大视图是用放大比例来显示零件的微小部分，如倒角、圆角或退刀槽等。利用【缩放】工具可以将图形对象以指定的缩放基点为缩放参照，放大或缩小一定比例，创建出与源对象成一定比例且形状相同的新图形对象。

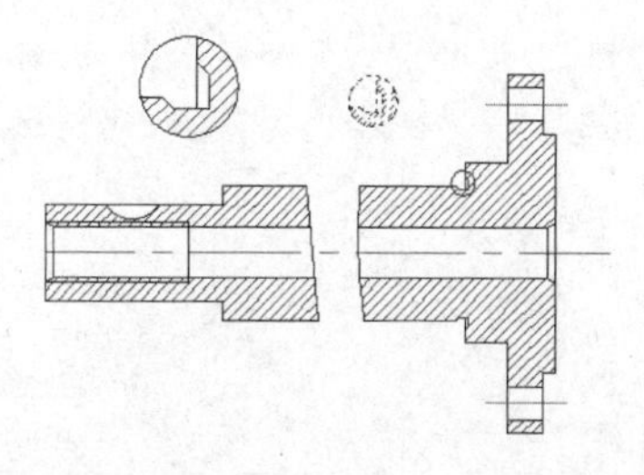

练习 6．利用圆角绘制铸造加工工艺结构

为了便于铸件造型时拔模，防止铁水冲坏转角处，并防止冷却时产生缩孔和裂缝，将铸件（或锻件）的转角处制成圆角，即铸造（或锻造）圆角。

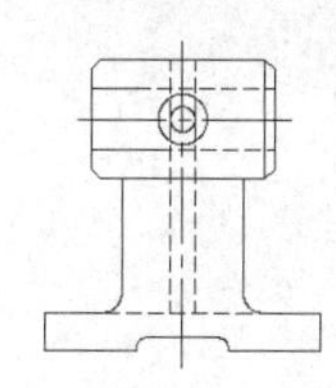
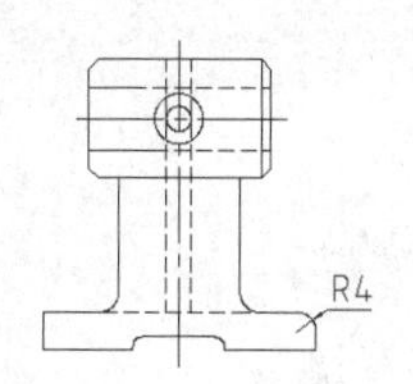

第 6 章

图案填充、面域与图形信息

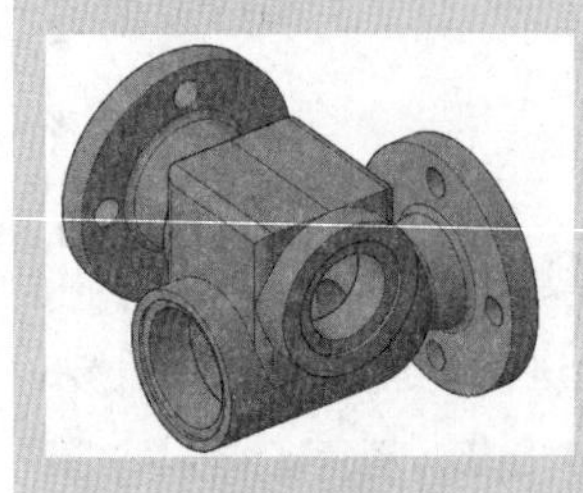
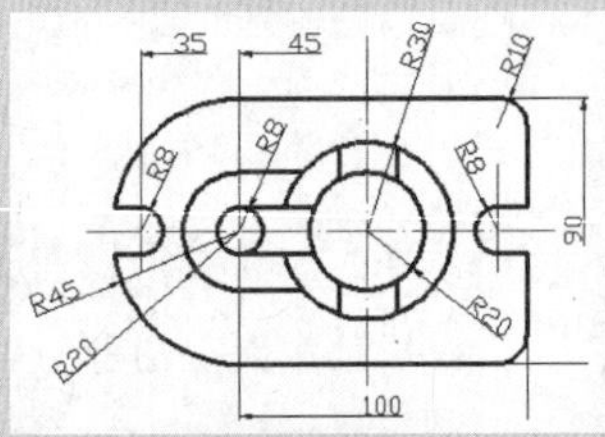

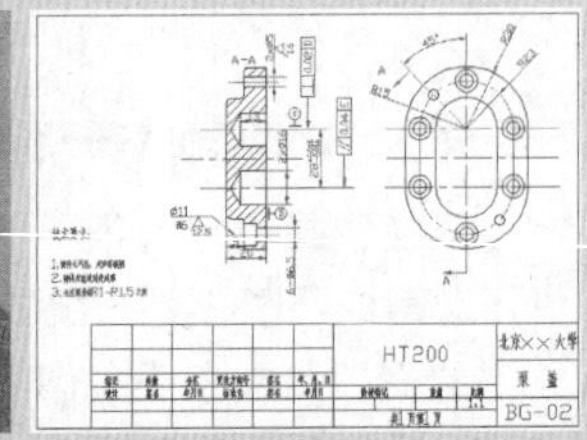

在绘制和编辑图形时，执行图案填充和面域操作，都是为了表达当前图形部分或全部的结构特征。其中，创建图案填充是在封闭区域内通过图案填充样式标识某一区域的具体意义和组成材料；而创建面域则是为了便于后续对平面区域执行填充、检测和着色等操作。另外，查询图形信息是间接表达图形组成的一种方式，用户可以对图形中各点、各线段之间的距离和交角等特性进行详细查询。本章主要介绍创建图案填充和面域的操作方法和技巧，以及查询图形数据信息的相关方法。

AutoCAD

6.1 创建和编辑图案填充

版本：AutoCAD 2013

在绘制图形时常常需要以某种图案填充一个区域，以此来形象地表达或区分物体的范围和特点，以及零件剖面结构大小和所使用的材料等。这种被称为"画阴影线"的操作，也被称为图案填充。该操作可以利用【图案填充】工具来完成，且所绘阴影线既不能超出指定边界，也不能在指定边界内绘制不全或所绘阴影线过疏、过密。

单击【图案填充】按钮，系统将展开【图案填充创建】选项卡。在该选项卡中即可分别设置填充图案的类型、填充比例、角度和填充边界等。

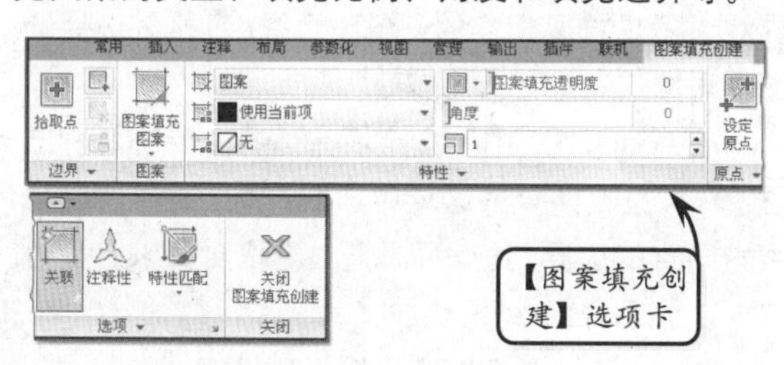

1．指定填充图案的类型

创建图案填充，首先要设置填充图案的类型。用户既可以使用系统预定义的图案样式进行图案填充，也可以自定义一个简单的或创建更加复杂的图案样式进行图案填充。

在【特性】选项板的【图案填充类型】下拉列表中，系统提供了 4 种图案填充类型，现分别介绍如下。

- ❑ **实体**　选择该选项，则填充图案为 SOLID（纯色）图案。
- ❑ **渐变色**　选择该选项，可以设置双色渐变的填充图案。
- ❑ **图案**　选择该选项，可以使用系统提供的填充图案样式，这些图案保存在系统的 acad.pat 和 acadiso.pat 文件中。当选择该选项后，便可以在【图案】选项板的【图案填充图案】下拉列表中选择系统提供的图案类型。

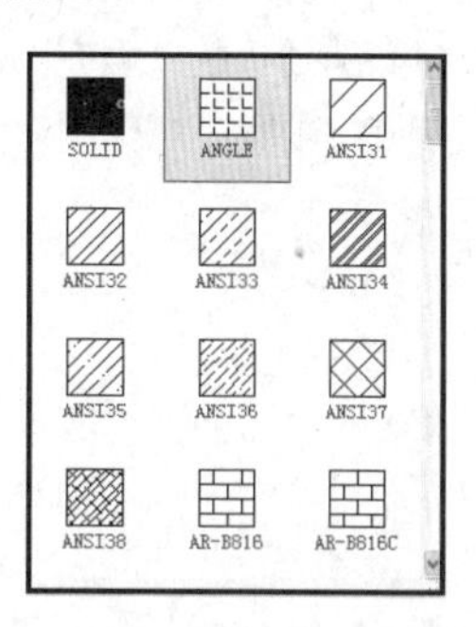

- ❑ **用户定义**　利用当前线型定义由一组平行线或者相互垂直的两组平行线组成的图案。如下图所示选取该填充图案类型后，如果在【特性】选项板中单击【交叉线】按钮，则填充图案将由平行线变为交叉线。

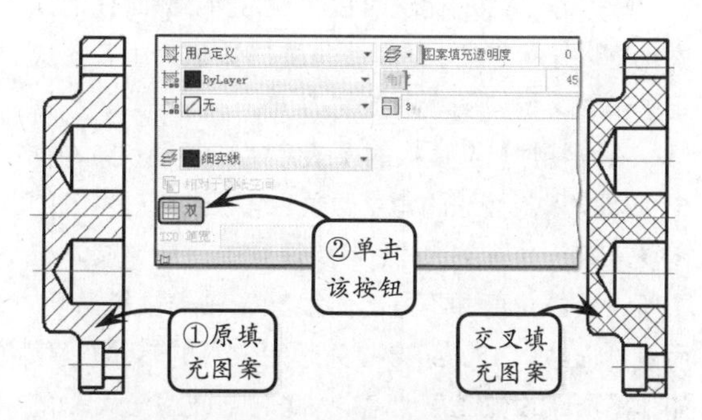

2．设置填充图案的比例和角度

指定好填充图案后，还需要设置合适的比例和合适的剖面线旋转角度，否则所绘剖面线的线与线之间的间距不是过疏，就是过密。AutoCAD 提供的填充图案都可以调整比例因子和角度，以便满足各种填充要求。

❑ **设置剖面线的比例**

剖面线比例的设置，直接影响到最终的填充效果。当处理较大的填充区域时，如果设置的比例因子太小，由于单位距离中有太多的线，则所产生的图案就像是使用实体填充的一样。这样不仅不符合设计要求，还增加了图形文件的容量。但如果使用了过大的填充比例，可能由于剖面线间距太大，而不能在区域中插入任何一个图案，从而观察不到剖面线效果。

在 AutoCAD 中，预定义剖面线图案的默认缩放比例是 1。如果绘制剖面线时没有指定特殊值，系统将按默认比例值绘制剖面线。如果要输入新的比例值，可以在【特性】选项板的【填充图案比例】文本框中输入新的比例值，以增大或减小剖面线的间距。

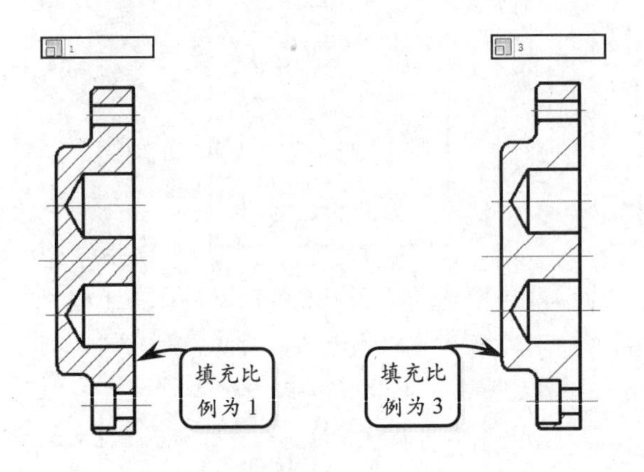

❑ 设置剖面线的角度

除了剖面线的比例可以控制之外，剖面线的角度也可以进行控制。剖面线角度的数值大小直接决定了剖面区域中图案的放置方向。

在【特性】选项板的【图案填充角度】文本框中可以输入剖面线的角度数值，也可以拖动左侧的滑块来控制角度的大小。但要注意的是在该文本框中所设置的角度并不是剖面线与 *X* 轴的倾斜角度，而是剖面线以45° 线方向为起始位置的转动角度。如下图所示设置角度为 0° ，此时剖面线与 *X* 轴的夹角却是 45° 。

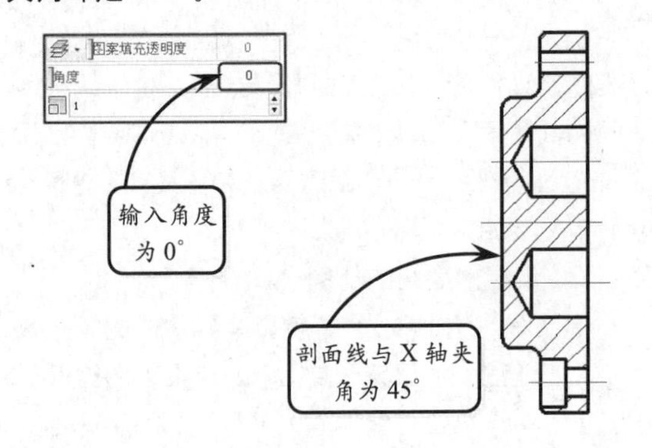

当分别输入角度值为 45° 和 90° 时，剖面线将逆时针旋转至新的位置，它们与 X 轴的夹角分别为 90° 和 135° 。

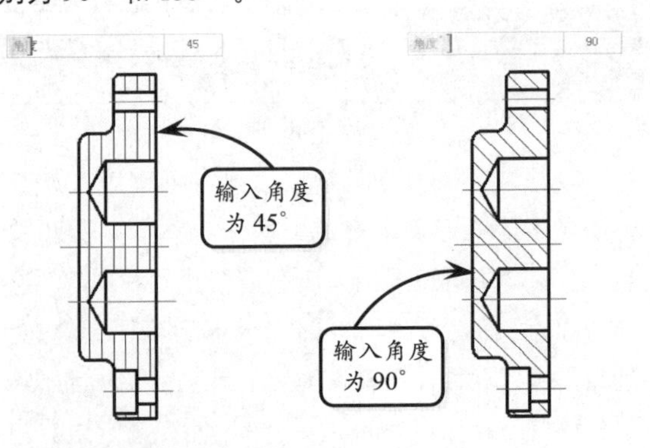

3．指定填充边界

剖面线一般总是绘制在一个对象或几个对象所围成的区域中，如一个圆或一个矩形或几条线段或圆弧所围成的形状多样的区域中。即剖面线的边界线必须是首尾相连的一条闭合线，且构成边界的图形对象应在端点处相交。

在 AutoCAD 中，指定填充边界主要有两种方法：一种是在闭合的区域中选取一点，系统将自动搜索闭合的边界，另一种是通过选取对象来定义边界，现分别介绍如下。

❑ 选取闭合区域定义填充边界

在图形不复杂的情况下，经常通过在填充区域内指定一点来定义边界。此时，系统将自动寻找包含该点的封闭区域进行填充操作。

单击【边界】选项板中的【拾取点】按钮，然后在要填充的区域内任意指定一点，系统即可以虚线形式显示该填充边界。如果拾取点不能形成封闭边界，则会显示错误提示信息。

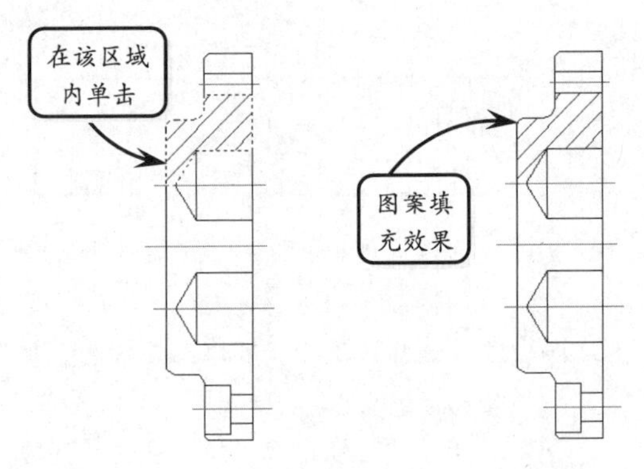

此外，在【边界】选项板中单击【删除边界对象】按钮，可以取消系统自动选取或用户所选的边界，将多余的对象排除在边界集之外，使其不参

与边界计算，从而重新定义边界，以形成新的填充区域。

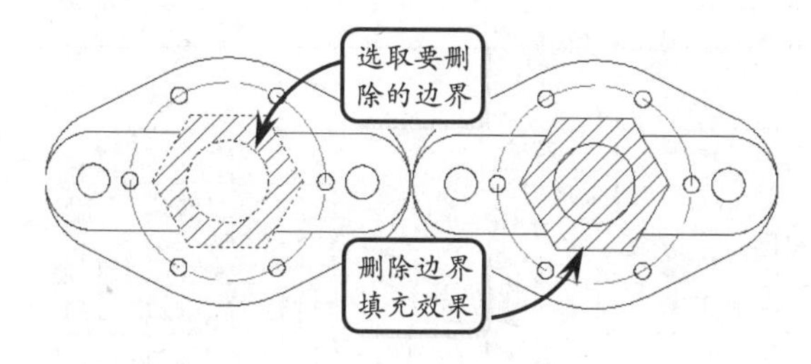

❑ 选取边界对象定义填充边界

该方式是通过选取填充区域的边界线来确定填充区域。该区域仅为鼠标点选的区域，且必须是封闭的区域，未被选取的边界不在填充区域内。该方式常用在多个或多重嵌套的图形需要进行填充时。

单击【选择边界对象】按钮，然后选取如下图所示的封闭边界对象，即可对该边界对象所围成的区域进行相应的填充操作。

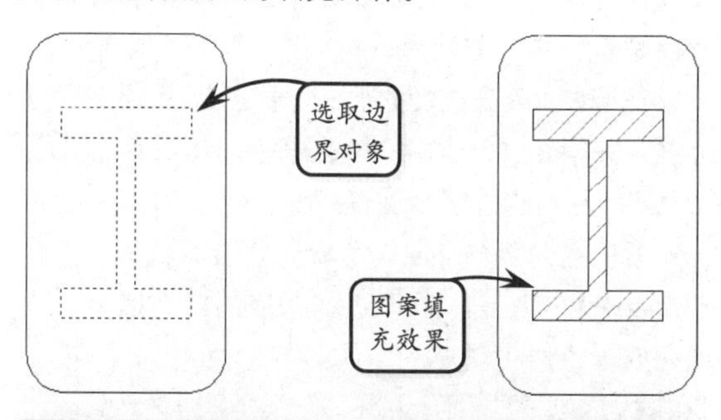

提示

如果指定边界时，系统提示未找到有效的边界，则说明所选区域边界未完全封闭。此时可以采用两种方法：一种是利用延长、拉伸或修剪工具对边界重新修改，使其完全闭合；另一种是利用多段线将边界重新描绘也可以解决边界未完全封闭的问题。

4．编辑填充图案

通过执行编辑填充图案操作，不仅可以修改已经创建的填充图案，而且可以指定一个新的图案替换以前生成的图案。其具体包括对图案的样式、比例（或间距）、颜色、关联性以及注释性等选项的操作。

❑ 编辑填充参数

在【修改】选项板中单击【编辑图案填充】按钮，然后在绘图区中选择要修改的填充图案，即可打开【图案填充编辑】对话框。在该对话框的【图案填充】选项卡中不仅可以修改图案、比例、旋转角度和关联性等设置，还可以修改、删除及重新创建边界。此外，在【渐变色】选项卡中可以对相关的渐变色填充效果进行相应的编辑，其操作方法简单，这里不再赘述。

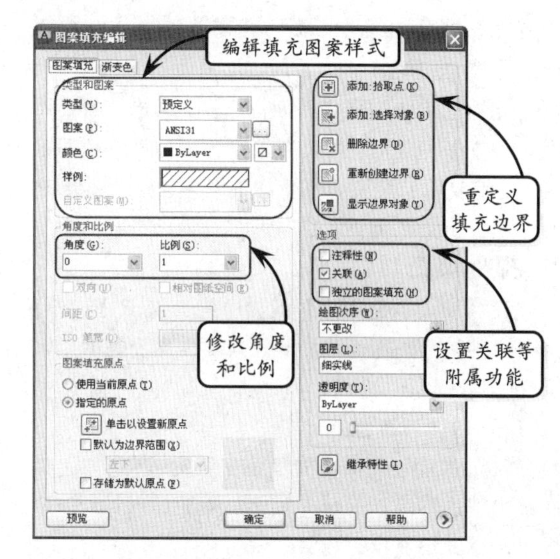

❑ 编辑图案填充边界与可见性

图案填充边界除了可以由【图案填充编辑】对话框中的【边界】选项组操作编辑外，用户还可以单独地进行边界定义。

在【绘图】选项板中单击【边界】按钮，系统将打开【边界创建】对话框。然后在【对象类型】下拉列表中选择边界保留形式，并单击【拾取点】按钮，重新选取图案边界即可。

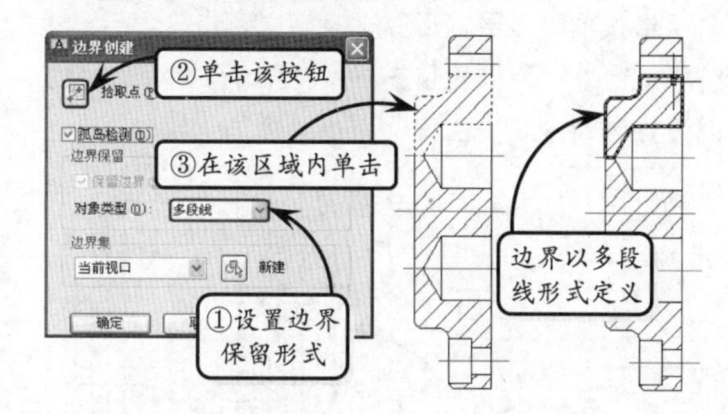

此外，图案填充的可见性是可以控制的。用户可以在命令行中输入 FILL 指令，将其设置为关闭填充显示，按回车键确认。然后在命令行中输入 REGEN 指令，对图形进行更新以查看关闭效果。反之则显示图案填充。

6.2 孤岛和渐变色填充

版本：AutoCAD 2013

在填充边界中常包含一些闭合的区域，这些区域被称为孤岛。利用 AutoCAD 提供的孤岛操作可以避免在填充图案时覆盖一些重要的文本注释或标记等属性。

此外在绘图过程中，有些图形在填充时需要用到一种或多种颜色，尤其在绘制装潢、美工等图纸时，这就要用到渐变色图案填充功能。这两种填充方法现分别介绍如下。

1. 孤岛填充

在【图案填充创建】选项卡中，展开【选项】选项板中的【孤岛检测】下拉列表，系统提供了以下 3 种孤岛显示方式。

❑ 普通孤岛检测

系统将从最外边界向里填充图案，遇到与之相交的内部边界时断开填充图案，遇到下一个内部边界时再继续填充。

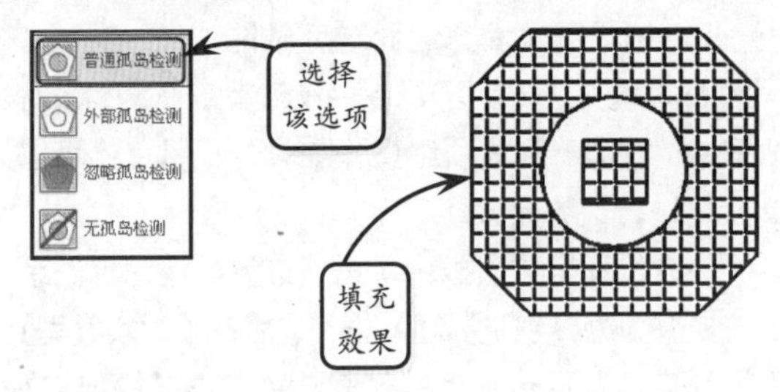

❑ 外部孤岛检测

该选项是系统的默认选项。选择该选项后，系统将从最外边界向里填充图案，遇到与之相交的内部边界时断开填充图案，不再继续向里填充。

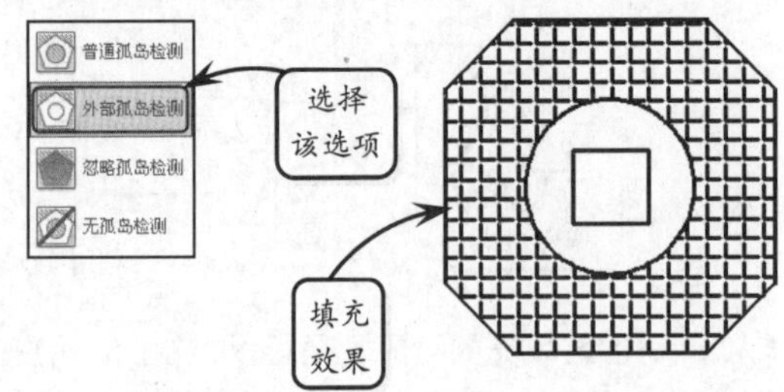

❑ 忽略孤岛检测

选择该选项后，系统将忽略边界内的所有孤岛对象，所有内部结构都将被填充图案覆盖。

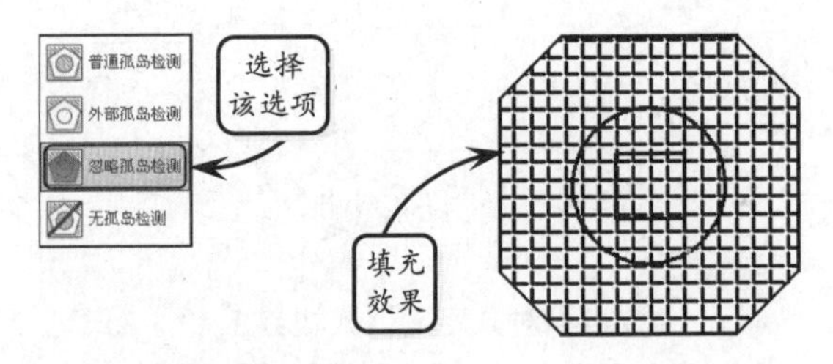

2. 渐变色填充

利用该功能可以对封闭区域进行适当的渐变色填充，从而形成较好的颜色修饰效果。根据填充效果的不同，可以分为以下两种填充方式。

❑ 单色填充

单色填充是指从较深着色到较浅色调平滑过渡的单色填充，用户可以通过设置角度和明暗数值来控制单色填充的效果。

在【图案填充类型】下拉列表中选择【渐变色】选项，并指定【渐变色 1】的颜色。然后单击【渐变色 2】左侧的按钮，禁用渐变色 2 填充。接着设置渐变色角度，设定单色渐变明暗的数值，并单击【居中】按钮。此时选取相应的填充区域，即可完成单色居中填充。

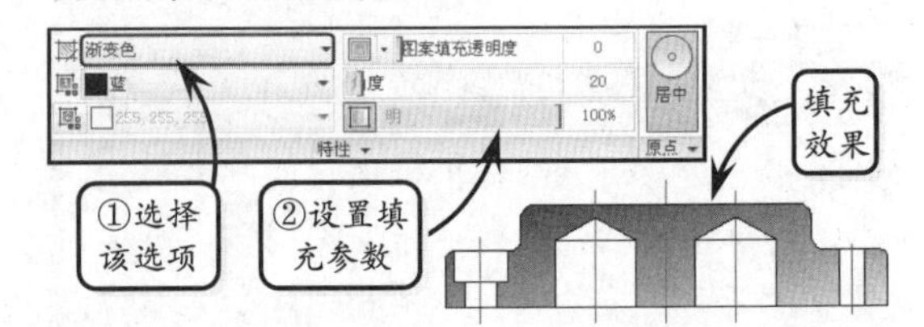

❑ 双色填充

双色填充是指在两种颜色之间平滑过渡的双色渐变填充。创建双色填充，只需分别设置【渐变色 1】和【渐变色 2】的颜色类型，并设置填充参数，然后拾取填充区域内部的点即可。若启用【居中】功能，则渐变色 1 将向渐变色 2 居中显示渐变效果。

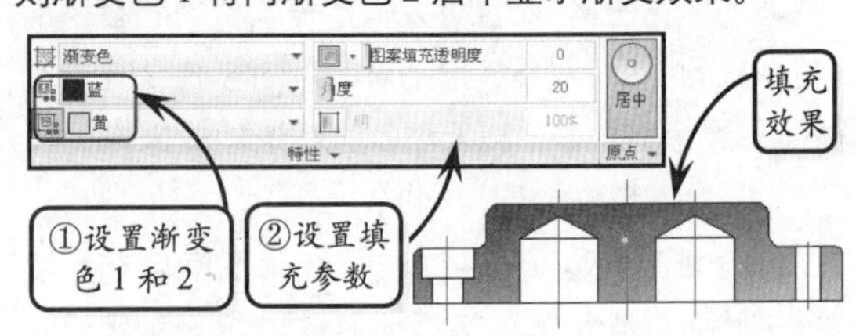

6.3 面域

版本：AutoCAD 2013

当图形的边界比较复杂时，用户可以通过面域间的布尔运算高效地完成各种造型设计。在AutoCAD 中，可以将封闭的二维图形直接创建为相应的面域特征。

1. 创建面域

面域是具有一定边界的二维闭合区域，它是一个面对象，内部可以包含孔特征。虽然从外观来说，面域和一般的封闭线框没有区别，但实际上，面域就像是一张没有厚度的纸，除了包括边界外，还包括边界内的平面。创建面域的条件是必须保证二维平面内各个对象间首尾连接成封闭图形，否则无法创建为面域。

在【绘图】选项板中单击【面域】按钮，然后框选一个二维封闭图形并按下回车键，即可将该图形创建为面域。此时，用户可以将视觉样式切换为【概念】，查看创建的面域效果。

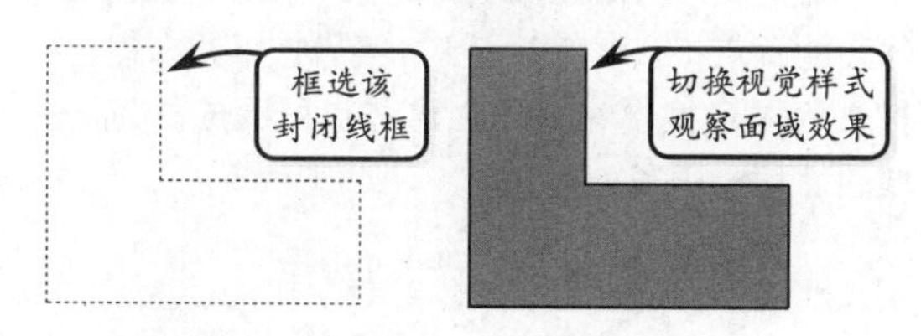

2. 面域的布尔运算

布尔运算是数学上的一种逻辑运算，执行该类命令可以对实体和共面的面域进行剪切、添加和获取交叉部分等操作。当绘制较为复杂的图形时，线条间的修剪、删除等操作比较繁琐，此时如果将封闭的线条创建为面域，进而通过面域间的布尔运算来绘制各种图形，将大大降低绘图的难度，提高绘图效率。

❑ 并集运算

并集运算就是将所有参与运算的面域合并为一个新的面域，且运算后的面域与合并前的面域位置没有任何关系。

要执行该并集操作，可以首先将绘图区中的二维图形对象分别创建为面域，然后在命令行中输入UNION 指令，并分别选取相应的面域特征，接着按下回车键，即可获得并集运算效果。

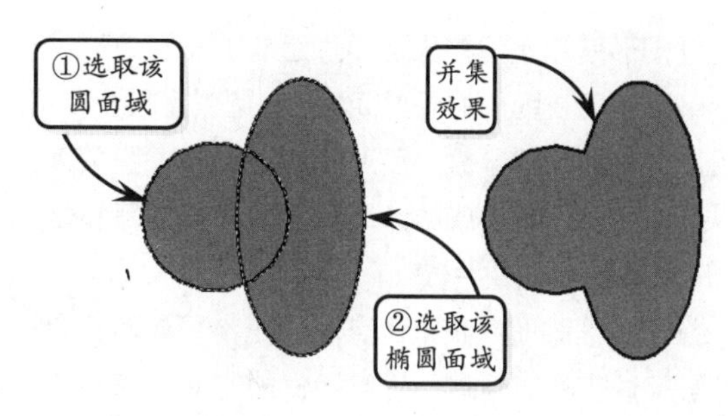

❑ 差集运算

差集运算是从一个面域中减去一个或多个面域，从而获得一个新的面域。当所指定去除的面域和被去除的面域不同时，所获得的差集效果也会不同。

在命令行中输入 SUBTRACT 指令，然后选取圆面域为源面域，并单击右键。接着选取椭圆面域为要去除的面域，并单击右键，即可获得面域求差效果。

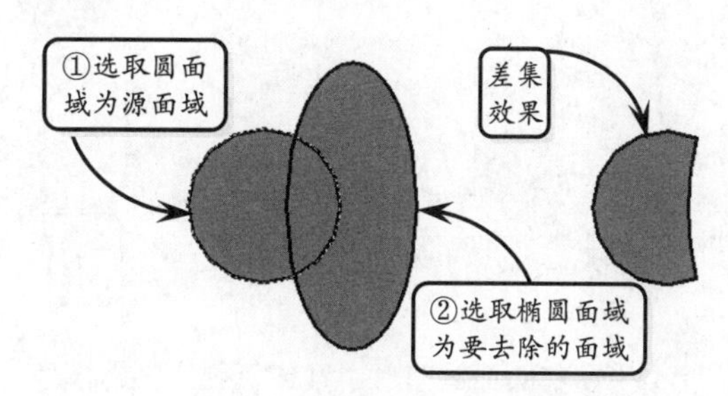

❑ 交集运算

通过交集运算可以获得各个相交面域的公共部分。要注意的是只有两个面域相交，两者间才会有公共部分，这样才能进行交集运算。

在命令行中输入 INTERSECT 指令，然后依次选取圆面域和椭圆面域，并单击右键，即可获得面域求交效果。

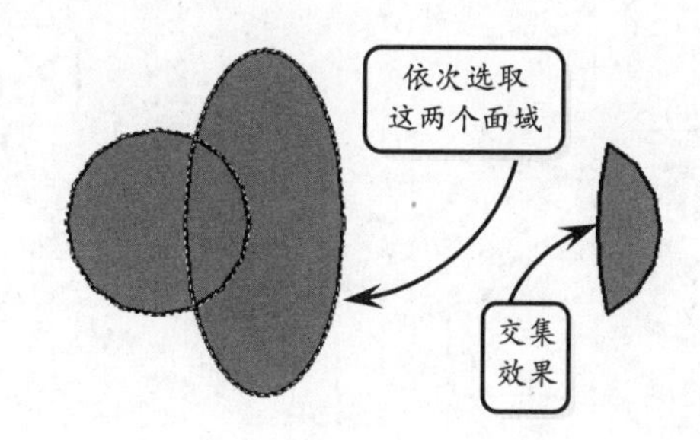

6.4 信息查询

版本：AutoCAD 2013

图形信息是间接表达图形组成的一种方式。它不仅可以反映图形的组成元素，也可以直接反映各图形元素的尺寸参数、图形元素之间的位置关系，以及由图形元素围成的区域的面积、周长等特性。

1. 查询距离和半径

在二维图形中获取两点间的距离可以利用【线性】标注工具。但对于三维零件的空间两点距离，利用【线性标注】工具比较繁琐，此时可以利用【查询】工具快速获得空间两点之间的距离信息。

通过视图选项卡中的【工具栏】功能调出【查询】工具栏。在该工具栏中单击【距离】按钮，或直接输入快捷命令 DIST，然后依次选取三维模型的两个端点 A 和 B，在打开的提示框中将显示这两点的距离信息。

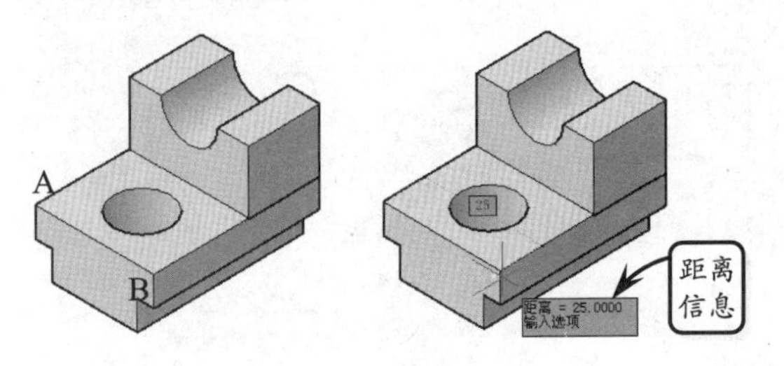

另外，要获取二维图形中圆或圆弧，三维模型中圆柱体、孔和倒圆角对象的尺寸，可以利用【半径】工具进行查询。此时系统将显示所选对象的半径和直径尺寸。

在【查询】工具栏中单击【半径】按钮，然后选取相应的弧形对象，则在打开的提示框中将显示该对象的半径和直径数值。

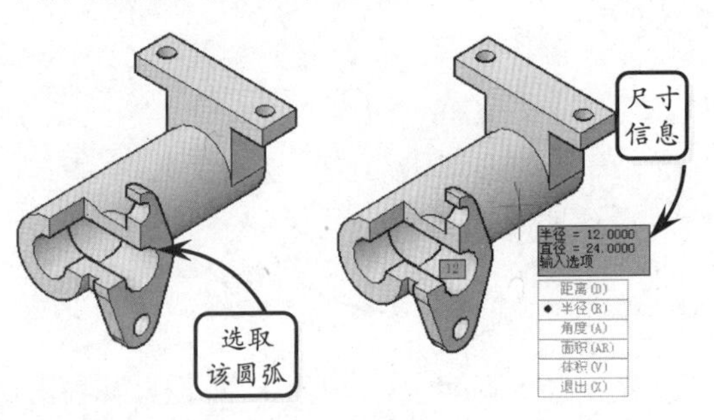

2. 查询角度和面积

要获取二维图形中两图元间的夹角角度，三维模型中楔体、连接板这些倾斜件的角度尺寸，可以利用【角度】工具进行查询。

在【查询】工具栏中单击【角度】按钮，然后分别选取楔体的两条边，则在打开的提示框中将显示楔体的角度。

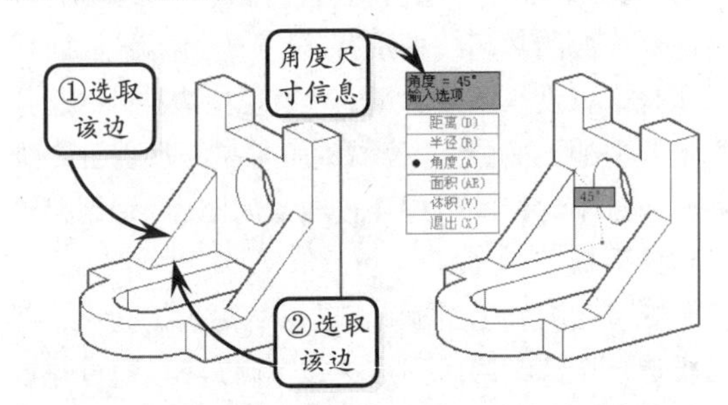

另外，在【查询】工具栏中单击【面积】按钮，或直接输入快捷命令 AREA，然后依次指定实体面的端点 C、D、E 和 F。接着按下回车键，在打开的提示框中将显示由这些点所围成的封闭区域的面积和周长。

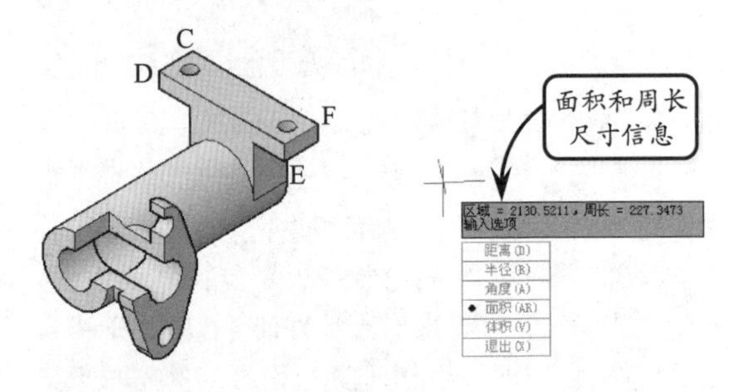

3. 面域和质量特性查询

面域对象除了具有一般图形对象的属性外，还具有平面体所特有的属性，如质量特性、质心、惯性矩和惯性积等。在 AutoCAD 中，利用【面域/质量特性】工具可以一次性获得实体的整体信息，从而指导用户完成零件设计。

在【查询】工具栏中单击【面域/质量特性】按钮，然后选取要提取数据的面域对象。此时系统将打开【AutoCAD 文本窗口】对话框，显示所选面域对象的特性数据信息。

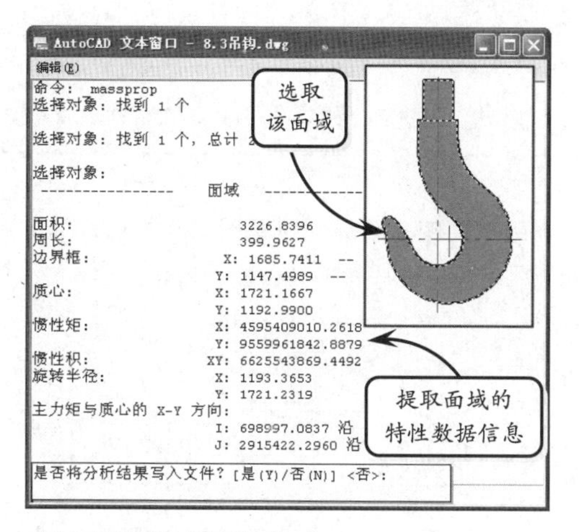

4．显示图形时间和状态

在设计过程中如有必要，可以将当前图形状态和修改时间以文本的形式显示，这两种查询方式同样显示在 AutoCAD 文本窗口中，现分别介绍如下。

❑ 显示时间

显示时间用于显示绘制图形的日期和时间统计信息。利用该功能不仅可以查看图形文件的创建日期，还可以查看该文件创建所消耗的总时间。

在命令行中输入 TIME 指令，并按下回车键，系统将打开如下图所示的文本窗口。

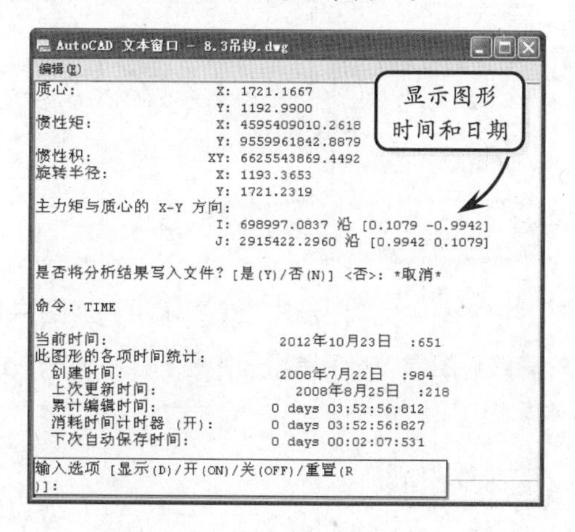

该文本窗口中将显示当前时间、创建时间和上次更新时间等信息。在窗口列表中显示的各时间或日期的功能如下表所述。

名称	功能含义
当前时间	表示当前的日期和时间
创建时间	表示创建当前图形文件的日期和时间

续表

名称	功能含义
上次更新时间	最近一次更新当前图形的日期和时间
累计编辑时间	自图形建立时间起，编辑当前图形所用的总时间
消耗时间计时器	在用户进行图形编辑时运行，该计时器可由用户任意开、关或复位清零
下次自动保存时间	表示下一次图形自动存储时的时间

提示

在窗口的最下方命令行中如果输入 D，则重复显示上述时间信息，并更新时间内容；如果输入 ON（或 OFF），则打开（或关闭）消耗时间计时器；如果输入 R，则使消耗时间计时器复位清零。

❑ 显示当前图形状态

状态显示主要用于显示图形的统计信息、模式和范围等内容。利用该功能可以详细查看图形组成元素的一些基本属性，例如线宽、线型及图层状态等。

在命令行中输入 STATUS 指令，并按下回车键，系统即可在打开的【AutoCAD 文本窗口】对话框中显示相应的状态信息。

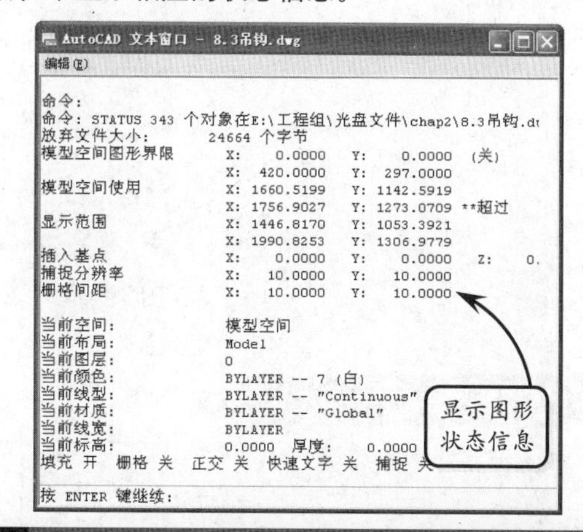

提示

图形信息不仅可以反映图形的组成元素，也可以反映各图形元素的尺寸参数、图形元素之间的位置关系，以及由图形元素围成的区域的面积、周长等特性。

6.5 绘制阶梯轴

版本：AutoCAD 2013 downloads/第 6 章/

练习要点

- 使用【镜像】工具
- 使用【样条曲线】工具
- 使用【倒角】工具
- 使用【图案填充】工具

本实例绘制一阶梯轴零件图。阶梯轴通常用于联接轴与轴上的旋转零件，起到周向固定作用，以传递旋转运动成扭矩。

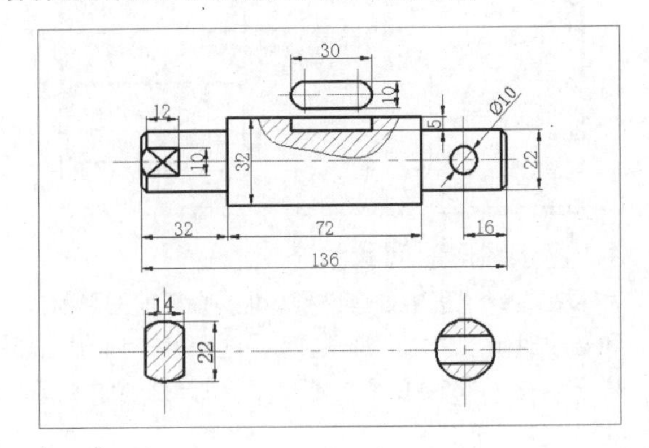

提示

系统默认情况下，对对象进行偏移操作时，可以重复性地选取源图形对象进行图形的重复偏移。如果需要退出偏移操作，只需在命令行中输入字母 E，并单击回车键即可。

操作步骤

STEP|01 首先新建【中心线】、【轮廓线】、【细实线】和【剖面线】等图层，并切换【中心线】为当前图层。然后单击【直线】按钮，绘制主视图的中心线。

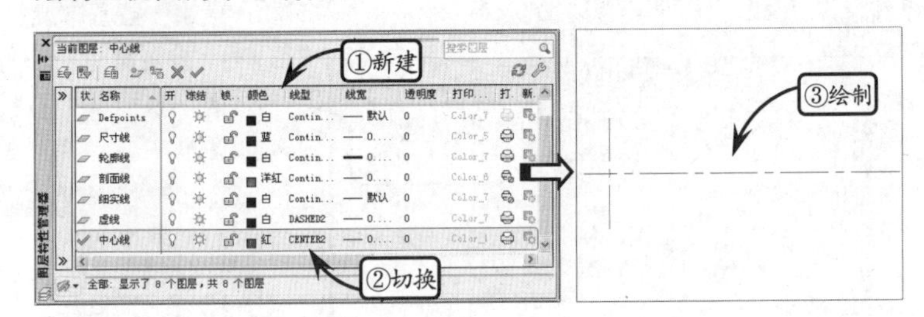

STEP|02 单击【偏移】按钮，按照图示尺寸偏移水平和竖直中心线，并将其转换为【轮廓线】图层。然后单击【修剪】按钮，对图中的多余的线段进行修剪操作。

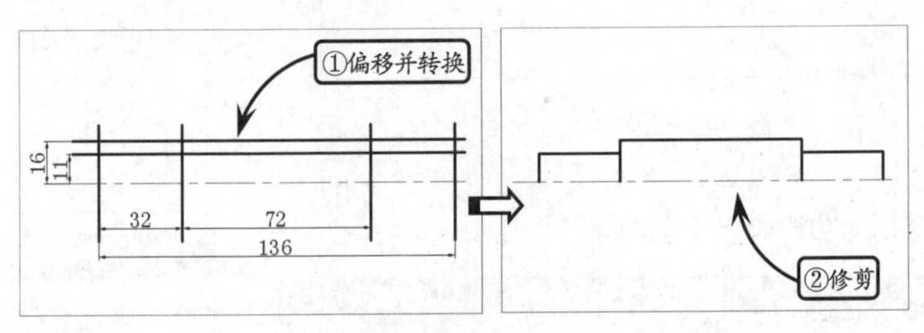

提示

为了便于装配，且保护零件表面不受损伤，一般在轴端、孔口、抬肩和拐角处加工出倒角(即圆台面)，这样可以去除零件的尖锐刺边，避免刮伤。

STEP|03 切换【轮廓线】为当前图层。然后单击【倒角】按钮，选取相应的线段为倒角对象，进行倒角操作，并利用【直线】工具绘制相应的倒角直线。

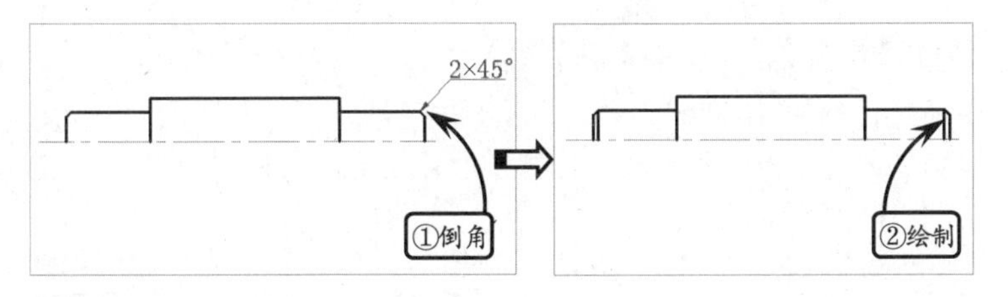

STEP|04 单击【镜像】按钮，选取指定的图形为镜像对象，并指定水平中心线为镜像中心线，进行镜像操作。

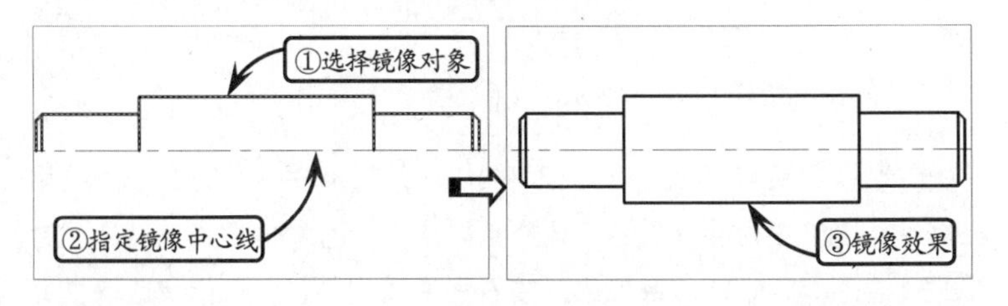

STEP|05 利用【偏移】工具按照图示尺寸偏移相应线段，并将其转换为【中心线】图层。然后单击【圆】按钮，以中心线交点为圆心，绘制一个直径为ϕ10 的圆轮廓。

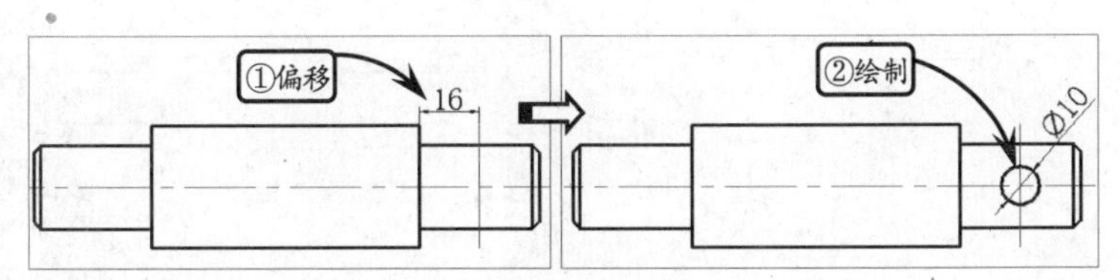

STEP|06 利用【偏移】工具按照图示尺寸偏移相应线段。然后利用【修剪】工具修剪多余线段，并将其转换为【轮廓线】图层。接着利用【直线】工具依次连接偏移线段的交点。

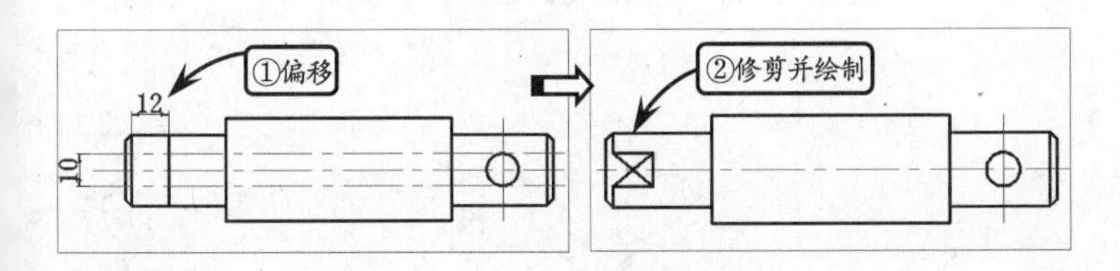

STEP|07 单击【三点】按钮，依次选取点 A、点 B 和点 C 三个点作为所绘圆弧上的三个点，绘制相应的圆弧。然后单击【矩形】按钮，按照图示位置，绘制一个长度为 30、宽度为 5 的矩形轮廓。

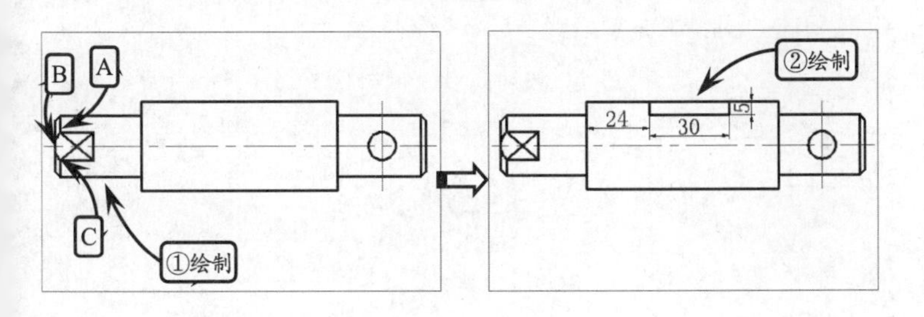

提示

默认情况下，对图形执行镜像操作后，系统仍然保留源对象。如果对图形进行镜像操作后需要将源对象删除，只需在选取源对象并指定镜像中心线后，在命令行中输入字母 Y，然后按下回车键，即可完成删除源对象的镜像操作。

提示

利用【修剪】工具可以以某些图元为边界，删除边界内的指定图元。且默认情况下，指定边界对象后，选取的待修剪对象上位于拾取点一侧的部分图形将被切除。

提示

利用【三点】方式可以通过指定圆弧上的三点来确定一段圆弧。其中，第一点和第三点分别是圆弧上的起点和端点，且第三点直接决定圆弧的形状和大小，第二点可以确定圆弧的位置。

STEP|08 切换【细实线】为当前图层。然后单击【样条曲线拟合】按钮，绘制相应的样条曲线，并利用【修剪】工具修剪多余线段。接着切换【剖面线】为当前图层，并单击【图案填充】按钮，选取相应的图案对指定区域进行填充。

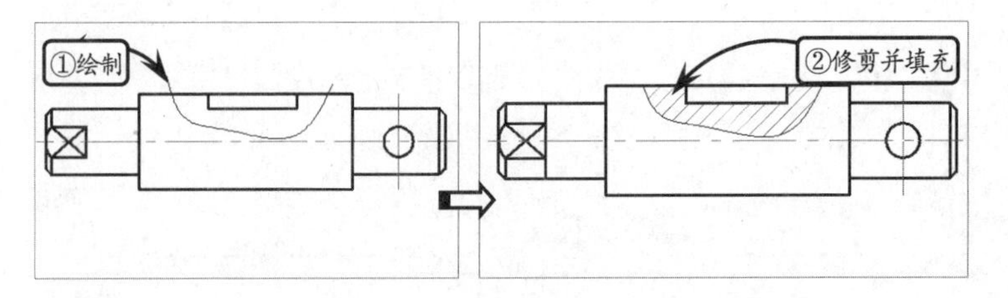

提示

样条曲线与直线一样都是通过指定点获得，不同的是样条曲线是弯曲的线条，并且线条可以是开放的，也可以是起点和端点重合的封闭样条曲线。

STEP|09 切换【中心线】为当前图层。然后利用【直线】工具绘制三条中心线，并利用【圆】工具分别以两个中心线的交点为圆心，绘制两个直径均为ϕ22 的圆轮廓。接着利用【偏移】工具依次选取水平和竖直中心线为偏移对象，按照图示尺寸进行偏移操作。

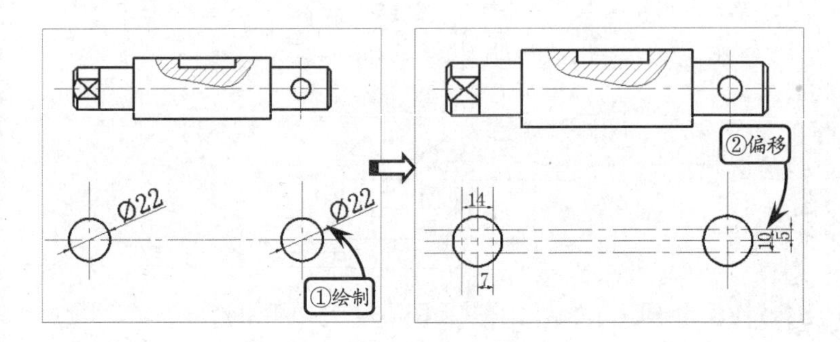

提示

在绘制图形时常常需要以某种图案填充一个区域，以此来形象地表达或区分物体的范围和特点，以及零件剖面结构大小和所使用的材料等。这种被称为“画阴影线”的操作，也被称为图案填充。该操作可以利用【图案填充】工具来完成，且所绘阴影线既不能超出指定边界，也不能在指定边界内绘制不全或所绘阴影线过疏、过密。

STEP|10 利用【修剪】工具选取多余的线段进行修剪操作。然后将修剪后的相应线段转换为【粗实线】图层。

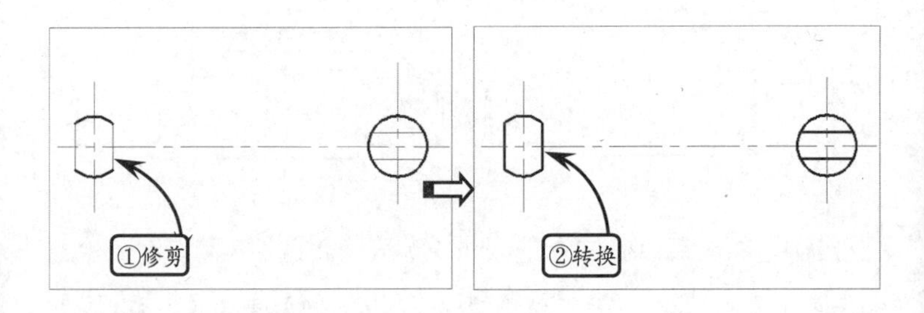

提示

修剪和延伸工具的共同点都是以图形中现有的图形对象为参照，以两图形对象间的交点为切割点或延伸终点，对与其相交或成一定角度的对象进行去除或延长操作。

STEP|11 切换【剖面线】为当前图层，然后利用【图案填充】工具选取相应的图案填充剖面线。

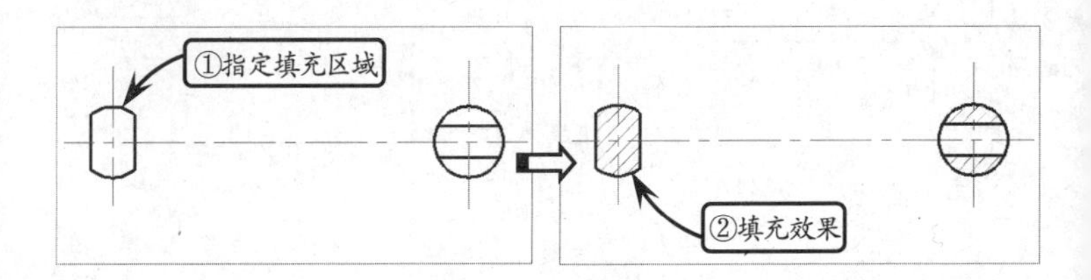

STEP|12 切换【中心线】为当前图层。然后利用【直线】工具按照图示位置绘制两条垂直相交的中心线，并利用【偏移】工具将竖直中心线向左右两侧分别偏移 10。

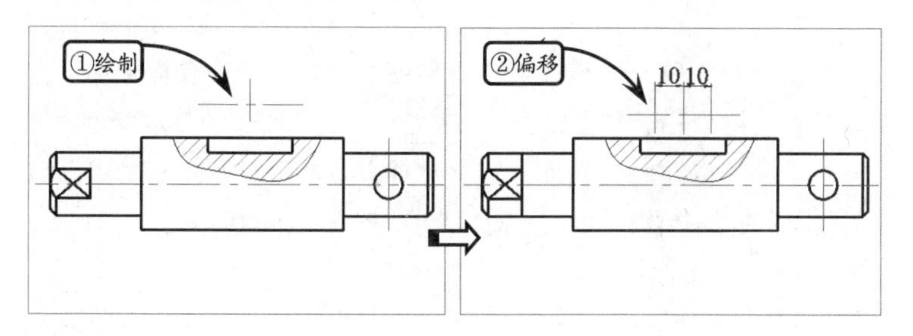

STEP|13 切换【轮廓线】为当前层。然后利用【圆】工具按照图示位置绘制两个直径均为ϕ10 的圆轮廓。接着利用【直线】工具绘制两圆的公切线。

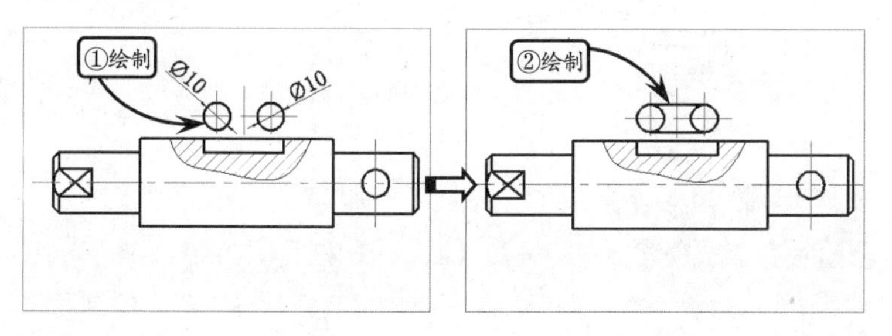

STEP|14 利用【修剪】工具选取相应的图形为修剪边界，对圆弧进行修剪操作。

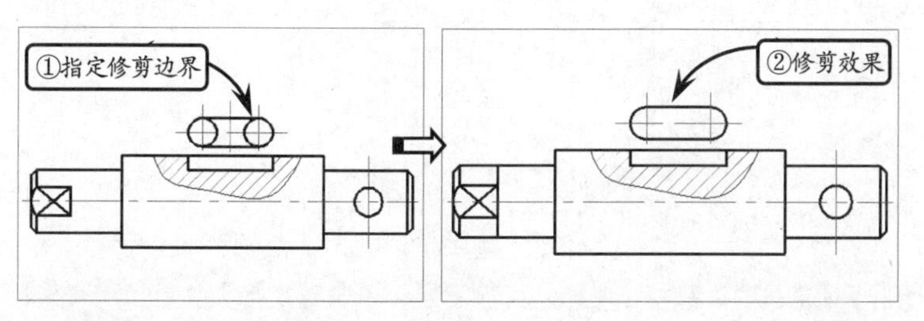

STEP|15 分别单击【线性】按钮和【直径】按钮，依次选取相应的图形对象进行尺寸标注。至此，阶梯轴图形绘制完成。

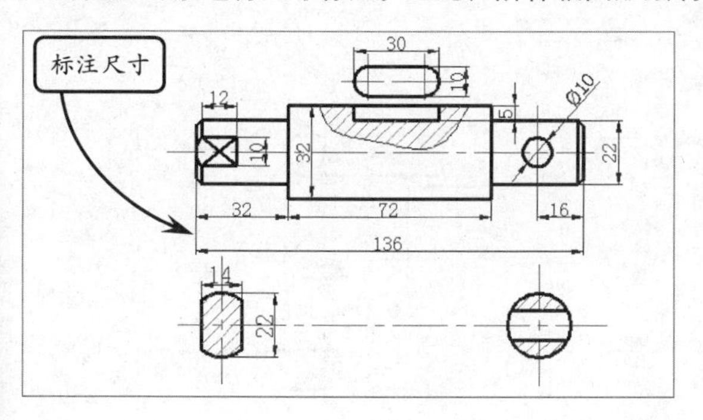

提示

在绘制直线时，若启用状态栏中的【动态输入】功能按钮，则系统将在绘图区中显示动态输入的标尺和文本框。此时在文本框中直接设置直线的长度和其他参数，即可快速地完成直线的绘制。其中，按下 Tab 键可以切换文本框中参数值的输入。

提示

利用【偏移】工具偏移直线时，可以绘制出与其平行的多个相同副本对象；偏移圆、椭圆、矩形以及由多段线围成的图形来说，可以绘制出成一定偏移距离的同心圆或近似图形。

提示

当利用【线性】工具指定好两点时，拖动光标的方向将决定创建何种类型的尺寸标注。如果上下拖动光标将标注水平尺寸；如果左右拖动光标将标注竖直尺寸。

AutoCAD

6.6 绘制摇臂轴

版本：AutoCAD 2013 downloads/第 6 章/

本实例绘制一个摇臂轴铜套零件图。该零件属于套类零件，套类零件在机器中一般装在轴上，用来定位、支撑和保护传动零件，该轴套主要用于防止轴的磨损。套类零件大多数由位于同一轴线上数段直径不同的回转体组成，且该类零件一般在车床和磨床上进行加工。

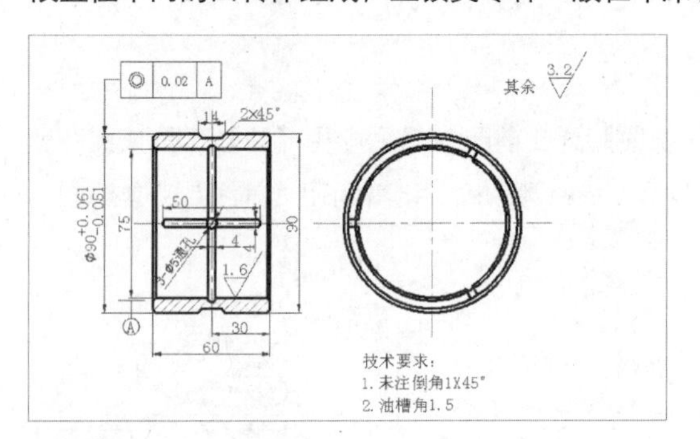

练习要点

- 使用【镜像】工具
- 使用【图案填充】工具
- 使用【环形阵列】工具
- 使用相关标注工具

提示

在 AutoCAD 中，用户可以通过定义两个对角点，或者长度和宽度的方式来绘制矩形，且同时可以设置其线宽、圆角和倒角等参数。

操作步骤

STEP|01 首先新建【中心线】、【轮廓线】和【尺寸线】等图层，并切换【中心线】为当前图层。然后单击【直线】按钮，绘制两条垂直相交的中心线。

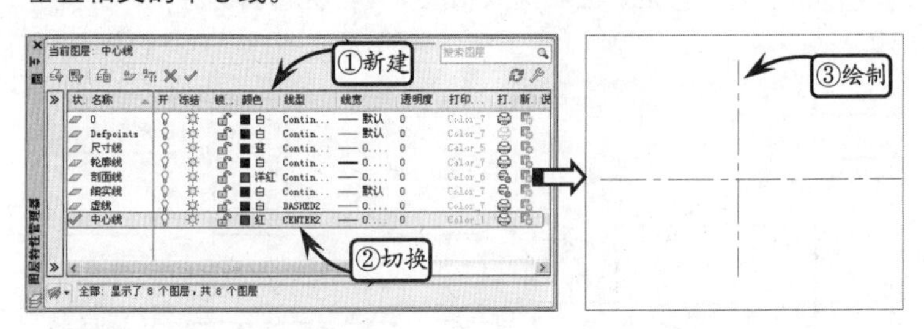

STEP|02 切换【轮廓线】为当前图层。单击【矩形】按钮，按照图示位置，绘制一个长度为 30、宽度为 45 的矩形。然后单击【分解】按钮，分解该矩形，并利用【删除】工具删除多余线段。接着单击【偏移】按钮，选取竖直和水平中心线为偏移对象，按照图示尺寸进行偏移操作。

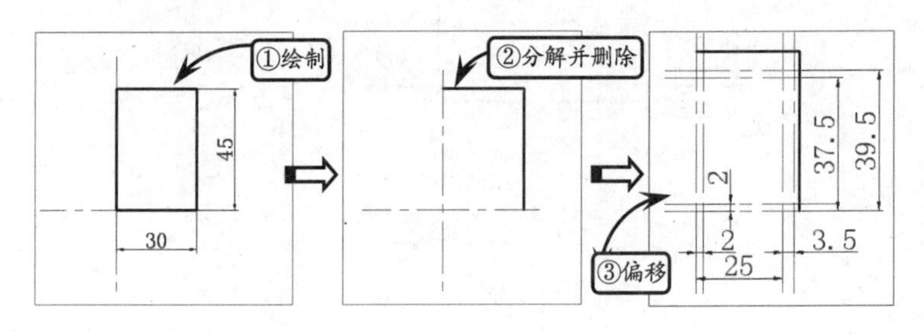

提示

对于多段线、矩形、多边形、块和各类尺寸标注等特征，以及由多个图形对象组成的组合对象，如果需要对单个对象进行编辑操作，就需要先利用【分解】工具将这些对象拆分为单个的图形对象，然后再利用相应的编辑工具进行进一步的编辑。

STEP|03 单击【修剪】按钮，修剪上步所绘图形中的多余线段，并将其转换为相应的图层。然后单击【圆】按钮，按照图示尺寸绘制相应的圆轮廓，并利用【修剪】工具修剪多余线段。

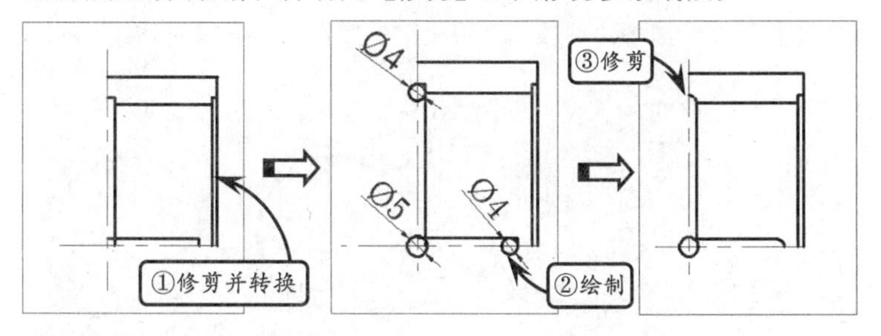

STEP|04 利用【偏移】工具按照图示尺寸偏移相应的线段。然后利用【直线】工具继续按照图示尺寸绘制相应的直线。接着单击【倒角】按钮，选取相应的边线进行倒角操作，并利用【修剪】工具修剪多余线段。

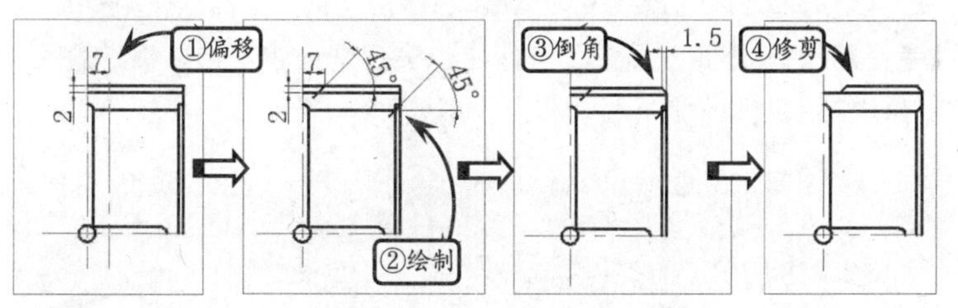

STEP|05 单击【镜像】按钮，选取相应的轮廓线为镜像对象，并指定竖直中心线为镜像中心线，进行镜像操作。重复利用【镜像】工具，选取上步镜像后的图形为镜像对象，并指定水平中心线为镜像中心线，进行镜像操作。

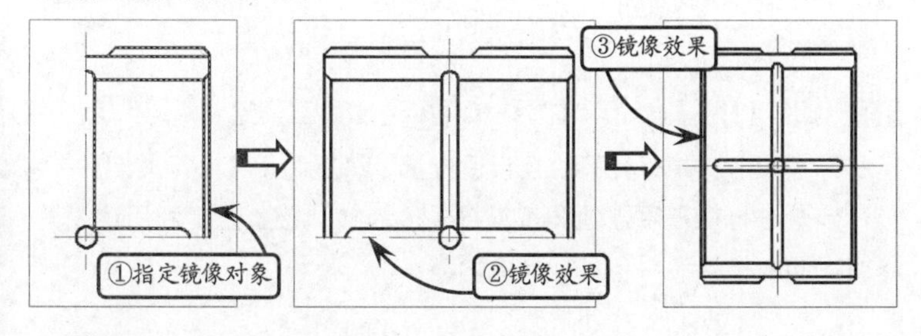

STEP|06 切换【剖面线】为当前图层。然后利用【图案填充】工具进行图案填充。接着切换【中心线】为当前图层，并根据视图投影规律，利用【直线】工具绘制左视图的中心线。

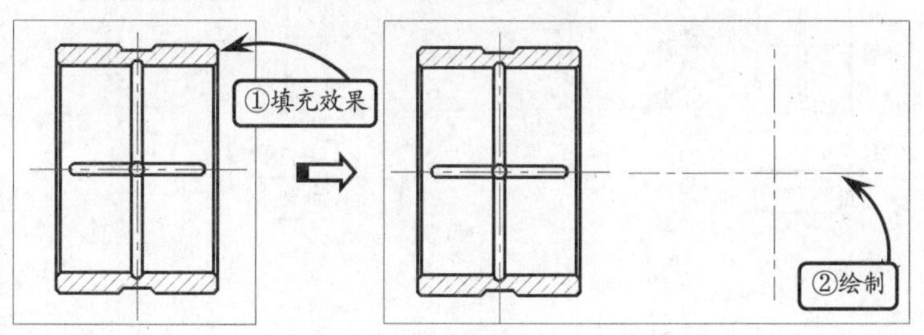

提示

利用【修剪】工具可以以某些图元为边界，删除边界内的指定图元。且默认情况下，指定边界对象后，选取的待修剪对象上位于拾取点一侧的部分图形将被切除。

提示

为了便于装配，且保护零件表面不受损伤，一般在轴端、孔口、抬肩和拐角处加工出倒角（即圆台面），这样可以去除零件的尖锐刺边，避免刮伤。

提示

默认情况下，对图形执行镜像操作后，系统仍然保留源对象。如果对图形进行镜像操作后需要将源对象删除，只需在选取源对象并指定镜像中心线后，在命令行中输入字母 Y，然后按下回车键，即可完成删除源对象的镜像操作。

STEP|07 切换【轮廓线】为当前图层。然后利用【圆】工具以中心线的交点为圆心，依次绘制直径分别为$\phi 90$、$\phi 86$、$\phi 78$和$\phi 75$的圆轮廓。接着利用【偏移】工具按照图示尺寸偏移水平中心线。最后利用【修剪】工具修剪多余线段，并将相应的线段转换为【轮廓线】图层。

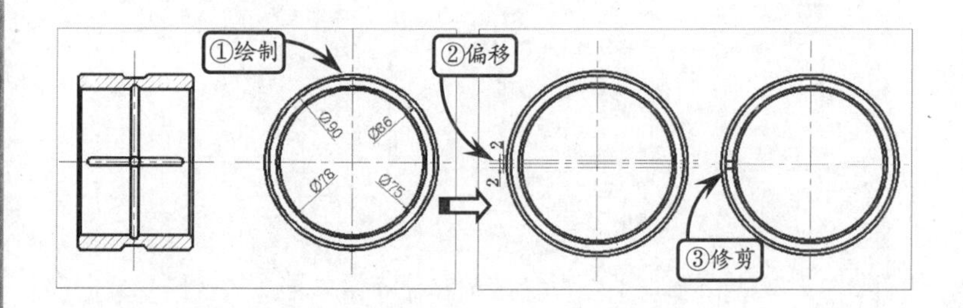

提示

在绘制图形时常常需要以某种图案填充一个区域，以此来形象地表达或区分物体的范围和特点，以及零件剖面结构大小和所使用的材料等。这种被称为“画阴影线”的操作，也被称为图案填充。该操作可以利用【图案填充】工具来完成，且所绘阴影线既不能超出指定边界，也不能在指定边界内绘制不全或所绘阴影线过疏、过密。

STEP|08 单击【环形阵列】按钮，选取上步修剪的线段为阵列对象，并指定中心线交点为阵列中心，进行阵列操作。然后利用【修剪】工具修剪多余线段。接着分别单击【线性】按钮、【直径】按钮、【半径】按钮和【形位公差标注】按钮，依次选取相应的图形对象进行尺寸和公差标注。

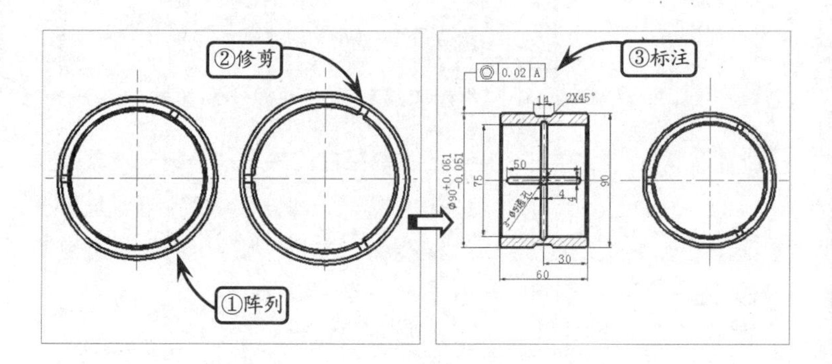

STEP|09 利用【直线】、【圆】和【多边形】工具绘制基准和表面粗糙度符号图形，并将其移动至合适位置。然后利用【单行文字】按钮，分别进行粗糙度数值和基准符号的添加。接着重复利用该工具，添加图形的技术说明和其他文本内容。

提示

环形阵列能够以任一点为阵列中心点，将阵列源对象按圆周或扇形的方向，以指定的阵列填充角度，项目数目或项目之间夹角为阵列值，进行源图形的阵列复制。该阵列方法经常用于绘制具有圆周均布特征的图形。

6.7 绘制齿轮泵

版本：AutoCAD 2013　downloads/第 6 章/

本例绘制齿轮泵泵体。齿轮泵泵体在齿轮泵中起着重要的作用，不仅起支撑和保护内部轴、齿轮等零件，还起到安装固定的作用。该泵体的形状结构比较复杂，其结构是由起主要支撑作用的泵体和内部用来安装齿轮轴的内腔，以及安装、固定齿轮泵的底座组成。

练习要点

- 使用【多段线】工具
- 使用【图案填充】工具
- 使用视图的投影规律
- 使用【镜像】工具

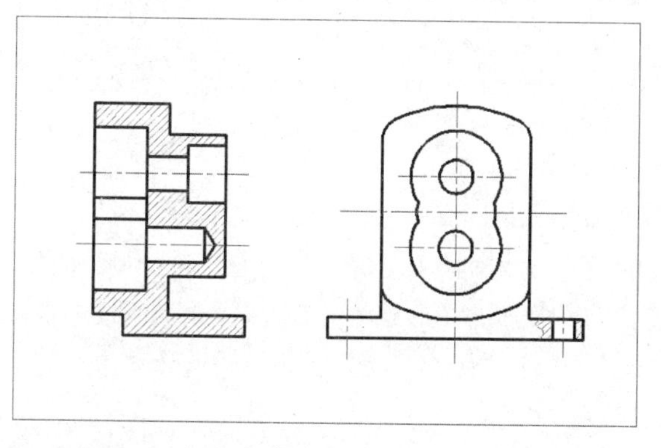

提示

系统默认情况下，对对象进行偏移操作时，可以重复性地选取源图形对象进行图形的重复偏移。如果需要退出偏移操作，只需在命令行中输入字母 E，并单击回车键即可。

操作步骤

STEP|01 新建【中心线】、【粗实线】和【细实线】等图层，并切换【中心线】为当前图层。然后单击【直线】按钮，在绘图区中绘制两条正交的中心线。

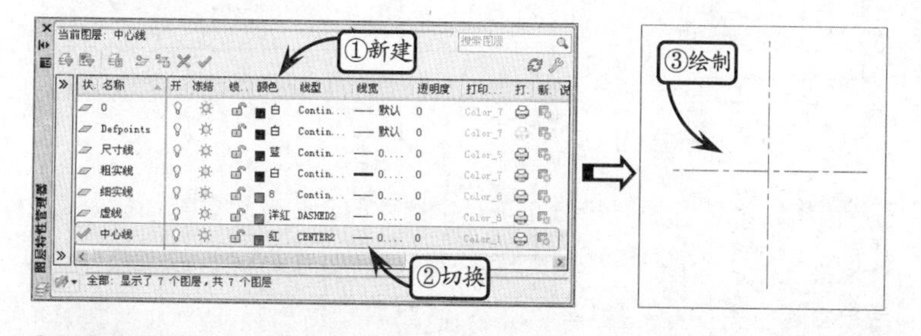

STEP|02 单击【偏移】按钮，将水平中心线向上下两侧分别偏移 22 和 71.5。继续利用【偏移】工具，将竖直中心线向左右分别偏移 48。然后单击【修剪】按钮，进行相应的修剪操作，并转换为【轮廓线】图层。

提示

利用【修剪】工具可以以某些图元为边界，删除边界内的指定图元。且默认情况下，指定边界对象后，选取的待修剪对象上位于拾取点一侧的部分图形将被切除。

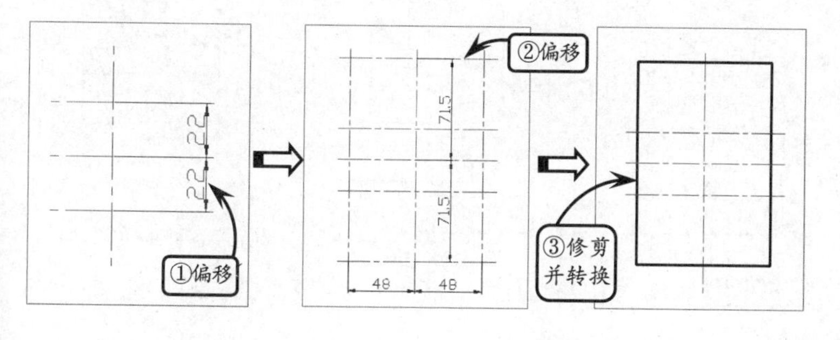

STEP|03 单击【多段线】按钮，绘制图示尺寸的线段。然后利用【修剪】工具选取指定的线段为修剪边界，对图形对象进行相应的修剪操作。继续利用【多段线】工具按照图示尺寸绘制多段线，并利用【修剪】工具修剪多余线段。

提示

在利用【多段线】工具进行绘制时，为了区别多段线的显示，除了设置不同形状的图元及其长度外，还可以设置多段线中不同的线宽显示。
且多段线的线宽显示不受状态栏中【显示/隐藏线宽】工具的控制，而是根据绘图需要而设置的实际宽度。

STEP|04 利用【直线】工具以点 A 为起点，输入长度值为 15 后，按 Tab 键切换至【角度】文本框，指定角度值为 60°，绘制一斜线。然后利用【修剪】工具选取水平中心线为修剪边界，对该斜线进行修剪操作。接着单击【镜像】按钮，选取要镜像的图形对象，并指定镜像中心线，进行镜像操作。

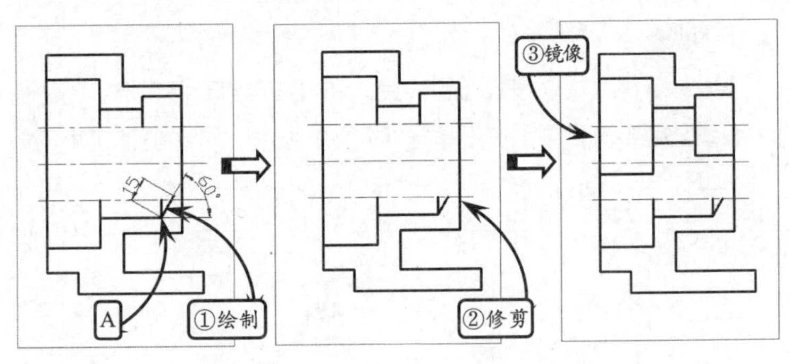

提示

在绘制直线时，若启用状态栏中的【动态输入】功能按钮，则系统将在绘图区中显示动态输入的标尺和文本框。此时在文本框中直接设置直线的长度和其他参数，即可快速地完成直线的绘制。其中，按下 Tab 键可以切换文本框中参数值的输入。

STEP|05 继续利用【镜像】工具，选取图示图形为要镜像的对象，并指定水平中心线上的两个端点确定镜像中心线，进行镜像操作。然后单击【填充图案】按钮，指定填充图案为 ANSI31，并设置填充角度为 0°，填充比例为 1。接着在主视图上指定相应的填充区域，进行图案填充操作。

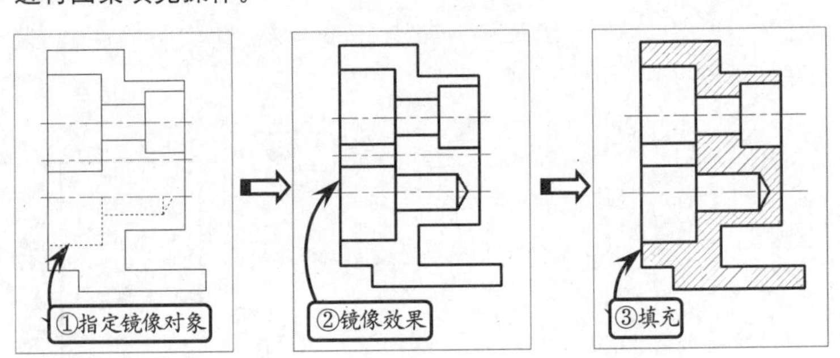

STEP|06 切换【中心线】为当前层。利用【直线】工具根据视图的

投影规律，并结合极轴的追踪功能，绘制左视图的中心线。然后利用【偏移】工具将水平中心线向上下两侧分别偏移 22。接着单击【圆】按钮，选取两中心线的交点为圆心，绘制直径为ϕ49 的圆。继续利用【圆】工具依次选取交点 B 和交点 C 为圆心，绘制直径分别为ϕ21 和ϕ57 的圆。

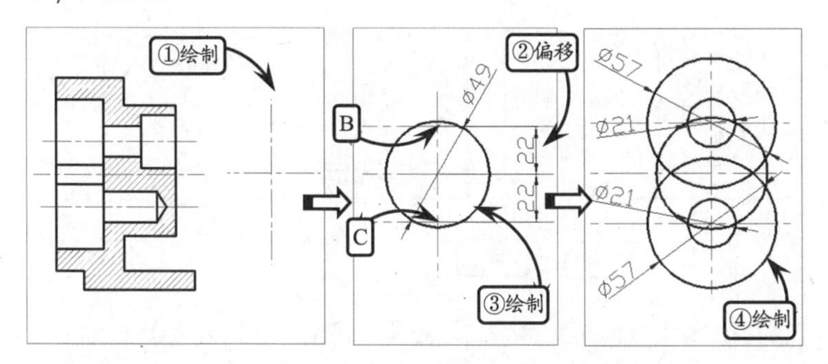

提示

在实际绘图过程中常将【极轴追踪】和【对象捕捉追踪】功能结合起来使用，这样既能方便地沿极轴方向绘制线段，又能快速地沿极轴方向定位点。

STEP|07 利用【修剪】工具选取直径为ϕ49 的圆为修剪边界，对相应的圆轮廓进行修剪操作。继续利用【修剪】工具选取直径为ϕ57 的两个圆弧为修剪边界，对直径为ϕ49 的圆进行修剪操作。然后利用【偏移】工具将竖直中心线向左右两侧分别偏移 46.5 和 68，将水平中心线向下分别偏移 65 和 78。

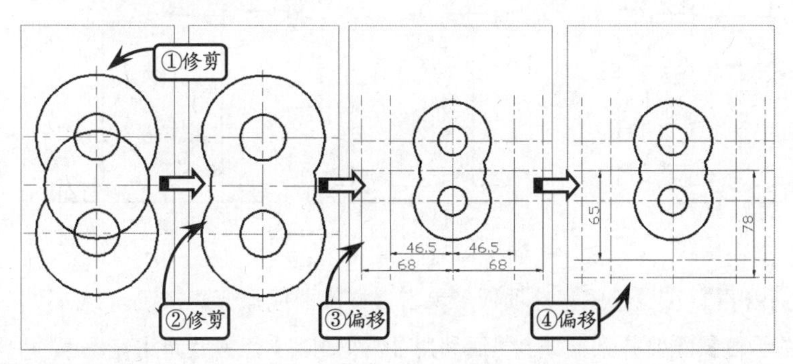

提示

修剪和延伸工具的共同点都是以图形中现有的图形对象为参照，以两图形对象间的交点为切割点或延伸终点，对与其相交或成一定角度的对象进行去除或延长操作。

STEP|08 利用【圆】工具选取点 B 和点 C 为圆心，分别绘制直径为ϕ176 的圆。然后利用【修剪】工具选取相应的线段为修剪边界，对图形进行修剪操作。接着将相应的线段转换为【粗实线】图层。

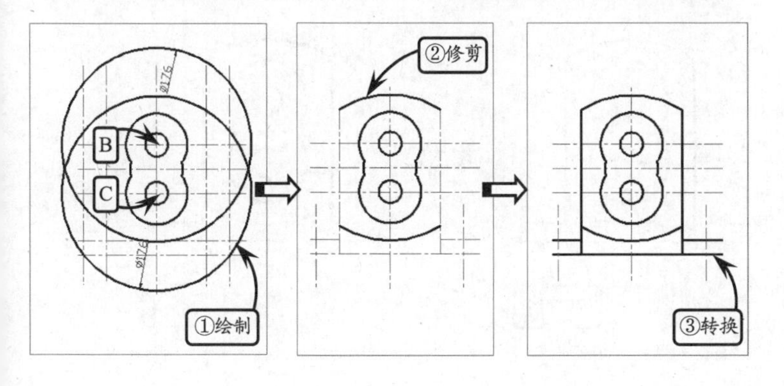

提示

圆是指平面上到定点的距离等于定长的所有点的集合。在二维草图中，其主要用于表达孔、台体和柱体等模型的投影轮廓。

STEP|09 利用【偏移】工具将竖直中心线向左右两侧分别偏移 80.5，将中心线 a 向左右两侧分别偏移 7，并将偏移后的线段转换为【粗实线】图层。然后利用【修剪】工具依次选取相应的线段为修剪边界，对图形进行修剪操作。

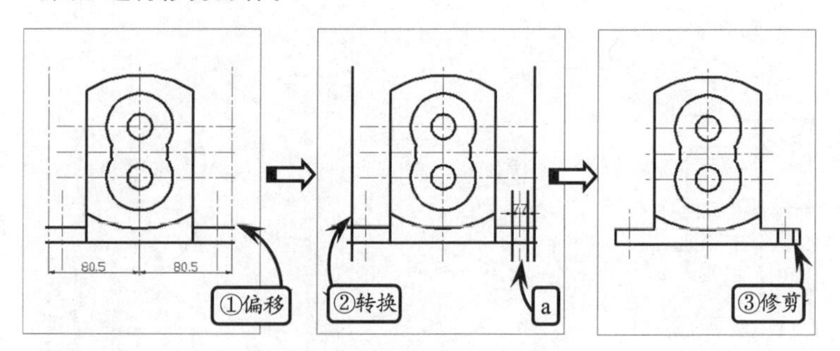

提示

在 AutoCAD 中，圆角是指通过一个指定半径的圆弧来光滑地连接两个对象的特征。

STEP|10 单击【圆角】按钮，输入字母 R，并输入半径为 R13。然后依次选取轮廓线 b 和 c 为要倒圆角的边线，创建相应的圆角特征。继续利用【圆角】工具选择另一端的对称边线为要倒圆角的操作边线，创建另一相同尺寸的圆角特征。

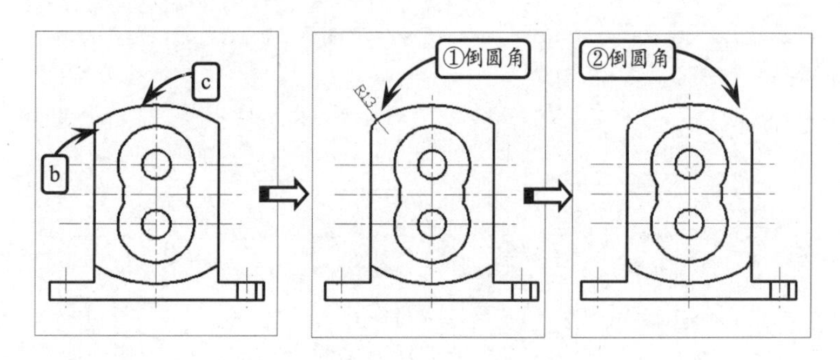

提示

在绘制图形时常常需要以某种图案填充一个区域，以此来形象地表达或区分物体的范围和特点，以及零件剖面结构大小和所使用的材料等。这种被称为“画阴影线”的操作，也被称为图案填充。该操作可以利用【图案填充】工具来完成，且所绘阴影线既不能超出指定边界，也不能在指定边界内绘制不全或所绘阴影线过疏、过密。

STEP|11 在【绘图】选项板中单击【样条曲线拟合】按钮，按照图示位置绘制样条曲线。然后利用【填充图案】工具指定填充图案为 ANSI31，并设置填充角度为 0°，填充比例为 1。接着在左视图上指定相应的填充区域，进行图案填充操作即可。

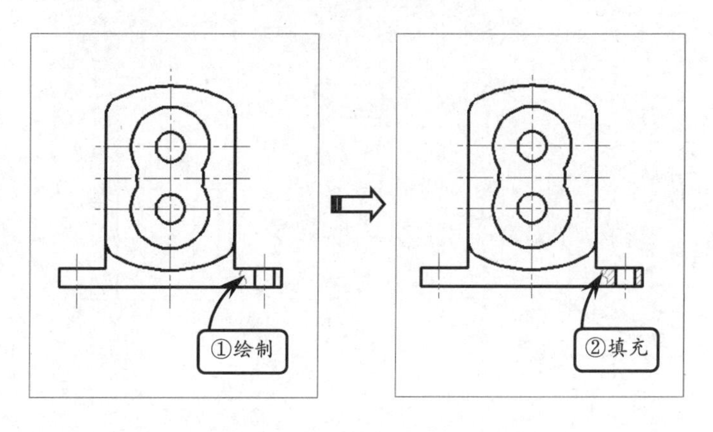

6.8 高手答疑

版本：AutoCAD 2013

问题 1：什么是图案填充？

解答：在绘制图形时常常需要以某种图案填充一个区域，以此来形象地表达或区分物体的范围和特点，以及零件剖面结构大小和所使用的材料等。这种被称为“画阴影线”的操作，也被称为图案填充。该操作可以利用【图案填充】工具来完成，且所绘阴影线既不能超出指定边界，也不能在指定边界内绘制不全或所绘阴影线过疏、过密。

问题 2：简述图案填充的一般步骤。

解答：单击【图案填充】按钮，系统将展开【图案填充创建】选项卡。用户即可在该选项卡中进行相应的填充操作。在 AutoCAD 中，图案填充的一般操作步骤分为指定填充图案的类型、设置填充比例和角度，以及指定填充边界等。

问题 3：在进行图案填充时，如何选择指定的填充边界？

解答：在 AutoCAD 中，指定填充边界主要有两种方法：一种是在闭合的区域中选取一点，系统将自动搜索闭合的边界，另一种是通过选取对象来定义边界。

其中，前者适用于图形不复杂的情况下，经常通过在填充区域内指定一点来定义边界，且此时系统将自动寻找包含该点的封闭区域进行填充操作；而后者是通过选取填充区域的边界线来确定填充区域，该区域仅为鼠标点选的区域，且必须是封闭的区域。

问题 4：什么是普通孤岛检测？

解答：在填充边界中常包含一些闭合的区域，这些区域被称为孤岛。利用 AutoCAD 提供的孤岛操作可以避免在填充图案时覆盖一些重要的文本注释或标记等属性。

其中，普通孤岛检测是指系统将从最外边界向里填充图案，遇到与之相交的内部边界时断开填充图案，遇到下一个内部边界时再继续填充。

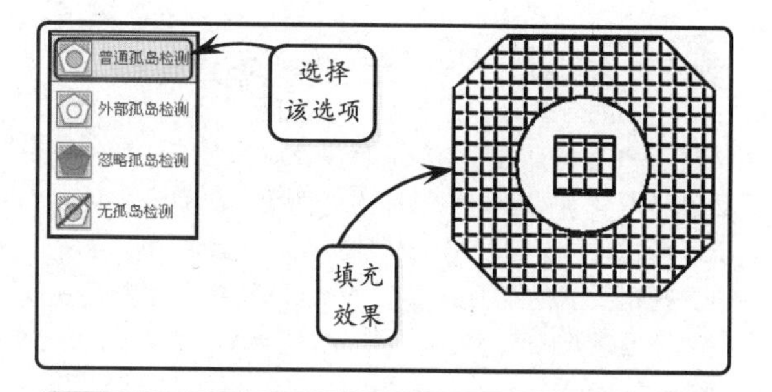

问题 5：如何进行双色填充操作？

解答：双色填充是指在两种颜色之间平滑过渡的双色渐变填充。创建双色填充，只需分别设置【渐变色 1】和【渐变色 2】的颜色类型，并设置填充参数，然后拾取填充区域内部的点即可。若启用【居中】功能，则渐变色 1 将向渐变色 2 居中显示渐变效果。

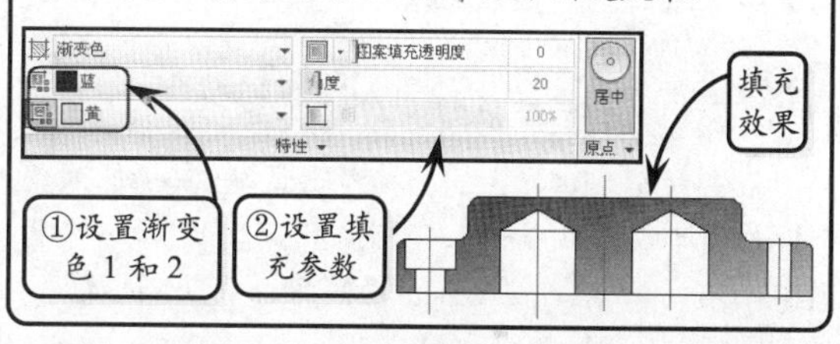

问题 6：如何进行面域的差集运算？

解答：布尔运算是数学上的一种逻辑运算，执行该类命令可以对实体和共面的面域进行剪切、添加和获取交叉部分等操作。当绘制较为复杂的图形时，线条间的修剪、删除等操作比较烦琐，此时如果将封闭的线条创建为面域，进而通过面域间的布尔运算来绘制各种图形，将大大降低绘图的难度，提高绘图效率。

差集运算是从一个面域中减去一个或多个面域，从而获得一个新的面域。当所指定去除的面域和被去除的面域不同时，所获得的差集效果也会不同。

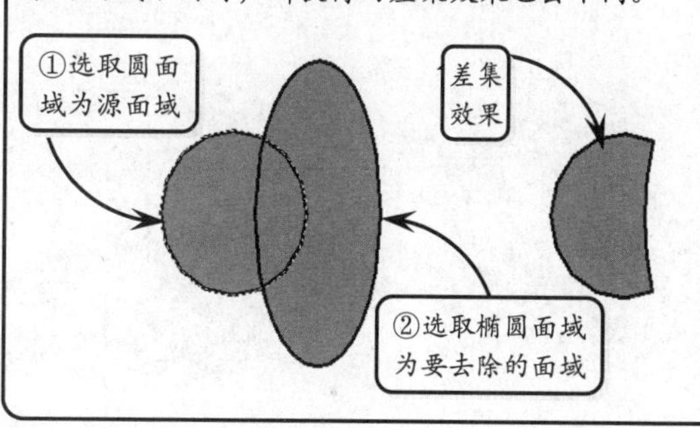

6.9 高手训练营

版本：AutoCAD 2013

练习 1．利用图案填充绘制零件剖视图

在机械制图中，假想用剖切面剖开机件，将处在观察者和剖切面之间的部分移去，将其余部分向投影面投影所获得的图形，即称为剖视图。剖视图主要用于表示机件的内部结构，其剖断面上应绘制用于表达机件材料组成的剖面线。在 AutoCAD 中可以利用图案填充绘制剖面线。

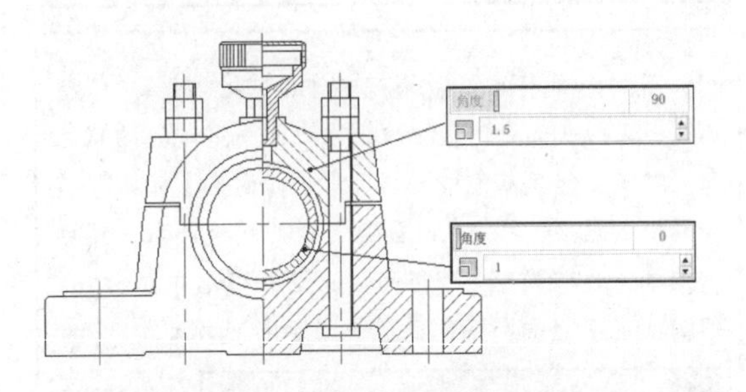

练习 2．利用差集运算创建垫片模型

布尔运算是数学上的一种逻辑运算，其操作对象只能是实体或共面的面域。其中，差集运算是从一个面域中减去一个或多个面域，从而获得一个新的面域。

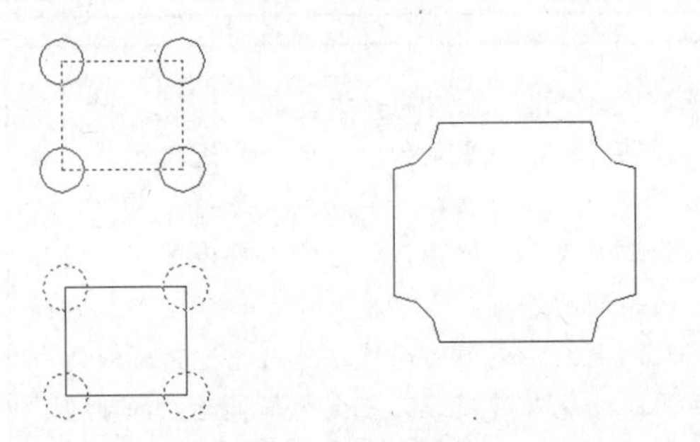

练习 3．查询支撑座的某边长

对于三维零件的空间两点距离，可以利用【查询】工具栏中的【距离】工具快速获得空间两点之间的距离信息。

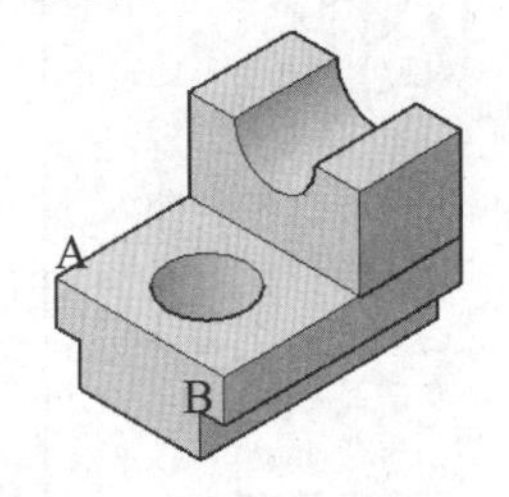

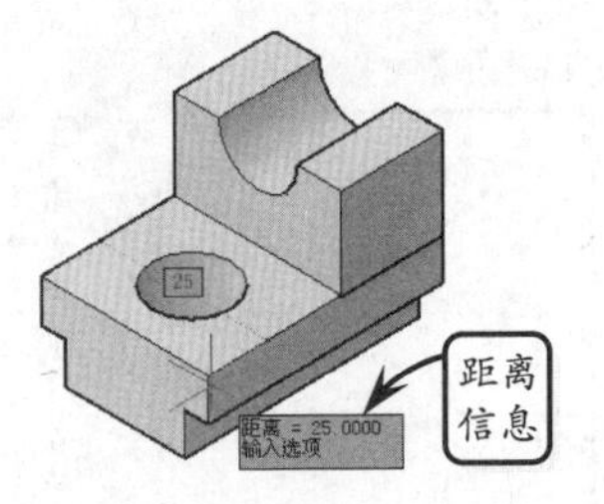

练习 4．查询某零件的法兰孔半径

要获取三维模型中圆柱体、孔和倒圆角对象的尺寸，可以利用【半径】工具进行查询。此时系统将显示所选对象的半径和直径尺寸。

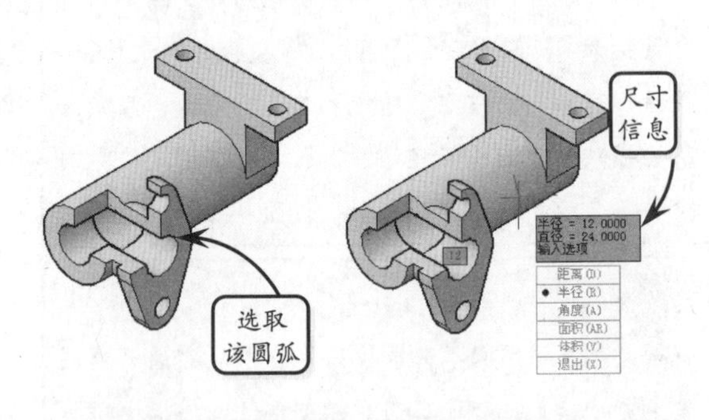

练习 5．查询某零件的端面面积

要获取三维零件模型中某些端面的面积尺寸参数，可以利用【面积】工具进行查询。此时系统将显示所选对象的面积和周长尺寸。

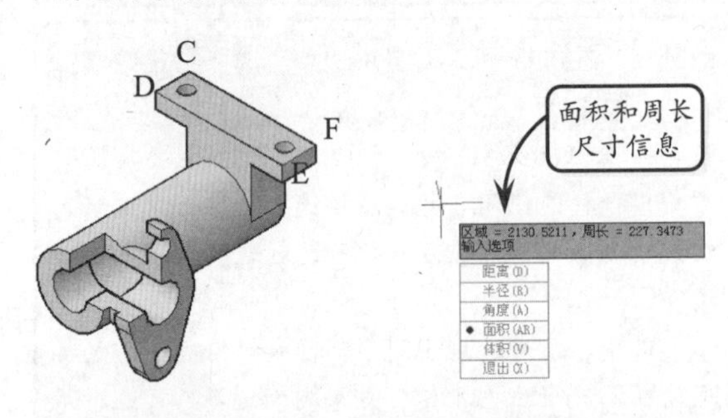

练习 6．查询楔体角度

要获取二维图形中两图元间的夹角角度，三维模型中楔体、连接板这些倾斜件的角度尺寸，可以利用【角度】工具进行查询。

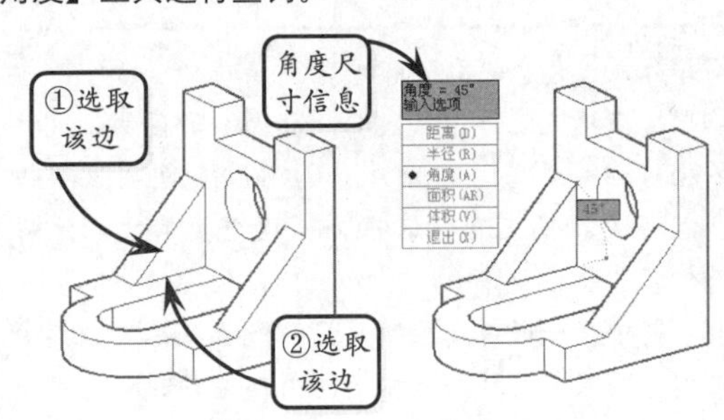

第 7 章

块与外部参照

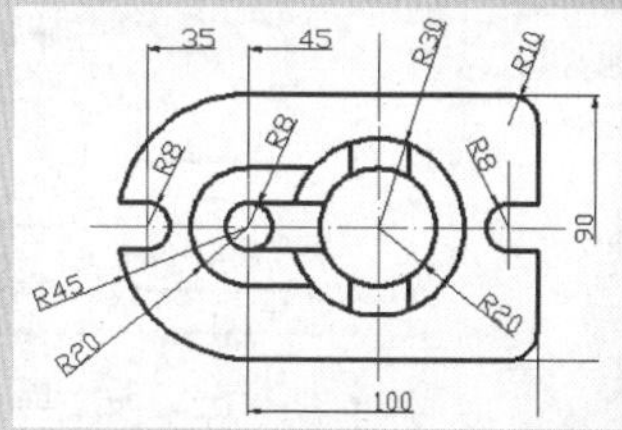

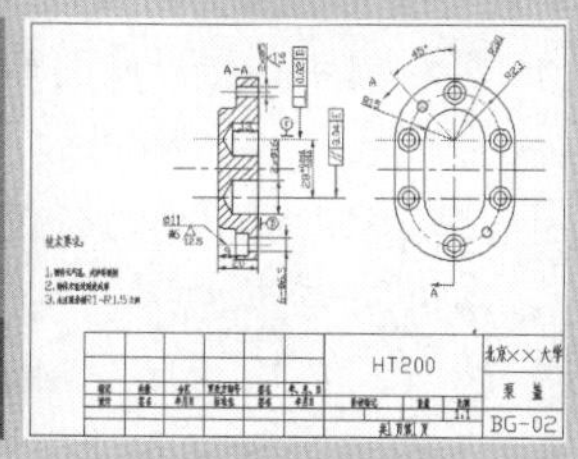

在设计产品时，为避免重复绘制大量相同或相似的内容，用户可以将相同或相似的内容以图块的形式直接插入，如机械制图中的标题栏和建筑图中的门窗等。此外，为了更有效地利用本机、本地或整个网络的图纸资源，可以将这些内容转换为外部参照文件进行共享。这样不仅极大提高了绘图的速度和工作效率，而且提高了绘图的准确性，并节省了大量内存空间。

本章主要介绍常规块和动态块的创建方法，以及块和块属性的相关编辑技巧。此外还详细介绍了使用外部参照插入各种对象的方法。

7.1 块的创建和存储

版本：AutoCAD 2013

图块是由单个或多个对象组成的集合，这些对象包括文本、标题栏以及图形本身等类型。在AutoCAD中，用户可以将这些需要重复绘制的图形结构定义为一个整体，即图块。在绘制图形时将其插入到指定的位置，这样既可以使多张图纸标准统一，又可以缩短绘图时间，节省存储空间。

1. 块概述

图块是一组图形对象的集合，可以包括图形和尺寸标注，也可以包括文本。其中图块中的文本称为块属性，并且块属性可以进行任意的修改。图块的特性介绍如下。

- 图块包括一组图形对象和一个插入点，图块可以以不同的比例系数和旋转角度插入到图形中的任何位置，且插入时以插入点为基准点。

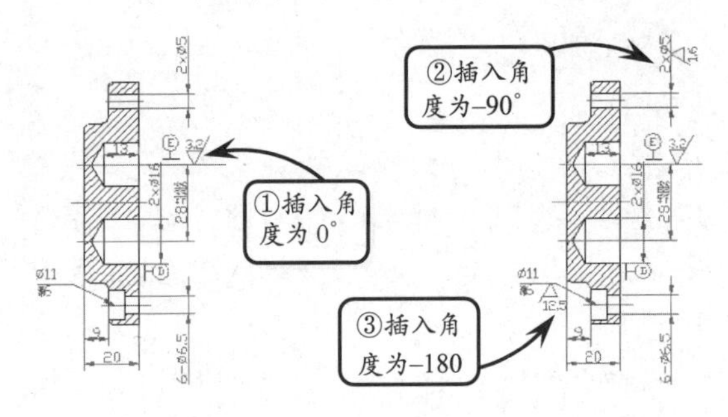

- 组成图块的各个对象可以有自己的图层、线型和颜色。
- 一个图块中可以包含别的图块，称为图块的嵌套，且嵌套的级别没有限制。
- 插入到图形中的图块在系统默认情况下是一个整体，用户不能对组成图块的各个对象单独进行修改编辑。如果用户想对图块中的对象进行编辑修改，就必须先对图块进行分解。

2. 创建块

要使用图块辅助绘图，通常需要利用相关的创建块的工具预先将图形对象的特性存储一次，然后再利用插入块的工具插入当前图形或其他图形即可。利用【块定义】对话框创建的图块又称为内部图块，即所创建的图块保存在该图块的图形中，且只能在当前图形中应用，而不能插入到其他图形中。

在【块】选项板中单击【创建】按钮，系统将打开【块定义】对话框。此时，在该对话框中输入新建块的名称，并设置块组成对象的保留方式。然后在【方式】选项组中定义块的显示方式。

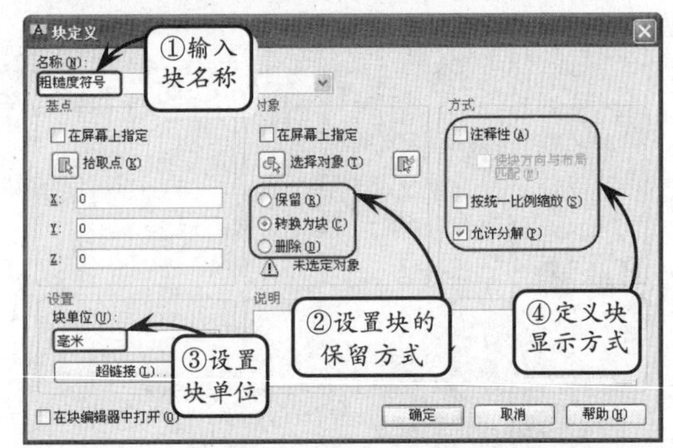

完成上述设置后，单击【基点】选项组中的【拾取点】按钮，并在绘图区中选取基点。然后单击【对象】选项组中【选择对象】按钮，选取组成块的对象，并单击【确定】按钮，即可获得图块创建的效果。

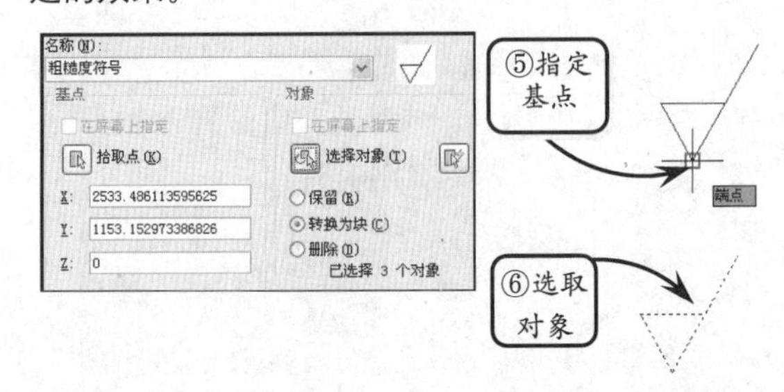

【块定义】对话框的各选项组中所包含选项的含义分别介绍如下。

- **名称**

在该文本框中可以输入要创建的内部图块的名称。该名称应尽量反映创建图块的特征，从而和定义的其他图块有所区别，同时也方便调用。

- **基点**

该选项组用于确定块插入时所用的基准点，相当于移动、复制对象时所指定的基点。该基点关系到块插入操作的方便性，用户可以在其下方的X、

Y、Z 文本框中分别输入基点的坐标值，也可以单击【拾取点】按钮，在绘图区中选取一点作为图块的基点。

❑ 对象

该选项组用于选取组成块的几何图形对象。单击【选择对象】按钮，可以在绘图区中选取要定义为图块的对象。该选项组中所包含的 3 个单选按钮的含义如下表所述。

名称	功 能 含 义
保留	选择该单选按钮，表示在定义好内部图块后，被定义为图块的源对象仍然保留在绘图区中，并且没有被转换为图块
转换为块	选择该单选按钮，表示定义好内部图块后，在绘图区中被定义为图块的源对象也被转换为图块
删除	选择该单选按钮，表示在定义好内部图块后，将删除绘图区中被定义为图块的源对象

❑ 方式

在该选项组中可以设置图块的注释性、缩放，以及是否能够进行分解等参数选项。其所包含的 3 个复选框的含义如下表所述。

名称	功 能 含 义
注释性	启用该复选框，可以使当前所创建的块具有注释性功能。同时若再启用【使块方向与布局匹配】复选框，则可以在插入块时，使其与布局方向相匹配。且即使布局视口中的视图被扭曲或者是非平面，这些对象的方向仍将与该布局方向相匹配
按统一比例缩放	启用该复选框，组成块的对象可以按比例统一进行缩放
允许分解	启用该复选框，系统将允许组成块的对象被分解

❑ 设置

当使用设计中心将块拖放到图形中时，可以指定块的缩放单位。

❑ 说明

在该文本框中可以输入图块的说明文字。

3. 存储块

存储块又称为创建外部图块，即将创建的图块作为独立文件保存。这样不仅可以将块插入到任何图形中去，而且可以对图块执行打开和编辑等操作。

在命令行中输入 WBLOCK 指令，并按下回车键，系统将打开【写块】对话框。

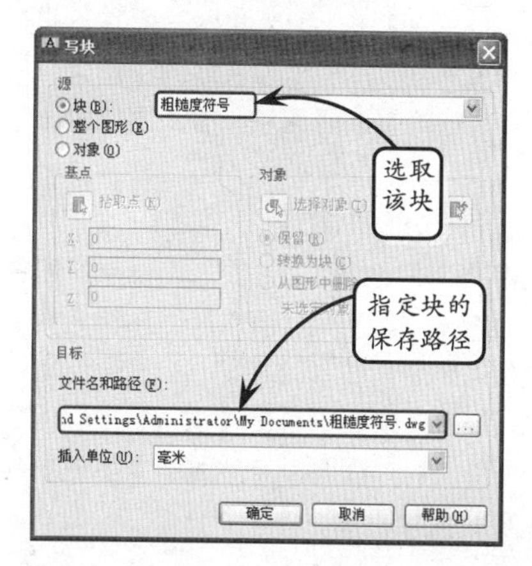

此时在该对话框的【源】选项组中选择【块】单选按钮，表示新图形文件将由块创建，并在右侧下拉列表框中指定要保存的块。接着在【目标】选项组中输入文件名称，并指定其具体的保存路径即可。

在指定文件名时，只需输入文件名称而不用带扩展名，系统一般将扩展名定义为.dwg。此时如果在【目标】选项组中未指定文件名，系统将默认保存位置保存该文件。【源】选项组中另外两种存储块的方式如下所述。

❑ 整个图形

选择该单选按钮，表示系统将使用当前的全部图形创建一个新的图形文件。此时只需单击【确定】按钮，即可将全部图形文件保存。

❑ 对象

选择该单选按钮，系统将使用当前图形中的部分对象创建一个新图形。此时必须选择一个或多个对象，以输出到新的图形中。其操作方法同创建块的操作方法类似，这里不再赘述。

提示

如果将其他图形文件作为一个块插入到当前文件中时，系统默认的是将坐标原点作为插入点，这样对于有些图形绘制来说，很难精确控制插入位置。因此在实际应用中，应先打开该文件，再通过输入 BASE 指令执行插入操作。

7.2 插入块

版本：AutoCAD 2013

在 AutoCAD 中，定义和保存图块的目的都是为了重复使用图块，并将其放置到图形文件上指定的位置，这就需要调用图块。插入图块的方法主要有以下 4 种方式。

1. 直接插入单个图块

直接插入单个图块的方法是工程绘图中最常用的调用方式，即利用【插入】工具指定内部或外部图块插入到当前图形之中。

在【块】选项板中单击【插入】按钮，系统将打开【插入】对话框。该对话框中各主要参数选项的含义分别介绍如下。

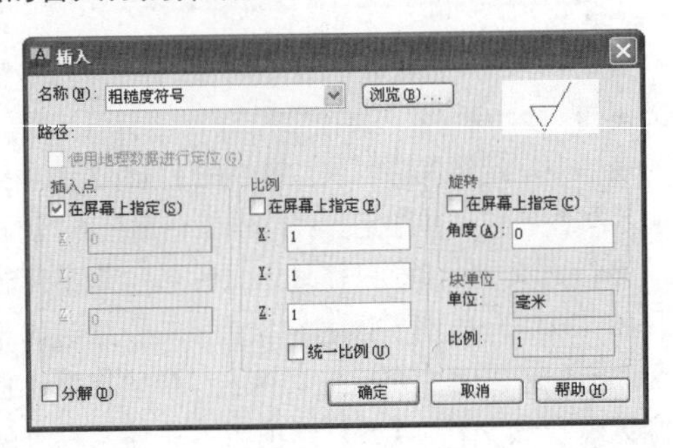

- **名称** 在该文本框中可以指定需要插入块的名称，或指定作为块插入的图形文件名。
- **插入点** 该选项组用于确定插入点的位置。一般情况下有两种方法：在屏幕上使用鼠标单击指定插入点或直接输入插入点的坐标来指定。

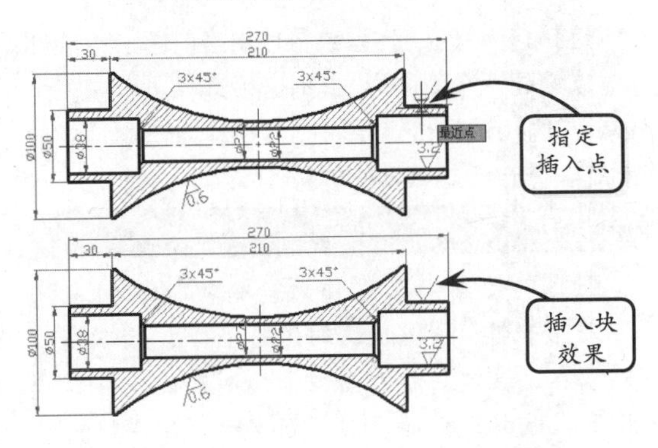

- **比例** 该选项组用于设置块在 X、Y 和 Z 这 3 个方向上的比例。同样有两种方法决定块的缩放比例：在屏幕上使用鼠标单击指定或直接输入缩放比例因子。
- **旋转** 该选项组用于设置插入块时的旋转角度。同样也有两种方法确定块的旋转角度：在屏幕上指定块的旋转角度或直接输入块的旋转角度。
- **分解** 该复选框用于控制图块插入后是否允许被分解。如果启用该复选框，则图块插入到当前图形时，组成图块的各个对象将自动分解成各自独立的状态。

2. 阵列插入图块

在命令行中输入 MINSERT 指令即可阵列插入图块。该命令实际上是将阵列和块插入命令合二为一，当用户需要插入多个具有规律的图块时，即可输入 MINSERT 指令来进行相关操作。

输入 MINSERT 指令后，输入要插入的图块名称。然后指定插入点，并设置缩放比例因子和旋转角度。接着依次设置行数、列数、行间距和列间距参数，即可阵列插入所选择的图块。

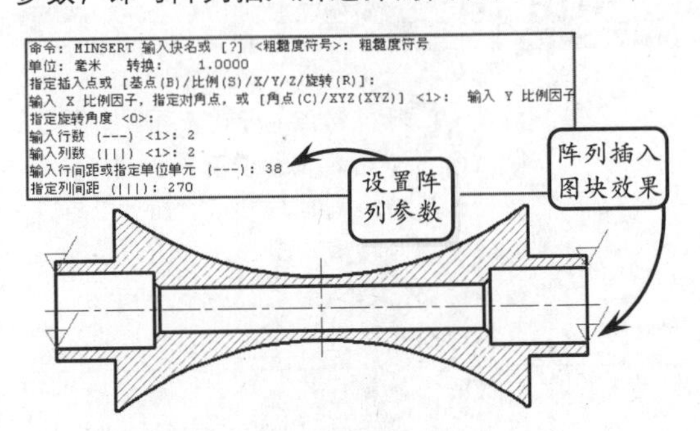

3. 以定数等分方式插入图块

在前面的章节中介绍了以定数等分方式插入点的操作方法，用户可以在命令行中输入 DIVIDE 指令，然后按照类似的方法以定数等分方式插入图块。

4. 以定距等分方式插入图块

以定距等分方式插入图块与以定距等分方式插入点的方法类似。在命令行中输入 MEASURE 指令，然后按照前面章节介绍的内容进行相关的操作即可，这里不再赘述。

7.3 编辑块

版本：AutoCAD 2013

在完成块的创建后，往往需要对块对象进行相应的编辑操作，才能使创建的图块满足实际要求，使用户在绘图过程中更加方便地插入所需的图块对象。块的编辑一般包括块的分解和删除块等操作。

1．分解块

在图形中无论是插入内部图块还是外部图块，由于这些图块属于一个整体，无法进行必要的修改，给实际操作带来极大不便。这就需要将图块在插入后转化为定义前各自独立的状态，即分解图块。常用的分解方法有以下两种。

❑ 插入时分解图块

插入图块时，在打开的【插入】对话框中启用【分解】复选框，插入图块后整个图块特征将被分解为单个的线条。若禁用该复选框，则插入后的图块仍以整体对象存在。

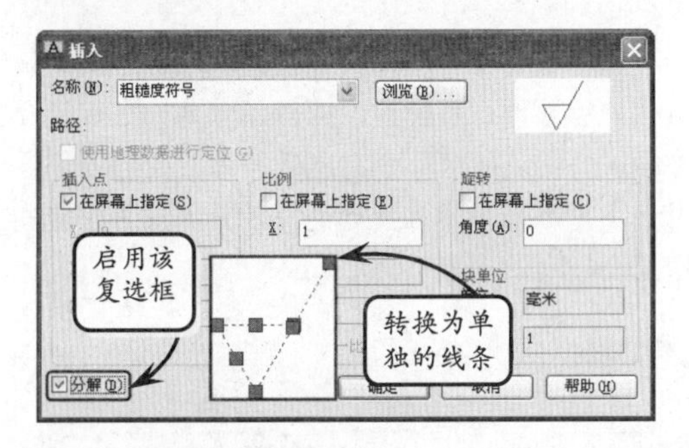

❑ 插入后分解图块

插入图块后，可以利用【分解】工具执行分解图块的操作。该工具可以分解块参照、填充图案和关联性尺寸标注等对象，也可以将多段线或多段弧线分解为独立的直线和圆弧对象。

在【修改】选项板中单击【分解】按钮，然后选取要分解的图块，并按下回车键即可。

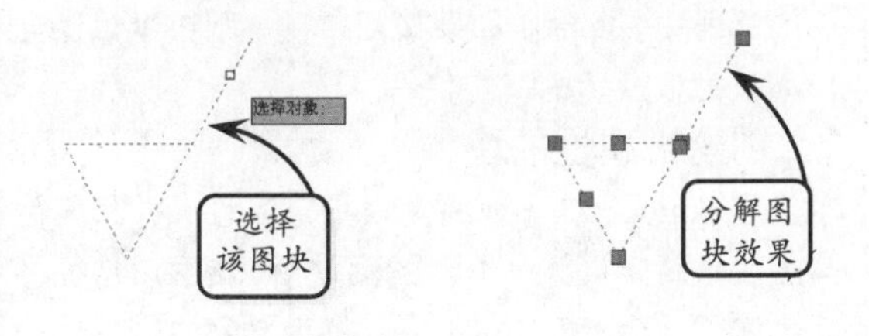

提示

在插入块时，如果 X 轴、Y 轴和 Z 轴方向设置的比例值相等，则块参照在被分解时，将分解为组成块参照时的原始对象。而当 X 轴、Y 轴和 Z 轴方向比例值不相等的块参照被分解时，则有可能会出现意想不到的效果。

2．删除块

在绘制图形的过程中，往往需要对创建的没有必要的图块进行删除操作，使块的下拉列表框更加清晰、一目了然。

在命令行中输入 PURGE 指令，并单击回车键，此时系统将打开【清理】对话框。该对话框显示了可以清理的命名对象的树状图。

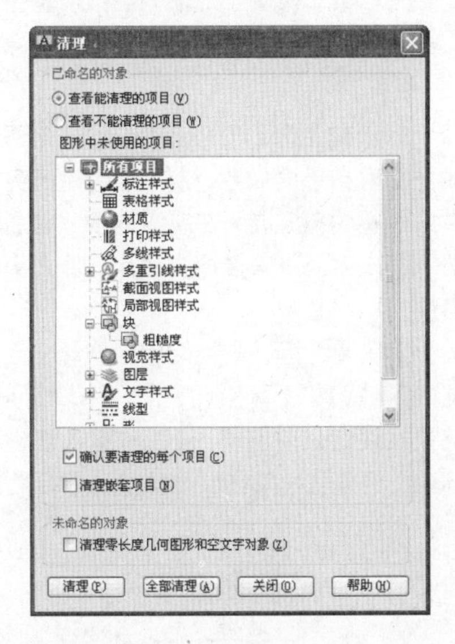

如果要清理所有未参照的块对象，在该对话框中直接选择【块】选项即可；如果在当前图形中使用了要清理的块，需要将该块对象从图形中删除，才可以在该对话框中将相应的图块名称清理掉。

此外，如果要清理特定的图块，在【块】选项上双击，并在展开的块的树状图上选择相应的图块名称即可；如果清理的对象包含嵌套块，需在该对话框中启用【清理嵌套项目】复选框。

7.4 块属性

版本：AutoCAD 2013

插入图块时，通常需要附带一些文本类的非图形信息，例如表面粗糙度块中的粗糙度参数值。如果每次插入该类图块都进行分解修改操作，将极大地降低工作效率。这就需要在创建图块之前将这些文字赋予图块属性，从而增强图块的通用性。

1. 块属性特点

块属性是附属于块的非图形信息，是块的组成部分。它包含了组成该块的名称、对象特性以及各种注释等信息。如果某个图块带有属性，那么用户在插入该图块时可以根据具体情况，通过属性来为图块设置不同的文本信息。

一般情况下，通过将定义的属性附加到块中，然后通过插入块操作，即可使块属性成为图形中的一部分。这样所创建的属性块将是由块标记、属性值、属性提示和默认值 4 个部分组成，现分别介绍如下。

❑ 块标记

每一个属性定义都有一个标记，就像每一个图层或线型都有自己的名称一样。属性标记实际上是属性定义的标识符，显示在属性的插入位置处。一般情况下，该标记用来描述文本尺寸、文字样式和旋转角度。

另外，在属性标记中不能包含空格，且两个名称相同的属性标记不能出现在同一个块定义中。属性标记仅在块定义前出现，在块被插入后将不再显示该标记。但是，如果当块参照被分解后，属性标记将重新显示。

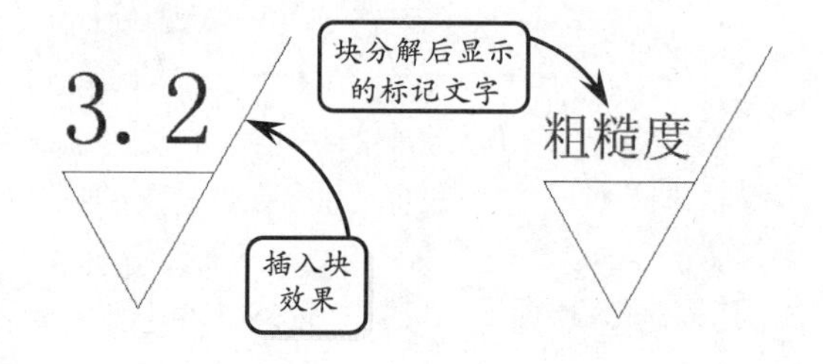

❑ 属性值

在插入块参照时，属性值实际上就是一些显示的字符串文本（如果属性的可见性模式设置为开）。无论可见与否，属性值都是直接附着于属性上的，并与块参照关联。正是这个属性值将来可被写入到数据库文件中。

如下图所示图形中即为粗糙度符号和基准符号的属性值。如果要多次插入这些图块，则可以将这些属性值定义给相应的图块。在插入图块的同时，即可为其指定相应的属性值，从而避免了为图块进行多次文字标注的操作。

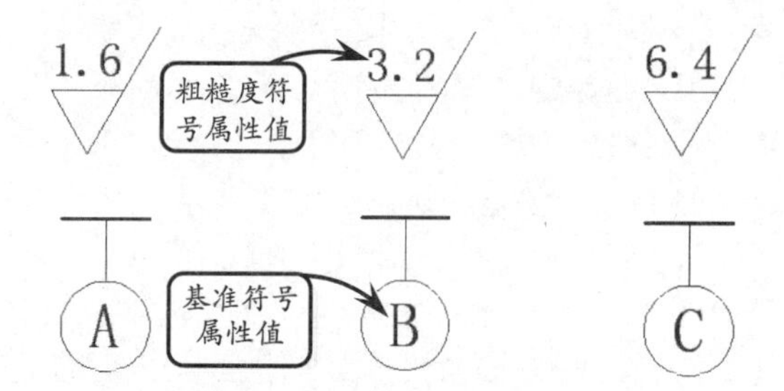

❑ 属性提示

属性提示是在插入带有可变的或预置的属性值的块参照时，系统显示的提示信息。在定义属性过程中，可以指定一个文本字符串，在插入块参照时该字符串将显示在提示行中，提示输入相应的属性值。

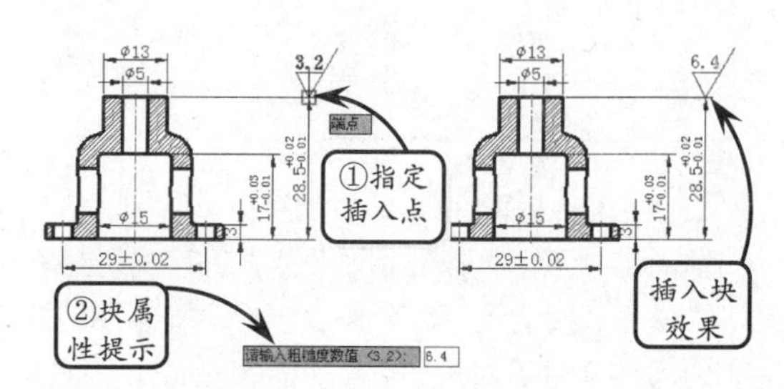

❑ 默认值

在定义属性时，用户还可以指定一个属性的默认值。在插入块参照时，该默认值将出现在提示后面的括号中。此时，如果按回车键，则该默认值会自动成为该提示的属性值。

2. 创建带属性的块

在 AutoCAD 中，为图块指定属性，并将属性与图块重新定义为一个新的图块后，该图块特征将成为属性块。只有这样才可以将定义好的带属性的块执行插入、修改以及编辑等操作。属性必须依赖于块而存在，没有块就没有属性，且通常属性必须预先定义而后选定。

创建图块后，在【块】选项板中单击【定义属性】按钮，系统将打开【属性定义】对话框。该对话框中各选项组所包含的选项含义分别介绍如下。

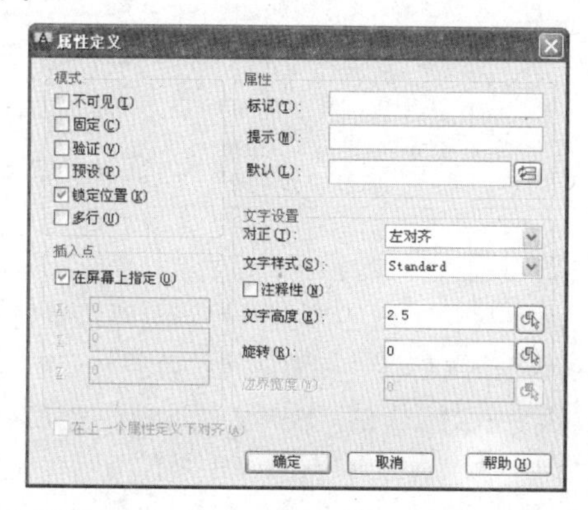

❑ 模式

该选项组用于设置属性模式，如设置块属性值为一常量或者默认的数值。该选项组中各复选框的含义如下表所述。

名称	功 能 含 义
不可见	启用该复选框，表示插入图块并输入图块的属性值后，该属性值将不在图形中显示出来
固定	启用该复选框，表示定义的属性值为一常量，在插入图块时将保持不变
验证	启用该复选框，表示在插入图块时，系统将对用户输入的属性值再次给出校验提示，以确认输入的属性值是否正确
预设	启用该复选框，表示在插入图块时将直接以图块默认的属性值插入
锁定位置	启用该复选框，表示在插入图块时将锁定块参照中属性的位置
多行	启用该复选框，可以使用多段文字来标注块的属性值

❑ 属性

该选项组用于设置属性参数，其中包括标记、提示和默认值。用户可以在【标记】文本框中设置属性的显示标记；在【提示】文本框中设置属性的提示信息，以提醒用户指定属性值；在【默认】文本框中设置图块默认的属性值。

❑ 插入点

该选项组用于指定图块属性的显示位置。启用【在屏幕上指定】复选框，可以用鼠标在图形上指定属性值的位置；若禁用该复选框，则可以在下面的坐标轴文本框中输入相应的坐标值来指定属性值在图块上的位置。

❑ 在上一个属性定义下对齐

启用该复选框，表示该属性将继承前一次定义的属性的部分参数，如插入点、对齐方式、字体、字高和旋转角度等。该复选框仅在当前图形文件中已有属性设置时有效。

❑ 文字设置

该选项组用于设置属性的对齐方式、文字样式、高度和旋转角度等参数。该选项组中各选项的含义如下表所述。

名称	功 能 含 义
对正	在该下拉列表中可以选择属性值的对齐方式
文字样式	在该下拉列表中可以选择属性值所要采用的文字样式
文字高度	在该文本框中可以输入属性值的高度，也可以单击文本框右侧的按钮，然后在绘图区以选取两点的方式来指定属性值的高度
旋转	在该文本框中可以设置属性值的旋转角度，也可以单击文本框右侧的按钮，然后在绘图区以选取两点的方式来指定属性值的旋转角度

现以创建带属性的粗糙度图块为例，介绍属性块的具体创建方法。在【属性定义】对话框中启用【锁定位置】复选框，然后分别定义块的属性和文字格式。

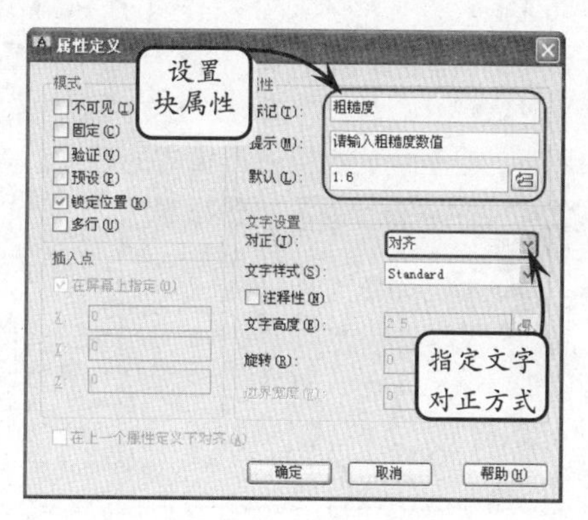

设置完成后单击【确定】按钮，然后在绘图区中依次选取文字对齐放置的两个端点，将属性标记文字插入到当前视图中。接着利用【移动】工具将插入的属性文字向上移动至合适位置。

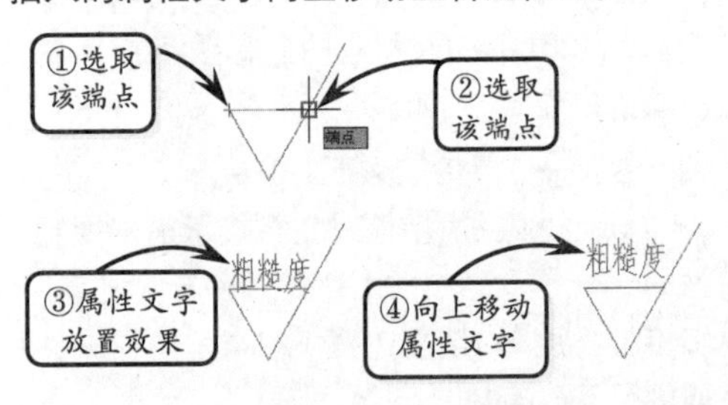

此时，在【块】选项板中单击【创建】按钮，并输入新建块的名称为“粗糙度”。然后框选组成块的对象，并单击【确定】按钮。接着在绘图区指定插入基点，并在打开的【编辑属性】对话框中接受默认的粗糙度数值，单击【确定】按钮即可。

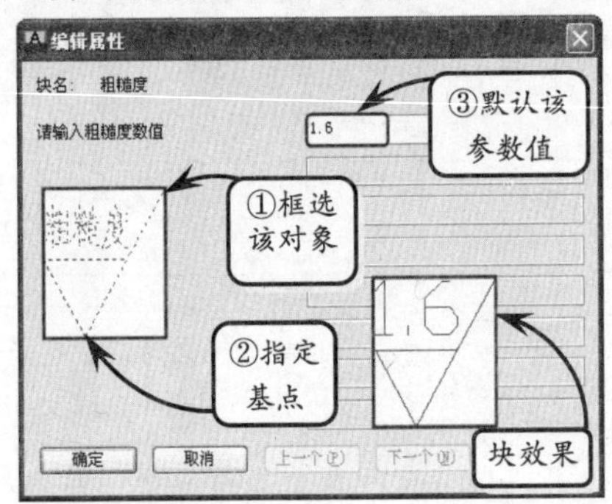

3. 编辑块属性

当图块中包含属性定义时，属性将作为一种特殊的文本对象也一同被插入。此时用户可以利用编辑单个块属性工具编辑之前定义的块属性设置，还可以利用管理属性工具将属性标记赋予新值，使之符合相似图形对象的设置要求。

❑ 修改属性定义

在【块】选项板中单击【单个】按钮，并选取一插入的带属性的块特征，将打开【增强属性编辑器】对话框。此时，在该对话框的【属性】选项卡中即可对当前的属性值进行相应的设置。

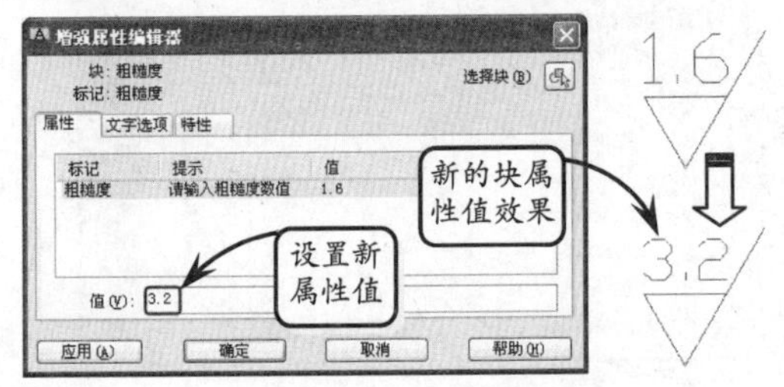

此外，在该对话框中切换至【文字选项】选项卡，可以设置块的属性文字特性；切换至【特性】选项卡，可以设置块所在图层的各种特性。

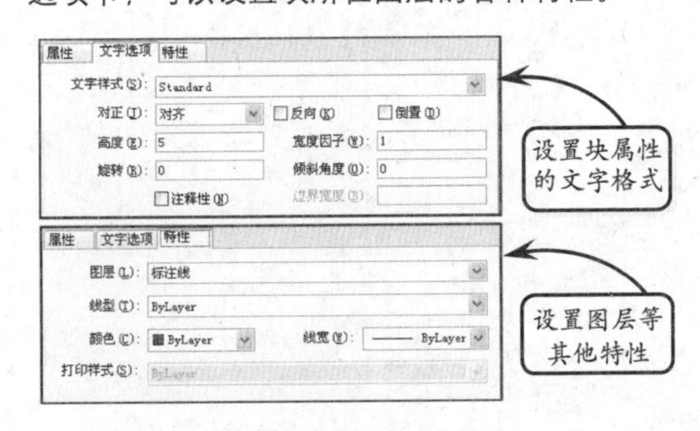

❑ 块属性管理器

块属性管理器工具主要用于重新设置属性定义的构成、文字特性和图形特性等属性。在【块】选项板中单击【属性，块属性管理器】按钮，系统将打开【块属性管理器】对话框。

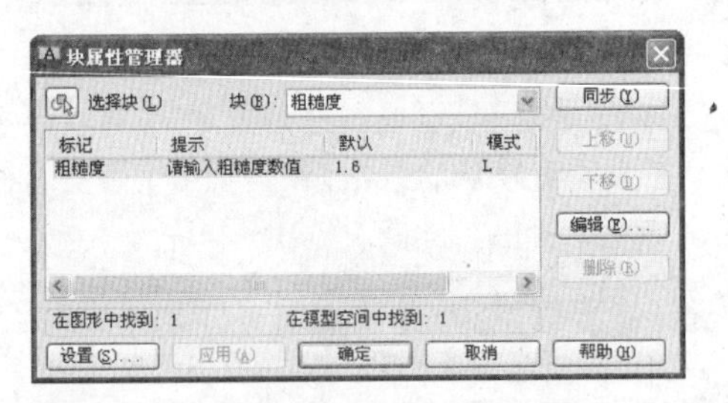

此时，若在该对话框中单击【编辑】按钮，即可在打开的【编辑属性】对话框中编辑块的不同属性；若单击【设置】按钮，即可在打开的【块属性设置】对话框中通过启用相应的复选框来设置【块属性管理器】对话框中显示的属性内容。

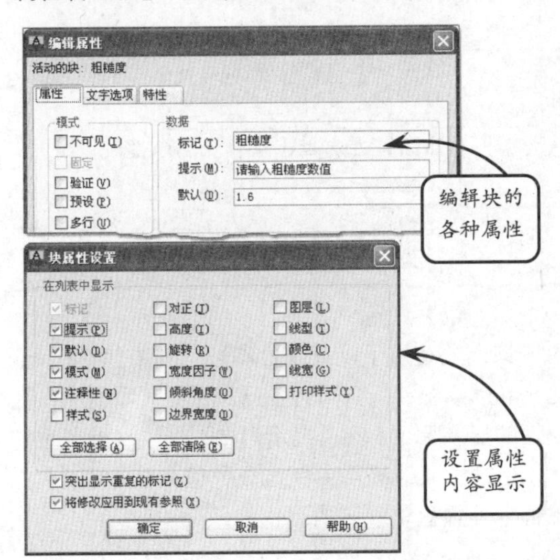

AutoCAD 7.5 创建动态块

版本：AutoCAD 2013

动态图块就是将一系列内容相同或相近的图形，通过块编辑器将图形创建为块，并设置该块具有参数化的动态特性，通过自定义夹点或自定义特性来操作动态块。设置该类图块相对于常规图块来说具有极大的灵活性和智能性，不仅提高了绘图效率，同时减小了图块库中的块数量。

1．动态块概述

要使块成为动态块，必须至少添加一个参数，然后添加一个动作，并使该动作与参数相关联。添加到块定义中的参数和动作类型定义了块参照在图形中的作用方式。在绘制过程中，对块的控制越强，就能够越快速、越轻松地完成工作，其创建的一般思路如下所述。

❑ **了解块的使用方式**

在创建动态块之前，应当了解块在图形中的使用方式，例如拉伸、缩放、移动或旋转等方式。除了要了解块中的哪些对象需要更改外，还需要确定这些对象将如何更改。

❑ **绘制图形的方式**

绘制动态块中的几何图形时，既可以在绘图区中绘制需要的几何图形，也可以在块编辑器中绘制动态块中的几何图形，还可以直接使用图形中的现有几何图形或插入已定义的块。

❑ **了解块元素如何共同作用**

在向块定义中添加参数和动作之前，有必要了解块元素之间是如何共同作用的，了解其相互之间，以及其与块中的几何图形的相关性。且若向块定义中添加动作时，需要将动作与参数以及几何图形的选择集相关联。

❑ **添加参数**

添加参数是根据命令行的提示向动态块中添加适当的参数。单击【块编辑器】按钮，在打开的【编辑块定义】对话框中选择要编辑的块，即可进入动态块编辑窗口。此时，在其左侧的【块编写选项板】中默认的是【参数】选项卡，通过该选项卡可以添加相应的参数。

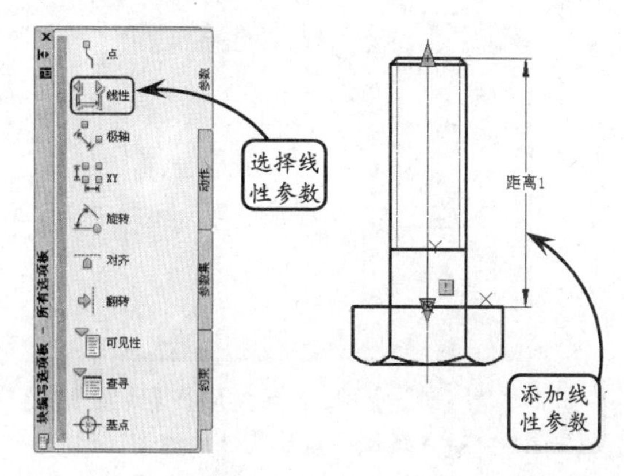

❑ **添加动作**

切换至【动作】选项卡，将进入动作添加面板。利用该面板中的相关选项，即可将动作与正确的参数和几何图形相关联。

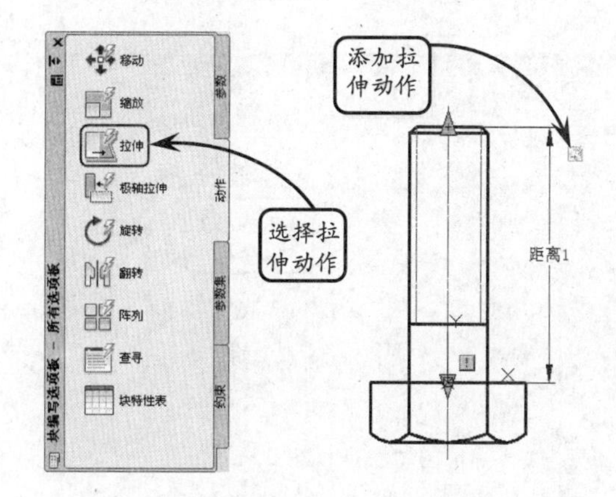

❑ **保存块并在图形中进行测试**

完成动态图块的创建后，保存动态块的定义，并通过【关闭块编辑器】工具退出编辑窗口。然后将动态块参照插入到另一个图形中，并测试该块的功能。

2．创建动态块

在 AutoCAD 中，利用【块编辑器】工具可以创建相应的动态块特征。块编辑器是一个专门的编写区域，用于添加能够使块成为动态块的元素。用户可以利用该工具向当前图形存在的块定义中添加动态行为，或者编辑其中的动态行为，也可以利用该工具创建新的块。

在【块】选项板中单击【块编辑器】按钮，系统将打开【编辑块定义】对话框。该对话框中提供了可供创建动态块的现有多种图块，选择一种块类型，即可在右侧预览该块效果。

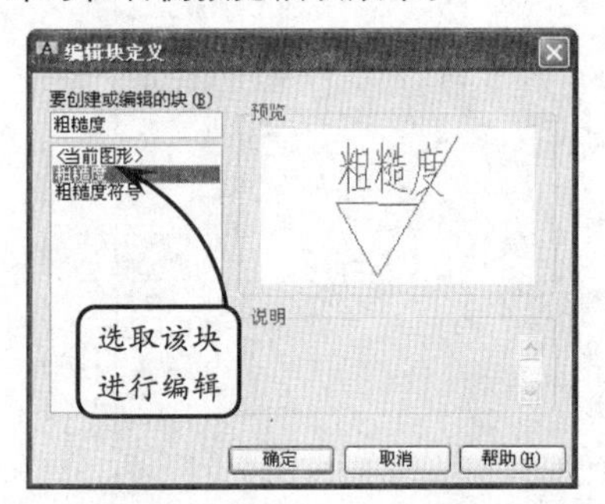

此时单击【确定】按钮，系统展开【块编辑器】选项卡，并将进入默认为灰色背景的绘图区域，该区域即为专门的动态块创建区域。其左侧将自动打开一个【块编写】选项板，该选项板包含参数、动作、参数集和约束 4 个选项卡。选择不同选项卡中的选项，即可为块添加所需的各种参数和对应的动作。

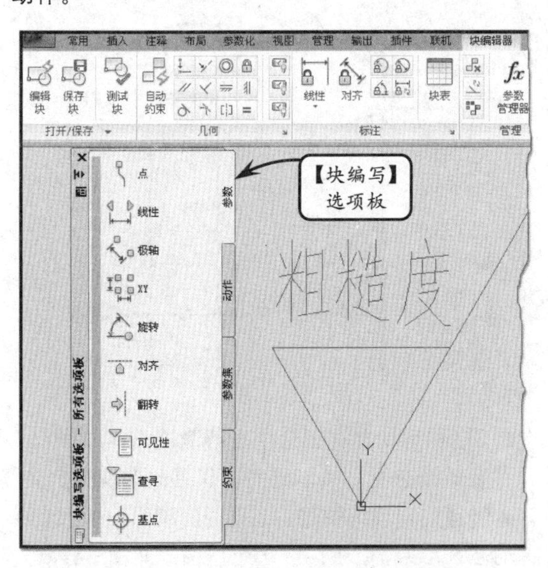

创建一完整的动态图块，必须包括一个或多个参数，以及该参数所对应的动作。当添加参数到指定的动态块后，夹点将添加到该参数的关键点。关键点是用于操作块参照的参数部分，如线性参数在其基点或端点具有关键点，拖动任一关键点即可操作参数的距离。

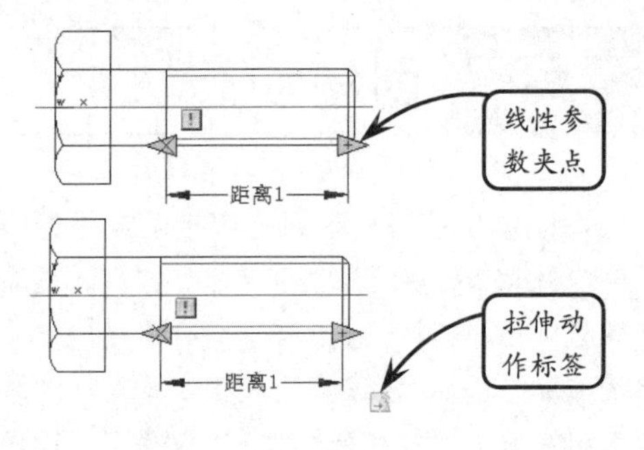

添加到动态块的参数类型决定了添加的夹点类型，且每种参数类型仅支持特定类型的动作。下表即列出了参数、夹点和动作的关系。

参数类型	夹点样式	夹点在图形中的操作方式	可与参数关联的动作
点	正方形	平面内任意方向	移动、拉伸
线性	三角形	按规定方向或沿某一条轴移动	移动、缩放、拉伸、阵列
极轴	正方形	按规定方向或沿某一条轴移动	移动、缩放、拉伸、极轴拉伸、阵列
XY	正方形	按规定方向或沿某一条轴移动	移动、缩放、拉伸、阵列
旋转	圆点	围绕某一条轴旋转	旋转
对齐	五边形	平面内任意方向；如果在某个对象上移动，可使块参照与该对象对齐	无
翻转	箭头	单击以翻转动态块	翻转
可见性	三角形	平面内任意方向	无
查寻	三角形	单击以显示项目列表	查寻
基点	圆圈	平面内任意方向	无

AutoCAD 7.6 添加块参数和块动作

版本：AutoCAD 2013

在 AutoCAD 中，创建一完整的动态图块常需要设置参数和动作这两种元素。其中在块编辑器中，参数的外观类似于标注，且动态块的相关动作是完全依据参数进行的。

1．添加块参数

在图块中添加的参数可以指定几何图形在参照中的位置、距离和角度等特性，其通过定义块的特性来限制块的动作。各主要参数的含义现分别介绍如下。

❑ 点参数

点参数可以为块参照定义两个自定义特性：相对于块参照基点的位置 X 和位置 Y。如果向动态块定义添加点参数，点参数将追踪 X 和 Y 的坐标值。

在添加点参数时，默认的方式是指定点参数位置。在【块编写】选项板中单击【点】按钮，并在图块中选取点的确定位置即可，其外观类似于坐标标注。然后对其添加移动动作测试效果。

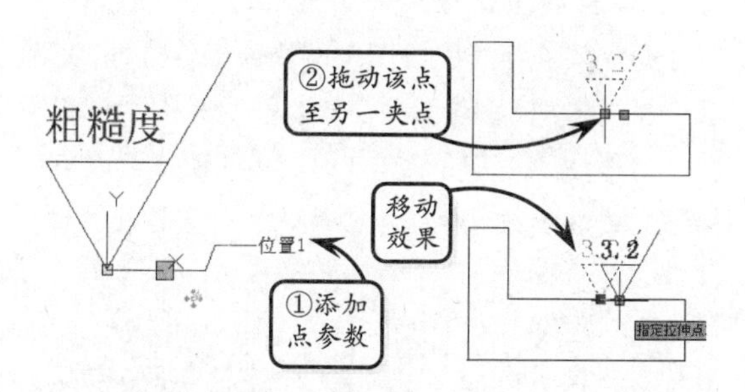

❑ 线性参数

线性参数可以显示出两个固定点之间的距离，其外观类似于对齐标注。如果对其添加相应的拉伸、移动等动作，则约束夹点可以沿预置角度移动。

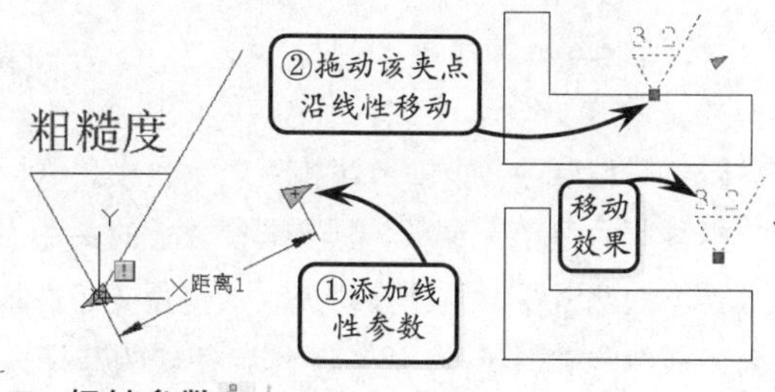

❑ 极轴参数

极轴参数可以显示出两个固定点之间的距离并显示角度值，其外观类似于对齐标注。如果对其添加相应的拉伸、移动等动作，则约束夹点可沿预置角度移动。

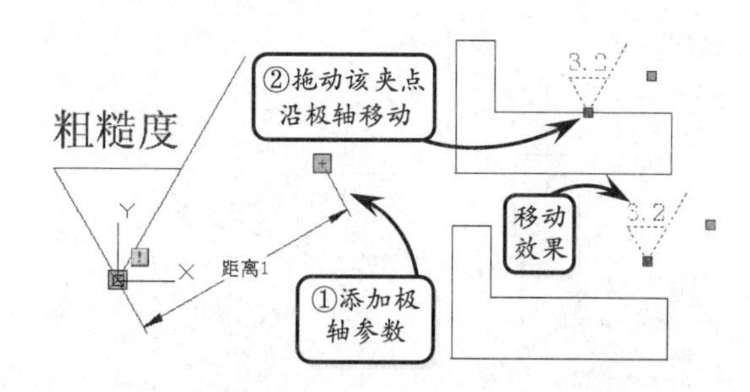

❑ XY 参数

XY 参数显示出距参数基点的 X 距离和 Y 距离，其外观类似于水平和垂直标注方式。如果对其添加阵列动作，则可以进行阵列动态测试。

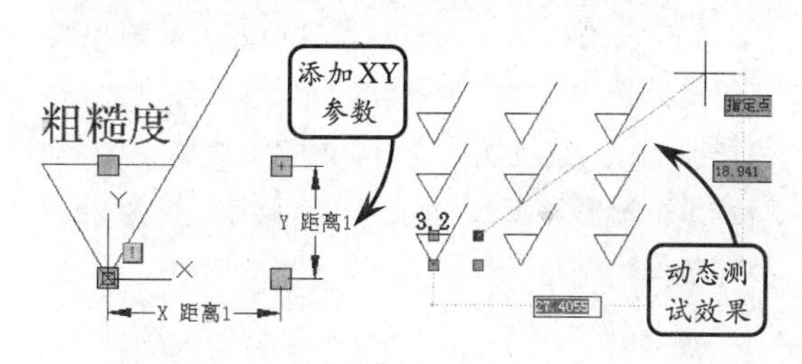

❑ 旋转参数

旋转参数可以定义块的旋转角度，它仅支持旋转动作。在块编辑窗口，它显示为一个圆。其一般操作步骤为：首先指定参数半径，然后指定旋转角度，最后指定标签位置。如果为其添加旋转动作，则动态旋转效果如下图所示。

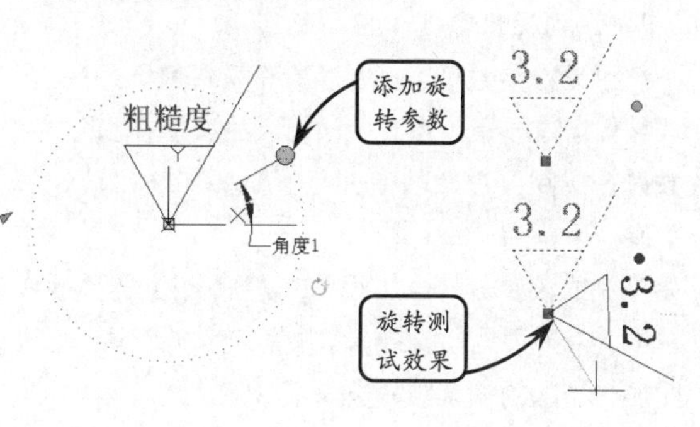

❑ 对齐参数

对齐参数可以定义X和Y位置以及一个角度，其外观类似于对齐线，可以直接影响块参照的旋转特性。对齐参数允许块参照自动围绕一个点旋转，以便与图形中的另一对象对齐。它一般应用于整个块对象，并且无需与任何动作相关联。

要添加对齐参数，单击【对齐】按钮，并依据提示选取对齐的基点即可，保存该定义块，并通过夹点观察动态测试效果。

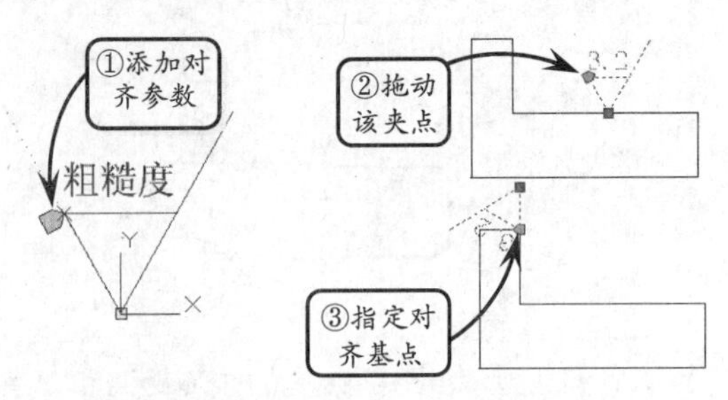

❑ 翻转参数

翻转参数可以定义块参照的自定义翻转特性，它仅支持翻转动作。在块编辑窗口，其显示为一条投影线，即系统围绕这条投影线翻转对象。如下图所示单击投影线下方的箭头，即可将图块进行相应的翻转操作。

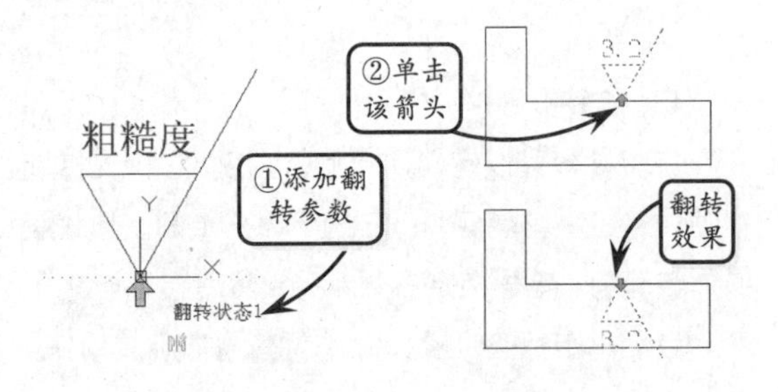

❑ 可见性参数

可见性参数可以控制对象在块中的可见性，在块编辑窗口显示为带有关联夹点的文字。可见性参数总是应用于整个块，并且不需要与任何动作相关联。

完成该参数的添加后，在【可见性】选项板中单击【使不可见】按钮，并保存该块定义。此时图形中添加的块参照将被隐藏。

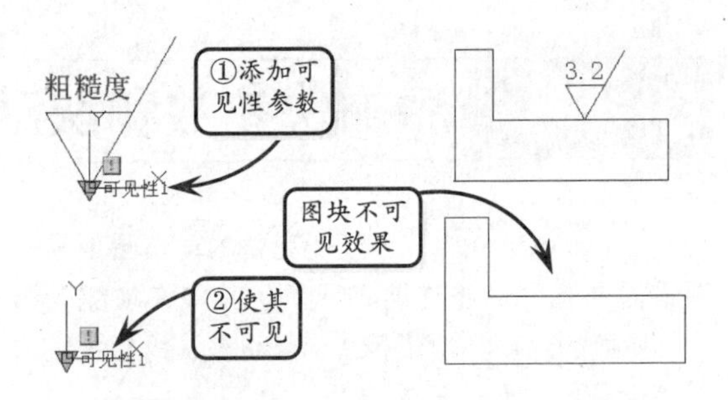

2. 添加块动作

添加动作是根据在图形块中添加的参数而设置的相应动作，它用于在图形中自定义动态块的动作特性。此特性决定了动态块将在操作过程中做何种修改，且通常情况下，动态图块至少包含一个动作。

一般情况下，由于添加的块动作与参数上的关键点和几何图形相关联，所以在向动态块中添加动作前，必须先添加与该动作相对应的参数。其中，关键点是参数上的点，编辑参数时该点将会与动作相关联，而与动作相关联后的几何图形称为选择集。各主要动作的含义现分别介绍如下。

❑ 移动动作

移动动作与二维绘图中的移动操作类似。在动态块测试中，移动动作会使对象按定义的距离和角度进行移动。在编辑动态块时，移动动作可以与点参数、线性参数、极轴参数和XY轴参数相关联。

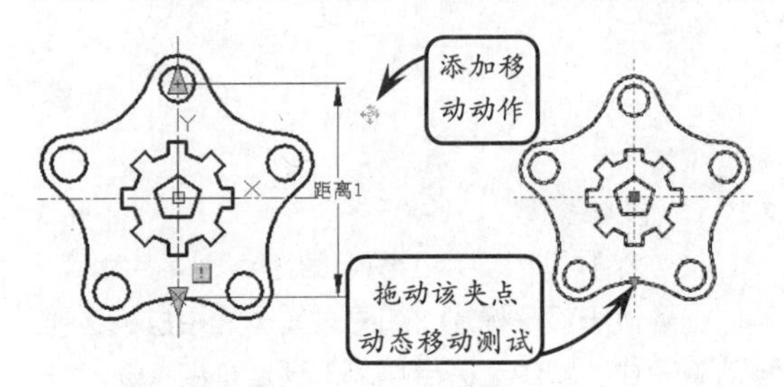

❑ 缩放动作

缩放动作与二维绘图中的缩放操作相似。它可以与线性参数、极轴参数和XY参数相关联，并且相关联的是整个参数，而不是参数上的关键点。在动态块测试中，通过移动夹点或使用【特性】选项面板编辑关联参数，缩放动作会使块的选择集进行缩放。

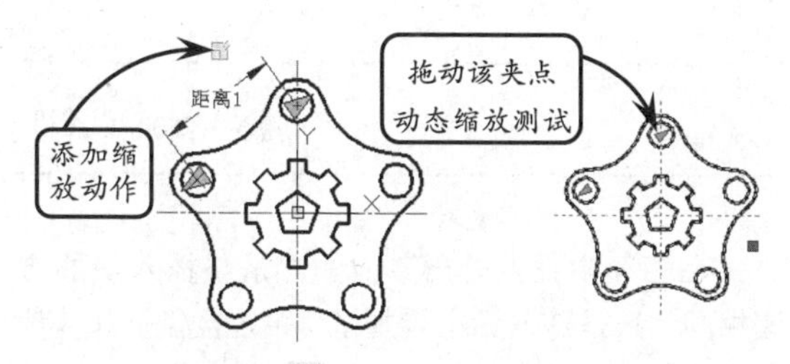

❑ 拉伸动作

拉伸动作与二维绘图中的拉伸操作类似。在动态块拉伸测试中，拉伸动作将使对象按指定的距离和位置进行移动和拉伸。与拉伸动作相关联的有点参数、线性参数、极轴参数和 XY 轴参数。

将拉伸动作与某个参数相关联后，可以为该拉伸动作指定一个拉伸框，然后为拉伸动作的选择集选取对象即可。其中，拉伸框决定了框内部或与框相交的对象在块参照中的编辑方式。

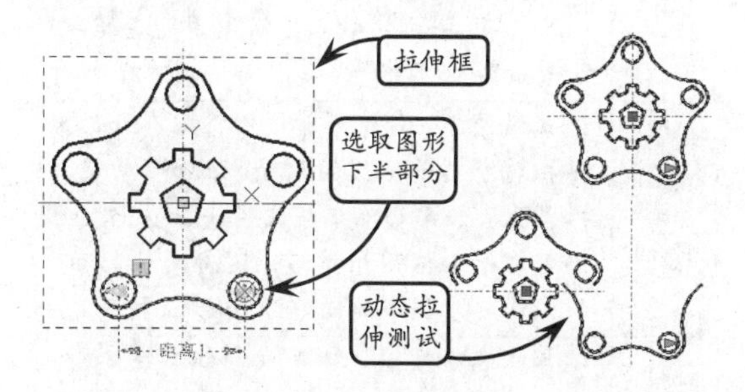

❑ 极轴拉伸动作

在动态块测试中，极轴拉伸动作与拉伸动作相似。极轴拉伸动作不仅可以按角度和距离移动和拉伸对象，还可以将对象旋转，但它一般只能与极轴参数相关联。

在定义该动态图块时，极轴拉伸动作拉伸部分的基点是关键点相对的参数点。关联后可以指定该轴拉伸动作的拉伸框，然后选取要拉伸的对象和要旋转的对象组成选择集即可。

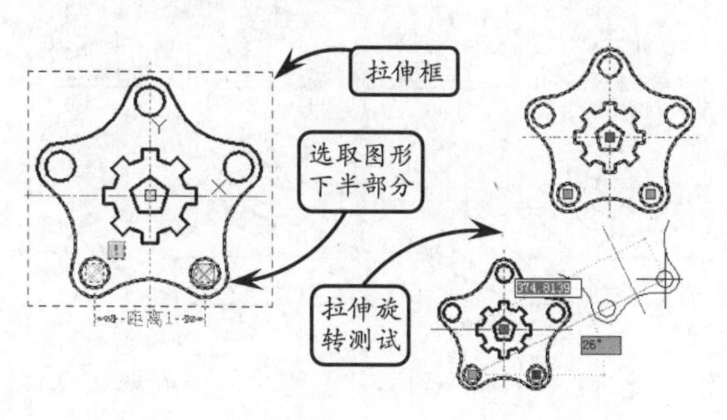

❑ 旋转动作

旋转动作与二维绘图中的旋转操作类似。在定义动态块时，旋转动作只能与旋转参数相关联。且与旋转动作相关联的是整个参数，而不是参数上的关键点。

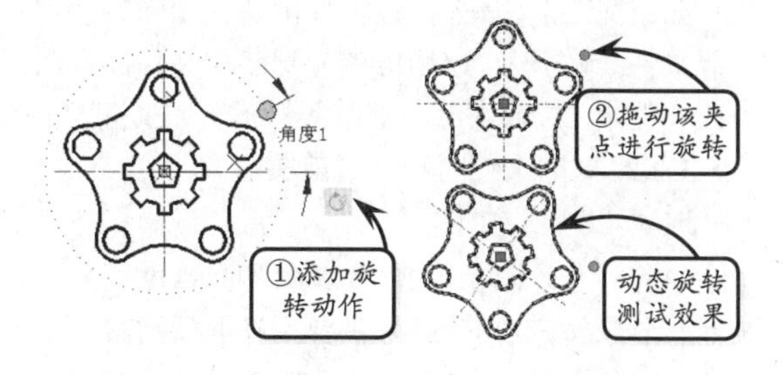

❑ 翻转动作

使用翻转动作可以围绕指定的轴（即投影线），翻转定义的动态块参照。它一般只能与翻转参数相关联，其效果相当于二维绘图中的镜像复制效果。

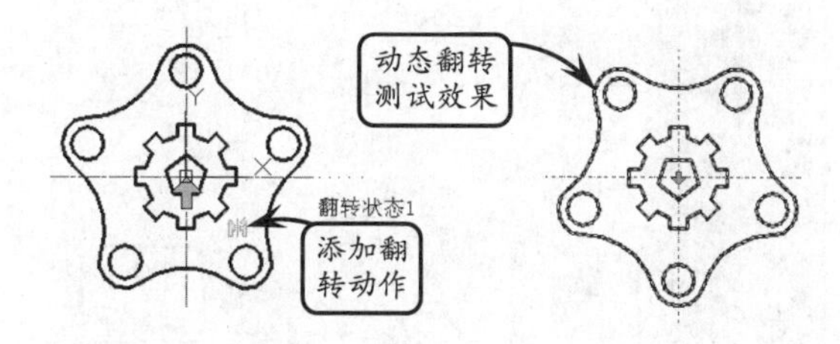

❑ 阵列动作

在进行阵列动态块测试中，通过夹点或【特性】选项板可以使其关联对象进行复制，并按照矩形样式阵列。在动态块定义中，阵列动作可以与线性参数、极轴参数和 XY 参数中任意一个相关联。

如果将阵列动作与线性参数相关联，则用户可以通过指定阵列对象的列偏移，即阵列对象之间的距离来测试阵列动作的效果。

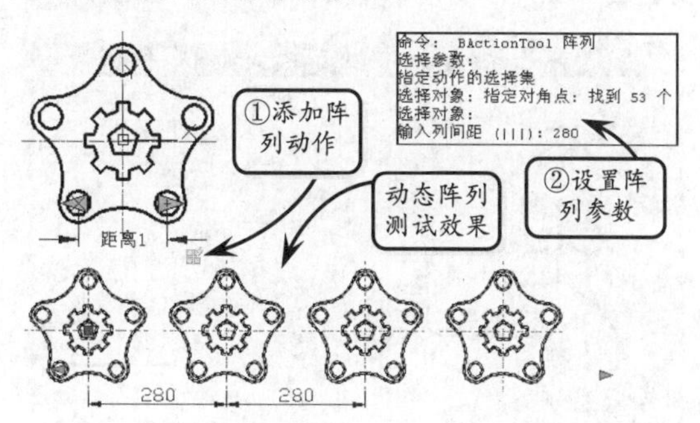

AutoCAD 7.7 附着外部参照

版本：AutoCAD 2013

附着外部参照的目的是帮助用户用其他图形来补充当前图形，主要用在需要附着一个新的外部参照文件，或将一个已附着的外部参照文件副本附着在文件中。执行附着外部参照操作，可以将以下5种主要格式的文件附着至当前图形。

1．附着 DWG 文件

执行附着外部参照操作，其目的是帮助用户用其他图形来补充当前图形，主要用在需要附着一个新的外部参照文件，或将一个已附着的外部参照文件的副本附着文件。

在【参照】选项板中单击【附着】按钮，系统将打开【选择参照文件】对话框。

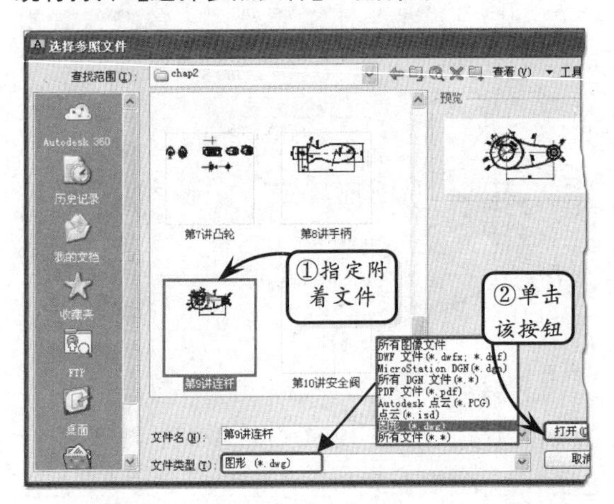

在该对话框的【文件类型】下拉列表中选择【图形】选项，并指定要附着的文件。然后单击【打开】按钮，指定相应的参照类型和路径类型，并单击【确定】按钮。接着在绘图区中指定插入点，即可将该参照文件添加到该图形中。

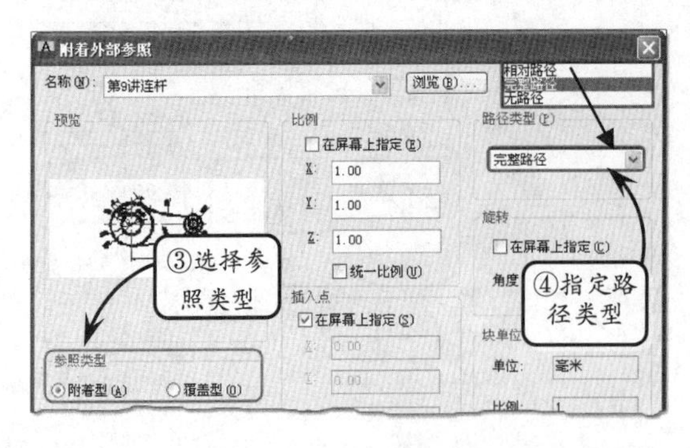

在图形中插入外部参照的方法与插入块的方法相同，只是该对话框增加了【路径类型】和【参照类型】两个选项组。这两个选项组中相应选项的含义现分别介绍如下。

❑ 路径类型

在指定相应的图形作为外部参照附着到当前主图形时，可以使用【路径类型】下拉列表中的3种方式附着该图形，具体含义如下表所述。

名称	功 能 含 义
完整路径	选择该选项，外部参照的精确位置将保存到该图形中。该选项的精确度最高，但灵活性最小。如果移动工程文件夹，AutoCAD 将无法融入任何使用完整路径附着的外部参照
相对路径	选择该选项，附着外部参照将保存外部参照相对于当前图形的位置。该选项的灵活性最大。如果移动工程文件夹，AutoCAD 仍可以融入使用相对路径附着的外部参照，但要求该参照与当前图形位置不变
无路径	选择该选项可以直接查找外部参照。该操作适合外部参照和当前图形位于同一个文件夹的情况

❑ 参照类型

在该选项组中可以选择外部参照的类型。其中，选择【附着型】单选按钮，如果参照图形中仍包含外部参照，则在执行该操作后，都将附着在当前图形中，即显示嵌套参照中的嵌套内容；如果选择【覆盖型】单选按钮，系统将不显示嵌套参照中的嵌套内容。

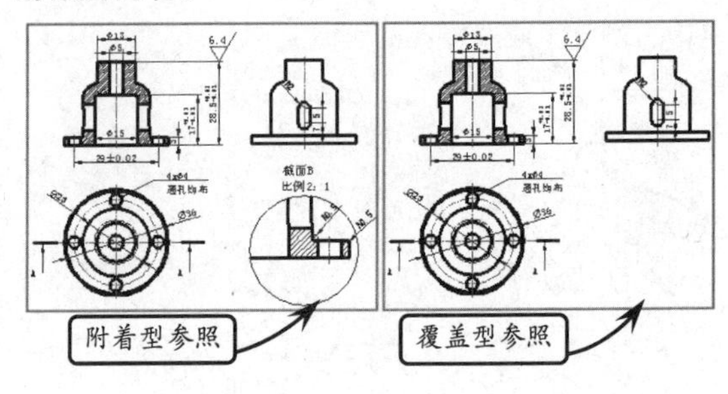

此外，由于插入到当前图形中的外部参照文件

为灰显状态，此时可以在【参照】选项板的【外部参照淡入】文本框中设置外部参照图形的淡入数值，或者直接拖动左侧的滑块调整参照图形的淡入度。该参数仅影响图形在屏幕上的显示，并不影响打印或出图预览。

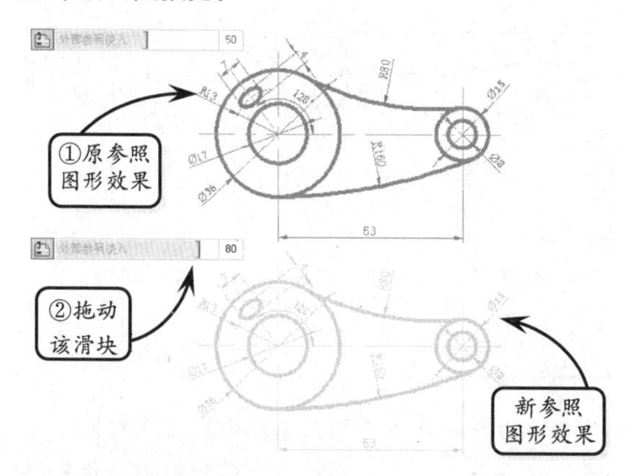

2. 附着图像文件

利用参照选项板上的相关操作，用户还可以将图像文件附着到当前文件中，对当前图形进行辅助说明。

单击【附着】按钮，在打开对话框的【文件类型】下拉列表中选择【所有图像文件】选项，并指定附着的图像文件。然后单击【打开】按钮，在打开的【附着图像】对话框中单击【确定】按钮，并在当前图形中指定该文件的插入点和插入比例，即可将该图像文件附着在当前图形中。

3. 附着 DWF 文件

DWF 格式文件是一种从 DWG 文件创建的高度压缩的文件格式。该文件易于在 Web 上发布和查看，并且支持实时平移和缩放，以及对图层显示和命名视图显示的控制。

单击【附着】按钮，在打开对话框的【文件类型】下拉列表中选择【DWF 文件】选项，并指定附着的 DWF 文件。然后单击【打开】按钮，在打开的对话框中单击【确定】按钮，并指定该文件在当前图形的插入点和插入比例，即可将该 DWF 文件附着在当前图形中。

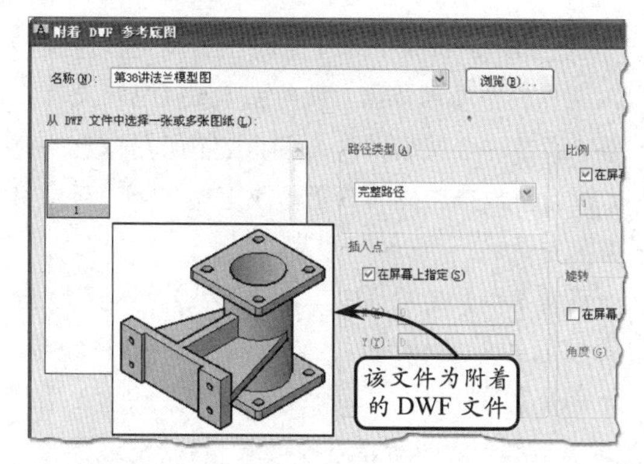

4. 附着 DGN 文件

DGN 格式文件是 MicroStation 绘图软件生成的文件，该文件格式对精度、层数以及文件和单元的大小并不限制。

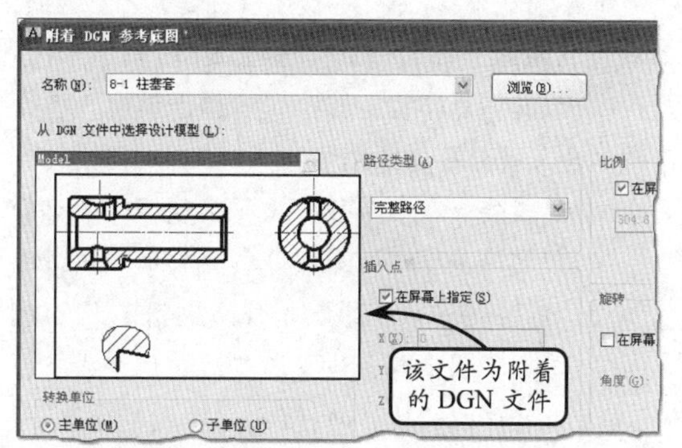

5. 附着 PDF 文件

PDF 格式文件是一种非常通用的阅读格式，而且 PDF 文档的打印和普通的 Word 文档打印一样简单。正是由于 PDF 格式比较通用而且是安全的，所以图纸的存档和外发加工一般都使用该格式。

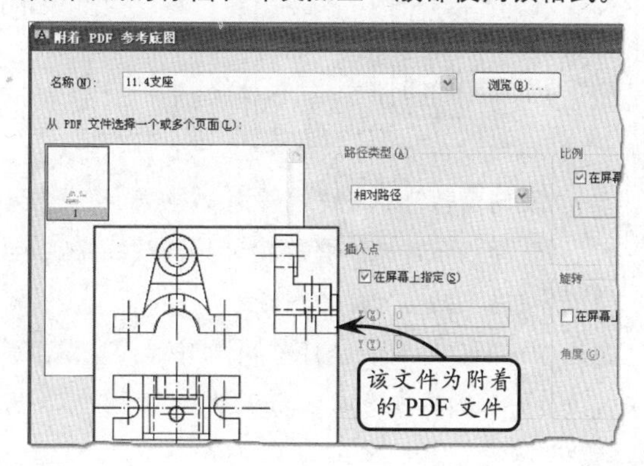

7.8 剪裁外部参照

版本：AutoCAD 2013

【参照】选项板中的【剪裁】工具可以剪裁多种对象，包括外部参照、块、图像或DWF文件格式等。通过这些剪裁操作，可以控制所需信息的显示。执行剪裁操作并非真正修改这些参照，而是将其隐藏显示。

在【参照】选项板中单击【剪裁】按钮，选取要剪裁的外部参照对象。此时命令行将显示："[开（ON）/关（OFF）/剪裁深度（C）/删除（D）/生成多段线（P）/新建边界（N）]<新建边界>："提示信息，选择不同的选项将获取不同的剪裁效果。

❑ 新建剪裁边界

通常情况下，系统默认选择【新建边界】选项，命令行将继续显示："[选择多段线(S)/多边形(P)/矩形(R)/反向剪裁(I)]<矩形>："的提示信息，各个选项的含义现分别介绍如下。

➢ **多段线** 在命令行中输入字母S，并选择指定的多段线边界即可。其中选择该方式前，应在需要剪裁的图像上利用【多段线】工具绘制出剪裁边界，然后在该方式下，选择相应的边界即可。

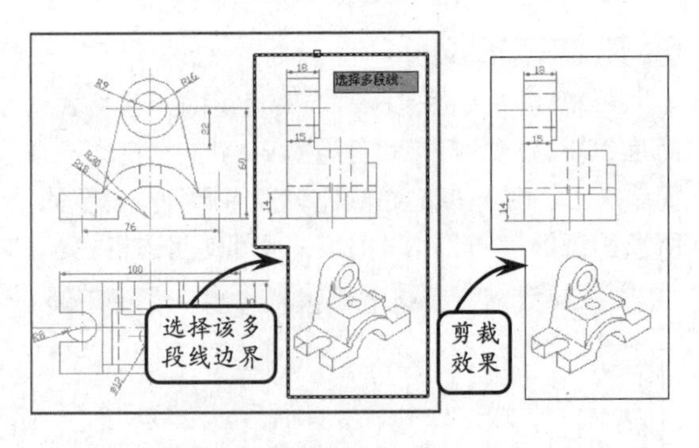

➢ **反向剪裁** 在命令行中输入字母I，然后选择相应方式绘制剪裁边界，系统将显示该边界范围以外的图像。

➢ **多边形** 在命令行中输入字母P，然后在要剪裁的图像中绘制出多边形的边界即可。

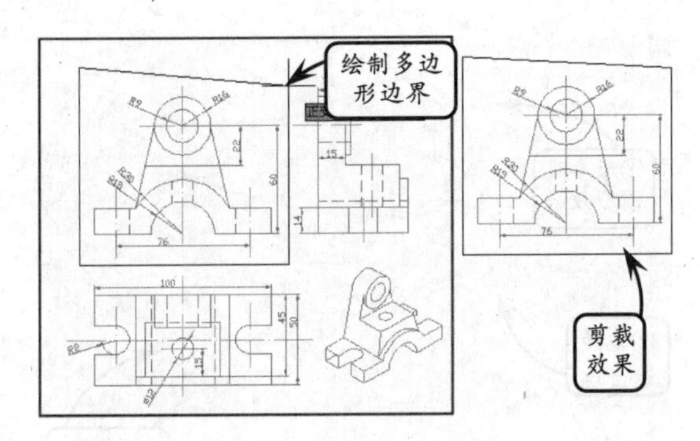

➢ **矩形** 该方式同【多边形】方式相似，在命令行中输入字母R，然后在要剪裁的图像中绘制出矩形边界即可。

❑ 设置剪裁开或关

执行剪裁参照的系统变量取决于该边界是否关闭。

其中，如果将剪裁边界设置为关，则整个外部参照都将显示；如果将剪裁边界设置为开，则只显示剪裁区域的外部参照。

❑ 剪裁深度

该选项用于在一个外部参照上设置前向剪裁平面或后向剪裁平面，在定义的边界及指定的深度之外将不被显示。该操作主要用在三维模型参照的剪裁。

❑ 删除

该选项可以删除选定的外部参照或块参照的剪裁边界，暂时关闭剪裁边界可以选择【关】选项。其中【删除】选项将删除剪裁边界和剪裁深度，而使整个外部参照文件显示出来。

❑ 生成多段线

AutoCAD在生成剪裁边界时，将创建一条与剪裁边界重合的多段线。该多段线具有当前图层、线型和颜色设置，并且当剪裁边界被删除后，AutoCAD同时删除该多段线。如果要保留该多段线副本，可以选择【生成多段线】选项，AutoCAD将生成一个剪裁边界的副本。

7.9 管理和编辑外部参照

版本：AutoCAD 2013

图块主要针对小型的图形重复使用，而外部参照则提供了一种比图块更为灵活的图形引用方法，即使用【外部参照】功能可以将多个图形链接到当前图形中，并且包含外部参照的图形会随着原图形的修改而自动更新，这是一种重要的共享数据的方法。

1．管理外部参照

在 AutoCAD 中，可以在【外部参照】选项板中对附着或剪裁的外部参照进行编辑和管理。

单击【参照】选项板右下角的箭头按钮，系统将打开【外部参照】选项板。

在该选项板的【文件参照】列表框中显示了当前图形中各个外部参照文件名称、状态、大小和类型等内容。

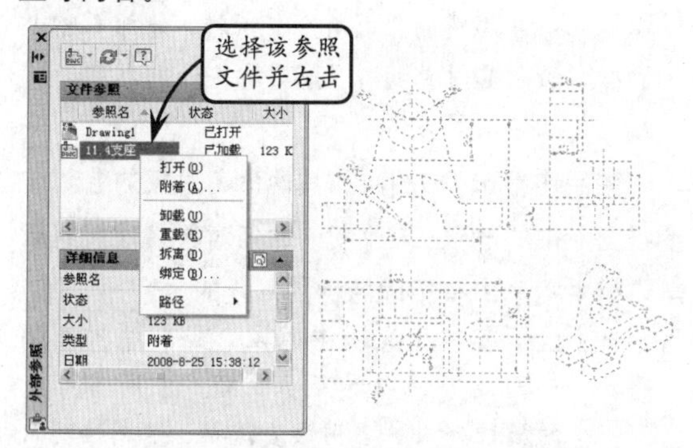

此时，在列表框的文件上右击将打开快捷菜单，该菜单中各选项的含义介绍如下。

❑ 打开

选择该选项，可以在新建的窗口中打开选定的外部参照进行编辑。

❑ 附着

选择该选项，系统将根据所选择的文件对象打开相应的对话框。且在该对话框中可以选择需要插入到当前图形中的外部参照文件。

❑ 卸载

选择该选项，可以从当前图形中移走不需要的外部参照文件，但移走的文件仍然保留该参照文件的路径。

❑ 重载

对于已经卸载的外部参照文件，如果需要再次参照该文件时，可以选择【重载】选项将其更新到当前图形中。

❑ 拆离

选择该选项，可以从当前图形中移去不再需要的外部参照文件。

❑ 绑定

该选项对于具有绑定功能的参照文件有可操作性。选择该选项，可以将外部参照文件转换为一个正常的块。

❑ 路径

在该选项的子菜单中可以把相应文件的参照路径类型改为“相对路径”或“无路径”。

在过去版本中，一旦外部参照插入好以后，参照的路径类型就被固定下来难以再进行修改。且之后如果项目文件的路径结构发生变化，或者项目文件被移动，就很可能会出现外部参照文件无法找到的问题。

而在 AutoCAD 2013 软件中，用户可以轻松地改变外部参照的路径类型，其可以将“相对路径”或“无路径”的参照保存位置进行修改，使其路径类型变为“绝对路径”。

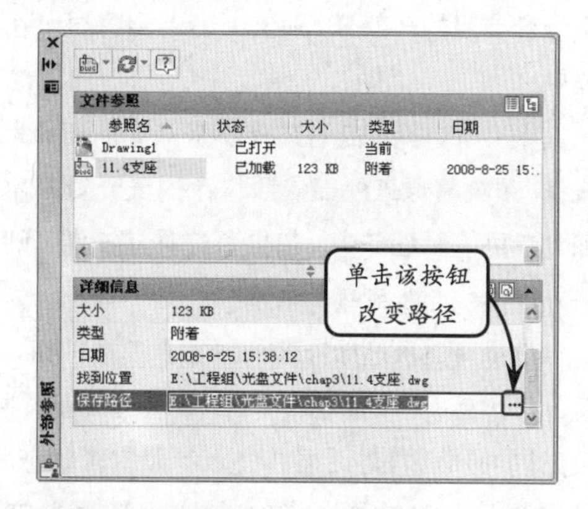

2．编辑外部参照

当附着外部参照后，外部参照的参照类型（附着或覆盖）和名称等内容并非无法修改和编辑，利用【编辑参照】工具可以对各种外部参照执行编辑操作。

在【参照】选项板中单击【编辑参照】按钮，

然后选取待编辑的外部参照，系统将打开【参照编辑】对话框。

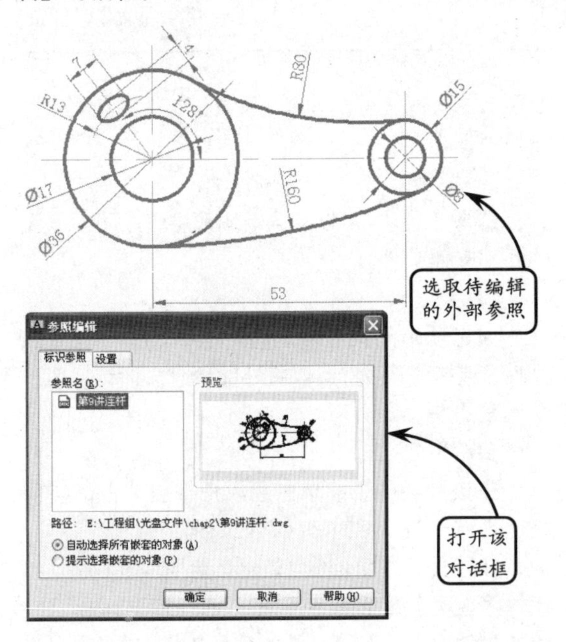

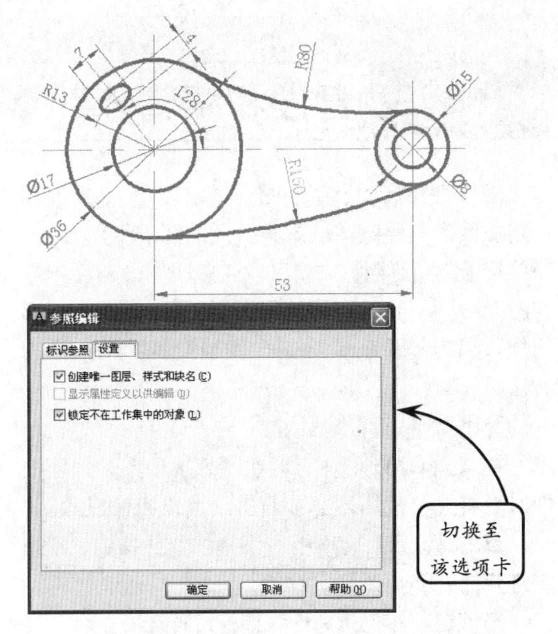

该对话框中两个选项卡的含义分别介绍如下。

❑ 标识参照

该选项卡为标识要编辑的参照提供形象化的辅助工具，其不仅能够控制选择参照的方式，并且可以指定要编辑的参照。如果选择的对象是一个或多个嵌套参照的一部分，则该嵌套参照将显示在对话框中。

其中，若选择【自动选择所有嵌套的对象】单选按钮，系统将原来外部参照包含的嵌套对象自动添加到参照编辑任务中。如果不选择该按钮，则只能将外部参照添加到编辑任务中。

若选择【提示选择嵌套的对象】单选按钮，系统将逐个选择包含在参照编辑任务中的嵌套对象。当关闭【参照编辑】对话框并进入参照编辑状态后，系统将提示用户在要编辑的参照中选择特定的对象。

❑ 设置

切换至【设置】选项卡，该选项卡为编辑参照提供所需的选项，共包含 3 个复选框。各复选框的含义如下所述。

- **创建唯一图层、样式和块名**　控制从参照中提取的图层和其他命名对象是否是唯一可修改的。启用该复选框，外部参照中的命名对象将改变，与绑定外部参照时修改它们的方式类似。

禁用该复选框，图层和其他命名对象的名称与参照图形中的一致，未改变的命名对象将唯一继承当前宿主图形中有相同名称的对象的属性。

- **显示属性定义以供编辑**　控制编辑参照期间是否提取和显示块参照中所有可变的属性定义。启用该复选框，则属性（固定属性除外）变得不可见，同时属性定义可与选定的参照几何图形一起被编辑。

当修改被存回块参照时，原始参照的属性将保持不变。新的或改动过的属性定义只对后来插入的块有效，而现有块引用中的属性不受影响。值得提醒的是：启用该复选框对外部参照和没有定义的块参照不起作用。

- **锁定不在工作集中的对象**　锁定所有不在工作集中的对象，从而避免用户在参照编辑状态时意外地选择和编辑宿主图形中的对象。锁定对象的行为与锁定图层上的对象类似，如果试图编辑锁定的对象，则它们将从选择集中过滤。

7.10 利用动态图块绘制支座零件

版本：AutoCAD 2013　downloads/第 7 章/

支座是指用以支承容器或设备的装置，并使其固定于一定位置的支承部件。它平均分担了设备的重量，以减少与其他零件的接触，一定程度上保护并延长了零件的使用寿命。

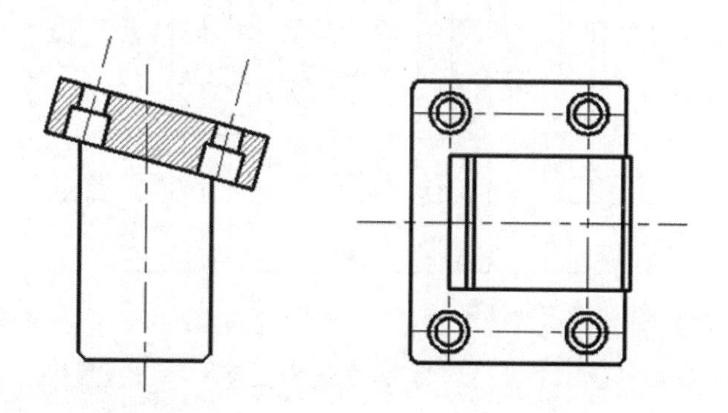

练习要点

- 使用【分解】工具
- 使用【偏移】工具
- 创建动态图块
- 编辑块定义
- 使用【延伸】工具
- 使用【镜像】工具
- 填充图案

操作步骤

STEP|01 新建图层。在【图层】选项板中单击【图层特性】按钮，打开【图层特性管理器】对话框。然后在该对话框中新建所需图层，并切换【粗实线】图层为当前图层。

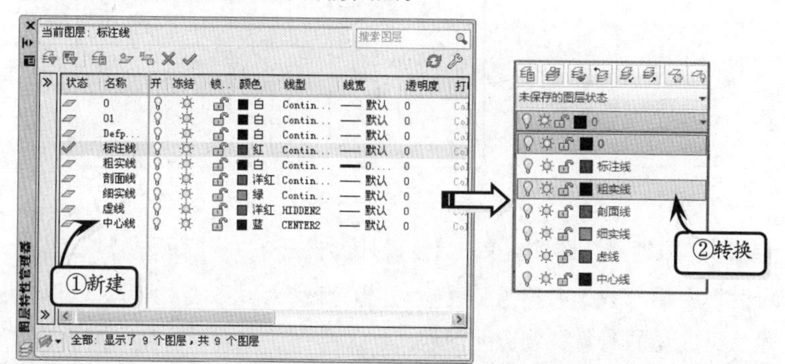

STEP|02 绘制矩形并执行分解命令。单击【矩形】按钮，绘制一个长为 140、宽为 180 的矩形。然后单击【分解】按钮，将该矩形分解成直线。

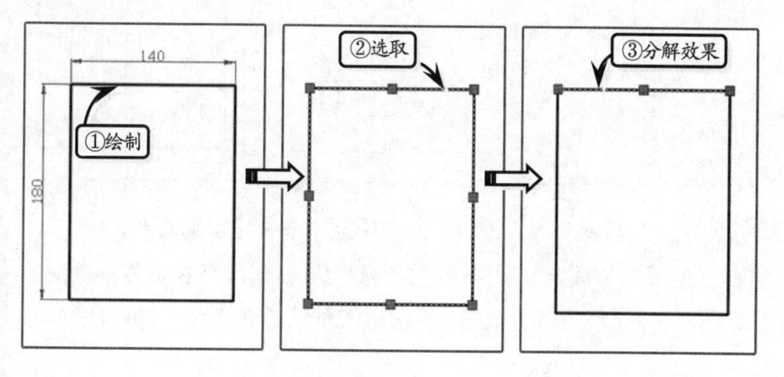

提示

如果要编辑单独对象中的部分部件，可以将该对象分解为它的组成对象，修改后对其进行编辑处理。

提示

转换线段的图层类型是为了便于查看或编辑图形。

STEP|03 利用偏移工具绘制辅助线。单击【偏移】按钮，分别选取分解后的矩形轮廓线为偏移基准线，并设置左右轮廓线偏移参数为25，上下轮廓线偏移参数为20，进行偏移操作。然后，选取偏移后的线段，将其转换为【中心线】图层。

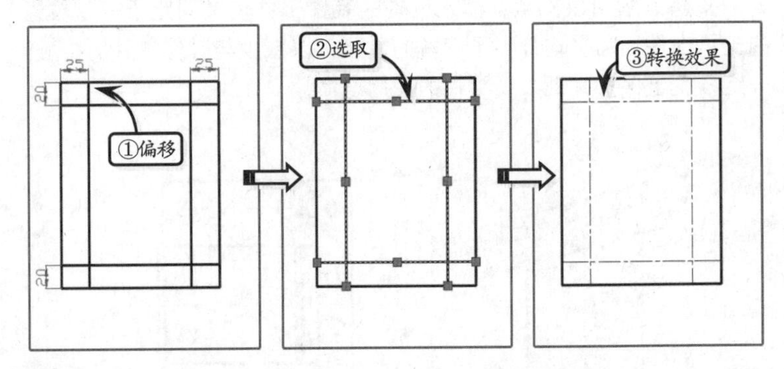

技巧

图块是一组图形对象的集合，可以包括图形和尺寸标注，也可以包括文本。其中图块中的文本称为块属性，并且块属性可以进行任意的修改。

STEP|04 创建圆角并绘制圆轮廓。单击【圆角】按钮，选取矩形的轮廓边线创建4个半径均为R5的圆角。然后单击【圆】按钮，以左下角中心线的交点为圆心，绘制半径为R13和R8.5的同心圆。

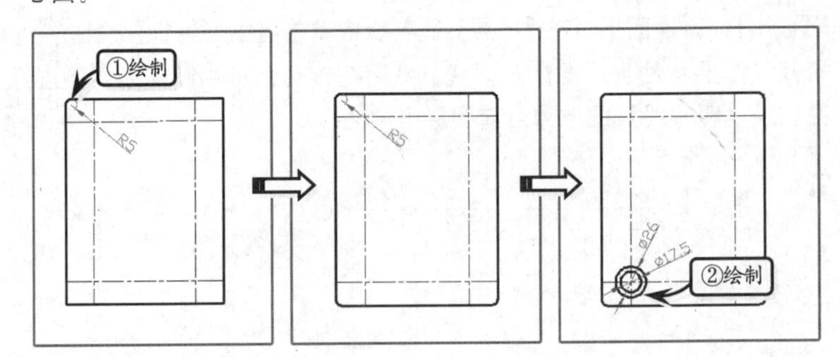

技巧

动态图块就是将一系列内容相同或相近的图形，通过块编辑器将图形创建为块，并设置该块具有参数化的动态特性，通过自定义夹点或自定义特性来操作动态块。

STEP|05 创建孔图块。单击【创建块】按钮，在打开的【块定义】对话框中输入块的名称为“孔”，并指定圆心为基点。然后选取两个圆为组成块的对象，创建孔图块。

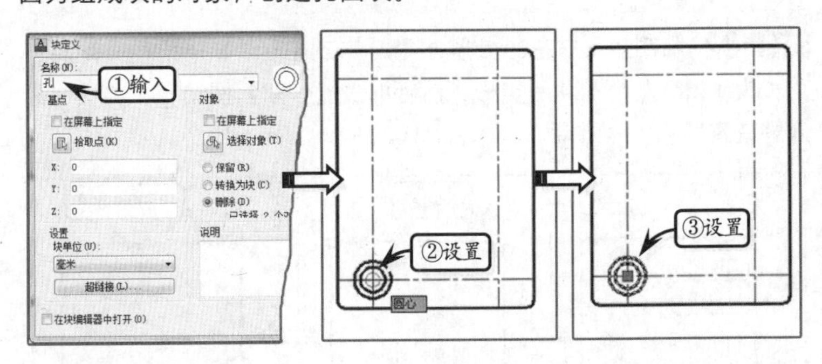

STEP|06 编辑孔图块。在【块】选项板中单击【块编辑器】按钮，将打开的【编辑块定义】对话框，选择【孔】图块可在右侧预览该图块。然后，单击【确定】按钮，系统进入默认为灰色背景的绘图区域，

该区域即为专门的动态块创建区域。此时在左侧将打开【块编写选项板】。

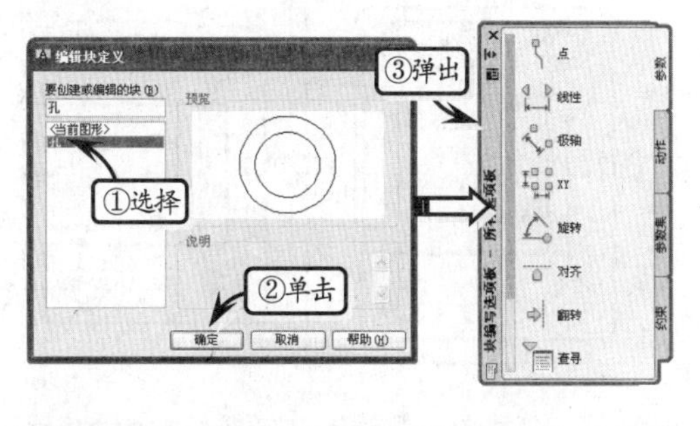

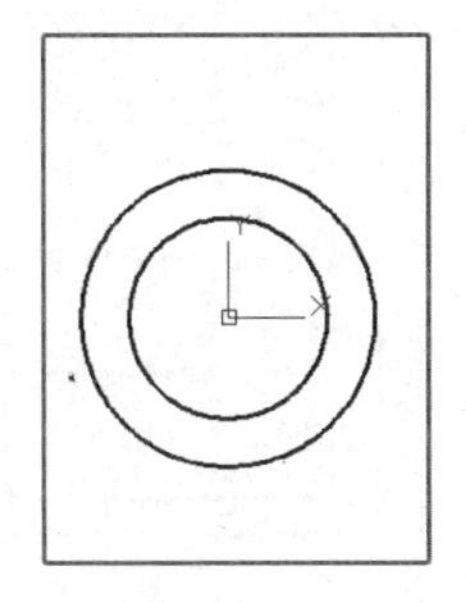

STEP|07 设置【块编写选项板】的阵列参数。在【参数】选项卡中单击【XY】按钮。然后指定圆心为基点，将光标向右上方拖动至合适位置单击，添加 XY 参数。切换至【动作】选项卡，并单击【阵列】按钮，然后依次选取上步添加的 XY 参数和孔图块图形，在命令对话框中输入行间距为 140，列间距为 90，按回车键确认。

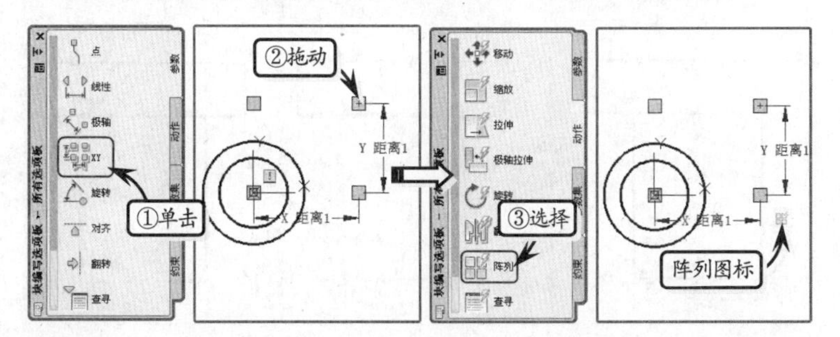

STEP|08 创建孔图块阵列特征。单击【关闭块编辑器】按钮，完成动态块的创建。然后在绘图区中选择孔图块对象，将出现 4 个夹点。此时选取右上角的夹点，并沿右上方拖动至合适位置后单击，视图上将出现 4 个阵列效果的孔图块图形。

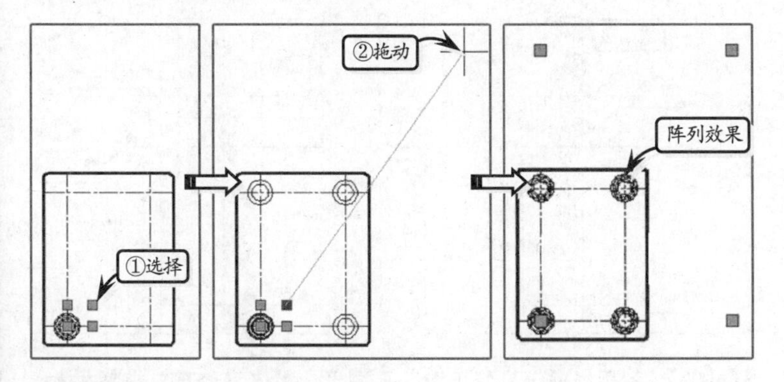

STEP|09 绘制矩形并进行修剪操作。利用【矩形】工具绘制一个长为 118、宽为 86 的矩形，该矩形位于中心线对称位置。然后使用【分解】工具分解矩形，再利用【偏移】工具偏移分解后的线段。接着，

提示

要使块成为动态块，必须至少添加一个参数，然后添加一个动作，并使该动作与参数相关联。添加到块定义中的参数和动作类型定义了块参照在图形中的作用方式。

提示

在拖动块夹点时，阵列的图形受拖动的角度和距离的限制，当达到一定数值时图块才会显示出来。

单击【修剪】按钮，修剪多余的轮廓线。

> **提示**
> 绘制矩形时，可在工作区域任意位置绘制，然后选取矩形边线的中点移动至中心线位置。

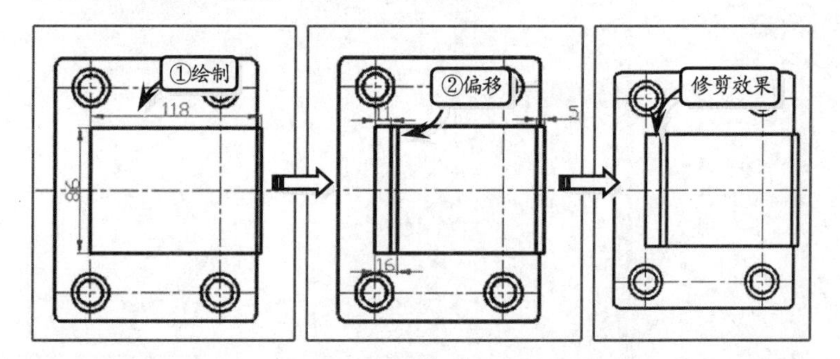

STEP|10 绘制左视二维图形。在视图左侧绘制一条竖直中心线，利用【矩形】工具绘制两个矩形。然后利用【移动】工具移动矩形的中点与中心线重合。接着利用【分解】工具，对两个矩形进行分解操作。

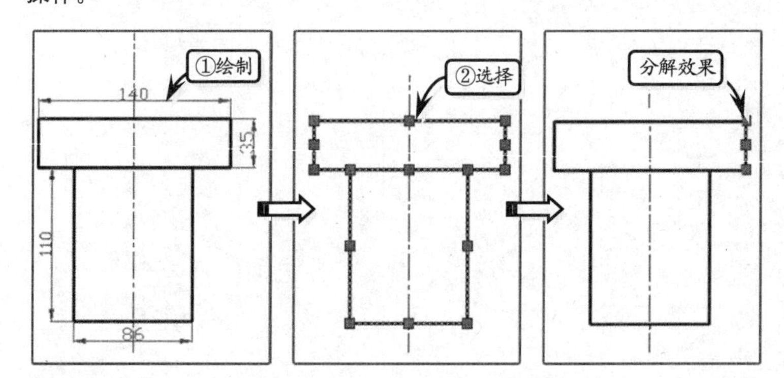

> **提示**
> 定点偏移方式是系统默认的偏移类型。它是根据输入的偏移距离数值为偏移参照，指定的方向为偏移方向，偏移复制出源对象的副本对象。

STEP|11 偏移中心线和轮廓线。利用【偏移】工具，选取竖直中心线为偏移对象，并输入相应的偏移参数，进行偏移操作。然后选取矩形的上轮廓边线为偏移对象，向下偏移 15。

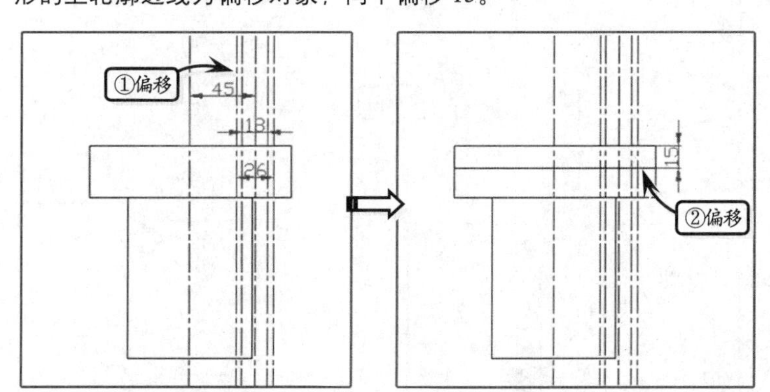

STEP|12 利用修剪工具修剪沉头孔图形。单击【修剪】按钮，修剪偏移后的中心线线段。然后选取修剪后的相应的中心线线段，转换为【粗实线】图层。

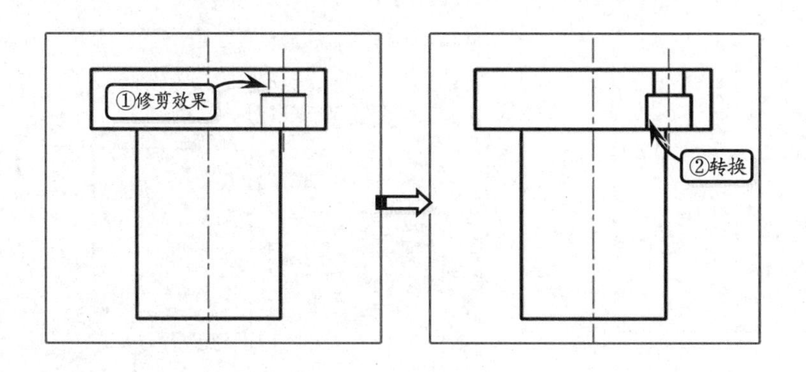

提示

当遇有不可修剪线段时，可以取消修剪操作，选取线段直接按删除键删除。

STEP|13 利用镜像工具制作另一沉头孔图形。单击【镜像】按钮，分别选取沉头孔图形的相应线段为镜像对象，并指定竖直中心线为镜像中心线，进行镜像操作。

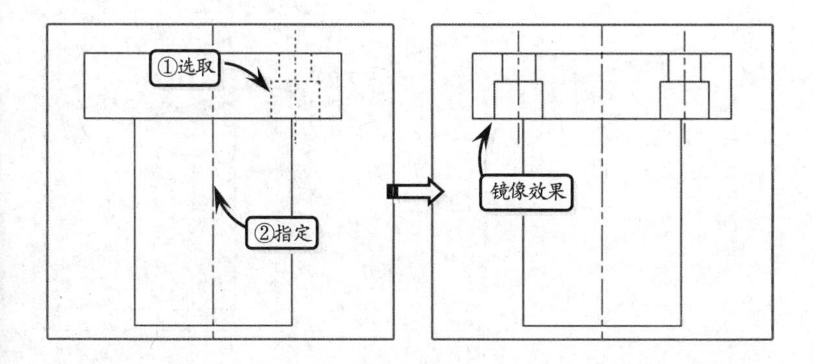

STEP|14 创建盖板图块。利用【创建】工具指定盖板右下角点为基点，并选取盖板图形创建【盖板】图块。然后利用【块编辑器】工具，为该图块对象添加旋转参数和旋转动作。

提示

创建图块时，可以在【块定义】中的【对象】选项中设置“保留”或“删除”对象。

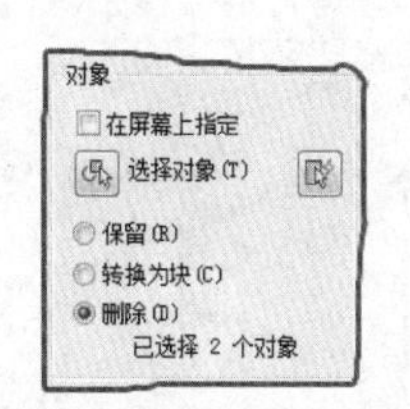

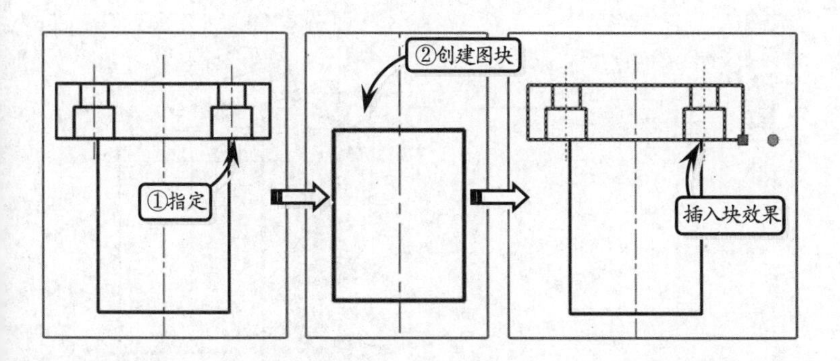

STEP|15 通过设置【特性】面板中的角度参数旋转盖板图块。选取该盖板动态图块右击执行【特性】命令，系统将打开【特性】选项板。在该选项板的【自定义】选项组中，设置角度参数值为–343°，即可将盖板图块顺时针旋转 17°。

提示

在【自定义】中的【角度】框内输入的角度值越大，旋转角度越小；反之旋转角度越大。

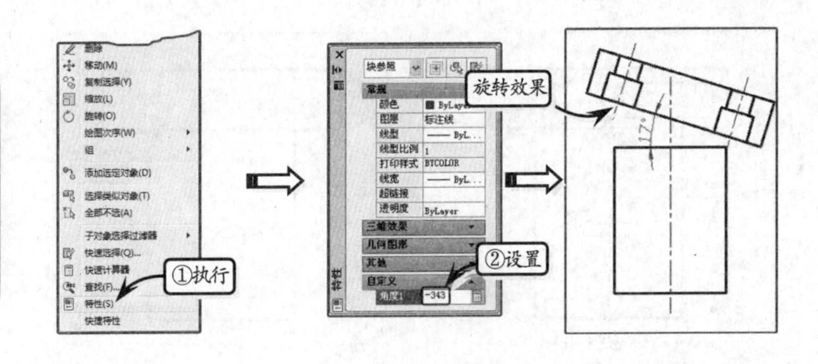

STEP|16 延伸轮廓边线。单击【延伸】按钮，选取盖板图块的底边轮廓线为延伸边线，对矩形两边的竖直轮廓线进行延伸操作。然后删除多余的轮廓线。

提示

创建图案填充，首先要设置填充图案的类型。用户既可以使用系统预定义的图案样式进行图案填充，也可以自定义一个简单的或创建更加复杂的图案样式进行图案填充。

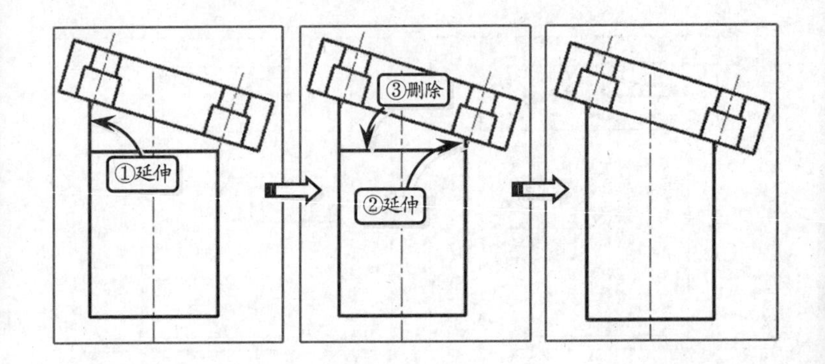

STEP|17 对盖板图块进行图案填充。切换【剖面线】为当前图层，单击【图案填充】按钮，在打开的【图案填充图案】列表中选择 ANSI31 样式，并选取盖板图块上的部分区域进行图案填充。

提示

选取矩形底部的两条连线进行倒角操作。

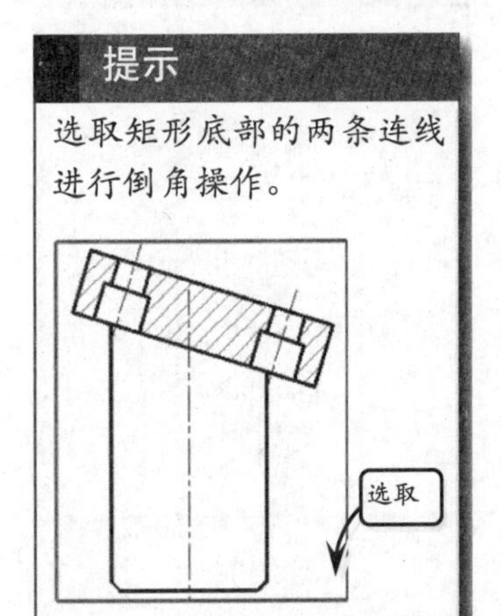

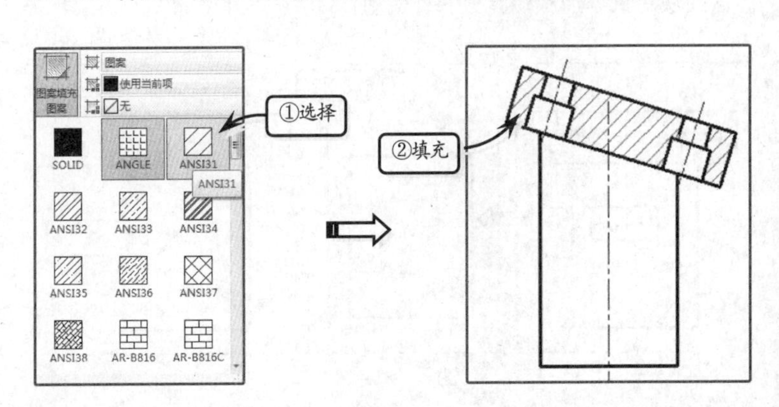

STEP|18 创建倒角特征。单击【倒角】按钮，设置倒角的第一个和第二个距离分别为 5。然后，在矩形上单击第一条和第二条倒角边线，进行倒角操作。

AutoCAD 7.11 绘制导向器

版本：AutoCAD 2013　downloads/第 7 章/

本实例绘制一个料滴导向器。该导向器多用于玻璃制品的生产当中，例如显示器和玻锥等。在玻璃料滴流入模具之前，经过该装置是为了调整料滴的形状，从而使产品符合工艺参数。

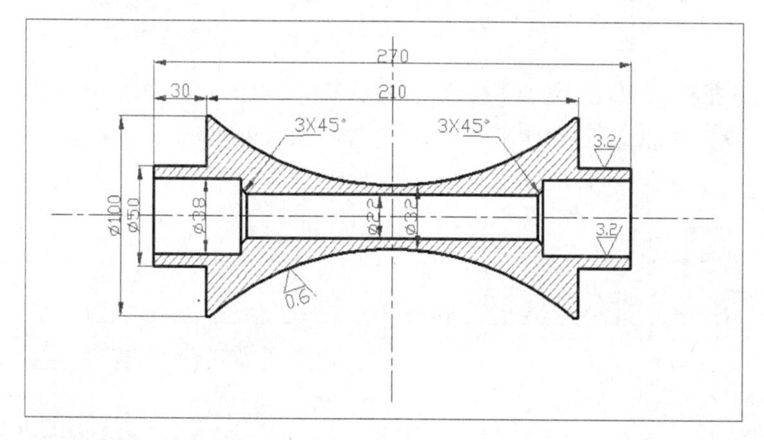

练习要点

- 使用【镜像】工具
- 使用【图案填充】工具
- 使用创建块的相关工具
- 使用插入块的相关工具

操作步骤

STEP|01 新建【中心线】、【粗实线】和【剖面线】等图层，并切换【中心线】为当前图层。然后单击【直线】按钮，在绘图区中绘制互相垂直的两条中心线。接着切换【粗实线】为当前层，利用【直线】工具绘制图示尺寸的轮廓线。

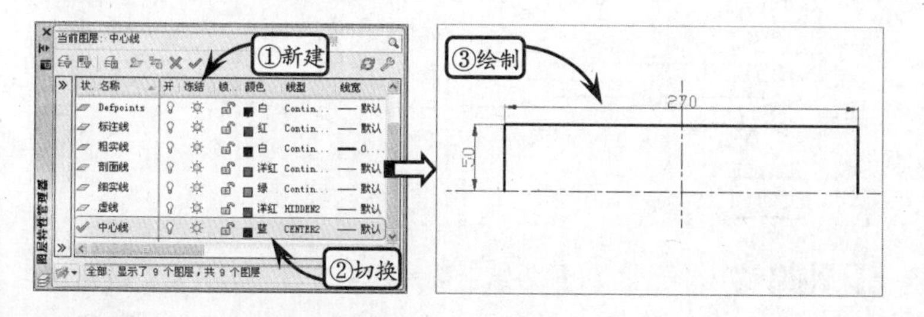

提示

系统默认情况下，对对象进行偏移操作时，可以重复性地选取源图形对象进行图形的重复偏移。如果需要退出偏移操作，只需在命令行中输入字母 E，并单击回车键即可。

STEP|02 单击【偏移】按钮，分别选取左端和上部的轮廓线为偏移基准，按照图示尺寸依次进行偏移操作。

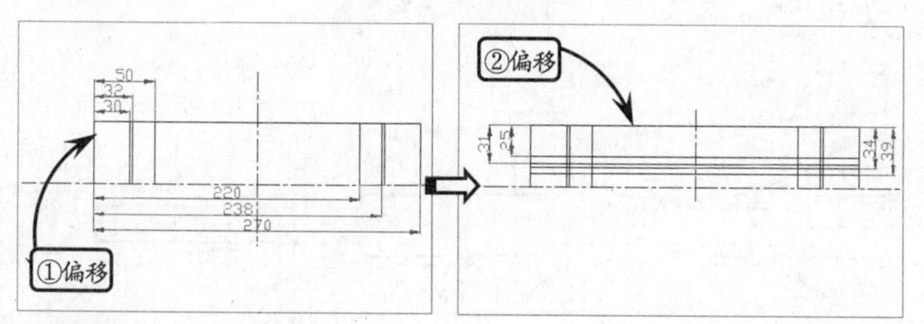

提示

利用【三点】方式可以通过指定圆弧上的三点来确定一段圆弧。其中，第一点和第三点分别是圆弧上的起点和端点，且第三点直接决定圆弧的形状和大小，第二点可以确定圆弧的位置。

STEP|03 切换【粗实线】为当前层。单击【三点】按钮，利用三

点绘制圆弧法依次选取点 A、点 B 和点 C 为所绘圆弧上的点，绘制相应的连接圆弧。

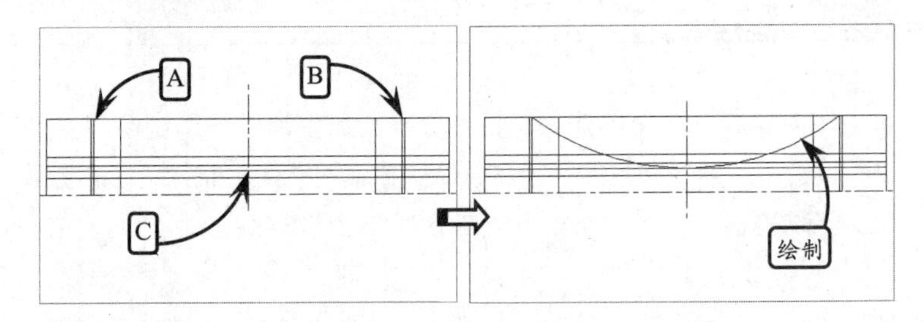

提示

利用【修剪】工具可以以某些图元为边界，删除边界内的指定图元。且默认情况下，指定边界对象后，选取的待修剪对象上位于拾取点一侧的部分图形将被切除。

STEP|04 单击【修剪】按钮，修剪图中多余的直线。然后单击【镜像】按钮，选取水平中心线上部整个图形为镜像对象，并指定水平中心线为镜像中心线，进行镜像操作。

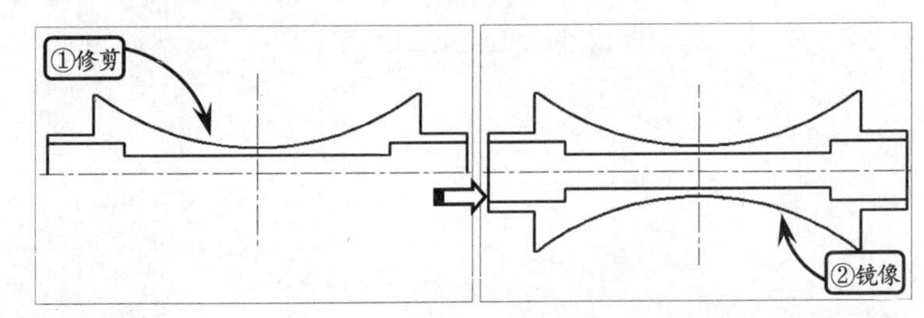

STEP|05 单击【倒角】按钮，依次选取要倒角的棱边，创建图示尺寸的倒角特征。然后利用【直线】工具在各轴肩处绘制相应的连接线段。

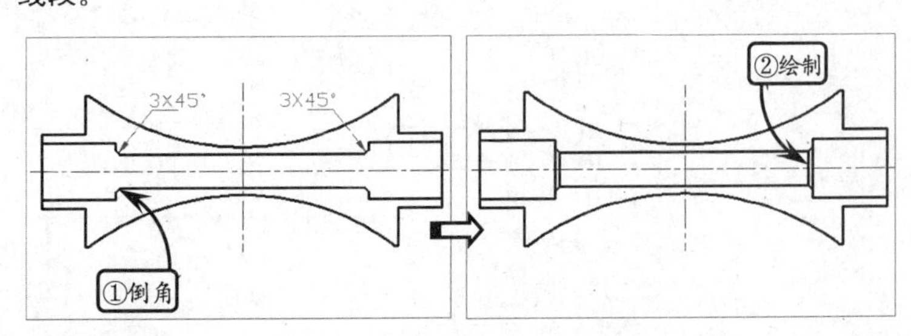

提示

在绘制图形时常常需要以某种图案填充一个区域，以此来形象地表达或区分物体的范围和特点，以及零件剖面结构大小和所使用的材料等。这种被称为“画阴影线”的操作，也被称为图案填充。该操作可以利用【图案填充】工具来完成，且所绘阴影线既不能超出指定边界，也不能在指定边界内绘制不全或所绘阴影线过疏、过密。

STEP|06 切换【剖面线】为当前图层。单击【图案填充】按钮，在【图案填充创建】选项卡中设置填充角度为 0°，填充比例为 1。然后选取填充区域即可。接着切换【标注线】为当前图层，并单击【线性】按钮，依次选取尺寸边线进行线性标注。

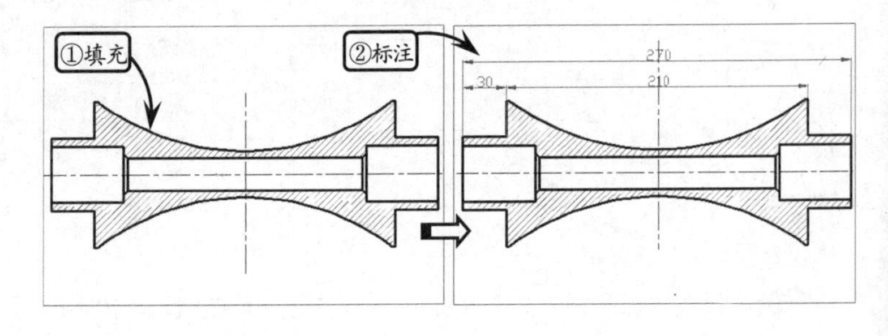

STEP|07 单击【标注样式】按钮，在打开的对话框中单击【替代】按钮，并在打开的对话框中切换至【主单位】选项卡。然后在【前缀】文本框中输入直径代号“%%C”，单击【确定】按钮。接着利用【线性】标注工具标注线性尺寸时将自动带有直径前缀符号。最后单击【引线】按钮，在倒角处标注引线,并在打开的文本框中输入相应文本。

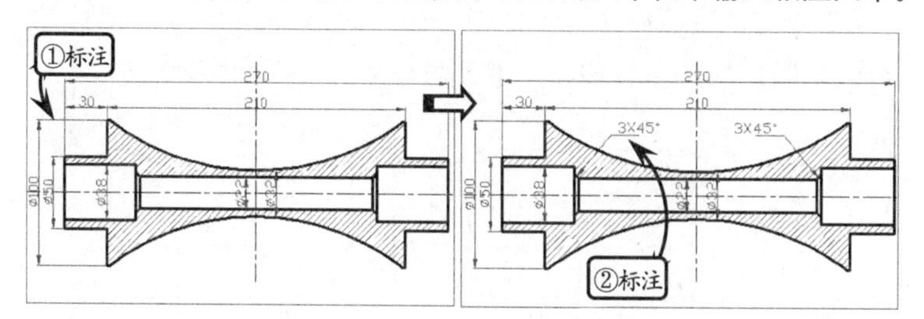

> **提示**
>
> 利用【多重引线】工具可以绘制一条引线来标注对象，且在引线的末端可以输入文字或者添加块等。该工具经常用于标注孔、倒角和创建装配图的零件编号等。

STEP|08 利用【直线】和【修剪】工具绘制粗糙度符号图形。然后单击【定义属性】按钮，在打开的对话框中启用【锁定位置】复选框，并定义粗糙度块的属性和文字格式。设置完成后单击【确定】按钮，依次选取文字对齐放置的两个端点，将属性标记文字插入到当前视图中。接着单击【移动】按钮，将插入的属性文字向上移动至合适位置。

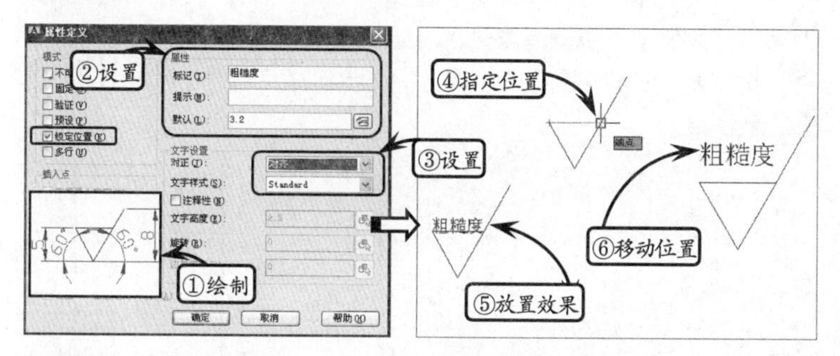

> **提示**
>
> 块属性是附属于块的非图形信息，是块的组成部分。它包含了组成该块的名称、对象特性以及各种注释等信息。如果某个图块带有属性，那么用户在插入该图块时可以根据具体情况，通过属性来为图块设置不同的文本信息。

STEP|09 单击【创建】按钮，在对话框中输入新建块的名称为“粗糙度”。然后指定基点，并框选组成块的对象，单击【确定】按钮。接着在【编辑属性】对话框中接受默认的粗糙度数值，单击【确定】按钮。最后单击【插入】按钮，指定图形上相应的点为插入点，并默认粗糙度的数值，插入粗糙度图块即可。

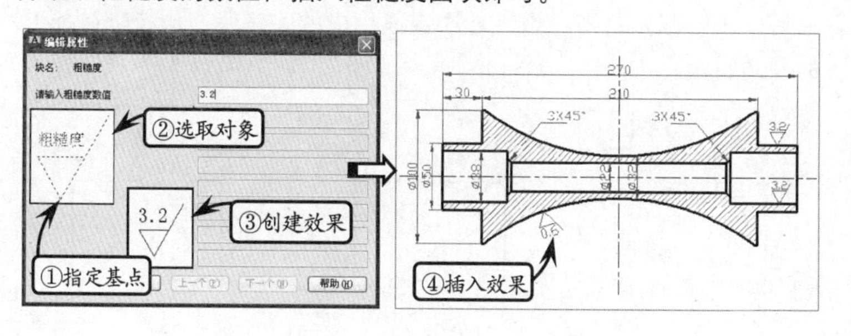

> **提示**
>
> 一般情况下，通过将定义的属性附加到块中，然后通过插入块操作，即可使块属性成为图形中的一部分。这样所创建的属性块将是由块标记、属性值、属性提示和默认值 4 个部分组成。

7.12 绘制立式支座

版本：AutoCAD 2013 downloads/第 7 章/

本例绘制一支座零件图。支座指用以支承设备重量，并使其固定于一定位置的支承部件。该零件为一立式支座，其主要结构由底座、阶梯孔和支撑架等组成。其中，阶梯孔均匀分布于底座四周，起到定位和固定的作用。该支座零件图包括俯视图和左视图。

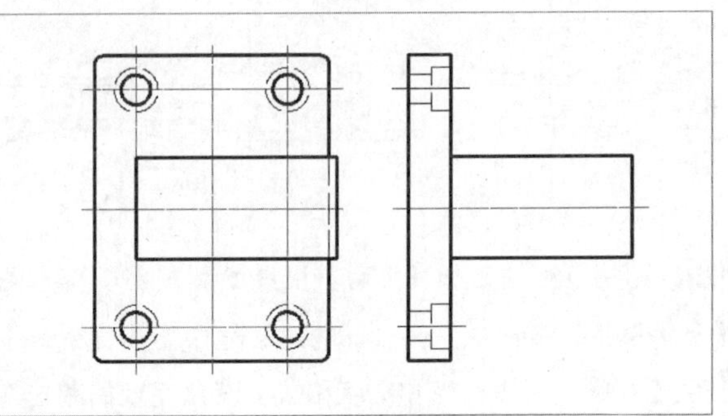

练习要点

- 使用【镜像】工具
- 使用创建块的相关工具
- 使用创建动态块的工具
- 使用插入块的相关工具

操作步骤

STEP|01 新建图层并切换【中心线】图层为当前层。然后单击【直线】按钮，分别绘制一条水平线段和竖直线段作为图形中心线。接着单击【偏移】按钮，将水平中心线向上偏移 90，并将竖直中心线向左右两侧分别偏移 70。最后将上步偏移后的中心线转换为【轮廓线】图层。

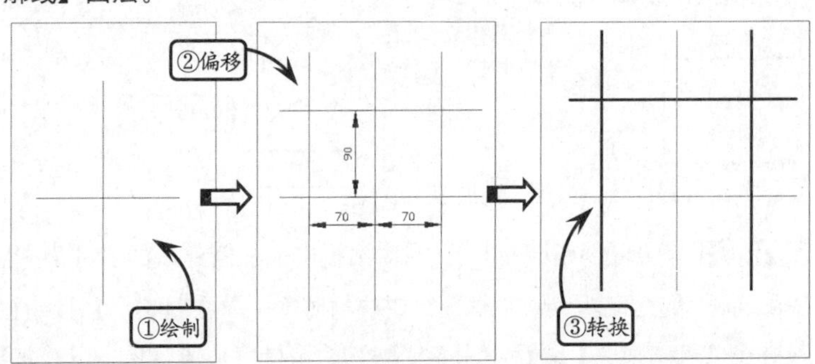

> **提示**
>
> 系统默认情况下，对对象进行偏移操作时，可以重复性地选取源图形对象进行图形的重复偏移。如果需要退出偏移操作，只需在命令行中输入字母 E，并单击回车键即可。

STEP|02 单击【修剪】按钮，选取水平中心线和水平轮廓线为修剪边界，修剪竖直轮廓线。继续利用【修剪】工具修剪多余轮廓线。然后单击【圆角】按钮，依次选取相应的轮廓线，创建半径为 R5 的圆角特征。

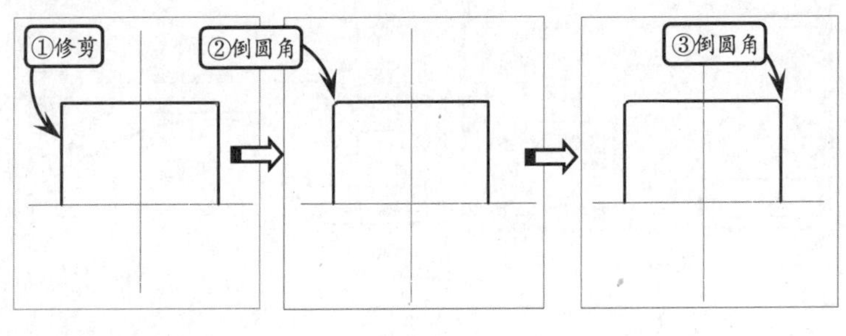

> **提示**
>
> 利用【修剪】工具可以以某些图元为边界，删除边界内的指定图元。且默认情况下，指定边界对象后，选取的待修剪对象上位于拾取点一侧的部分图形将被切除。

STEP|03 利用【偏移】工具将水平中心线向上下分别偏移 70。继续利用【偏移】工具将竖直中心线向左右两侧分别偏移 45。然后单击【多段线】按钮，选取点 A 为起点，绘制一条图示尺寸的多段线。

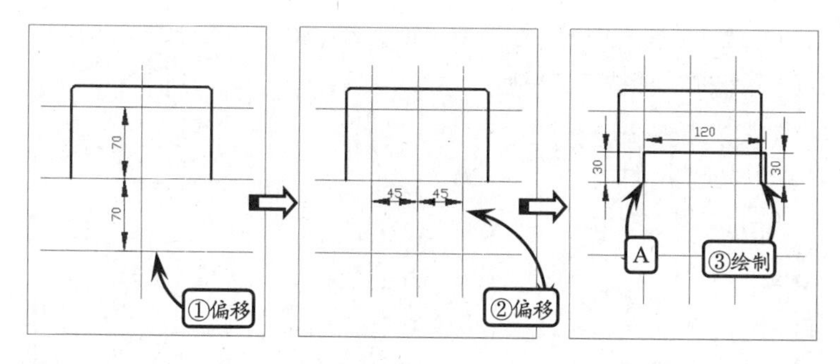

STEP|04 利用【修剪】工具选取上步所绘制的多段线为修剪边界，修剪轮廓线 a。然后切换【虚线】图层为当前层，利用【直线】工具选取点 B 为起点，向下绘制一条垂线至适当位置。接着单击【镜像】按钮，选取水平中心线上的图形为要镜像的对象，并指定水平中心线为镜像中心线，进行镜像操作。

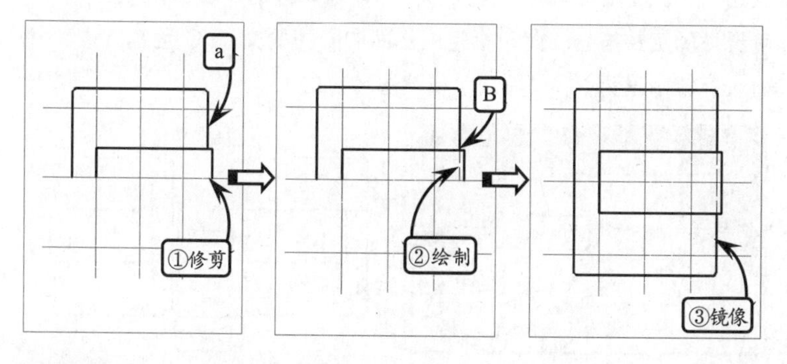

STEP|05 单击【圆】按钮，绘制半径为 R8.75 的圆。然后切换【虚线】为当前层，利用【圆】工具绘制半径为 R13 的同心圆。接着利用【创建】工具输入新建块的名称为“阶梯孔”，指定圆心为基点，并框选组成块的对象，创建阶梯孔图块。此时，在【块】选项板中单击【块编辑器】按钮，在打开的【编辑块定义】对话框中选择“阶梯孔”图块，可在右侧预览该块。

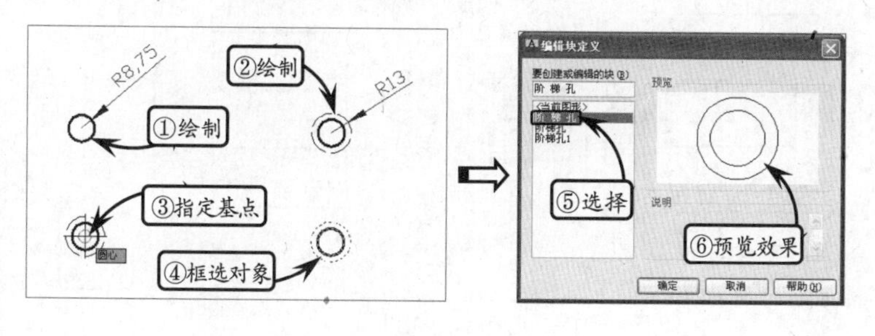

提示

在利用【多段线】工具进行绘制时，为了区别多段线的显示，除了设置不同形状的图元及其长度外，还可以设置多段线中不同的线宽显示。且多段线的线宽显示不受状态栏中【显示/隐藏线宽】工具的控制，而是根据绘图需要而设置的实际宽度。

提示

默认情况下，对图形执行镜像操作后，系统仍然保留源对象。如果对图形进行镜像操作后需要将源对象删除，只需在选取源对象并指定镜像中心线后，在命令行中输入字母 Y，然后按下回车键，即可完成删除源对象的镜像操作。

提示

要使用图块辅助绘图，通常需要利用相关的创建块的工具预先将图形对象的特性存储一次，然后再利用插入块的工具插入当前图形或其他图形即可。利用【块定义】对话框创建的图块又称为内部图块，即所创建的图块保存在该图块的图形中，且只能在当前图形中应用，而不能插入到其他图形中。

STEP|06 此时单击【确定】按钮，在左侧打开的【块编写】选项板中切换至【参数】选项卡，然后单击【XY】按钮，指定圆心为基点，并将光标向右上方拖动至合适位置单击，添加 XY 参数。接着切换至【动作】选项卡，单击【阵列】按钮，选取上步添加的 XY 参数，并选取阶梯孔图形，按下回车键。最后依次输入行间距为 140，列间距为 90，并按下回车键。

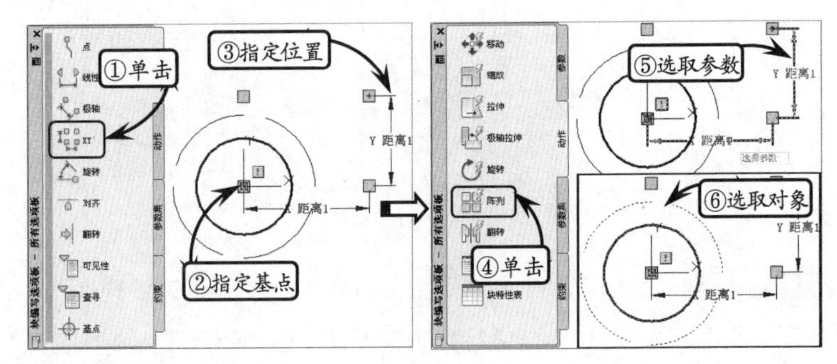

提示

要使块成为动态块，必须至少添加一个参数，然后添加一个动作，并使该动作与参数相关联。添加到块定义中的参数和动作类型定义了块参照在图形中的作用方式。在绘制过程中，对块的控制越强，就能够越快速、越轻松地完成工作。

STEP|07 单击【关闭块编辑器】按钮，并在打开的对话框中选择【将更改保存到阶梯孔】选项，完成动态块的创建。然后单击【插入】按钮，在【名称】的下拉列表中选取编辑好的"阶梯孔"图块，并单击【确定】按钮。此时指定图示两中心线的交点 C 为插入点，并输入旋转角度为 0°，插入阶梯孔图块。

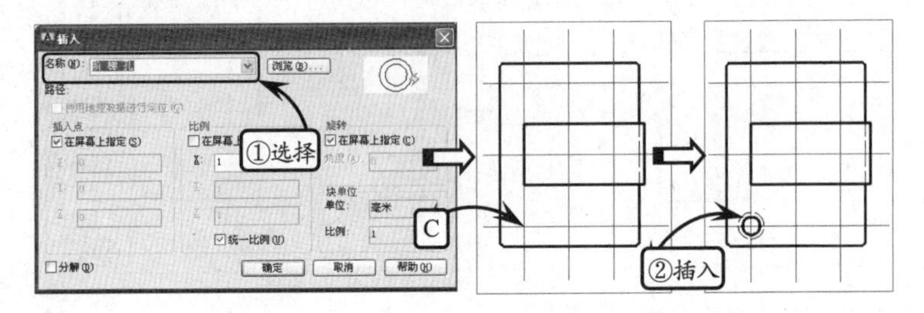

提示

在 AutoCAD 中，定义和保存图块的目的都是为了重复使用图块，并将其放置到图形文件上指定的位置，这就需要调用图块。插入图块的方法主要有 4 种方式：直接插入单个图块、阵列插入图块，以及以定数或定距等分方式插入图块。

其中，直接插入单个图块的方法是工程绘图中最常用的调用方式，即利用【插入】工具指定内部或外部图块插入到当前图形之中。

STEP|08 选取阶梯孔图块，将出现 4 个夹点。此时选取右上角的夹点，并沿右上方拖动至合适位置后单击，主视图上将出现四个阵列效果的阶梯孔块。然后切换【中心线】图层为当前层，利用【直线】工具根据视图的投影规律，绘制左视图的水平中心线和竖直中心线。

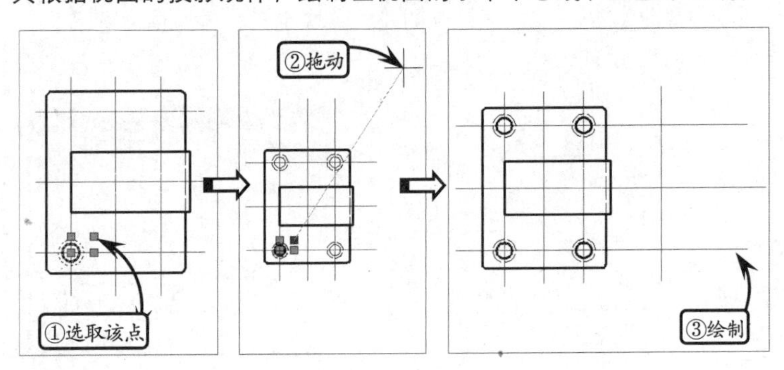

STEP|09 利用【多段线】工具选取点 D 为起点，按照图示尺寸绘制指定的多段线。然后利用【直线】工具选取点 E 为起点，向下绘制一条垂线至水平中心线位置。

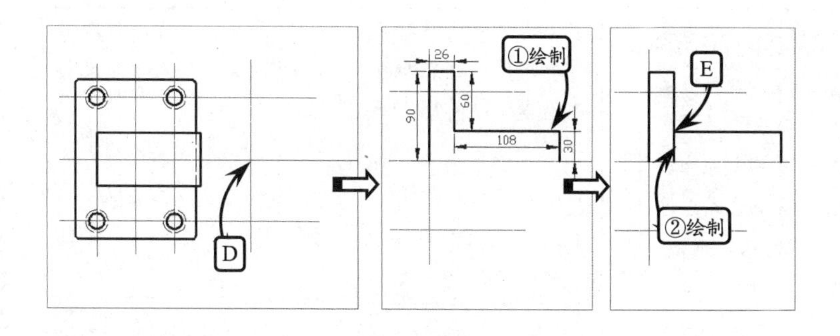

提示

修剪和延伸工具的共同点都是以图形中现有的图形对象为参照，以两图形对象间的交点为切割点或延伸终点，对与其相交或成一定角度的对象进行去除或延长操作。

STEP|10 利用【偏移】工具将水平中心线 b 向上分别偏移 8.75 和 13，将竖直中心线向右偏移 14，并将偏移后的中心线转换为【虚线】图层。然后利用【修剪】工具修剪虚线。

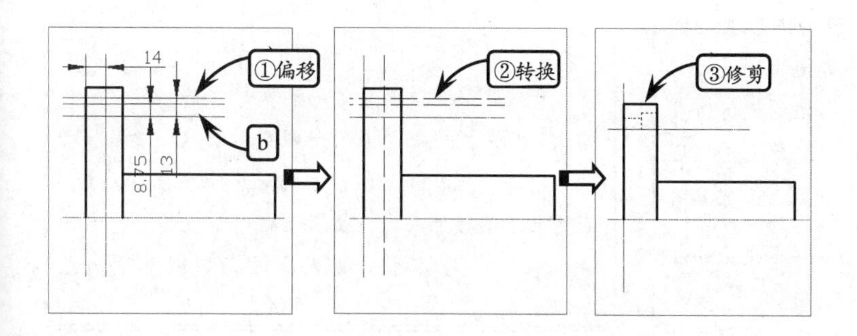

STEP|11 利用【镜像】工具选取修剪后的虚线为要镜像的对象，并指定水平中心线 b 为镜像中心线，进行相应的镜像操作。继续利用【镜像】工具选取水平中心线上的所有图形为要镜像的对象，并指定水平中心线为镜像中心线，进行相应的镜像操作。最后删除多余的竖直中心线，即可完成立式支座的绘制。

提示

块属性是附属于块的非图形信息，是块的组成部分。它包含了组成该块的名称、对象特性以及各种注释等信息。如果某个图块带有属性，那么用户在插入该图块时可以根据具体情况，通过属性来为图块设置不同的文本信息。

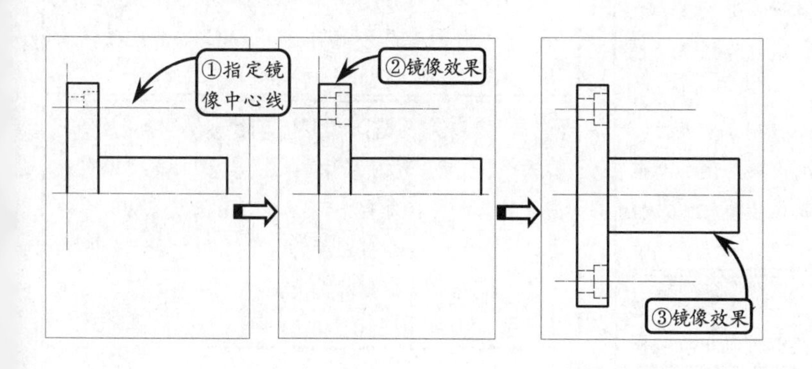

AutoCAD 7.13 高手答疑

版本：AutoCAD 2013

问题 1：在 AutoCAD 中，插入图块的方式有哪些？

解答：在 AutoCAD 中，定义和保存图块的目的都是为了重复使用图块，并将其放置到图形文件上指定的位置，这就需要调用图块。插入图块的方法主要有 4 种方式：直接插入单个图块、阵列插入图块，以及以定数或定距等分方式插入图块。

其中，直接插入单个图块的方法是工程绘图中最常用的调用方式，即利用【插入】工具指定内部或外部图块插入到当前图形之中。

问题 2：什么情况下需要进行分解块的操作？

解答：在完成块的创建后，往往需要对块对象进行相应的编辑操作，才能使创建的图块满足实际要求。其中，在图形中无论是插入内部图块还是外部图块，由于这些图块属于一个整体，无法进行必要的修改，给实际操作带来极大不便。这就需要将图块在插入后转化为定义前各自独立的状态，即分解图块。

问题 3：什么是块属性？

解答：插入图块时，通常需要附带一些文本类的非图形信息，例如表面粗糙度块中的粗糙度参数值。如果每次插入该类图块都进行分解修改操作，将极大地降低工作效率。这就需要在创建图块之前将这些文字赋予图块属性，从而增强图块的通用性。

块属性是附属于块的非图形信息，是块的组成部分。它包含了组成该块的名称、对象特性以及各种注释等信息。如果某个图块带有属性，那么用户在插入该图块时可以根据具体情况，通过属性来为图块设置不同的文本信息。

一般情况下，通过将定义的属性附加到块中，然后通过插入块操作，即可使块属性成为图形中的一部分。这样所创建的属性块将是由块标记、属性值、属性提示和默认值 4 个部分组成。

问题 4：如何创建动态图块？

解答：动态图块就是将一系列内容相同或相近的图形，通过块编辑器将图形创建为块，并设置该块具有参数化的动态特性，通过自定义夹点或自定义特性来操作动态块。

要使块成为动态块，必须至少添加一个参数，然后添加一个动作，并使该动作与参数相关联。添加到块定义中的参数和动作类型定义了块参照在图形中的作用方式。

问题 5：在创建动态图块时，添加块动作需要注意哪些事项？

解答：添加动作是根据在图形块中添加的参数而设置的相应动作，它用于在图形中自定义动态块的动作特性。此特性决定了动态块将在操作过程中做何种修改，且通常情况下，动态图块至少包含一个动作。

一般情况下，由于添加的块动作与参数上的关键点和几何图形相关联，所以在向动态块中添加动作前，必须先添加与该动作相对应的参数。其中，关键点是参数上的点，编辑参数时该点将会与动作相关联，而与动作相关联后的几何图形称为选择集。

问题 6：在 AutoCAD 中，可以附着哪些类型的外部参照？

解答：附着外部参照的目的是帮助用户用其他图形来补充当前图形，主要用在需要附着一个新的外部参照文件，或将一个已附着的外部参照文件副本附着在文件中。

执行附着外部参照操作，可以将以下 5 种主要格式的文件附着至当前图形：DWG 文件、图像文件、DWF 文件、DGN 文件和 PDF 文件。

问题 7：剪裁外部参照的实质是什么？

解答：【参照】选项板中的【剪裁】工具可以剪裁多种对象，包括外部参照、块、图像或 DWF 文件格式等。通过这些剪裁操作，可以控制所需信息的显示。执行剪裁操作并非真正修改这些参照，而是将其隐藏显示。

7.14 高手训练营

版本：AutoCAD 2013

练习 1．创建粗糙度符号图块

表面粗糙度是指零件加工表面的微观几何形状误差。它是衡量零件表面加工精度的重要指标。零件表面粗糙度的高低将影响到两配合零件有接触表面的摩擦、运动面的磨损、贴合面的密封、配合面的工作精度、旋转件的疲劳强度等方面。在 AutoCAD 中标注表面粗糙度，常将其创建为块进行标注。

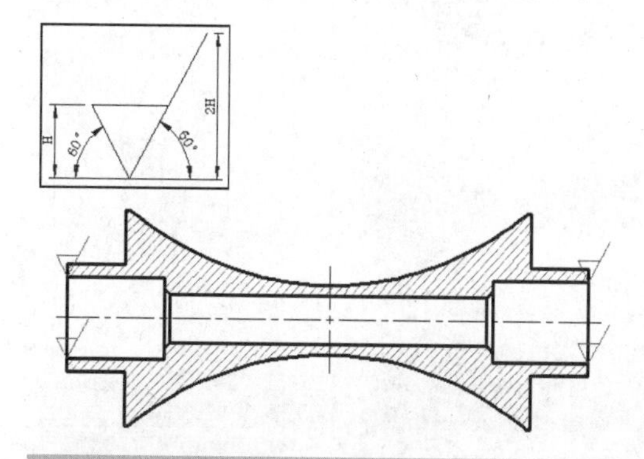

练习 2．创建基准符号图块

基准是用来确定生产对象上几何关系所依据的点、线或面。在机械图纸中基准都是用大写字母 A、B、C 和 D 等和一个特定的带圈的基准符号来表示。当基准符号对准面及面的延伸线或该面的尺寸界限时，表示以该面为基准；当基准符号对准的是尺寸线，表示是以该尺寸标注的实体中心线为基准。

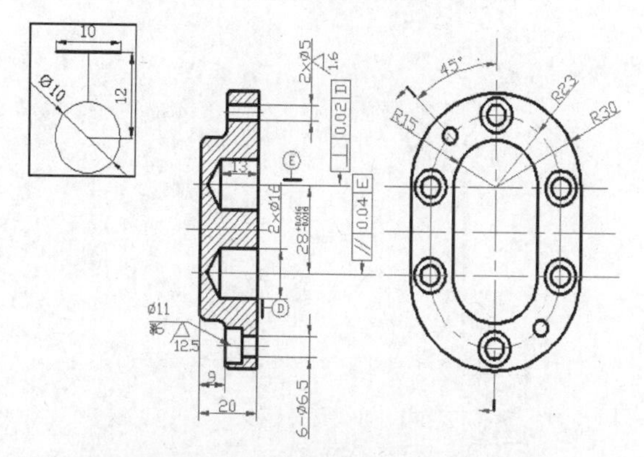

练习 3．阵列方式插入图块

当需要插入多个具有规律的图块时，可以在命令行中输入命令 MINSERT，以阵列方式插入图块。该方法的优点是不仅能节省绘图时间，还可以减少占用的磁盘空间。在机械设计中常使用该方法插入一些标准件图块如螺栓图块。但要注意的是该命令只能以矩形阵列方式插入图块。

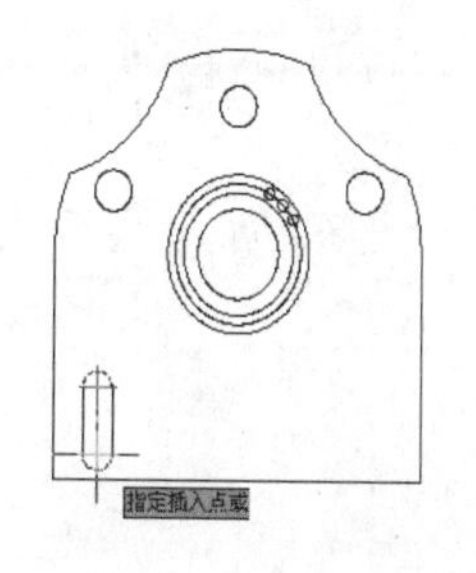
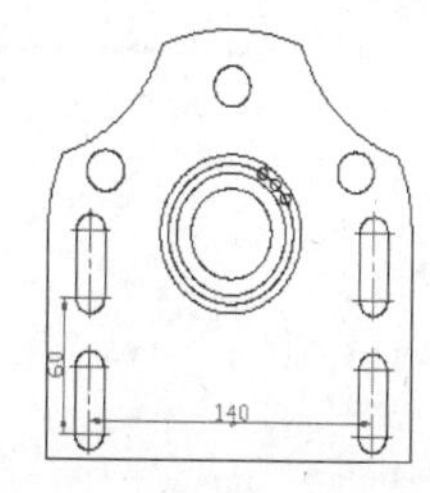

练习 4．粗糙度符号图块添加 XY 参数并测试

在 AutoCAD 中，创建一完整的动态图块常需要设置参数和动作这两种元素。其中在块编辑器中，参数的外观类似于标注，且动态块的相关动作是完全依据参数进行的。

XY 参数显示出距参数基点的 X 距离和 Y 距离，其外观类似于水平和垂直标注方式。如果对其添加相关的阵列动作，则可以进行阵列动态测试。

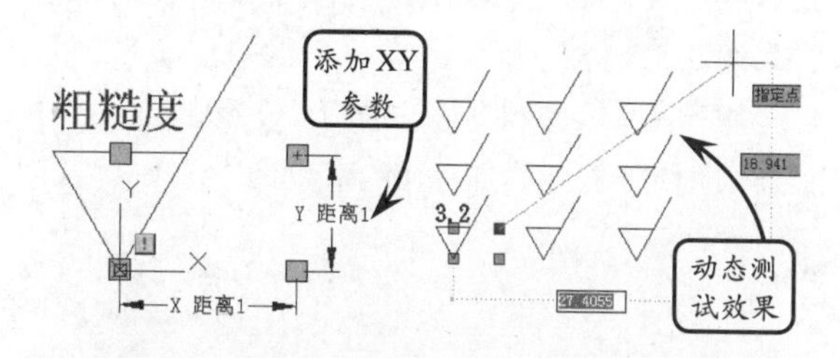

练习 5．零件图块添加旋转动作并测试

旋转动作与二维绘图中的旋转操作类似。在定义动态块时，旋转动作只能与旋转参数相关联。且与旋转动作相关联的是整个参数，而不是参数上的关键点。

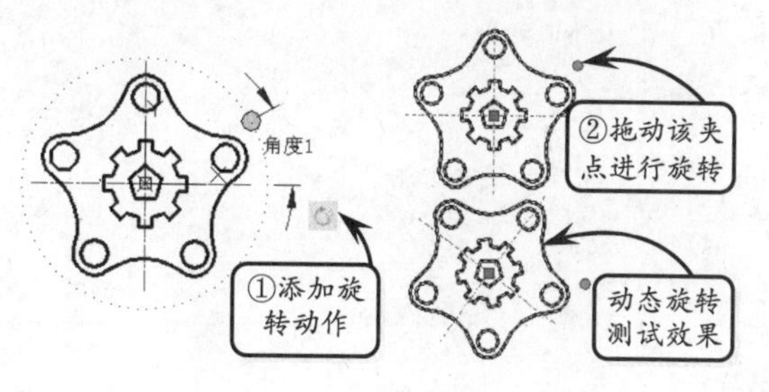

第 8 章

尺寸标注和对象约束

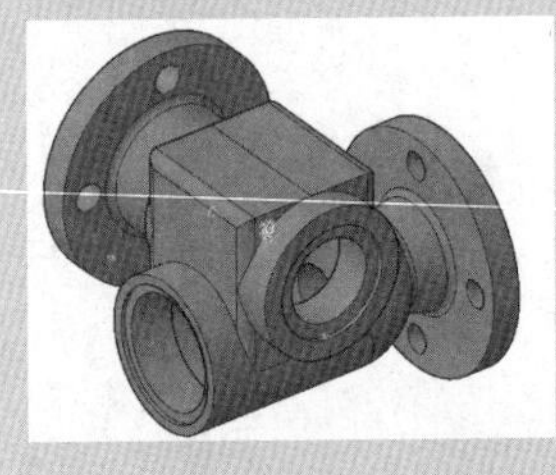

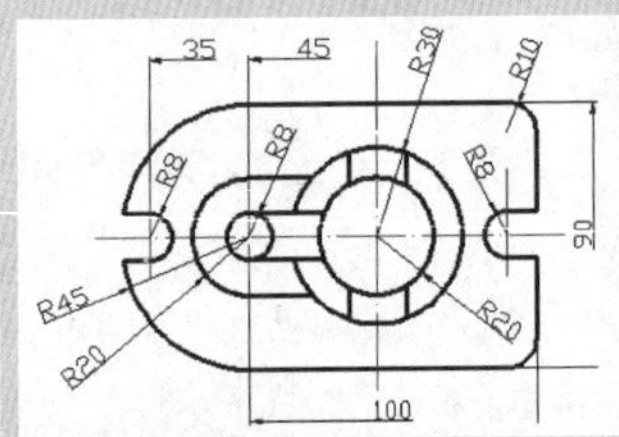

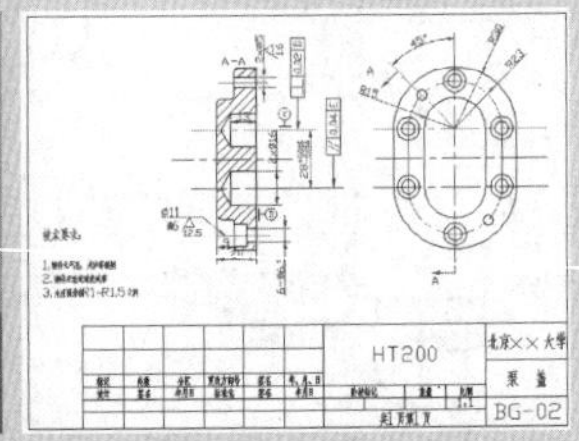

图形只能用来表达物体的形状，而尺寸标注则用来确定物体的大小和各部分之间的相对位置。尺寸标注是产品设计过程中最重要的环节。完整的尺寸标注、技术要求和明细表等注释元素，不仅能够为施工或生产人员提供足够的图形尺寸信息和使用依据，而且可以表达图形不易表达的信息，从而增加图形的易懂性。

本章主要介绍尺寸标注的相关设置和操作方法，其中重点是各类图形尺寸的标注和编辑方法。此外还详细介绍了如何添加几何约束和尺寸约束等内容。

8.1 标注样式

AutoCAD 2013

尺寸标注是一个复合体，它以块的形式存储在图形中。其组成部分包括尺寸线、尺寸界线、标注文字和箭头等，且所有组成部分的格式均由尺寸标注样式来控制。在 AutoCAD 中，尺寸标注样式是尺寸变量的集合，这些变量决定了尺寸标注中各元素的外观。调整样式中的这些变量，可以获得各种各样的尺寸外观。

1. 新建标注样式

由于尺寸标注的外观都是由当前尺寸样式控制的，且在向图形中添加尺寸标注时，单一的标注样式往往不能满足各类尺寸标注的要求。因此在标注尺寸前，一般都要创建新的尺寸样式，否则系统将以默认尺寸样式 ISO-25 为当前样式进行标注。

在【注释】选项板中单击【标注样式】按钮，即可在打开的【标注样式管理器】对话框中创建新的尺寸标注样式或修改尺寸样式中的尺寸变量。

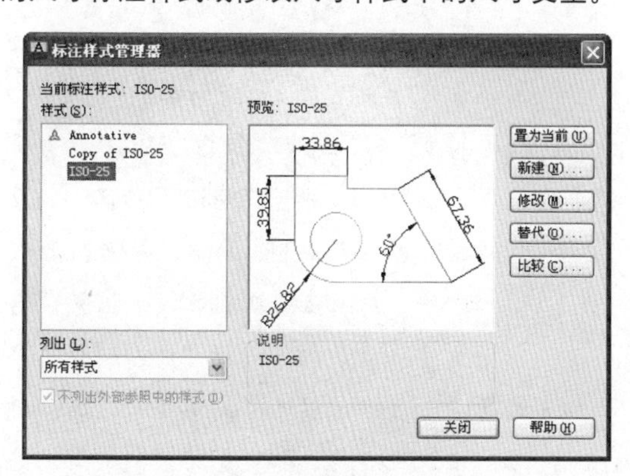

在该对话框中单击【新建】按钮，然后在打开的对话框中输入新样式的名称，并在【基础样式】下拉列表中指定某个尺寸样式作为新样式的基础样式，则新样式将包含基础样式的所有设置。

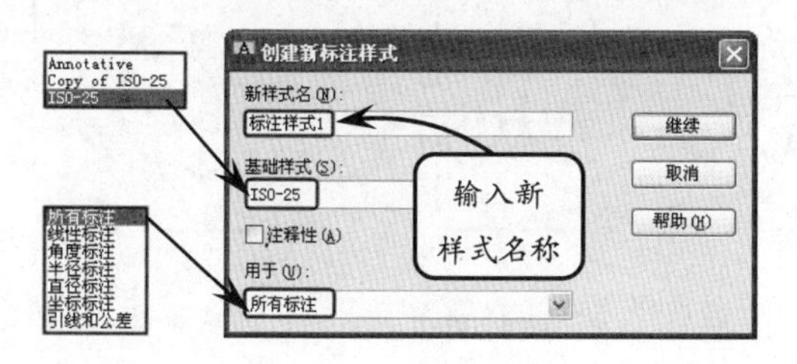

此外，用户还可以在【用于】下拉列表中设置新样式控制的尺寸类型，且默认情况下该下拉列表中所选择的选项为【所有标注】，表明新样式将控制所有类型尺寸。

完成上述设置后，单击【继续】按钮，即可在打开的【新建标注样式】对话框中对新样式的各个变量，如直线、符号、箭头和文字等参数进行详细的设置。

提示

在【标注样式管理器】对话框的【样式】列表框中选择一标注样式并单击右键，在打开的快捷菜单中选择【删除】选项，即可将所选样式删除。但前提是保证该样式不是当前标注样式。

2. 控制尺寸线和尺寸界线

在【标注样式管理器】对话框中选择一标注样式，并单击【修改】按钮，然后在打开的对话框中切换至【线】选项卡，即可对尺寸线和尺寸界线的样式进行设置。该选项卡中各常用选项的含义介绍如下。

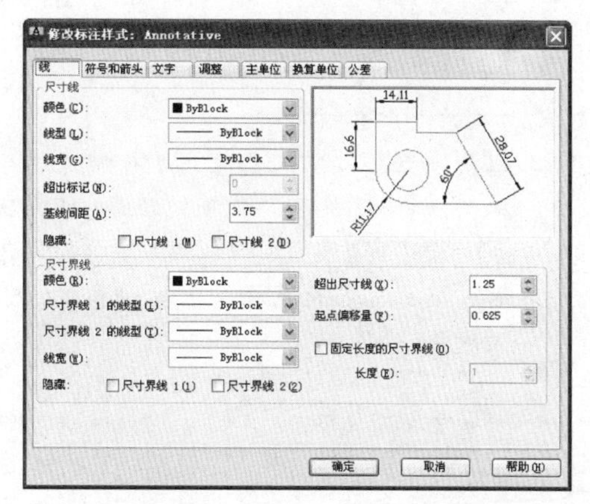

- **基线间距**　该文本框用于设置平行尺寸线间的距离。如利用【基线】标注工具标注尺寸时，相邻尺寸线间的距离由该选项参数控制。

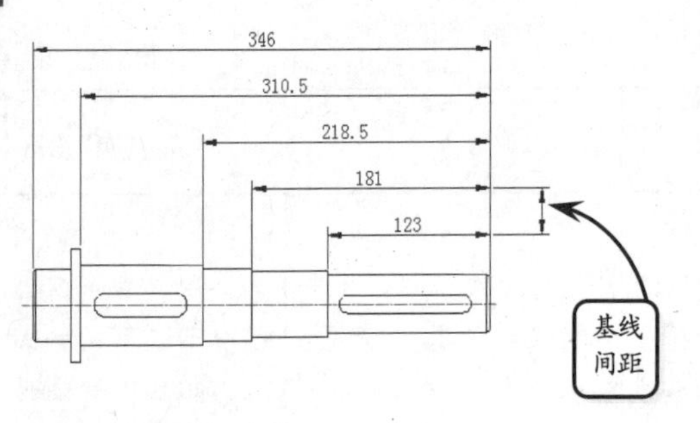

- 隐藏尺寸线　在该选项组中可以控制第一尺寸线或第二尺寸线的显示状态。

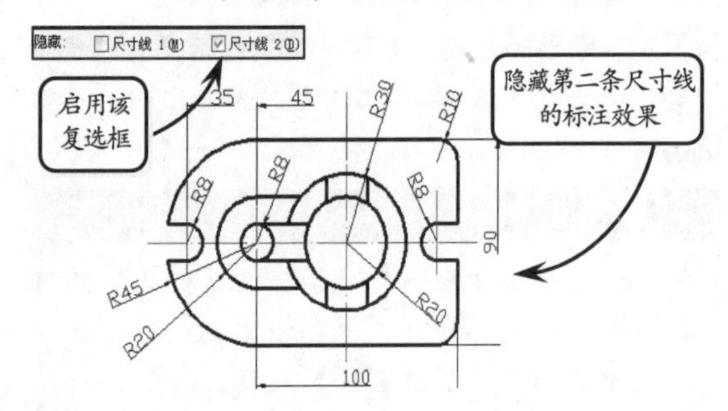

- 超出尺寸线　该文本框用于控制尺寸界线超出尺寸线的距离。国标规定尺寸界线一般超出尺寸线 2-3mm。如果准备 1：1 比例出图，则超出距离应设置为 2 或 3mm。

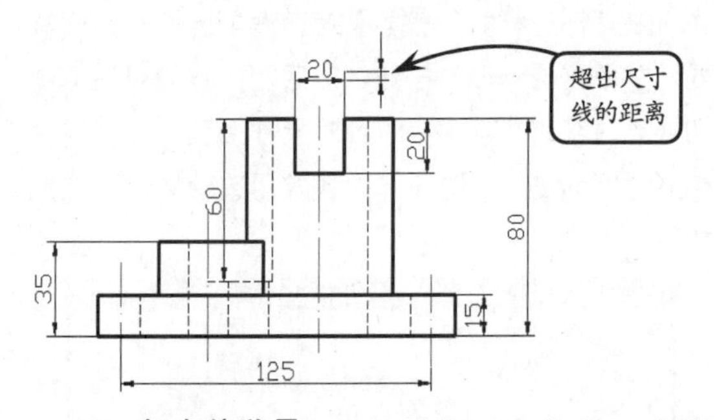

- 起点偏移量　该文本框用于控制尺寸界线起点和标注对象端点间的距离。通常应使尺寸界线与标注对象间不发生接触，这样才能很容易地区分尺寸标注和被标注的对象。

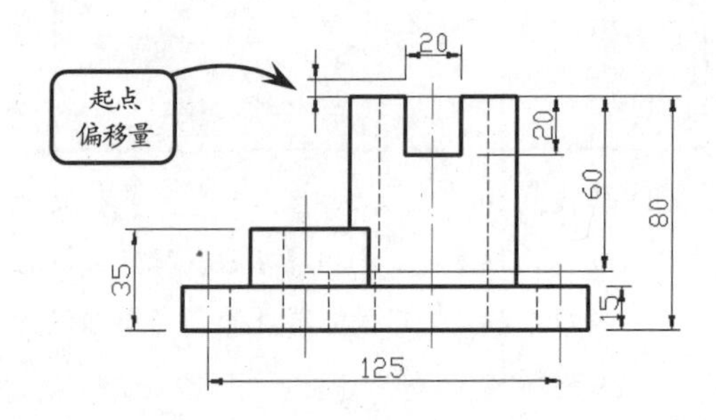

3．控制尺寸箭头和圆心标记

在【修改标注样式】对话框中切换至【符号和箭头】选项卡，即可对尺寸箭头和圆心标记的样式进行设置。该选项卡中各常用选项的含义介绍如下。

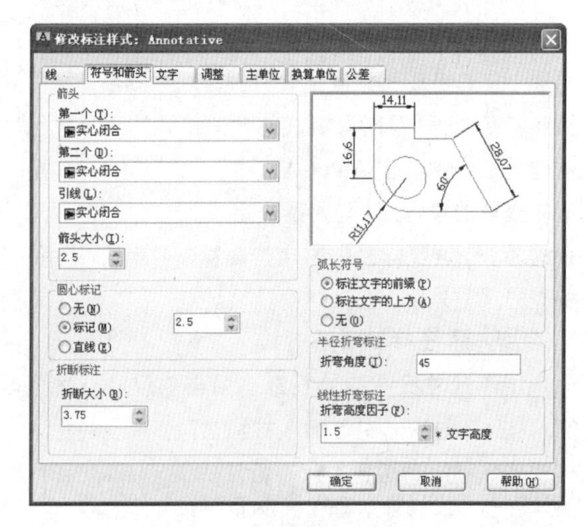

- 箭头　在该选项组中可以设置尺寸线两端箭头的样式。系统提供了 19 种箭头类型，用户可以为每个箭头选择所需类型。此外，在【引线】下拉列表中可以设置引线标注的箭头样式，而在【箭头大小】文本框中可以设置箭头的大小。
- 圆心标记　在该选项组中可以设置当标注圆或圆弧时，是否显示圆心标记，以及圆心标记的显示类型。其中，选择【标记】单选按钮，系统在圆或圆弧圆心位置创建以小十字线表示的圆心标记。在【注释】选项卡的【标注】选项板中单击【圆心标记】按钮⊕，则选取现有圆时，该圆上将显示“十”字形的圆心标记。

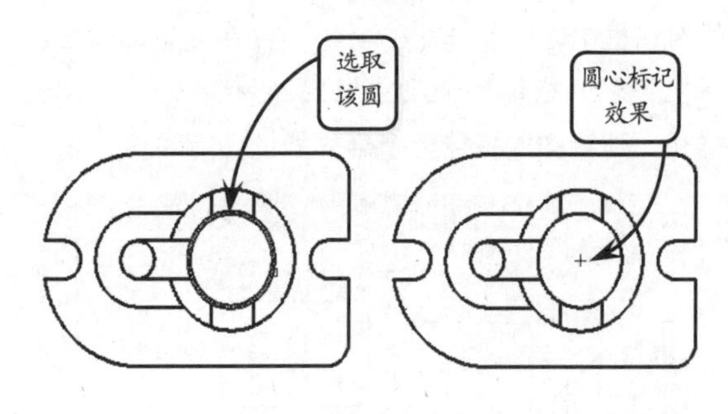

若选择【直线】单选按钮，系统将创建过圆心

并延伸至圆周的水平和竖直中心线。此时在【注释】选项卡的【标注】选项板中单击【圆心标记】按钮 ⊕，则选取现有圆时，该圆上将显示水平和竖直的中心线。

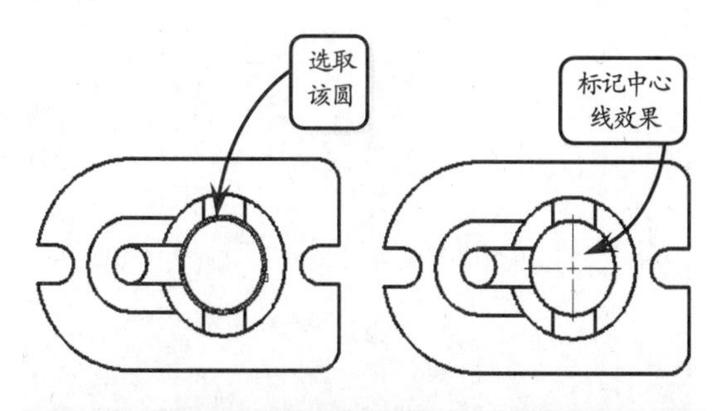

提示

此外，用户还可以在右侧的文本框中设置圆心标记的大小。

4．控制尺寸文本外观和位置

在【修改标注样式】对话框中切换至【文字】选项卡，即可调整文本的外观，并控制文本的位置。该选项卡中各常用选项的含义介绍如下。

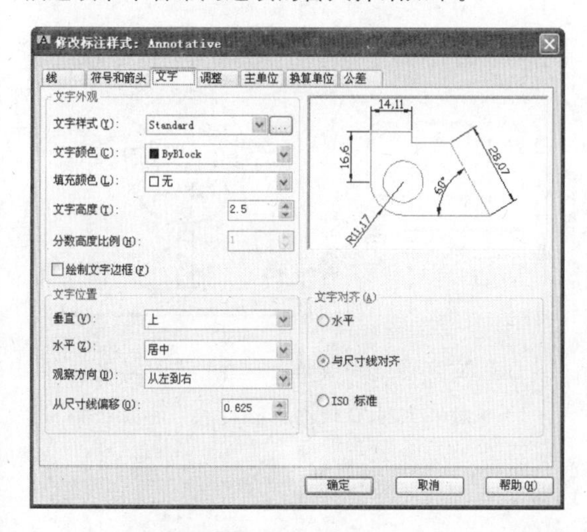

- **文字样式**　在该下拉列表中可以选择文字样式，用户也可以单击右侧的【文字样式】按钮…，在打开的对话框中创建新的文字样式。
- **文字高度**　在该文本框中可以设置文字的高度。如果在文本样式中已经设定了文字高度，则该文本框中所设置的文本高度将是无效的。
- **绘制文字边框**　启用该复选框，系统将为标注文本添加一矩形边框。

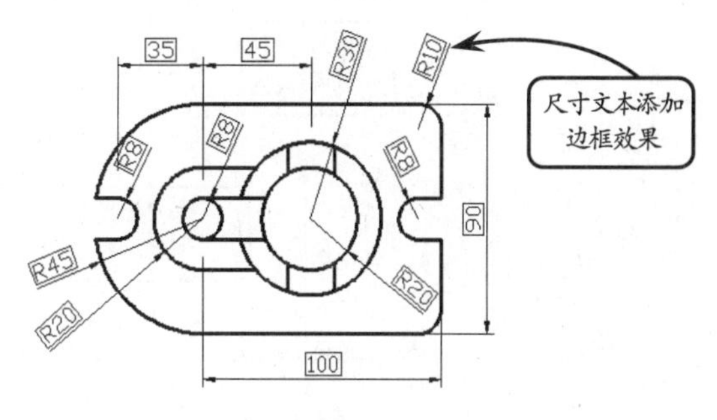

- **垂直**　在该下拉列表中可以设置标注文本垂直方向上的对齐方式，包括 5 种对齐类型。一般情况下，对于国标标注应选择【上】选项。

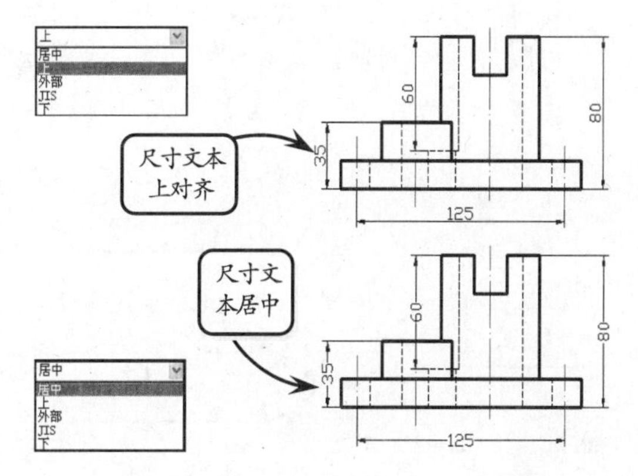

- **水平**　在该下拉列表中可以设置标注文本水平方向上的对齐方式，包括 5 种对齐类型。一般情况下，对于国标标注应选择【居中】选项。

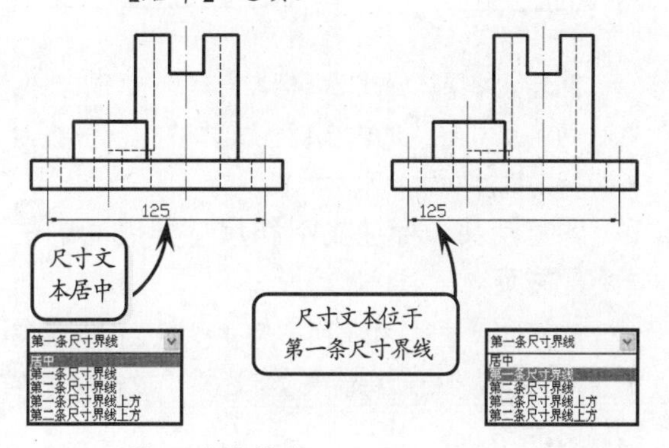

- **从尺寸线偏移**　在该文本框中可以设置标注文字与尺寸线间的距离。如果标注文本在尺寸线的中间，则该值表示断开处尺寸线端点与尺寸文字的间距。此外，该值也可以用来控制文本边框与其中文本的距离。

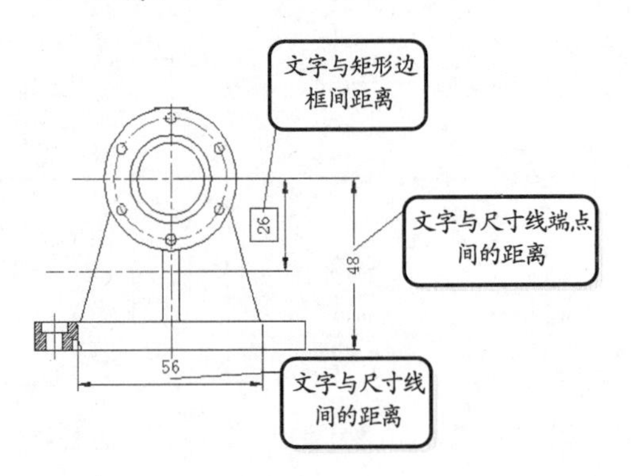

- **文字对齐** 设置文字相对于尺寸线的放置位置。其中，选择【水平】单选按钮，系统将使所有的标注文本水平放置；选择【与尺寸线对齐】单选按钮，系统将使文本与尺寸线对齐，这也是国标标注的标准。

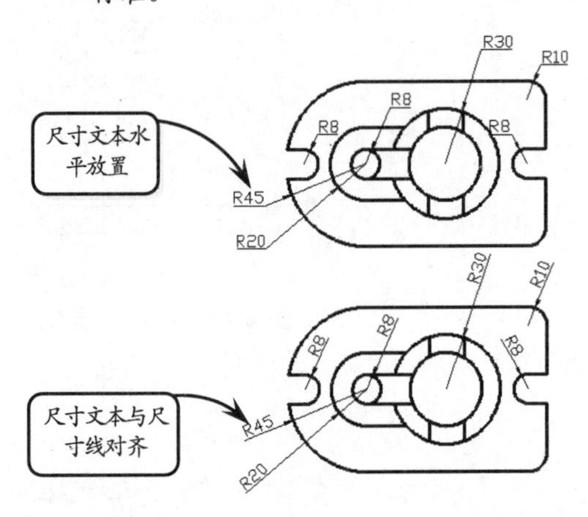

此外，如果选择【ISO 标准】单选按钮，当文本在两条尺寸界线的内部时，文本将与尺寸线对齐，否则标注文本将水平放置。

5. 调整箭头、标注文字和尺寸界线间的位置关系

当标注尺寸时，如果两条尺寸界线之间有足够的空间，系统将自动将箭头、标注文字放在尺寸界线之间。

而如果两条尺寸界线之间没有足够的空间，便可以在【修改标注样式】对话框中切换至【调整】选项卡，然后即可调整标注文字、尺寸箭头和尺寸界线间的位置关系。

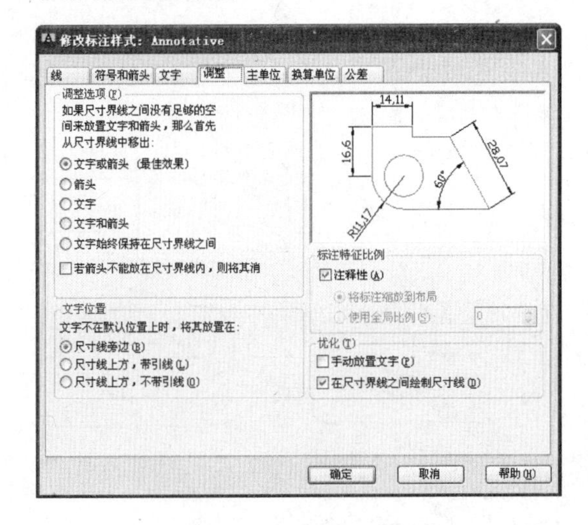

- **文字或箭头** 选择该单选按钮，系统将对标注文本和箭头进行综合考虑，自动选择其中之一放在尺寸界线外侧，以获得最佳标注效果。
- **箭头** 选择该单选按钮，系统将尽量使文字放在尺寸界线内。否则文字和箭头都将放在尺寸界线外。

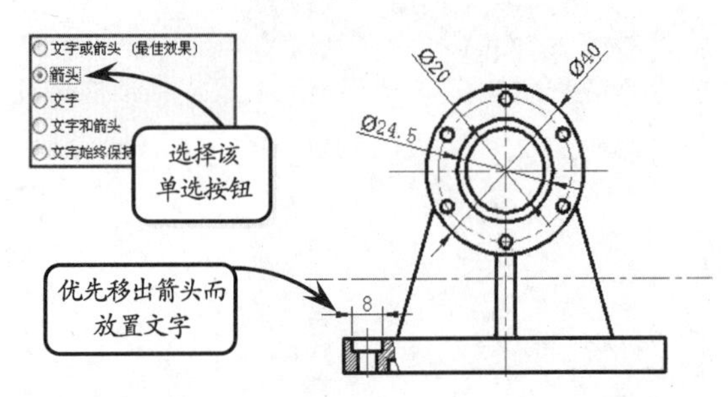

- **文字** 选择该单选按钮，系统尽量将箭头放在尺寸界线内。否则文字和箭头都将放在尺寸界线外。

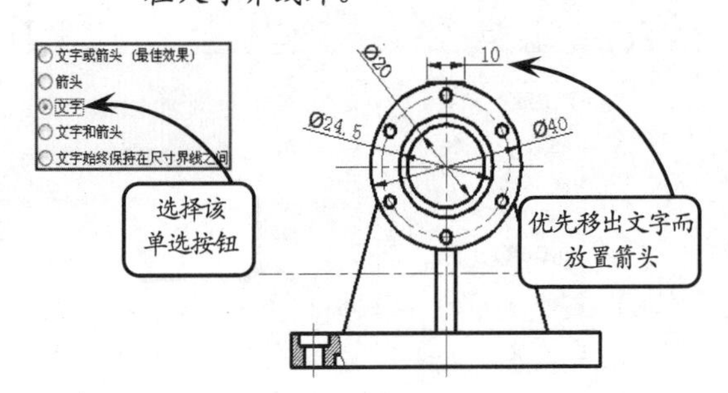

- **文字和箭头** 选择该单选按钮，当尺寸界

线间不能同时放下文字和箭头时，就将文字和箭头都放在尺寸界线外。

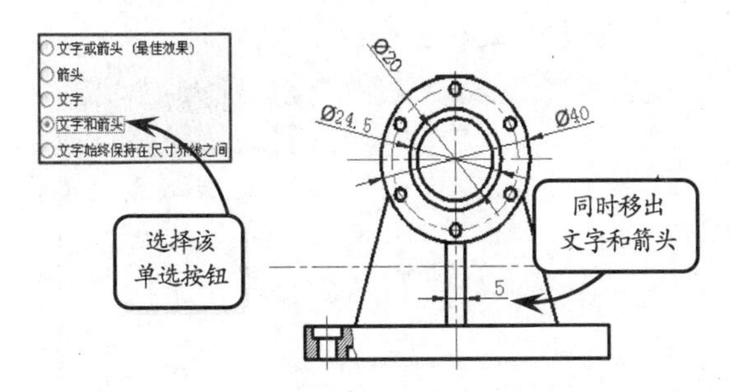

- **文字始终保持在尺寸界线之间**　选择该单选按钮，系统总是把文字和箭头都放在尺寸界线内。
- **使用全局比例**　在该文本框中输入全局比例数值，将影响标注的所有组成元素大小。

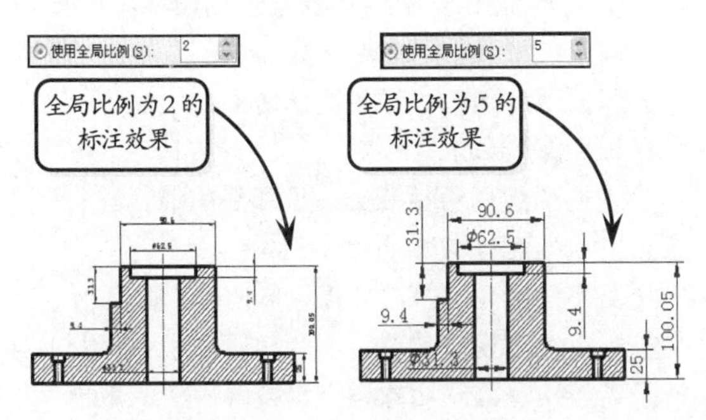

- **在尺寸界线之间绘制尺寸线**　当启用该复选框时，系统总是在尺寸界线之间绘制尺寸线；禁用该复选框时，当将尺寸箭头移至尺寸界线外侧时，系统将不添加尺寸线。

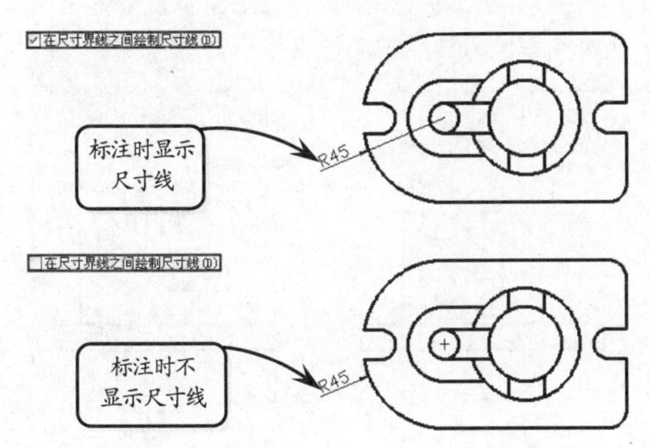

6. 设置线性尺寸精度

在【修改标注样式】对话框中切换至【主单位】选项卡，即可设置线性尺寸的单位格式和精度，并能为标注文本添加前缀或后缀。该选项卡中各主要选项的含义介绍如下。

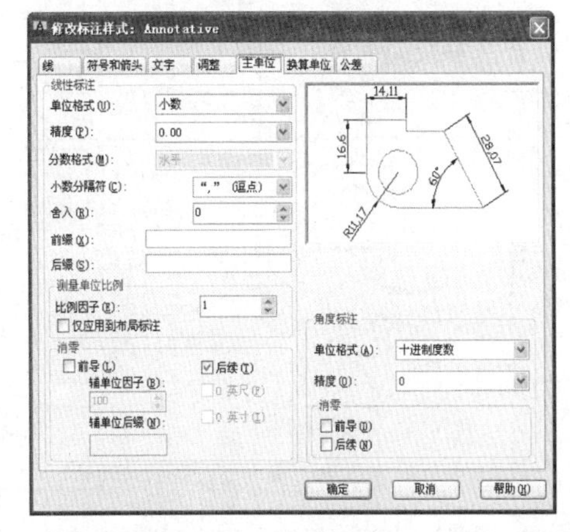

- **单位格式**　在该下拉列表中可以选择所需长度单位的类型。
- **精度**　在该下拉列表中可以设置长度型尺寸数字的精度，小数点后显示的位数即为精度效果。
- **小数分隔符**　如果单位类型为十进制，即可在该下拉列表中选择分隔符的形式，包括句点、逗点和空格 3 种分隔符类型。
- **舍入**　该文本框用于设置标注数值的近似效果。如果在该文本框中输入 0.06，则标注数字的小数部分近似到最接近 0.06 的整数倍。
- **前缀**　在该文本框中可以输入标注文本的前缀。如下图所示输入文本前缀为“%%c”，则使用该标注样式标注的线性尺寸文本将均带有直径符号ϕ。

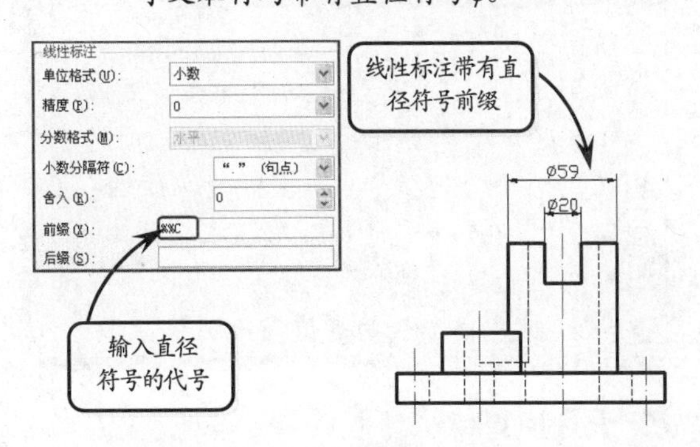

- **后缀**　在该文本框中可以设置标注文本的后缀。

- ❑ **比例因子** 在该文本框中可以输入尺寸数字的缩放比例因子。当标注尺寸时，系统将以该比例因子乘以真实的测量数值，并将结果作为标注数值。该参数选项常用于标注局部放大视图的尺寸。

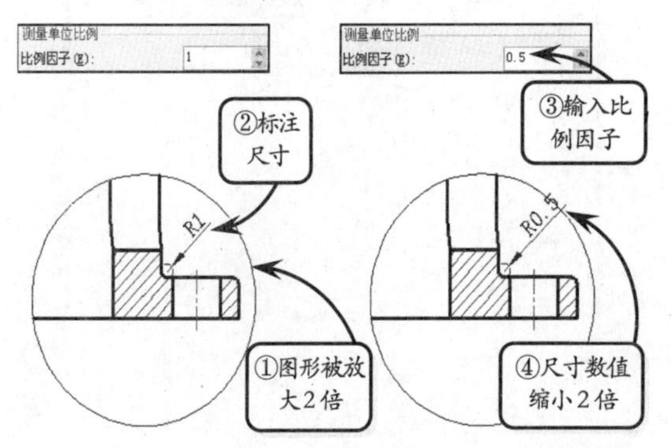

- ❑ **消零** 该选项组用于隐藏长度型尺寸数字前面或后面的0。当启用【前导】复选框，系统将隐藏尺寸数字前面的零；当启用【后续】复选框，系统将隐藏尺寸数字后面的零。

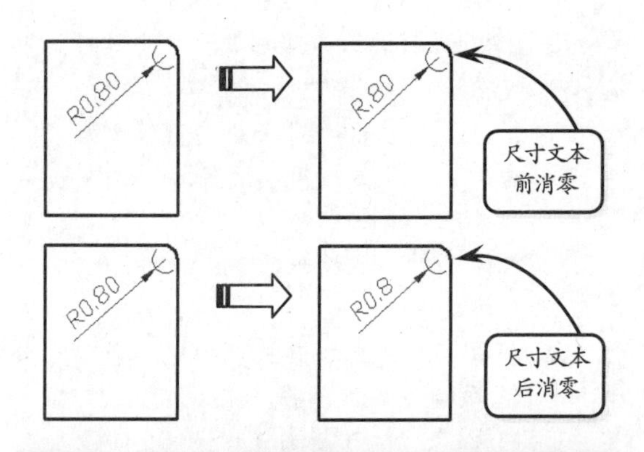

> **提示**
>
> 标注局部放大视图的尺寸时，由于图形对象已被放大，相应的标注出的尺寸也会成倍变大，但这并不符合图形的实际尺寸。此时可以在【主单位】选项卡中设置测量单位的【比例因子】数值，使尺寸标注数值成倍的缩小。如图形放大2倍，测量单位比例因子则应设置为0.5，以使标注的数值缩小2倍。

7. 设置换算单位参数

在【修改标注样式】对话框中切换至【换算单位】选项卡，即可控制是否显示经过换算后标注文字的值、指定主单位和换算单位之间的换算因子，以及控制换算单位相对于主单位的位置。该选项卡中各选项组的含义介绍如下。

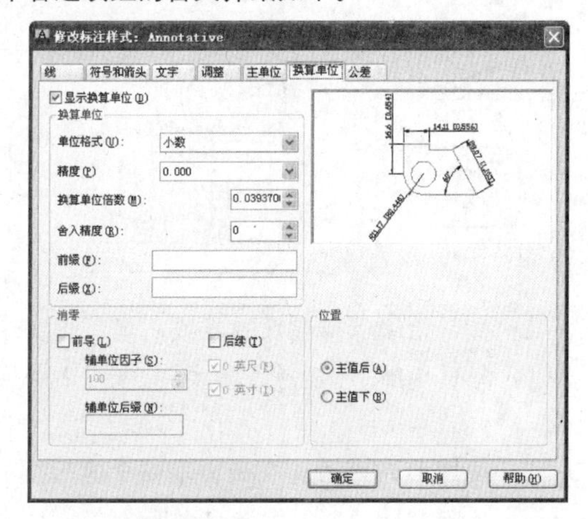

- ❑ **显示换算单位**

该复选框用于控制是否显示经过换算后标注文字的值。如果启用该复选框，在标注文字中将同时显示以两种单位标识的测量值。

- ❑ **换算单位**

该选项组用于控制经过换算后的值，与【主单位】选项卡对应参数项相似。

所不同的是增加【换算单位倍数】列表项，它是指主单位和换算单位之间的换算因子，即通过线性距离与换算因子相乘确定出换算单位的数值。

- ❑ **位置**

该选项组用于控制换算单位相对于主单位的位置。

如果选择【主值后】单选按钮，则换算单位将位于主单位之后；如果选择【主值下】单选按钮，则换算单位将位于主单位之下。

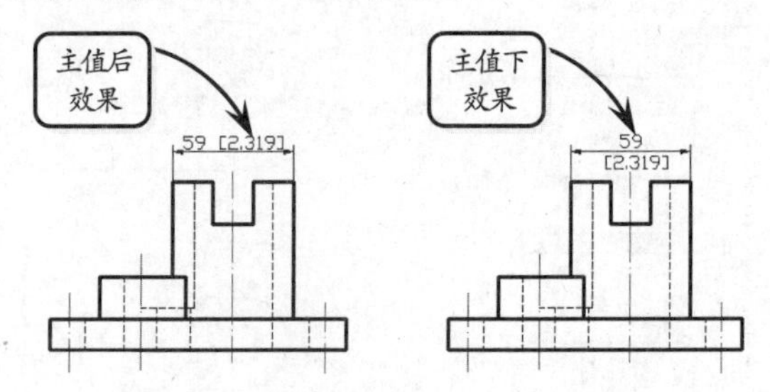

8. 设置尺寸公差

在【修改标注样式】对话框中切换至【公差】选项卡，即可设置公差格式，并输入相应的公差值。

该选项卡中各主要选项的含义介绍如下。

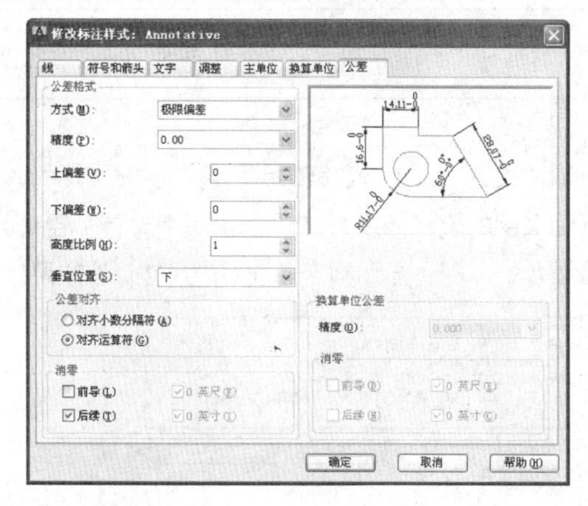

❑ 方式

在该下拉列表中提供了公差的 5 种格式。如下图所示就是使用这 5 种不同的公差格式标注一孔直径所获得的不同效果。

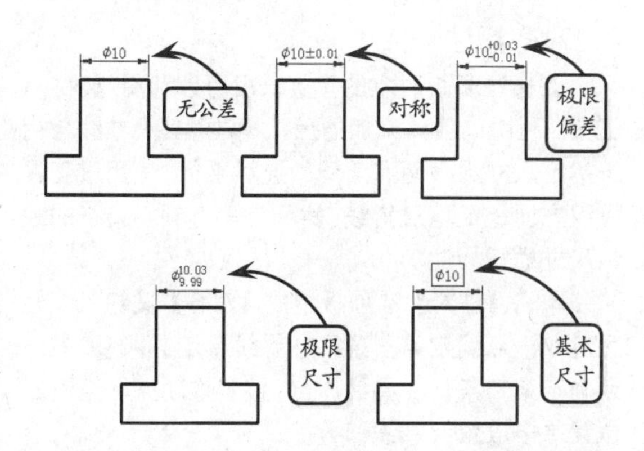

这 5 种公差格式的具体含义可以参照下表所述。

方式名称	含 义
无	选择该选项，系统将只显示基本尺寸
对称	选择该选项，则只能在【上偏差】文本框中输入数值。此时标注尺寸时，系统将自动添加符号“±”
极限偏差	选择该选项后，可以在【上偏差】和【下偏差】文本框中分别输入尺寸的上下偏差值。默认情况下，系统自动在上偏差前添加符号“+”，在下偏差前添加符号“-”。如果在输入偏差值时输入了“+”号或“-”号，则最终显示的符号将是默认符号与输入符号相乘的结果
极限尺寸	选择该选项，系统将同时显示最大极限尺寸和最小极限尺寸
基本尺寸	选择该选项，系统将尺寸标注数值放置在一个长方形的框中

其中，当选择【极限偏差】方式时，在相应的文本框中输入正、负号与标注效果的对比关系可以参照下图。

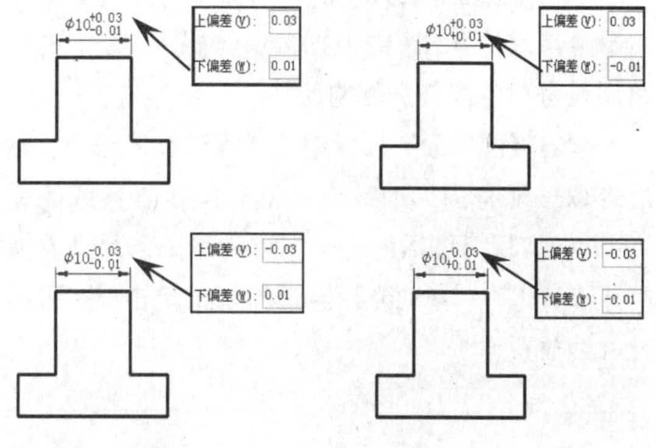

❑ 精度

在该下拉列表中可以设置上下偏差值的精度，即小数点后的位数。

❑ 高度比例

在该文本框中可以设置偏差值文本相对于尺寸文本的高度。

默认值为 1，此时偏差文本与尺寸文本高度相同。一般情况下，国标设置为 0.7，但如果公差格式为【对称】，则高度比例仍设置为 1。

❑ 垂直位置

在该下拉列表中可以指定偏差文字相对于基本尺寸的位置关系，包括上、中和下三种类型。国标情况下一般选择【中】选项。

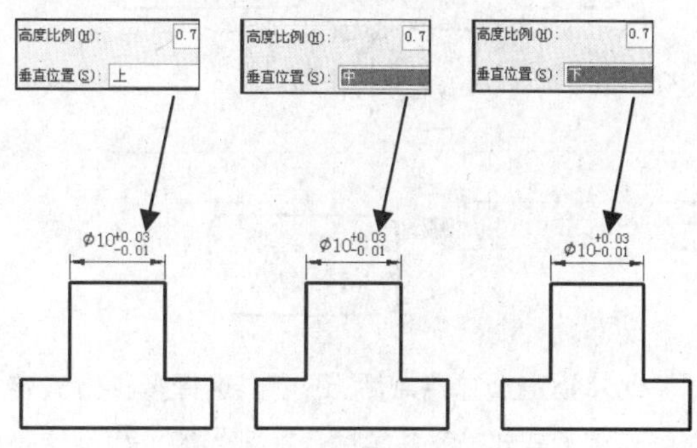

8.2 添加线性尺寸标注

版本：AutoCAD 2013

线性尺寸是指在图形中标注两点之间的水平、竖直或具有一定旋转角度的尺寸，该类标注是进行图纸标注时应用最为频繁的标注方法之一，常用的有以下 6 种线性标注方式。

1. 线性标注

利用【线性】工具可以为图形中的水平或竖直对象添加尺寸标注，或根据命令行提示，添加两点之间具有一定旋转角度的尺寸。

单击【注释】选项板中的【线性】按钮，然后选取一现有图形的端点为第一条尺寸界线的原点，并选取现有图形的另一端点为第二条尺寸界线的原点。此时，拖动光标至适当位置单击，即可将尺寸线放置。

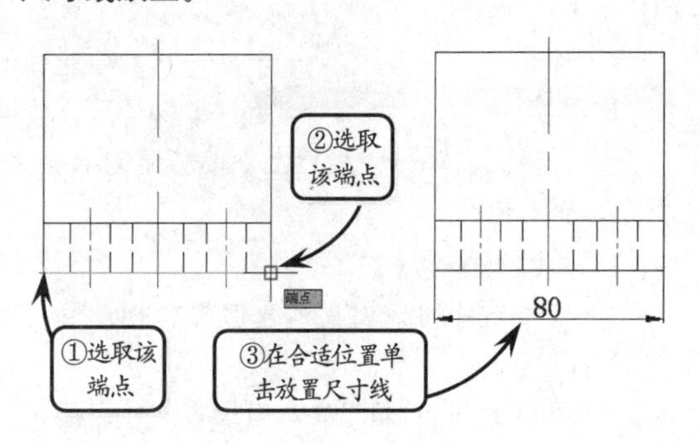

当指定好两点时，拖动光标的方向将决定创建何种类型的尺寸标注。如果上下拖动光标，则将标注水平尺寸；如果左右拖动光标，则将标注竖直尺寸。

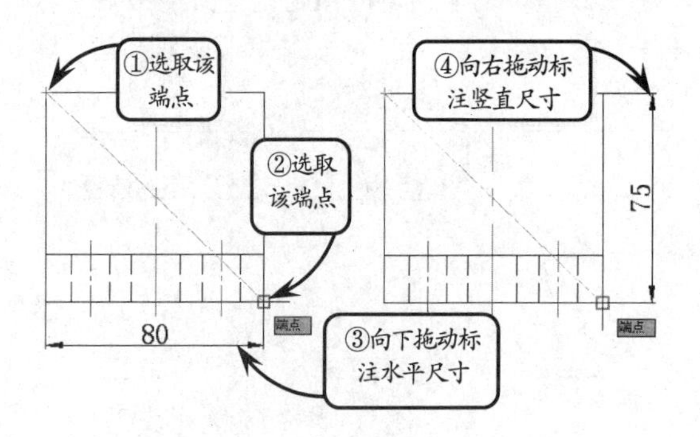

此外指定尺寸端点后，还可以选择多种方式定义尺寸显示样式，包括角度、文字、水平和旋转等参数的设置。如在指定第二点后输入字母 A，并输入标注文字的旋转角度为 45°，然后拖动光标至适当位置单击，即可显示指定角度后的尺寸标注效果。

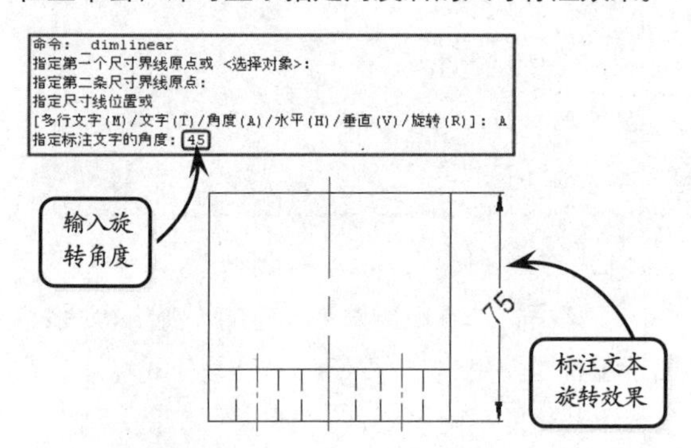

2. 对齐标注

要标注倾斜对象的真实长度可以利用【对齐】工具。利用该工具添加的尺寸标注，其尺寸线与用于指定尺寸界限两点之间的连线平行。使用该工具可以方便快捷地对斜线、斜面等具有倾斜特征的线性尺寸进行标注。

单击【注释】选项板中的【对齐】按钮，然后选取一点确定第一条尺寸界线原点，并选取另一点确定第二条尺寸界线原点。接着拖动光标至适当位置单击放置尺寸线即可。

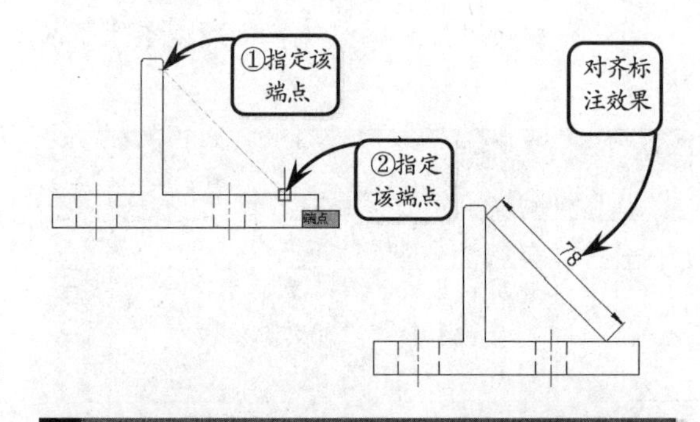

提示

对齐标注与线性旋转标注不同之处在于：对齐标注的尺寸线的倾斜度是通过指定的两点来确定的，而旋转标注是根据指定的角度值来确定尺寸线的倾斜度的。

3．角度标注

利用【角度】工具经常标注一些倾斜图形，如肋板的角度尺寸。利用该工具标注角度时，可以通过选取两条边线、3 个点或一段圆弧来创建角度尺寸。

单击【注释】选项板中的【角度】按钮，然后依次选取角的第一条边和第二条边，并拖动光标放置尺寸线，即可完成角度的标注。

其中，如果拖动光标在两条边中间单击，则标注的为夹角角度；而如果拖动光标在两条边外侧单击，则标注的为该夹角的补角角度。

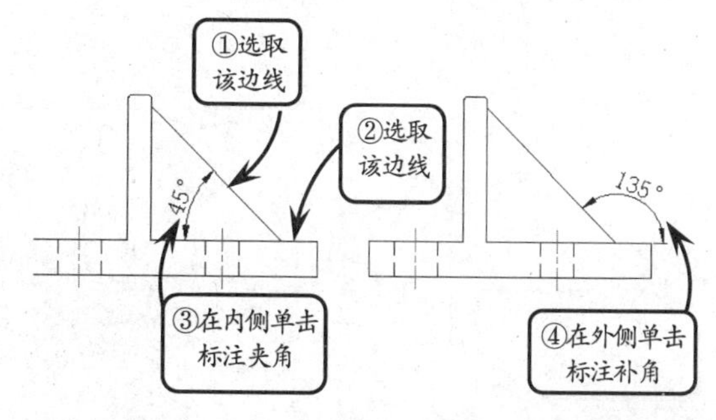

此外，当选择【角度】工具后，直接按下回车键，还可以通过指定 3 个点来标注角度尺寸。其中指定的第一个点为角顶点，另外两个点为角的端点。且指定的角顶点不同，标注的角度也会不同。

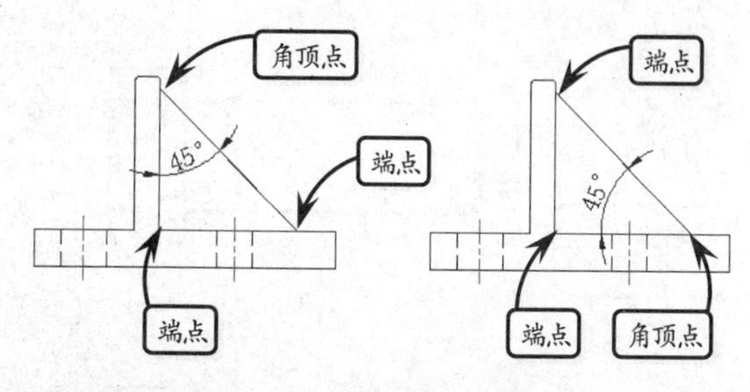

4．使用角度子样式标注角度

对于某种类型的尺寸，其标注外观有时需要作一些调整。如创建角度尺寸时，需要文本放置在水平位置；标注直径时，需要创建圆的中心线等，此时便可以通过创建尺寸标注的子样式来对某些特定类型的尺寸进行控制。

在【标注样式管理器】对话框中单击【新建】按钮，然后在打开对话框的【基础样式】下拉列表中指定新标注样式基于的父尺寸样式。此时如果要创建控制某种具体类型尺寸的子样式，便可以在【用于】下拉列表中选择一尺寸类型。如下图所示父样式为【机械标注】样式，新样式用来控制角度尺寸标注，因此在【用于】下拉列表中选择【角度标注】选项。

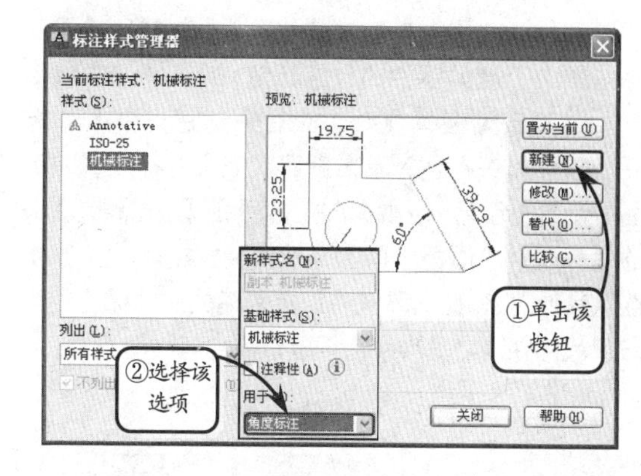

接着单击【继续】按钮，便可以在打开的对话框内修改子样式中的某些尺寸变量，以形成特殊的标注形式。

如下图所示，修改子样式中文字的位置为【水平】，然后单击【确定】按钮返回到【标注样式管理器】对话框，可以发现新创建的子样式以树状节点的形式显示在【机械标注】样式下方。

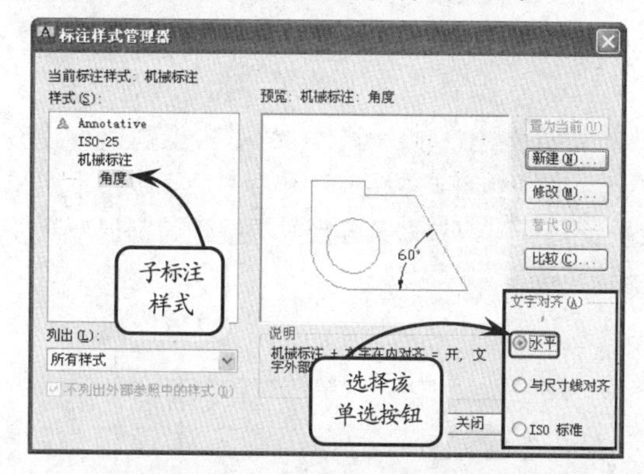

当再次启用【角度】命令标注角度时，标注的角度文本均将水平放置，即当前【机械标注】样式下的角度尺寸文本外观均由修改变量后新创建的子样式所控制。

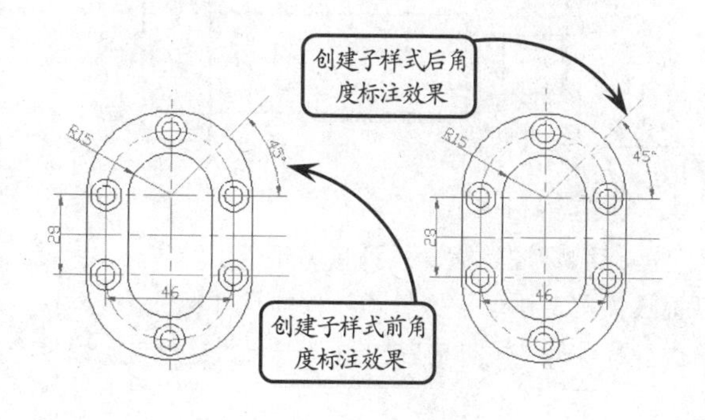

5. 基线标注

基线标注是指所有尺寸都从同一点开始标注，即所有标注公用一条尺寸界线。该标注类型常用于一些轴类、盘类零件的尺寸标注。

创建该类型标注时，应首先创建一个尺寸标注，以便以该标注为基准创建其他尺寸标注。如下图所示首先创建一线性标注，然后在【注释】选项卡的【标注】选项板中单击【基线】按钮，并依次选取其他端点。此时系统将以刚创建的尺寸标注的第一条尺寸界线为基准线，创建相应的基线型尺寸。

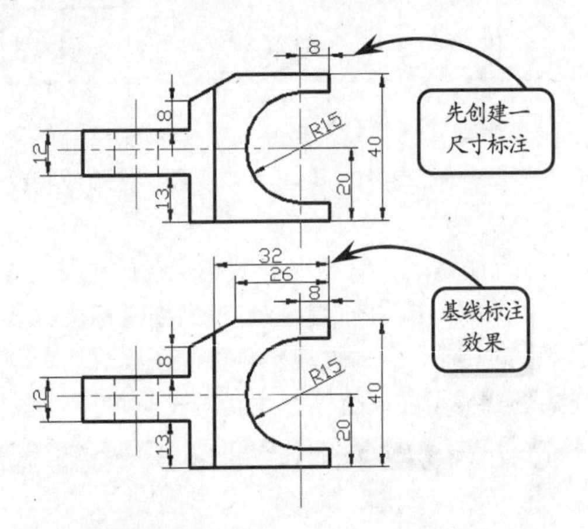

如果不想在前一个尺寸的基础上创建基线型尺寸，则可以在启用【基线】命令后直接按下回车键，此时便可以选取某条尺寸界线作为创建新尺寸的基准线。

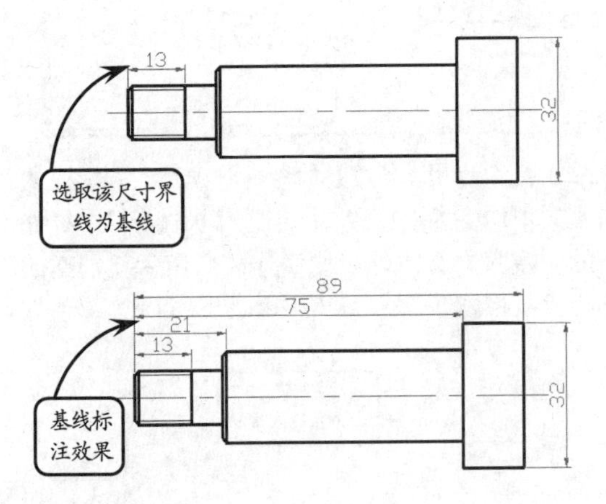

6. 连续标注

连续标注是指一系列首尾相连的标注形式，该标注类型常用于一些轴类零件的尺寸标注。创建该类型标注时，同样应首先创建一个尺寸标注，以便以该标注为基准创建其他标注。

如下图所示，首先创建一线性标注，然后在【注释】选项卡的【标注】选项板中单击【连续】按钮，并依次选取其他端点。此时，系统将以刚创建的尺寸标注的第一条尺寸界线为基准线，创建相应的连续型尺寸。

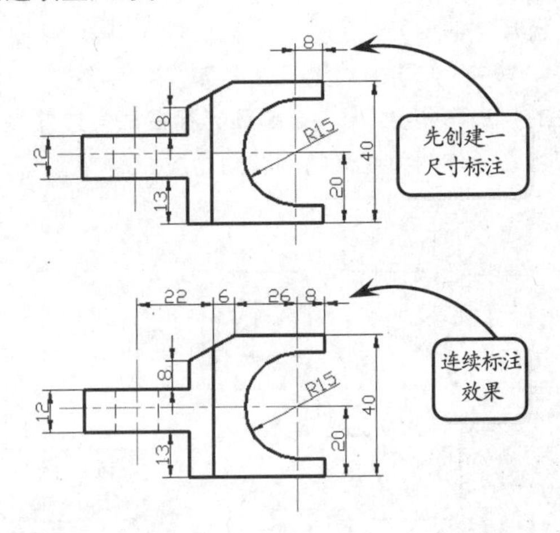

如果不想在前一个尺寸的基础上创建连续型尺寸，可以在启用【连续】命令后直接按下回车键，此时便可以选取某条尺寸界线作为创建新尺寸的基准线。

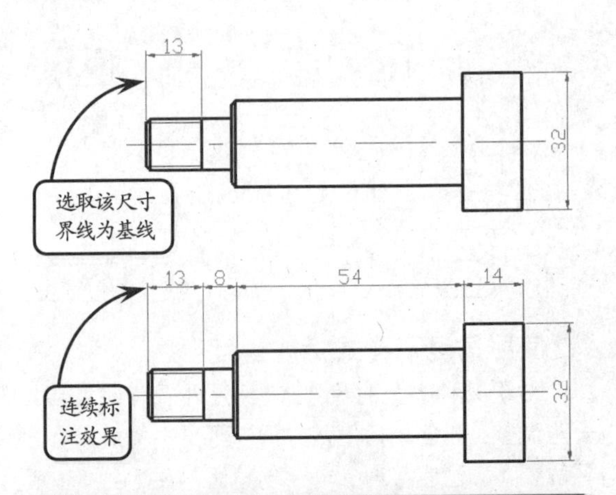

提示

在利用角度子样式标注角度时，对子样式中某些变量的改动并不影响父样式中相应的尺寸变量；同样如果在父样中修改，该部分尺寸变量也不会影响子样式中该部分变量的设置。但如果在父样式中修改其他尺寸变量，则子样式中对应的变量也将随之变化。

AutoCAD 8.3 添加曲线尺寸标注

版本：AutoCAD 2013

为准确标注曲线类对象的尺寸，AutoCAD 提供了弧长、直径和半径，以及折弯等多种标注工具来标识这些曲线对象。各种曲线标注工具的具体操作方法介绍如下。

1．弧长标注

弧长标注用于测量圆弧或多段线弧线段的距离。该标注方式常用于测量围绕凸轮的距离或标注电缆的长度。为区别于角度标注，弧长标注将显示一个圆弧符号，而角度标注显示度数符号。

在【注释】选项板中单击【弧长】按钮，然后根据命令行提示选取圆弧，并拖动标注线至合适位置单击，确定弧长标注的位置即可。

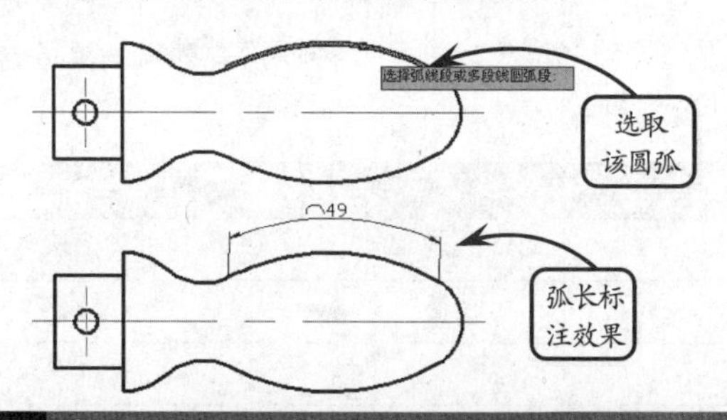

提示

此外，用户还可以在【修改标注样式】对话框中切换至【符号和箭头】选项板，然后在【弧长符号】选项组中设置弧长符号相对于文字的位置效果。

2．直径和半径标注

直径和半径尺寸标注常用于标注一些回转类零件如盘类零件，或一些孔的孔径尺寸。

在【注释】选项板中单击【直径】按钮，然后选取图中的圆弧，并移动光标使直径尺寸文字位于合适位置，单击左键即可标注直径。利用相同的方法同样可以标注半径尺寸。

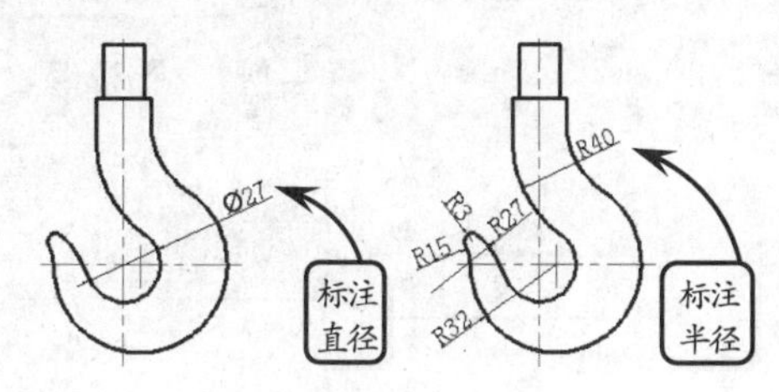

3．折弯标注

在标注大直径的圆或圆弧的半径尺寸、或长度较大的轴类打断视图的长度尺寸时，可以利用【折弯】工具进行尺寸标注。该类工具可分为以下两种折弯方式。

❑ 折弯圆弧

折弯圆弧标注即折弯半径标注，也可以称为缩放的半径标注。在某些图纸当中，需要对较大的圆弧进行标注时，大圆弧的圆心有时在图纸之外，此时就需要用到折弯圆弧标注。

在【注释】选项板中单击【折弯】按钮，选取一圆或圆弧，并指定一点来替代圆心。继续指定一点来确定文本的放置位置。然后再指定一点确定折弯线段的放置位置即可。

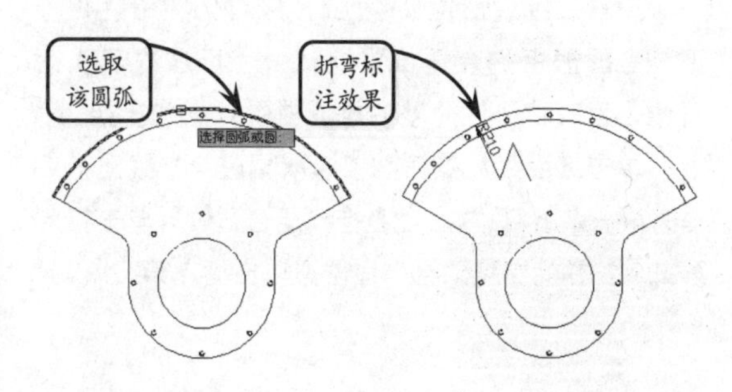

❑ 折弯线性

利用折弯标注工具可以为已标注线性尺寸的尺寸线添加折弯效果，一般用以表达标注尺寸的图形实际长度大于标注长度的尺寸标注。

切换至【注释】选项卡，在【标注】选项板中单击【折弯，折弯标注】按钮，指定需进行折弯操作的线性尺寸标注，并在合适位置单击指定折弯位置，即可完成折弯线性操作。

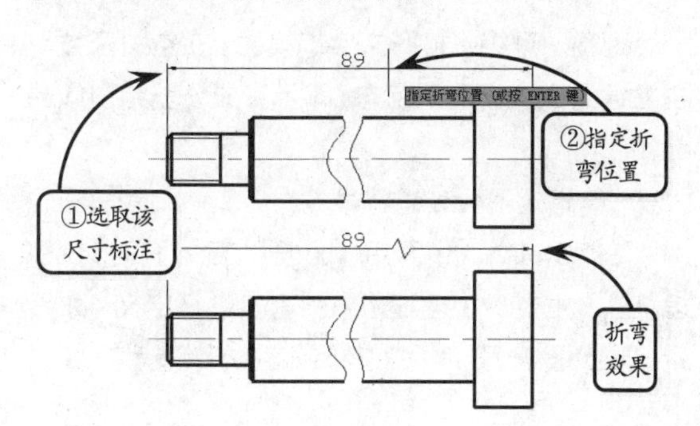

AutoCAD 8.4 添加公差标注

版本：AutoCAD 2013

在 AutoCAD 中，除了上面介绍的常规的线性尺寸和曲线尺寸标注外，有时还需要进行各种公差标注，例如机械设计中各类零件图纸上的尺寸标注。

1．形位公差标注

形位公差是指形状和位置公差。在标注机械零件图时，为满足使用要求，必须正确合理地规定零件几何要素的形状和位置公差，以及限制实际要素的形状和位置误差，这是图形设计的一项重要内容。

用户可以通过标注形位公差来显示图形的形状、轮廓、方向位置和跳动的偏差等。在零件图中添加形位公差的步骤如下所述。

❑ 绘制公差指引线

通常在标注形位公差之前，应首先利用【引线】工具在图形上的合适位置绘制公差标注的箭头指引线，为后续形位公差的放置提供依据和参照。

单击【引线】按钮，选取相应尺寸线上一点作为第一点，然后向上竖直拖动至合适位置单击指定第二点，并向右拖动至合适位置单击指定第三点。

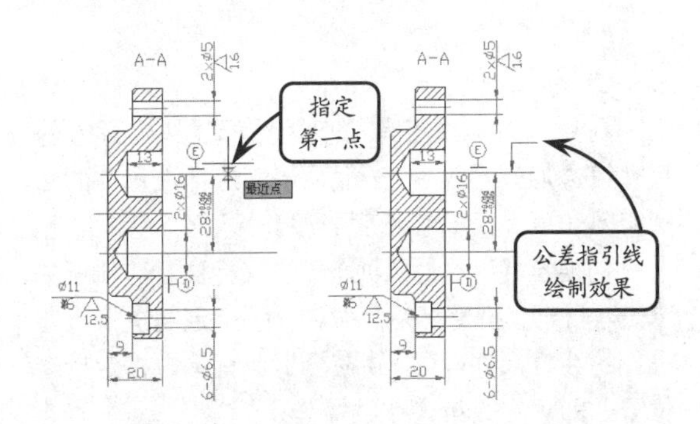

此时，系统将打开文字编辑器，在空白区域单击左键退出文字输入状态，即可完成公差指引线的绘制。

❑ 指定形位公差符号

在 AutoCAD 中利用【公差】工具进行形位公差标注，主要对公差框格中的内容进行定义，如设置形位公差符号、公差值和包容条件等。

在【注释】选项卡的【标注】选项板中单击【公差】按钮，并在打开的【形位公差】对话框中单击【符号】色块，即可在打开的【特征符号】对话框中选择相应的公差符号。

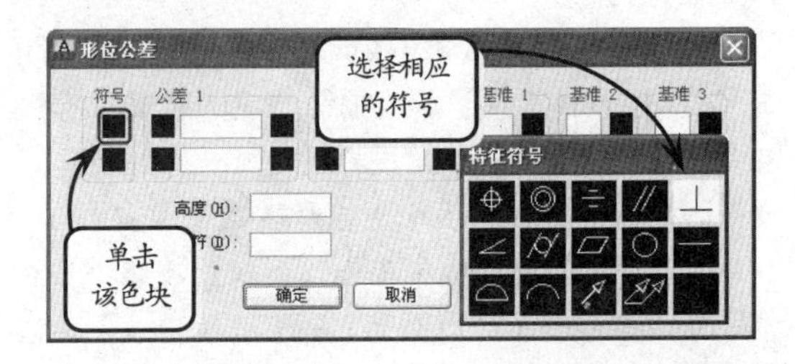

在【特征符号】对话框中，系统给出了国家规定的 14 种形位公差符号。各种公差符号的具体含义可以参照下表。

符号	含义	符号	含义
⌖	位置度	▱	平面度
◎	同轴度	○	圆度
⌯	对称度	—	直线度
//	平行度	⌓	面轮廓度
⊥	垂直度	⌒	线轮廓度
∠	倾斜度	↗	圆跳度
⌭	圆柱度	⌰	全跳度

❑ 指定公差值、包容条件和基准

指定完形位公差符号后，在【公差 1】文本框中输入公差数值。且此时如果单击该文本框左侧的黑色小方格，可以在该公差值前面添加直径符号；如果单击该文本框右侧的黑色小方格，可以在打开的【附加符号】对话框中选择该公差值后面所添加的包容条件。

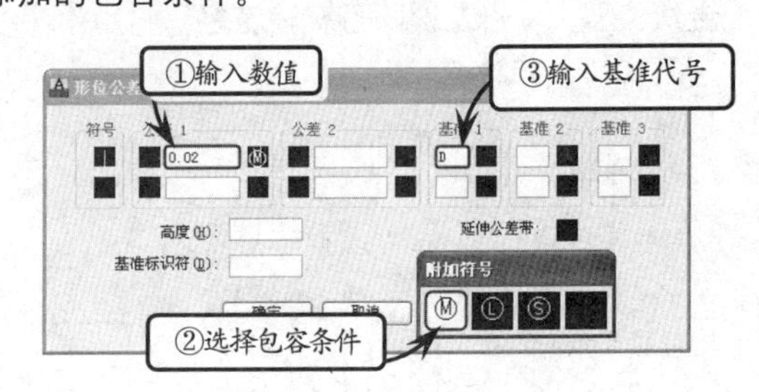

最后在【基准 1】文本框中输入相应的公差基准代号即可。【附加符号】对话框中各符号的含义可以参照下表。

符号	含　义
Ⓜ	材料的一般中等状况
Ⓛ	材料的最大状况
Ⓢ	材料的最小状况

❑ **放置形位公差框格**

设置好要标注的形位公差内容后，单击【确定】按钮，返回到绘图窗口。然后选取前面绘制的指引线末端点放置公差框格，即可完成形位公差标注。

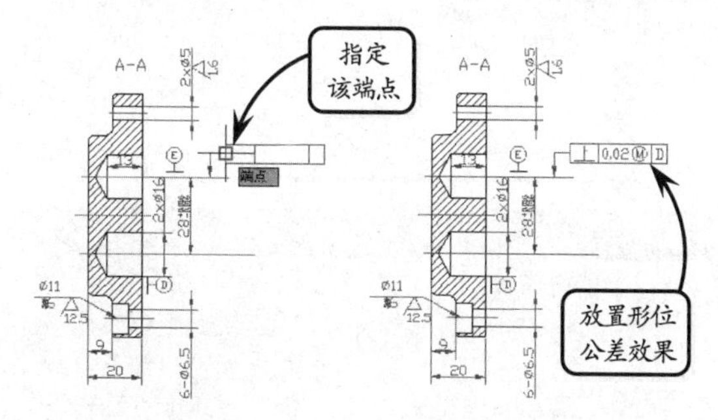

2. 尺寸公差标注

尺寸公差是指零件尺寸所允许的变动量，该变动量的大小直接决定了零件的机械性能和零件是否具有互换性。利用 AutoCAD 提供的【堆叠】工具，可以方便地标注尺寸的公差或一些分数形式的公差配合代号。

单击【线性】按钮，依次指定第一界线和第二界线的端点后，将出现系统测量的线性尺寸数值。

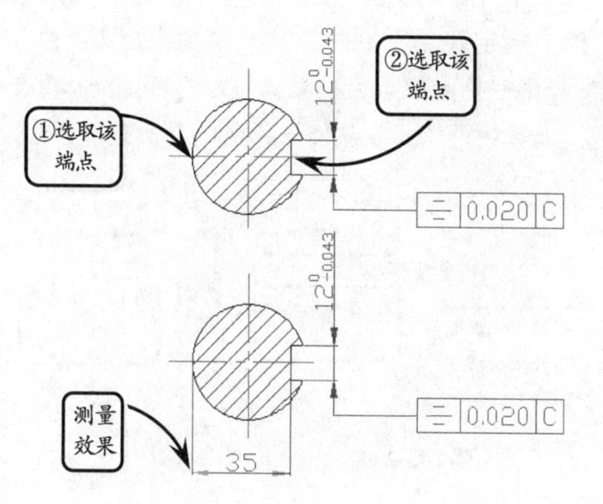

此时在命令行中输入字母 M，然后在打开的文字编辑器中输入线性尺寸数值，并输入公差数值"+0^-0.02"。

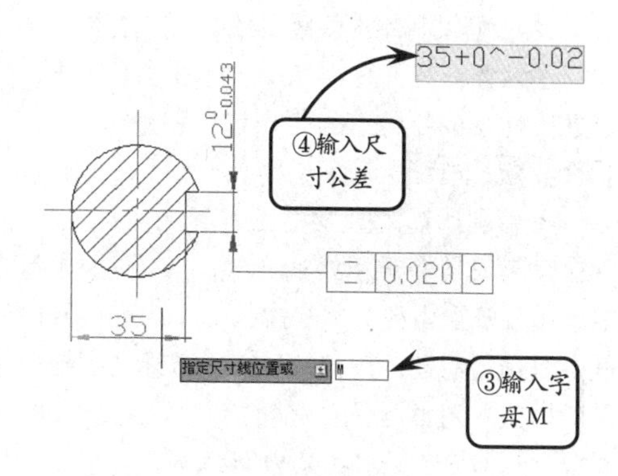

接着选取后面的公差部分"+0^-0.02"，单击右键，在打开的快捷菜单中选择【堆叠】选项，并在空白区域单击。

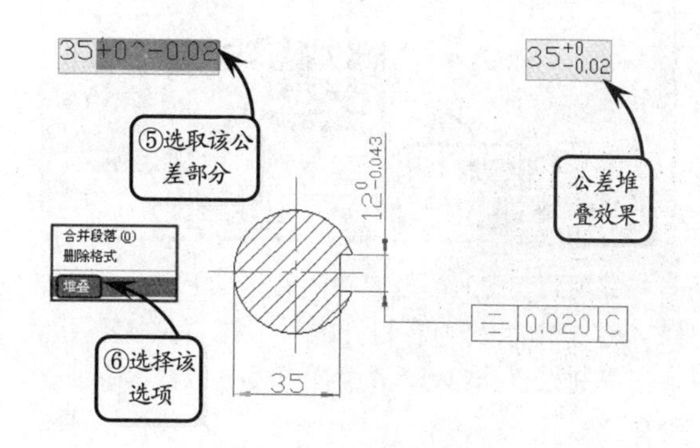

接着在合适位置单击鼠标左键放置尺寸线，即可完成尺寸公差的标注。

提示

在机械制图中，表达零件精度的方式包括标注尺寸公差和形位公差。其中，尺寸公差是指零件尺寸所允许的变动量，该变动量的大小直接决定了零件的机械性能和零件是否具有互换性；形位公差是指零件的形状和位置公差，其数值直接决定了零件的加工精度。

8.5 添加引线标注

版本：AutoCAD 2013

用户可以利用【多重引线】工具绘制一条引线来标注对象。该工具经常用于标注孔和倒角，以及创建装配图的零件编号等操作。

1. 多重引线样式

不管利用【多重引线】工具标注何种注释尺寸，首先需要设置多重引线的样式。在【注释】选项板中单击【多重引线样式】按钮，并在打开的对话框中单击【新建】按钮，系统将打开【创建新多重引线样式】对话框。

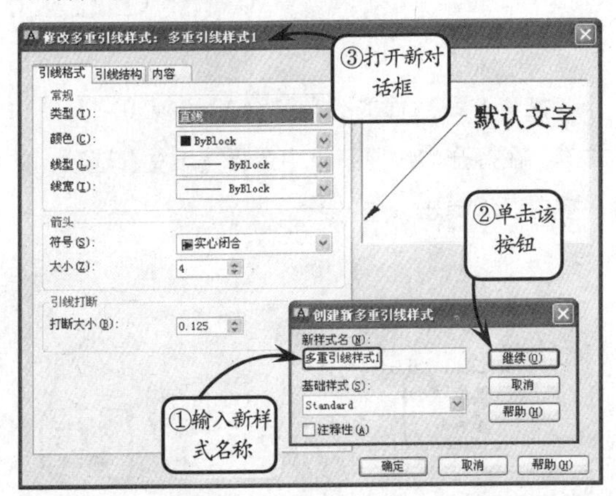

此时，在该对话框中输入新样式名称，并单击【继续】按钮，即可在打开的对话框中对多重引线进行详细设置。该对话框中各选项卡的选项含义分别介绍如下。

❑ 引线格式

在该选项卡中可以设置引线和箭头的外观效果。其中，在【类型】下拉列表中可指定引线的形式，在【符号】下拉列表中可以设置箭头的各种形式。

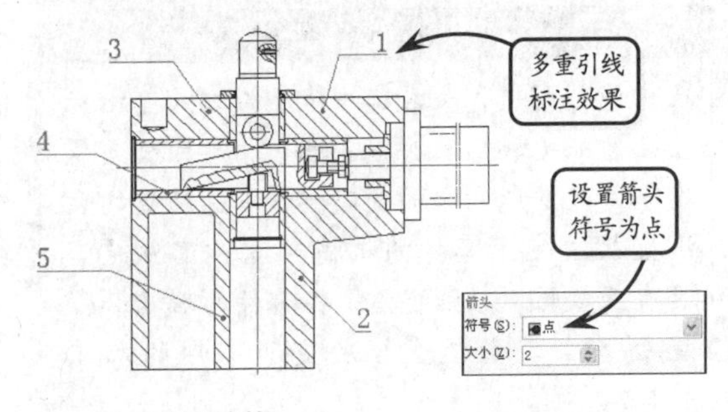

❑ 引线结构

在该选项卡中可以设置引线端点的最大数量、是否包括基线，以及基线的默认距离。该选项卡中各选项的含义可以参照下表。

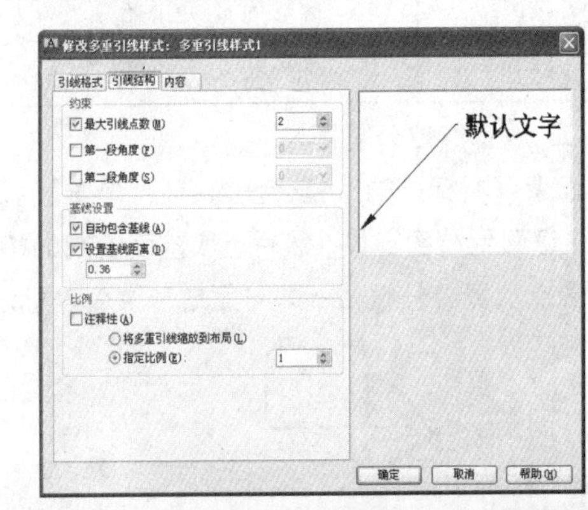

名称	含　义
约束	在该选项组中启用【最大引线点数】复选框，可以在其后的文本框中设置引线端点的最大数量。而当禁用该复选框时，引线可以无限制地折弯。此外启用【第一段角度】和【第二段角度】复选框，可以分别设置引线第一段和第二段的倾斜角度
自动包含基线	启用该复选框，则绘制的多重引线将自动包含引线的基线。如果禁用该复选框，并设置【最大引线点数】为2，则可以绘制零件图中常用的剖切符号
设置基线距离	该复选框只有在启用【自动包含基线】复选框时才会被激活，激活后可以设置基线距离的默认值

其中，若默认基线距离为2，引线点数为3。此时在指定两点后单击右键，则基线距离为默认值；如果在指定两点后继续向正右方拖动光标并单击，则基线距离为默认值与拖动的距离之和。

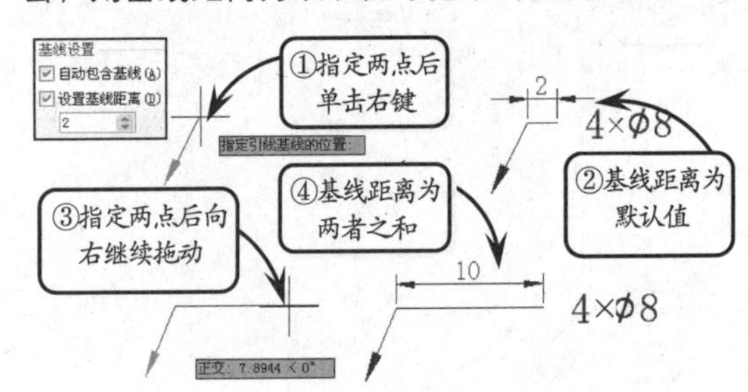

❑ 内容

在该选项卡的【多重引线类型】下拉列表中，可以指定多重引线的注释文本类型为【多行文字】、【块】或【无】；在【文字选项】选项组中可以设置引线的文本样式；在【引线连接】选项组中，可以设置多行文字在引线左边或右边时相对于引线末端的位置。

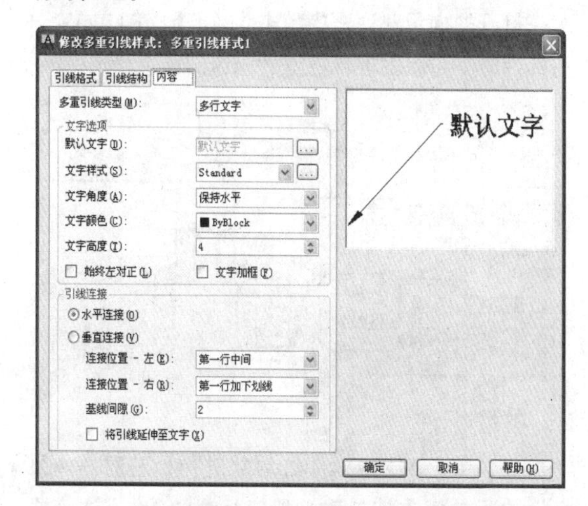

其中，当多重引线类型为【多行文字】，且多行文字位于引线右边时，在【连接位置－左】下拉列表中依次选择各选项，所获得的多行文字与引线末端位置的对比效果可以参照下图。

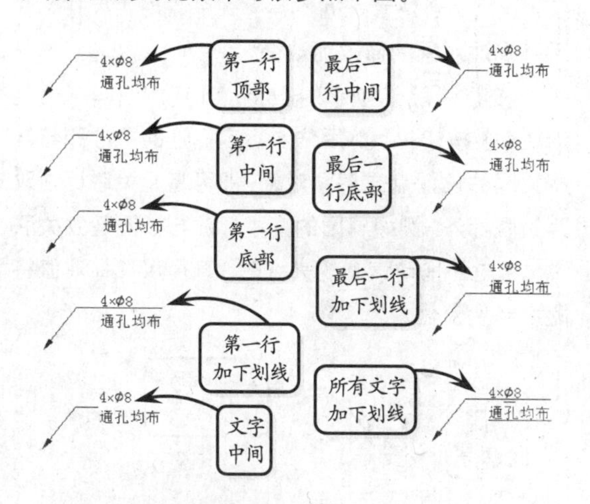

2．创建多重引线标注

要使用多重引线标注图形对象，可在【注释】选项板中单击【引线】按钮，然后依次在图中指定引线的箭头位置、基线位置并添加标注文字，即可完成多重引线的创建。

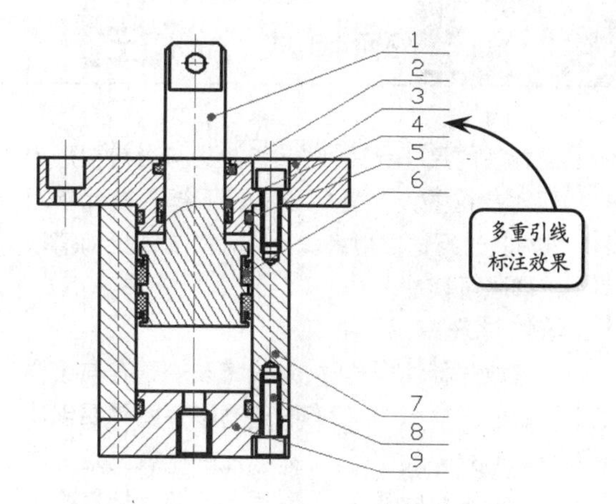

3．添加多重引线

如果需要将引线添加至现有的多重引线对象，只需在【注释】选项板中单击【添加引线】按钮，然后依次选取需添加引线的多重引线和需要引出标注的图形对象，按下回车键，即可完成多重引线的添加。

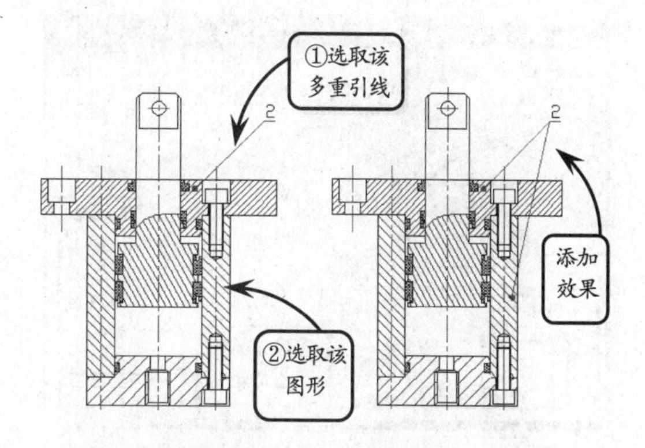

4．删除多重引线

如果创建的多重引线不符合设计的需要，还可以将该引线删除。只需在【注释】选项板中单击【删除引线】按钮，然后在图中选取需要删除的多重引线，并按下回车键，即可完成删除操作。

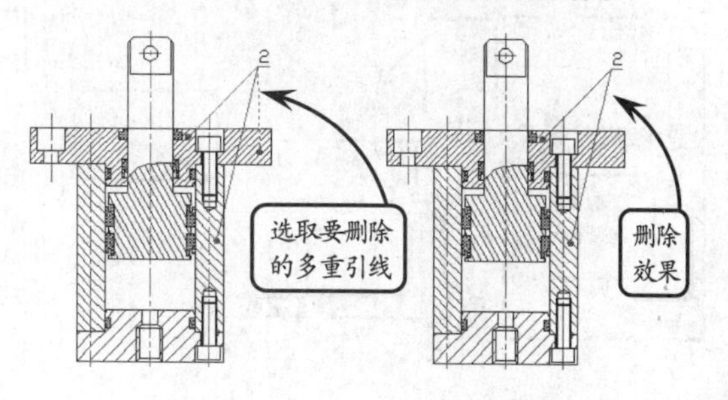

8.6 编辑尺寸标注

版本：AutoCAD 2013

当标注的尺寸界线、文字和箭头与当前图形中的几何对象重叠，或者标注位置不符合设计要求时，可对其进行适当地编辑，从而使图纸更加清晰美观、增强可读性。

1．替代标注

当修改一标注样式时，系统将改变所有与该样式相关联的尺寸标注。但有时绘制零件图需要创建个别特殊形式的尺寸标注，如标注公差或是给标注数值添加前缀和后缀等。此时用户不能直接修改当前尺寸样式，但也不必再去创建新的标注样式，只需采用当前样式的覆盖方式进行标注即可。

如下图所示当前标注样式为 ISO-25，使用该样式连续标注多个线性尺寸。此时想要标注带有直径前缀的尺寸，可以单击【替代】按钮，系统将打开【替代当前样式】对话框。

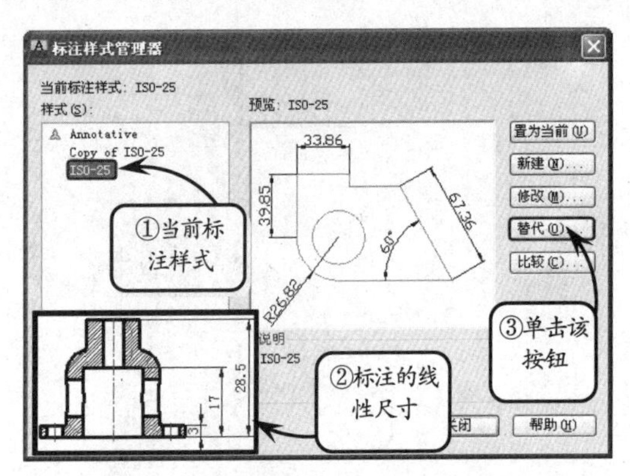

在【替代当前样式】对话框中切换至【主单位】选项卡，并在【前缀】文本框中输入“%%c”。然后单击【确定】按钮，返回到【标注样式管理器】对话框后。此时标注尺寸，系统将暂时使用新的尺寸变量控制尺寸外观。

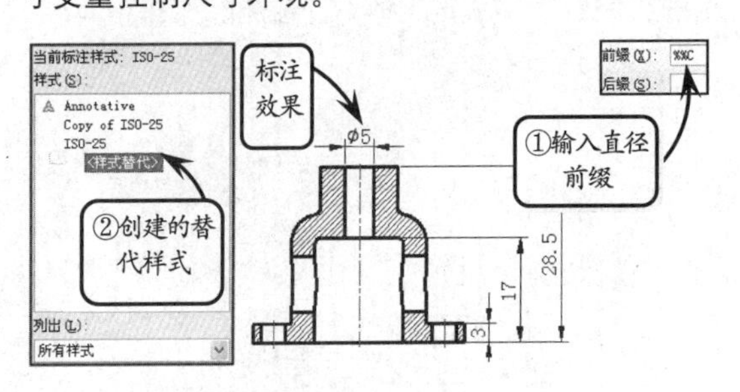

如果要恢复原来的尺寸样式，可以再次打开【标注样式管理器】对话框。在该对话框中选择原来的标注样式 ISO-25，并单击【置为当前】`按钮。此时在打开的提示对话框中单击【确定】按钮，再次进行标注时，可以发现标注样式已返回原来状态。

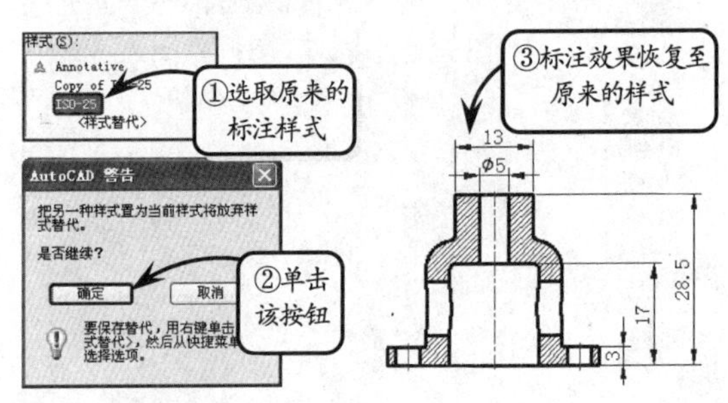

2．关联标注

在 AutoCAD 中对图形对象进行标注时，如果标注的尺寸值是按自动测量值标注的，且标注模式是尺寸关联模式，那么标注的尺寸和标注对象之间将具有关联性。此时，如果标注对象被修改，与之对应的尺寸标注将自动调整其位置、方向和测量值；反之，当两者之间不具有关联性时，尺寸标注不随标注对象的修改而改变。

在【注释】选项卡的【标注】选项板中单击【重新关联】按钮，然后依次指定标注的尺寸和与其相关联的位置点或关联对象，即可将无关联标注改为关联标注。例如将圆的直径标注与该圆建立关联性，当向外拖动该圆的夹点时，直径尺寸标注值将随之产生变化。

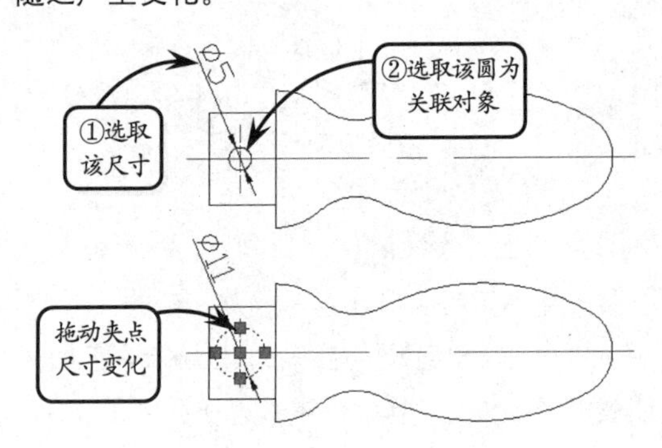

3. 更新标注

利用【更新】工具可以以当前的标注样式来更新所选的现有标注尺寸效果，如通过尺寸样式的覆盖方式调整样式后，可以利用该工具更新选取的图中尺寸标注。

在【标注样式管理器】对话框中单击【替代】按钮，系统将打开【替代当前样式】对话框。在该对话框中切换至【主单位】选项卡，并在【前缀】文本框中输入直径代号"%%c"。然后在【注释】选项卡的【标注】选项板中单击【更新】按钮，选取尺寸 20，并按下回车键，即可发现该线性尺寸已添加直径符号前缀。

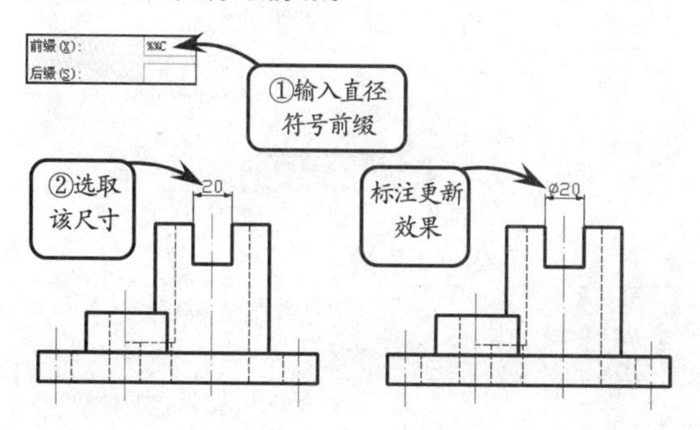

4. 其他编辑方法

当添加的尺寸标注不符合设计要求时，可以对其进行适当地编辑，如调整文本角度和标注间距等操作，从而使图纸更加清晰美观，增强可读性。

❑ 编辑文本角度

利用【文字角度】工具可以调整标注文本的角度。在【注释】选项卡的【标注】选项板中单击【文字角度】按钮，并选取一现有尺寸标注，然后输入标注文本的角度为 45°，按下回车键，即可将标注文本按角度旋转。

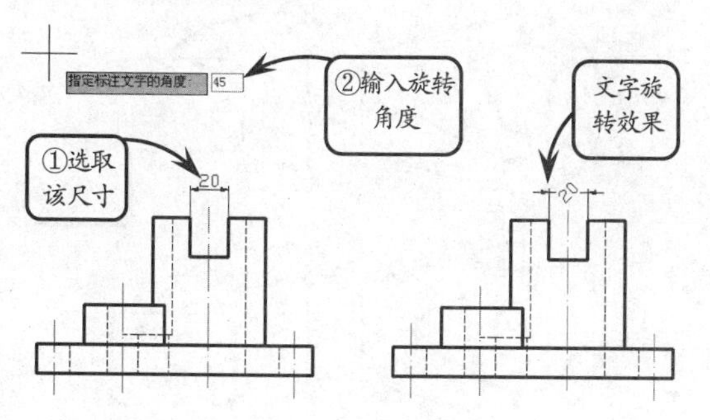

❑ 调整标注间距

标注零件图时，同一方向上有时会标注多个尺寸。这多个尺寸间如果间距参差不齐，则整个图形注释会显得很乱，而手动调整各尺寸线间的距离至相等又不太现实。为此 AutoCAD 提供了【调整间距】工具，利用该工具可以使平行尺寸线按用户指定的数值等间距分布。

在【注释】选项卡的【标注】选项板中单击【调整间距】按钮，然后选取下图中相应的尺寸为基准尺寸，并选取另外两个尺寸为要产生间距的尺寸，按下回车键。此时系统要求设置间距：用户可以按下回车键，由系统自动调整各尺寸的间距；也可以输入数值后再按下回车键，各尺寸将按照所输入间距数值进行分布。

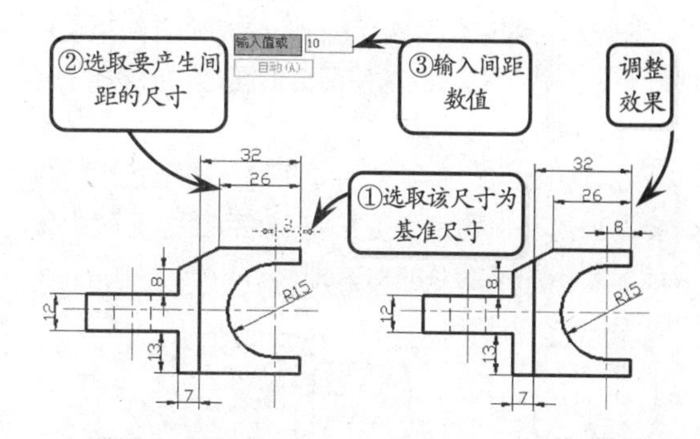

❑ 通过【特性】面板编辑标注尺寸

通过【特性】面板可以对尺寸标注的多种属性进行修改，如标注样式、箭头的样式和大小、尺寸界线和尺寸线的显示状态、文字的高度和距离尺寸线的偏移量等。当然，所修改的属性仅针对于所选尺寸标注，并不影响该标注样式下的其他尺寸标注。

选取一尺寸标注，并单击右键。然后在打开的快捷菜单中选择【特性】选项，并在打开的【特性】面板中设置第一尺寸线和第一尺寸界线的显示状态均为【关】，即可显示相应的效果。

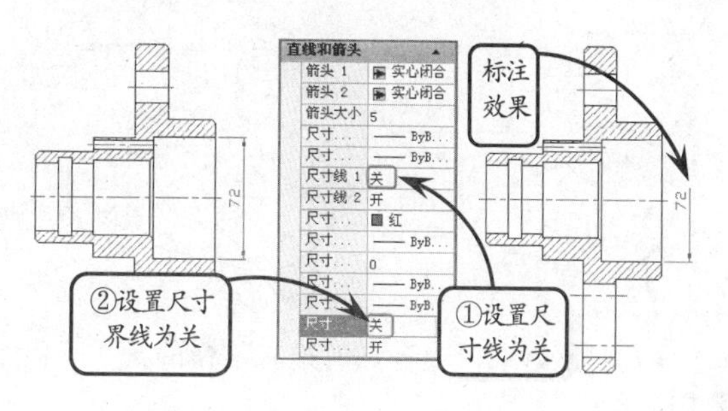

8.7 添加对象约束

版本：AutoCAD 2013

传统的对象捕捉是暂时的，为图形对象间添加约束，可以更加精确地实现设计意图。在 AutoCAD 中，利用系统提供的对象约束工具将使绘图变得更加智能化。对象约束包括几何约束和尺寸约束，其中几何约束能够在对象或关键点之间建立关联，而添加尺寸约束则可以利用尺寸参数驱动图形形体的变化。

1．几何约束

几何约束用于确定二维对象间或对象上各点之间的几何关系，例如可以添加平行约束使两条线段平行，添加重合约束使两端点重合，添加垂直约束使两线段垂直，添加同心约束使两弧形图形同心等。

❑ 添加几何约束

在【参数化】选项卡的【几何】选项板中，单击要添加的几何约束类型按钮，然后在绘图区中依次选取要添加该约束的对象即可。

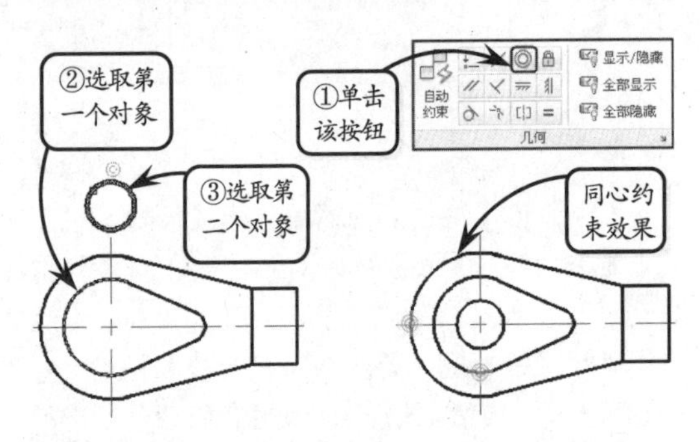

此外在添加约束时，选择两对象的先后顺序将决定对象如何更新。通常情况下，所选的第二个对象会根据第一个对象进行相应的调整。

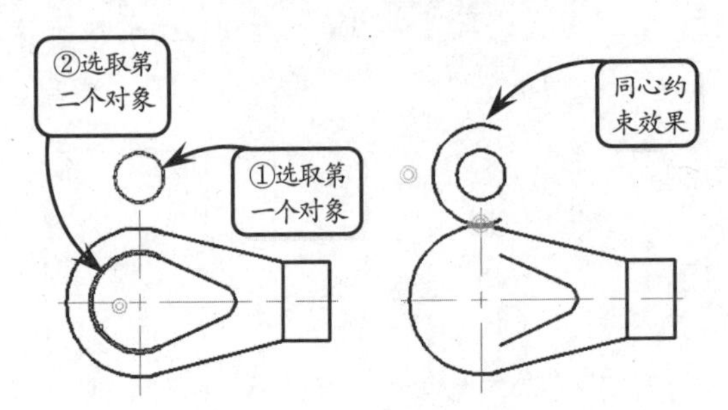

【几何】选项板中各几何约束按钮的含义可以参照下表。

几何约束类型	功　　能
重合	使两个点或一个点与一条直线重合
共线	使两条直线位于同一条无限长的直线上
同心	使选取的圆、圆弧或椭圆保持同一中心点
固定	使一个点或一条曲线固定到相对于世界坐标系（WCS）的指定位置和方向上
平行	使两条直线保持相互平行
垂直	使两条直线或多段线的夹角保持90°
水平	使一条直线或一对点与当前 UCS 的 X 轴保持平行
竖直	使一条直线或一对点与当前 UCS 的 Y 轴保持平行
相切	使两条曲线保持相切或其延长线保持相切
平滑	使一条样条曲线与其他样条曲线、直线、圆弧或多段线保持几何连续性
对称	使两条直线或两个点关于选定的直线对称
相等	使两条直线或多段线具有相同的长度，或使圆弧具有相同的半径值

❑ 几何约束图标

为对象添加一几何约束后，对象上将显示相应的几何约束图标，该图标即代表了所添加的几何约束。用户可以将这些图标拖动至屏幕上的任何位置，也可以显示或隐藏这些图标。

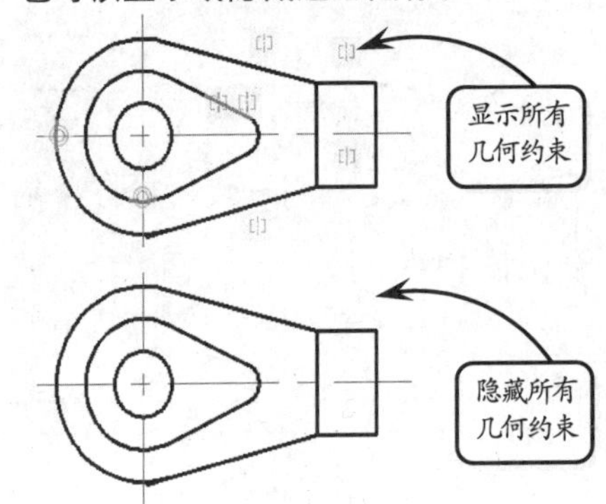

其中，在【几何】选项板中单击【显示所有几何约束】按钮，可以显示图形中所有已应用的几何约束图标；单击【隐藏所有几何约束】按钮，可以隐藏图形中所有已应用的图标。

此外，若在【几何】选项板中单击【自动约束】按钮，系统将根据选取的对象自动添加相应的几何约束。用户可以单击该选项板右下角的箭头按钮，在打开的【约束设置】对话框中切换至【自动约束】选项卡，然后指定系统自动添加的约束类型，以及各自动约束间的优先级别。

2. 尺寸约束

尺寸约束控制着二维图形的大小、角度和两点间的距离等参数。该类约束可以是数值，也可以是变量或方程式。改变尺寸约束，则约束将驱动对象发生相应的变化。

❑ 添加尺寸约束

在【参数化】选项卡的【标注】选项板中，可以利用相关工具为已添加几何约束的图形对象进一步地添加各种尺寸约束。

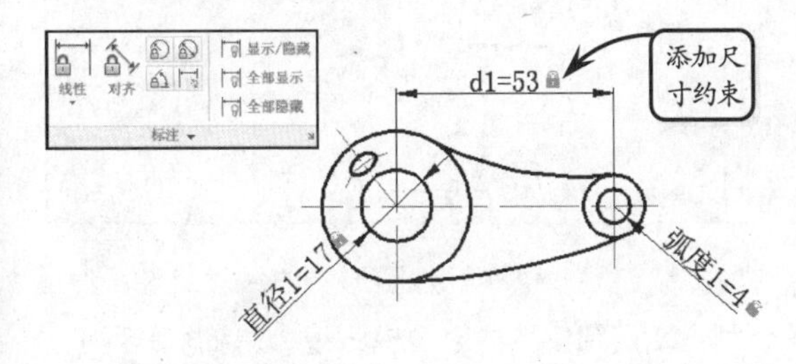

【标注】选项板中各尺寸约束按钮的功能可以参照下表。

尺寸约束类型	功能
线性	约束两点之间的水平或竖直距离
对齐	约束两点、点与直线、直线与直线之间的距离
半径	约束圆或者圆弧的半径
直径	约束圆或者圆弧的直径
角度	约束直线之间的夹角、圆弧的圆心角或 3 个点构成的角度

❑ 尺寸约束模式

尺寸约束分为【动态约束模式】和【注释性约束模式】两种。其中，前者的标注外观由固定的预定义标注样式决定，不能修改，且不能被打印，在缩放过程中保持相同大小；后者的标注外观由当前标注样式决定，可以修改，也可以被打印，在缩放过程中大小将发生变化，并且可把注释性约束放置在同一图层上。

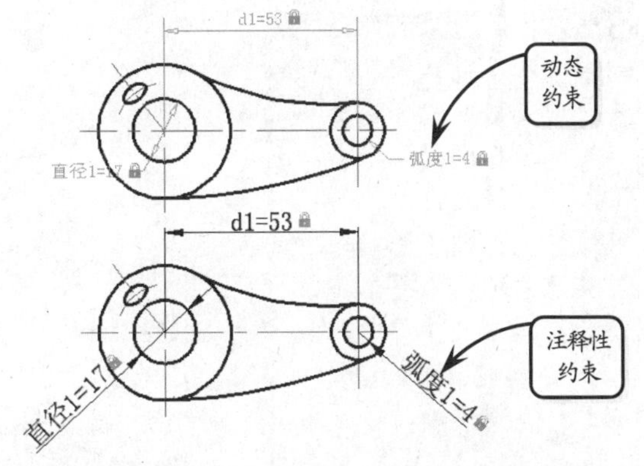

在【参数化】选项卡的【标注】选项板中单击【动态约束模式】按钮，则标注的尺寸约束均为动态约束；单击【注释性约束模式】按钮，则标注的尺寸约束均为注释性约束。且这两类尺寸约束可以相互转换。

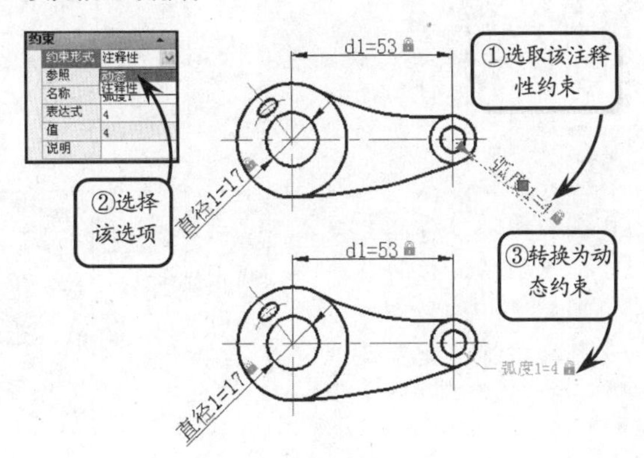

8.8 标注端盖

版本：AutoCAD 2013 downloads/第 8 章/

本例标注一端盖零件图。端盖是安装在电机等机壳后面的后盖，其主要作用是确定转子轴的空间位置。该端盖零件主要由盖体、轴承孔和定位通孔组成，其零件图包括主视图、俯视图、左视图和局部放大视图，其中主视图采用了全剖。该零件图上标注的内容主要包括线性尺寸、圆弧尺寸、尺寸公差、形位公差、基准和粗糙度符号等。

练习要点

- 使用常规尺寸标注工具
- 使用【引线】工具
- 使用【公差】工具
- 使用【多行文字】工具

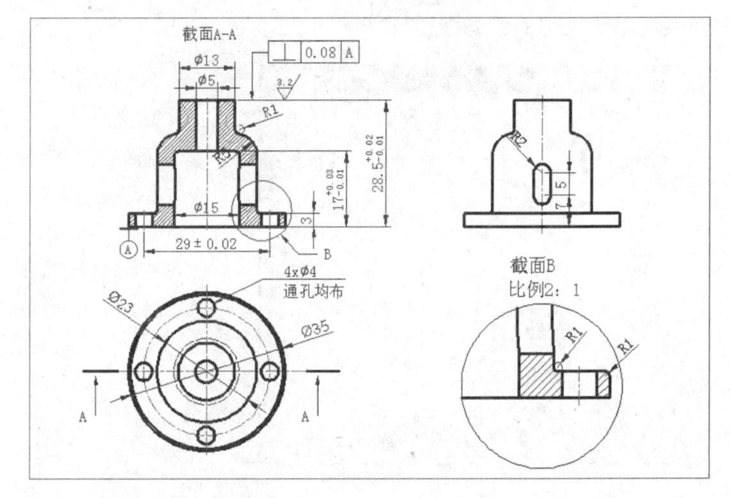

提示

由于尺寸标注的外观都是由当前尺寸样式控制的，且在向图形中添加尺寸标注时，单一的标注样式往往不能满足各类尺寸标注的要求。因此在标注尺寸前，一般都要创建新的尺寸样式，否则系统将以缺省尺寸样式 ISO-25 为当前样式进行标注。

操作步骤

STEP|01 单击【标注样式】按钮，在打开的对话框中单击【修改】按钮。然后在打开的【修改标注样式】对话框中对当前标注样式的各种尺寸变量进行设置，如箭头类型、箭头大小、文字高度、文字距尺寸线的偏移量、尺寸文本的精度等。

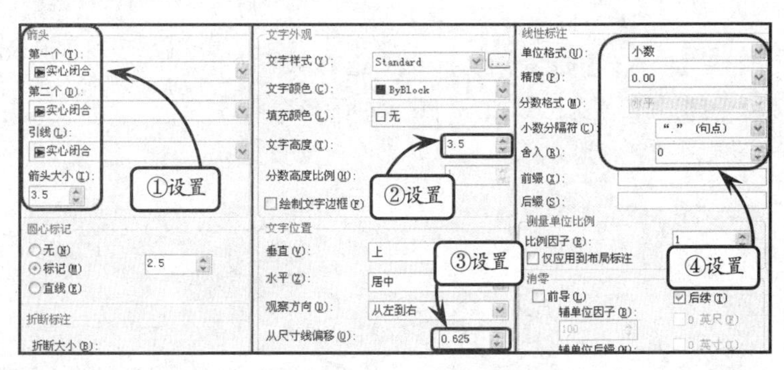

提示

当利用【线性】工具指定好两点时，拖动光标的方向将决定创建何种类型的尺寸标注。如果上下拖动光标将标注水平尺寸；如果左右拖动光标将标注竖直尺寸。

STEP|02 单击【线性】按钮，依次标注图形上的线性尺寸。然后利用【线性】工具分别指定两定位孔的竖直中心线，并在命令行中输入字母 M。接着按下回车键，在打开的文字编辑器中输入文字“29%%p0.02”，并在空白区域单击，退出文字编辑器。此时系统提示指定一点放置尺寸线，在合适位置单击放置尺寸线。

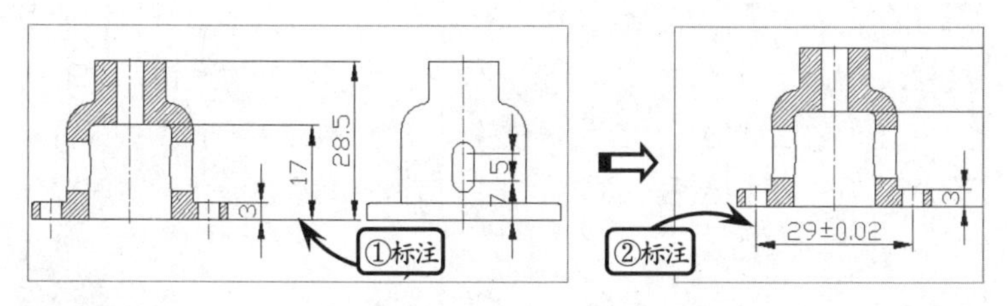

STEP|03 单击【标注样式】按钮，在打开的对话框中单击【替代】按钮，然后在【前缀】文本框中输入直径代号“%%c”。此时利用【线性】工具标注线性尺寸时将自动带有直径前缀符号。接着在【标注样式管理器】对话框中将原来的标注样式设置为当前样式，放弃样式替代。最后选取当前标注样式，并单击【修改】按钮，在【垂直位置】下拉列表中选择【中】选项。

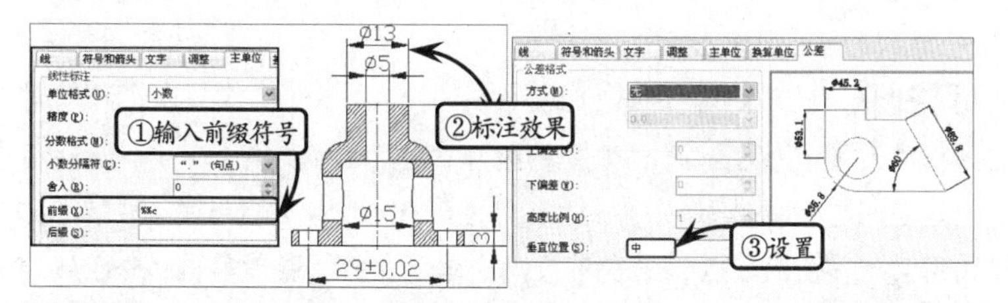

STEP|04 双击要添加公差的标注尺寸，并在打开的文字编辑器中输入图示的公差尺寸。然后选取该公差文字部分，并单击右键，在打开的快捷菜单中选择【堆叠】选项。接着在空白区域单击，并将该添加尺寸移动至合适位置，即可完成公差尺寸的标注。利用相同的方法，选取要添加公差的其他标注尺寸，添加相应的公差尺寸。

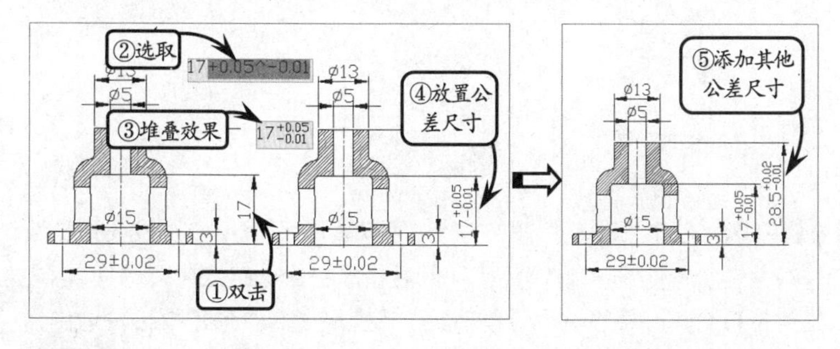

STEP|05 利用【创建】和【定义属性】工具创建带属性的基准和粗糙度符号图块。然后利用【插入】工具将这两个符号图块分别插入到图示位置。

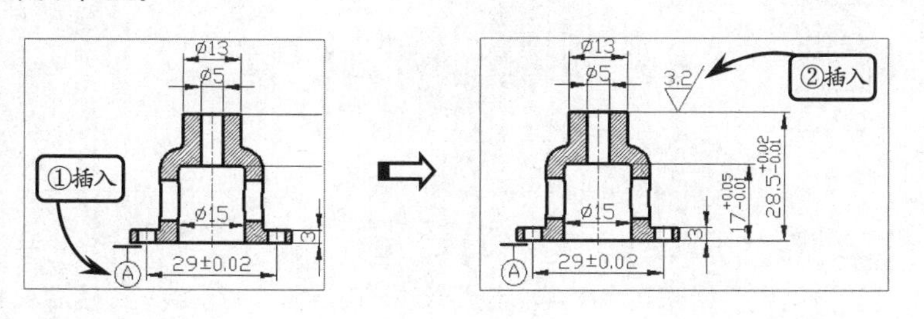

提示

当修改一标注样式时，系统将改变所有与该样式相关联的尺寸标注。但有时绘制零件图需要创建个别特殊形式的尺寸标注，如标注公差或是给标注数值添加前缀和后缀等。此时用户不能直接修改当前尺寸样式，但也不必再去创建新的标注样式，只需采用当前样式的覆盖方式进行标注即可。

提示

尺寸公差是指零件尺寸所允许的变动量，该变动量的大小直接决定了零件的机械性能和零件是否具有互换性。利用 AutoCAD 提供的【堆叠】工具，可以方便地标注尺寸的公差或一些分数形式的公差配合代号。

提示

块属性是附属于块的非图形信息，是块的组成部分。它包含了组成该块的名称、对象特性以及各种注释等信息。如果某个图块带有属性，那么用户在插入该图块时可以根据具体情况，通过属性来为图块设置不同的文本信息。

STEP|06 单击【多重引线样式】按钮，在打开的对话框中设置多重引线样式。然后单击【引线】按钮，在要标注的通孔上选取任意一点，沿右上方向拖动至合适位置并单击，确定第一段引线。接着沿水平方向拖动至合适位置并单击，确定第二段引线。此时输入相应的引线标注内容即可。

提示

利用【多重引线】工具可以绘制一条引线来标注对象，且在引线的末端可以输入文字或者添加块等。该工具经常用于标注孔、倒角和创建装配图的零件编号等。

STEP|07 单击【多重引线样式】按钮，新建一样式，在打开的对话框中设置多重引线样式，并将该样式置为当前。然后利用【引线】工具在尺寸线上选取任意一点，沿竖直方向拖动至合适位置并单击，确定第一段引线。接着沿水平方向拖动至合适位置并单击，确定第二段引线，完成形位公差指引线的绘制。继续利用【引线】工具绘制另一条引线。

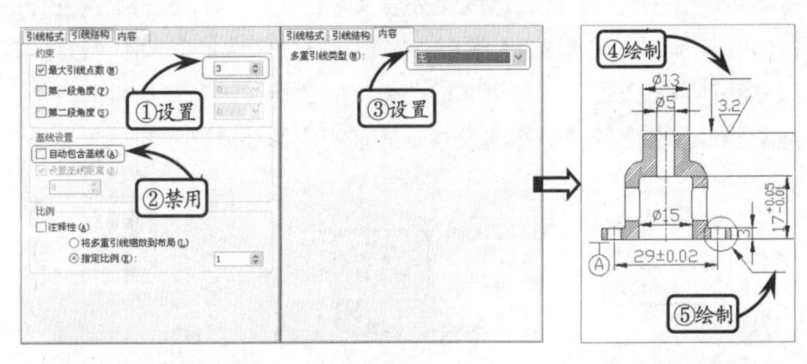

提示

形位公差是指形状和位置公差。在标注机械零件图时，为满足使用要求，必须正确合理地规定零件几何要素的形状和位置公差，以及限制实际要素的形状和位置误差，这是图形设计的一项重要内容。

用户可以通过标注形位公差来显示图形的形状、轮廓、方向位置和跳动的偏差等。

STEP|08 单击【公差】按钮，在打开的对话框中分别设置形位公差符号、公差数值和基准代号。然后指定引线末端点为公差插入点，插入形位公差。接着利用【移动】工具选取该形位公差框格左边中点为基点，并选取引线末端点为目标点，将形位公差向下移动。

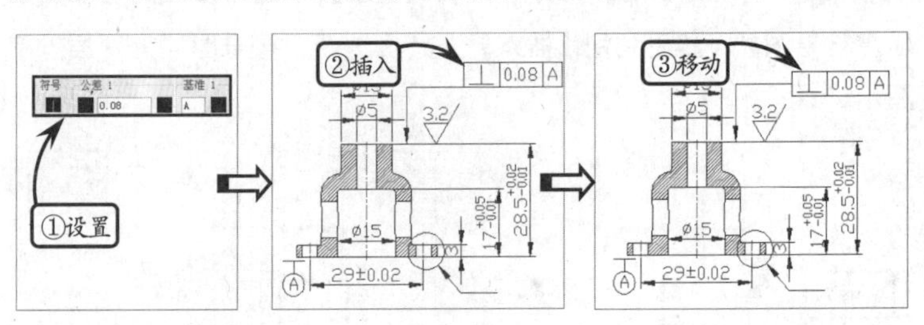

STEP|09 利用【引线】工具在绘图区的空白位置任意选取一点，沿竖直方向向下拖动至水平中心线并单击，确定第一段引线。然后沿水

平方向向右拖动至合适位置并单击，确定第二段引线，绘制剖切符号。接着通过镜像创建另一侧的剖切符号。

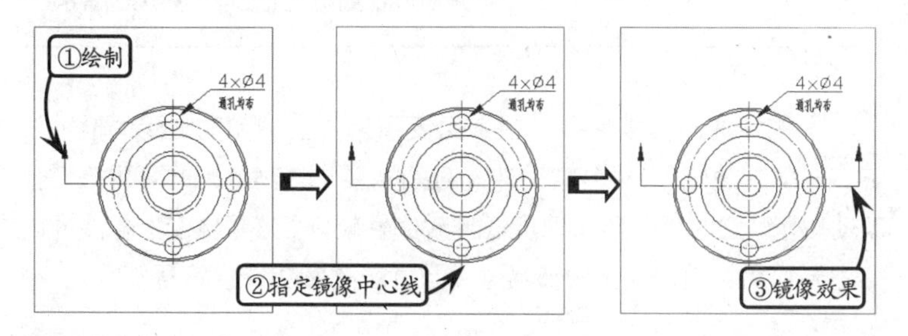

STEP|10 利用【分解】工具将上步绘制的剖切符号分解为箭头和引线两部分。继续利用【分解】工具将两段引线分解开。然后选取第一段引线，并单击右键，在打开的快捷菜单中选择【特性】选项。接着在打开的面板中修改线宽为 0.3。最后利用【移动】工具将分解后的剖切符号移至图示位置，并单击【单行文字】按钮A，添加相应的标注内容。

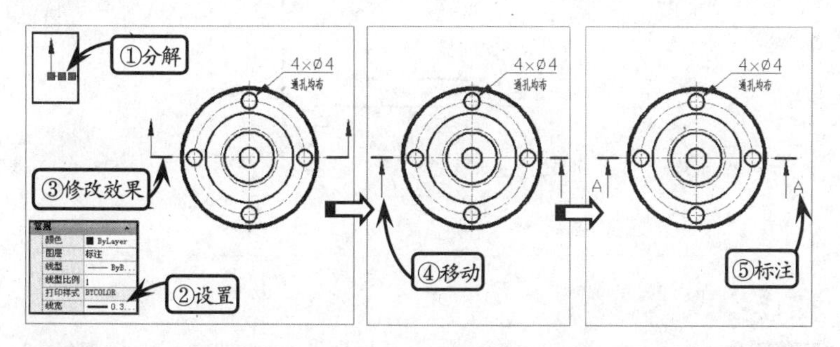

STEP|11 单击【直径】按钮，标注俯视图相应圆的直径尺寸。然后单击【半径】按钮，标注各个圆角的尺寸。接着利用【单行文字】工具在主视图正上方位置输入“截面 A—A”，并在主视图右下方引线位置输入字母“B”。最后单击【多行文字】按钮A，指定两个对角点后，在打开的文字编辑器中输入图示文字即可。

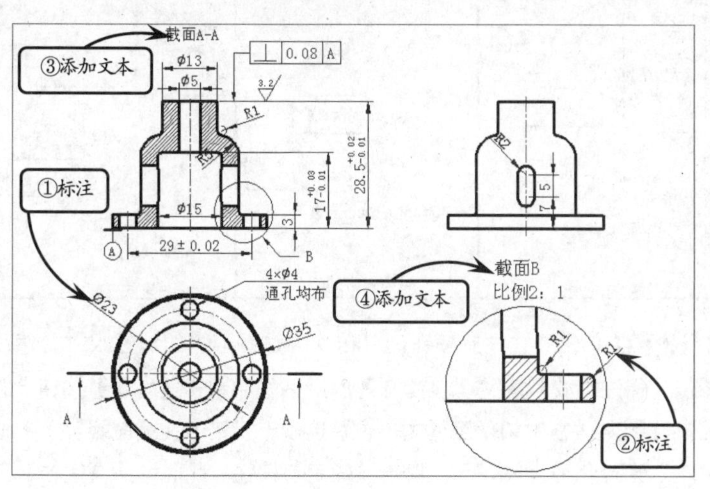

> **提示**
>
> 对于多段线、矩形、多边形、块和各类尺寸标注等特征，以及由多个图形对象组成的组合对象，如果需要对单个对象进行编辑操作，就需要先利用【分解】工具将这些对象拆分为单个的图形对象，然后再利用相应的编辑工具进行进一步的编辑。

> **提示**
>
> 单行文字适用于标注一些不需要多种字体样式的简短内容，如标签、规格说明等内容。利用【单行文字】工具不仅可以设定文本的对齐方式和文本的倾斜角度，而且还可以在不同的地方单击以定位文本的放置位置。

> **提示**
>
> 多行文字又称为段落文字，是一种更易于管理的文字对象，可以由两行以上的文字组成，而且各行文字都是作为一个整体处理。利用【多行文字】工具可以指定文本分布的宽度，且沿竖直方向可以无限延伸。此外，用户还可以设置多行文字中的单个字符或某一部分文字的字体、宽度因子和倾斜角度等属性。

AutoCAD

8.9 标注轴套

版本：AutoCAD 2013 downloads/第 8 章/

本例标注轴套零件图。轴套主要用来防止轴和孔之间的磨损，它在一些转速较低，径向载荷较高且间隙要求较高的地方可用来替代滚动轴承，它的材料要求硬度低且耐磨性较好。该零件图上标注的内容主要包括线性尺寸、圆弧尺寸、尺寸公差和粗糙度符号等。

练习要点

- 使用常规尺寸标注工具
- 使用【引线】工具
- 使用【公差】工具

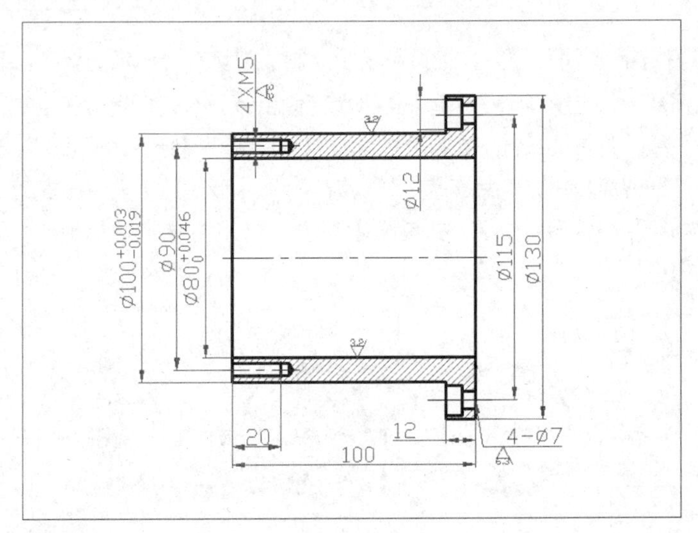

提示

由于尺寸标注的外观都是由当前尺寸样式控制的，且在向图形中添加尺寸标注时，单一的标注样式往往不能满足各类尺寸标注的要求。因此在标注尺寸前，一般都要创建新的尺寸样式，否则系统将以缺省尺寸样式 ISO-25 为当前样式进行标注。

操作步骤

STEP|01 单击【标注样式】按钮，在打开的对话框中单击【修改】按钮。然后在打开的【修改标注样式】对话框中对当前标注样式的各种尺寸变量进行设置，如箭头类型、箭头大小、文字高度、文字距尺寸线的偏移量、尺寸文本的精度等。

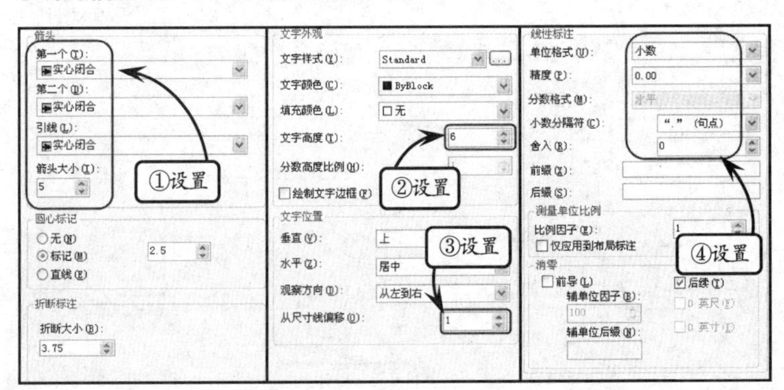

提示

当利用【线性】工具指定好两点时，拖动光标的方向将决定创建何种类型的尺寸标注。如果上下拖动光标将标注水平尺寸；如果左右拖动光标将标注竖直尺寸。

STEP|02 单击【线性】按钮，依次标注图形上的线性尺寸。然后单击【标注样式】按钮，在打开的对话框中单击【替代】按钮，并在打开的对话框中切换至【主单位】选项卡。接着在【前缀】文本框中输入直径代号“%%c”，单击【确定】按钮。此时利用【线性】工

具标注线性尺寸时将自动带有直径前缀符号。

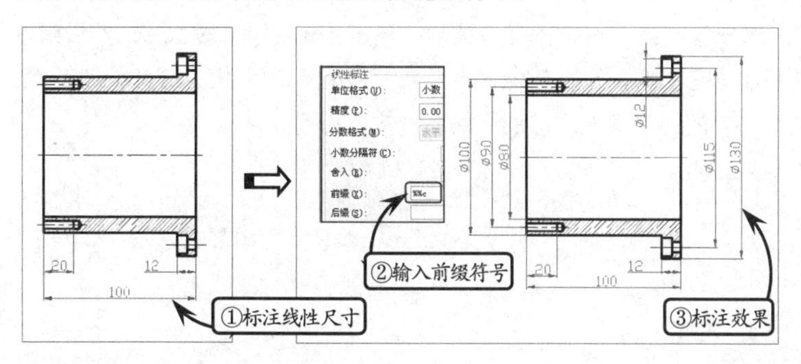

STEP|03 在【标注样式管理器】对话框中将原来的标注样式设置为当前样式，并放弃样式替代。然后选取当前标注样式，并单击【修改】按钮。接着在打开的对话框中切换至【公差】选项卡，在【垂直位置】下拉列表中选择【中】选项。

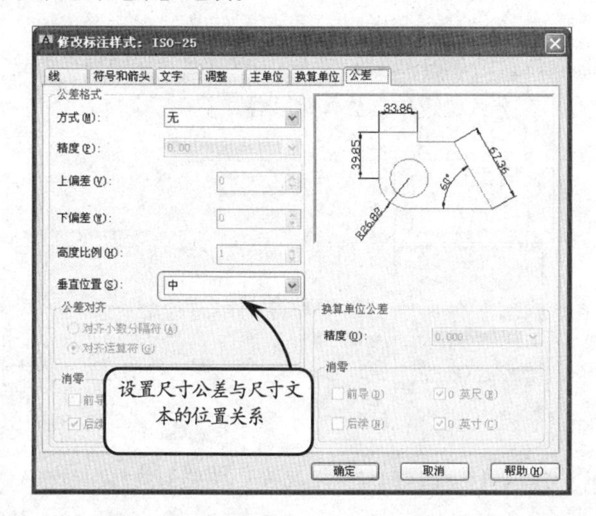

STEP|04 双击要添加公差的标注尺寸，并在打开的文字编辑器中输入图示的公差尺寸。然后选取该公差文字部分，并单击右键，在打开的快捷菜单中选择【堆叠】选项。接着在空白区域单击，并将该添加尺寸移动至合适位置，即可完成公差尺寸的标注。利用相同的方法，选取要添加公差的其他标注尺寸，添加相应的公差尺寸。

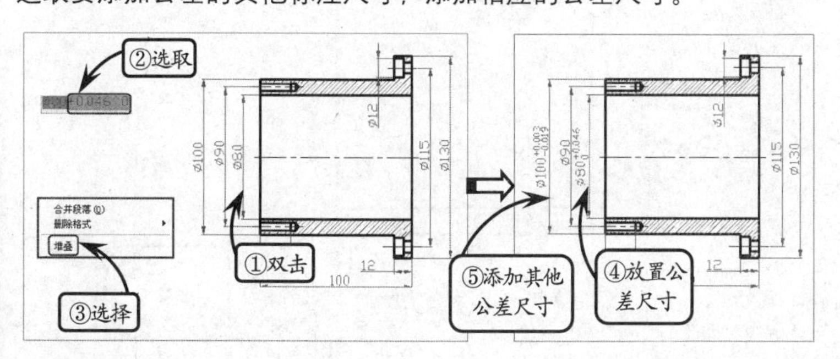

STEP|05 单击【多重引线样式】按钮，在打开的对话框中设置多

提示

当修改一标注样式时，系统将改变所有与该样式相关联的尺寸标注。但有时绘制零件图需要创建个别特殊形式的尺寸标注，如标注公差或是给标注数值添加前缀和后缀等。此时用户不能直接修改当前尺寸样式，但也不必再去创建新的标注样式，只需采用当前样式的覆盖方式进行标注即可。

提示

尺寸公差是指零件尺寸所允许的变动量，该变动量的大小直接决定了零件的机械性能和零件是否具有互换性。利用AutoCAD 提供的【堆叠】工具，可以方便地标注尺寸的公差或一些分数形式的公差配合代号。

重引线样式。然后单击【引线】按钮，在要标注的通孔中心线上选取任意一点，沿右下方向拖动并单击，确定第一段引线。然后沿水平方向向右拖动至合适位置并单击，确定第二段引线。此时在打开的文字编辑器中输入相应的引线标注内容即可。

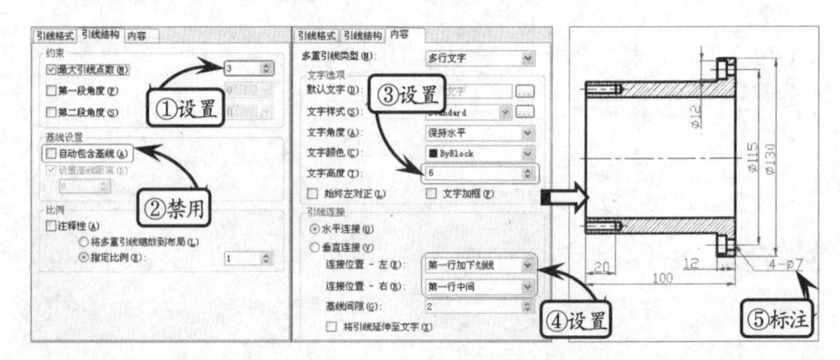

提示

利用【多重引线】工具可以绘制一条引线来标注对象，且在引线的末端可以输入文字或者添加块等。该工具经常用于标注孔、倒角和创建装配图的零件编号等。

STEP|06 利用【线性】工具分别指定销孔的两端点，并在命令行中输入字母 M。然后按下回车键，在打开的文字编辑器中输入图示文字，并在空白区域单击，退出文字编辑器。此时系统提示指定一点放置尺寸线，在合适位置单击放置尺寸线。

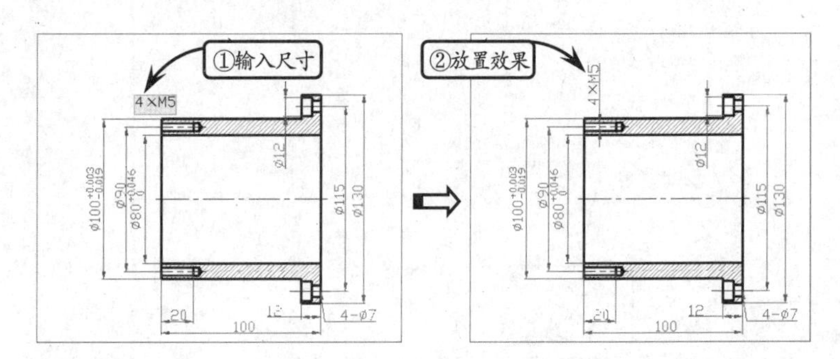

提示

当利用【线性】工具指定好两点时，拖动光标的方向将决定创建何种类型的尺寸标注。如果上下拖动光标将标注水平尺寸；如果左右拖动光标将标注竖直尺寸。

STEP|07 利用【创建】和【定义属性】工具创建带属性的粗糙度符号图块。然后利用【插入】工具将粗糙度符号图块插入到图示位置即可。

提示

块属性是附属于块的非图形信息，是块的组成部分。它包含了组成该块的名称、对象特性以及各种注释等信息。如果某个图块带有属性，那么用户在插入该图块时可以根据具体情况，通过属性来为图块设置不同的文本信息。

8.10 标注法兰套

版本：AutoCAD 2013 downloads/第 8 章/

法兰套是一种标准件，其主要用于管道工程中。且一般情况下，该零件与法兰配套使用，起着连接紧固的作用。本实例绘制法兰套的全剖视图。该零件图上标注的内容主要包括线性尺寸、圆弧尺寸、尺寸公差和粗糙度符号等。

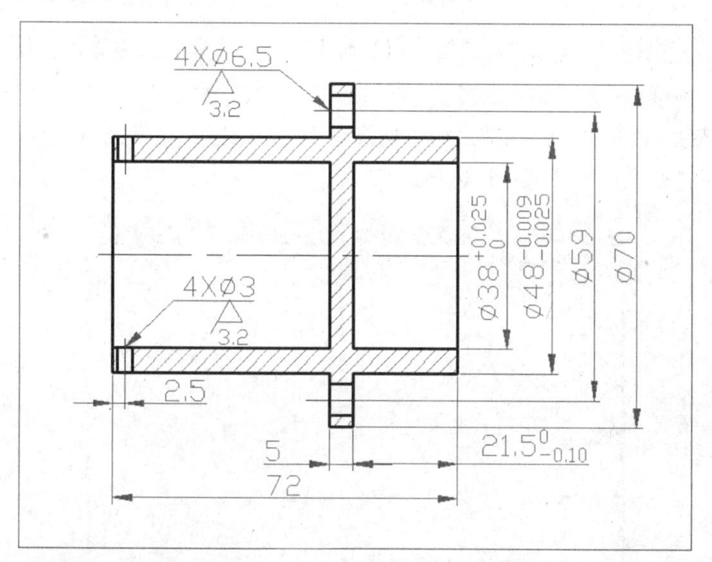

练习要点

- 使用常规尺寸标注工具
- 使用【引线】工具
- 使用【公差】工具

提示

由于尺寸标注的外观都是由当前尺寸样式控制的，且在向图形中添加尺寸标注时，单一的标注样式往往不能满足各类尺寸标注的要求。因此在标注尺寸前，一般都要创建新的尺寸样式，否则系统将以缺省尺寸样式 ISO-25 为当前样式进行标注。

操作步骤

STEP|01 单击【标注样式】按钮，在打开的对话框中单击【修改】按钮。然后在打开的【修改标注样式】对话框中对当前标注样式的各种尺寸变量进行设置，如箭头类型、箭头大小、文字高度、文字距尺寸线的偏移量、尺寸文本的精度等。

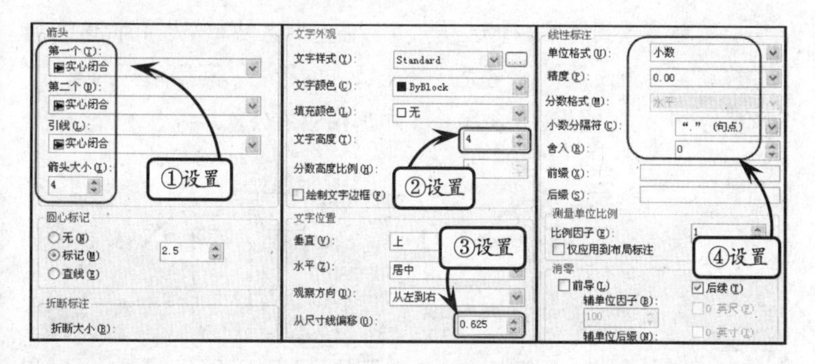

STEP|02 单击【线性】按钮，依次标注图形上的线性尺寸。然后单击【标注样式】按钮，在打开的对话框中单击【替代】按钮，并在打开的对话框中切换至【主单位】选项卡。接着在【前缀】文本框中输入直径代号“%%c”，单击【确定】按钮。此时利用【线性】工

提示

当修改一标注样式时，系统将改变所有与该样式相关联的尺寸标注。但有时绘制零件图需要创建个别特殊形式的尺寸标注，如标注公差或是给标注数值添加前缀和后缀等。此时用户不能直接修改当前尺寸样式，但也不必再去创建新的标注样式，只需采用当前样式的覆盖方式进行标注即可。

具标注线性尺寸时将自动带有直径前缀符号。

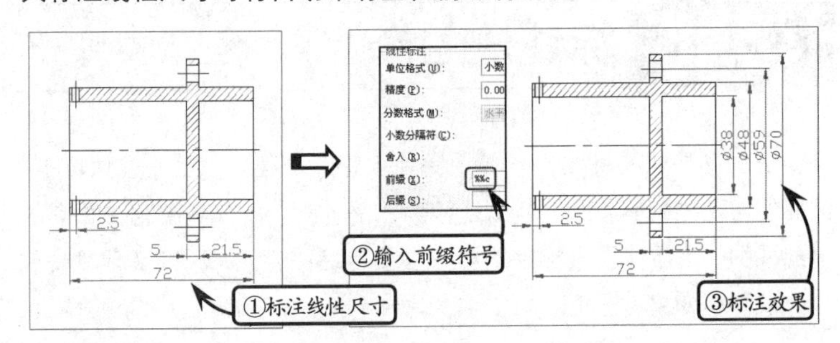

提示

尺寸公差是指零件尺寸所允许的变动量，该变动量的大小直接决定了零件的机械性能和零件是否具有互换性。利用AutoCAD提供的【堆叠】工具，可以方便地标注尺寸的公差或一些分数形式的公差配合代号。

STEP|03 在【标注样式管理器】对话框中将原来的标注样式设置为当前样式，并放弃样式替代。然后选取当前标注样式，并单击【修改】按钮。接着在打开的对话框中切换至【公差】选项卡，在【垂直位置】下拉列表中选择【中】选项。

STEP|04 双击要添加公差的标注尺寸，并在打开的文字编辑器中输入图示的公差尺寸。然后选取该公差文字部分，并单击右键，在打开的快捷菜单中选择【堆叠】选项。接着在空白区域单击，并将该添加尺寸移动至合适位置，即可完成公差尺寸的标注。利用相同的方法，选取要添加公差的其他标注尺寸，添加相应的公差尺寸。

提示

利用【多重引线】工具可以绘制一条引线来标注对象，且在引线的末端可以输入文字或者添加块等。该工具经常用于标注孔、倒角和创建装配图的零件编号等。

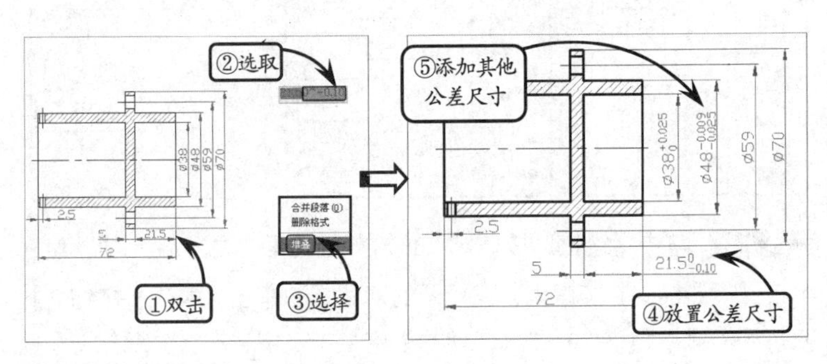

STEP|05 单击【多重引线样式】按钮，在打开的对话框中设置多

重引线样式。然后单击【引线】按钮，在要标注的通孔中心线上选取任意一点为基点，沿右上方向拖动并单击，确定第一段引线。接着沿水平方向向右拖动至合适位置并单击，确定第二段引线。此时在打开的文字编辑器中输入相应的引线标注内容即可。利用相同方法添加另一孔特征尺寸。

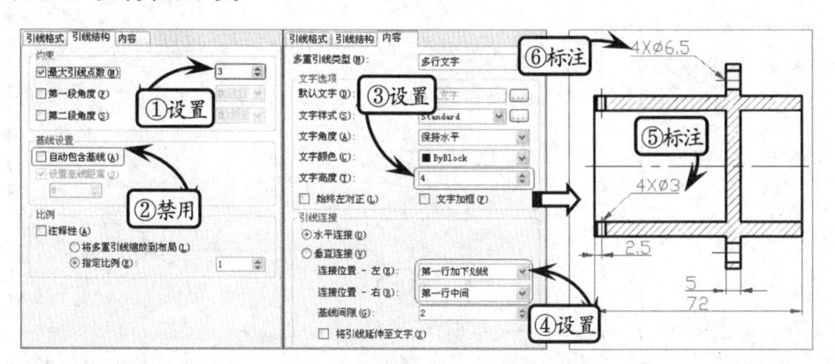

STEP|06 利用【创建】块的工具和【定义属性】工具创建带属性的粗糙度符号图块。然后利用【插入】工具将粗糙度符号图块插入到图示的指定位置即可。

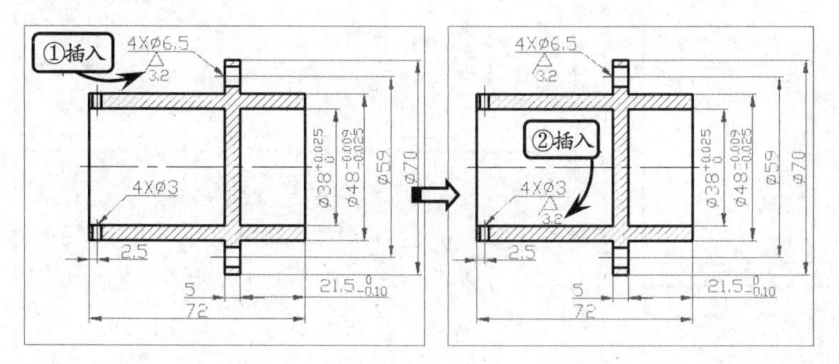

STEP|07 至此，即可完成法兰套零件的标注操作。

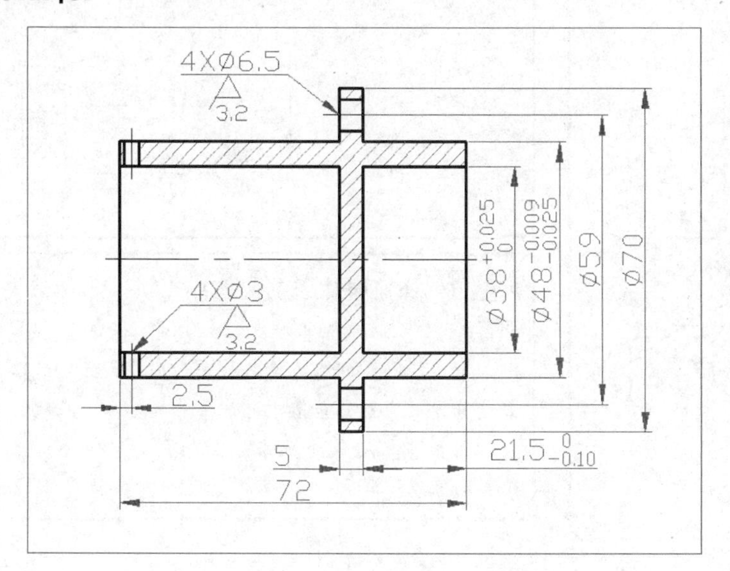

提示

块属性是附属于块的非图形信息，是块的组成部分。它包含了组成该块的名称、对象特性以及各种注释等信息。如果某个图块带有属性，那么用户在插入该图块时可以根据具体情况，通过属性来为图块设置不同的文本信息。

提示

一般情况下，通过将定义的属性附加到块中，然后通过插入块操作，即可使块属性成为图形中的一部分。这样所创建的属性块将是由块标记、属性值、属性提示和默认值 4 个部分组成。

8.11 高手答疑

版本：AutoCAD 2013

问题 1：如何标注倾斜对象的真实长度？

解答：要标注倾斜对象的真实长度可以利用【对齐】工具。利用该工具添加的尺寸标注，其尺寸线与用于指定尺寸界限两点之间的连线平行。使用该工具可以方便快捷地对斜线、斜面等具有倾斜特征的线性尺寸进行标注。

单击【注释】选项板中的【对齐】按钮，然后选取一点确定第一条尺寸界线原点，并选取另一点确定第二条尺寸界线原点。接着拖动光标至适当位置单击放置尺寸线即可。

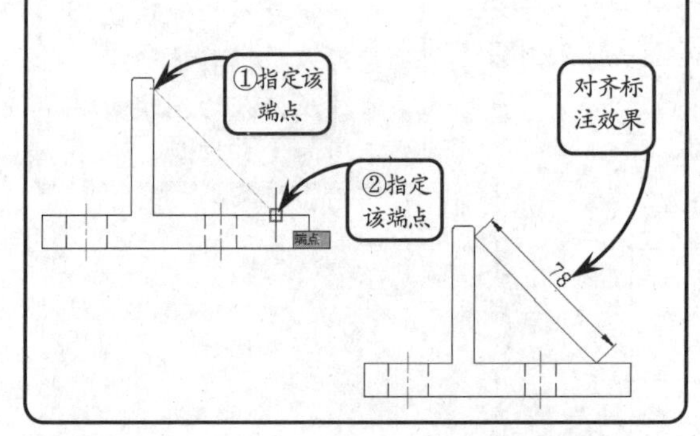

问题 2：基线标注和连续标注有何不同？

解答：基线标注是指所有尺寸都从同一点开始标注，即所有标注公用一条尺寸界线。该标注类型常用于一些轴类、盘类零件的尺寸标注。

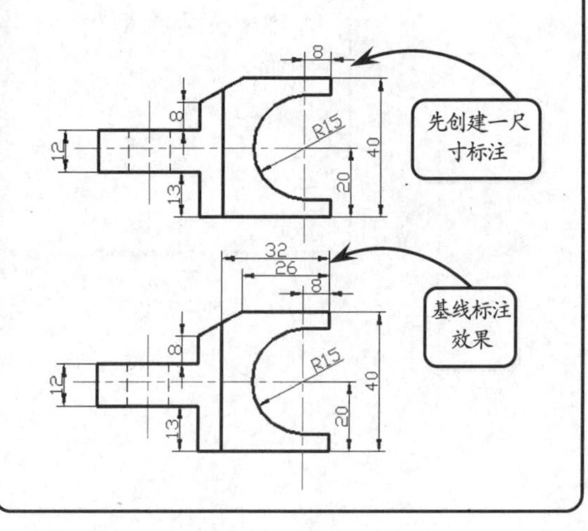

而连续标注则是指一系列首尾相连的标注形式，该标注类型常用于一些轴类零件的尺寸标注。创建该类型标注时，同样应首先创建一个尺寸标注，以便以该标注为基准创建其他标注。

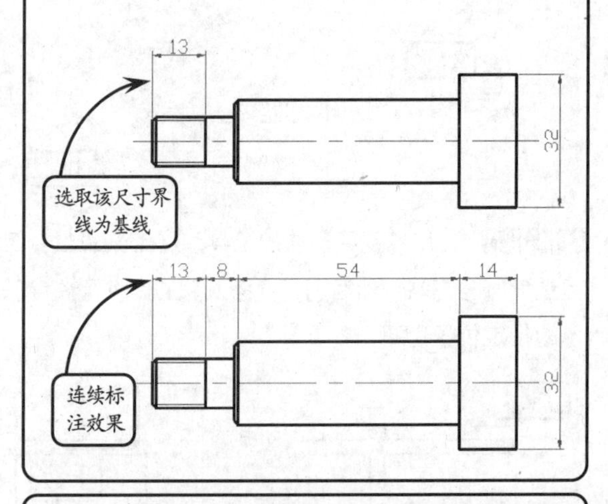

问题 3：什么情况下需进行折弯标注？

解答：在标注大直径的圆或圆弧的半径尺寸、或长度较大的轴类打断视图的长度尺寸时，可以利用【折弯】工具进行尺寸标注。

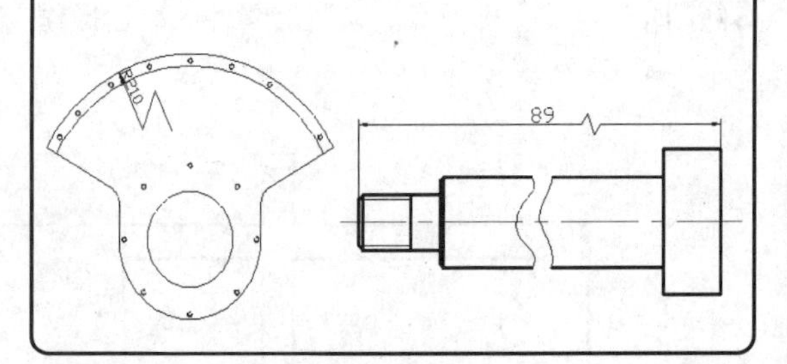

问题 4：如何添加形位公差？

解答：形位公差是指形状和位置公差。在 AutoCAD 中，用户可以通过依次绘制公差指引线，指定形位公差符号，设置公差值、包容条件和基准，以及放置形位公差框格等步骤来添加相应的形位公差至指定的位置。

8.11 高手训练营

版本：AutoCAD 2013

练习 1．添加线性尺寸

线性尺寸是指在图形中标注两点之间的水平、竖直或具有一定旋转角度的尺寸，该类标注是进行图纸标注时应用最为频繁的标注方法之一。

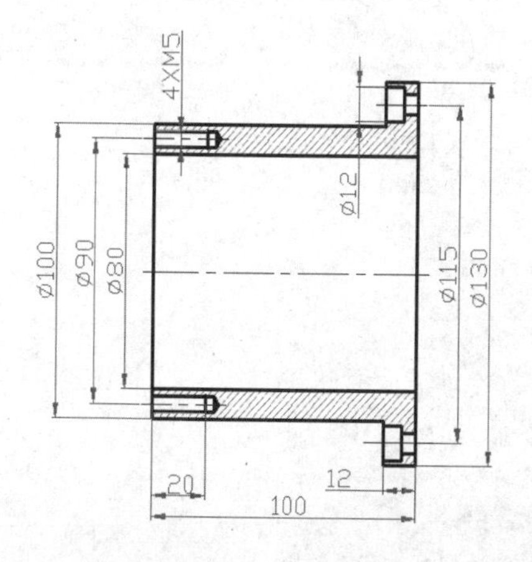

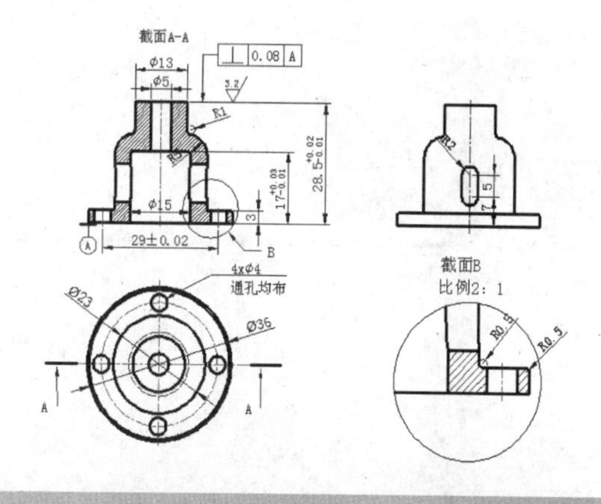

练习 2．添加曲线尺寸

为准确标注曲线类对象的尺寸，AutoCAD 提供了弧长、直径和半径，以及折弯等多种标注工具来标识这些曲线对象。

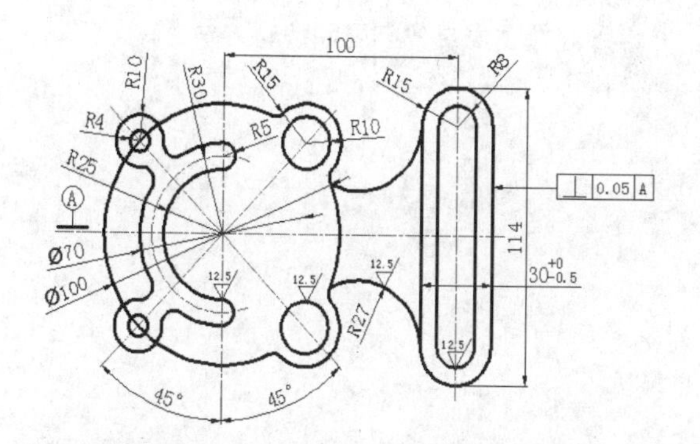

练习 3．标注零件精度

在机械制图中表达零件精度的方式包括标注尺寸公差和形位公差，两者都是评定产品的重要指标。其中，尺寸公差是指零件尺寸所允许的变动量，该变动量的大小直接决定了零件的机械性能和零件是否具有互换性；形位公差是指零件的形状和位置公差，其数值直接决定了零件的加工精度。

练习 4．通过引线注释添加零件图说明

用户可以利用【多重引线】工具绘制一条引线来标注对象。该工具经常用于标注孔和倒角，以及创建装配图的零件编号等操作。

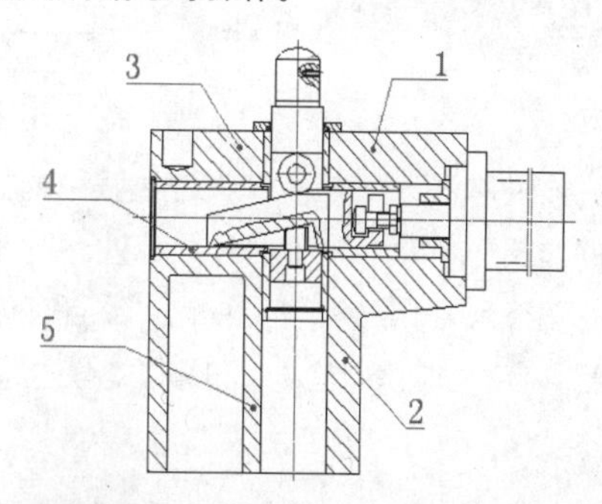

练习 5．添加同心约束

几何约束用于确定二维对象间或对象上各点之间的几何关系，例如可以添加平行约束使两条线段平行，添加重合约束使两端点重合，添加垂直约束使两线段垂直，添加同心约束使两弧形图形同心等。

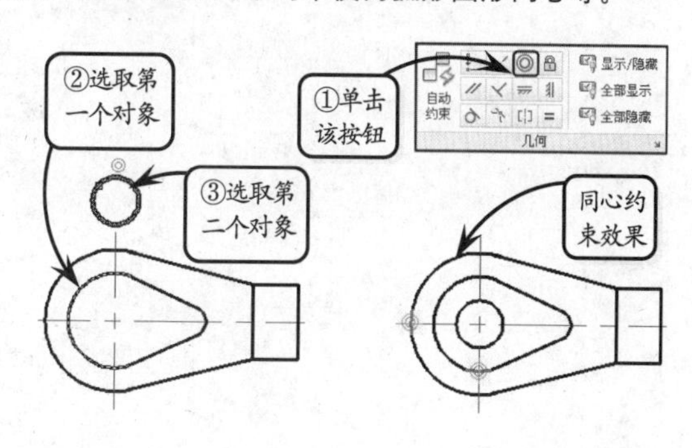

第9章

文本注释和表格

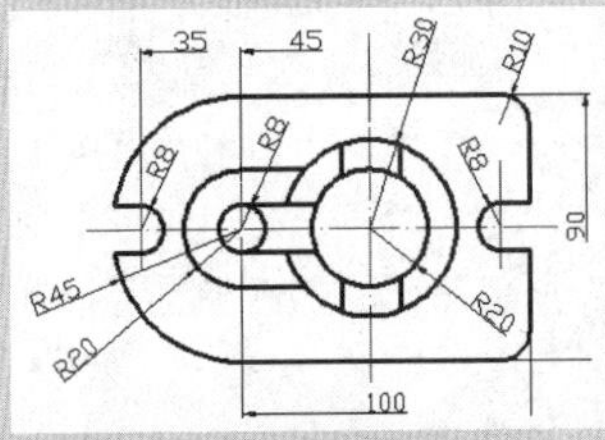

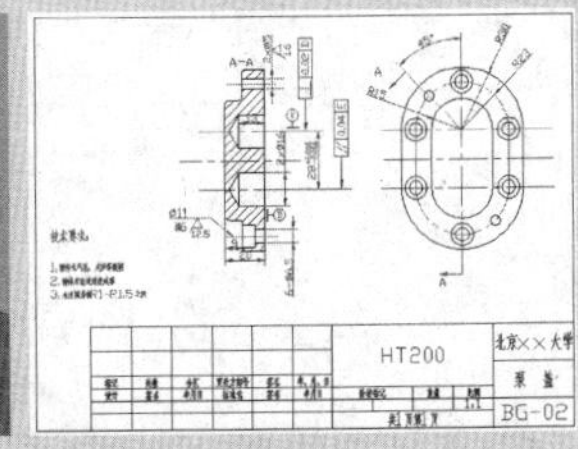

文本注释和表格是产品设计过程中的重要环节，能够直接反映装配零件之间的位置关系，以及其他重要的非图形信息。完整的尺寸标注、技术要求和明细表等注释元素，不仅能够为施工或生产人员提供足够的图形尺寸信息和使用依据，而且可以表达图形不易表达的信息，从而增加图形的易懂性。本章主要介绍文字样式的创建方法和添加各类文本的方法，并详细介绍了表格的创建和编辑方法。

9.1 文字样式

版本：AutoCAD 2013

在向图形中添加文字之前，需要预先定义使用的文字样式，即定义其中文字的字体、字高和文字倾斜角度等参数。如果在创建文字之前未对文字样式进行相关定义，则键入的所有文字都将使用当前文字样式，不便于调整和管理文字。

1．创建文字样式

与设置尺寸标注样式一样，在添加文字说明或注释过程中，不同的文字说明需要使用的文字样式各不相同，可以根据具体要求新建多个文字样式。

在【注释】选项板中单击【文字样式】按钮，系统将打开【文字样式】对话框。

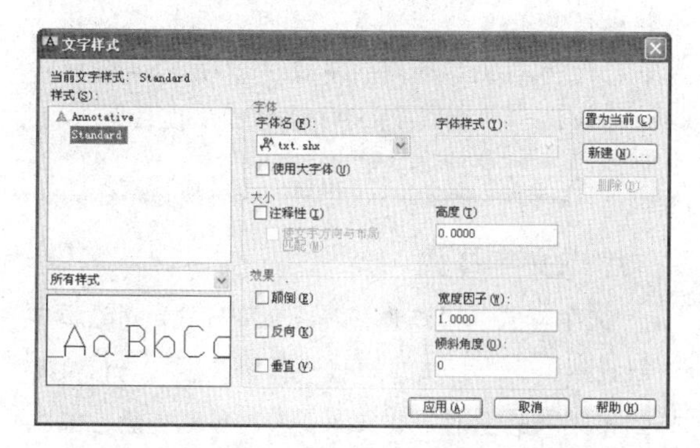

此时单击该对话框中的【新建】按钮，并输入新样式名称，然后设置相应的文字参数选项，即可创建新的文字样式。该对话框中各主要选项的含义分别介绍如下。

❑ 置为当前

【样式】列表框中显示了图样中所有文字样式的名称，用户可以从中选择一个，并单击该按钮，使其成为当前样式。

❑ 字体名

该下拉列表列出了所有的字体类型。其中，带有双“T”标志的字体是 Windows 系统提供的“TrueType”字体，其他字体是 AutoCAD 提供的字体（*.shx）。而“gbenor.shx”和“gbeitc.shx”（斜体西文）字体是符合国标的工程字体。

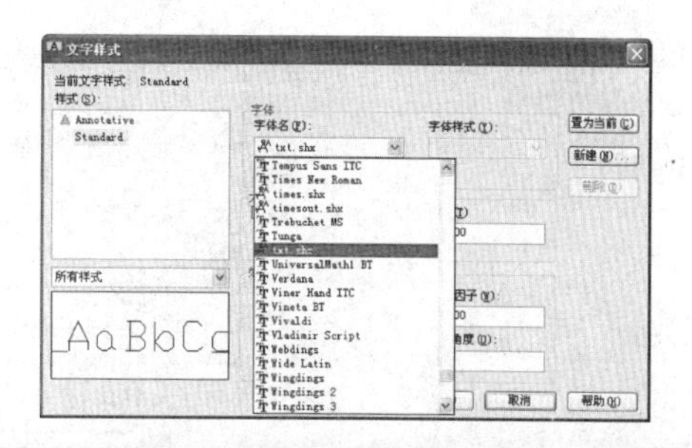

提示

在【字体名】下拉列表框中，带有“@”符号的字体类型表示文字竖向排列；字体名称不带“@”符号表示文字横向排列。

❑ 字体样式

如果用户指定的字体支持不同的样式，如粗体或斜体等，该选项将被激活以供用户选择。

❑ 使用大字体

大字体是指专为亚洲国家设计的文字字体。该复选框只有在【字体名】列表框中选择 shx 字体时才处于激活状态。当启用该复选框时，可在右侧的【大字体】下拉列表中选择所需字体。

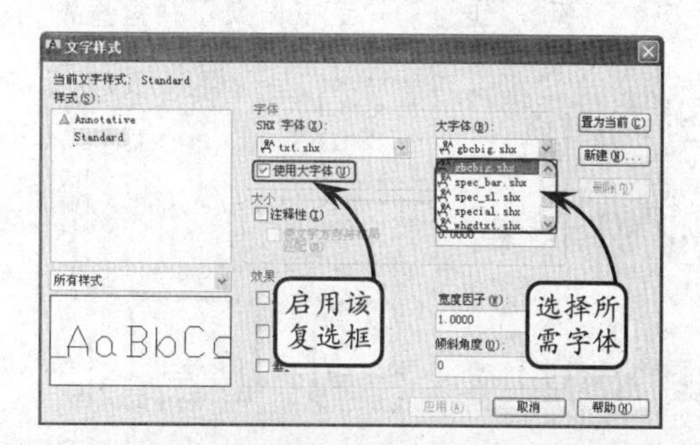

提示

其中“gbcbig.shx”字体是符合国标的工程汉字字体，并且该字体中不包含西文字体定义，因而使用时可将其与“gbenor.shx”和“gbeitc.shx”字体配合使用。

❑ 高度

在该文本框中可以输入数值以设置文字的高

度。如果对文字高度不进行设置，其默认值为 0，且每次使用该样式时，命令行都将提示指定文字高度，反之将不会出现提示信息。另外，该选项不能决定单行文字的高度。

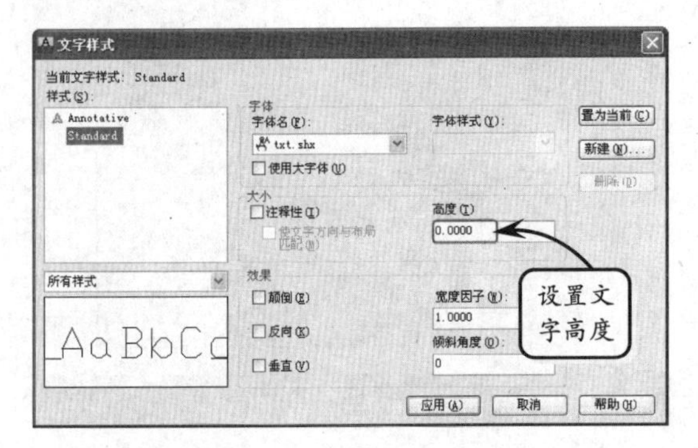

❑ 注释性

启用该复选框，在注释性文字对象添加到视图文件之前，将注释比例与显示这些对象的视口比例设置为相同的数值，即可使注释对象以正确的大小在图纸上打印或显示。

❑ 效果

在该选项组中可以通过启用 3 个复选框来设置输入文字的效果。其中，启用【颠倒】复选框，文字将上下颠倒显示，且其只影响单行文字；启用【反向】复选框，文字将首尾反向显示，其也仅影响单行文字；启用【垂直】复选框，文字将垂直排列。

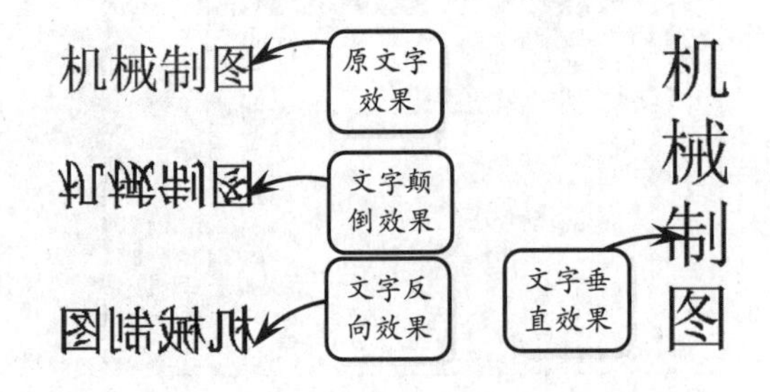

❑ 宽度因子

默认的宽度因子为 1。若输入小于 1 的数值，文本将变窄；反之将变宽。

❑ 倾斜角度

该文本框用于设置文本的倾斜角度。输入的角度为正时，向右倾斜；输入的角度为负时，向左倾斜。

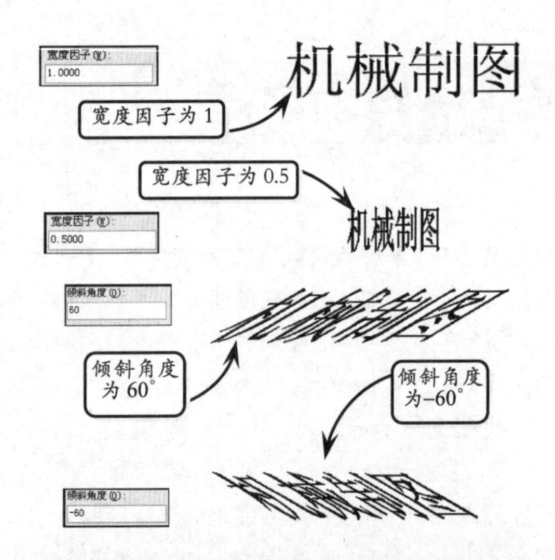

提示

图样中一般都含有文字注释，它们表达了许多重要的非图形信息，如图形对象注释、标题栏信息和规格说明等。为图形添加完备且布局适当的文字说明，不仅可以使图样能更好地表达出设计思想，同时也可以使图纸本身显得清晰整洁。

2．编辑文字样式

文字样式的修改也是在【文字样式】对话框中进行设置的。当一文本样式进行修改后，与该文本样式相关联的图形中的文本将进行自动更新。如果文本显示不出来，则是由于文本样式所连接的字体不合适所引起的。文本样式的修改要注意以下几点。

- ❑ 修改完成后，单击【应用】按钮，修改才会生效。且此时 AutoCAD 将立即更新图样中与该文字样式相关联的 文字。
- ❑ 当修改文字样式连接的字体文件时，AutoCAD 将改变所有文字外观。
- ❑ 当修改文字的“颠倒”、“反向”和“垂直”特性时，AutoCAD 将改变单行文字外观。而修改文字高度、宽度因子和倾斜角度时，则不会引起已有单行文字外观的改变，但将影响此后创建的文字对象。
- ❑ 对于多行文字，只有设定“垂直”、“宽度因子”和“倾斜角度”选项，才会影响已有多行文字的外观。

AutoCAD

9.2 单行文本

版本：AutoCAD 2013

单行文字适用于标注一些不需要多种字体样式的简短内容，如标签、规格说明等内容。利用【单行文字】工具不仅可以设定文本的对齐方式和文本的倾斜角度，而且还可以在不同的地方单击以定位文本的放置位置。

1. 创建单行文字

利用【单行文字】工具创建的文字注释，其每一行就是一个文字对象。用户利用该工具不仅可以一次性地在任意位置添加所需的文本内容，而且可以单独地对每一行文字进行编辑修改。

在【注释】选项板中单击【单行文字】按钮A，并在绘图区中任意单击一点指定文字起点。然后设定文本的高度，并指定文字的旋转角度为0°，即可在文本框中输入文字内容。完成文本的输入后，在空白区域单击，并按下Esc键，即可退出文字输入状态。

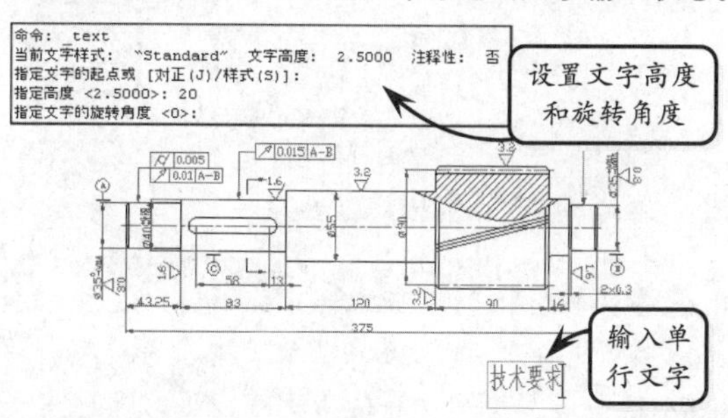

2. 单行文字的对正方式

启用【单行文字】命令后，系统提示输入文本的起点。该起点和实际字符的位置关系由对正方式所决定。默认情况下文本是左对齐的，即指定的起点是文字的左基点。

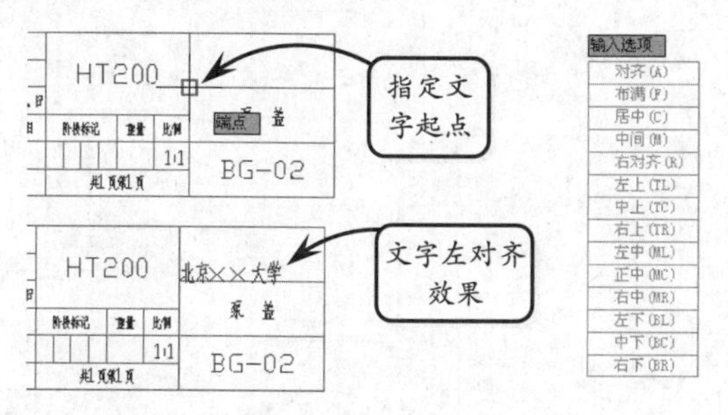

如果要改变单行文字的对正方式，可以输入字母J，并按下回车键，将打开相应的对正快捷菜单。该菜单中各对正方式的含义介绍如下。

- **对齐** 选择该选项，系统将提示选择文字基线的第一个端点和第二个端点。当用户指定两个端点并输入文本后，系统将把文字压缩或扩展，使其充满指定的宽度范围，而文字高度则按适当的比例变化以使文本不至于被扭曲。
- **布满** 选择该选项，系统也将压缩或扩展文字，使其充满指定的宽度范围，但保持文字的高度等于所输入的高度值。

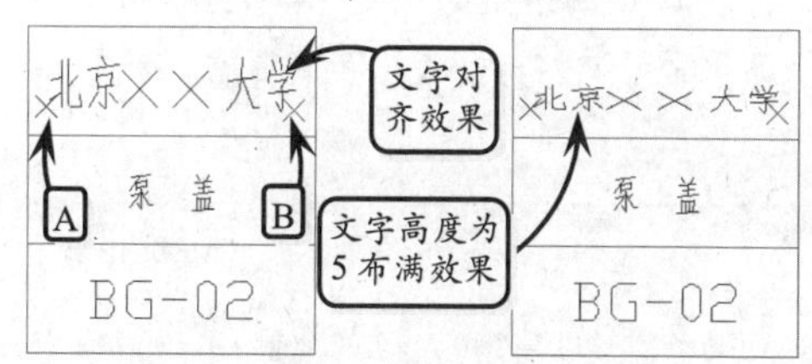

- **其他对正方式** 在【对正】快捷菜单中还可以通过另外的12种类型来设置文字起点的对正方式。

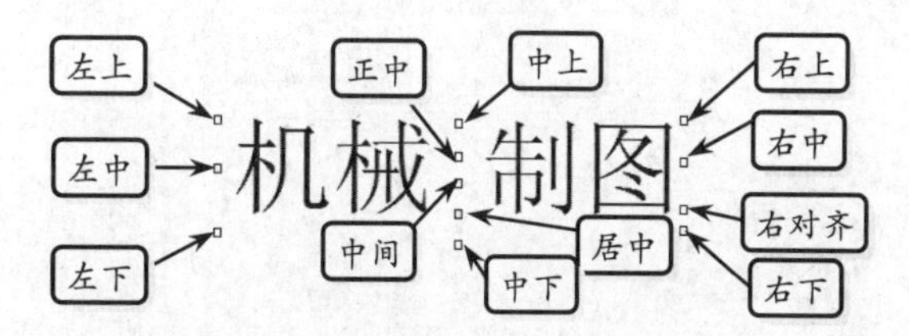

3. 单行文字中输入特殊符号

零件图中常用到的许多符号并不能通过标准键盘直接输入，如文字的下划线和直径代号等。用户必须输入特殊的代码来产生特定的字符，这些代码对应的特殊符号可以参照下表。

代码	字符
%%o	文字的上划线
%%u	文字的下划线
%%d	角度符号
%%p	表示"±"
%%c	直径符号

9.3 多行文本

版本：AutoCAD 2013

多行文字又称为段落文字，是一种更易于管理的文字对象，可以由两行以上的文字组成，而且各行文字都是作为一个整体处理。利用【多行文字】工具可以指定文本分布的宽度，且沿竖直方向可以无限延伸。此外，用户还可以设置多行文字中的单个字符或某一部分文字的字体、宽度因子和倾斜角度等属性。

1．多行文字编辑器

在【注释】选项板中单击【多行文字】按钮A，并在绘图区中任意位置单击一点确定文本框的第一个角点，然后拖动光标指定矩形分布区域的另一个角点。该矩形边框即确定了段落文字的左右边界，且此时系统将打开【文字编辑器】选项卡和文字输入窗口。

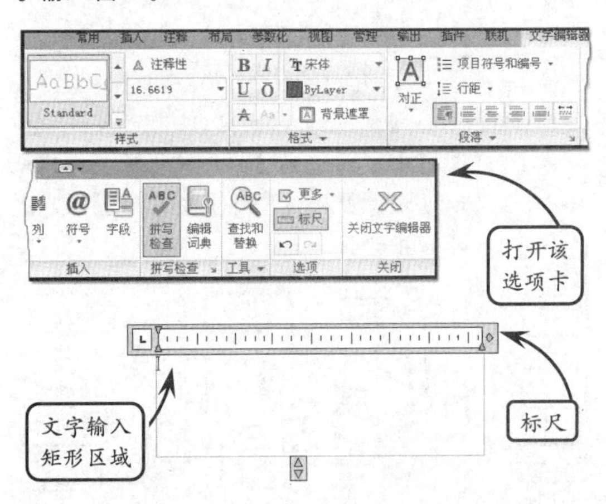

在该选项卡的各选项板中可以设置所输入字体的各种样式，如字体、大小写、特殊符号和背景遮蔽效果等。该选项卡中各主要选项的含义介绍如下。

❑ 样式

在【样式】选项板的列表框中可以指定多行文字的文字样式，而在右侧的【文字高度】文本框中可以选择或输入文字的高度。

> **提示**
>
> 在输入文本的过程中，多行文字对象可以包含不同高度的字符。

❑ 格式

在该选项板的【字体】下拉列表中可以选择所需的字体，且多行文字对象中可以包含不同字体的字符。

如果所选字体支持粗体，单击【粗体】按钮B，文本将修改为粗体形式；如果所选字体支持斜体，单击【斜体】按钮I，文本将修改为斜体形式；而单击【上划线】按钮U或【下划线】按钮O，系统将为文本添加上划线或下划线。

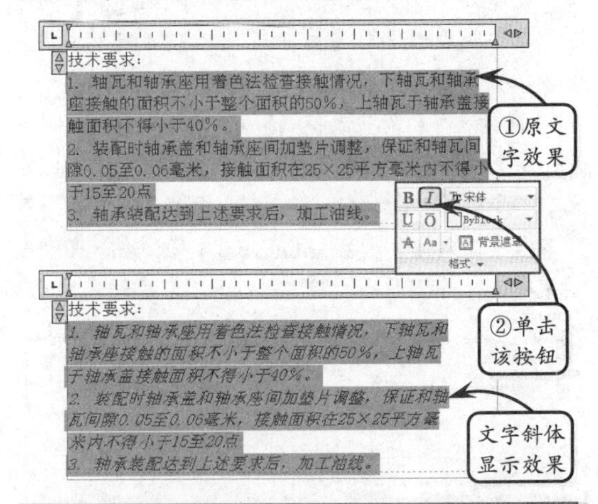

> **提示**
>
> 在输入文字时，屏幕上将显示所输入的文字内容，这一屏幕预演功能使用户可以很容易地发现文本输入的错误，以便及时进行修改。

❑ 大小写

在【格式】选项板中单击【大写】按钮或【小写】按钮，可以控制所输入的英文字母的大小写。

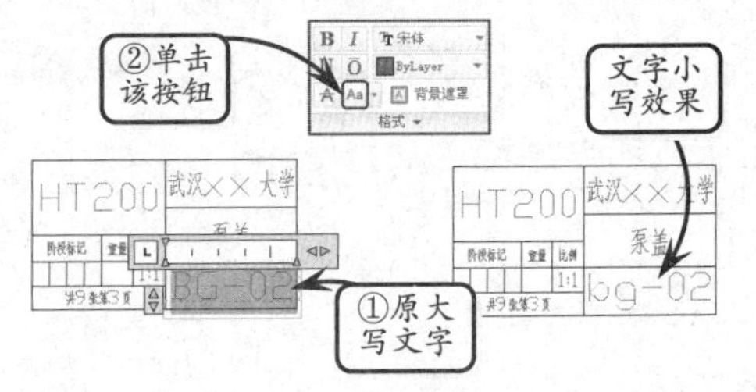

❑ 背景遮蔽

通常输入文字的矩形文本框是透明的。若要

关闭其透明性，可以在【格式】选项板中单击【背景遮蔽】按钮，此时在打开的对话框中启用【使用背景遮蔽】复选框，并在【填充颜色】下拉列表中选择背景的颜色即可。

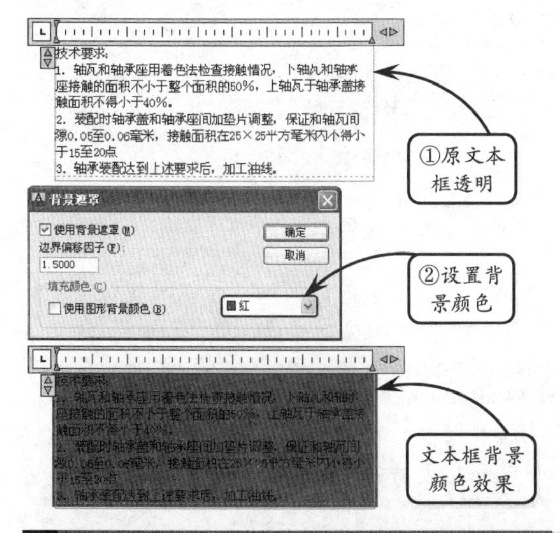

提示

此外，在【边界偏移因子】文本框中还可以设置遮蔽区域边界相对于矩形文本框边界的位置。

❑ 段落

单击该选项板中的各功能按钮，或者在【对正】下拉列表中选择对应的对齐选项，即可设置文字的对齐方式。

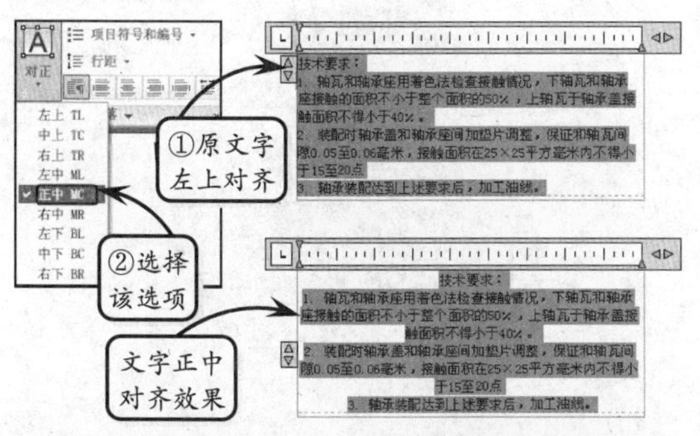

提示

此外，在调整段落文字样式的过程中，用户还可以在【行距】下拉列表中指定每行的行距。

❑ 插入

在该选项板中单击【符号】按钮@，可以在其下拉列表中选择各种要插入的特殊符号。

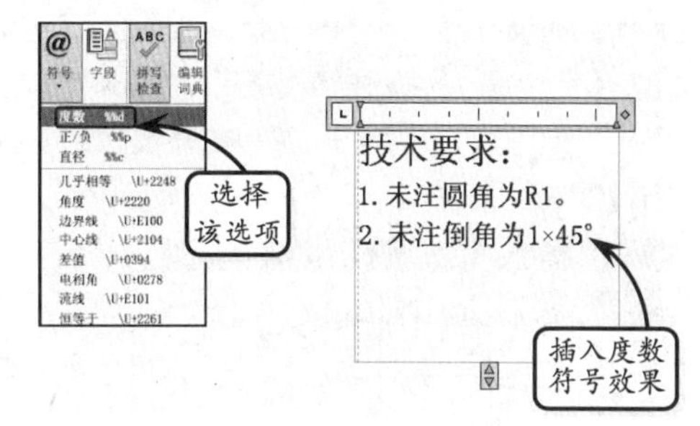

❑ 工具

在该选项板中单击【查找和替换】按钮，可以利用打开的对话框查找文本并进行替换。

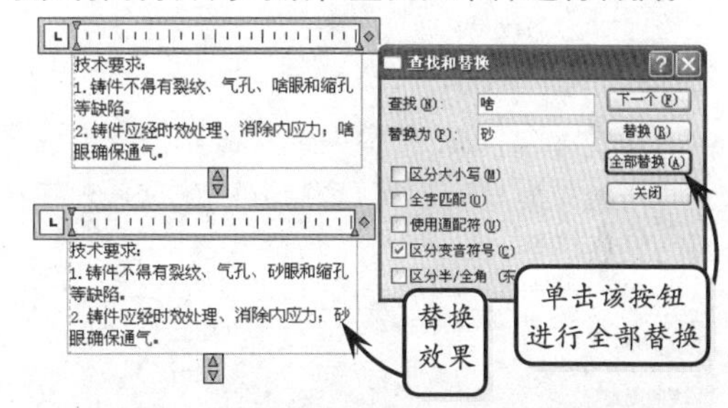

提示

此外，如在该选项板中选择【自动大写】选项，则所输入的英文字母均为大写状态。

2. 创建多行文字

输入多行文字时，用户可以随时选择不同字体和指定不同字高，并可以输入任何特殊字符，以及一些公差类文字。接下来以输入一零件图的技术要求为例，介绍多行文字的具体操作过程。

指定两个对角点确定矩形文本区域，并指定文字样式和字体类型，以及字体高度。此时输入第一行标题后，按下回车键即可输入第二行文字。然后在【插入】选项卡中单击【符号】按钮@，并在其下拉列表中选择角度符号。

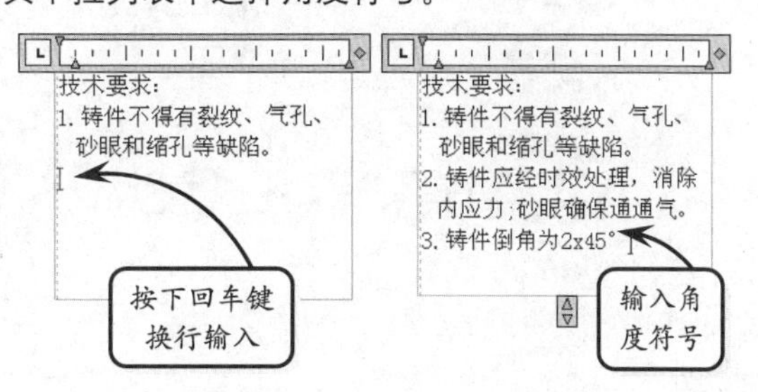

接着输入锥形角的符号。同样在【插入】选

项卡中单击【符号】按钮@，并在其下拉列表中选择【其他】选项。然后在打开的【字符映射表】对话框的【字体】下拉列表中选择字体样式为"Symbol"，选择所需字符α，并单击【选择】按钮，再单击【复制】按钮。

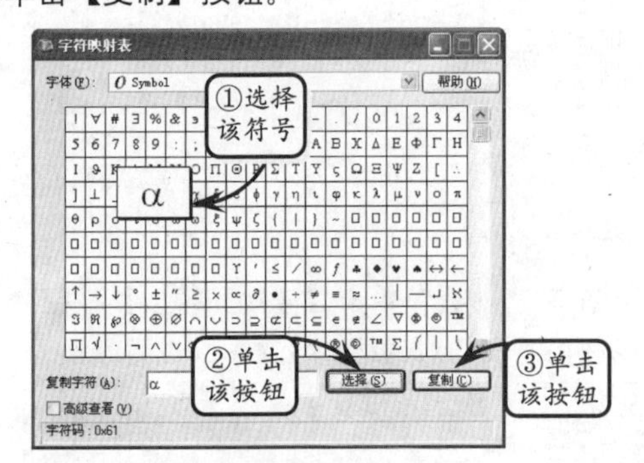

接着返回至多行文字编辑器窗口，在需要插入α符号的位置单击右键，在打开的快捷菜单中选择【粘贴】即可。

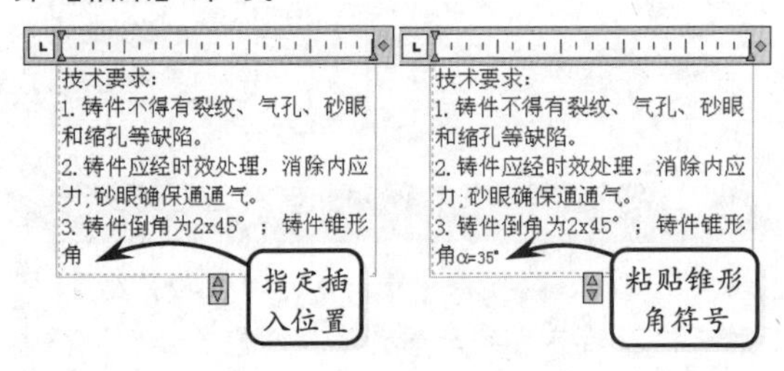

接下来输入公差形式文字。选取所输入的公差文字"+0.2^-0.1"，然后单击右键，在打开的快捷菜单中选择【堆叠】选项，即可转换为符合国标的公差形式。

选取第一行文字修改其高度。然后拖动标尺右侧的按钮调整多行文字的宽度，拖动矩形框下方的按钮调整多行文字段落的高度。

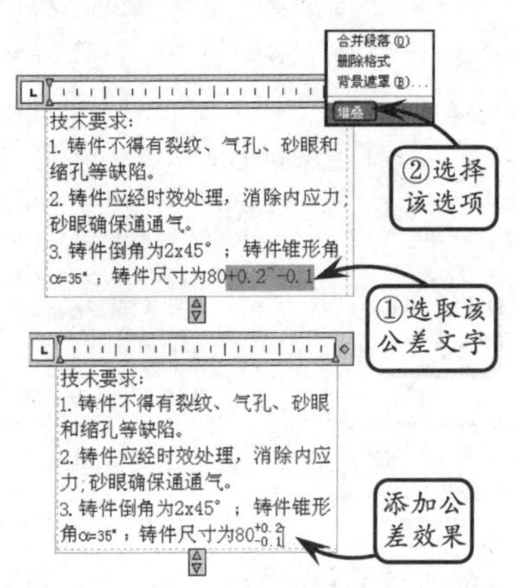

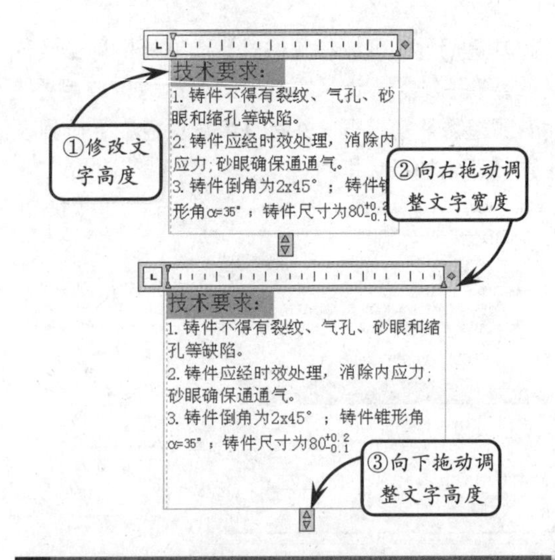

> **提示**
>
> 在输入文本的过程中，多行文字对象可以包含不同高度的字符。

此外，拖动标尺左侧第一行的缩进滑块，可以改变所选段落第一行的缩进位置；拖动标尺左侧第二行的缩进滑块，可以改变所选段落其余行的缩进位置。

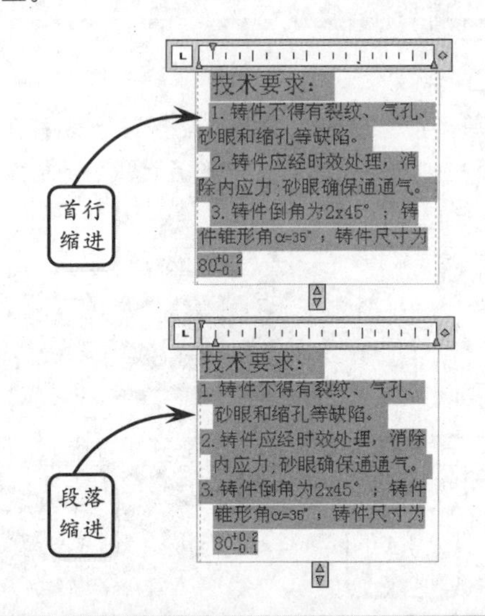

> **提示**
>
> 利用【单行文字】工具也可以输入多行文字，只需按下回车键进行行的切换即可。虽然用户不能控制各行的间距，但其优点是文字对象的每一行都是一个单独的实体，对每一行都可以很容易地进行定位和编辑。

9.4 设置表格样式

版本：AutoCAD 2013

表格主要用来展示与图形相关的标准、数据信息、材料和装配信息等内容。根据制图标准的不同，对应表格表现的数据信息也不同的情况，仅仅使用系统默认的表格样式远远不能达到制图的需求，这就需要定制单个或多个表格，使其符合当前产品的设计要求。

表格对象的外观由表格样式控制，默认情况下表格样式是 Standard，用户可以根据需要创建新的表格样式。

在【注释】选项板中单击【表格样式】按钮，即可在打开的【表格样式】对话框中新建、修改和删除相应的表格样式。

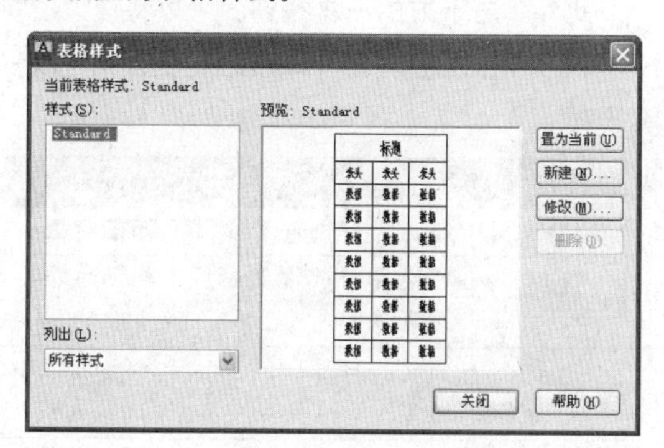

此时，在该对话框中单击【新建】按钮，在打开的对话框中输入新样式名称，并在【基础样式】下拉列表中选择新样式的原始样式。然后单击【继续】按钮，即可在打开的【新建表格样式】对话框中对新表格样式进行详细地设置。

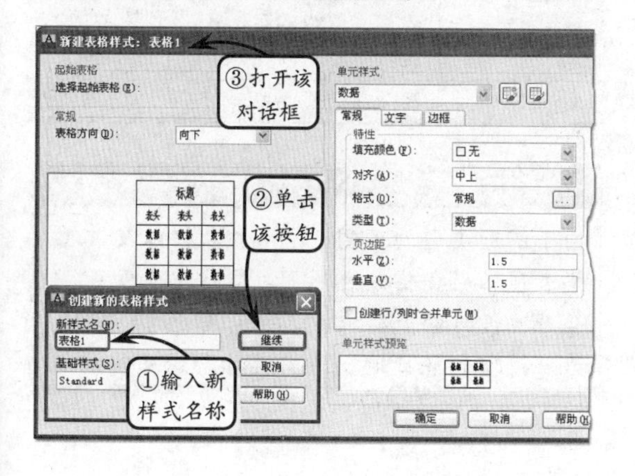

【新建表格样式】对话框中各主要选项的含义介绍如下。

❑ 表格方向

在该下拉列表中可以指定表格的方向。其中，选择【向下】选项，系统将创建从上到下的表对象，标题行和列标题行位于表的顶部；选择【向上】选项，系统将创建从下到上的表对象，标题行和列标题行位于表的底部。

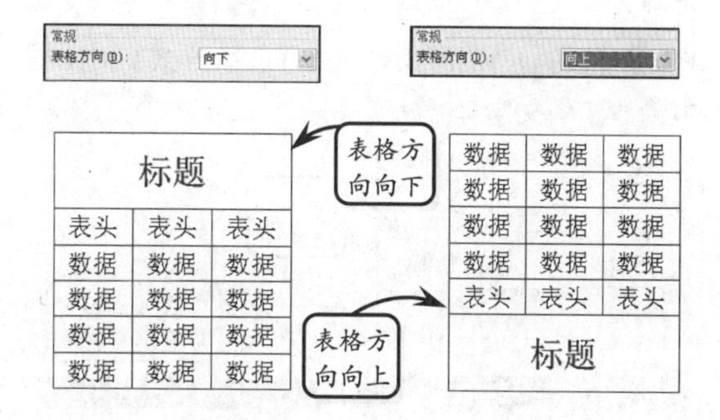

❑ 特性

切换至【常规】选项卡，在该选项组的【填充颜色】下拉列表中可以指定表格单元的背景颜色，默认为【无】；在【对齐】下拉列表中可以设置表格单元中文字的对齐方式。

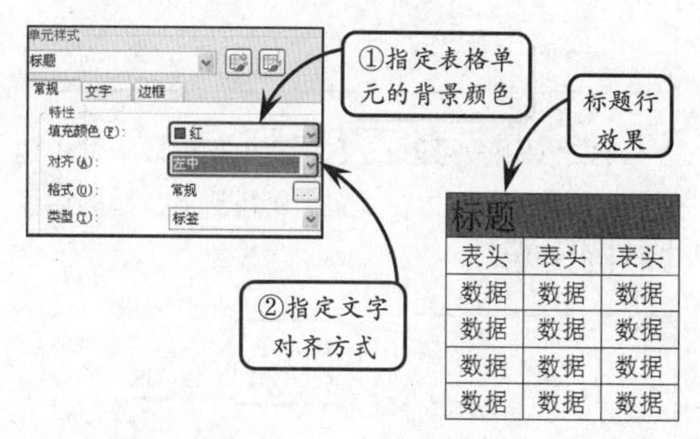

❑ 页边距

该选项组用于控制单元边界和单元内容之间的间距。

其中，【水平】选项用于设置单元文字与左右单元边界之间的距离；【垂直】选项用于设置单元文字与上下单元边界之间的距离。

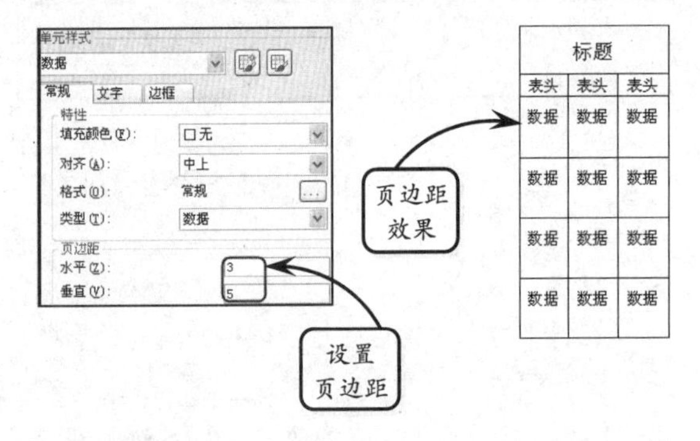

❑ 文字

切换至【文字】选项卡，在【文字样式】下拉列表中可以指定文字的样式。此时若单击【文字样式】按钮，还可在打开的【文字样式】对话框中创建新的文字样式。

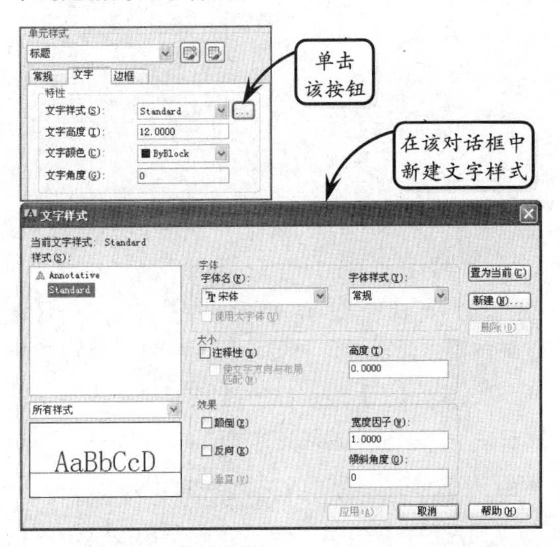

此外，用户可以在【文字高度】文本框中输入文字的高度，可以在【文字颜色】下拉列表中设置文字的颜色。

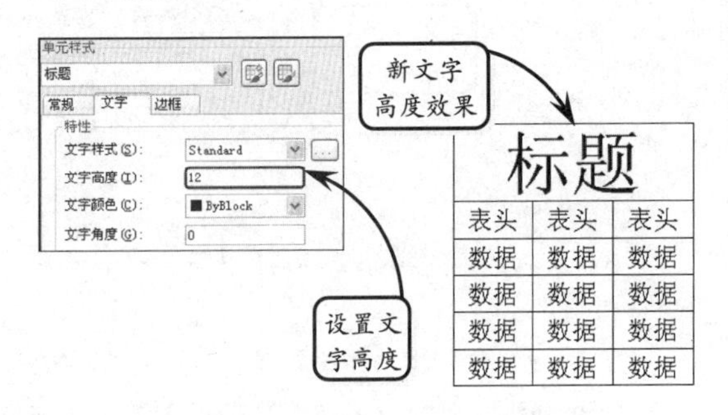

❑ 边框

该选项卡用于控制数据单元、列标题单元和标题单元的边框特性。

其中，【线宽】列表框用于指定表格单元的边界线宽；【线型】列表框用于控制表格单元的边界线类型；【颜色】列表框用于指定表格单元的边界颜色。

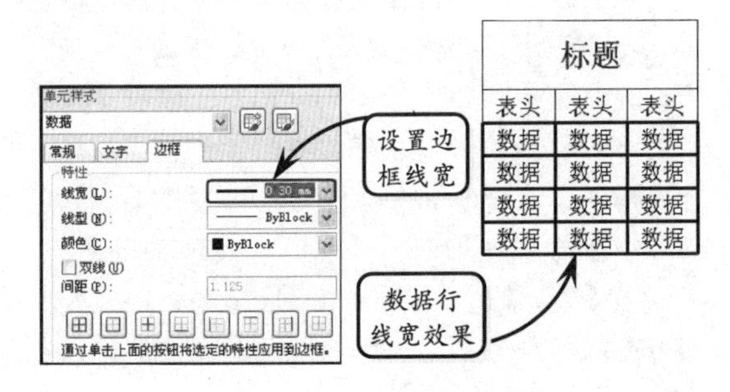

此外单击下方的一排按钮，可以将设置的特性应用到指定的边框。各个功能按钮的含义可以参照下表。

按钮	含义
所有边框	将边界特性设置应用于所有单元
外边框	将边界特性设置应用于单元的外部边界
内边框	将边界特性设置应用于单元的内部边界
底部边框	将边界特性设置应用于单元的底边界
左边框	将边界特性设置应用于单元的左边界
上边框	将边界特性设置应用于单元的顶边界
右边框	将边界特性设置应用于单元的右边界
无边框	隐藏单元的边框

提示

由于图形类型的不同，使用的表格以及该表格表现的数据信息也不同。这就需要设置符合产品设计的表格样式，并利用表格功能快速、清晰和醒目地反映出设计思想及创意。

9.5 添加表格

版本：AutoCAD 2013

表格是在行和列中包含数据的对象，在完成表格样式的设置后，便可以从空表格或表格样式开始创建表格对象。

1. 插入表格

在【注释】选项板中单击【表格】按钮，系统将打开【插入表格】对话框。

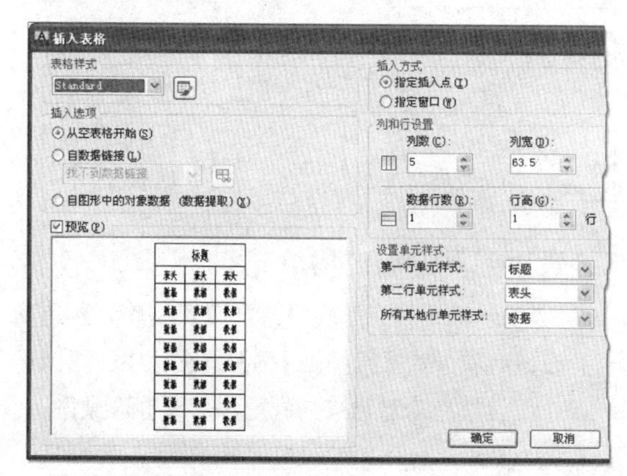

该对话框中各主要选项的含义介绍如下。

❑ **表格样式**

用户可以在【表格样式】下拉列表中选择相应的表格样式，也可以单击【启用“表格样式”对话框】按钮，重新创建一个新的表格样式应用于当前的对话框。

❑ **插入选项**

在该选项组中选择【从空表格开始】单选按钮，可以创建一个空的表格；选择【自数据链接】单选按钮，可以从外部导入数据来创建表格；选择【自图形中的对象数据（数据提取）】单选按钮，可以用于从可输出到表格或外部文件的图形中提取数据来创建表格。

❑ **插入方式**

在该选项组中选择【指定插入点】单选按钮，可以在绘图窗口中的某点插入固定大小的表格；选择【指定窗口】单选按钮，可以在绘图窗口中通过指定表格两对角点来创建任意大小的表格。

❑ **列和行设置**

在该选项组中可以通过改变【列数】、【列宽】、【数据行数】和【行高】文本框中的数值来调整表格的外观大小。

一般情况下，系统均以“从空表格开始”插入表格，分别设置好列数和列宽、行数和行宽后，单击【确定】按钮。然后在绘图区中指定相应的插入点，即可在当前位置插入一个表格。

2. 添加表格注释

单击【表格】按钮，并在打开的对话框中选择已设定好的表格样式。然后分别设置列数、列的宽度数值、数据行数、行的高度数值。

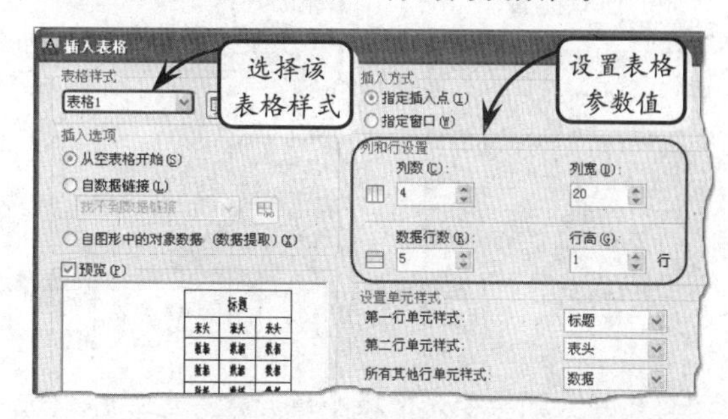

单击【确定】按钮，然后在绘图区中指定一点以放置表格。且此时标题单元格将处于自动激活状态，并打开【文字编辑器】选项卡。接着在该单元格中输入相应的文字。

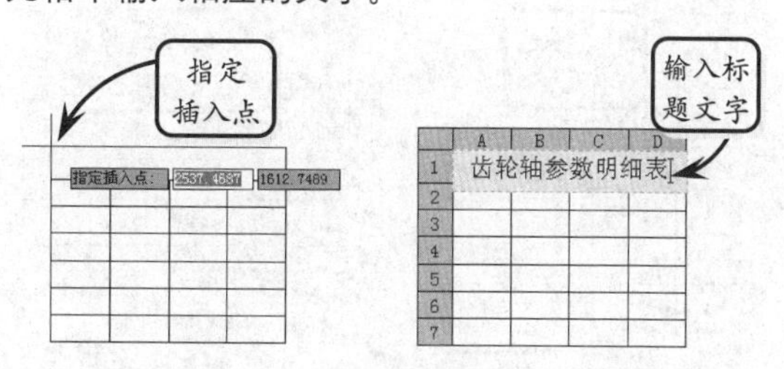

完成标题栏文字的输入后，在该表格的其他指定位置依次双击相应的单元格，使其处于激活状态，然后输入要添加的文字，即可完成零件图明细表的创建。

齿轮轴参数明细表			
序号	名称	代号	数值
1	法向模数	M	2
2	齿数	Z	33
3	齿形角	α	22°
4	螺旋方向	L	左旋
5	精度等级	S	7-FH

添加文本注释

9.6 编辑表格

版本：AutoCAD 2003

在对所插入的表格进行编辑时，不仅可以对表格进行整体编辑，还可以对表格中的各单元进行单独地编辑。

1. 通过夹点编辑表格单元

单击需要编辑的表格单元，此时该表格单元的边框将加粗亮显，并在表格单元周围出现夹点。拖动表格单元上的夹点，可以改变该表格单元及其所在列或行的宽度或高度。

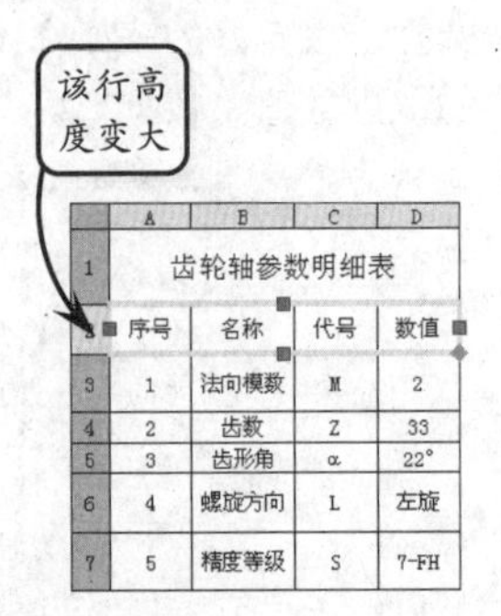

此外，如果要选取多个单元格，可以在欲选取的单元格上单击并拖动。例如在一单元格上单击并向下拖动，即可选取整列。然后向右拖动该列的夹点可以调整整列的宽度。

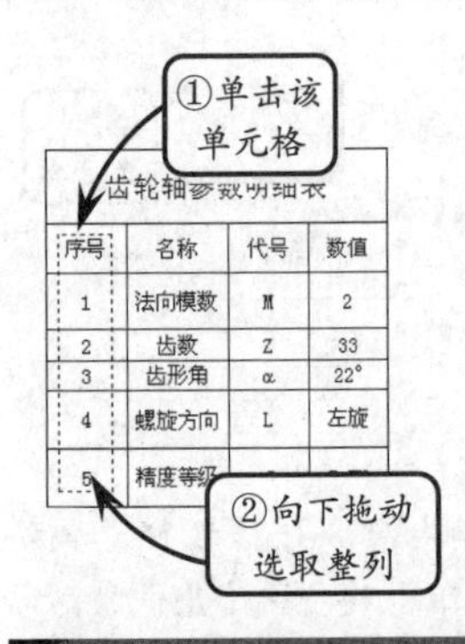

> **提示**
>
> 此外，用户也可以按住 Shift 键在欲选取的两个单元格内分别单击，即可同时选取这两个单元格以及它们之间的所有单元格。

2. 通过菜单编辑表格单元

选取表格单元或单元区域并右击，在打开的快捷菜单中选择【特性】选项，即可在打开的【特性】面板中修改单元格的宽度和高度。

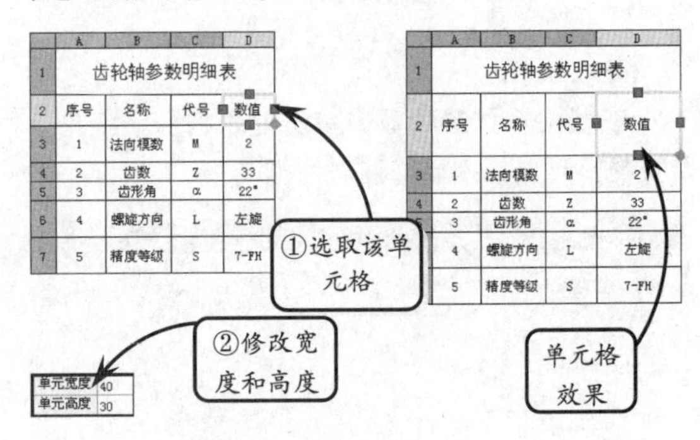

3. 通过工具编辑表格单元

选取一单元格，系统将打开【表格单元】选项卡。在该选项卡的【行】和【列】选项板中，可以通过各个工具按钮来对行或列进行添加或删除操作。

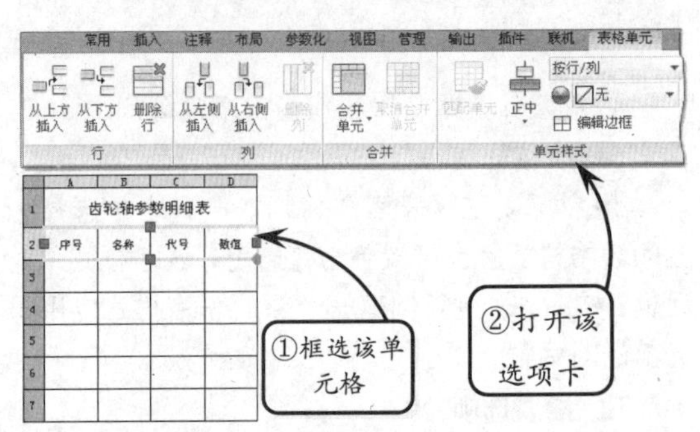

此外通过【合并】选项板中的工具按钮还可以对多个单元格进行合并操作，具体操作介绍如下。

- 插入行

框选表格中一整行，在【行】选项板中单击【在上方插入】按钮，系统将在该行正上方插入新的空白行。

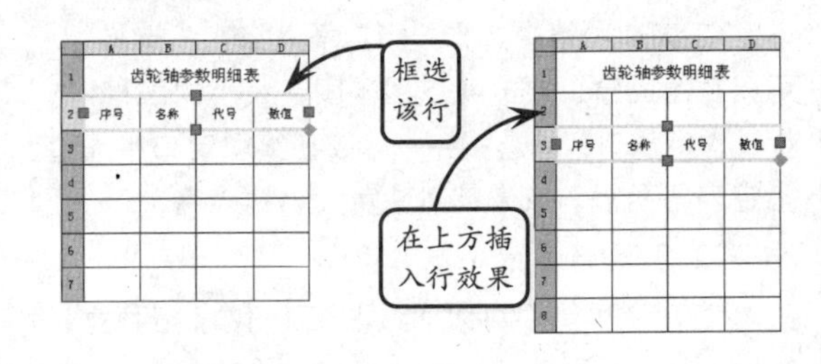

而单击【在下方插入】按钮，系统将在该行正下方插入新的空白行。

❑ **插入列**

框选表格中一整列，在【列】选项板中单击【在左侧插入】按钮，系统将在该列左侧插入新的空白列。

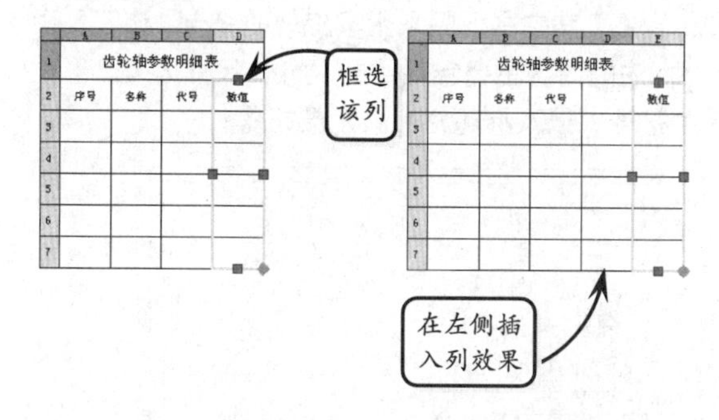

而单击【在右侧插入】按钮，系统将在该列右侧插入新的空白列。

❑ **合并行或列**

在【合并】选项板中单击【按列合并】按钮，可以将所选列的多个单元格合并为一个。

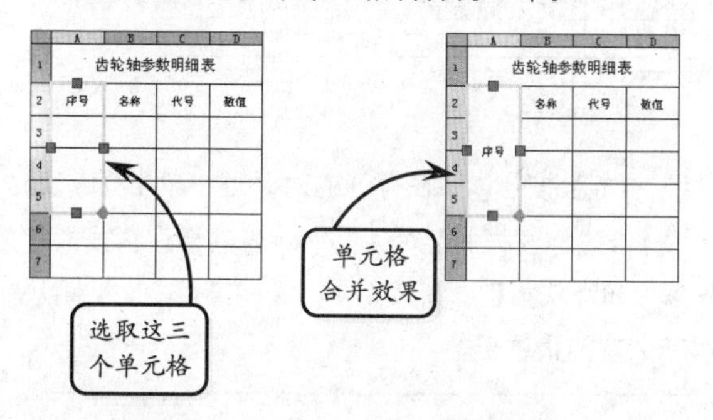

若单击【按行合并】按钮，可以将所选行的多个单元格合并为一个；单击【合并全部】按钮，可以将所选行和列合并为一个。

❑ **取消合并**

如果要取消合并操作，可以选取合并后的单元格，在【合并】选项板中单击【取消合并单元】按钮，即可恢复原状。

❑ **编辑表指示器**

表指示器的作用是标识所选表格的列标题和行号，在 AutoCAD 中可以对表指示器进行以下两种类型的编辑。

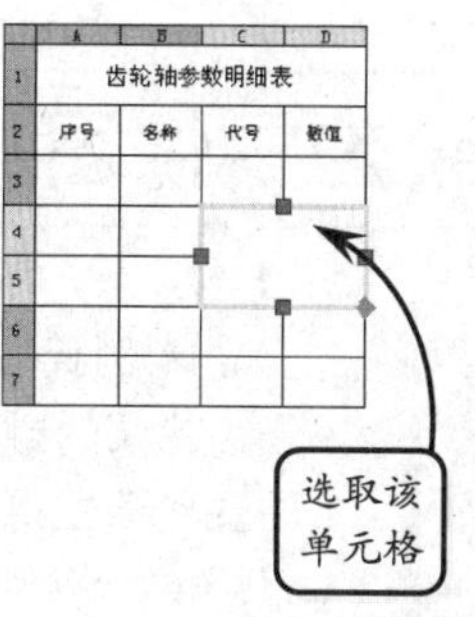

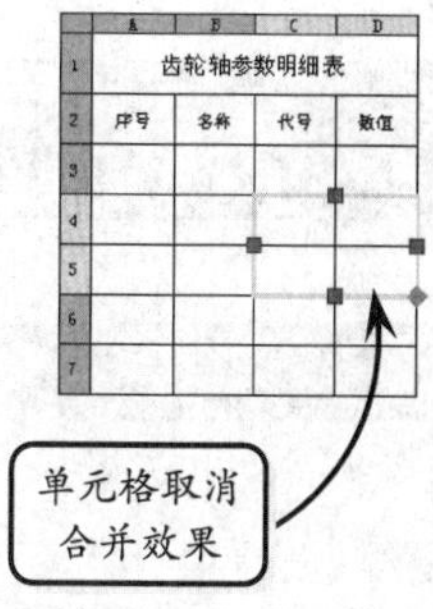

➢ **显示/隐藏操作**　默认情况下，选定表格单元进行编辑时，表指示器将显示列标题和行号。为了便于编辑表格，可以使用 TABLEINDICATOR 系统变量指定打开和关闭该显示。

当在命令行中输入该命令后，将显示“输入 TABLEINDICATOR 的新值<1>:”的提示信息。如果直接按回车键，系统将使用默认设置，显示列标题和行号；如果在命令行中输入 0，则系统将关闭列标题和行号的显示。

➢ **设置表格单元背景色**　默认状态下，当在表格中显示列标题和行号时，表指示器均有一个背景色区别于其他表格单元，并且这个背景色也是可以编辑的。

要设置新的背景色，可以选中整个表格并单击右键，在打开的快捷菜单中选择【表指示器颜色】选项，然后在打开的对话框中指定所需的背景色即可。

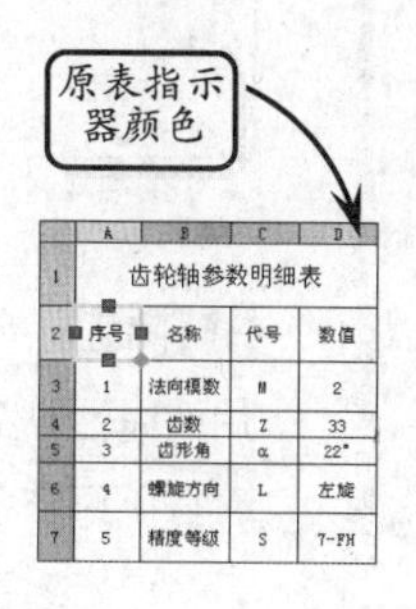

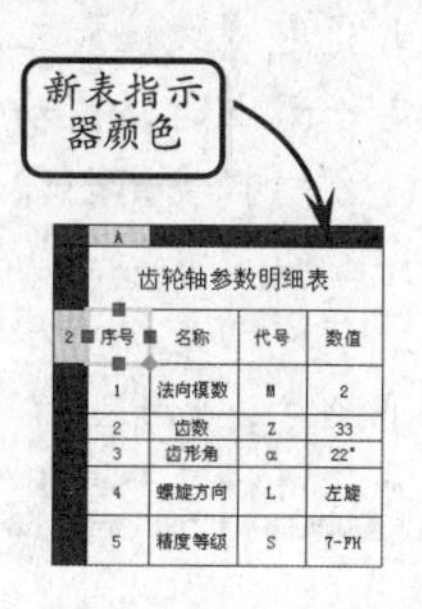

9.7 标注泵盖零件图

版本：AutoCAD 2013 downloads/第 9 章/

练习要点

- 使用常规尺寸标注工具
- 使用【引线】工具
- 使用【公差】工具
- 使用【表格】工具
- 使用【多行文字】工具

本例标注一泵盖零件图。泵盖是齿轮泵中的主要零件，主要用于齿轮泵的封闭和固定内部齿轮，以及齿轮轴轴承的作用。该零件图主要包括主视图和剖视图，其中主视图采用了旋转阶梯剖。该零件图采用 A4 图纸，其上标注的内容主要包括线性尺寸、尺寸公差、形位公差、基准和粗糙度符号，以及标题栏和技术要求等。

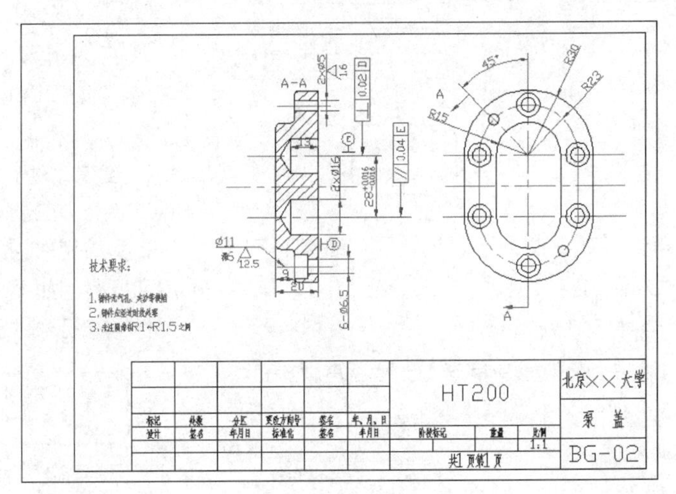

提示

由于尺寸标注的外观都是由当前尺寸样式控制的，且在向图形中添加尺寸标注时，单一的标注样式往往不能满足各类尺寸标注的要求。因此在标注尺寸前，一般都要创建新的尺寸样式，否则系统将以默认尺寸样式 ISO-25 为当前样式进行标注。

STEP|01 单击【标注样式】按钮，在打开的对话框中单击【修改】按钮。然后在打开的【修改标注样式】对话框中对当前标注样式的各种尺寸变量进行设置，如箭头类型、箭头大小、文字高度、文字距尺寸线的偏移量、尺寸文本的精度等。

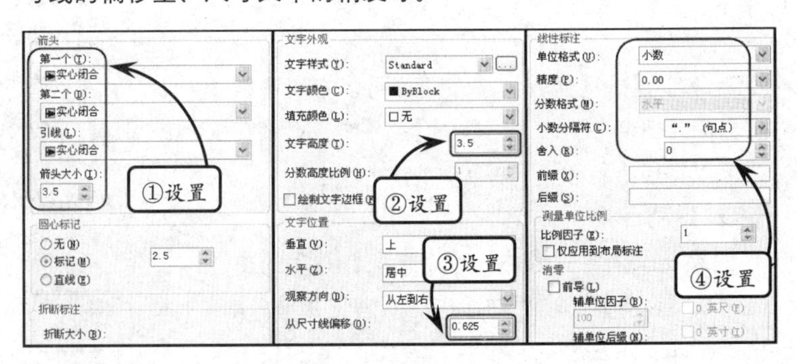

提示

当利用【线性】工具指定好两点时，拖动光标的方向将决定创建何种类型的尺寸标注。如果上下拖动光标将标注水平尺寸；如果左右拖动光标将标注竖直尺寸。

STEP|02 单击【线性】按钮，依次标注图形上的线性尺寸。然后利用【线性】工具分别指定销孔的两端点，并在命令行中输入字母 M。接着按下回车键，在打开的文字编辑器中输入图示文字，并在空白区域单击，退出文字编辑器。此时系统提示指定一点放置尺寸线，在合适位置

单击放置尺寸线。继续利用【线性】工具标注其他孔的线性尺寸。

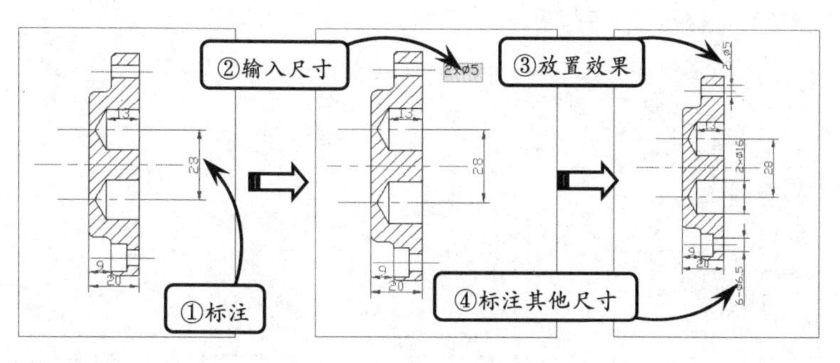

STEP|03 在【标注样式管理器】对话框中单击【修改】按钮。然后在打开的对话框中切换至【公差】选项卡，并在【垂直位置】下拉列表中选择【中】选项。接着双击要添加公差的标注尺寸，并在打开的文字编辑器中输入图示的公差尺寸。此时选取该公差文字部分，并单击右键，在打开的快捷菜单中选择【堆叠】选项。最后在空白区域单击，并将该添加尺寸移动至合适位置，即可完成公差尺寸的标注。

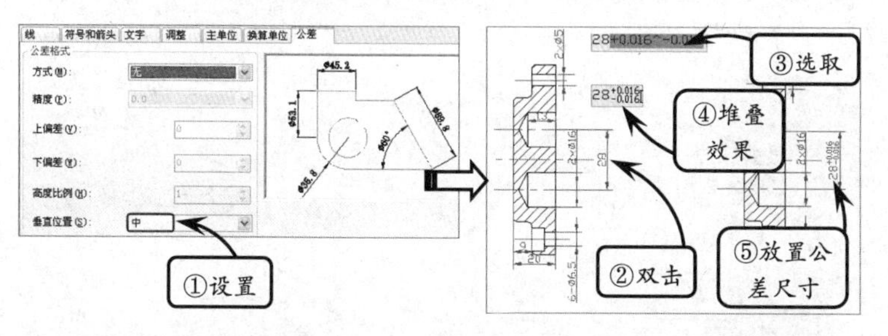

STEP|04 利用【创建】和【定义属性】工具创建带属性的基准符号图块。然后利用【插入】工具将基准符号图块分别插入到图示的指定位置。

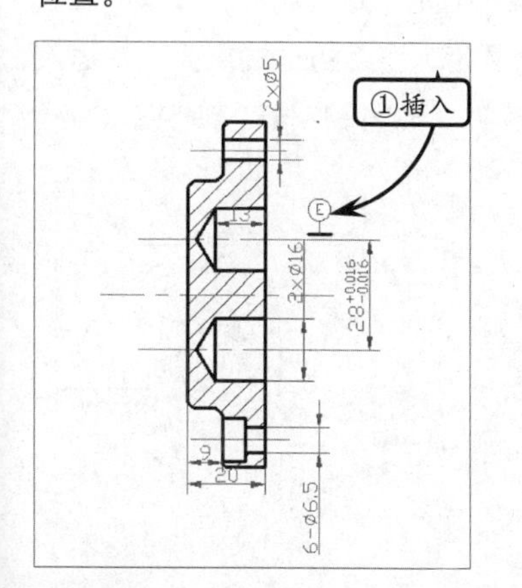

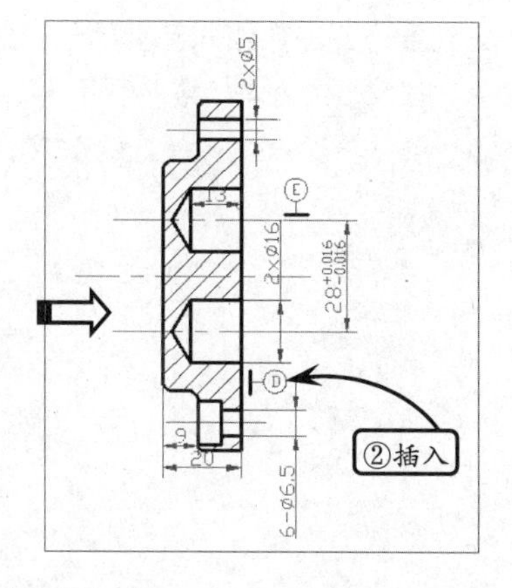

STEP|05 单击【多重引线样式】按钮，在打开的对话框中设置多重引线样式。然后单击【引线】按钮，选取孔中心线上一点，沿左上方向拖动并单击，确定第一段引线。接着沿水平方向向左拖动至

提示

尺寸公差是指零件尺寸所允许的变动量，该变动量的大小直接决定了零件的机械性能和零件是否具有互换性。利用AutoCAD提供的【堆叠】工具，可以方便地标注尺寸的公差或一些分数形式的差配合代号。

提示

块属性是附属于块的非图形信息，是块的组成部分。它包含了组成该块的名称、对象特性以及各种注释等信息。如果某个图块带有属性，那么用户在插入该图块时可以根据具体情况，通过属性来为图块设置不同的文本信息。

提示

利用【多重引线】工具可以绘制一条引线来标注对象，且在引线的末端可以输入文字或者添加块等。该工具经常用于标注孔、倒角和创建装配图的零件编号等。

合适位置并单击，确定第二段引线。此时在打开的文字编辑器中输入相应的引线标注内容即可。

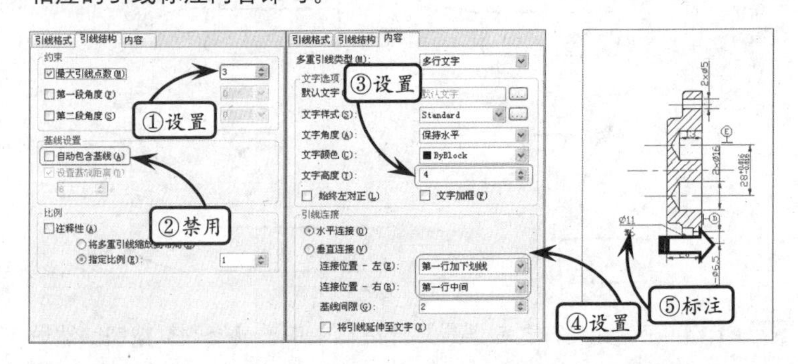

提示

形位公差是指形状和位置公差。在标注机械零件图时，为满足使用要求，必须正确合理地规定零件几何要素的形状和位置公差，以及限制实际要素的形状和位置误差，这是图形设计的一项重要内容。

用户可以通过标注形位公差来显示图形的形状、轮廓、方向位置和跳动的偏差等。

STEP|06 单击【多重引线样式】按钮，新建一多重引线样式。然后在打开的对话框中按照图示设置多重引线样式，并将该样式置为当前。接着利用【引线】工具选取指定尺寸界线上一点，沿竖直方向向上拖动并单击确定一段引线。此时在打开的文字编辑器中单击，退出文字输入状态，即可完成形位公差指引线的绘制。采用相同的方法绘制另一条形位公差指引线。

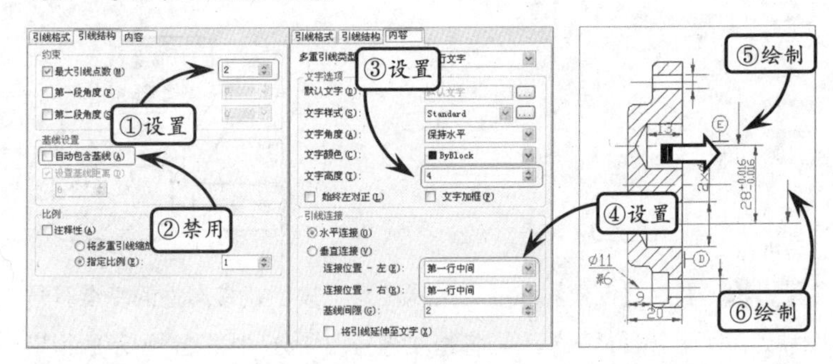

提示

在机械制图中，表达零件精度的方式包括标注尺寸公差和形位公差。其中，尺寸公差是指零件尺寸所允许的变动量，该变动量的大小直接决定了零件的机械性能和零件是否具有互换性；形位公差是指零件的形状和位置公差，其数值直接决定了零件的加工精度。

STEP|07 单击【公差】按钮，在打开的对话框中分别设置形位公差符号、公差数值和基准代号。然后指定引线的末端点为公差插入点，插入形位公差。接着利用【旋转】工具指定框格的左边中点为旋转基点，将该形位公差旋转 90°。

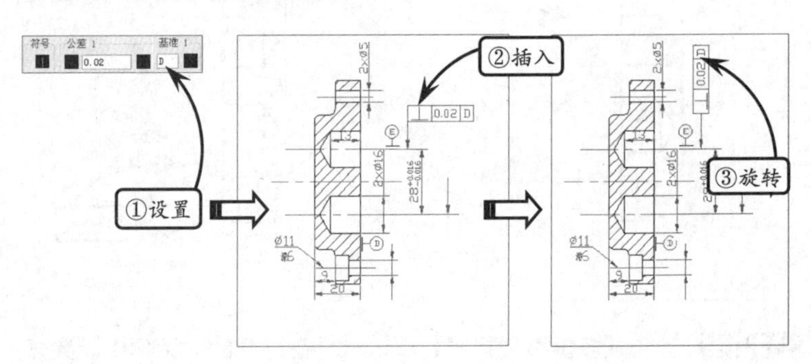

STEP|08 继续单击【公差】按钮，在打开的对话框中按照图示分别设置形位公差符号、公差数值和基准代号。然后按照上步的方法插

入并旋转公差。

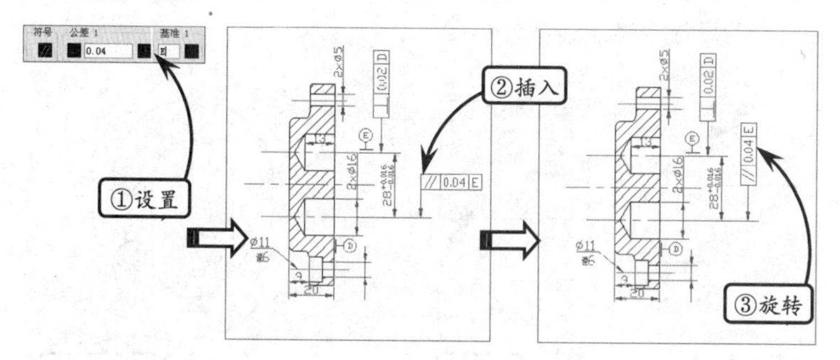

STEP|09 利用【创建】和【定义属性】工具创建带属性的粗糙度符号图块，并利用【插入】工具分别将粗糙度符号图块插入到图示指定的不同位置。

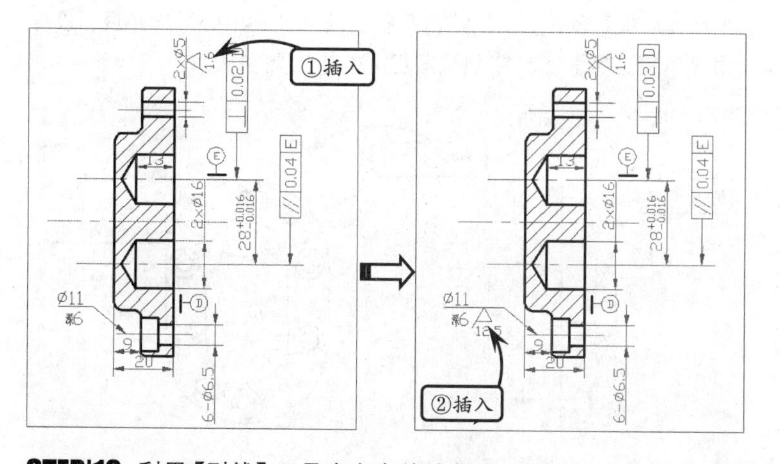

STEP|10 利用【引线】工具在空白处绘制图示的引线。然后利用【旋转】工具选取该引线为旋转对象，选取引线起点为旋转基点，并输入旋转角度为 45°。接着利用【移动】工具将旋转后的引线，移至图中相应位置。继续利用【引线】工具在主视图相应位置绘制指定的引线。最后单击【单行文字】按钮A，在相应位置指定起点后，输入引线的标注内容。

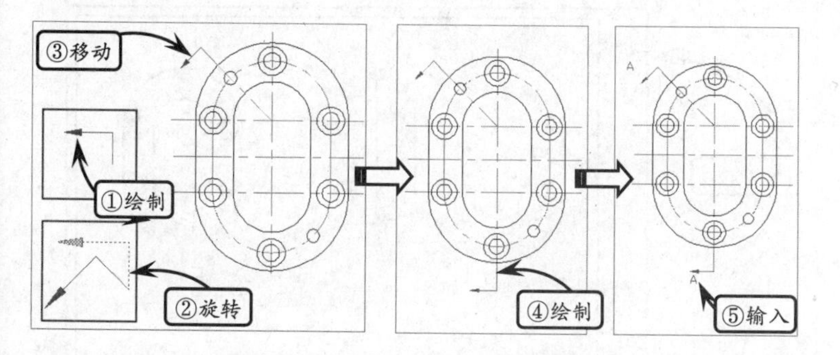

STEP|11 利用【分解】工具将以上绘制的多重引线分解为箭头和引线两部分。继续利用【分解】工具将两段引线分解开。然后选取第一

提示

一般情况下，通过将定义的属性附加到块中，然后通过插入块操作，即可使块属性成为图形中的一部分。这样所创建的属性块将是由块标记、属性值、属性提示和默认值 4 个部分组成。

提示

单行文字适用于标注一些不需要多种字体样式的简短内容，如标签、规格说明等内容。利用【单行文字】工具不仅可以设定文本的对齐方式和文本的倾斜角度，而且还可以在不同的地方单击以定位文本的放置位置。

提示

对于多段线、矩形、多边形、块和各类尺寸标注等特征，以及由多个图形对象组成的组合对象，如果需要对单个对象进行编辑操作，就需要先利用【分解】工具将这些对象拆分为单个的图形对象，然后再利用相应的编辑工具进行进一步的编辑。

段引线，并单击右键，在打开的快捷菜单中选择【特性】选项。接着在打开的面板中修改线宽为 0.3。

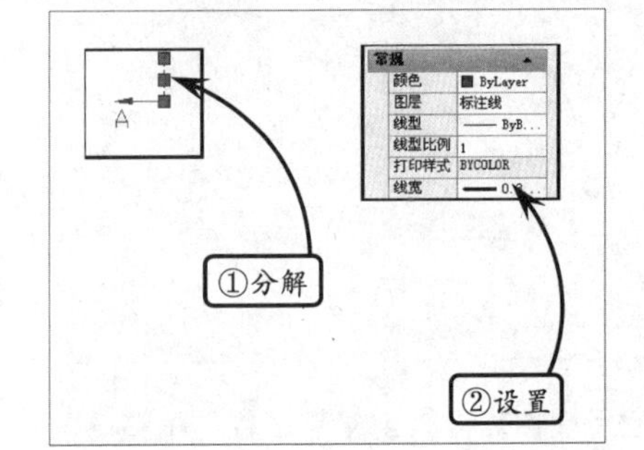

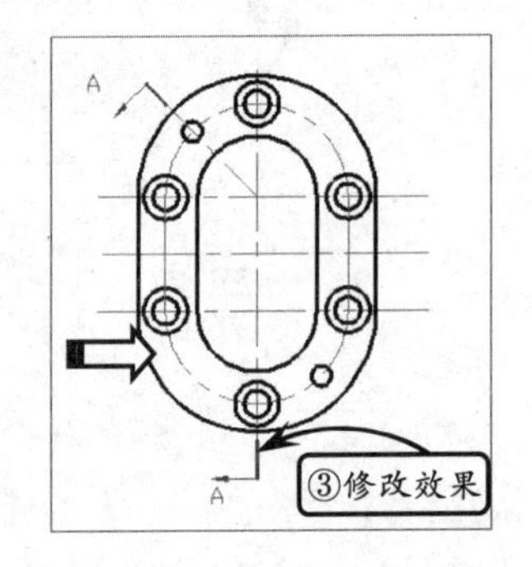

提示

图形只能用来表达物体的形状，而尺寸标注则用来确定物体的大小和各部分之间的相对位置。尺寸标注是产品设计过程中最重要的环节。完整的尺寸标注、技术要求和明细表等注释元素，不仅能够为施工或生产人员提供足够的图形尺寸信息和使用依据，而且可以表达图形不易表达的信息，从而增加图形的易懂性。

STEP|12 单击【半径】按钮，标注主视图各个圆的半径尺寸。然后单击【角度】按钮，标注销孔中心线与竖直中心线的角度。接着利用【单行文字】工具在剖视图正上方输入文字 A-A。

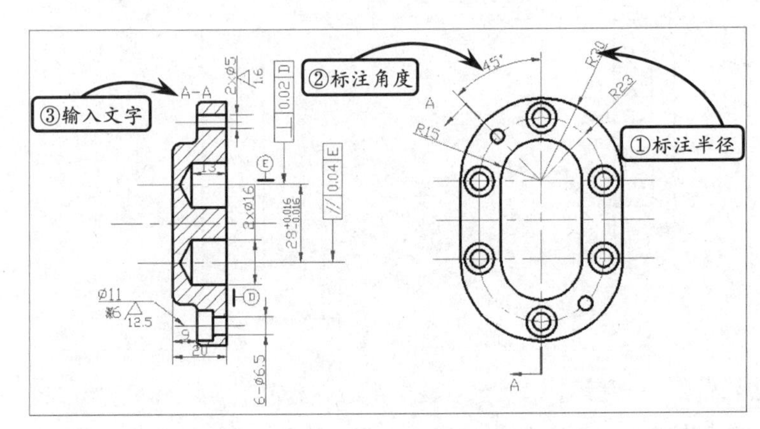

提示

在 AutoCAD 中，用户可以通过定义两个对角点，或者长度和宽度的方式来绘制矩形，且同时可以设置其线宽、圆角和倒角等参数。

STEP|13 绘制尺寸为 297×210 的矩形。继续利用【矩形】工具在命令行中输入命令 From，选取该矩形的左下角点 A 为基点，输入偏移坐标（@25，5）确定第一对角点。然后输入相对坐标（@267，200）确定第二对角点。接着利用【移动】工具将这两个矩形移至图示位置。

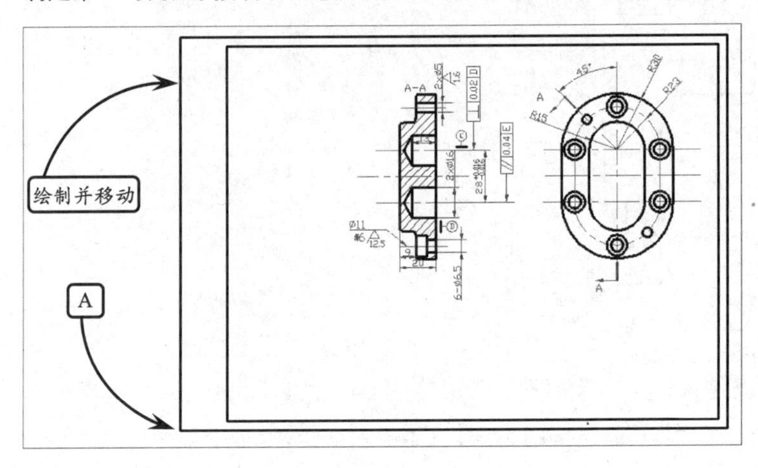

STEP|14 单击【表格样式】按钮，在打开的对话框中单击【修改】按钮。然后按照图示对当前表格样式的各个变量进行设置。接着单击【表格】按钮，在打开的对话框中设置列数为 12、列宽为 20、行数为 6、行高为 1。最后设置每个单元行的样式均为【数据】行。

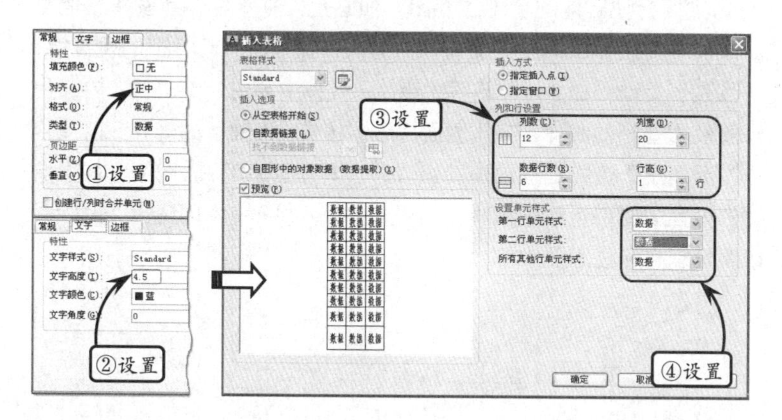

STEP|15 单击【确定】按钮，在绘图区中任意指定一点为插入点，插入表格。然后在【合并】选项板中依次单击【按行合并】按钮和【按列合并】按钮，选取表格中相应的单元格，按行、按列进行合并。

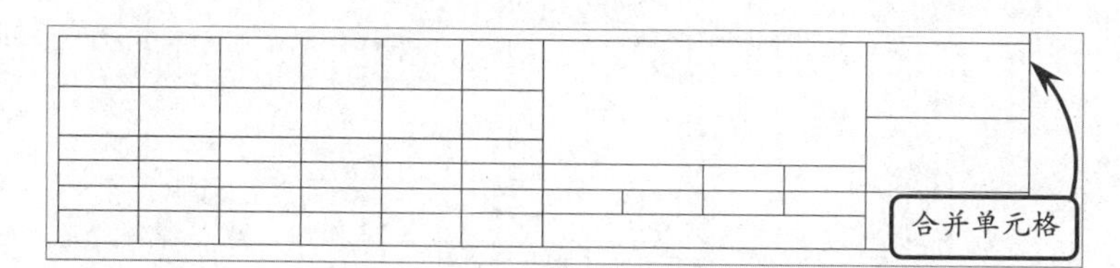

STEP|16 双击各相应的单元格，在打开的文字编辑器中输入指定的文字内容，并编辑各文字的高度。然后利用【移动】工具选取标题栏的右下角点为基点，并选取图纸图框的内右下端点为目标点，移动标题栏。接着单击【多行文字】按钮，指定两个对角点后，在打开的文字编辑器中输入图示的技术要求文字。至此该零件图标注完成。

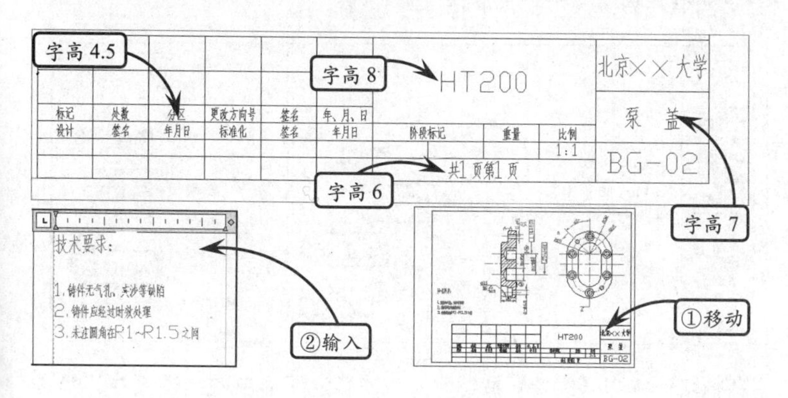

提示

表格主要用来展示与图形相关的标准、数据信息、材料和装配信息等内容。根据制图标准的不同，对应表格表现的数据信息也不同的情况，仅仅使用系统默认的表格样式远远不能达到制图的需求，这就需要定制单个或多个表格，使其符合当前产品的设计要求。

表格对象的外观由表格样式控制，默认情况下表格样式是 Standard，用户可以根据需要创建新的表格样式。

提示

多行文字又称为段落文字，是一种更易于管理的文字对象，可以由两行以上的文字组成，而且各行文字都是作为一个整体处理。利用【多行文字】工具可以指定文本分布的宽度，且沿竖直方向可以无限延伸。此外，用户还可以设置多行文字中的单个字符或某一部分文字的字体、宽度因子和倾斜角度等属性。

9.8 标注缸体零件图

版本：AutoCAD 2013 downloads/第 9 章/

练习要点

- 使用常规尺寸标注工具
- 使用【引线】工具
- 使用【公差】工具
- 使用【表格】工具
- 使用【多行文字】工具

提示

由于尺寸标注的外观都是由当前尺寸样式控制的，且在向图形中添加尺寸标注时，单一的标注样式往往不能满足各类尺寸标注的要求。因此在标注尺寸前，一般都要创建新的尺寸样式，否则系统将以默认尺寸样式 ISO-25 为当前样式进行标注。

本例标注缸体的全剖主视图。油缸是一种能量转换设备，能将液压油等传递介质的压力能转换为具有往复直线运动特征的机械能，并且具有传动平稳，无噪声等优点。该缸体主要由外部缸体、内部用于安装活塞杆的腔体、缸体侧面用于连接进、出油管的螺孔、以及缸体左断面用于连接缸盖的螺孔组成。该零件图采用 A4 图纸，其上标注的内容主要包括线性尺寸、圆弧尺寸、尺寸公差和粗糙度符号等，以及标题栏和技术要求等。

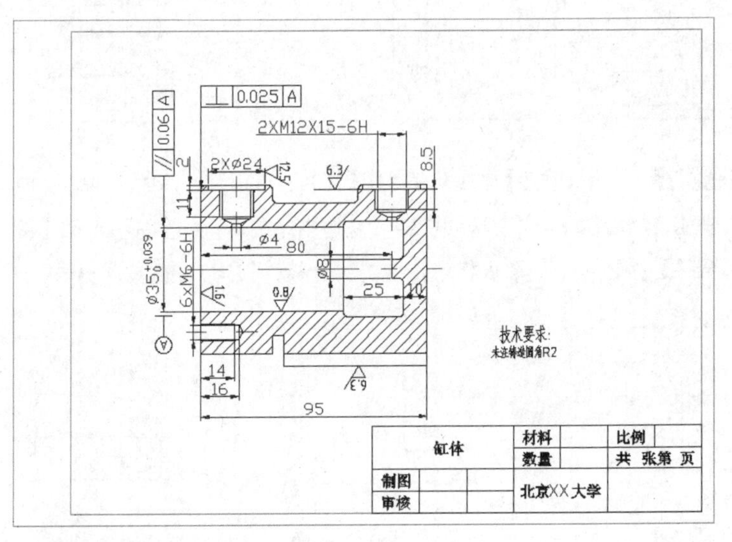

操作步骤

STEP|01 单击【标注样式】按钮，在打开的对话框中单击【修改】按钮。然后在打开的【修改标注样式】对话框中对当前标注样式的各种尺寸变量进行设置，如箭头类型、箭头大小、文字高度、文字距尺寸线的偏移量、尺寸文本的精度等。

提示

当利用【线性】工具指定好两点时，拖动光标的方向将决定创建何种类型的尺寸标注。如果上下拖动光标，则将标注水平尺寸；如果左右拖动光标，则将标注竖直尺寸。

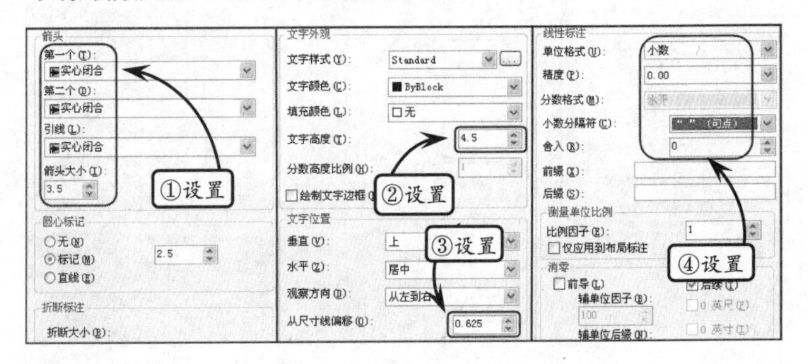

STEP|02 单击【线性】按钮，依次标注图形中的线性尺寸。然后

利用【线性】工具分别指定螺纹孔的两端点，并在命令行中输入字母M。接着按下回车键，在打开的文本编辑器中输入图示文字，并在空白区域单击，退出文本编辑器。此时，系统将提示指定一点放置尺寸线，在合适位置单击放置尺寸线。继续利用【线性】工具标注其他孔的线性尺寸。

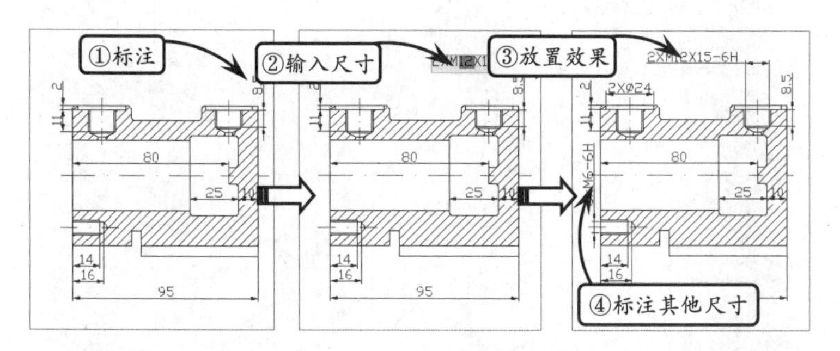

STEP|03 单击【标注样式】按钮，在打开的对话框中单击【替代】按钮，并在打开的对话框中切换至【主单位】选项卡。然后在【前缀】文本框中输入直径代号“%%c”，单击【确定】按钮。接着利用【线性】工具标注线性尺寸时将自动带有直径前缀符号。

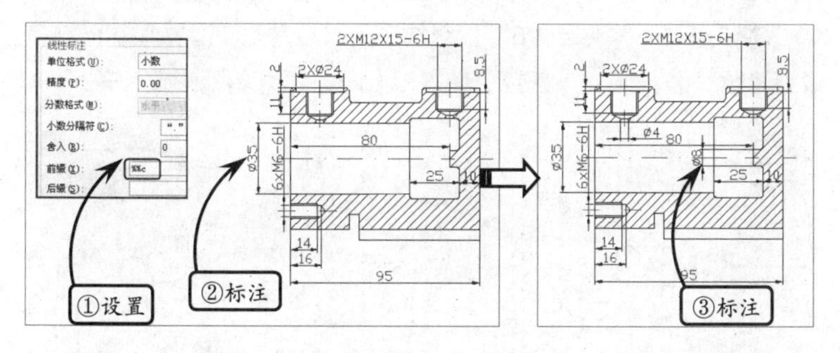

STEP|04 在【标注样式管理器】对话框中单击【修改】按钮。然后在打开的对话框中切换至【公差】选项卡，并在【垂直位置】下拉列表中选择【中】选项。接着双击要添加公差的标注尺寸，并在打开的文字编辑器中输入图示的公差尺寸。此时选取该公差文字部分，并单击右键，在打开的快捷菜单中选择【堆叠】选项。最后在空白区域单击，并将该添加尺寸移动至合适位置，即可完成公差尺寸的标注。

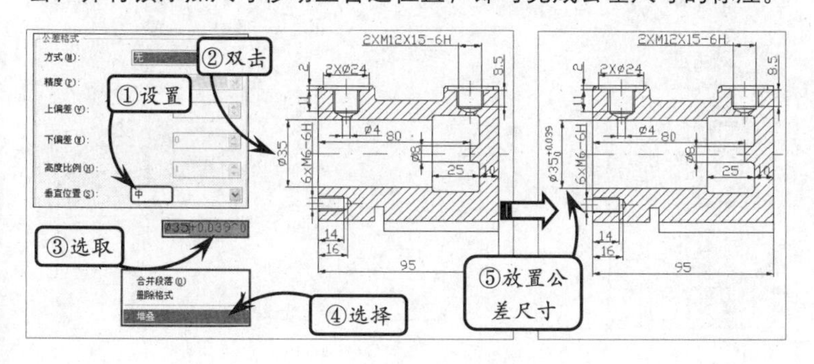

提示

当修改一标注样式时，系统将改变所有与该样式相关联的尺寸标注。但有时绘制零件图需要创建个别特殊形式的尺寸标注，如标注公差或是给标注数值添加前缀和后缀等。此时用户不能直接修改当前尺寸样式，但也不必再去创建新的标注样式，只需采用当前样式的覆盖方式进行标注即可。

提示

尺寸公差是指零件尺寸所允许的变动量，该变动量的大小直接决定了零件的机械性能和零件是否具有互换性。利用AutoCAD 提供的【堆叠】工具，可以方便地标注尺寸的公差或一些分数形式的公差配合代号。

提示

利用【多重引线】工具可以绘制一条引线来标注对象，且在引线的末端可以输入文字或者添加块等。该工具经常用于标注孔、倒角和创建装配图的零件编号等。

STEP|05 单击【多重引线样式】按钮，新建一多重引线样式。然后在打开的对话框中按照图示设置多重引线样式，并将该样式置为当前。接着利用【引线】工具选取指定尺寸界线上一点，沿竖直方向向上拖动并单击确定一段引线。此时在打开的文字编辑器中单击，退出文字输入状态，即可完成形位公差指引线的绘制。采用相同的方法绘制另一条形位公差指引线。

提示

形位公差是指形状和位置公差。在标注机械零件图时，为满足使用要求，必须正确合理地规定零件几何要素的形状和位置公差，以及限制实际要素的形状和位置误差，这是图形设计的一项重要内容。

用户可以通过标注形位公差来显示图形的形状、轮廓、方向位置和跳动的偏差等。

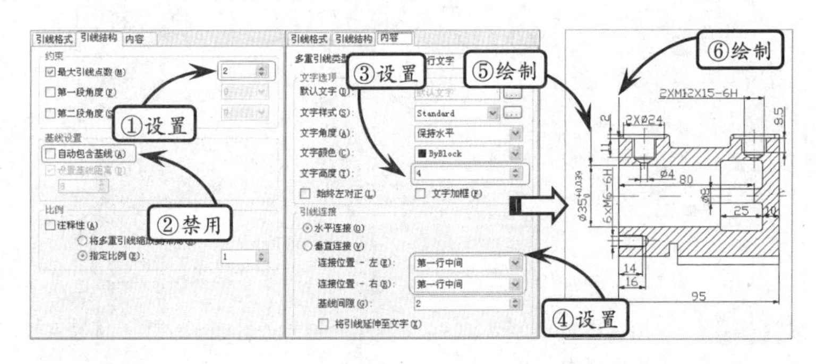

STEP|06 单击【公差】按钮，在打开的对话框中分别设置形位公差符号、公差数值和基准代号。然后指定引线的末端点为公差插入点，插入形位公差。接着利用【旋转】工具指定框格的左边中点为旋转基点，将该形位公差旋转 90°。继续利用【公差】工具按照图示分别设置形位公差符号、公差数值和基准代号，插入其他形位公差。

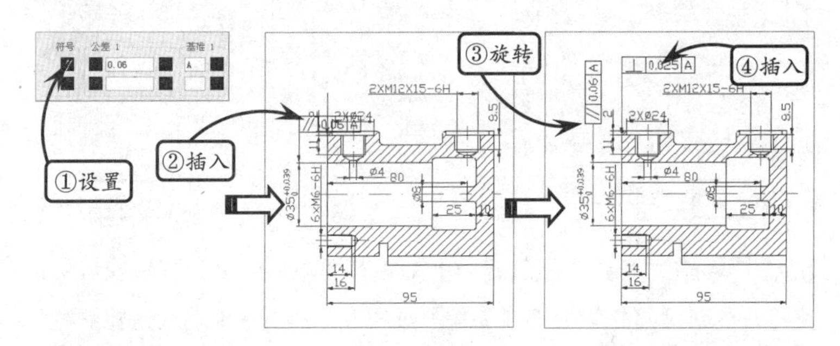

提示

块属性是附属于块的非图形信息，是块的组成部分。它包含了组成该块的名称、对象特性以及各种注释等信息。如果某个图块带有属性，那么用户在插入该图块时可以根据具体情况，通过属性来为图块设置不同的文本信息。

STEP|07 利用【创建】和【定义属性】工具创建带属性的基准符号图块。然后利用【插入】工具将基准符号图块插入到图示指定的位置。继续利用【创建】和【定义属性】工具创建带属性的粗糙度符号图块，并利用【插入】工具将粗糙度符号图块分别插入到图示的不同位置。

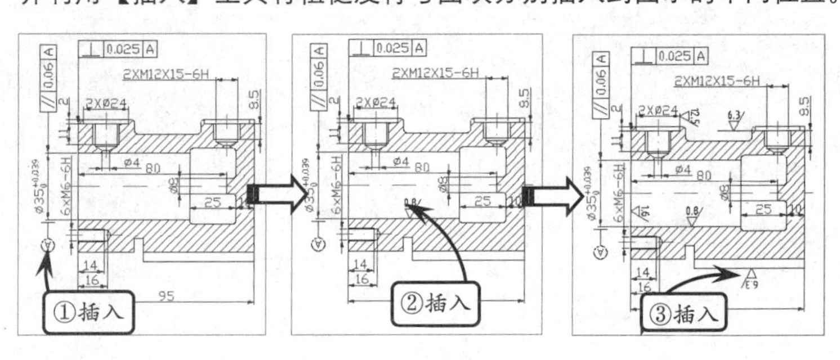

STEP|08 绘制尺寸为 297×210 的矩形轮廓。继续利用【矩形】工具在命令行中输入 From 指令，选取该矩形的左下角点 A 为基点，输入偏移坐标（@25，5）确定第一对角点。然后输入相对坐标（@267，200）确定第二对角点。接着利用【移动】工具将这两个矩形移至图示位置。

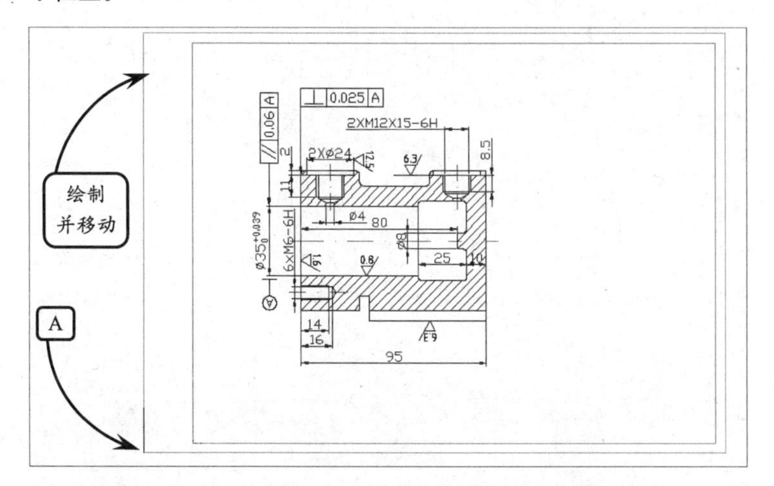

> **提示**
> 在 AutoCAD 中，用户可以通过定义两个对角点，或者长度和宽度的方式来绘制矩形，且同时可以设置其线宽、圆角和倒角等参数。

STEP|09 单击【表格样式】按钮，在打开的对话框中单击【修改】按钮。然后按照图示对当前表格样式的各个变量进行设置。接着单击【表格】按钮，在打开的对话框中设置列数为 7、列宽为 20、行数为 2、行高为 1。最后设置每个单元行的样式均为【数据】行。

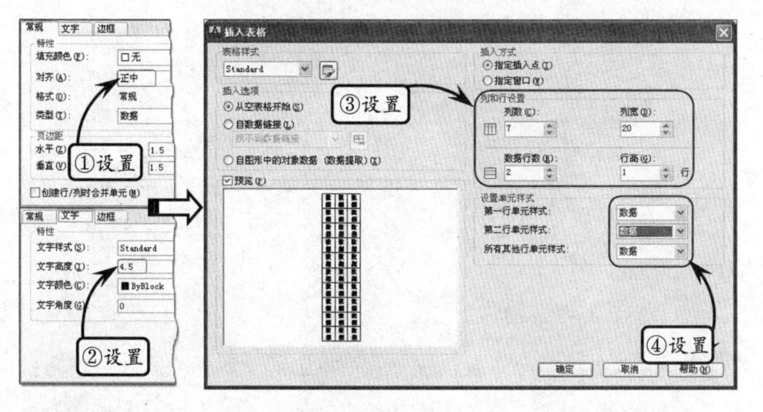

> **提示**
> 表格主要用来展示与图形相关的标准、数据信息、材料和装配信息等内容。根据制图标准的不同，对应表格表现的数据信息也不同的情况，仅仅使用系统默认的表格样式远远不能达到制图的需求，这就需要定制单个或多个表格，使其符合当前产品的设计要求。
> 表格对象的外观由表格样式控制，默认情况下表格样式是 Standard，用户可以根据需要创建新的表格样式。

STEP|10 单击【确定】按钮，在绘图区中任意指定一点为插入点，插入表格。然后选取图示的两个单元格，在【合并】选项板中单击【按行合并】按钮，将这两个单元格合并。

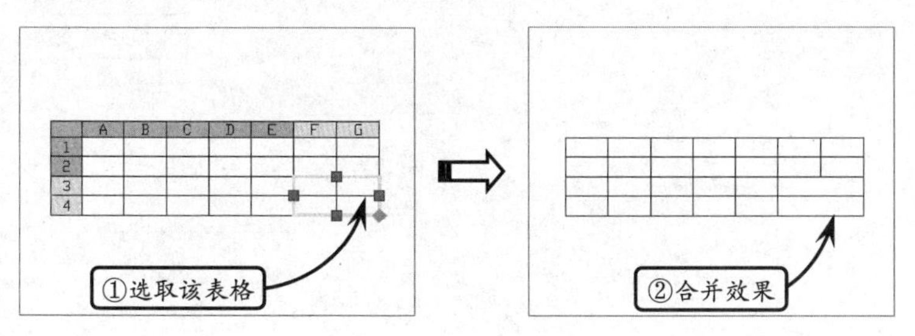

提示

在对所插入的表格进行编辑时，不仅可以对表格进行整体编辑，还可以对表格中的各单元进行单独地编辑。

STEP|11 选取图示的两个单元格，在【合并】选项板中单击【按列合并】按钮，将这两个单元格合并。

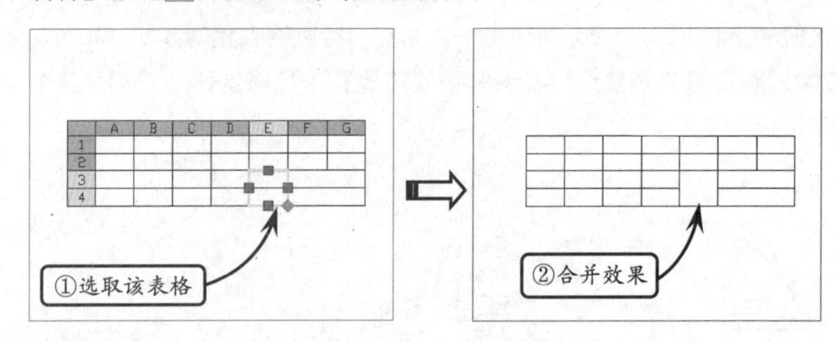

提示

单行文字适用于标注一些不需要多种字体样式的简短内容，如标签、规格说明等内容。利用【单行文字】工具不仅可以设定文本的对齐方式和文本的倾斜角度，而且还可以在不同的地方单击以定位文本的放置位置。

STEP|12 按照上两步的方法，选取表格中相应的其他单元格，按行按列合并单元格。然后双击各相应的单元格，在打开的文字编辑器中输入指定的文字内容，并编辑各文字的高度。

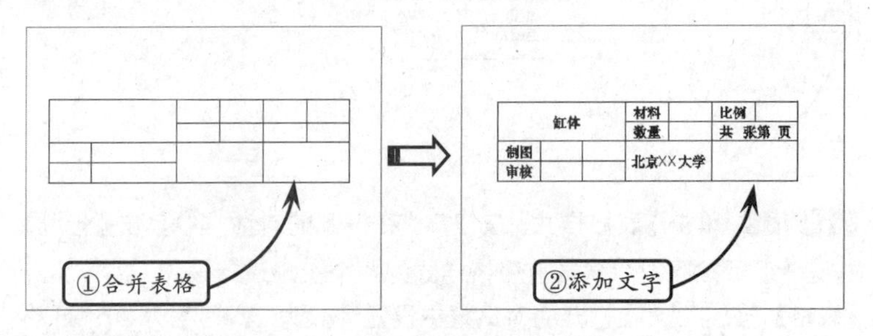

STEP|13 利用【移动】工具选取标题栏的右下角点为基点，并选取图纸图框的内右下端点为目标点，移动标题栏。

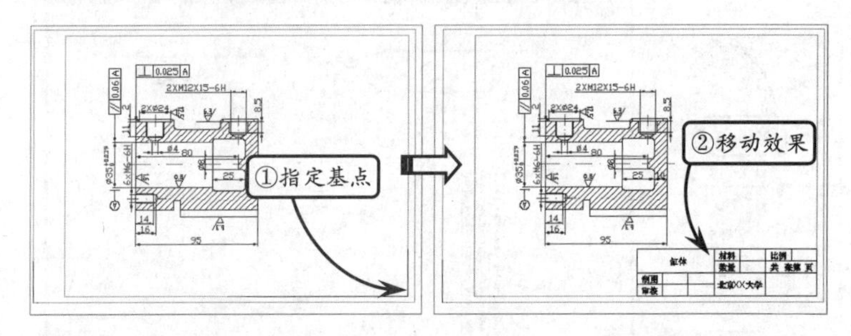

提示

多行文字又称为段落文字，是一种更易于管理的文字对象，可以由两行以上的文字组成，而且各行文字都是作为一个整体处理。利用【多行文字】工具可以指定文本分布的宽度，且沿竖直方向可以无限延伸。此外，用户还可以设置多行文字中的单个字符或某一部分文字的字体、宽度因子和倾斜角度等属性。

STEP|14 单击【多行文字】按钮A，指定两个对角点后，系统将打开文本编辑器。此时，输入图示的技术要求文字。至此该零件图标注完成。

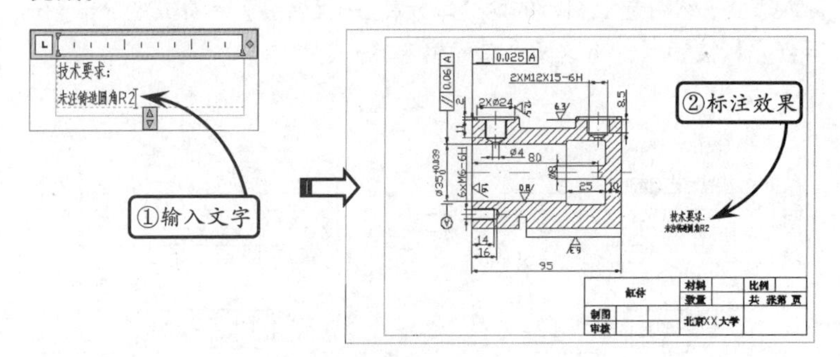

9.9 高手答疑

版本：AutoCAD 2013

问题 1：什么情况下使用单行文本进行注释？

解答： 单行文字适用于标注一些不需要多种字体样式的简短内容，如标签、规格说明等内容。利用【单行文字】工具不仅可以设定文本的对齐方式和文本的倾斜角度，而且还可以在不同的地方单击以定位文本的放置位置。

问题 2：如何使用单行文本进行注释？

解答： 利用【单行文字】工具创建的文字注释，其每一行就是一个文字对象。用户利用该工具不仅可以一次性地在任意位置添加所需的文本内容，而且可以单独地对每一行文字进行编辑修改。

在【注释】选项板中单击【单行文字】按钮A，并在绘图区中任意单击一点指定文字起点。然后设定文本的高度，并指定文字的旋转角度为 0°，即可在文本框中输入文字内容。完成文本的输入后，在空白区域单击，并按下 Esc 键，即可退出文字输入状态。

问题 3：如何使用多行文本进行注释？

解答： 输入多行文字时，用户可以随时选择不同字体和指定不同字高，并可以输入任何特殊字符，以及一些公差类文字。

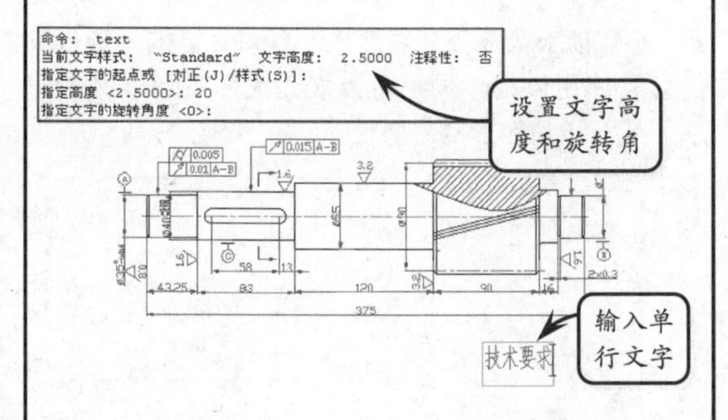

在 AutoCAD 中，要输入指定的多行文本，可以指定两个对角点确定矩形文本区域，并指定文字样式和字体类型，以及字体高度。然后输入相应的文本内容即可。

技术要求：
1. 铸件应作人工实效处理
2. 铸件无砂眼、气孔等缺陷
3. 零件未加工表面涂蓝色防锈漆
4. 未注倒角C3，圆角C3

输入多行文字

问题 4：如何添加表格及表格注释？

解答： 表格主要用来展示与图形相关的标准、数据信息、材料和装配信息等内容。

一般情况下，系统均以“从空表格开始”插入表格，分别设置好列数和列宽、行数和行宽后，单击【确定】按钮。然后在绘图区中指定相应的插入点，即可在当前位置插入一个表格。

接着在该表格的指定位置依次双击相应的单元格，使其处于激活状态，并输入要添加的文字，即可完成注释内容的添加。

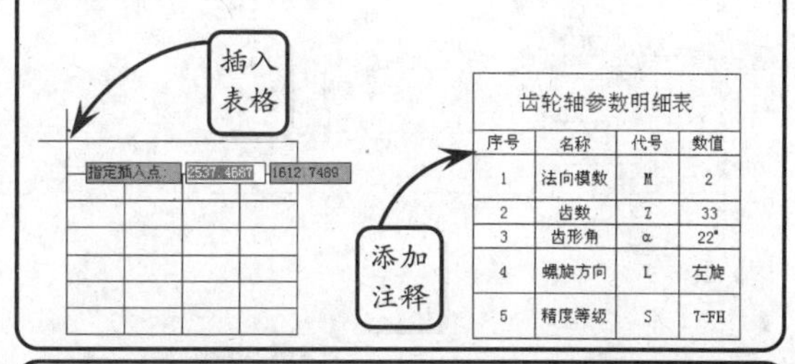

问题 5：如何在表格中合并相应的行或列？

解答： 在对所插入的表格进行编辑时，不仅可以对表格进行整体编辑，还可以对表格中的各单元进行单独地编辑。

其中，在【合并】选项板中单击【按列合并】按钮，可以将所选列的多个单元格合并为一个。

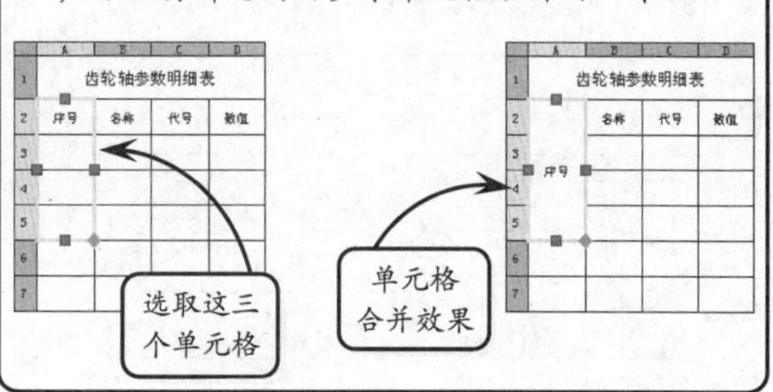

AutoCAD 9.10 高手训练营

版本：AutoCAD 2013

练习 1. 添加引线注释

在 AutoCAD 中，通常一些比较简短的文字项目，如标题栏信息、尺寸标注说明和引线注释等常采用单行文字。

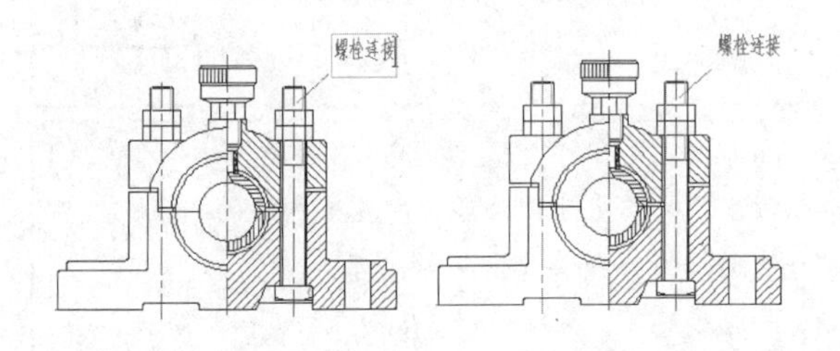

练习 2. 添加技术要求

在 AutoCAD 中，对带有段落格式的信息，如工艺流程和技术条件等，常使用多行文字。

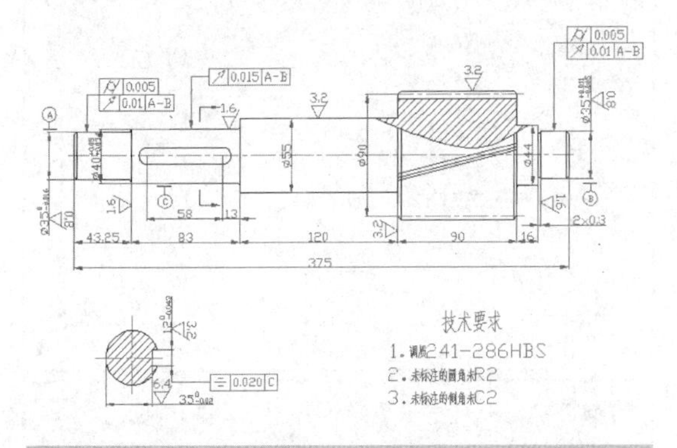

练习 3. 添加标题栏

利用【表格】工具创建标题栏，应首先创建一个空白表格，并进行相应的表格编辑。然后在该表格中输入指定的文字信息即可。且表格的宽度、高度和表格中的文字均可以进行修改。

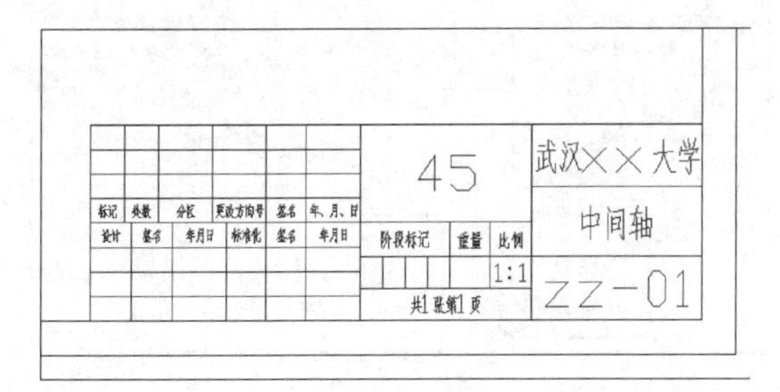

练习 4. 创建明细表

表格主要用来展示与图形相关的标准、数据信息、材料和装配信息等内容。根据制图标准的不同，对应表格表现的数据信息也不同的情况。

法向模数	m	2.5
齿数	z	33
齿形角	α	20°
齿顶高系数	h_{an}^{*}	1
螺旋角	β	13°55′50″
全齿高	h	5.625
径向变位系数	x	0
螺旋方向	左旋	
精度等级	7-FK	
齿轮副中心距及其极限偏差	$a\pm f_a$	255±0.0405
配对齿轮	齿数	165
公差组	检查项目代号	公差或极限偏差
I	f_p	0.063
II	$\pm f_{pt}$	±0.014
II	f_f	0.011
III	f_b	0.016

练习 5. 完善零件图的尺寸文本标注

零件图的尺寸标注能够表达图形中各个对象的真实大小和相互间的位置关系，而零件图的注释文字是零件图的重要辅助说明。在 AutoCAD 中，文本注释和表格是产品设计过程中的重要环节，能够直接反映装配零件之间的位置关系，以及其他重要的非图形信息。

完整的尺寸标注、技术要求和明细表等注释元素，不仅能够为施工或生产人员提供足够的图形尺寸信息和使用依据，而且可以表达图形不易表达的信息，从而增加图形的易懂性。

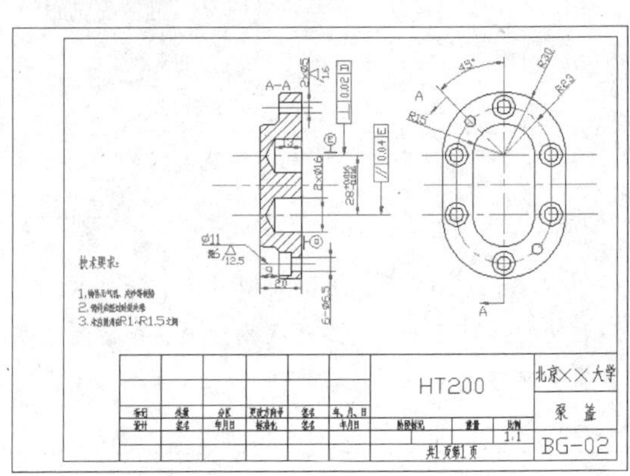

第 10 章

三维建模基础

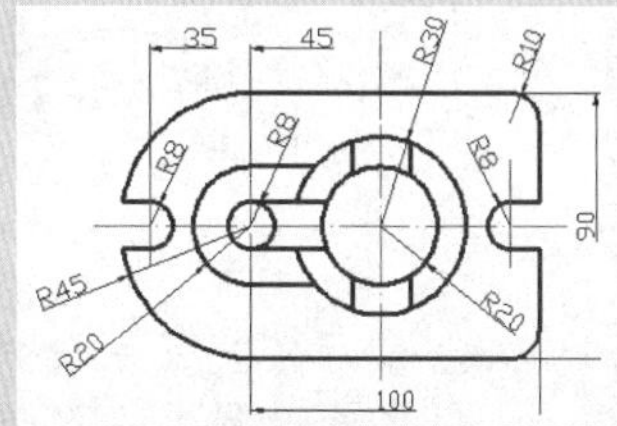

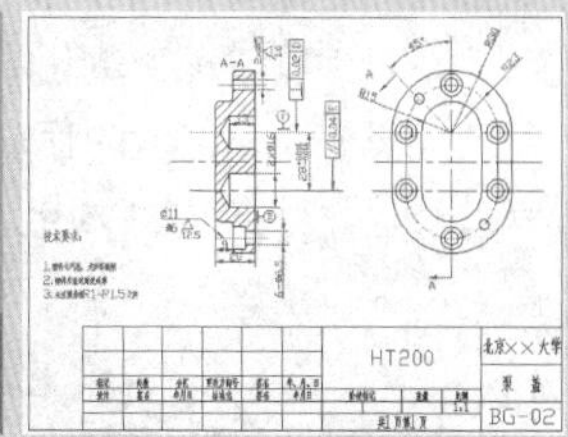

三维模型是对三维形体的空间描述，可以直观地表达产品的设计效果。在机械设计中，三维零件由于其立体性和各部分结构的复杂多样性，需要设置不同的视觉样式来显示模型，或从不同的方位来观察模型，进而详细了解零件的各部分结构。这就需要利用 AutoCAD 三维建模空间提供各种观察工具、坐标系定位工具，以及各种控制视觉样式的工具，全方位地辅助零件建模。

本章主要介绍 AutoCAD 三维绘图的基础知识、UCS 的设置方法，以及控制三维视图显示效果的方法，并详细介绍了各种观察三维视图的方法。

10.1 三维绘图基础

版本：AutoCAD2013

传统的二维绘图设计需要通过投影图来想象其立体形状，这样给实际的交流和生产带来了极大的不便。从平面到三维造型技术，是一个质的飞跃，可以使用户在模拟的三维空间随心所欲地直接创建立体模型，更加形象逼真地传达用户的设计意图。

1. 三维模型的分类

三维模型是二维投影图立体形状的间接表达。利用计算机绘制的三维图形称为三维几何模型，它比二维模型更加接近真实的对象。

要创建三维模型，首先必须进入三维建模空间。只需在 AutoCAD 顶部的【工作空间】下拉列表中选择【三维建模】选项，即可切换至三维建模空间。

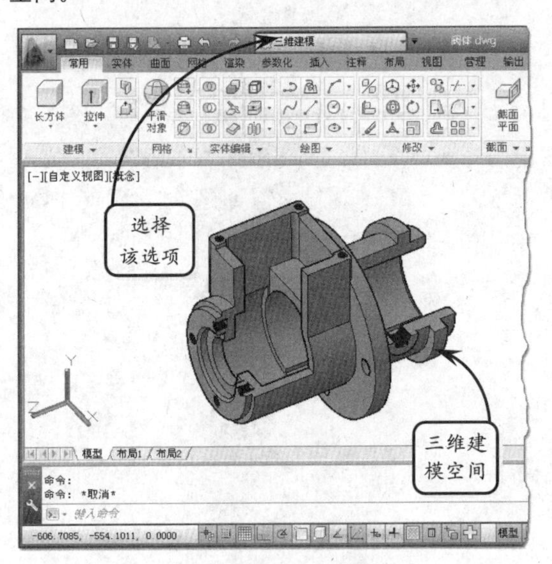

在 AutoCAD 中，用户可以创建线框模型、曲面模型和实体模型 3 种类型的三维模型，现分别介绍如下。

❑ 线框模型

线框模型没有面和体的特征，仅是三维对象的轮廓。由点、直线和曲线等对象组成，不能进行消隐和渲染等操作。

创建对象的三维线框模型，实际上是在空间的不同平面上绘制二维对象。由于构成该种模型的每个对象都必须单独绘制出来，因此这种建模方式比较耗时。

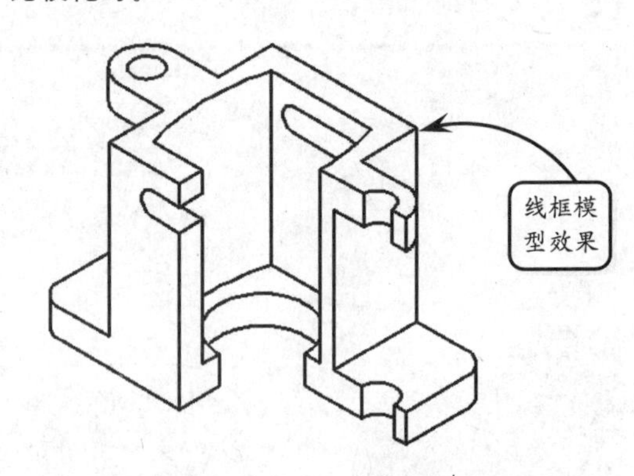

❑ 曲面模型

曲面模型既定义了三维对象的边界，又定义了其表面。AutoCAD 用多边形代表各个小的平面，而这些小平面组合在一起构成了曲面，即网格表面。网格表面只是真实曲面的近似表达。该类模型可以进行消隐和渲染等操作，但不具有体积和质心等特征。

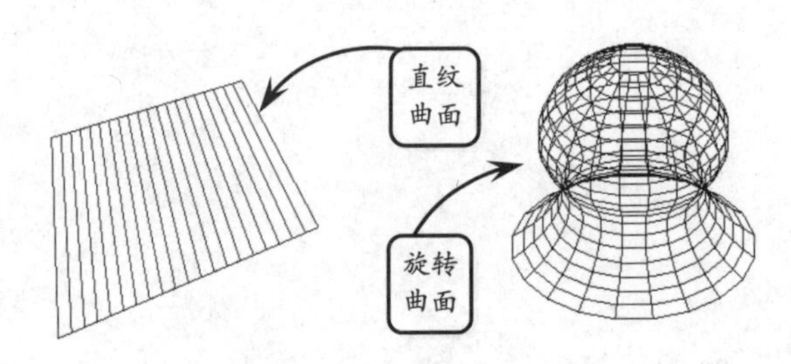

❑ 实体模型

三维实体具有线、面和体等特征，可以进行消隐和渲染等操作，并且包含体积、质心和转动惯量等质量特性。用户可以直接创建长方体、球体和锥体等基本实体，还可以通过旋转或拉伸二维对象创建三维实体。此外，三维实体间还可以进行布尔运算，以生成更为复杂的立体模型。

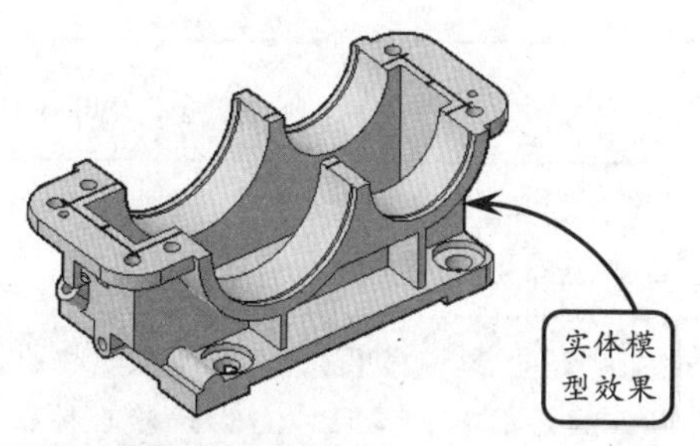

2．三维建模的专业术语

在三维操作环境中创建的实体模型往往是在平面上进行的，所不同的是可以在任意方向和位置对应的平面创建三维对象，因此必须在平面的基础上深刻了解并认识立体对象。

在绘制三维图形时，首先需要了解几个非常重要的基本概念，如视点、高度、厚度和Z轴等。下面将对这些基本概念进行详细介绍。

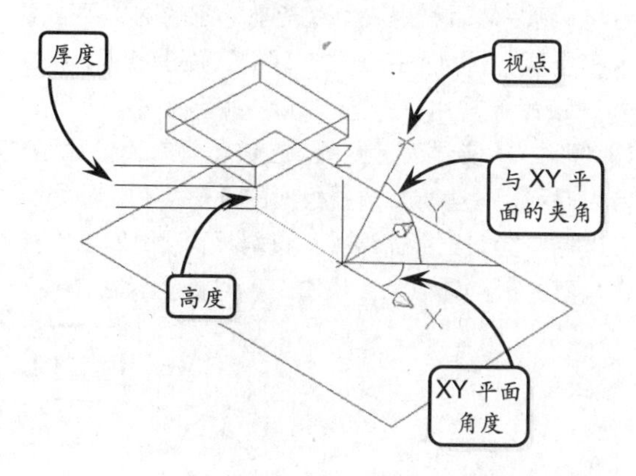

- **视点**　视点是指用户观察图形的方向。例如当我们观察场景中的一个实体曲面时，如果当前位于平面坐标系，即Z轴垂直于屏幕，则此时仅能看到实体在XY平面上的投影；如果调整视点至【西南等轴测】方向，系统将显示其立体效果。

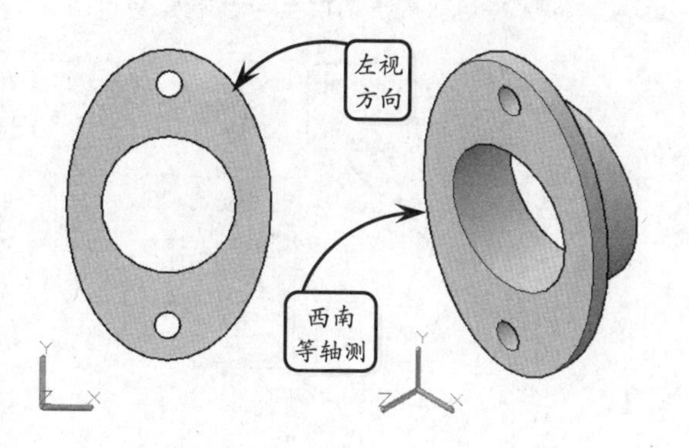

- **Y平面**　它是一个平滑的二维面，仅包含X轴和Y轴，即Z坐标为0。
- **Z轴**　Z轴是三维坐标系中的第三轴，它总是垂直于XY平面。
- **平面视图**　当视线与Z轴平行时，用户看到的XY平面上的视图即为平面视图。
- **高度**　主要是Z轴上的坐标值。
- **厚度**　指对象沿Z轴测得的相对长度。
- **相机位置**　如果用照相机比喻，观察者通过照相机观察三维模型，照相机的位置相当于视点。
- **目标点**　用户通过照相机看某物体，聚集到一个清晰点上，该点就是目标点。在AutoCAD中，坐标系原点即为目标点。
- **视线**　是假想的线，它是将视点与目标点连接起来的线。
- **与XY平面的夹角**　即视线与其在XY平面的投影线之间的夹角。
- **XY平面角度**　即视线在XY平面的投影线与X轴正方向之间的夹角。

3．平行投影与透视投影

AutoCAD图形窗口中的投影模式包括平行投影模式和透视投影模式。前者投影线相互平行；后者投影线相交于投射中心。前者能反映出物体主要部分的真实大小和比例关系；后者透视模式与眼睛观察物体的方式类似。此时物体显示的特点是近大远小，视图具有较强的深度感和距离感。当观察点与目标距离较近时，该投影模式效果较明显。

右键单击屏幕右上角的【ViewCube】图标，在打开的快捷菜单中选择【平行】或【透视】投影，即可切换至相应的模式。

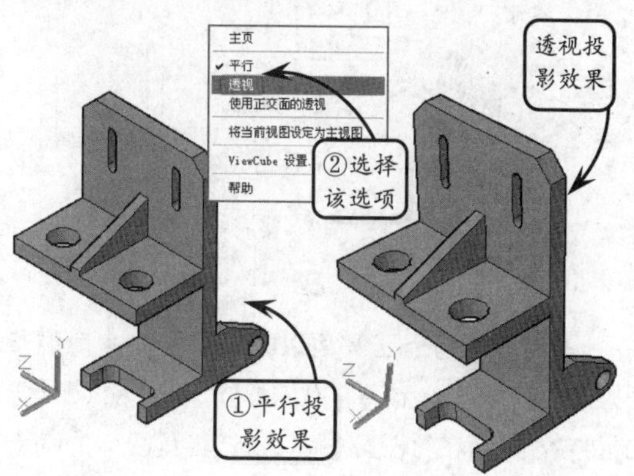

10.2 定位三维视图

版本：AutoCAD2013

创建三维模型时，常常需要从不同的方向观察模型。当用户设定某个查看方向后，AutoCAD 将显示出对应的 3D 视图，具有立体感的 3D 视图将有助于正确理解模型的空间结构。

1. 设置正交和等轴测视图

在三维操作环境中，可以通过指定正交和轴测视点观测当前模型。其中正交视图是从坐标系统的正交方向观测所得到的视图；而轴测视图是从坐标系统的轴测方向观测所获得的视图。

❑ 利用选项板工具设置视图

在【三维建模】空间中展开【常用】选项卡，并在【视图】选项板中选择【三维导航】选项。然后在打开的下拉列表中选择指定的选项，即可切换至相应的视图模式。

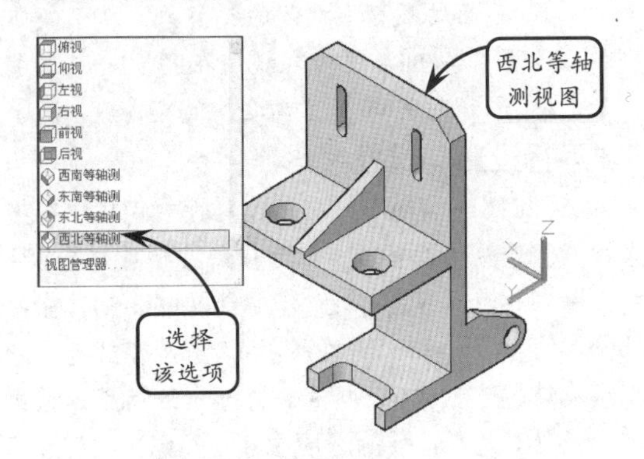

❑ 利用三维导航器设置视图

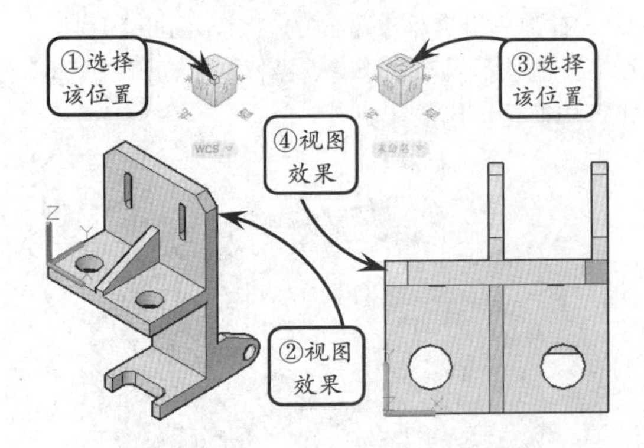

利用三维导航工具可以根据需要快速地调整视图的显示方式。该导航工具以非常直观的 3D 导航立方体显示在绘图区中。单击该工具图标的各个位置，系统即可显示不同视点的视图效果。

> **提示**
>
> 使用三维导航器工具可以自由切换6种正交视图、8 种正等轴测视图和 8 种斜等轴测视图。

2. 设置平面视图

利用 PLAN 命令可以创建坐标系的 XY 平面视图，即视点位于坐标系的 Z 轴上。该命令在三维建模过程中非常有用。当用户需要在三维空间中的某个面上绘图时，可以先以该平面为 XY 坐标面创建坐标系，然后利用该命令使坐标系的 XY 平面显示在屏幕上，即可在三维空间的该面上绘图。

该命令常用在一些与标准视点视图不平行的（即倾斜的）实体面上绘图。在该类倾斜面上作图，首先需利用【坐标】选项板上的【三点】工具将当前坐标系的 XY 平面调整至该斜平面。例如依次指定端面的三个端点 A、B 和 C，调整坐标系。

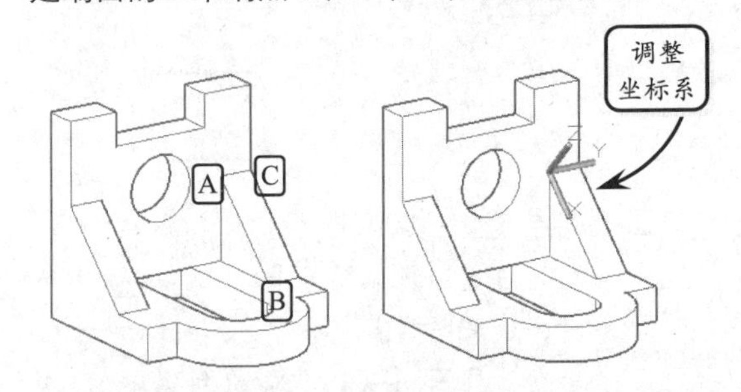

然后在命令行中输入指令 PLAN，并按下回车键。接着在打开的快捷菜单中选择【当前 UCS】选项，即可将当前视图切换至与该端面平行。

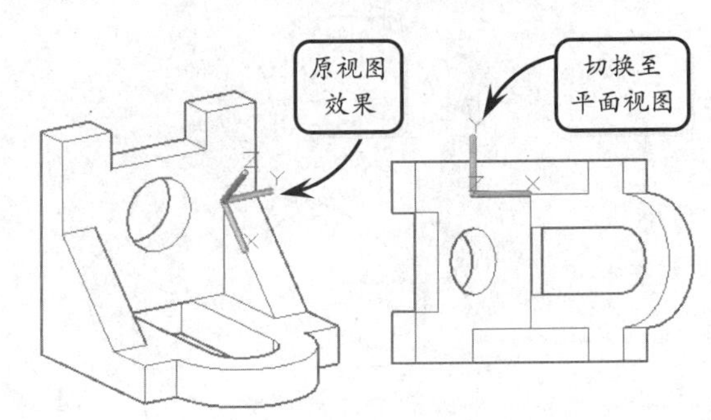

AutoCAD 10.3 动态观察与漫游

版本：AutoCAD2013

在创建和编辑三维图形的过程中，AutoCAD 提供了一个交互的三维动态观察器，可以对模型进行平移、缩放以及旋转等操作，以便对图形的不同位置以及局部细节进行观察。此外还可以利用漫游和飞行工具动态地观察视图。

1．动态观察类型

利用 AutoCAD 的动态观察功能可以交互式且直观地显示三维模型，从而方便地检查所创建的实体模型是否符合要求。在 AutoCAD 中，动态观察模型的方式包括以下 3 种。

❑ 动态观察

利用该工具可以对视图中的图形进行一定约束地动态观察，即可以水平、垂直或对角拖动对象进行动态观察。在观察视图时，视图的目标位置保持不动，而相机位置（观察点）围绕该目标移动。默认观察点会约束为沿着世界坐标系的 XY 平面或 Z 轴移动。

在【视图】选项卡的【导航】选项板中单击【动态观察】按钮，系统将激活交互式的动态视图。用户可以通过单击并拖动鼠标来改变观察方向，从而非常方便地获得不同方向的 3D 视图。

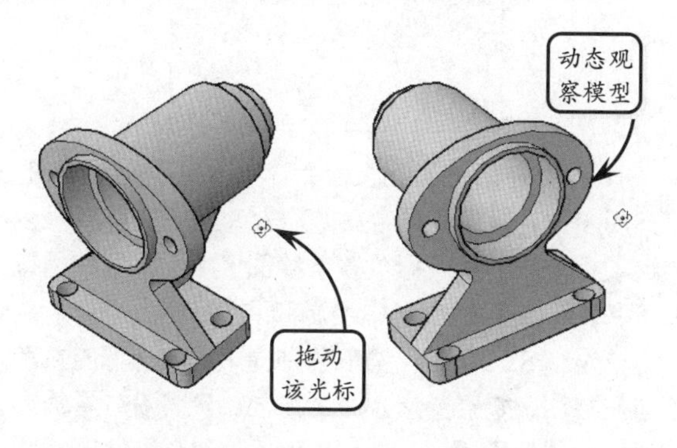

❑ 自由动态观察

利用自由动态观察工具，可以使观察点绕视图的任意轴进行任意角度的旋转，从而对图形进行任意角度的观察。

在【导航】选项板中单击【自由动态观察】按钮，围绕待观察的对象将形成一个辅助圆，且该圆被 4 个小圆分成 4 等份。该辅助圆的圆心是观察目标点，当用户按住鼠标拖动时，待观察的对象静止不动，而视点绕着 3D 对象旋转，显示的效果便是视图在不断地转动。

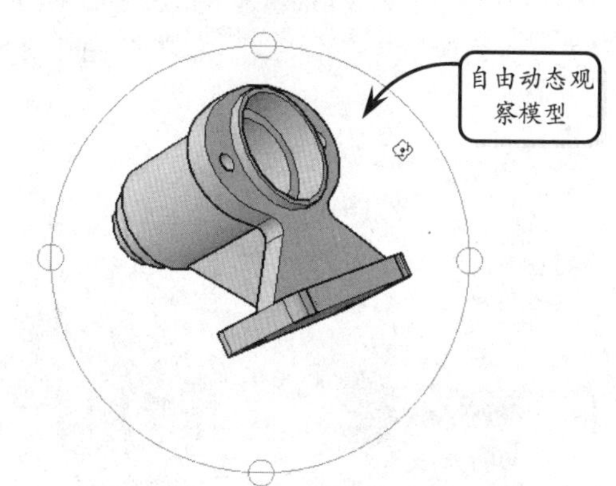

其中，当光标置于左右侧的小球上时，拖动鼠标模型将沿中心的垂直轴进行旋转；当光标置于上下方的小球上时，拖动鼠标模型将沿中心的水平轴进行旋转；当光标在圆形轨道外拖动时，模型将绕着一条穿过中心，且与屏幕正交的轴线进行旋转；当光标在圆形轨道内拖动时，可以在水平、垂直以及对角线等任意方向上旋转任意角度，即可以对对象做全方位地动态观察。

❑ 连续动态观察

利用该工具可以使观察对象绕指定的旋转轴和旋转速度做连续的旋转运动，从而对其进行连续动态地观察。

在【导航】选项板中单击【连续动态观察】按钮，按住左键拖动启动连续运动，释放后模型将沿着拖动的方向继续旋转，旋转的速度取决于拖动模型时的速度。当再次单击或按下 Esc 键时即可停止转动。

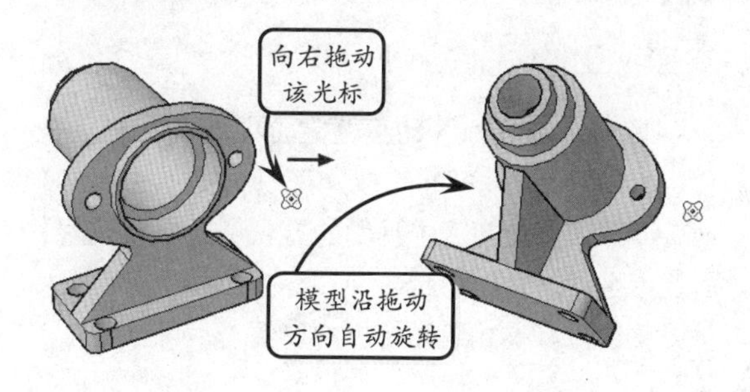

2. 漫游和飞行

在观察三维模型时，利用【漫游】和【飞行】工具可以动态地改变观察点相对于观察对象之间的视距和回转角度，从而能够以任意距离、观察角度对模型进行观察。

由于漫游和飞行功能只有在透视图中才可以使用，所以在使用该功能前，需单击屏幕右上角三维导航立方体的小房子按钮，切换视图至透视效果。

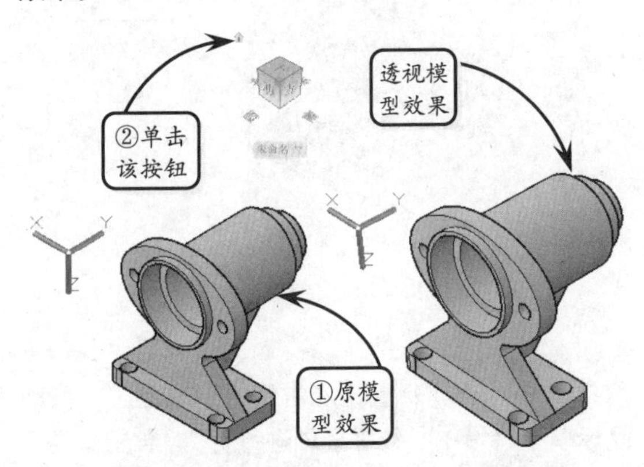

然后利用【工具栏】工具调出【三维导航】工具栏。接着在该工具栏中单击【漫游】按钮或【飞行】按钮，即可利用打开的【定位器】选项板设置位置指示器和目标指示器的具体位置，以调整观察窗口中视图的观察方位。

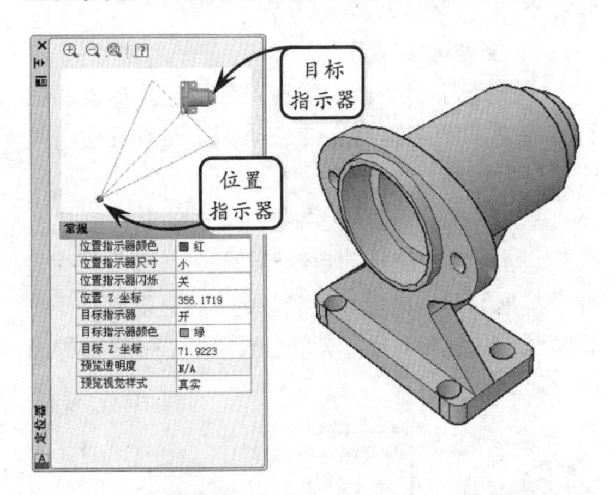

此时，将鼠标移动至【定位器】选项板中的位置指示器上，光标将变成形状，按住左键并拖动，即可调整绘图区中视图的方位；而在【常规】面板中可以对位置指示器和目标指示器的颜色、大小以及位置等参数进行相应的设置。

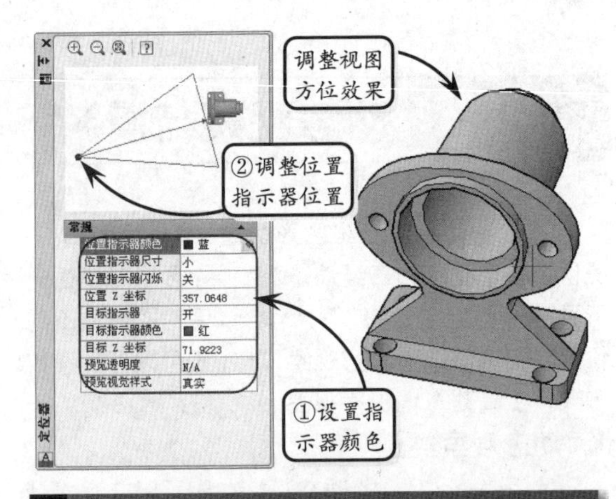

提示

在【常用】选项卡的【视图】选项板中通过设置焦距大小可以改变观察位置和目标位置之间的距离，从而改变漫游和飞行时视野的大小。

另外，在【三维导航】工具栏中单击【漫游和飞行设置】按钮，即可在打开的【漫游和飞行设置】对话框中对漫游或飞行的步长以及每秒步数等参数进行设置。

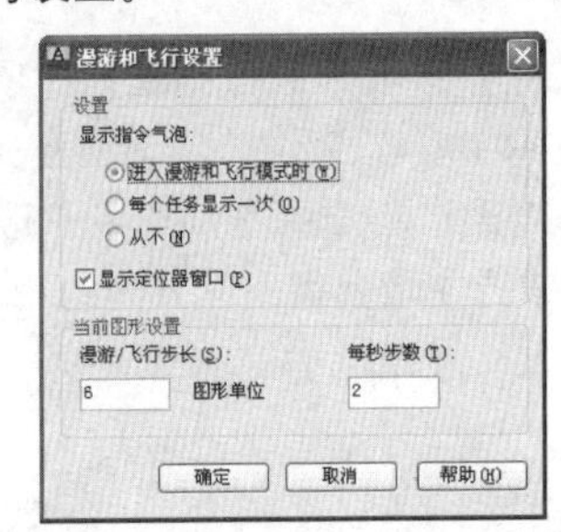

设置好相关的参数值后，单击【确定】按钮。然后单击【漫游】或【飞行】按钮，打开【定位器】选项板。此时将鼠标放置于绘图区中，即可使用键盘和鼠标交互在图形中漫游和飞行：使用 4 个箭头键或 W、S、A 和 D 键来分别向下、向上、向右和向左移动；如果要指定查看方向，只需沿查看的方向拖动鼠标即可。

提示

此外，为创建和编辑三维图形中各部分的结构特征，需要不断调整模型的显示方式和视图位置。用户还可以通过控制三维视图的显示来实现视角、视觉样式和三维模型显示平滑度的改变。

AutoCAD 10.4 设置视觉样式

版本：AutoCAD2013

零件的不同视觉样式呈现出不同的视觉效果。例如要形象地展示模型效果，可以切换为概念样式；如果要表达模型的内部结构，可以切换为线框样式。在 AutoCAD 中，视觉样式用来控制视口中模型边和着色的显示，用户可以在视觉样式管理器中创建和更改视觉样式的设置。

1．视觉样式的切换

在 AutoCAD 中为了观察三维模型的最佳效果，往往需要不断地切换视觉样式。通过切换视觉样式，不仅可以方便地观察模型效果，而且一定程度上还可以辅助创建模型。例如在绘制构造线时，可以切换至【三维线框】或【二维线框】样式，以选取模型内部的特殊点。

视觉样式用来控制视口中模型边和着色的显示，用户可以在视觉样式管理器中创建和更改不同的视觉样式。

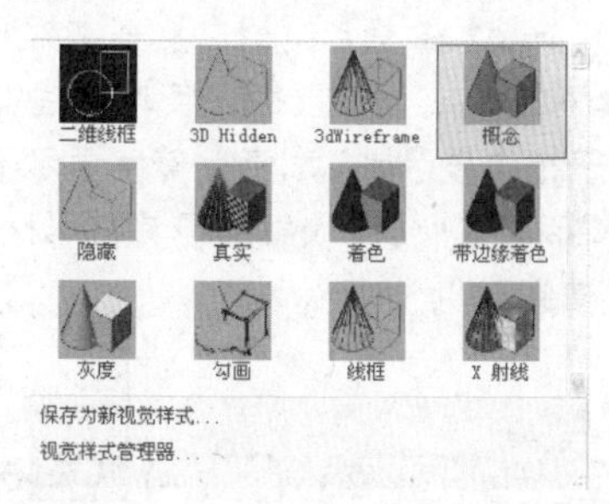

【视觉样式】列表框中各主要类型的含义如下所述。

- ❑ **二维线框** 该样式用直线或曲线来显示对象的边界。其中光栅、OLE 对象、线型和线宽均可见，且线与线之间是重复地叠加。
- ❑ **三维线框** 该样式用直线或曲线作为边界来显示对象，且显示一个已着色的三维 UCS 图标，但光栅、OLE 对象、线型和线宽均不可见。
- ❑ **三维隐藏** 该样式用三维线框来表示对象，并消隐表示后面的线。
- ❑ **真实** 该样式表示着色时使对象边平滑化，并显示已附着到对象的材质。
- ❑ **概念** 该样式表示着色时使对象的边平滑化，适用冷色和暖色进行过渡。着色的效果缺乏真实感，但可以方便地查看模型的细节。
- ❑ **着色** 该样式表示模型仅仅以着色显示，并显示已附着到对象的材质。这六种主要视觉样式的对比效果如下图所示。

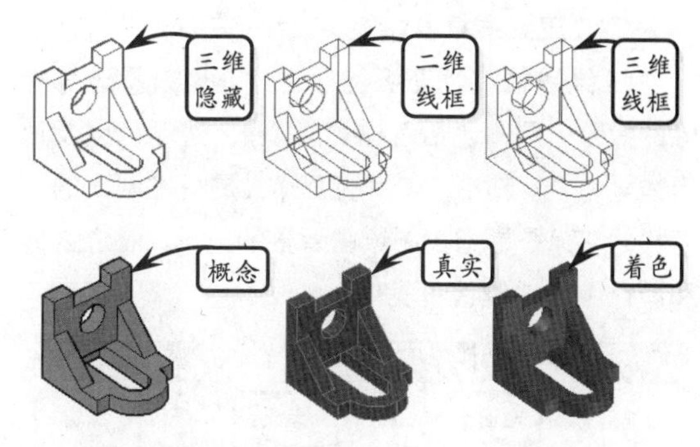

2．视觉样式管理器

在实际建模过程中，可以通过【视觉样式管理器】选项板来控制线型颜色、样式面、背景显示、材质和纹理，以及模型显示的精度等特性。

在【视觉样式】下拉列表中选择【视觉样式管理器】选项，然后在打开的选项板中选择不同的视觉样式，即可切换至对应的特性面板。各主要样式特性面板的参数选项含义如下所述。

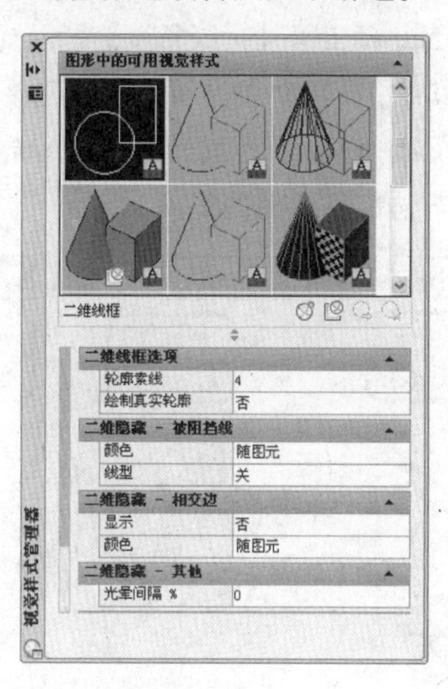

❑【二维线框】特性

二维线框的特性面板主要用于控制轮廓素线的显示、线型颜色、光晕间隔百分比以及线条的显示精度。其设置直接影响线框的显示效果。

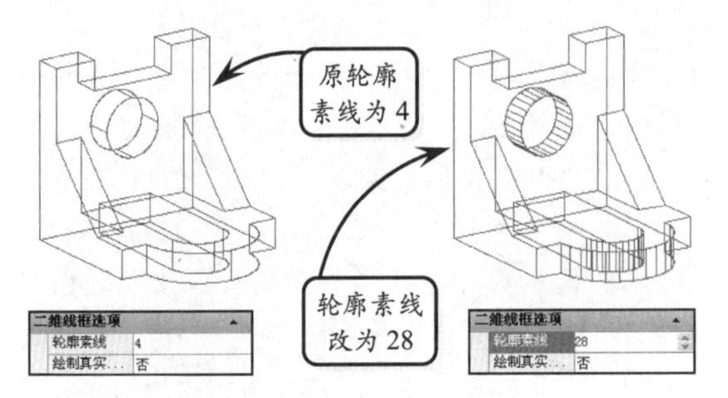

❑【三维线框】特性

三维线框特性面板包括面、环境以及边等特性的设置，具体包括面样式、背景、边颜色以及边素线等特性。其中，常用的面样式是指控制面的着色模式，背景是指控制绘图背景的显示，而边素线和颜色则与二维线框类似。

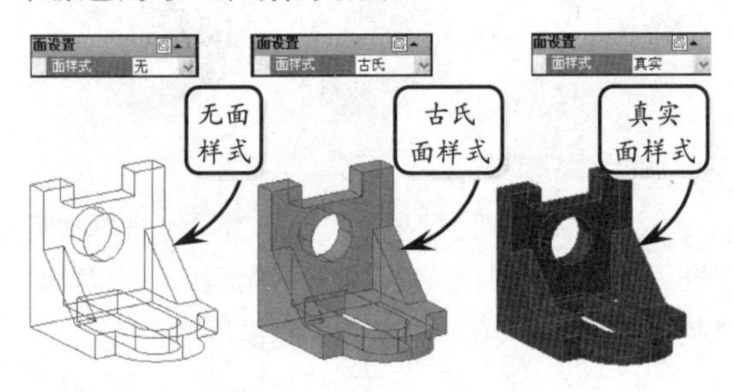

❑【三维隐藏】特性

三维隐藏的特性面板与三维线框基本相同，区别在于三维隐藏是将边线镶嵌于面，以显示出面的效果，因此多出了【折缝角度】和【光晕间隔】等特性。其中，折缝角度主要用于创建更光滑的镶嵌表面，折缝角越大，表面越光滑；而光晕间隔则是镶嵌面与边交替隐藏的间隔。

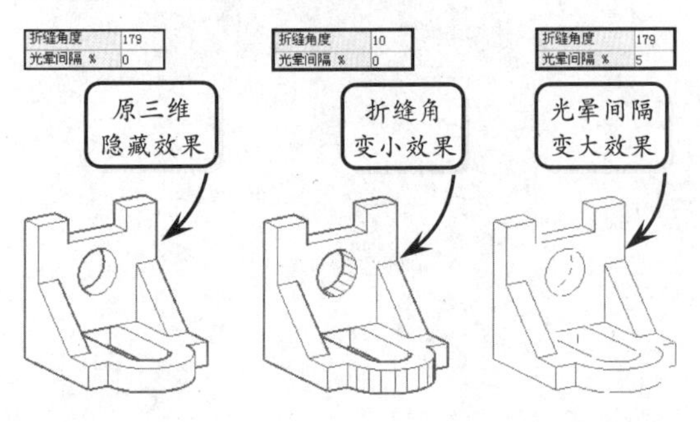

❑【概念】特性

【概念】特性面板同【三维隐藏】基本相同，区别在于【概念】视觉样式是通过着色显示面的效果，而【三维隐藏】则是【无】面样式显示。此外，它可以通过亮显强度、不透明度以及材质和颜色等特性对比显示较强的模型效果。

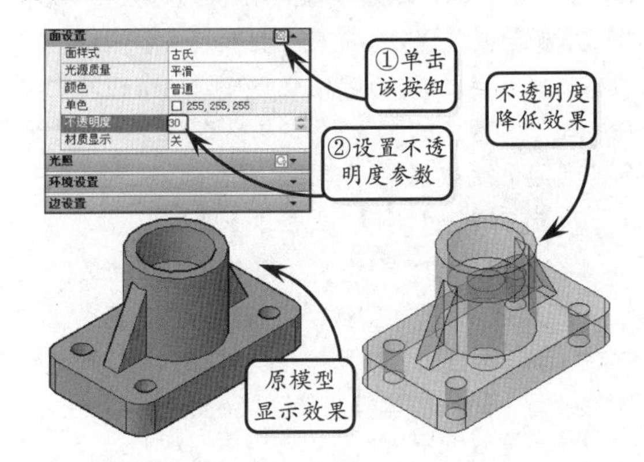

如下图所示在【面设置】面板中单击【不透明度】按钮，即可在下方激活的文本框中设置不透明参数，以调整模型的显示效果。

❑【真实】特性

【真实】特性面板与【概念】基本相同，它真实显示模型的构成，并且每一条轮廓线都清晰可见。相对于概念显示来说，真实着色显示不存在折痕角、光晕间隔等特性。如果赋予其特殊材质特性，材质效果清晰可见。

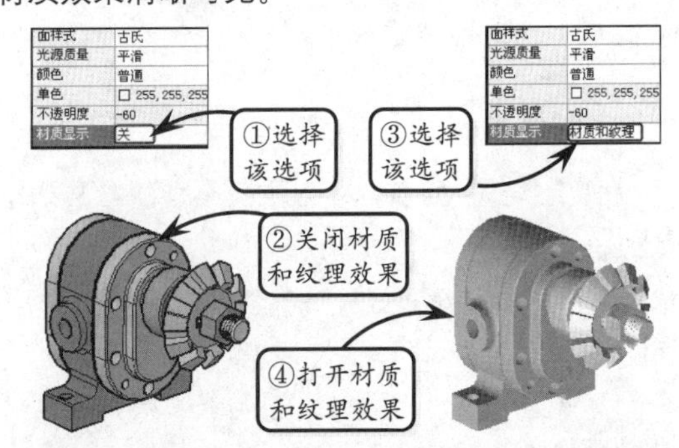

提示

在【三维线框】特性面板中，【真实】样式表现出物体面非常接近于面在现实中的表现方式；【古氏】样式使用冷色和暖色，而不是暗色和亮色增强面的显示效果。这些面可以附加阴影，并且很难在真实显示中看到。

10.5 控制三维视图显示

版本：AutoCAD2013

为创建和编辑三维图形中各部分的结构特征，需要不断调整模型的显示方式和视图位置。其中，控制三维视图的显示可以实现视角、视觉样式和三维模型显示平滑度的改变。这样不仅可以改变模型的真实投影效果，更有利于精确设计产品模型。

1．改变模型曲面轮廓素线

与实体显示效果有关的变量主要有 ISOLINES、FACETRES 和 DISPSILH 三个系统变量。通过这三个变量可以分别控制线框模式下的网格线数量或消隐模式下的表面网格密度，以及网格线的显示或隐藏状态。

❑ 通过 ISOLINES 控制网格线数量

三维实体的面都是由多条线构成，线条的多少决定了实体面的粗糙程度。用户可以利用ISOLINES指令设置对象上每个曲面的轮廓线数目，该值的范围是 0～2047。其中轮廓素线的数目越多，显示的效果也越细腻，但是渲染时间相对较长。

要改变模型的轮廓素线值，可以在绘图区的空白处单击鼠标右键，在打开的快捷菜单中选择【选项】选项。然后在打开的对话框中切换至【显示】选项卡，在【每个曲面的轮廓素线】文本框中输入数值，并单击【确定】按钮。接着在命令行中输入 REGEN 指令，更新图形显示，即可显示更改后的效果。

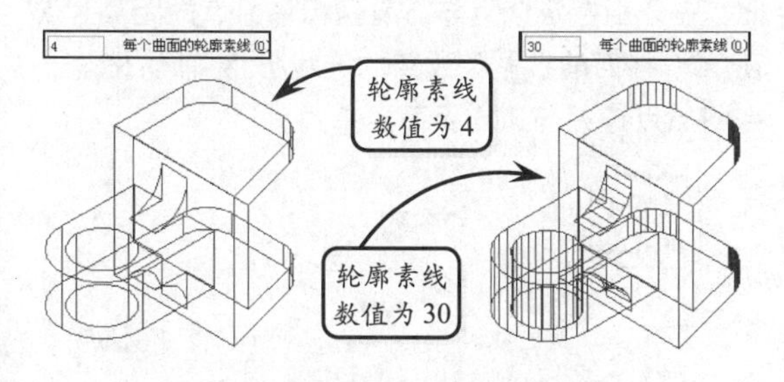

❑ 通过 FACETRES 控制网格密度

通过系统变量 FACETRES，可以设置实体消隐或渲染后表面的网格密度。该变量值的范围为 0.01～10，值越大表明网格越密，消隐或渲染后的表面越光滑。

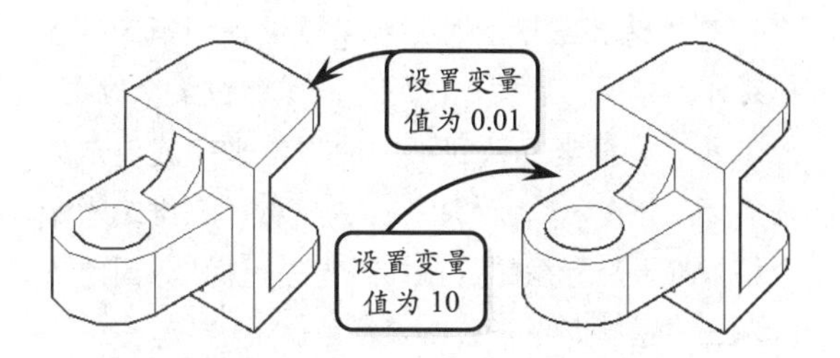

❑ 通过 DISPSILH 控制实体轮廓线的显示

系统变量 DISPSILH 用于确定是否显示实体的轮廓线，有效值为 0 和 1。其中默认值为 0，当设置为 1 时，显示实体轮廓线，否则不显示。

该变量对实体的线框视图和消隐视图均起作用，并且更改该系统变量后，还需要在命令行中输入 REGEN 指令，更新图形显示，才会显示更改后的效果。

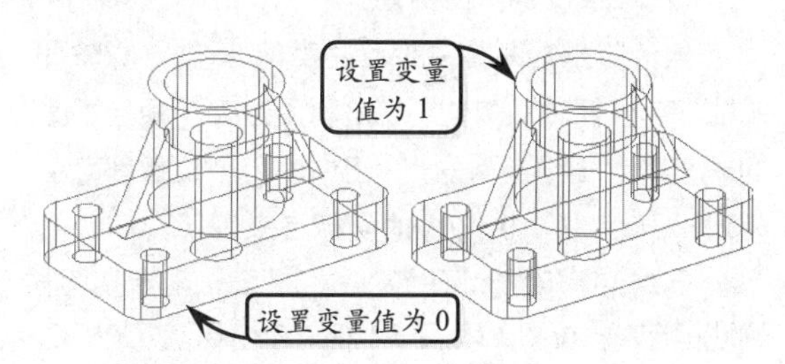

2．改变模型表面的平滑度

通过改变实体表面的平滑度来控制圆、圆弧和椭圆的显示精度。平滑度越高，显示将越平滑，但是系统也需要更长的时间来运行重生成、平移或缩放对象的操作。

AutoCAD 的平滑度默认值为 1000，切换至【选项】对话框的【显示】选项卡，即可在【圆弧和圆的平滑度】文本框中对该值进行重新设置，该值的有效范围为 1～20000。

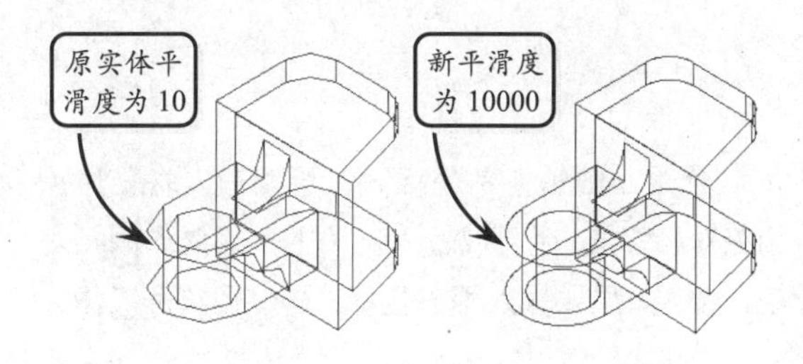

AutoCAD 10.6 三维坐标系基础知识

版本：AutoCAD2013

在构造三维模型时，经常需要使用指定的坐标系作为参照，以便精确地绘制或定位某个对象，或者通过调整坐标系到不同的方位来完成特定的任务。此外在 AutoCAD 中，大多数的三维编辑命令都依赖于坐标系的位置和方向进行操作，因此可以说三维建模离不开三维坐标系。

1．三维坐标系类型

在三维环境中，与 X-Y 平面坐标系统相比，三维世界坐标系统多了一个数轴 Z。增加的数轴 Z 给坐标系统多规定了一个自由度，并和原来的两个自由度（X 和 Y）一起构成了三维坐标系统，简称三维坐标系。在 AutoCAD 中，系统提供了以下 3 种三维坐标系类型。

❑ 三维笛卡尔坐标系

笛卡尔坐标系是由相互垂直的 X 轴、Y 轴和 Z 轴三个坐标轴组成的。它是利用这三个相互垂直的轴来确定三维空间的点，图中的每个位置都可由相对于原点（0，0，0）的坐标点来表示。

三维笛卡尔坐标使用 X、Y 和 Z 三个坐标值来精确地指定对象位置。输入三维笛卡尔坐标值（X、Y、Z）类似于输入二维坐标值（X、Y），除了指定 X 和 Y 值外，还需要指定 Z 值。如下图所示的坐标值（3，2，5）就是指一个沿 X 轴正方向 3 个单位，沿 Y 轴正方向 2 个单位，沿 Z 轴正方向 5 个单位的点。

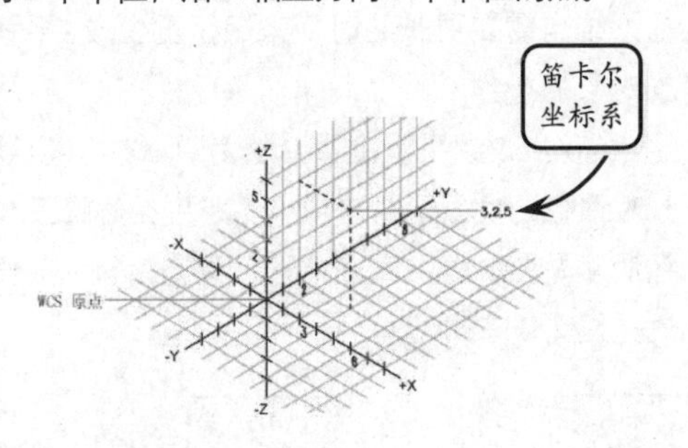

使用三维笛卡尔坐标时，可以输入基于原点的绝对坐标值，也可以输入基于上一输入点的相对坐标值。如果要输入相对坐标，需使用符号@作为前缀，如输入（@1，0，0）表示在 X 轴正方向上距离上一点一个单位的点。

❑ 圆柱坐标系

圆柱坐标与二维极坐标类似，但增加了从所要确定的点到 XY 平面的距离值。三维点的圆柱坐标，可以分别通过该点与 UCS 原点连线在 XY 平面上的投影长度、该投影与 X 轴正方向的夹角，以及该点垂直于 XY 平面的 Z 值来确定。

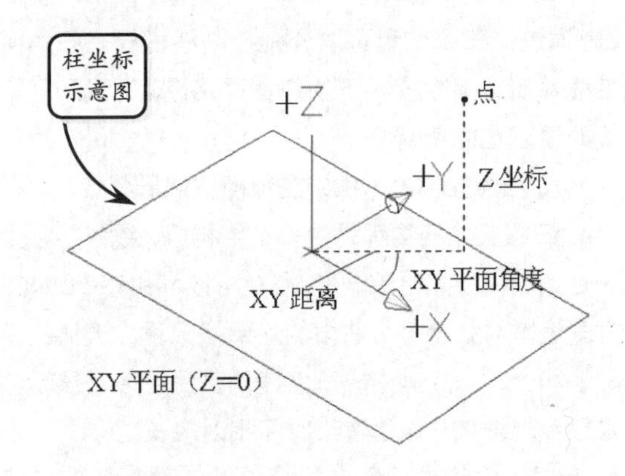

例如一点的柱坐标为（20，45，15）表示该点与原点的连线在 XY 平面上的投影长度为 20 个单位，该投影与 X 轴的夹角为 45°，在 Z 轴上投影点的 Z 值为 15。

❑ 球面坐标系

球面坐标也类似于二维极坐标。在确定某点时，应分别指定该点与当前坐标系原点的距离、点在 XY 平面的投影和原点的连线与 X 轴的夹角、点到原点连线与 XY 平面的夹角。

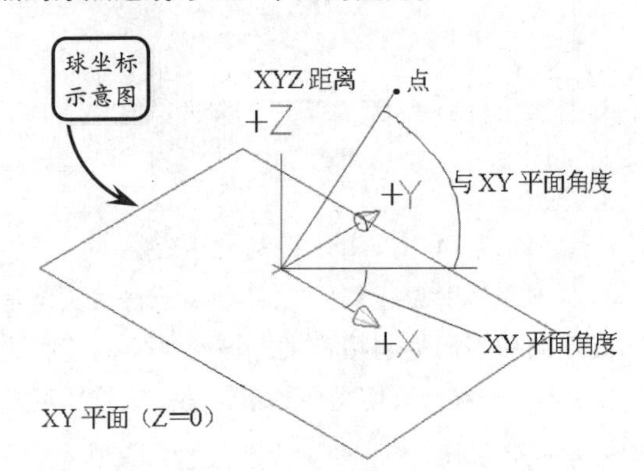

例如坐标（18<60<30）表示一点与当前 UCS 原点的距离为 18 个单位，在 XY 平面的投影与 X 轴的夹角为 60°，并且该点与 XY 平面的夹角为 30°。

提示

三维空间内的所有几何物体，无论其形状多么复杂，归根结底，都是许多空间点的集合。有了三维空间的坐标系统，三维造型就成为可能。因此三维坐标系统是确定三维对象位置的基本手段，是研究三维空间的基础。

2. 三维坐标系形式

在 AutoCAD 中，所有图形均使用一个固定的三维笛卡尔坐标系，称作世界坐标系 WCS，图中每一点均可用世界坐标系的一组特定（X，Y，Z）坐标值来表示。

此外，用户也可以在三维空间的任意位置定义任一个坐标系，这些坐标系称作用户坐标系 UCS。且所定义的 UCS 位于 WCS 的某一位置和某一方向。

❑ **世界坐标系**

AutoCAD 为用户提供了一个绝对的坐标系，即世界坐标系（WCS）。且通常利用 AutoCAD 构造新图形时，系统将自动使用 WCS。虽然 WCS 不可更改，但可以从任意角度、任意方向来观察或旋转。

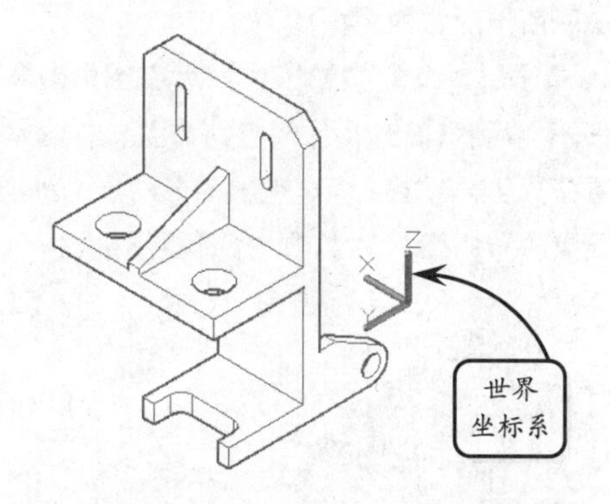

世界坐标系又称为绝对坐标系或固定坐标系，其原点和各坐标轴方向均固定不变。对于二维绘图来说，世界坐标系已足以满足要求，但在固定不变的世界坐标系中创建三维模型，则不太方便。

此外，世界坐标系的图标在不同视觉样式下呈现不同的效果，其中在线框模式下世界坐标系原点处有一个位于 XY 平面上的小正方形。

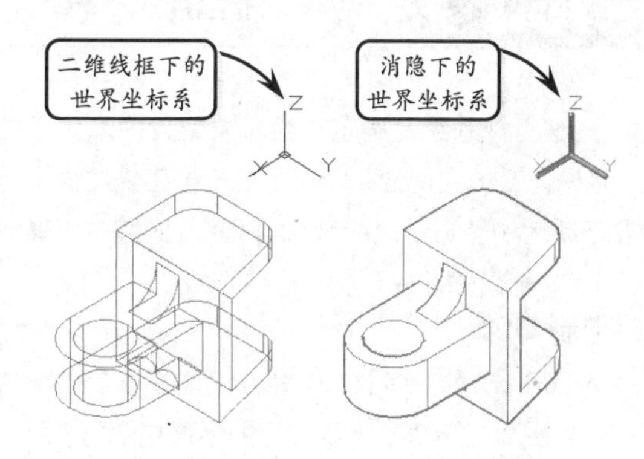

❑ **用户坐标系**

相对于世界坐标系，用户可以根据需要创建无限多的坐标系，这些坐标系称为用户坐标系 UCS。为了有助于绘制三维图元，可以创建任意数目的用户坐标系，并可存储或重定义它们。正确运用 UCS 可以简化建模过程。

创建三维模型时，用户的二维操作平面可能是空间中的任何一个面。由于 AutoCAD 的大部分绘图操作都是在当前坐标系的 XY 平面内或与 XY 平面平行的平面中进行的，而用户坐标系的作用就是让用户设定坐标系的位置和方向，从而改变工作平面，便于坐标输入。

例如创建相应的用户坐标系，使用户坐标系的 XY 平面与实体前表面平行，便可以在前表面上创建圆柱体。

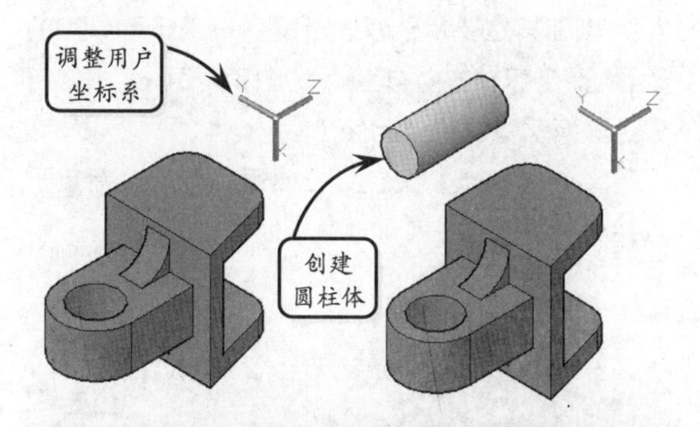

提示

WCS 和 UCS 常常是重合的，即它们的轴和原点完全重叠在一起。无论如何重新定向 UCS，都可以通过使用 UCS 命令的“世界”选项使其与 WCS 重合。

AutoCAD

10.7 定制和控制 UCS

版本：AutoCAD2013

三维坐标系统是确定三维对象位置的基本手段，是研究三维空间的基础，而在三维建模过程中需要不断地调整当前坐标系，此时就可以通过正确运用 UCS 来简化建模过程。

1. 定制 UCS

AutoCAD 的大多数 2D 命令只能在当前坐标系的 XY 平面或与 XY 平面平行的平面中执行，因此如果用户要在空间的某一平面内使用 2D 命令，则应沿该平面位置创建新的 UCS。

在【常用】选项卡的【坐标】选项板中，系统提供了创建 UCS 的多种工具。各主要工具按钮的使用方法现分别介绍如下。

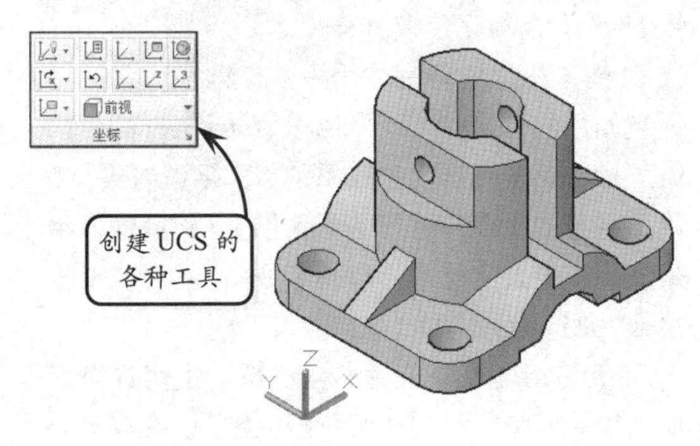

❑ 原点

该工具主要用于修改当前用户坐标系原点的位置，而坐标轴方向与上一个坐标系相同，由它定义的坐标系将以新坐标存在。

单击【原点】按钮，然后在模型上指定一点作为新的原点，即可创建新的 UCS。

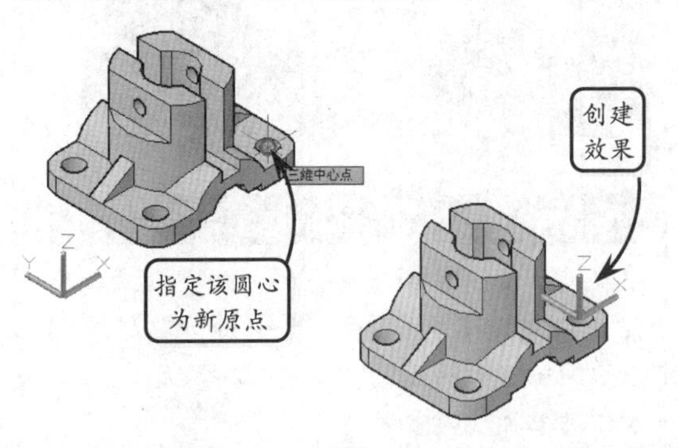

❑ 面

该工具是通过选取指定的平面设置用户坐标系，即将新用户坐标系的 XY 平面与实体对象的选定面重合，以便在各个面上或与这些面平行的平面上绘制图形对象。

单击【面】按钮，然后在一个面的边界内或该面的某个边上单击，以选取该面（被选中的面将会亮显）。此时在打开的快捷菜单中选择【接受】选项，坐标系的 XY 平面将与选定的平面重合，且 X 轴将与所选面上的最近边重合。

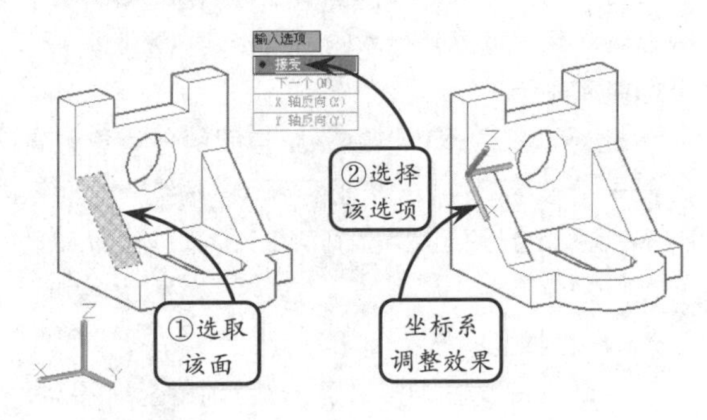

❑ 对象

该工具可以通过快速选择一个对象来定义一个新的坐标系，新定义的坐标系对应坐标轴的方向取决于所选对象的类型。

单击【对象】按钮，然后在图形对象上选取任一点后，UCS 将作相应的调整，并移动到该位置处。且当选择不同类型的图形对象，新坐标系的原点位置以及 X 轴的方向会有所不同。

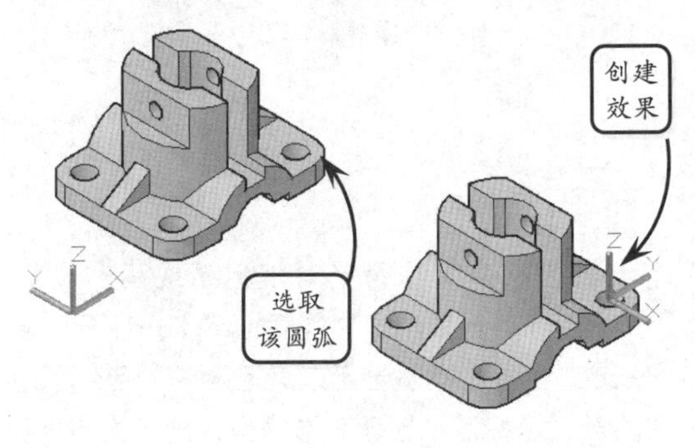

下表即列出了所选对象与新坐标系之间的关系。

对象类型	新建 UCS 方式
直线	距离选取点最近的一个端点成为新UCS的原点，X轴沿直线的方向，并使该直线位于新坐标系的XY平面
圆	圆的圆心成为新UCS的原点，X轴通过选取点
圆弧	圆弧的圆心成为新UCS的原点，X轴通过距离选取点最近的圆弧端点
二维多段线	多段线的起点成为新UCS的原点，X轴沿从起点到下一个顶点的线段延伸方向
实心体	实体的第1点成为新UCS的原点，新X轴为两起始点之间的直线
尺寸标注	标注文字的中点为新的UCS的原点，新X轴的方向平行于绘制标注时有效UCS的X轴

❑ 视图

该工具使新坐标系的XY平面与当前视图方向垂直，Z轴与XY平面垂直，而原点保持不变。创建该坐标系通常用于标注文字，即当文字需要与当前屏幕平行而不需要与对象平行时的情况。

单击【视图】按钮，新坐标系的XY平面将与当前视图方向垂直，此时添加的文字效果如下图所示。

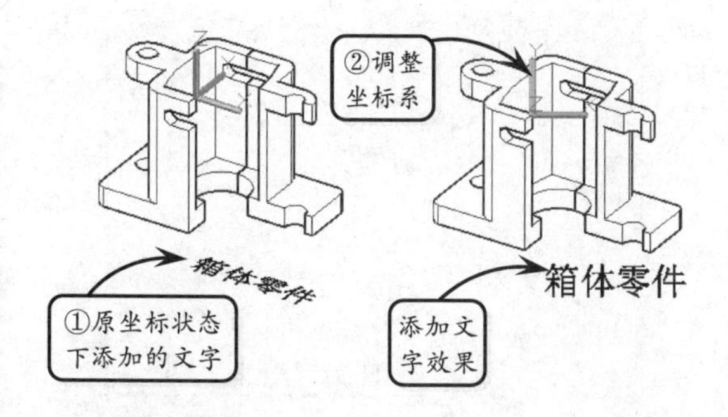

❑ 世界

该工具用来切换回世界坐标系，即WCS。用户只需单击【UCS，世界】按钮，UCS即可变为世界坐标系。

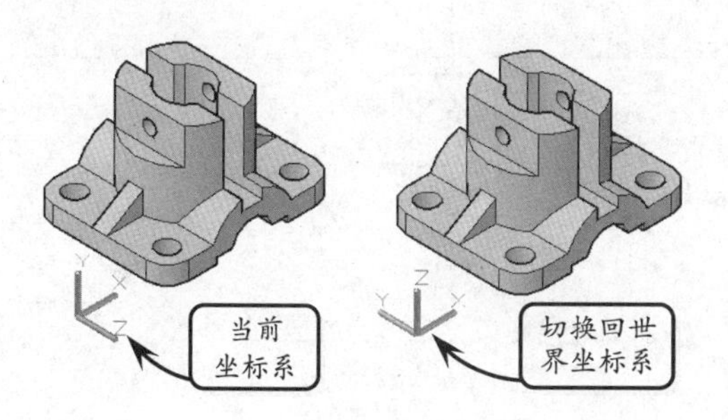

❑ X/Y/Z

该方式是指保持当前UCS的原点不变，通过将坐标系绕X轴、Y轴或Z轴旋转一定角度来创建新的用户坐标系。

单击【Z】按钮，然后输入绕该轴旋转的角度值，并按下回车键，即可将UCS绕Z轴旋转。如下图所示就是坐标系绕Z轴旋转90°的效果。

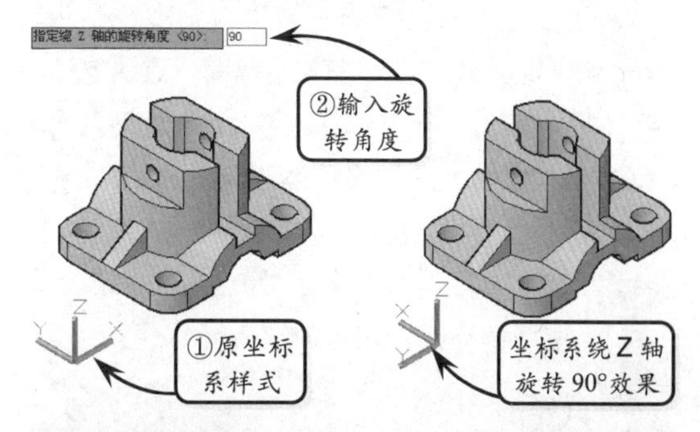

提示

在旋转轴创建UCS时，最容易混淆的是哪个方向为旋转正方向。此时用户可运用右手定则简单确定：如果竖起大拇指指向旋转轴的正方向，则其他手指的环绕方向为旋转正方向。

❑ Z轴矢量

Z轴矢量是通过指定Z轴的正方向来创建新的用户坐标系。利用该方式确定坐标系需指定两点，指定的第一点作为坐标原点，指定第二点后，第二点与第一点的连线决定了Z轴正方向。且此时系统将根据Z轴方向自动设置X轴和Y轴的方向。

单击【Z轴矢量】按钮，然后在模型上指定点A确定新原点，并指定另一点B确定Z轴。此时系统将自动确定XY平面，创建新的用户坐标系。

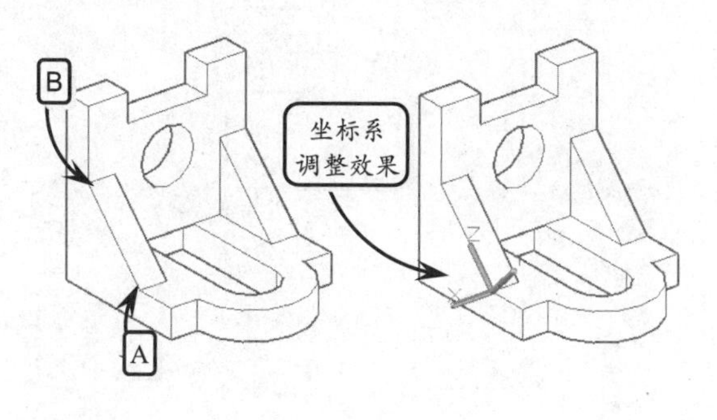

提示

使用该工具创建 UCS 的优点在于：可以快速建立当前 UCS，且 Z 轴为可见。如果用户关心的只是 UCS 的 Z 轴正向，可首选该定制工具。

□ 三点

利用该方式只需选取 3 个点即可创建 UCS。其中第一点确定坐标系原点，第二点与第一点的连线确定新 X 轴，第三点与新 X 轴确定 XY 平面。且此时 Z 轴的方向将由系统自动设置为与 XY 平面垂直。

如下图所示指定点 A 为坐标系新原点，并指定点 B 确定 X 轴正方向。然后指定点 C 确定 Y 轴正方向，按下回车键，即可创建新坐标系。

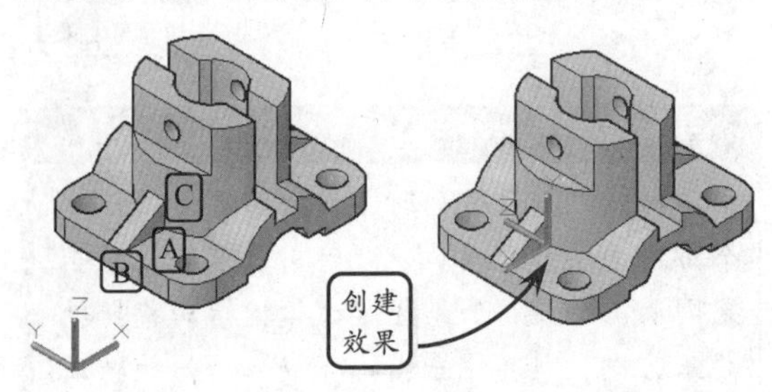

2. 控制 UCS

在创建三维模型时，当前坐标系图标的可见性是可以进行设置的，用户可以任意地显示或隐藏坐标系。此外，坐标系图标的大小也可以随意进行设置。

□ 显示或隐藏 UCS

用户要改变坐标系图标的显示状态，可以在命令行中输入 UCSICON 指令后按下回车键，并输入指令 OFF，则显示的 UCS 将被隐藏起来。而输入指令 ON，则隐藏的 UCS 将显示出来。

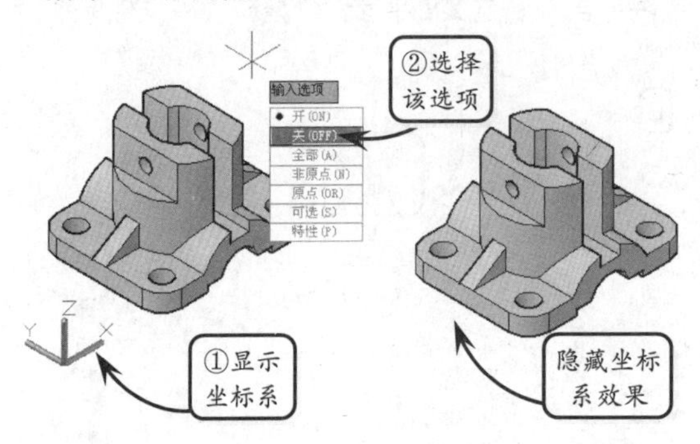

此外直接在【坐标】选项板中单击【隐藏 UCS 图标】按钮或【显示 UCS 图标】按钮，也可以将 UCS 隐藏或显示，且此时显示的为世界坐标系。而如果要显示当前坐标系，可以单击【在原点处显示 UCS 图标】按钮。

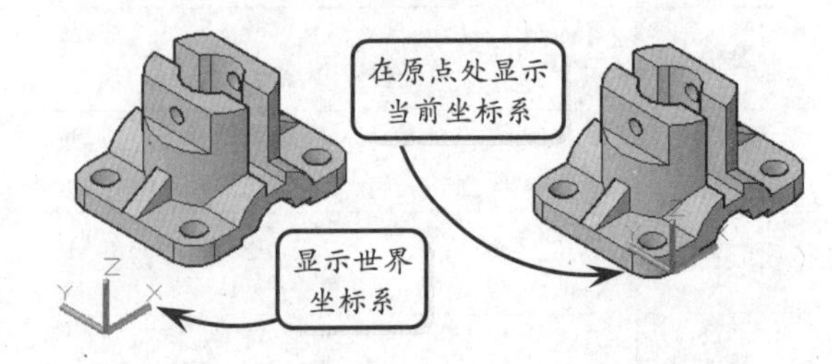

□ 修改 UCS 图标大小

在一些图形中通常为了不影响模型的显示效果，可以将坐标系的图标变小。且 UCS 图标大小的变化只有当视觉样式为【二维线框】下才可以查看。

在【坐标】选项板中单击【UCS 图标，特性...】按钮，系统将打开【UCS 图标】对话框。在该对话框中即可设置 UCS 图标的样式、大小和颜色等特性。

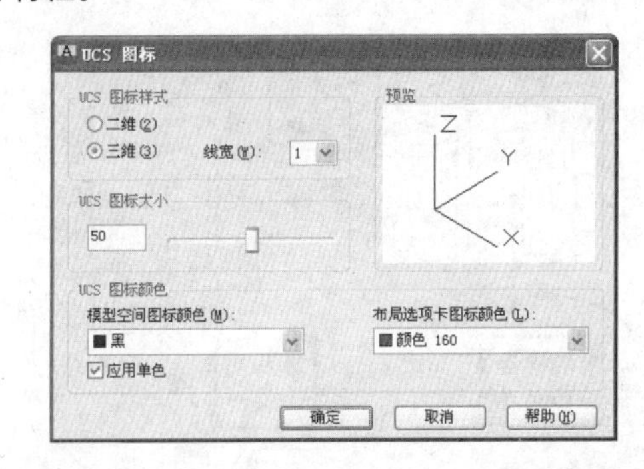

其中，在该对话框的【UCS 图标大小】文本框中可以直接输入图标大小的数值，也可以拖动右侧的滑块来动态调整图标的大小。

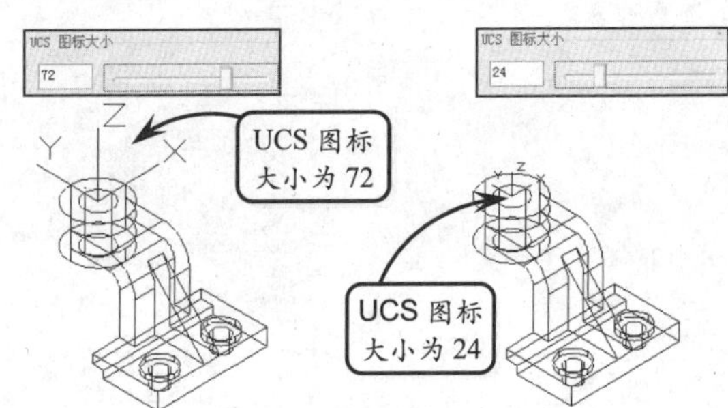

AutoCAD 10.8 创建轴承座

版本：AutoCAD 2013 downloads/第 10 章/

本例创建一轴承座模型。该轴承座的主要作用是稳定轴承及其所连接的回转轴，确保轴和轴承内圈平稳回转，避免因承载回转引起的轴承扭动或跳动。该轴承座主要由底座、楔体和侧支撑板结构组成。其中，底座起支撑整体的作用，侧支撑板起支撑轴承回转部分的作用，而楔体则起加强侧支撑板和底座之间连接强度的作用。

练习要点

- 使用【拉伸】工具
- 使用【楔体】工具
- 使用【差集】工具
- 使用【并集】工具
- 使用【三维镜像】工具

提示

零件的不同视觉样式呈现出不同的视觉效果。例如要形象地展示模型效果，可以切换为概念样式；如果要表达模型的内部结构，可以切换为线框样式。在 AutoCAD 中，视觉样式用来控制视口中模型边和着色的显示，用户可以在视觉样式管理器中创建和更改视觉样式的设置。

操作步骤

STEP|01 切换当前视图样式为【俯视】。利用【直线】工具绘制两个矩形，然后利用【圆】和【修剪】工具绘制底座轮廓线。接着单击【面域】按钮，框选所有图形创建面域，并切换视觉样式为【概念】，观察创建的面域效果。

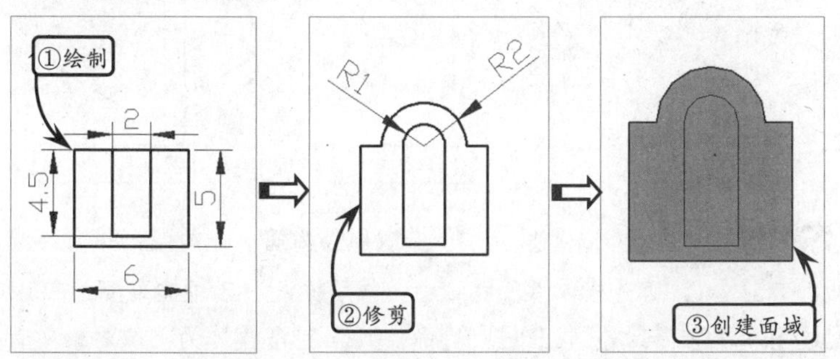

STEP|02 切换视觉样式为【隐藏】，并切换当前视图样式为【西南等轴测】。然后单击【拉伸】按钮，选取底座面域为拉伸对象，沿 Z 轴方向拉伸高度为 1，创建拉伸实体。接着切换视觉样式为【二维线框】，单击【差集】按钮，选取外部实体为源对象，并选取内部实体为要去除的对象，进行差集操作。

提示

利用【拉伸】工具可以将二维图形沿其所在平面的法线方向进行扫描，从而创建出三维实体。其中，该二维图形可以是多段线、多边形、矩形、圆或椭圆等。

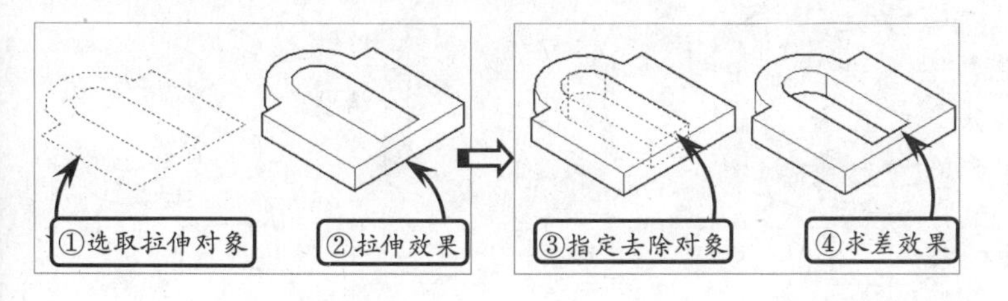

STEP|03 利用【矩形】工具选取点 A 为第一个角点，并输入相对坐标（@6，0，6）确定另一个角点绘制矩形。然后切换视图样式为【前视】，利用【直线】、【圆】和【修剪】工具绘制侧支撑板轮廓。接着利用【面域】工具选取侧支撑板所有轮廓线创建面域。最后切换视图样式为【西南等轴测】，利用【拉伸】工具选取该面域为拉伸对象，沿-Z 轴拉伸长度为 1，创建拉伸实体。

> **提示**
>
> 布尔运算包括并集、差集和交集三种运算方式，贯穿整个建模过程。该类运算主要用于确定建模过程中多个实体之间的组合关系，以实现一些特殊的造型。例如孔、槽、凸台和轮齿等特征，都是通过布尔运算来实现的。
>
> 在创建三维实体时，熟练掌握并运用相应的布尔运算方式，将使创建模型过程更加方便快捷。

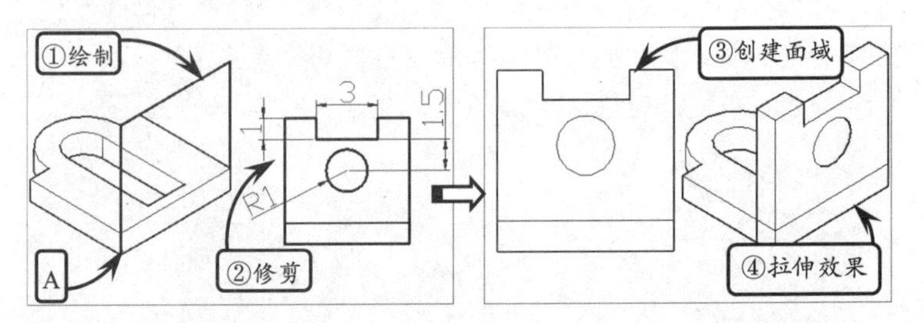

STEP|04 利用【差集】工具选取外部侧支撑板实体为源对象，并选取内部的圆柱体为要去除的对象，进行差集操作。然后利用【并集】工具将所有实体合并。接着单击【世界 UCS】按钮，将当前坐标系恢复至世界坐标系，并单击【UCS】按钮，将当前坐标系的原点调整至图示位置。最后单击【Z】按钮，并指定绕 Z 轴的旋转角度为 90°，按下回车键。

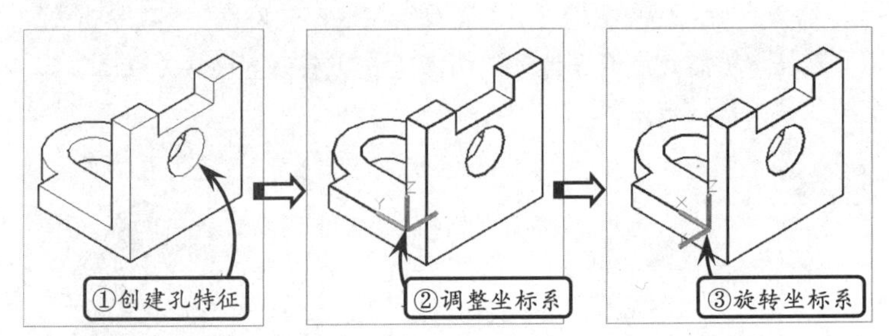

STEP|05 单击【楔体】按钮，选取原点为第一个角点，并输入坐标（2.5，-1）确定楔体底面第二点。然后输入沿 Z 轴的高度为 2.5，创建楔体。接着单击【三维镜像】按钮，选取楔体为镜像对象，指定 ZX 平面为镜像平面，并指定侧支撑板上的孔中心为镜像中心点，将楔体镜像。最后切换视图样式为【东北等轴测】，利用【并集】工具选取所有实体进行并集操作即可。

> **提示**
>
> 三维坐标系统是确定三维对象位置的基本手段，是研究三维空间的基础，而在三维建模过程中需要不断地调整当前坐标系，此时就可以通过正确运用 UCS 来简化建模过程。

AutoCAD 10.9 创建底座

版本：AutoCAD 2013　downloads/第 10 章/

本例创建一底座模型。分析该零件模型，主要包括了拉伸和剪切两种特征类型。因此，该实体创建主要用到了【拉伸】、【并集】和【差集】等工具。通过该实例练习，使读者能够熟练掌握拉伸操作和去除实体的等基本操作的方法和技巧，从而为以后创建复杂的模型奠定基础。

练习要点

- 使用【面域】工具
- 使用【拉伸】工具
- 使用【差集】工具
- 使用【并集】工具
- 使用调整坐标系工具

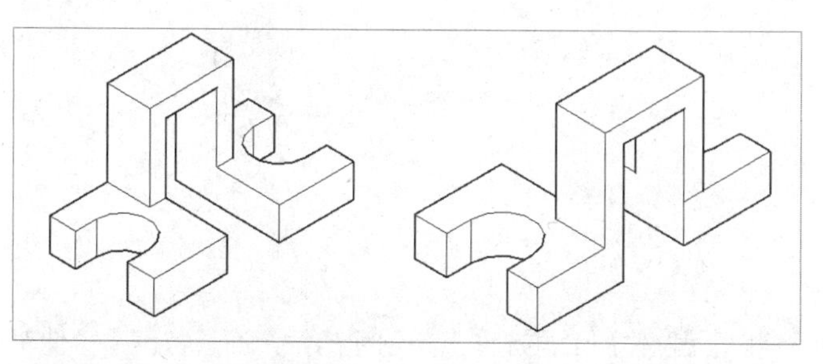

操作步骤

STEP|01 切换当前视图方式为【俯视】，单击【直线】按钮和【圆】按钮，绘制图示尺寸的轮廓。然后单击【修剪】按钮，修剪多余的轮廓线。接着单击【面域】按钮，框选所有图形创建面域特征，并切换视觉样式为【概念】，观察创建的面域效果。

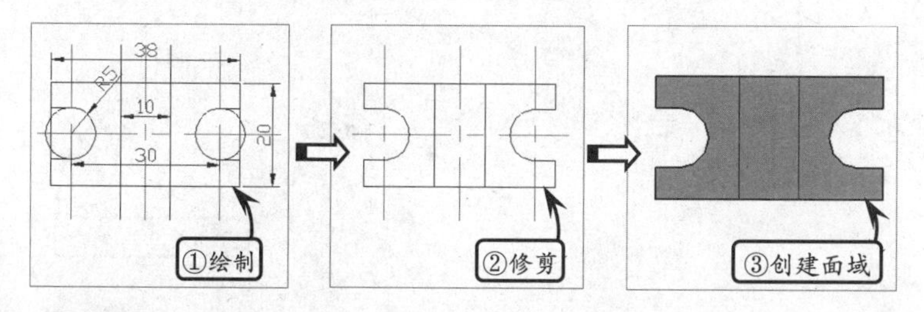

提示

零件的不同视觉样式呈现出不同的视觉效果。例如要形象地展示模型效果，可以切换为概念样式；如果要表达模型的内部结构，可以切换为线框样式。在 AutoCAD 中，视觉样式用来控制视口中模型边和着色的显示，用户可以在视觉样式管理器中创建和更改视觉样式的设置。

STEP|02 切换视觉样式为【隐藏】，并切换当前视图方式为【西南等轴测】。然后单击【拉伸】按钮，选取底座面域特征为拉伸对象，沿 Z 轴方向拉伸高度为 6，创建拉伸实体。接着单击【UCS，世界】按钮，将当前坐标系恢复至世界坐标系，并单击【UCS】按钮，将当前坐标系的原点调整至图示位置。最后单击【X】按钮，并指定绕 X 轴的旋转角度为 90°。

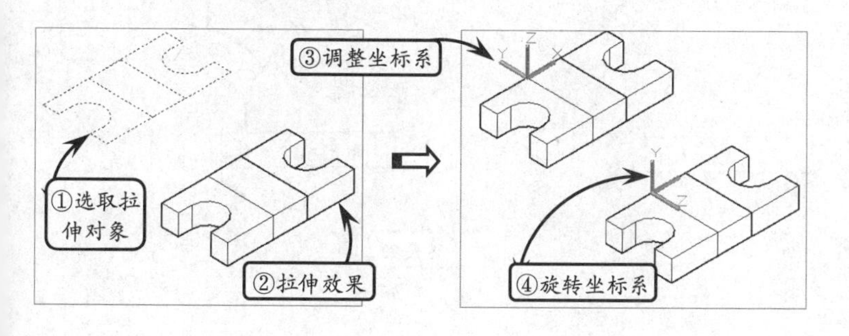

提示

三维坐标系统是确定三维对象位置的基本手段，是研究三维空间的基础，而在三维建模过程中需要不断地调整当前坐标系，此时就可以通过正确运用 UCS 来简化建模过程。

STEP|03 单击【矩形】按钮，选取点 A 为第一个角点，并输入相对坐标（@10，13）确定另一个角点绘制矩形。然后利用【矩形】工具，输入 FROM 指令，选取点 A 为基点，并输入相对坐标(@-3，0) 确定点 B 为矩形的第一个角点。接着输入相对坐标（@16，16）确定另一角点绘制矩形，并利用【面域】工具选取所绘的两个矩形轮廓创建为面域特征。

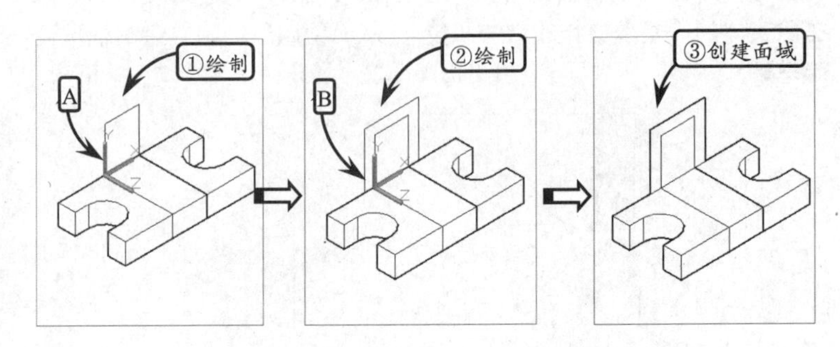

提示

利用【拉伸】工具可以将二维图形沿其所在平面的法线方向进行扫描，从而创建出三维实体。其中，该二维图形可以是多段线、多边形、矩形、圆或椭圆等。

STEP|04 利用【拉伸】工具选取上步创建的两个面域特征为拉伸对象，沿 Z 轴方向拉伸长度为 8，创建拉伸实体。然后单击【并集】按钮，选取底板和外部长方体两个实体特征为合并对象，进行并集操作。

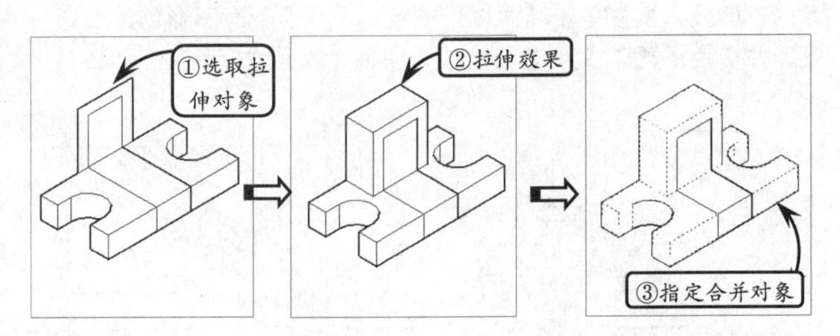

提示

布尔运算包括并集、差集和交集三种运算方式，贯穿整个建模过程。该类运算主要用于确定建模过程中多个实体之间的组合关系，以实现一些特殊的造型。例如孔、槽、凸台和轮齿等特征，都是通过布尔运算来实现的。

在创建三维实体时，熟练掌握并运用相应的布尔运算方式，将使创建模型过程更加方便快捷。

STEP|05 继续利用【并集】工具，选取中间的两个小长方体为合并对象，进行并集操作。然后单击【差集】按钮，选取外部实体为源对象，并选取内部实体为要去除对象，进行差集操作。

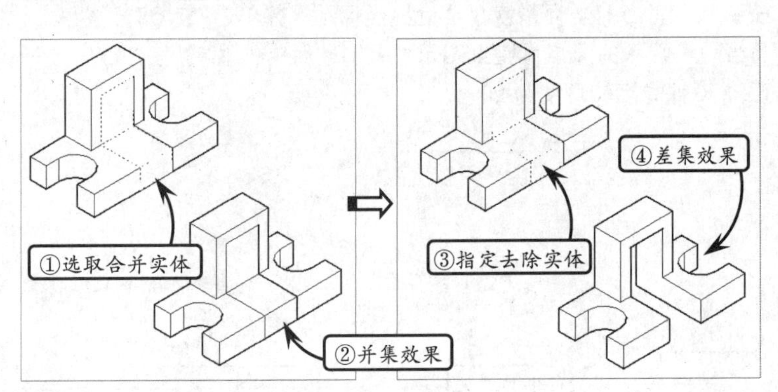

AutoCAD 10.10 高手答疑

版本：AutoCAD 2013

问题1：三维模型分为哪几类？

解答：传统的二维绘图设计需要通过投影图来想象其立体形状，这样给实际的交流和生产带来了极大的不便。而三维造型技术则可以使用户在模拟的三维空间随心所欲地直接创建立体模型，更加形象逼真地传达用户的设计意图。

三维模型是二维投影图立体形状的间接表达。利用计算机绘制的三维图形称为三维几何模型，它比二维模型更加接近真实的对象。在AutoCAD中，常规的三维模型分为线框模型、曲面模型和实体模型。

问题2：什么是视点？

解答：视点是指用户观察图形的方向。例如当我们观察场景中的一个实体曲面时，如果当前位于平面坐标系，即Z轴垂直于屏幕，则此时仅能看到实体在XY平面上的投影；如果调整视点至【西南等轴测】方向，系统将显示其立体效果。

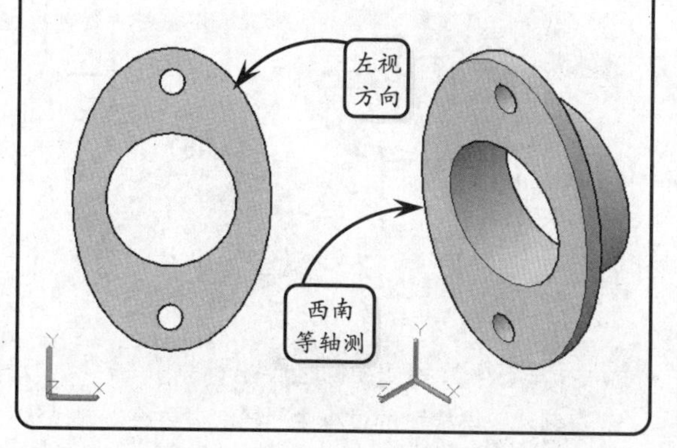

问题3：三维模型的视觉样式一般分为哪几类？

解答：零件的不同视觉样式呈现出不同的视觉效果。例如要形象地展示模型效果，可以切换为概念样式；如果要表达模型的内部结构，可以切换为线框样式。

在AutoCAD中，视觉样式用来控制视口中模型边和着色的显示，用户可以在视觉样式管理器中创建和更改视觉样式的设置。

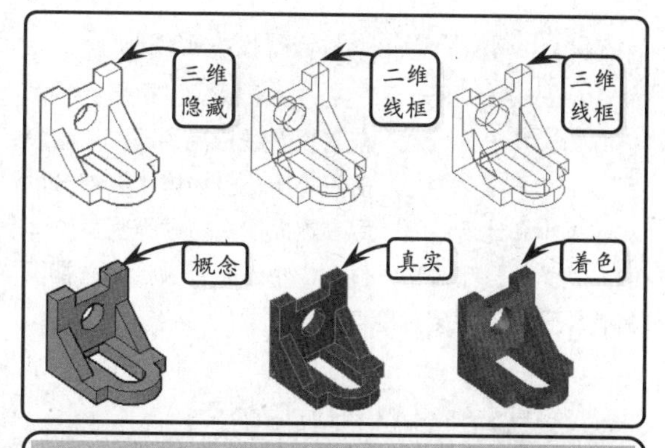

问题4：如何改变模型表面的平滑度？

解答：通过改变实体表面的平滑度来控制圆、圆弧和椭圆的显示精度。平滑度越高，显示将越平滑，但是系统也需要更长的时间来运行重生成、平移或缩放对象的操作。

AutoCAD的平滑度默认值为1000，切换至【选项】对话框的【显示】选项卡，即可在【圆弧和圆的平滑度】文本框中对该值进行重新设置，该值的有效范围为1～20000。

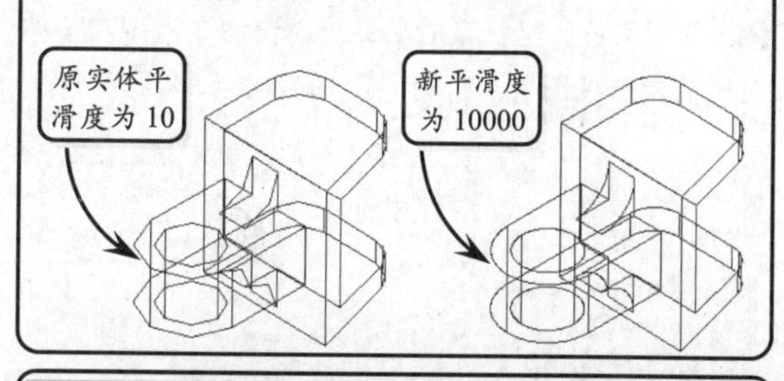

问题5：什么是三维坐标系？其一般分为哪几类？

解答：在三维环境中与X-Y平面坐标系统相比，三维世界坐标系统多了一个数轴Z。增加的数轴Z给坐标系统多规定了一个自由度，并和原来的两个自由度(X和Y)一起构成了三维坐标系统，简称三维坐标系。

在AutoCAD中，系统提供了3种三维坐标系类型：三维笛卡尔坐标系、圆柱坐标系和球面坐标系。其中，三维笛卡尔坐标系是由相互垂直的X轴、Y轴和Z轴三个坐标轴组成的，是创建三维模型时常用的坐标系。

10.11 高手训练营

版本：AutoCAD 2013

练习 1. 切换平行投影和透视投影视图

AutoCAD 图形窗口中的投影模式包括平行投影模式和透视投影模式。前者投影线相互平行；后者投影线相交于投射中心。前者能反映出物体主要部分的真实大小和比例关系；后者透视模式与眼睛观察物体的方式类似。此时物体显示的特点是近大远小，视图具有较强的深度感和距离感。

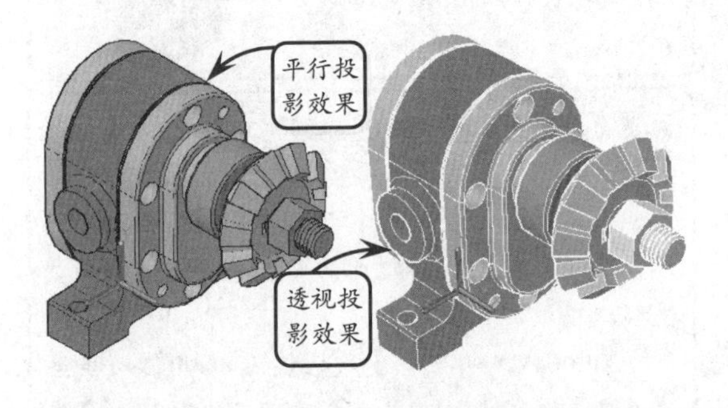

练习 2. 快速创建平面视图

利用 PLAN 命令可以创建坐标系的 XY 平面视图，即视点位于坐标系的 Z 轴上。该命令常用在一些与标准视点视图不平行的（即倾斜的）实体面上绘图。

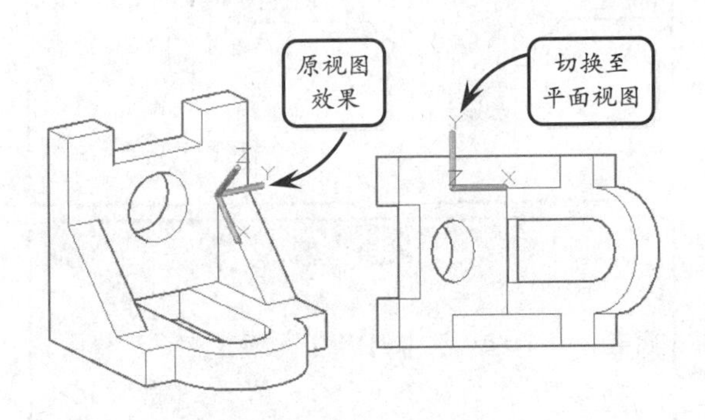

练习 3. 自由动态观察柱塞模型

利用 AutoCAD 的动态观察功能可以交互式且直观地显示三维模型，从而方便地检查所创建的实体模型是否符合要求。其中，利用自由动态观察工具，可以使观察点绕视图的任意轴进行任意角度的旋转，从而对图形进行任意角度的观察。

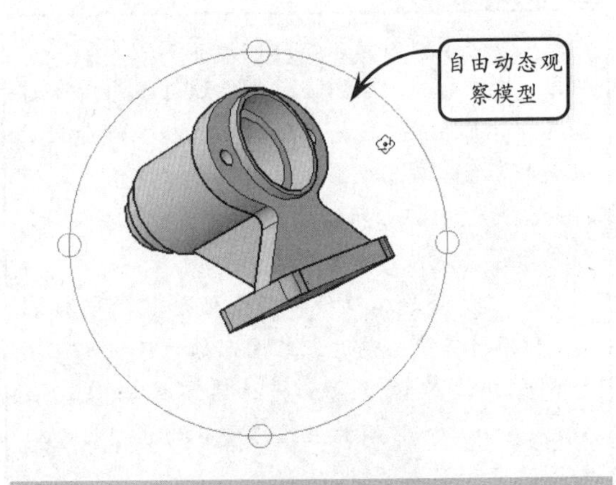

练习 4. 将坐标系放置指定点位置

在三维建模过程中需要不断地调整当前坐标系，用户可以通过正确运用 UCS 来简化建模过程。

其中，【原点】工具主要用于修改当前用户坐标系原点的位置，而坐标轴方向与上一个坐标系相同，由它定义的坐标系将以新坐标存在。

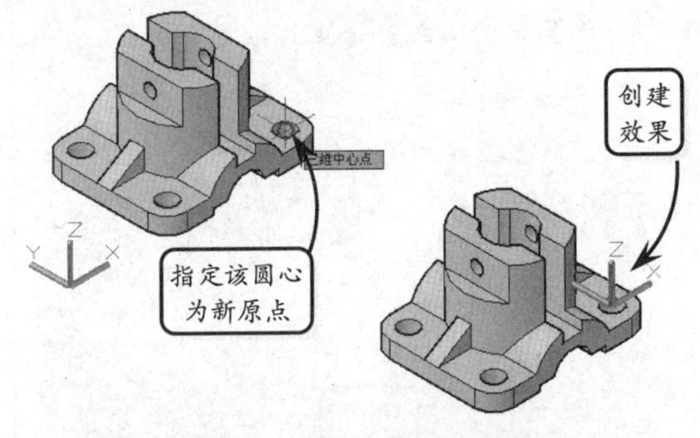

练习 5. 将坐标系切换回世界坐标系

在创建三维模型的过程中，经常需要将当前坐标系切换回世界坐标系。用户只需单击【UCS，世界】按钮，UCS 即可变为世界坐标系。

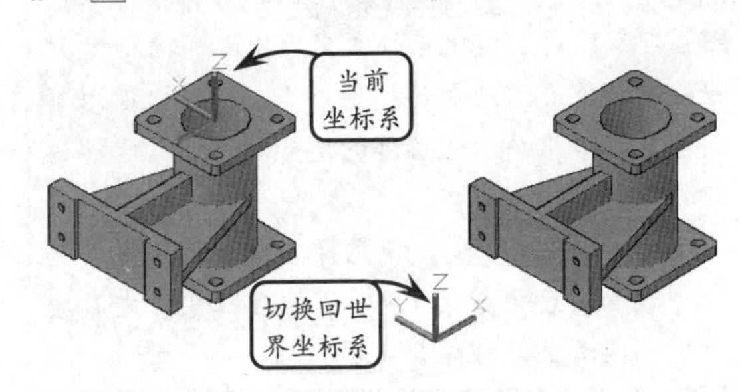

第 11 章

创建三维模型

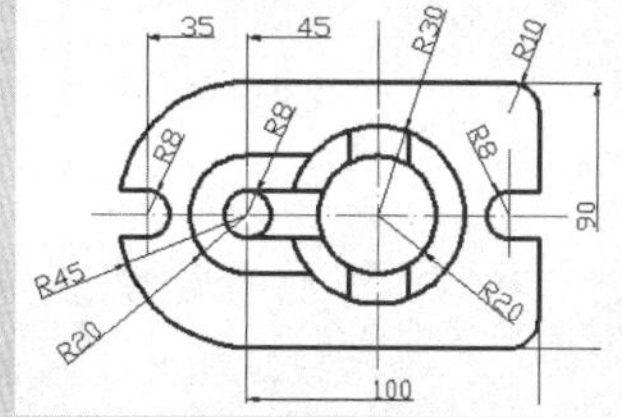

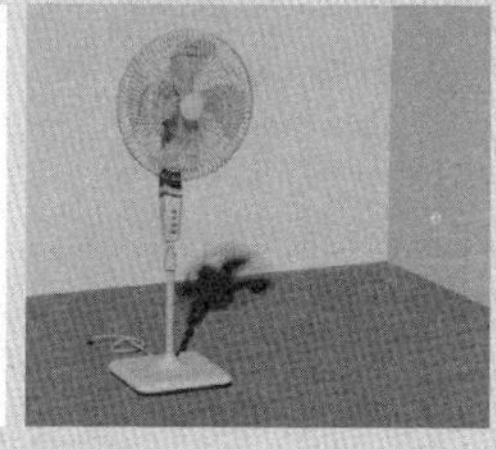

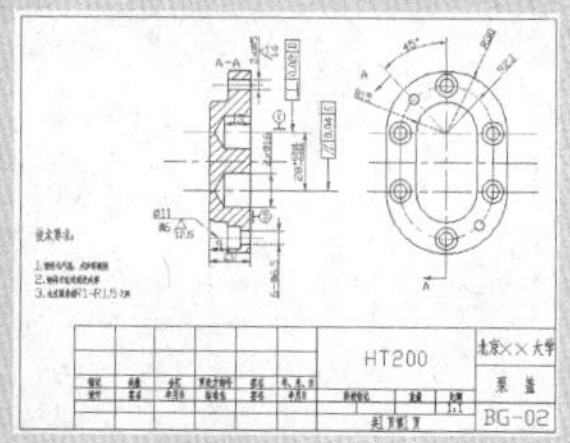

一般情况下，绘制的二维图形难以全面地表现出设计者理念中零部件的形状和尺寸，不能完全表达设计意图。即使通过创建若干个二维零件图来描述一个零件的三维构造，对于一些空间想象力不够强的人，并不能凭借几个零件图想象出零件的三维结构。此时便需要在 AutoCAD 中直接创建出零件的三维曲面或模型，以三维方式来形象逼真地表达零件的结构造型。

本章主要介绍在三维建模环境中创建各种三维曲线和网格曲面的方法，以及利用 AutoCAD 相关的实体工具创建各种三维实体的方法。

11.1 绘制三维曲线

版本：AutoCAD 2013

在三维空间中，线是构成模型的基本元素，它同二维对象的直线类似，主要用来辅助创建三维模型。在 AutoCAD 中，三维线段主要包括直线、多段线、螺旋线和样条曲线等类型。

1．绘制空间基本直线

三维空间中的基本直线包括直线、射线和构造线等类型。现以绘制空间直线为例，介绍其具体操作方法。

单击【直线】按钮，然后可以通过输入坐标值的方法来确定直线的两个端点，也可以通过直接选取现有模型上的端点来绘制相应的直线。

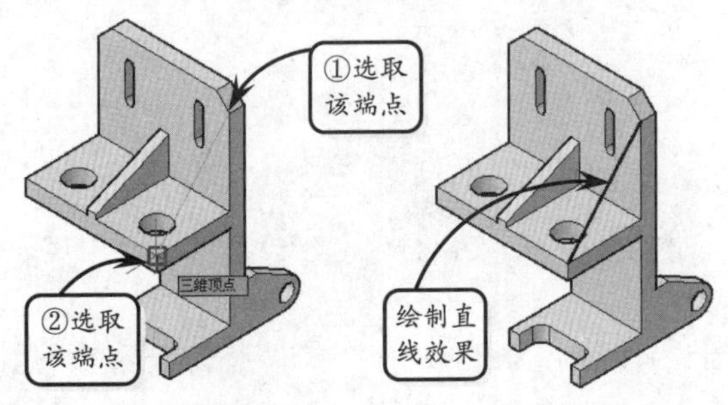

2．三维多段线

三维多段线是多条不共面的线段和线段间的组合轮廓线，且所绘轮廓可以是封闭的或非封闭的直线段。而如果欲绘制带宽度和厚度的多段线，其多段线段必须共面，否则系统不予支持。

要绘制三维多段线，可以在【绘图】选项板中单击【三维多段线】按钮，然后依次指定各个端点，即可绘制相应的三维多段线。

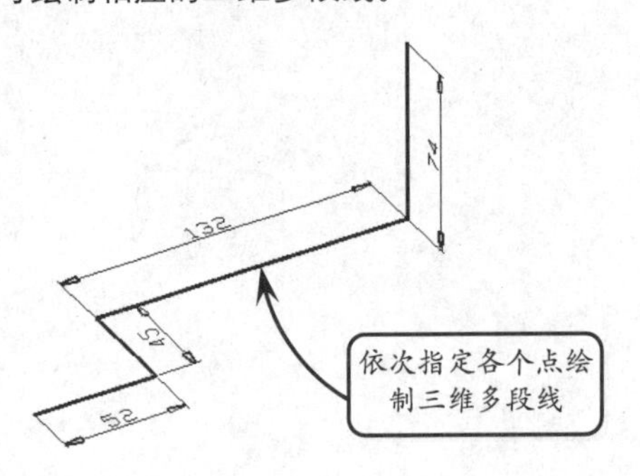

3．样条曲线

样条曲线就是通过一系列给定控制点的一条光滑曲线，它在控制处的形状取决于曲线在控制点处的矢量方向和曲率半径。

要绘制样条曲线，可以在【绘图】选项板中单击【样条曲线】按钮，然后根据命令行的提示依次选取样条曲线的控制点即可。此外，对于空间样条曲线，还可以通过曲面网格创建自由曲面，从而描述曲面等几何体。

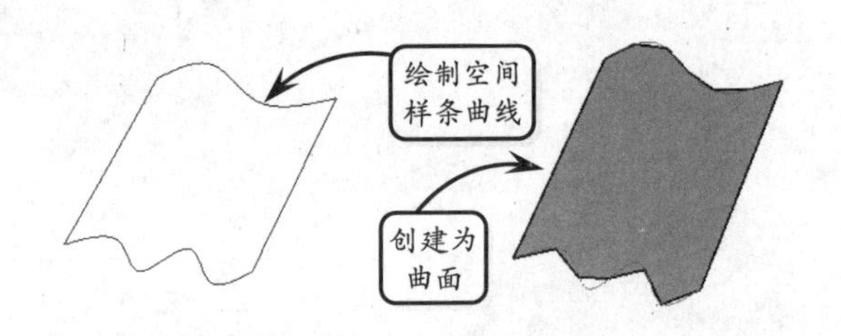

4．绘制三维螺旋线

螺旋线是指一个固定点向外，以底面所在平面的法线为方向，并以指定的半径、高度或圈数旋绕而形成的规律曲线。在绘制弹簧或内外螺纹时，必须使用三维螺旋线作为轨迹线。

要绘制该曲线，可以在【绘图】选项板中单击【螺旋】按钮，并分别指定底面中心点、底面和顶面的半径值。然后设置螺旋线的圈数和高度值，即可完成螺旋线的绘制。

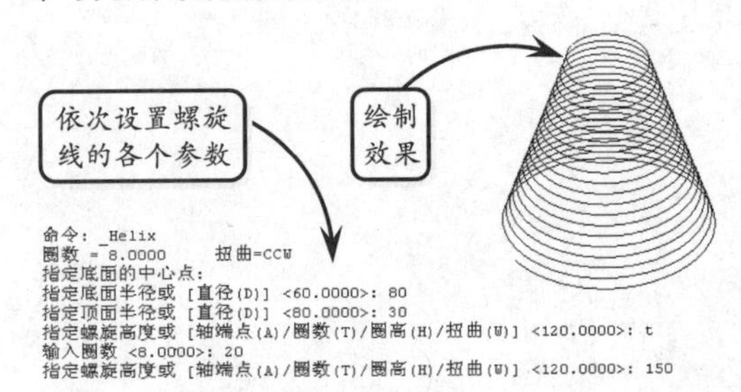

其中，在绘制螺旋线时，如果选择【轴端点】选项，可以通过指定轴的端点，绘制出以底面中心点到该轴端点距离为高度的螺旋线；选择【圈数】选项，可以指定螺旋线的螺旋圈数；选择【圈高】选项，可以指定螺旋线各圈之间的间距；选择【扭曲】选项，可以指定螺旋线的螺旋方向是顺时针或逆时针。

AutoCAD 11.2 创建网格曲面

版本：AutoCAD 2013

三维曲面都是由多边形网格构成的小平面来近似表示的曲面，其主要由基本三维曲面和特殊三维曲面组成。其中，特殊三维曲面都是通过定义网格的边界来创建平直的或弯曲的网格，它的尺寸和形状由定义它的边界及确定边界点所采用的公式决定。

1．创建旋转网格曲面

旋转曲面是指将旋转对象绕指定的轴旋转所创建的曲面。其中，旋转的对象叫做路径曲线，其包括直线、圆弧、圆、二维多段线或三维多段线等曲线类型；而旋转轴可以是直线或二维多段线，且可以是任意长度和沿任意方向。

切换至【网格】选项卡，然后在【图元】选项板中单击【建模，网格，旋转曲面】按钮，命令行将显示线框密度参数。此时选取轨迹曲线，并指定旋转轴线。接着依次指定起点角度和包含角角度，即可创建旋转曲面。

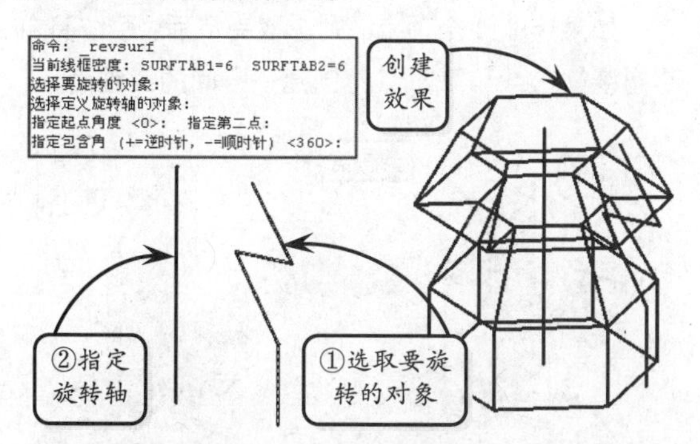

在创建网格曲面时，使用 SURFTAB1 和 SURFTAB2 变量可以控制 U 和 V 方向的网格密度。但必须在创建曲面之前就设置好两个参数，否则创建的曲面图形不能再改变。

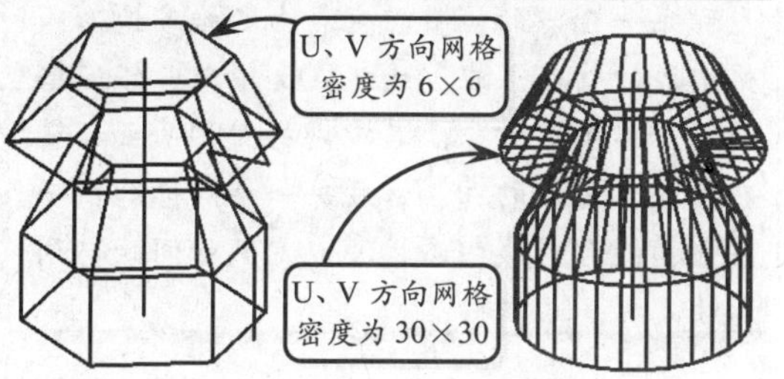

2．创建平移网格曲面

平移曲面是通过沿指定的方向矢量拉伸路径曲线而创建的网格曲面。其中，构成路径曲线的对象可以是直线、圆弧、圆和椭圆等单个对象；而方向矢量确定拉伸方向及距离，它可以是直线或开放的二维或三维多段线。

在【图元】选项板中单击【建模，网格，平移曲面】按钮，然后依次选取路径曲线和方向矢量，即可创建相应的平移曲面。

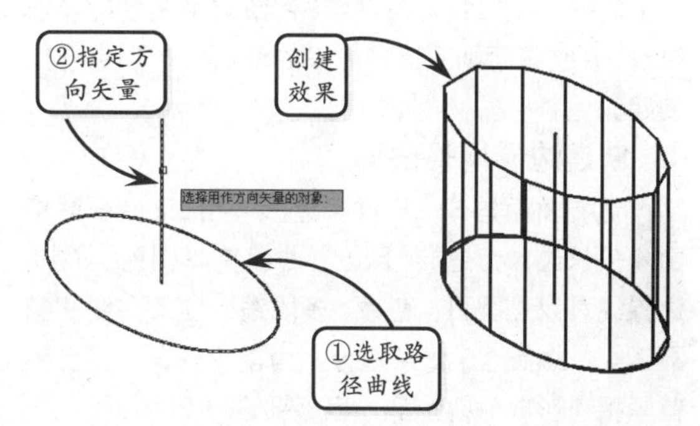

如果选取多段线作为方向矢量时，则平移方向将沿着多段线两端点的连线方向，并沿矢量方向远离选取点的端点方向创建平移曲面。

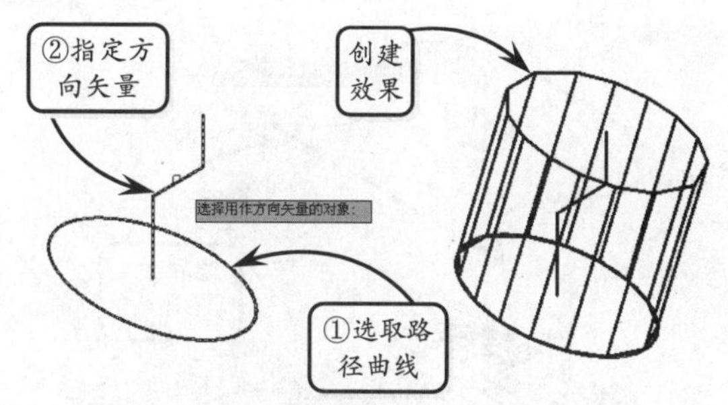

3．创建直纹网格曲面

直纹曲面是在两个对象之间创建的网格曲面。且这两个对象可以是直线、点、圆弧、圆、多段线或样条曲线。

其中，如果一个对象是开放或闭合的，则另一个对象也必须是开放或闭合的；如果一个点作为一个对象，而另一个对象则不必考虑是开放或闭合的，但两个对象中只能有一个是点对象。

在【图元】选项板中单击【建模，网格，直纹曲面】按钮，然后依次选取相应的两条开放边线，即可创建相应的直纹曲面。

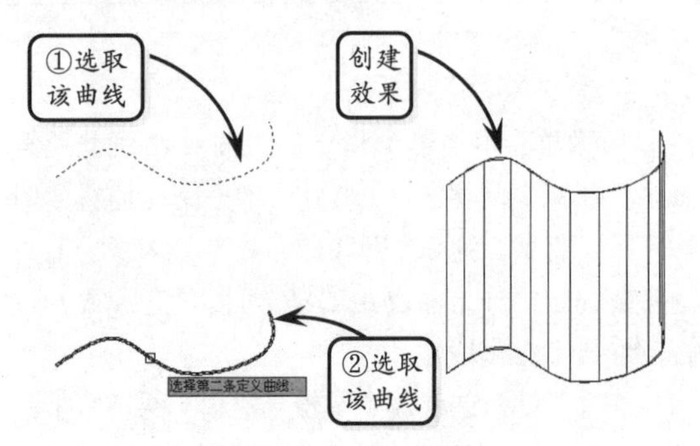

此外，当曲线为封闭的圆轮廓线时，直纹曲面从圆的零度角位置开始创建；当曲线是闭合的多段线时，直纹曲面则从该多段线的最后一个顶点开始创建。

4. 创建边界网格曲面

边界曲面是一个三维多边形网格，该曲面网格由4条邻边作为边界，且边界曲线首尾相连。其中，边界线可以是圆弧、直线、多段线、样条曲线和椭圆弧等曲线类型。每条边分别为单个对象，而且要首尾相连形成封闭的环，但不要求一定共面。

在【图元】选项板中单击【建模，网格，边界曲面】按钮，然后依次选取相连的四条边线，即可创建相应的边界曲面。

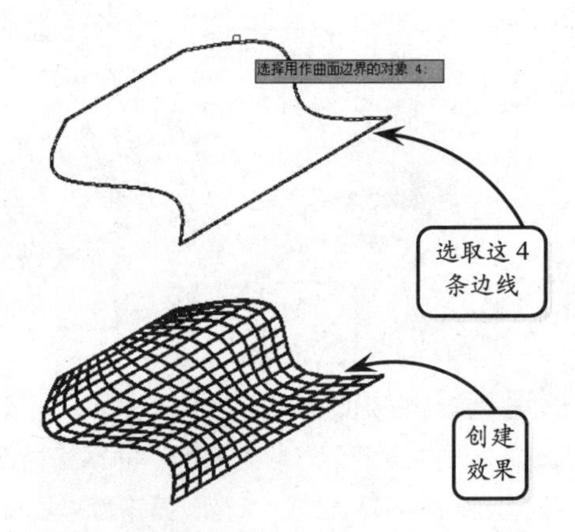

5. 创建三维网格曲面

三维面是一种用于消隐和着色的实心填充面，它没有厚度和质量属性，且创建的每个面的各顶点可以有不同的Z坐标。在三维空间中的任意位置可以创建三侧面或四侧面，且构成各个面的顶点最多不能超过4个。

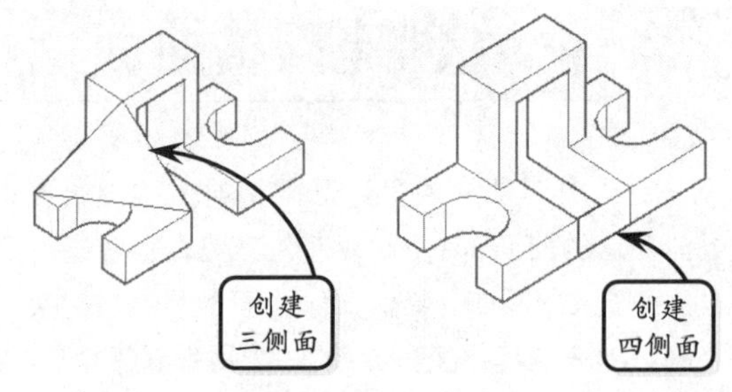

在命令行中输入 3DFACE 指令，然后按照命令行提示依次选取指定的3个点，并连续按下两次回车键，即可创建相应的三维平面。

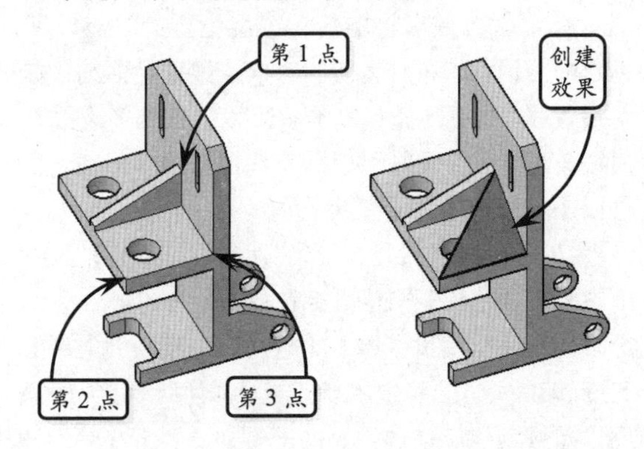

如果选取4个顶点，则选取完成后，系统将自动连接第三点和第四点，创建一空间的三维面。

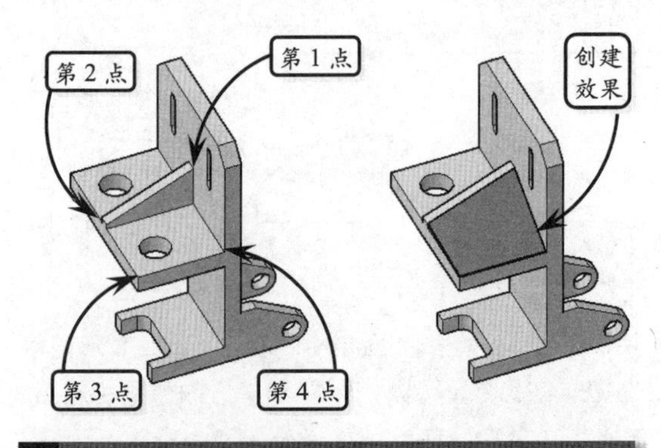

提示

三维网格是根据用户指定的M行N列个顶点和每一顶点的位置，生成由三维多边形网格构成的曲面。在AutoCAD中，三维网格是单一的图形对象。其中网格是用平面、镶嵌面表示对象的曲面，且每一个网格均由一系列横线和竖线组成，可以定义行间距与列间距。

11.3 创建基本实体

版本：AutoCAD 2013

基本实体是指具有实心的对象（如长方体、圆柱体和球体等），其主要的几何特征表现为体。由于实体能够更完整准确地表达模型的机构特征，所包含的模型信息也更多，所以实体模型是当前三维造型领域最为先进的造型方式。

1．创建长方体

相对于面构造体而言，实心长方体的创建方法既简单又快捷，只需指定长方体的两个对角点和高度值即可。要注意的是长方体的底面始终与当前坐标系的 XY 平面平行。

在【常用】选项卡的【建模】选项板中单击【长方体】按钮，命令行将显示"指定第一个角点或[中心（C）]"提示信息，创建长方体的两种方法现分别介绍如下。

❑ 指定角点创建长方体

该方法是创建长方体的默认方法，即通过依次指定长方体底面的两对角点，或者指定一角点和长、宽、高的方式来创建长方体。

单击【长方体】按钮，然后依次指定长方体底面的对角点，并输入高度值，即可创建相应的长方体特征。

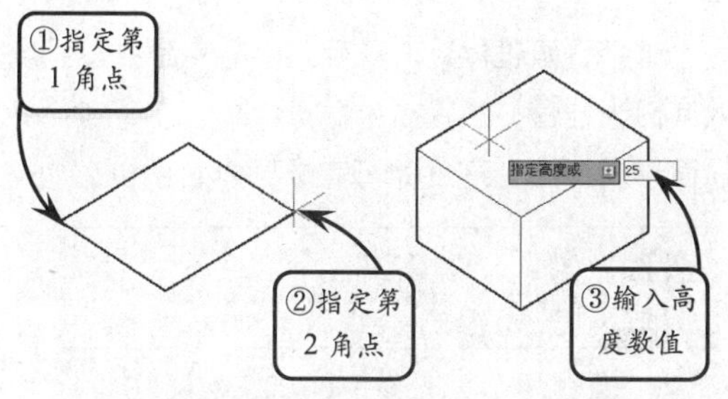

如果指定第一个角点后，在命令行中输入字母 C，然后指定一点或输入长度值，将获得立方体特征；如果在命令行中输入字母 L，则需要分别输入长度、宽度和高度值获得长方体。

❑ 指定中心创建长方体

该方法是通过指定长方体的截面中心，然后指定角点确定长方体截面的方式来创建长方体的。其中，长方体的高度向截面的两侧对称生成。

选择【长方体】工具后，输入字母 C。然后在绘图区中选取一点作为截面中心点，并选取另一点或直接输入截面的长宽数值来确定截面大小。接着输入高度数值，即可完成长方体的创建。

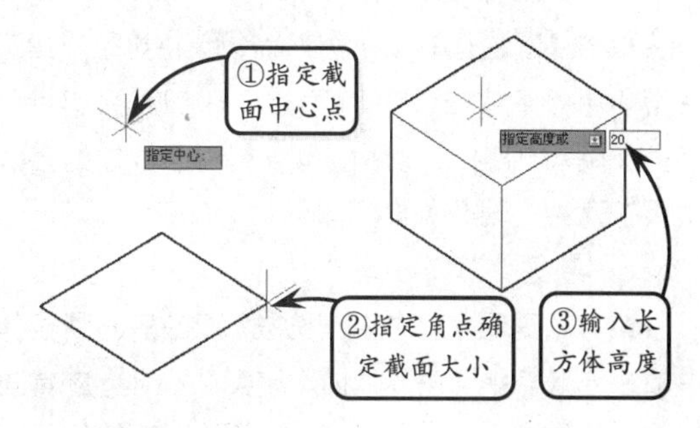

2．创建球体

球体是三维空间中到一个点的距离完全相同的点集合形成的实体特征。在 AutoCAD 中，球体的显示方法与球面有所不同，能够很方便地查看究竟是球面还是球体。

单击【球体】按钮，命令行将显示"指定中心点或[三点（3P）/两点（2P）/切点、切点、半径（T）]："提示信息。此时直接捕捉一点作为球心，然后指定球体的半径或直径值，即可获得球体效果。

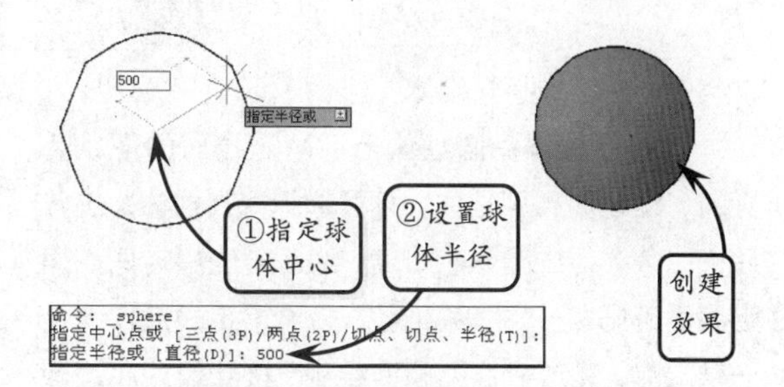

另外还可以按照命令行的提示使用以下 3 种方式创建球体。

- ❑ **三点**　通过在三维空间的任意位置指定 3 个点来定义球体的圆周。其中，这 3 个指定点还定义了圆周平面。
- ❑ **两点**　通过在三维空间的任意位置指定两个点来定义球体的圆周。圆周平面由第一个点的 Z 值定义。

- ❑ **切点、切点、半径** 创建具有指定半径且与两个对象相切的球体。其中，指定的切点投影在当前 UCS 上。

3. 创建圆柱体

在 AutoCAD 中，圆柱体是以圆或椭圆为截面形状，沿该截面法线方向拉伸所形成的实体。圆柱体在制图时较为常用，例如各种轴类零件，建筑图形中的各类立柱等。

单击【圆柱体】按钮，命令行将显示“指定底面的中心点或[三点(3P)/两点(2P)/切点、切点、半径(T)/椭圆(E)]:”提示信息。创建圆柱体的方法主要有两种，现分别介绍如下。

❑ **创建普通圆柱体**

该方法是最常用的创建方法，即创建的圆柱体中轴线与 XY 平面垂直。创建该类圆柱体，应首先确定圆柱体底面圆心的位置，然后输入圆柱体的半径值和高度值即可。

选择【圆柱体】工具后，选取一点确定圆柱体的底面圆心，然后分别输入底面半径值和高度值，即可创建相应的圆柱体特征。

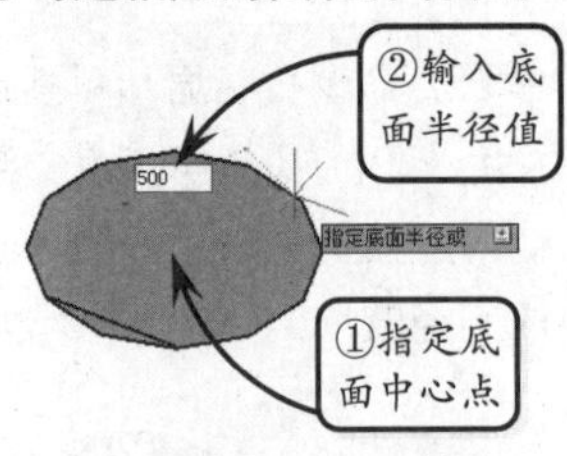

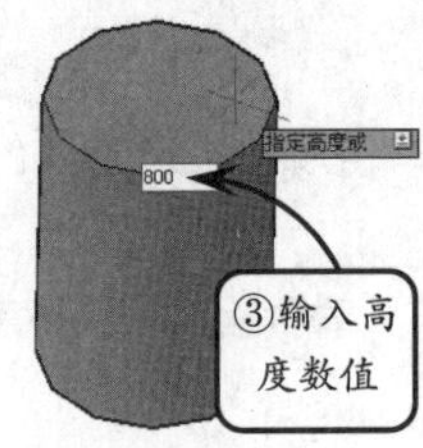

❑ **创建椭圆圆柱体**

椭圆圆柱体指圆柱体上下两个端面的形状为椭圆。创建该类圆柱体，只需选择【圆柱体】工具后，在命令行中输入字母 E。然后分别指定两点确定底面椭圆第一轴的两端点，并再指定一点作为另一轴端点，完成底面椭圆的绘制。接着输入高度数值，即可创建椭圆圆柱体特征。

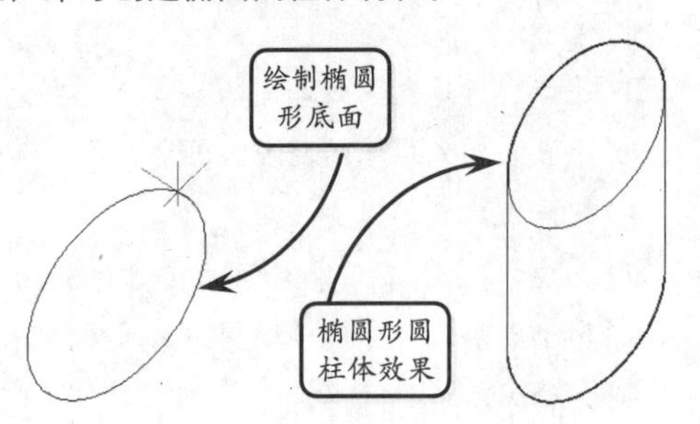

4. 创建圆锥体

圆锥体是以圆或椭圆为底面形状，沿其法线方向并按照一定锥度向上或向下拉伸创建的实体模型。利用【圆锥体】工具可以创建圆锥和平截面圆锥体两种类型的实体特征，现分别介绍如下。

❑ **创建圆锥体**

与普通圆柱体一样，利用【圆锥体】工具可以创建轴线与 XY 面垂直的圆锥和斜圆锥。其创建方法与圆柱体创建方法相似，这里仅以圆形锥体为例，介绍圆锥体的具体创建方法。

单击【圆锥体】按钮，指定一点为底面圆心，并指定底面半径或直径数值。然后指定圆锥高度值，即可创建相应的圆锥体特征。

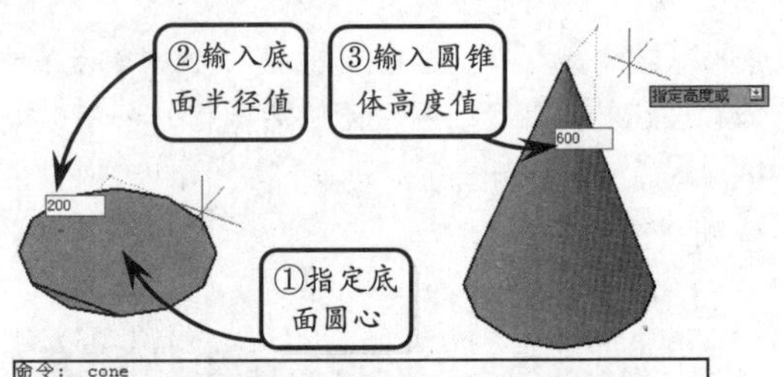

❑ **创建圆锥台**

圆锥台是由平行于圆锥底面，且与底面的距离小于锥体高度的平面为截面，截取该圆锥而创建的实体。

选择【圆锥体】工具后，指定底面中心，并输入底面半径值。然后在命令行中输入字母 T，设置顶面半径和圆台高度即可完成圆锥台的创建。

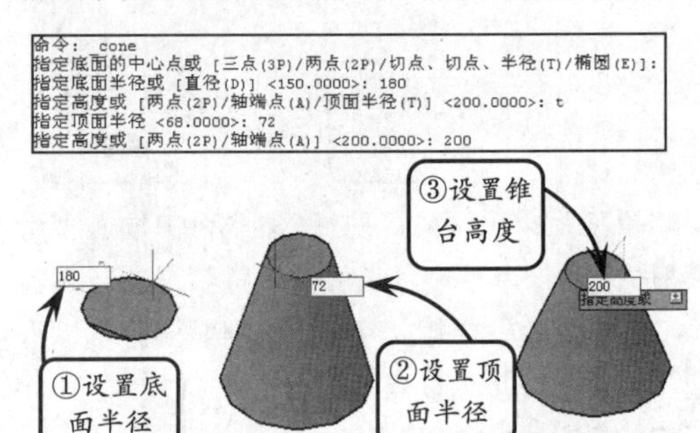

5. 创建楔体

楔体是长方体沿对角线切成两半后所创建的

实体，且其底面总是与当前坐标系的工作平面平行。该类实体通常用于填充物体的间隙，例如安装设备时常用的楔铁和楔木。

单击【楔体】按钮，然后依次指定楔体底面的两个对角点，并输入楔体高度值，即可创建相应的楔体特征。

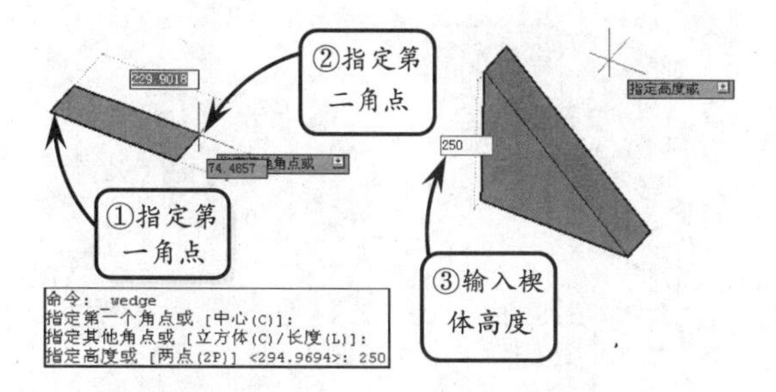

在创建楔体时，楔体倾斜面的方向与各个坐标轴之间的位置关系有密切联系。一般情况下，楔体的底面均与坐标系的 XY 平面平行，且创建的楔体倾斜面方向从 Z 轴方向指向 X 轴或-X 轴方向。

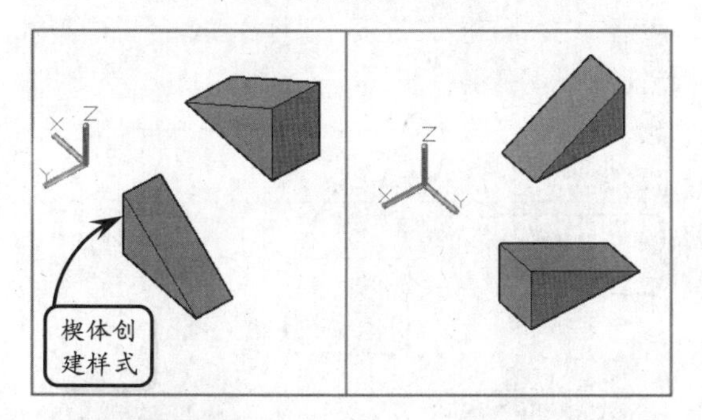

6. 创建棱锥体

棱锥体是以多边形为底面形状，沿其法线方向按照一定锥度向上或向下拉伸创建的实体模型。利用【棱锥体】工具可以创建棱锥和棱台两种类型的实体特征，现分别介绍如下。

❑ 创建棱锥体

棱锥体是以一多边形为底面，而其他各面是由一个公共顶点，且具有三角形特征的面所构成的实体。

单击【棱锥体】按钮，命令行将显示"指定底面的中心点或[边(E)/侧面(S)]:"提示信息，且棱锥体默认侧面数为 4。此时指定一点作为底面中心点，并设置底面半径值和棱锥体的高度值，即可创建相应的棱锥体特征。

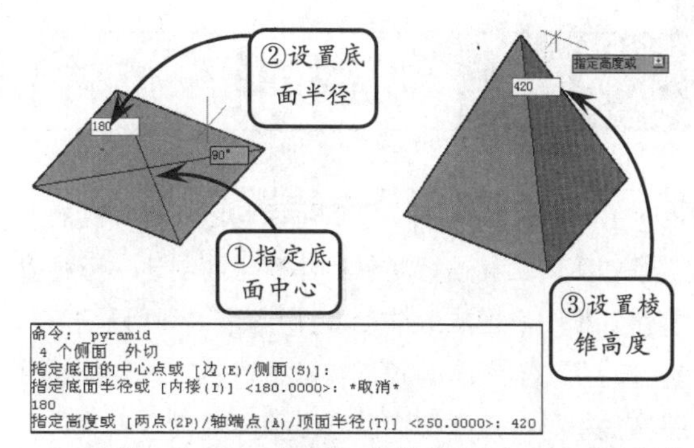

此外，如果在命令行中输入字母 E，可以指定棱锥体底面的边长；如果在命令行中输入 S，可以设置棱锥体侧面的个数。

提示

在利用【棱锥体】工具进行棱锥体的创建时，所指定的侧面数必须是 3～32 的整数。

❑ 创建平截面棱锥体

平截面棱锥体即是以平行于棱锥体底面，且与底面的距离小于棱锥体高度的平面为截面，与该棱锥体相交所得到的实体。

选择【棱锥体】工具，指定底面中心和底面半径后输入字母 T，然后分别指定顶面半径和棱锥体高度，即可创建出相应的平截面棱锥体特征。

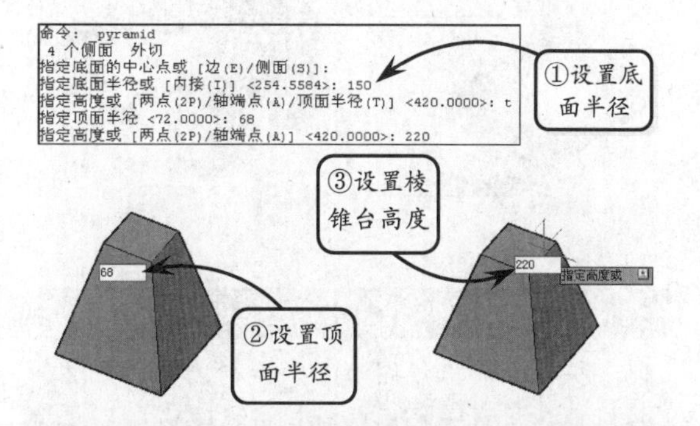

提示

在 AutoCAD 中创建三维曲面,其网格密度将无法改变。而在实体造型中，网格密度则以新设置为准。用户可以输入 ISOLINES 指令来改变实体模型的网格密度，输入 FACETRES 指令改变实体模型的平滑度参数。

11.4 创建拉伸、旋转和扫掠实体

版本：AutoCAD 2013

在 AutoCAD 中，不仅可以利用上面介绍的各类基本实体工具进行简单实体模型的创建，还可以利用二维图形生成三维实体。用户可以利用【拉伸】、【旋转】和【扫掠】等扫描特征工具将二维轮廓线沿指定的引导线运动扫描创建出相应的三维实体，以进行更为复杂的实体模型以及曲面的创建。

1. 创建拉伸实体

利用该工具可以将二维图形沿其所在平面的法线方向进行扫描，从而创建出三维实体。其中，该二维图形可以是多段线、多边形、矩形、圆或椭圆等。创建拉伸实体的方法主要有以下 3 种。

❑ 指定高度拉伸

该方法是最常用的拉伸实体方法，只需选取封闭且首尾相连的二维图形，并设置拉伸高度即可。

在【建模】选项板中单击【拉伸】按钮，然后选取封闭的二维多段线或面域，并按下回车键。接着输入拉伸高度，即可创建相应的拉伸实体特征。

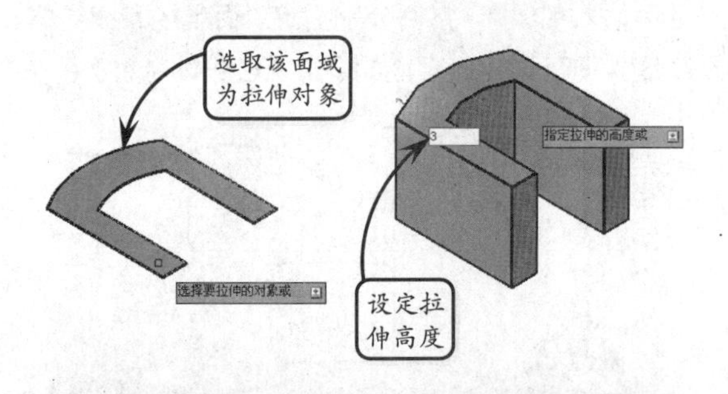

> **提示**
>
> 能够被拉伸的二维图形必须是封闭的，且图形对象连接成一个图形框，而拉伸路径可以是封闭或不封闭的。

❑ 指定路径拉伸

该方法通过指定路径曲线，将轮廓曲线沿该路径曲线进行拉伸以生成相应的实体。其中，路径曲线既不能与轮廓共面，也不能具有高曲率。

选择【拉伸】工具后，选取轮廓对象或面域，然后按下回车键，并在命令行中输入字母 P。接着指定路径曲线，即可创建相应的拉伸实体特征。

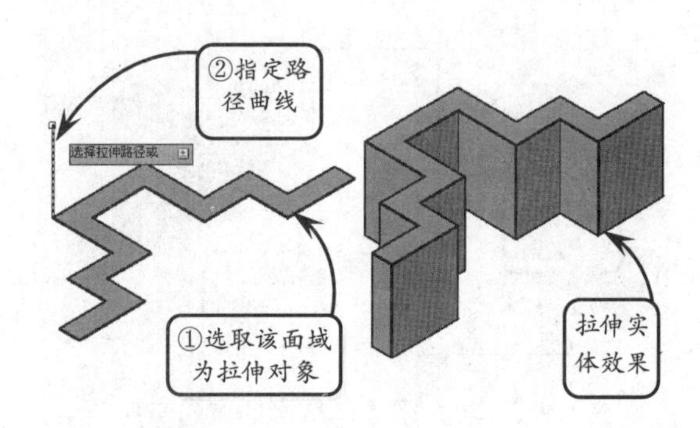

❑ 指定倾斜角拉伸

如果拉伸的实体需要倾斜一个角度时，可以在选取拉伸对象后输入字母 T。然后在命令行中输入角度值，并指定拉伸高度，即可创建倾斜拉伸实体特征。

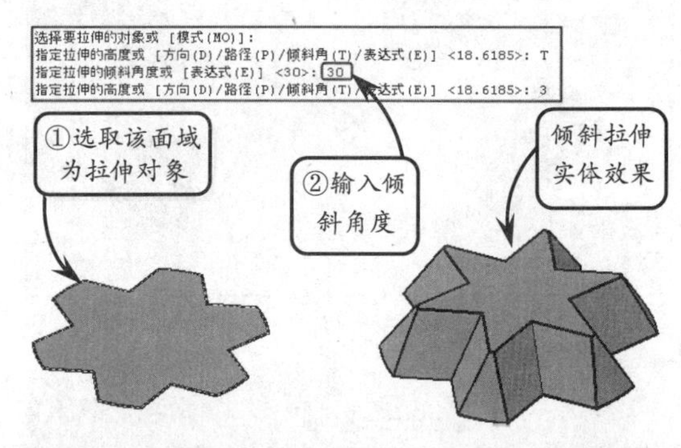

> **提示**
>
> 当指定拉伸角度时，其取值范围为–90~90，正值表示从基准对象逐渐变细，负值则表示从基准对象逐渐变粗。默认情况下角度为 0，表示在与二维对象所在平面的垂直方向上进行拉伸。

2. 创建旋转实体

旋转实体是将二维对象绕所指定的旋转轴线旋转一定的角度而创建的实体模型，例如带轮、法兰盘和轴类等具有回旋特征的零件。

单击【旋转】按钮，选取二维轮廓对象，并按下回车键。此时系统提供了两种方法将二维对象旋转成实体：一种是围绕当前 UCS 的旋转轴旋转一定角度来创建实体，另一种是围绕直线、多段线或两个指定的点旋转对象创建实体。下图所示即是围绕指定的直线旋转所创建的实体。

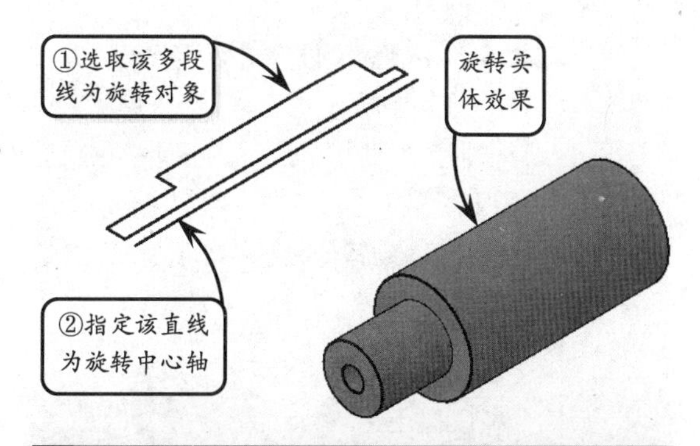

提示

在创建旋转实体时，所指定的二维旋转对象不能是包含在块中的对象、有交叉或横断部分的多段线，以及非闭合多段线。

3. 创建扫掠实体

扫掠操作是指通过沿开放或闭合的二维或三维路径曲线，扫掠开放或闭合的平面曲线来创建曲面或实体。其中，扫掠对象可以是直线、圆、圆弧、多段线、样条曲线和面域等。

单击【扫掠】按钮，选取待扫掠的二维对象，并按下回车键。此时命令行将显示“选择扫掠路径或 [对齐(A)/基点(B)/比例(S)/扭曲(T)]：”提示信息。此时，如果直接选取扫掠的路径曲线，即可生成相应的扫掠实体特征。

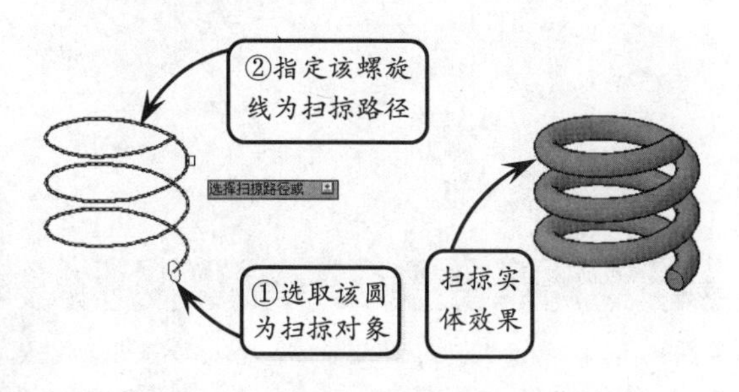

此外，该提示信息中各选项的含义介绍如下。

❑ **对齐**

如果选取二维对象后，在命令行中输入字母 A，即可指定是否对齐轮廓以使其作为扫掠路径切向的法向。

默认情况下，轮廓是对齐的，如果轮廓曲线不垂直于路径曲线起点的切向，则轮廓曲线将自动对齐。出现对齐提示时可以输入命令 N，以避免该情况的发生。

❑ **基点**

如果选取二维对象后，在命令行中输入字母 B，即可指定要扫掠对象的基点。如果指定的点不在选定对象所在的平面上，则该点将被投影到该平面上。

❑ **比例**

如果选取二维对象后，在命令行中输入字母 S，即可指定比例因子以进行扫掠操作。从扫掠路径的开始到结束，比例因子将统一应用到扫掠的对象。如果按照命令行提示输入字母 R，即可通过选取点或输入值来根据参照的长度缩放选定的对象。

❑ **扭曲**

如果选取二维对象后，在命令行中输入字母 T，即可设置被扫掠对象的扭曲角度。

其中，扭曲角度是指沿扫掠路径全部长度的旋转量，而倾斜是指被扫掠的曲线是否沿三维扫掠路径自然倾斜。如下图所示就是输入扭曲角度为 120°，创建的扫掠实体效果。

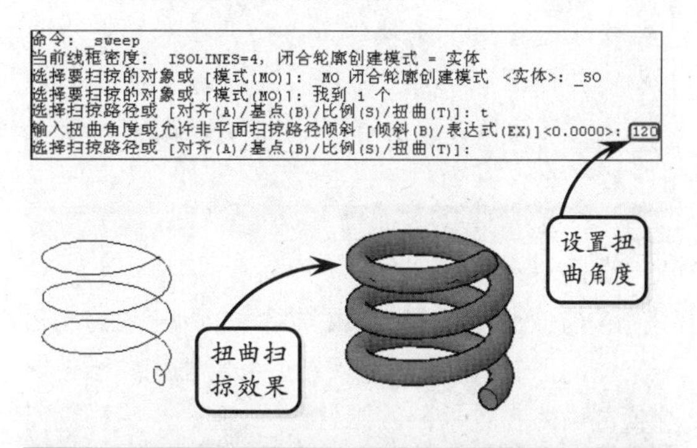

提示

扫掠命令用于沿指定路径以指定形状的轮廓（扫掠对象）创建实体或曲面特征。其中，扫掠对象可以是多个，但是这些对象必须位于同一平面中。

AutoCAD 11.5 创建放样实体

版本：AutoCAD 2013

放样实体是指将两个或两个以上横截面沿指定的路径，或导向运动扫描所获得的三维实体。其中，横截面是指具有放样实体截面特征的二维对象。

单击【放样】按钮，然后依次选取所有横截面，并按下回车键，此时命令行将显示"输入选项[导向(G)/路径(P)/仅横截面(C)/设置(S)]<仅横截面>："提示信息，以下分别介绍这 3 种放样方式的操作方法。

1. 指定导向放样

导向曲线是控制放样实体或曲面形状的一种方式。用户可以通过使用导向曲线来控制点如何匹配相应的横截面，以防止出现皱褶。

选择【放样】工具后，依次选取横截面，并在命令行中输入字母 G，按下回车键。然后依次选取导向曲线，按下回车键即可创建相应的放样实体特征。

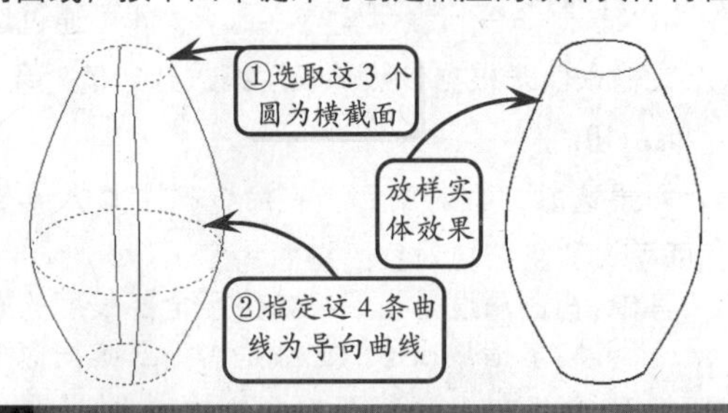

提示

在创建过程中，能够作为导向曲线的曲线，必须具备 3 个条件：曲线必须与每个横截面相交，且曲线必须始于第一个横截面，止于最后一个横截面。

2. 指定路径放样

该方式是通过指定放样操作的路径来控制放样实体的形状的。通常情况下，路径曲线始于第一个横截面所在的平面，并且止于最后一个横截面所在的平面。且需要注意的是：路径曲线必须与所有横截面相交。

该方式的操作方法与【导向】方式类似，这里不再赘述。

3. 指定仅横截面放样

该方法是指仅指定一系列横截面来创建新的实体。利用该方法可以指定多个参数来限制实体的形状，其中包括设置直纹、法向指向和拔模斜度等曲面参数。

选择【放样】工具后，依次选取横截面，并按下回车键。然后输入字母 S，并按下回车键，系统将打开【放样设置】对话框。该对话框中各主要选项的含义如下所述。

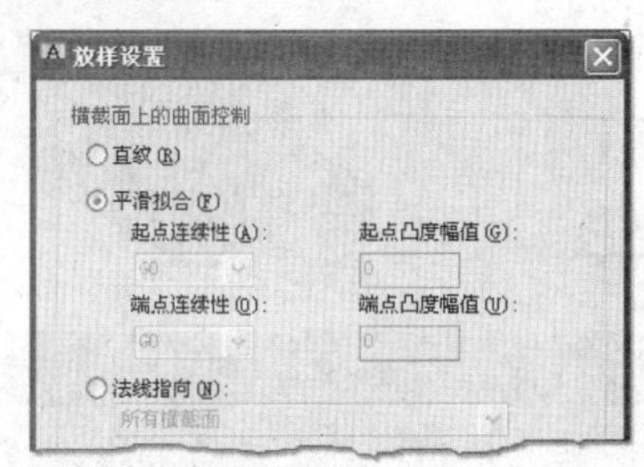

- **直纹** 选择该单选按钮，创建的实体或曲面在横截面之间将是直纹（直的），并且在横截面处具有鲜明边界。
- **平滑拟合** 选择该单选按钮，创建的实体或曲面在横截面之间将是平滑的，并且在起点和终点横截面处具有鲜明边界。
- **法线指向** 选择该单选按钮，可以控制创建的实体或曲面在其通过横截面处的曲面法线指向。这 3 种不同的截面属性设置，所创建的放样实体的对比效果如下图所示。

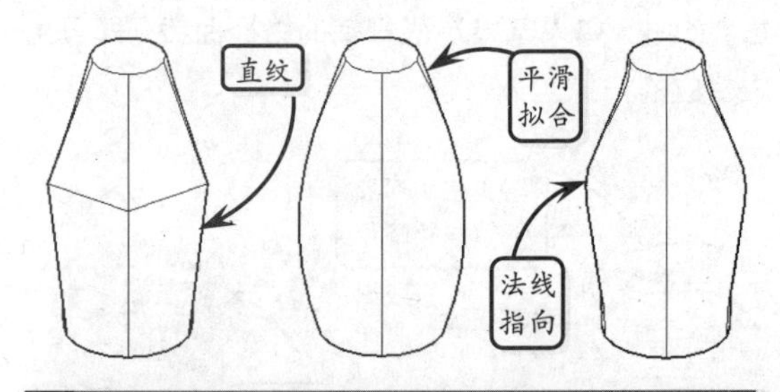

提示

放样时使用的曲线必须全部开放或全部闭合，即选取的曲线不能既包含开放曲线又包含闭合曲线。

11.6 创建阶梯轴模型

AutoCAD　版本：AutoCAD 2013　downloads/第 11 章/

阶梯轴属于直轴，在传动结构中主要用来传递动力和扭矩。从该零件的结构特征来看，在两轴端位置设计的倒圆角特征，是为了安装方便、防止在装配时轴端棱角造成划伤；在轴肩位置设计的退刀槽特征，不仅是为了加工过程中退刀方便，更重要的是防止应力集中；在轴颈位置加工的半圆槽，是为了在装配时轴上零件通过键连接，能准确固定在轴径位置处。

练习要点

- 使用【直线】工具
- 使用【偏移】工具
- 创建平键
- 使用【圆】工具
- 使用【面域】工具
- 切换视图模式
- 创建三维旋转实体

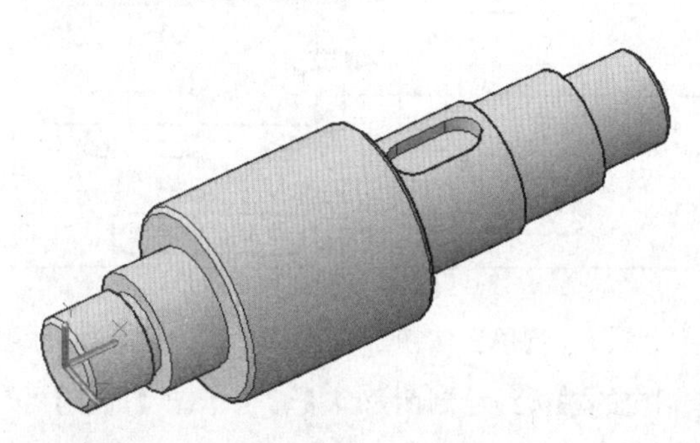

操作步骤

STEP|01 切换工作空间。在 AutoCAD 顶部的【工作空间】下拉列表中选择【三维建模】选项，进入三维建模空间。然后，新建相应的图层，并设置图层的颜色。

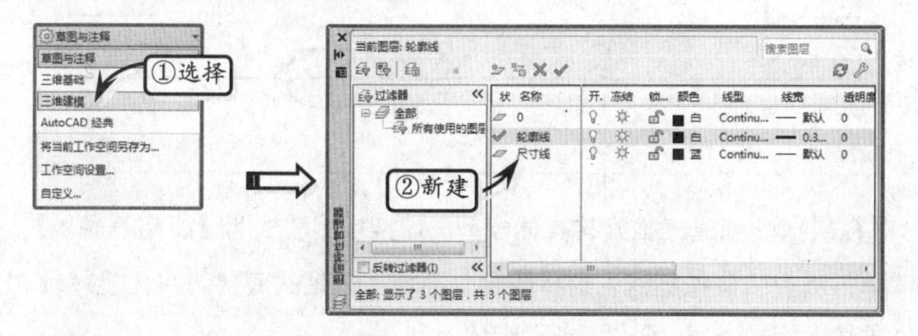

STEP|02 绘制阶梯轴轮廓图形。单击【直线】按钮，在绘图区中绘制相应尺寸的阶梯轴轮廓线。

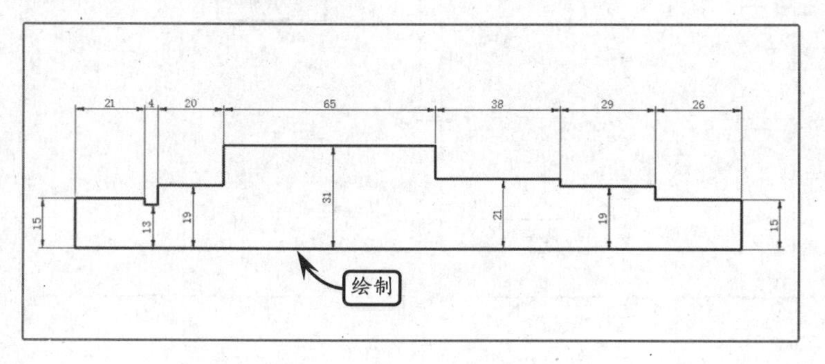

提示

三维模型是二维投影图立体形状的间接表达。利用计算机绘制的三维图形称为三维几何模型，它比二维模型更加接近真实的对象。

STEP|03 绘制平键。单击【偏移】按钮，将左侧轴边线向右偏移 110，底部轴边线向上偏移 7。然后，利用【矩形】工具以两偏移线的交点为起点，绘制一个长 10.5，高 14 的矩形。接着，单击【圆】按钮，以矩形与底部边线的交点为圆心，分别绘制两个半径为 R7 的圆轮廓。最后，利用【直线】工具连接两圆轮廓，再利用【修剪】工具修剪多余线段。

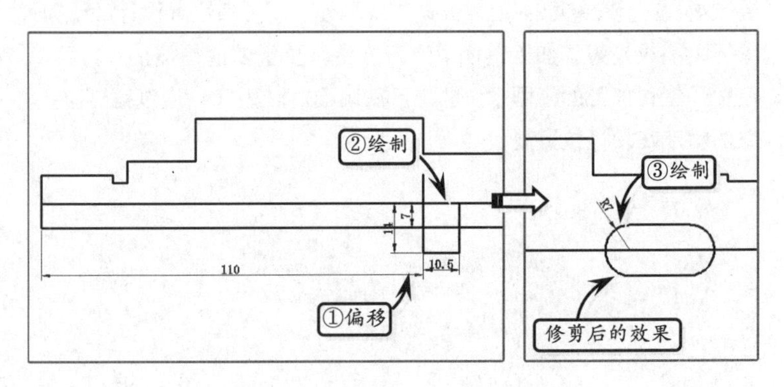

> **提示**
>
> 创建倒角时，需要确定第一和第二边线的距离以及倒角的角度值，才可以创建倒角。

STEP|04 创建面域。单击【倒角】按钮，在命令行中输入倒角距离为 1.5，然后选择相应的轴边线绘制倒角。接着，单击【面域】按钮，选择除平键以外的图形，创建面域特征。

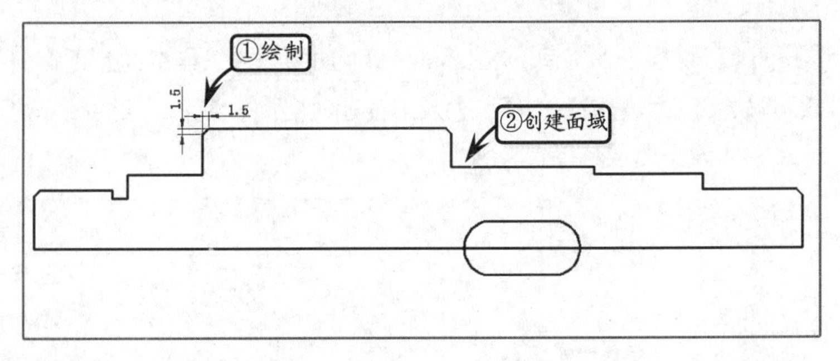

> **提示**
>
> 创建面域时二维线框显示的线条颜色为当前图层的颜色。

> **技巧**
>
> 旋转拉伸实体有两种方法：一种是围绕当前 UCS 的旋转轴旋转一定角度来创建实体；另一种是围绕直线、多段线或两个指定的点旋转对象创建实体。

STEP|05 创建三维旋转实体模型。切换视图模式为【西南等轴侧】。单击【旋转】按钮，选择阶梯轴面域并以轴的底部边线为旋转轴，再输入旋转角度 360°，创建实体模型。

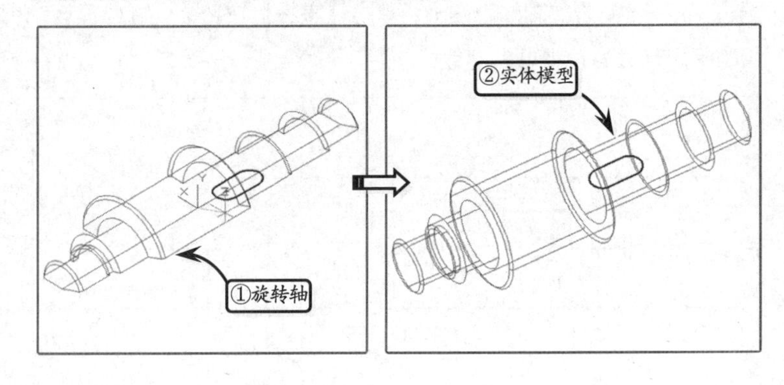

STEP|06 创建平键模型。利用【面域】工具选择平键，创建平键面域特征。然后，再利用【拉伸】工具，向上拉伸 15。

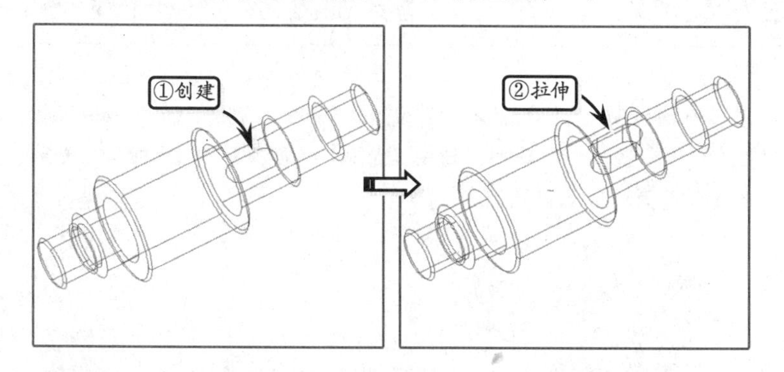

技巧

利用【拉伸】工具可以将二维图形沿其所在平面的法线方向进行扫描，从而创建出三维实体。其中，该二维图形可以是多段线、多边形、矩形、圆或椭圆等。

STEP|07 创建平键槽特征。切换视图为【前视】，利用【移动】工具选取平键实体，并启用状态栏中的【正交模式】，向上平移 15。然后，单击【差集】按钮，选取阶梯轴实体为保留对象，再选取平键实体为去除对象，进行差集操作。

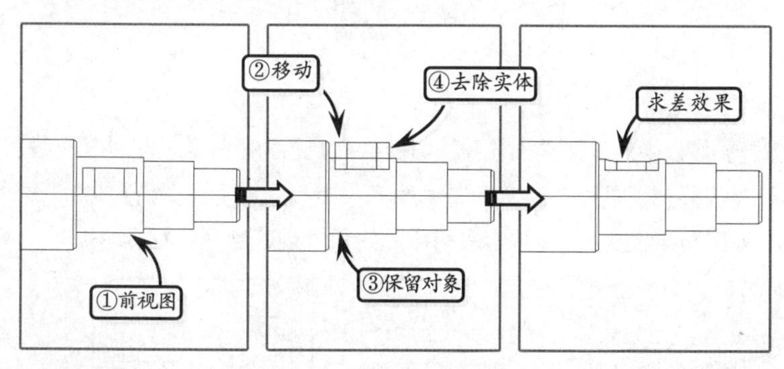

STEP|08 查看阶梯轴三维效果。选择【视图】视觉样式下拉列表中的【概念】样式选项。此时，阶梯轴模型将从二维线框图形转换为三维实体模型。至此，阶梯轴模型制作完成。

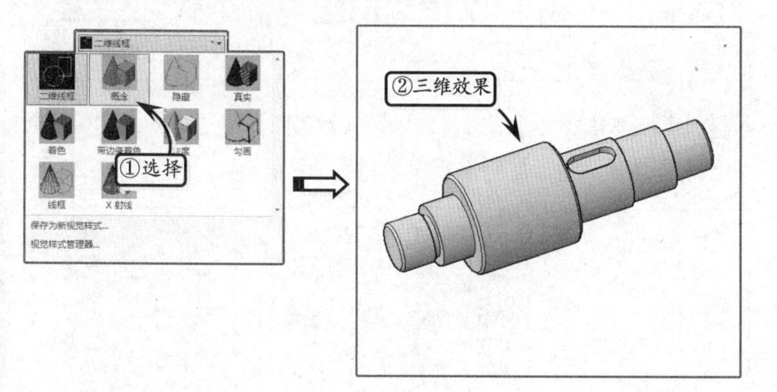

技巧

在 AutoCAD 中为了观察三维模型的最佳效果，往往需要不断地切换视觉样式。通过切换视觉样式，不仅可以方便地观察模型效果，而且一定程度上还可以辅助创建模型。

11.7 创建销轴座模型

版本：AutoCAD 2013 downloads/第 11 章/

销轴座是一类标准化的紧固件，在生产制造中主要起到支撑和固定的双重作用。本练习利用【面域】、【差集】和【三维镜像】等工具创建销轴座模型。

练习要点

- 调整视图模式
- 调整【UCS】坐标系
- 使用【拉伸】工具
- 使用【三维镜像】工具

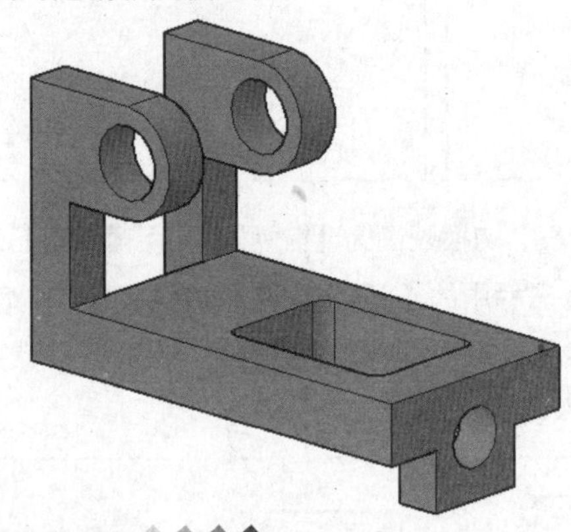

操作步骤

STEP|01 绘制底面草图轮廓。切换当前视图为【俯视】，利用【直线】和【偏移】工具绘底面草图二维图形。然后，单击【圆角】按钮，设置圆角半径为 R5，并选取相应的线段，创建圆角特征。

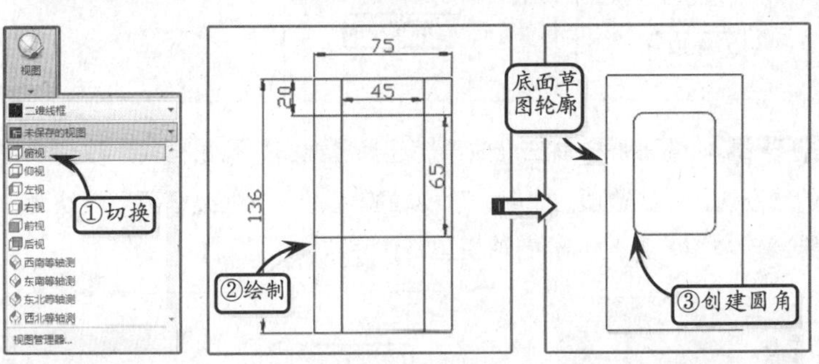

STEP|02 创建面域。单击【面域】按钮，分别选取相应的矩形轮廓线创建面域特征。然后切换视觉样式为【概念】，以查看面域效果。

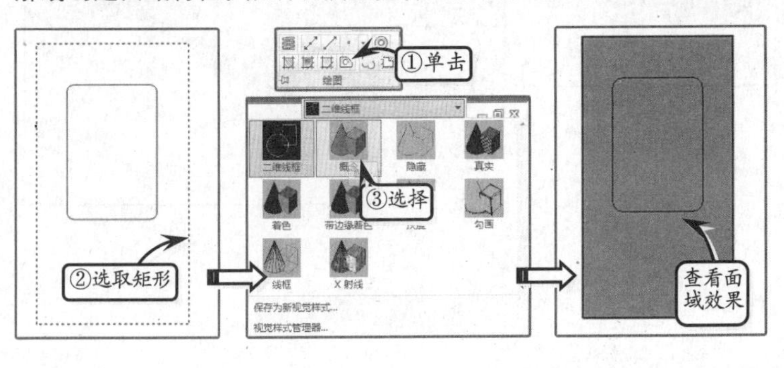

提示

创建面域特征时，选取的轮廓线必须是封闭的，若不是封闭的，将无法创建面域特征。

STEP|03 创建底面实体特征。切换视觉样式为【隐藏】，并切换视图为【西南等轴测】。然后，单击【拉伸】按钮，选取上步创建的面域特征为拉伸对象，沿 Z 轴方向拉伸 20，创建拉伸实体。

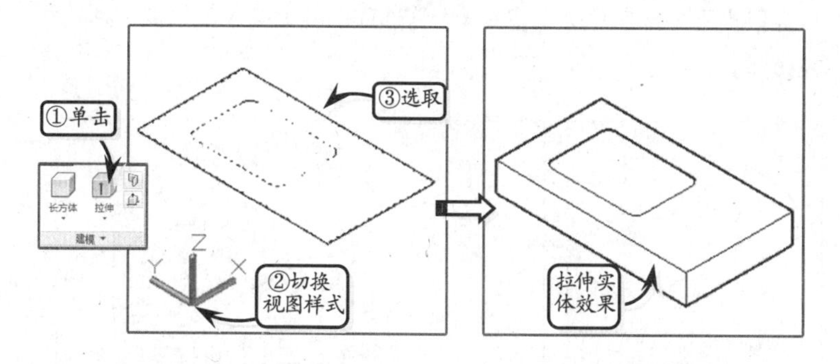

提示

拉伸实体的二维图形可以是多段线、多边形、矩形、圆或椭圆等。

STEP|04 进行底面求差。单击【差集】按钮，选取外部长方体为保留对象，并选取内部长方体为去除对象，进行求差操作。

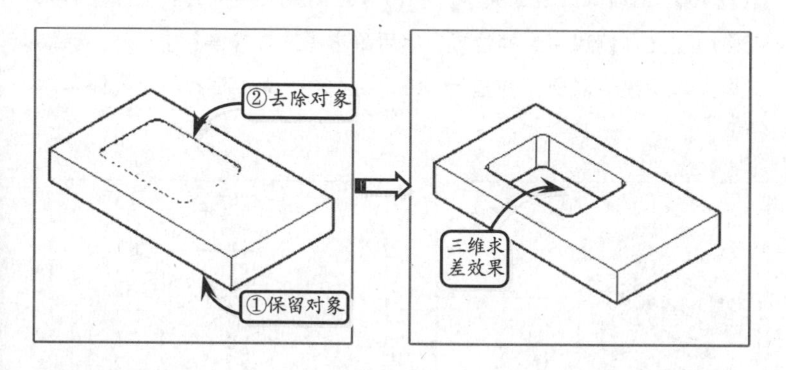

提示

差集操作是指将一个对象减去另一个对象形成新的组合对象，类似于数学中的减法运算。其中，首先选取的对象为被剪切的对象，后选取的对象为要去除的对象。

STEP|05 创建支耳面域。切换当前视图方式为【左视】，单击【UCS】按钮，将当前坐标系移动至实体右侧边线上。然后利用【直线】、【圆】和【修剪】工具绘制出支耳轮廓。接着利用【面域】工具选取支耳轮廓线，创建面域特征。

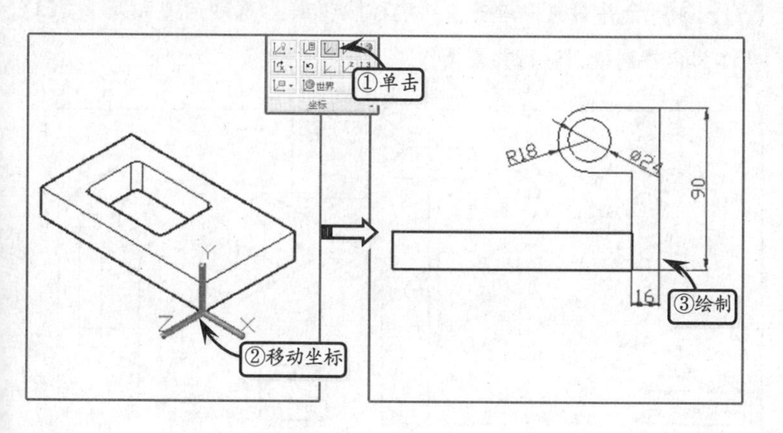

技巧

创建三维模型时，用户的二维操作平面可能是空间中的任何一个面。由于 AutoCAD 的大部分绘图操作都是在当前坐标系的 XY 平面内或与 XY 平面平行的平面中进行的，就需要用户设定坐标系的位置和方向，从而改变工作平面，便于二维平面图形的绘制。

STEP|06 创建支耳特征。单击【UCS，世界】按钮，将当前坐标系恢复至世界坐标系。然后切换当前视图为【西南等轴测】，选取支耳面域特征为拉伸对象，沿 X 轴方向拉伸 15。接着利用【差集】工具选取支耳外部实体为保留对象，再选取圆柱体为去除对象，进行求差操作。

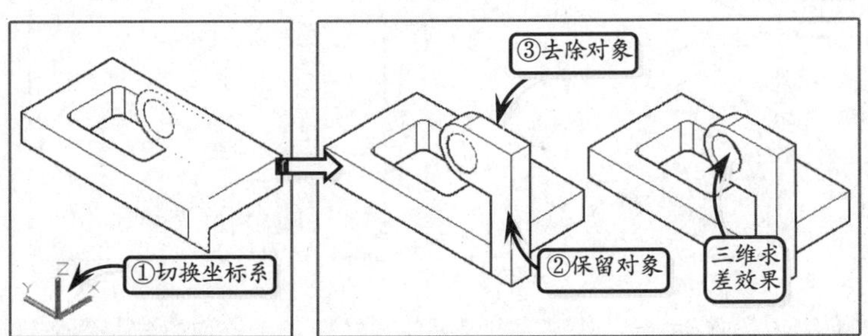

提示

利用该工具能够将三维对象通过镜像平面获取与之完全相同的对象。其中，镜像平面可以是与当前 UCS 的 XY、YZ 或 XZ 平面平行的平面，或者由 3 个指定点所定义的任意平面。

STEP|07 创建三维镜像实体。利用【UCS】工具将当前坐标系的原点移动至支耳侧边中点的位置。然后单击【三维镜像】按钮，选取支耳实体为镜像对象，并指定 XY 平面为镜像平面，创建镜像实体特征。

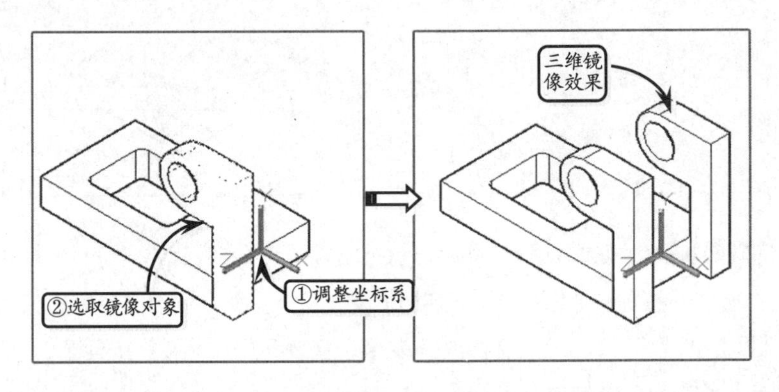

STEP|08 合并对象。单击【并集】按钮，选取底座和两个支耳实体为合并对象，进行并集操作。

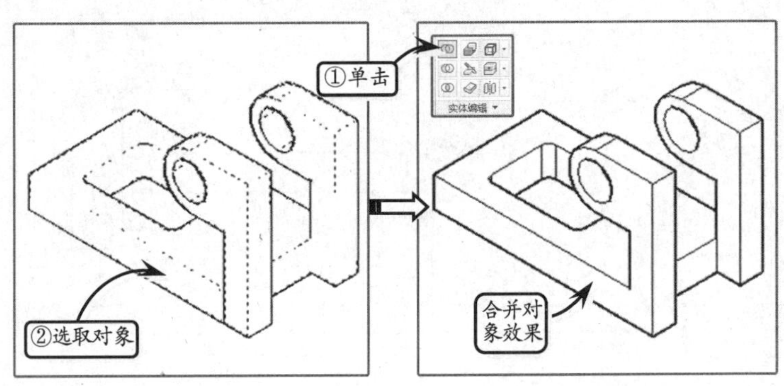

提示

实体模型在并集操作后，原实体中的二维图形线框将附着于实体上，不再被编辑。

STEP|09 绘制销轴底座草图轮廓。切换当前视图方式为【后视】，利用【直线】、【圆】、【偏移】和【修剪】工具绘制草图轮廓。然后利用【面域】工具选取绘制的草图轮廓，创建面域特征。

> **提示**
>
> 为了绘图方便，可选择性的在不同视图模式中切换，这样利于模型的精确绘制。

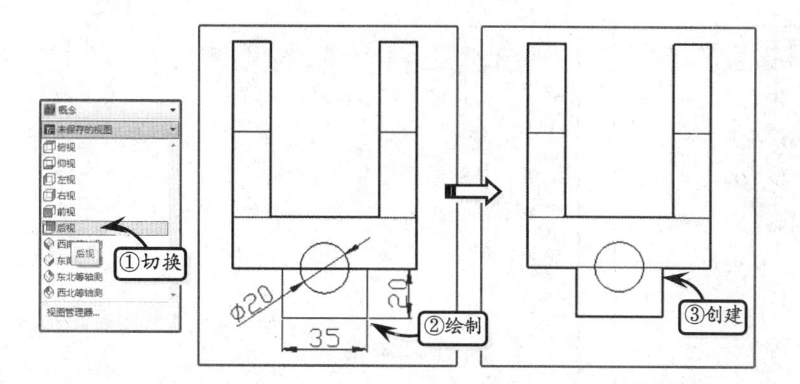

STEP|10 创建拉伸实体特征。单击【UCS，世界】按钮，将当前坐标系转换为世界坐标系。然后切换视图样式为【东北等轴测】，利用【拉伸】工具选取上步创建的面域为拉伸对象，沿-Y 轴方向拉伸 15。

> **提示**
>
> 三维坐标系统是确定三维对象位置的基本手段，是研究三维空间的基础，而在三维建模过程中需要不断地调整当前坐标系，此时就可以通过正确运用 UCS 来简化建模过程。

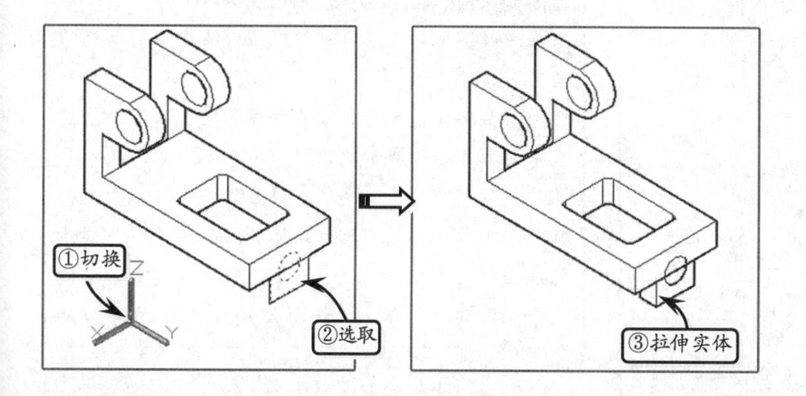

STEP|11 创建实体差集特征。利用【并集】工具选取销轴底座和底座下部的长方体为合并对象，进行并集操作。然后利用【差集】工具选取销轴座外部实体为保留对象，选取拉伸圆柱体为去除对象，进行差集操作。

> **提示**
>
> 多个重叠在一起的实体对象进行【差集】操作时，应先将要保留的对象合并，再选取去除对象。

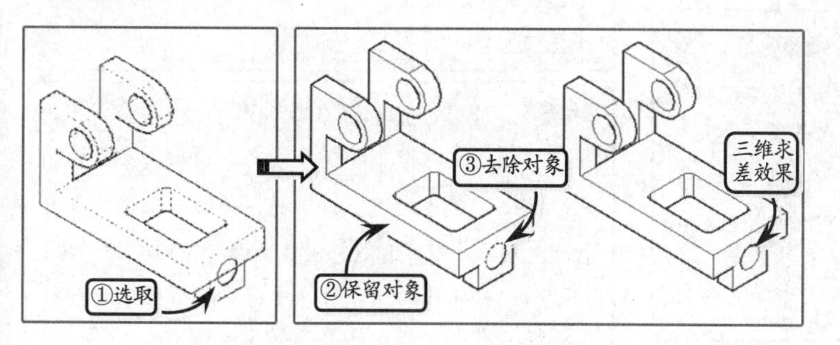

11.8 高手答疑

版本：AutoCAD 2013

问题 1：什么是网格曲面？其一般分为哪几类？

解答：三维曲面都是由多边形网格构成的小平面来近似表示的曲面，其主要由基本三维曲面和特殊三维曲面组成。其中，特殊三维曲面都是通过定义网格的边界来创建平直的或弯曲的网格，它的尺寸和形状由定义它的边界及确定边界点所采用的公式决定。

在 AutoCAD 中，网格曲面主要包括旋转网格曲面、平移网格曲面、直纹网格曲面、边界网格曲面和三维网格曲面。

问题 2：如何创建直纹网格曲面？

解答：直纹曲面是在两个对象之间创建的网格曲面。且这两个对象可以是直线、点、圆弧、圆、多段线或样条曲线。

其中，如果一个对象是开放或闭合的，则另一个对象也必须是开放或闭合的；如果一个点作为一个对象，而另一个对象则不必考虑是开放或闭合的，但两个对象中只能有一个是点对象。

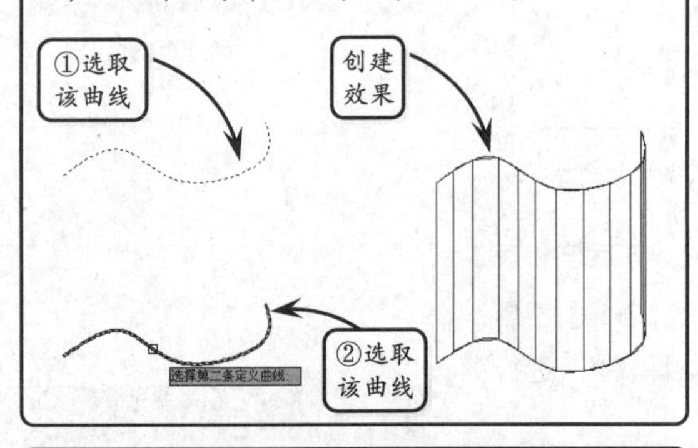

问题 3：在三维模型的创建过程中，如何将二维图形生成三维实体？

解答：在 AutoCAD 中，不仅可以利用各类基本实体工具进行简单实体模型的创建，还可以利用【拉伸】、【旋转】和【扫掠】等扫描特征工具将二维轮廓线沿指定的引导线运动扫描创建出相应的三维实体，以进行更为复杂的实体模型以及曲面的创建。

问题 4：圆锥体和圆锥台有何区别？

解答：圆锥体是以圆或椭圆为底面形状，沿其法线方向并按照一定锥度向上或向下拉伸创建的实体模型。而圆锥台是由平行于圆锥底面，且与底面的距离小于锥体高度的平面为截面，截取该圆锥而创建的实体。

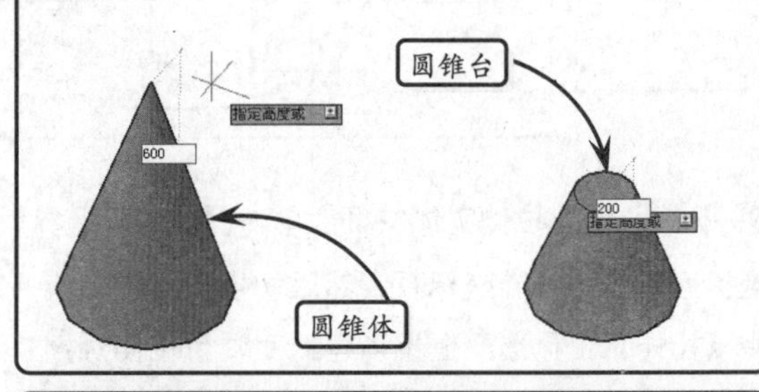

问题 5：如何创建指定位置的楔体？

解答：楔体是长方体沿对角线切成两半后所创建的实体，且其底面总是与当前坐标系的工作平面平行。该类实体通常用于填充物体的间隙，例如安装设备时常用的楔铁和楔木。

在创建楔体时，楔体倾斜面的方向与各个坐标轴之间的位置关系有密切联系。一般情况下，楔体的底面均与坐标系的 XY 平面平行，且创建的楔体倾斜面方向从 Z 轴方向指向 X 轴或-X 轴方向。

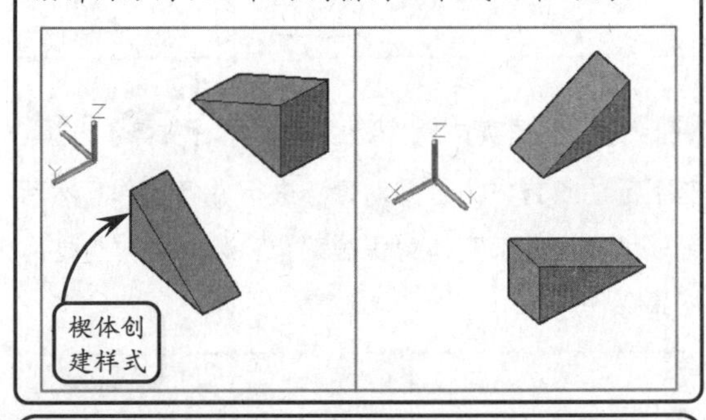

问题 6：什么是放样实体？如何进行创建？

解答：放样实体是指将两个或两个以上横截面沿指定的路径，或导向运动扫描所获得的三维实体。其中，横截面是指具有放样实体截面特征的二维对象。

在 AutoCAD 中，用户可以通过指定导向曲线和路径，或者仅指定横截面创建放样实体。

11.9 高手训练营

版本：AutoCAD 2013

练习 1．利用长方体创建零件基础轮廓

大多数箱体零件的基础轮廓均为长方体。在 AutoCAD 中，可以通过指定两个角点的方式来创建长方体。其中，要注意的是长方体的底面始终与当前坐标系的 XY 平面平行。

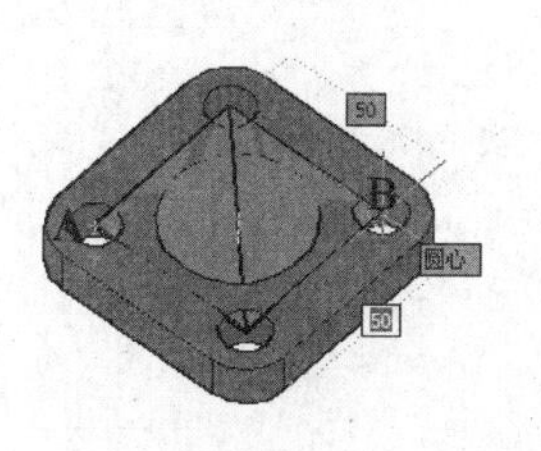

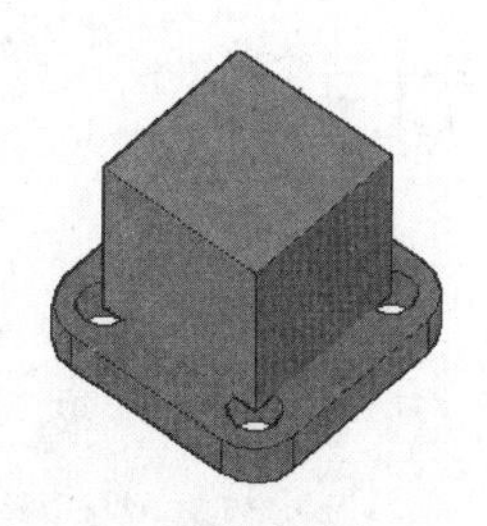

练习 2．利用圆柱体创建孔特征

孔特征是在实体模型上切除材料后，留下的中空回转结构。孔的内表面通常为圆柱形，因此创建三维零件中的孔特征，可以利用【圆柱体】工具创建与该孔特征大小相同的圆柱体，通过布尔运算将圆柱体与源实体进行差集运算，即可创建孔特征。要注意圆柱体的底面与当前坐标系的 XY 平面平行。

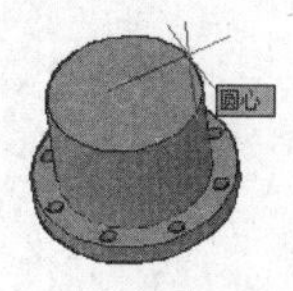

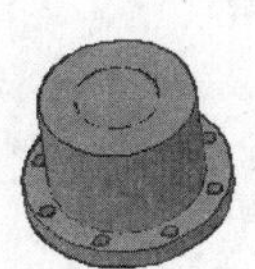

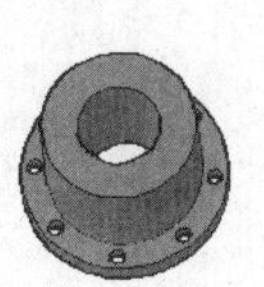

练习 3．利用楔体创建肋板

肋板是在机械设计中针对结构不够强的零件在一侧添加的加强筋，其横截面多为三角形。因此可以利用 AutoCAD 的【楔体】工具来创建肋板。

用户只需依次指定两个角点确定楔体的底面，然后输入高度数值确定楔体高度，即可完成肋板的创建。同样楔体底面与当前坐标系的 XY 平面平行。

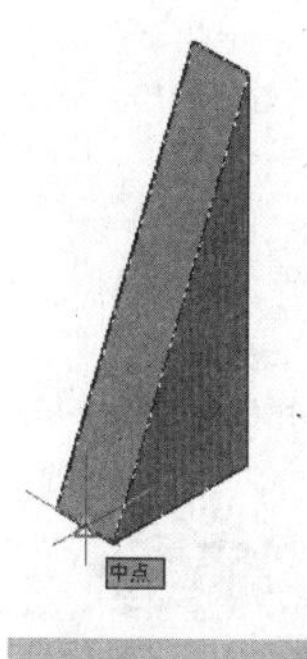

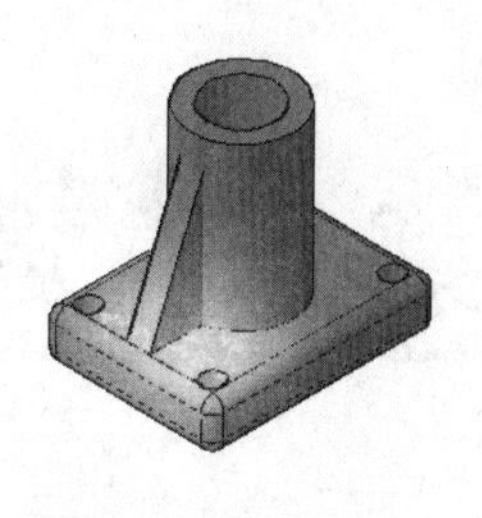

练习 4．利用球体创建滚珠轴承

滚珠轴承是滚动轴承的一种，也叫球轴承。该类轴承滚珠安装在内钢圈和外钢圈之间的保持器上，能承受较大的载荷。在 AutoCAD 中创建该类轴承中的滚珠，可以利用【球体】工具进行创建。

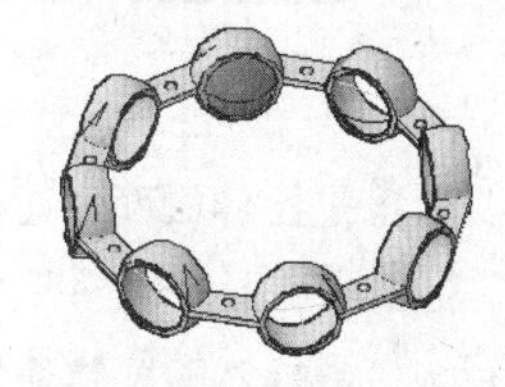

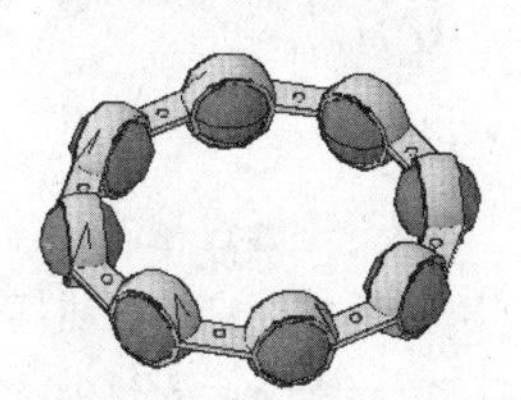

练习 5．利用棱锥体创建锥齿轮

锥齿轮是指分度曲面为圆锥面的齿轮。由锥齿轮组成的传动机构在汽车、直升飞机、机床及电动工具制造业中应用非常广泛。由于锥齿轮的各个轮齿实际上是四边的棱锥台，因此可以利用【棱锥体】工具创建锥齿轮的各个轮齿。

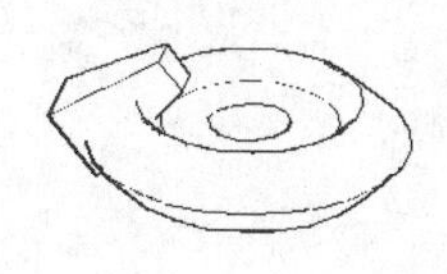

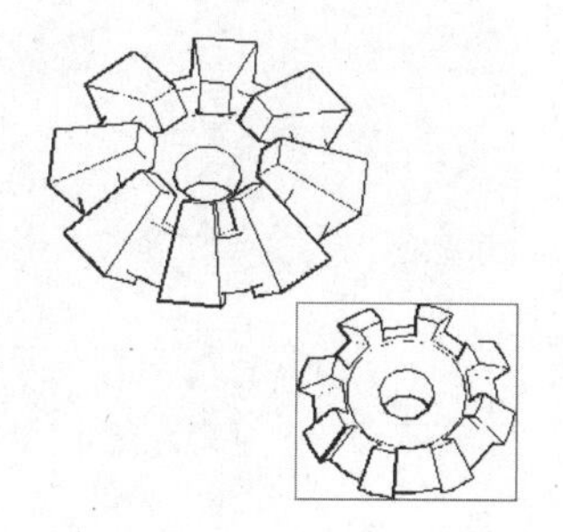

第 12 章

编辑三维图形

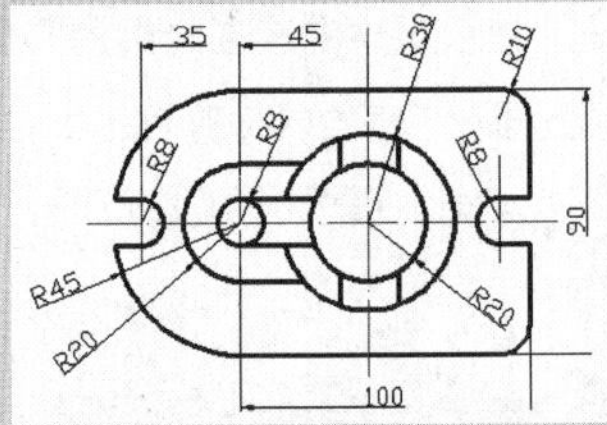

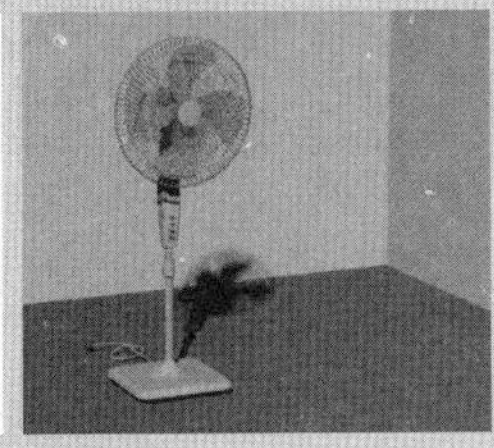
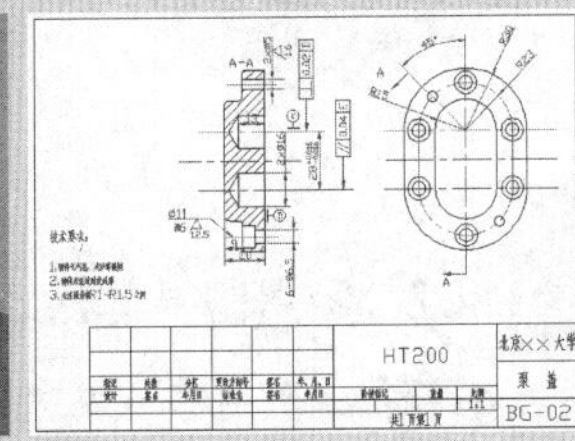

不管是通过基本实体工具，还是拉伸截面创建的实体，都只是零件的初始框架。为了准确、有效地创建出更加复杂的三维实体，可以利用三维编辑工具对实体进行移动、阵列、镜像和旋转等操作。此外，还可以对相关的实体对象进行边、面和体的编辑操作，以及布尔运算，从而创建出符合设计意图的三维实体。

本章主要介绍实体间的布尔运算和相关的三维操作方法。此外，还详细介绍了编辑实体的边、面和体的方法。

AutoCAD 12.1 布尔运算

版本：AutoCAD 2013

布尔运算包括并集、差集和交集三种运算方式，贯穿整个建模过程。该类运算主要用于确定建模过程中多个实体之间的组合关系，以实现一些特殊的造型。例如孔、槽、凸台和轮齿等特征，都是通过布尔运算来实现的。

在创建三维实体时，熟练掌握并运用相应的布尔运算方式，将使创建模型过程更加方便快捷。

1．并集运算

由两个或两个以上的基本实体叠加而得到的组合体即为叠加式组合体。创建该类组合体，可以通过并集操作将两个或两个以上的实体组合为一个新的组合对象，类似于数学中的加法运算。执行并集操作后，原来各个实体相互重合的部分变为一体，成为无重合的实体。

在【常用】选项卡的【实体编辑】选项板中单击【并集】按钮，然后直接框选所有要合并的对象，并按下回车键，即可执行合并操作。

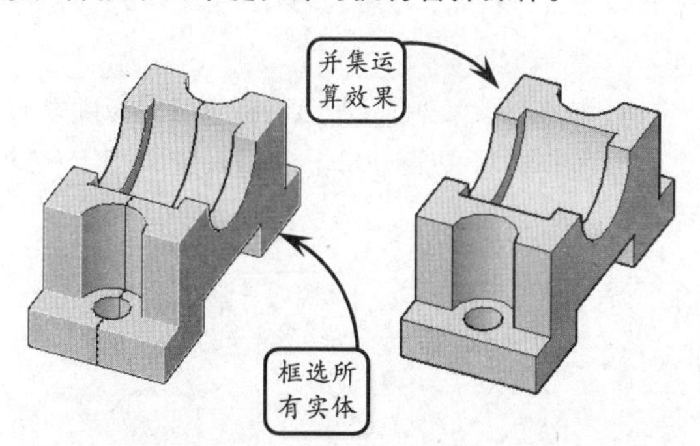

在执行并集操作时，选取的各个对象可以不分先后顺序，只需要将要合并的所有对象都选中即可完成合并操作。

提示

此外，在执行并集运算时，所选择的实体可以是不接触或不重叠的。对于这一类的实体并集运算的结果是生成一个组合实体，但其显示效果看起来还是多个实体。

2．差集运算

差集操作是指将一个对象减去另一个对象形成新的组合对象，类似于数学中的减法运算。其中，首先选取的对象为被剪切的对象，后选取的对象为要去除的对象。

在【实体编辑】选项板中单击【差集】按钮，然后选取源对象并右击，接着选取要去除的对象并右击，即可完成实体差集运算。

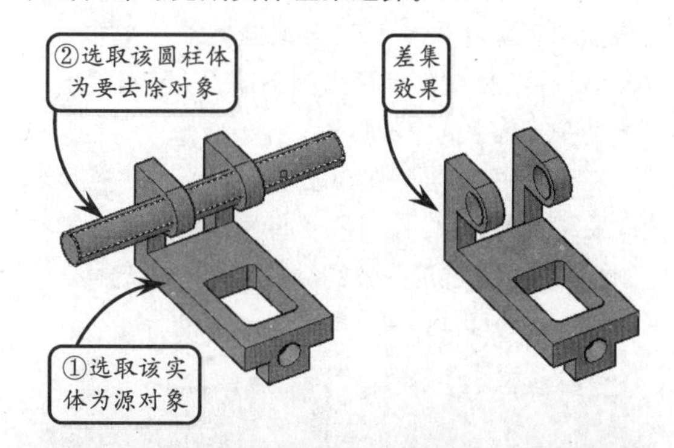

提示

在执行差集运算时，所选择的操作实体对象是有先后次序的，不能只是简单的框选。用户应该按照实体的最终造型效果，依次选择相应的实体对象进行差集运算操作。

3．交集运算

交集操作是指求得两个对象的公共部分，而去除其余部分，从而形成一个新的组合对象。在执行该运算时，选取进行交集的各个对象不分先后顺序。

在【实体编辑】选项板中单击【交集】按钮，然后依次选取要求交的两个实体，并单击右键即可完成交集运算。

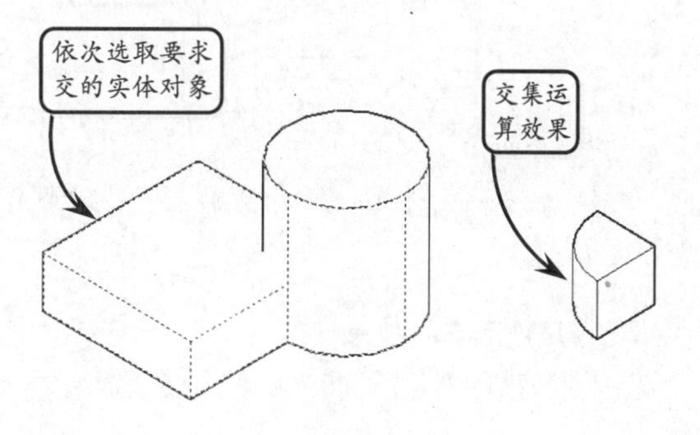

12.2 三维操作

版本：AutoCAD 2013

与二维空间中的编辑命令一样，在三维空间中同样可以对三维物体执行移动、阵列、镜像和旋转等编辑操作。灵活使用这些编辑工具，能够快速地创建复杂的实体模型。

1. 三维移动

在三维建模环境中，利用【三维移动】工具能够将指定的模型沿 X、Y、Z 轴或其他任意方向，以及沿轴线、面或任意两点间移动，从而准确地定位模型在三维空间中的位置。

在【修改】选项板中单击【三维移动】按钮，选取要移动的对象，该对象上将显示相应的三维移动图标。然后通过选择该图标的基点和轴句柄，即可实现不同的移动效果，现分别介绍如下。

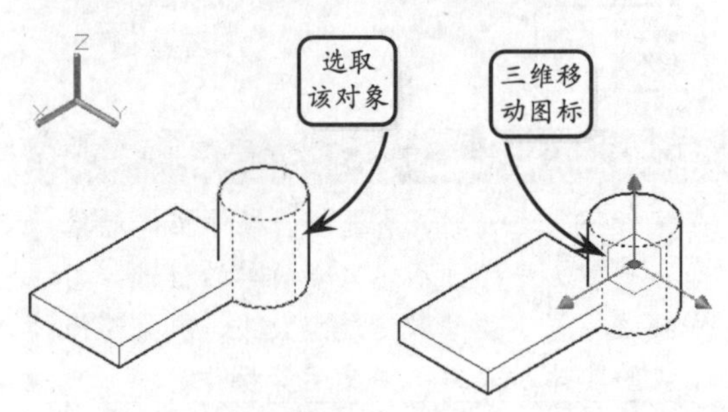

❑ 指定距离数值移动对象

指定移动基点后，可以通过直接输入移动距离来移动对象。例如要将圆柱体沿 Y 轴负方向移动 10，在指定图标原点为基点后，输入相对坐标（@0，-10，0），并按下回车键，即可移动该圆柱体。

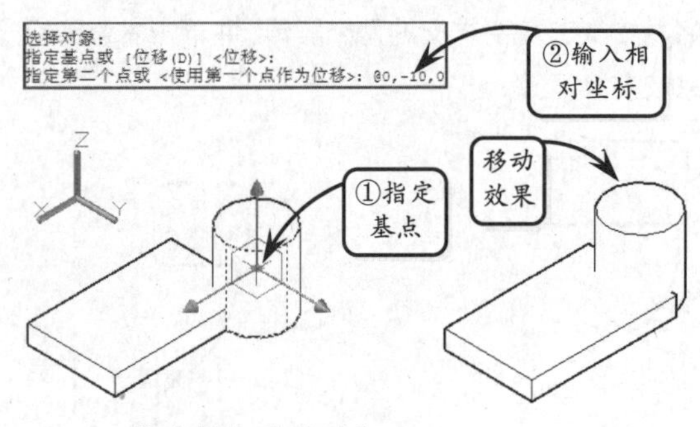

❑ 指定轴向移动对象

选取要移动的对象后，将光标停留在坐标系的轴句柄上，直到矢量显示为与该轴对齐，然后选择该轴句柄即可将移动方向约束到该轴上。

此时当拖动光标时，选定的对象将仅沿指定的轴移动，且用户可以通过单击或输入值来指定移动距离。如下图所示就是将实体沿 X 轴向移动的效果。

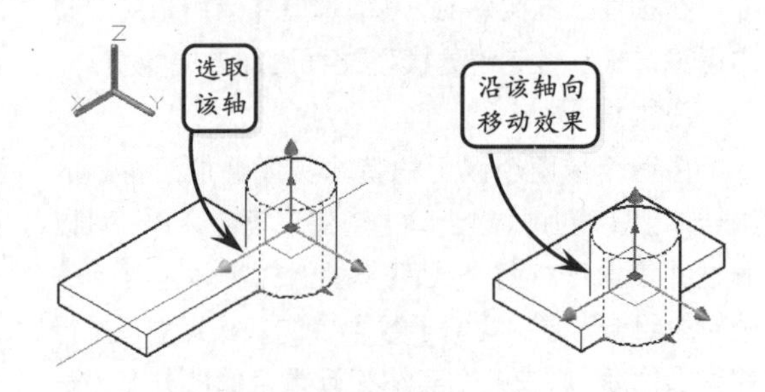

❑ 指定平面移动对象

将光标悬停在两条轴柄直线之间汇合处的平面上（用于确定移动平面），直到直线变为黄色。然后选择该平面，即可将移动约束添加到该平面上。

此时当拖动光标时，所选的实体对象将随之移动，且用户仍可以通过单击或输入值来指定移动距离。

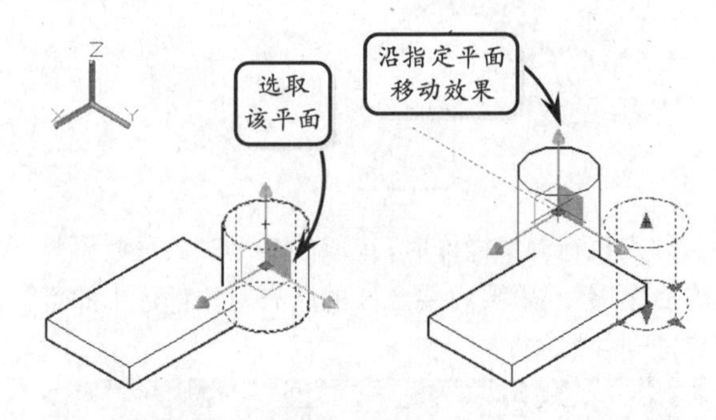

2. 三维阵列

利用该工具可以在三维空间中按矩形阵列或环形阵列的方式，创建指定对象的多个副本。在创建齿轮、齿条等按照一定顺序分布的三维对象时，利用该工具可以快速地进行创建。现分别介绍矩形阵列和环形阵列的使用方法。

□ 矩形阵列

三维矩形阵列与二维矩形阵列操作过程很相似，不同之处在于：在指定行列数目和间距之后，还可以指定层数和层间距。

在【修改】选项板中单击【矩形阵列】按钮，并选取要阵列的长方体对象。然后按下回车键，系统将展开【阵列创建】选项卡。

此时，在该选项卡的相应文本框中依次设置列、行和层的相关参数，即可完成该长方体矩形阵列特征的创建。

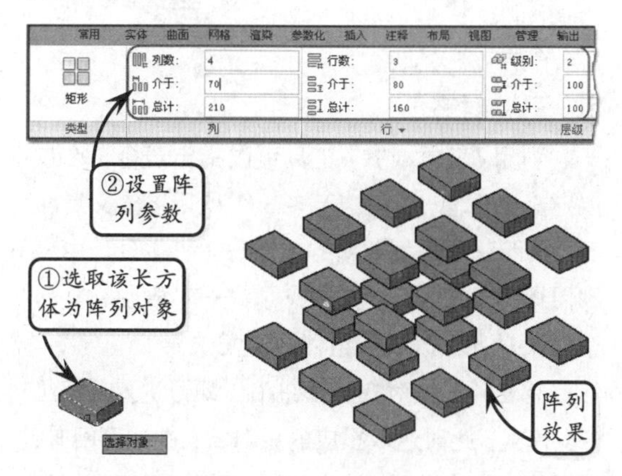

□ 环形阵列

创建三维环形阵列除了需要指定阵列数目和阵列填充角度以外，还需要指定旋转轴的起止点，以及对象在阵列后是否绕着阵列中心旋转。

在【修改】选项板中单击【环形阵列】按钮，然后选取要阵列的对象，并按下回车键。接着在绘图区中指定阵列的中心点，系统将展开【阵列创建】选项卡。此时在该选项卡的相应文本框中依次设置相关的阵列参数，即可完成环形阵列特征的创建。

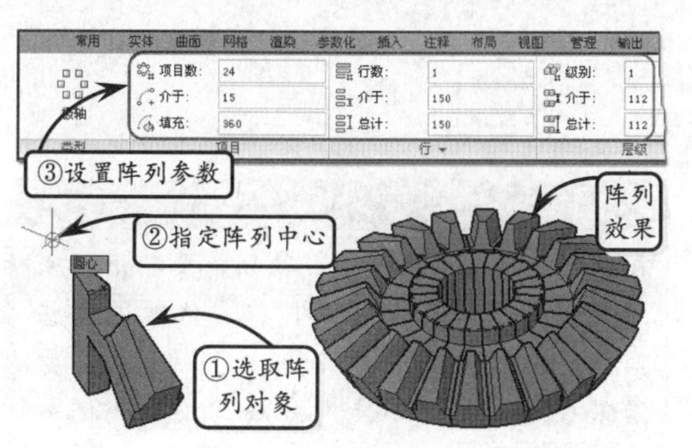

提示

在执行三维环形阵列时，“填充的角度”表示环形阵列覆盖的角度，默认值为360°，表示在全环范围内阵列。

3. 三维镜像

利用该工具能够将三维对象通过镜像平面获取与之完全相同的对象。其中，镜像平面可以是与当前UCS的XY、YZ或XZ平面平行的平面，或者由3个指定点所定义的任意平面。

单击【三维镜像】按钮，即可进入【三维镜像】模式。此时选取待镜像的对象，并按下回车键，则在命令行中将显示指定镜像平面的各种方式，常用方式的操作方法介绍如下。

□ 指定对象镜像

该方式是指使用选定对象的平面作为镜像平面，包括圆、圆弧或二维多段线等。在命令行中输入字母O后，选取相应的平面对象，并指定是否删除源对象，即可创建相应的镜像特征。

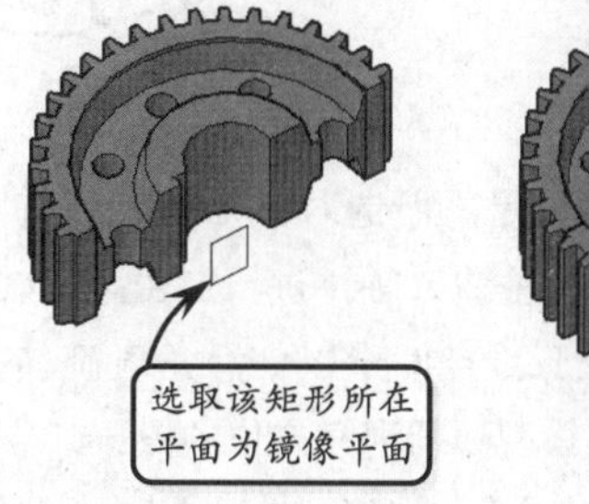

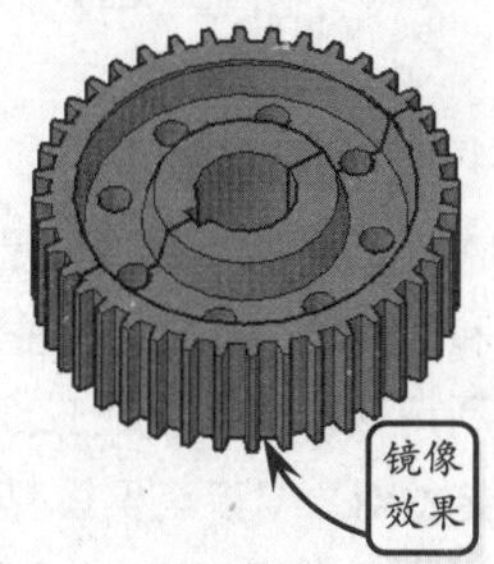

□ 指定视图镜像

该方式是指将镜像平面与当前视口中通过指定点的视图平面对齐。在命令行中输入字母V后，直接在绘图区中指定一点或输入坐标点，并指定是否删除源对象，即可获得相应的镜像特征。

□ 指定XY、YZ、ZX平面镜像

该方式是将镜像平面与一个通过指定点的坐标系平面（XY、YZ或ZX）对齐，通常与调整UCS操作配合使用。

例如将当前UCS移动到如下图所示的节点位置，然后在执行镜像操作时，指定坐标系平面XY为镜像平面，并指定该平面上一点，即可获得相应的镜像特征。

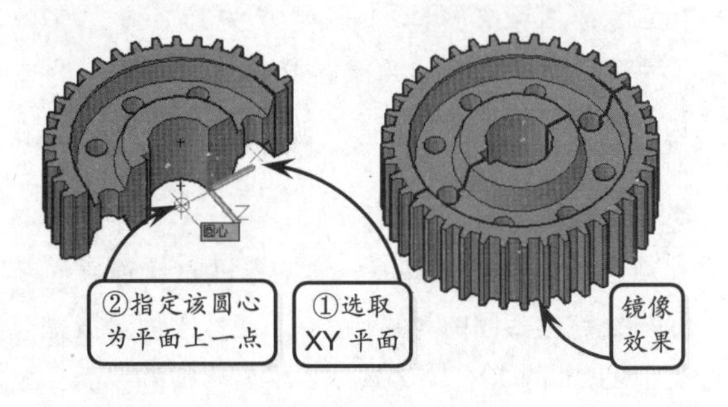

❑ **指定3点镜像**

该方式是指定3点定义镜像平面，并且要求这3点不在同一条直线上。如下图所示选取镜像对象后，直接在模型上指定3点，按下回车键，即可获得相应的镜像特征。

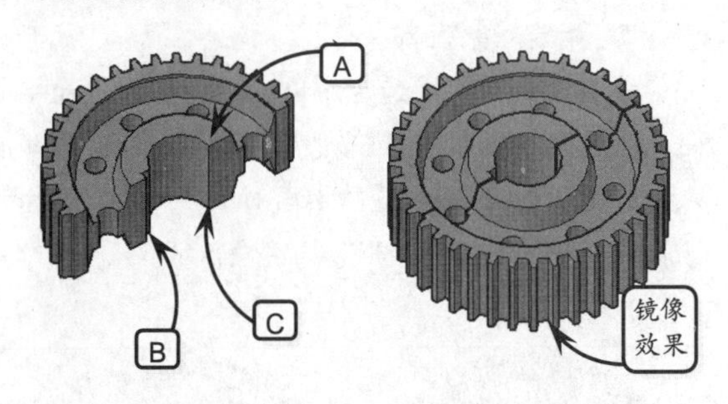

4. 三维旋转

三维旋转操作就是将所选对象沿指定的基点和旋转轴（X轴、Y轴和Z轴）进行自由地旋转。利用该工具可以在三维空间中以任意角度旋转指定的对象，以获得模型不同观察方位的效果。

单击【三维旋转】按钮，进入【三维旋转】模式。然后选取待旋转的对象，并按下回车键，该对象上将显示旋转图标。其中，红色圆环代表X轴、绿色圆环代表Y轴、蓝色圆环代表Z轴。

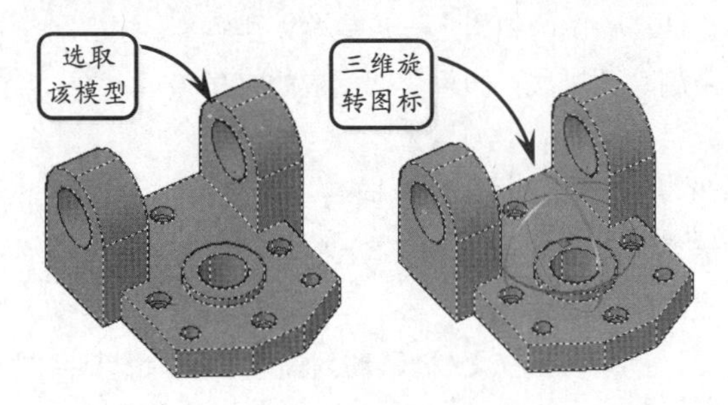

此时指定一点作为旋转基点，并选取相应的旋转图标的圆环以确定旋转轴。且当选取一圆环时，系统将显示对应的轴线为旋转轴。然后拖动光标或输入任意角度，即可执行三维旋转操作。

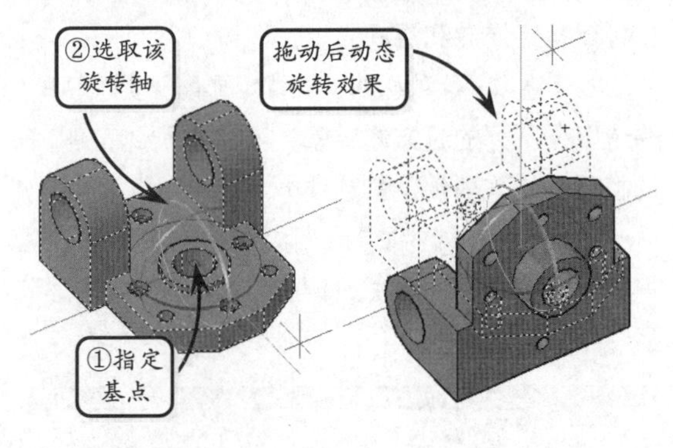

5. 三维对齐

利用【三维对齐】工具可以指定至多3个点用以定义源平面，并指定至多3个点用以定义目标平面，从而获得模型的对齐效果。在机械设计中经常利用该工具来移动、旋转或倾斜一对象使其与另一个对象对齐，以获得组件的装配效果。

单击【三维对齐】按钮，即可进入【三维对齐】模式。此时选取相应的源对象，并按下回车键。然后依次指定源对象上的3个点用以确定源平面。接着指定目标对象上与之相对应的3个点用以确定目标平面，源对象即可与目标对象根据参照点对齐。

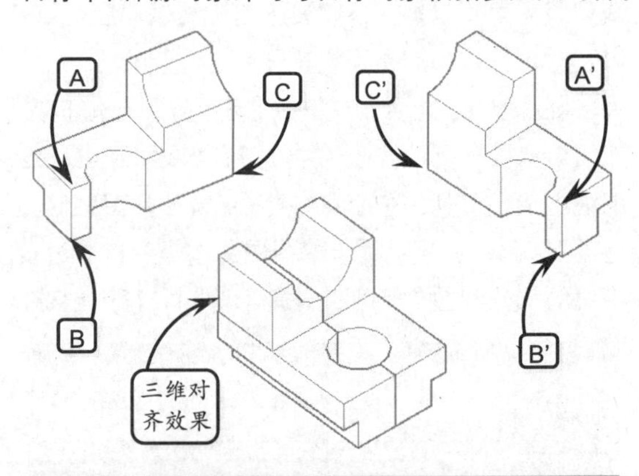

提示

在创建复杂实体模型时，往往需要利用相应的三维移动和旋转等工具将实体对象调整至合适的位置，以方便进行相关的操作。灵活掌握这些工具的使用方法将极大地提高建模效率。

AutoCAD 12.3 编辑实体边

版本：AutoCAD 2013

在 AutoCAD 中，用户可以根据设计的需要提取多个边特征，对其执行着色、压印或复制边等操作，便于查看或创建更为复杂的模型。

1．着色边

利用该工具可以修改三维对象上单条或多条边的颜色。在创建比较复杂的实体模型时，利用该工具对边进行着色，可以更清晰地操作或观察边界线。

在【常用】选项卡的【实体编辑】选项板中单击【着色边】按钮，然后选取需要进行颜色修改的边，并按下回车键，系统将打开【选择颜色】对话框。然后在该对话框中选择颜色，单击【确定】按钮，即可完成边颜色的修改。

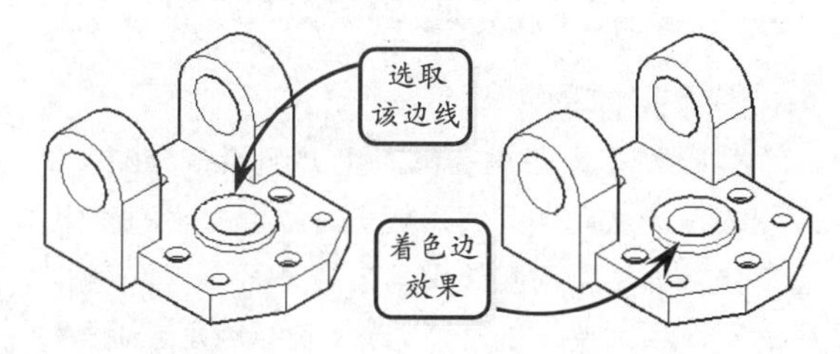

2．提取边

在三维建模环境中执行提取边操作，可以从三维实体或曲面中提取相应的边线来创建线框。这样可以从任何有利的位置查看模型结构特征，并且自动创建标准的正交和辅助视图，以及轻松生成分解视图。

在【实体编辑】选项板中单击【提取边】按钮，然后选取待提取的三维模型，按下回车键，即可执行提取边操作。此时提取后并不能显示提取效果，如果要进行查看，可以将对象移出当前位置来显示提取边效果。

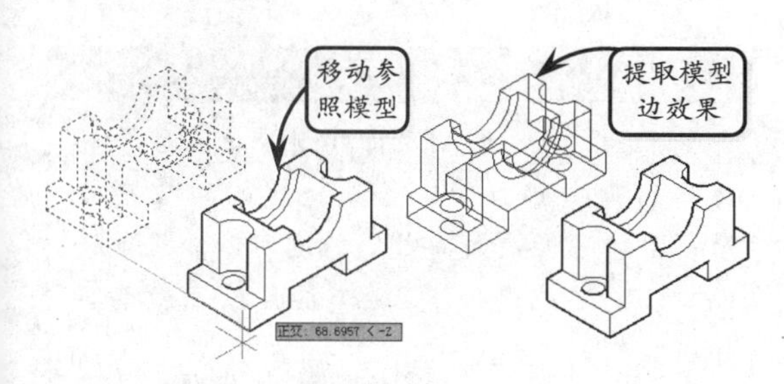

3．压印边

在创建三维模型后，往往需要在模型的表面加入公司标记或产品标记等图形对象。AutoCAD 为该操作专门提供了压印工具，使用该工具能够将对象压印到选定的实体上。且为了使压印操作成功，被压印的对象必须与选定对象的一个或多个面相交。

单击【压印】按钮，然后选取被压印的实体，并选取压印对象。此时，如果需要保留压印对象，按下回车键即可；如果不需要保留压印对象，可在命令行中输入字母 Y，并按下回车键即可。下图所示就是删除压印对象的效果。

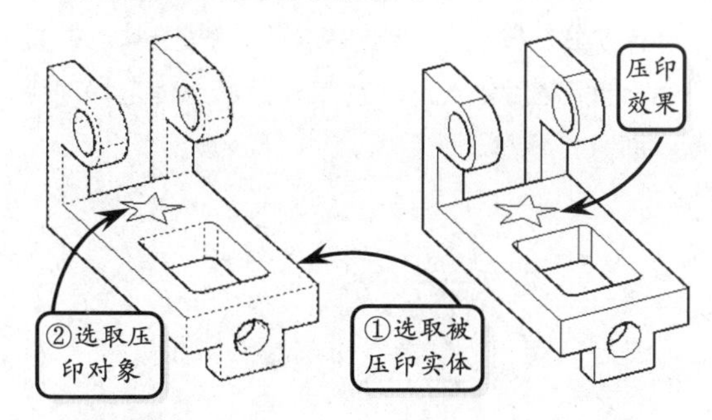

4．复制边

利用该工具能够对三维实体中的任意边进行复制，且可以复制的边为直线、圆弧、圆、椭圆或样条曲线等对象。

单击【复制边】按钮，选取需要进行复制的边，并按下回车键。然后依次指定基点和位移点，即可将选取的边线复制到目标点处。下图所示就是将复制的边从基点 A 移动到基点 B 的效果。

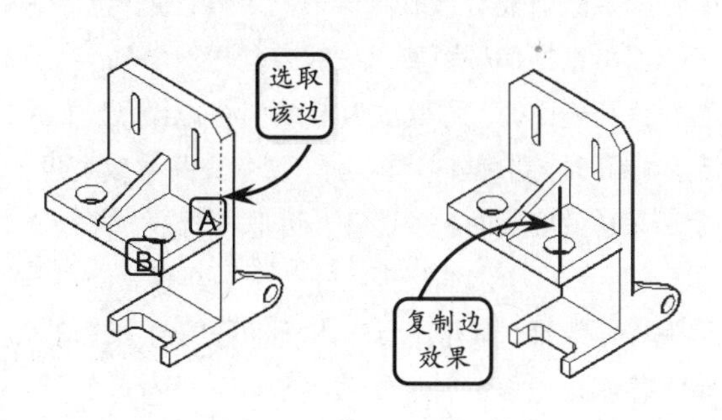

AutoCAD 12.4 编辑实体面

版本：AutoCAD 2013

在创建零件模型时，有时所创建结构特征的位置和大小并不符合设计要求。如果删除重新创建必定会比较麻烦，此时就可以利用 AutoCAD 提供的各种编辑实体面的工具对实体的结构形状或位置进行实时地调整，直至符合用户的设计要求。

1．移动实体面

当实体上孔或槽的位置不符合设计要求时，可以利用【移动面】工具选取孔或槽的表面，将其移动到指定位置，使实体的几何形状发生关联的变形，但其大小和方向并不改变。

在【常用】选项卡的【实体编辑】选项板中单击【移动面】按钮，选取要移动的槽表面，并按下回车键。然后依次选取基点和目标点确定移动距离，即可将槽移动至目标点。

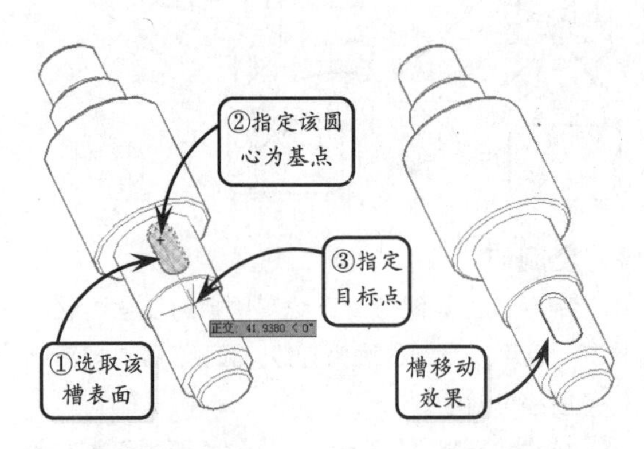

2．偏移实体面

如果要改变现有实体上孔或槽的大小，可以利用【偏移面】工具进行编辑。利用该工具可以通过直接输入数值或者选取两点来确定偏移距离，之后所选面将根据偏移距离沿法线方向进行移动。当所选面为孔表面时，可以放大或缩小孔；当所选面为实体端面时，则可以拉伸实体，改变其高度或宽度。

单击【偏移面】按钮，选取槽表面，并按下回车键。然后输入偏移值，并按下回车键，即可获得偏移面效果。其中，当输入负偏移值时，将放大槽；输入正偏移值时，则缩小槽。

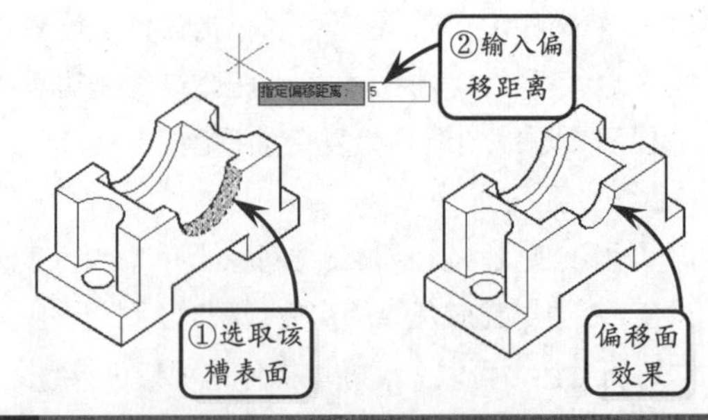

提示

移动和偏移是两个既相似又有所区别的概念。移动主要强调位置的改变，不改变被移动面的大小和方向，但可能引起其他面的改变；而偏移主要强调大小的改变。

3．删除实体面

删除面指从三维实体对象上删除多余的实体面和圆角，从而使几何形状实体产生关联的变化。通常删除面用于对实体倒角或圆角面的删除，删除后的实体回到原来的状态，成为未经倒角或圆角的锐边。

单击【删除面】按钮，进入【删除面】模式。此时选取要删除的面后右击，或按下回车键，即可删除该面。

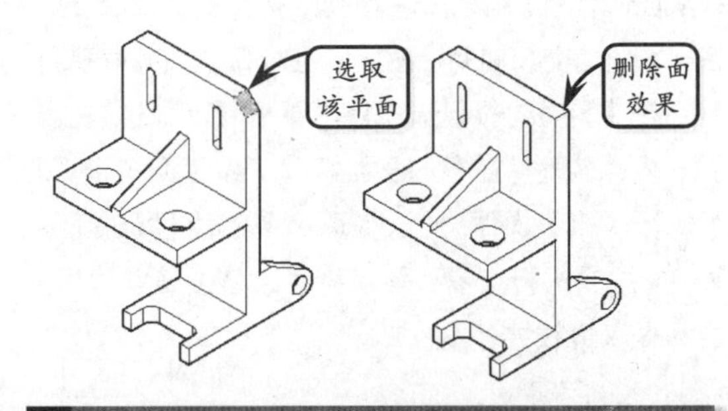

提示

删除面时，AutoCAD 将对删除面以后的实体进行有效性检查。如果选定的面被删除后，实体不能成为有效的封闭实体，则删除面操作将不能进行。因此只能删除不影响实体有效性的面。

4．旋转实体面

旋转面指将一个或多个面，或者实体的某部分绕指定的轴旋转。当一个面旋转后，与其相交的面会进行自动调整，以适应改变后的实体。

单击【旋转面】按钮，选取要旋转的面，右击或按下回车键。然后指定旋转轴，并输入旋转角度后按下回车键，即可旋转该面。

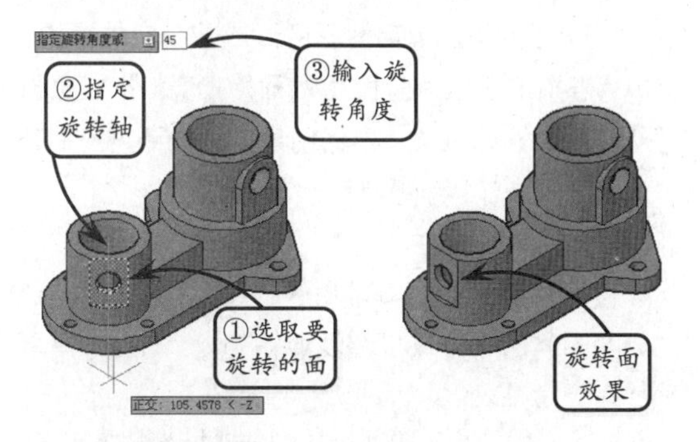

5．倾斜实体面

利用【倾斜面】工具可以将实体中的一个或多个面按照指定的角度倾斜。在倾斜面操作中，所指定的基点和另外一点确定了面的倾斜方向，面与基点同侧的一端保持不变，而另一端则发生变化。

单击【倾斜面】按钮，选取实体上要进行倾斜的面，并按下回车键。然后依次选取基点和另一点确定倾斜轴，并输入倾斜角度（当角度为正值时向内倾斜，负值时向外倾斜），按下回车键，即可完成倾斜面操作。

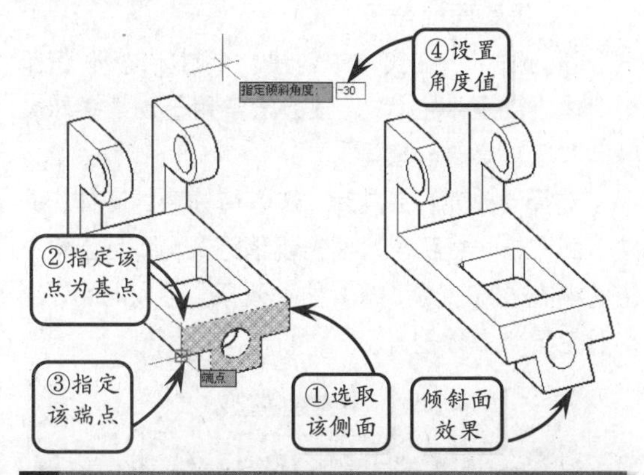

提示

输入倾斜角度时，数值不要过大，因为如果角度过大，在倾斜面未达到指定的角度之前可能已经聚为一点，系统不支持这种倾斜。

6．拉伸实体面

如果要动态地调整实体的高度或宽度，可以利用【拉伸面】工具根据指定的距离拉伸面或将面沿某条路径拉伸。

单击【拉伸面】按钮，选取实体上要拉伸的面，并设置拉伸距离和拉伸的倾斜角度。此时拉伸面将沿其法线方向进行移动，进而改变实体的高度。

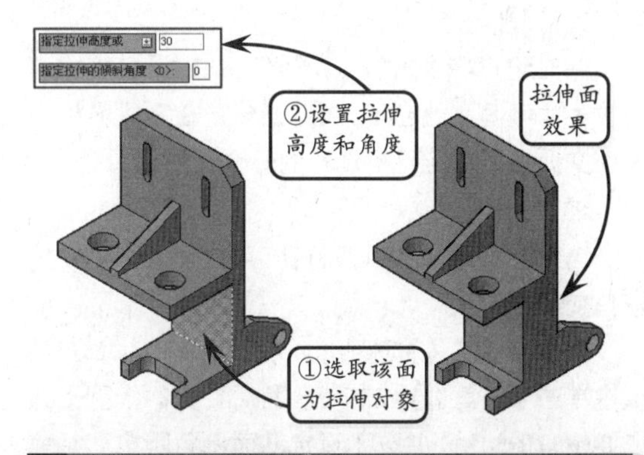

提示

此外，如果输入拉伸距离，还可以设置拉伸的锥角，使拉伸实体形成锥化效果。

7．复制实体面

在创建零件模型时，可以不必重新绘制截面，直接将现有实体的表面复制为新对象以用于实体建模。其中，利用【复制面】工具复制出的新对象可以是面域或曲面。且当为面域时，用户还可以拉伸该面域创建新的实体。

单击【复制面】按钮，选取待复制的实体表面，并按下回车键。然后依次指定基点和目标点，放置复制出的实体面即可。

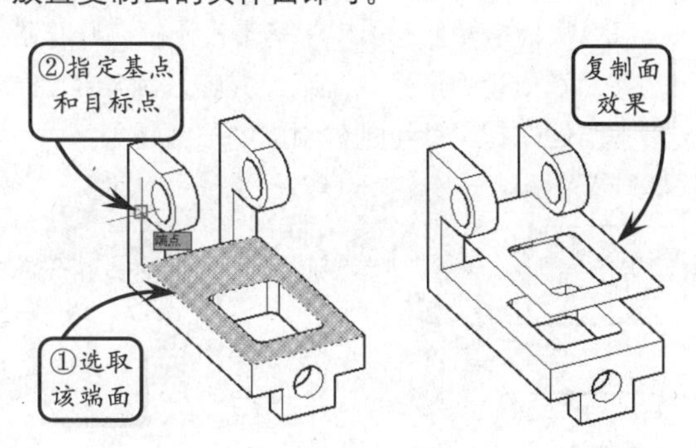

AutoCAD 12.5 实体倒角和抽壳

版本：AutoCAD 2013

在实体建模过程中，不仅可以对实体上的边线和单个表面执行编辑操作，还可以对整个实体进行编辑操作。例如进行三维倒角和圆角操作，以及利用抽壳工具创建壳体零件等。

1．实体倒角

在三维环境中执行倒角操作，与二维环境中编辑效果的不同之处在于：这些操作是在三维实体表面相交处按照指定距离创建的一个新平面。

❑ 三维倒角

为模型边缘添加倒角特征，可以使模型尖锐的棱角变的光滑。

切换至【实体】选项卡，在【实体编辑】选项板中单击【倒角边】按钮，然后在实体模型上选取要倒角的边线，并分别设定基面倒角距离和相邻面的倒角距离。接着按下回车键，即可获得相应的倒角特征。

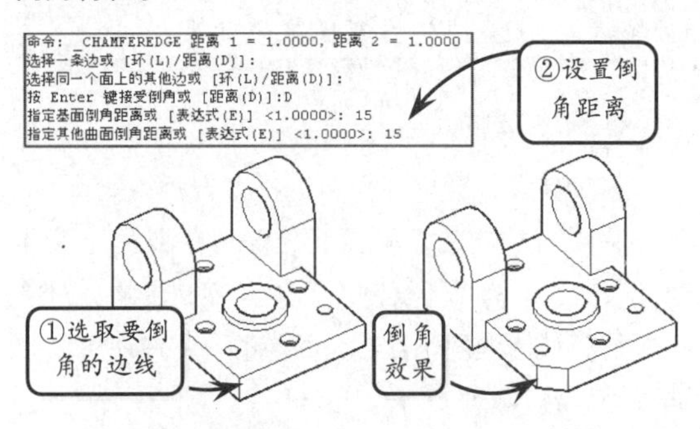

❑ 三维圆角

在三维建模过程中创建圆角特征，即在实体表面相交处按照指定半径创建一个圆弧性曲面。

在【实体编辑】选项板中单击【圆角边】按钮，然后选取待倒圆角的边线，并输入圆角半径。接着按下回车键，即可创建相应的圆角特征。

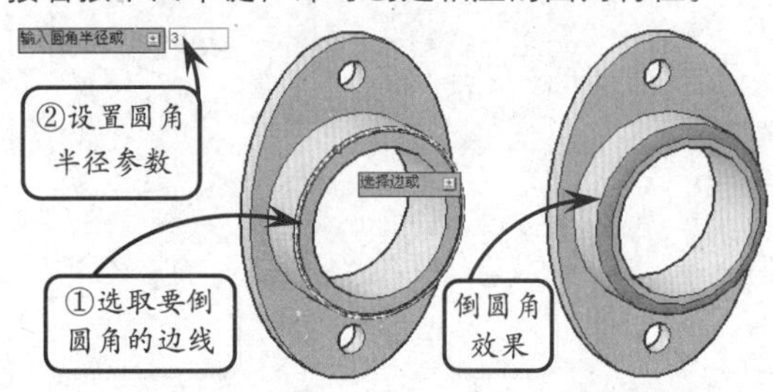

2．抽壳

抽壳是指从实体内部挖去一部分材料，形成内部中空或者凹坑的薄壁实体结构。通过执行抽壳操作，可以将实体以指定的厚度形成一个空的薄层。其中，当指定正值时从圆周外开始抽壳，指定负值时从圆周内开始抽壳。根据创建方式的不同，抽壳方式主要有以下两种类型。

❑ 删除面抽壳

该方式是抽壳中最常用的一种方法，主要是通过删除实体的一个或多个表面，并设置相应的厚度来创建壳特征。

在【实体编辑】选项板中单击【抽壳】按钮，选取待抽壳的实体，并选取要删除的面。然后按下回车键，并输入抽壳偏移距离，即可执行抽壳操作。

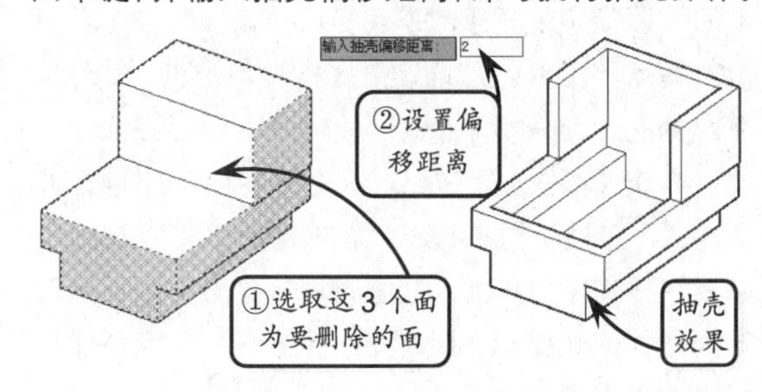

❑ 保留面抽壳

该方法可以在实体中创建一个封闭的壳，使整个实体内部呈中空状态。该方法常用于创建各球类模型和气垫等空心模型。

选择【抽壳】工具后，选取待抽壳的实体，并按下回车键，然后输入抽壳偏移距离，即可创建中空的抽壳效果。为了查看抽壳效果，可以利用【剖切】工具将实体剖开。

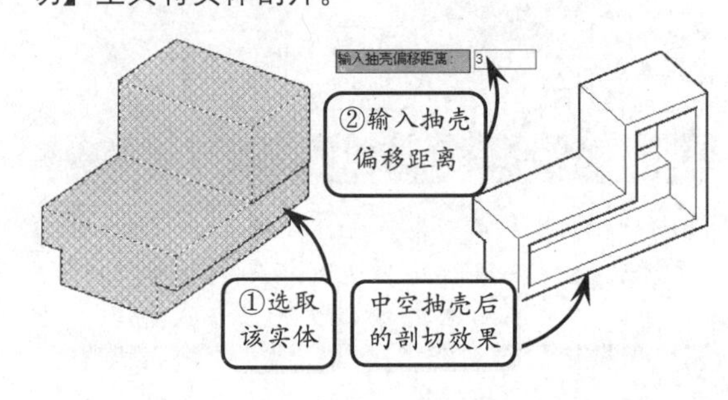

AutoCAD 12.6 剖切实体和转换三维图形

版本：AutoCAD 2013

在三维建模过程中，有一些外形看似简单，但内部却极其复杂的零件，如腔体类零件。此时，用户就可以通过剖切更清楚地表达模型内部的形体结构。

此外，为提高图形的显示速度和效果，用户还可以利用相关的工具将当前的图形对象转换为实体特征或曲面特征，以方便模型的创建。

1．剖切实体

剖切就是使用假想的一个与对象相交的平面或曲面，将三维实体切为两半。被切开的实体两部分可以保留一侧，也可以都保留。

单击【剖切】按钮，选取要剖切的对象，按下回车键。然后指定剖切平面，并根据需要保留切开实体的一侧或两侧，即可完成剖切操作。现分别介绍几种常用的指定剖切平面的方法。

❑ 指定切面起点

该方式是默认剖切方式，即通过指定剖切实体上的两点对实体进行剖切操作，系统将默认两点所在垂直平面为剖切平面。

指定要剖切的实体后，按下回车键。然后指定两点确定剖切平面，此时命令行将显示“在所需的侧面上指定点或 [保留两个侧面(B)]”提示信息，可以根据设计需要设置是否保留指定侧面或两侧面，并按下回车键，即可执行剖切操作。

❑ 平面对象

该方式是指利用曲线、圆、椭圆、圆弧或椭圆弧、二维样条曲线和二维多段线作为剖切平面，对所选实体进行剖切。

选取待剖切的对象之后，在命令行中输入字母 O，并按下回车键。然后选取二维曲线为剖切平面，并设置保留方式，即可完成剖切操作。

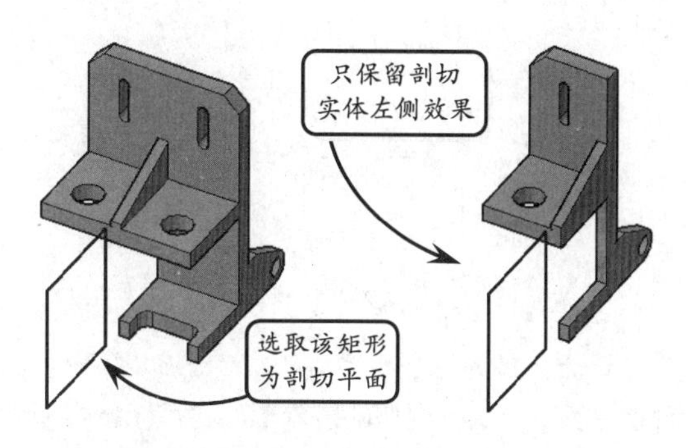

❑ 曲面

该方式以曲面作为剖切平面。选取待剖切的对象后，在命令行中输入字母 S，按下回车键后选取曲面，即可执行剖切操作。

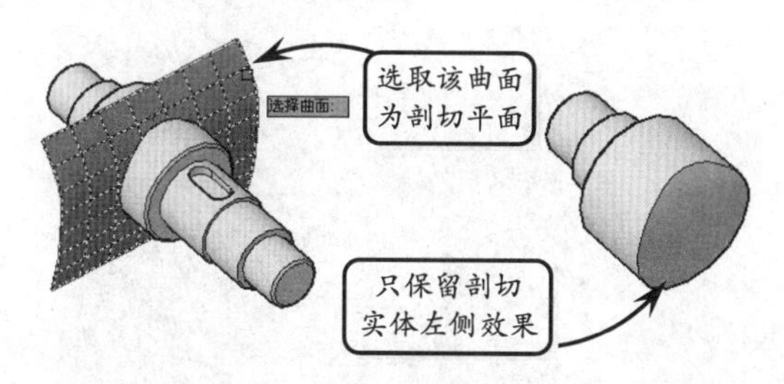

❑ Z 轴

该方式可以通过指定 Z 轴方向上的两点来剖切实体。选取待剖切的对象后，在命令行中输入字母 Z，按下回车键后直接在实体上指定两点，则系统将以这两点连线的法向面作为剖切平面执行剖切操作。

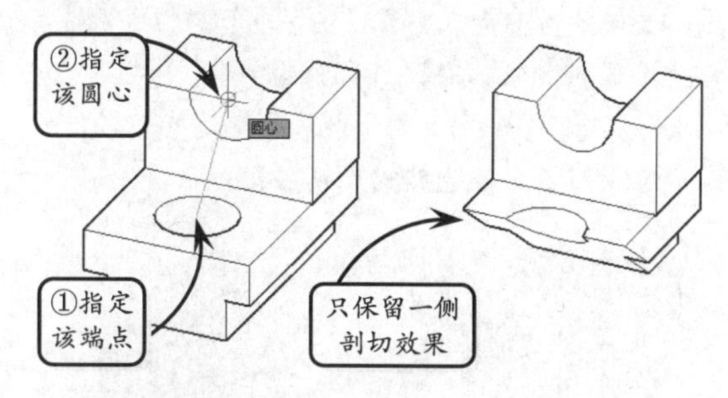

❑ 视图

该方式是以实体所在的视图为剖切平面。选取待剖切的对象之后，在命令行中输入字母 V，然后按下回车键并指定一点作为视图平面上的点，即可执行剖切操作。如下图所示就是当前视图为西北等轴测，并指定实体边上的中点作为视图平面上的点的剖切效果。

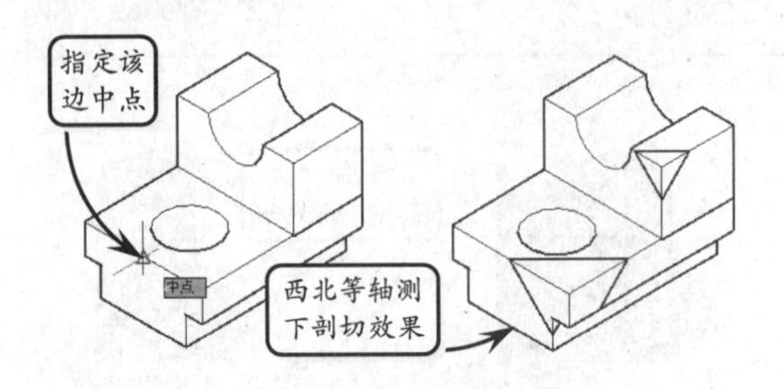

❑ **XY、YZ、ZX**

该方式是利用坐标系 XY、YZ、ZX 平面作为剖切平面。选取待剖切的对象后，在命令行中指定坐标系平面，按下回车键后指定该平面上一点，即可执行剖切操作。如下图所示就是指定 XY 平面为剖切平面，并指定当前坐标系原点为该平面上一点，创建的剖切实体效果。

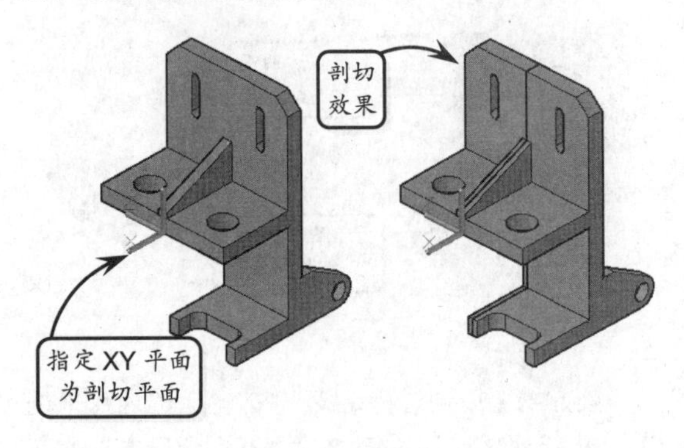

❑ **三点**

该方式是在绘图区中选取 3 点，利用这 3 个点组成的平面作为剖切平面。选取待剖切的对象之后，在命令行输入数字 3，按下回车键后直接在实体上选取 3 个点，系统将自动根据这 3 个点组成的平面，执行剖切操作。如下图所示就是依次指定点 A、点 B 和点 C 而生成的剖切效果。

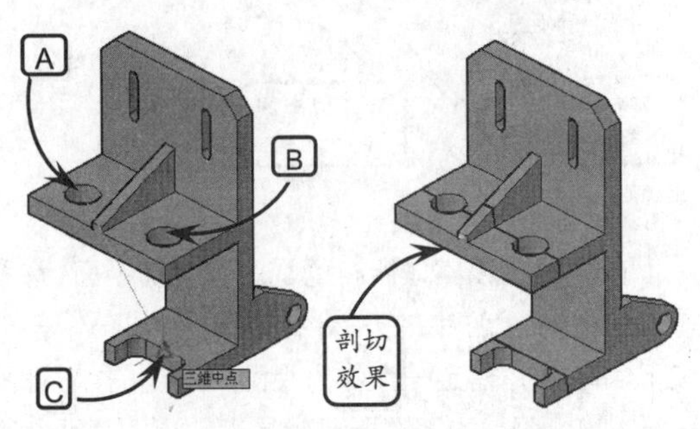

2. 转换三维图形

在编辑三维图形时，为提高图形的显示速度，可以将当前的实体特征转换为曲面特征。此外，为提高图形的显示效果，还可以将指定的对象转换为实体特征。以下分别介绍这两种转换方式。

❑ **转换为实体**

利用【转换为实体】工具可以将网格曲面对象转换为平滑的三维实体对象。该操作只能针对网格曲面。

单击【转换为实体】按钮，进入【转换为实体】模式。此时选择需要转化的对象后，按下回车键，即可将其转化为实体。如下图所示即是将旋转网格转换为实体的效果。

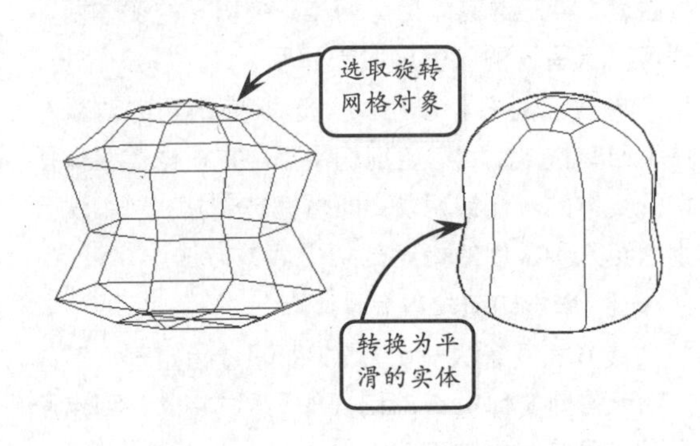

❑ **转换为曲面**

利用【转换为曲面】工具可以将图形中现有的对象，如二维实体、面域、开放的具有厚度的零宽度多段线、具有厚度的直线或圆弧，以及三维平面创建为曲面。

单击【转换为曲面】按钮，进入【转换为曲面】模式。此时选取需进行转换的对象后，按下回车键，即可完成曲面的转换操作。如下图所示就是将正五边形线框转化为曲面的效果。

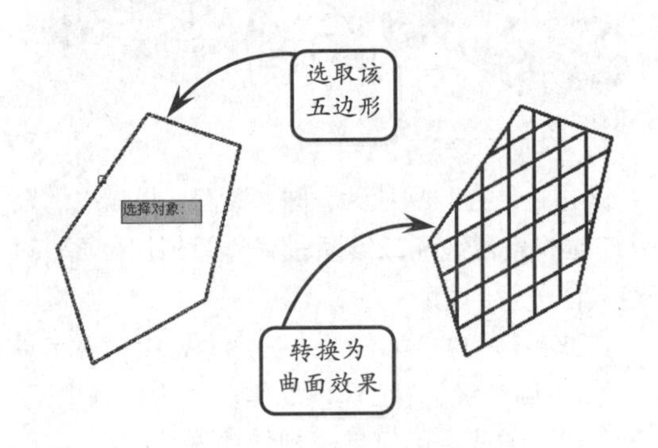

AutoCAD 12.7 创建轴承座剖切模型

版本：AutoCAD 2013 downloads/第 12 章/

轴承座是用来支撑轴承的构件，它的作用是稳定轴承及其所连接的回转轴，确保轴和轴承内圈平稳回转，避免因承载回转引起的轴承扭动或跳动。该轴承座是典型的端盖类零件。其主要结构包括底板、中间缸体、两侧的支耳和加强肋板组成。为了方便查看内部结构，制作该模型采用了旋转剖切的方法。

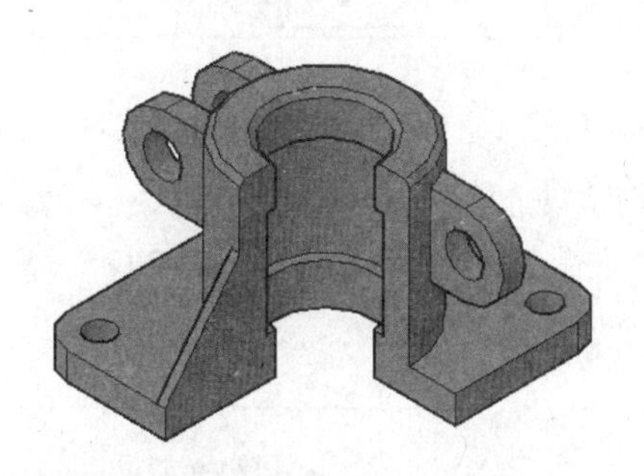

练习要点

- 创建面域特征
- 使用【圆柱体】工具
- 使用【倒角】工具
- 使用【并集】工具
- 使用【旋转】实体工具
- 使用【三维镜像】工具
- 使用【楔体】工具
- 使用【剖切】工具

操作步骤

STEP|01 绘制底板二维图形。利用【矩形】、【圆】和【圆角】工具绘制二维图形。然后，单击【面域】按钮，框选所有图形创建面域特征。接着切换视觉样式为【概念】，以观察创建的面域效果。

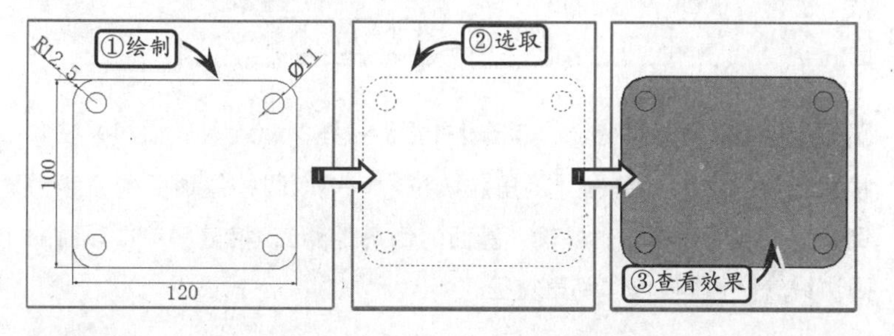

提示

在二维线框视觉样式下，可以更加方便地选取求差的对象。

STEP|02 进行面域求差。切换二维线框视觉样式。然后，单击【差集】按钮，选取外部的矩形面域为保留对象，再选取内部 4 个小圆面域为去除对象，进行求差操作。

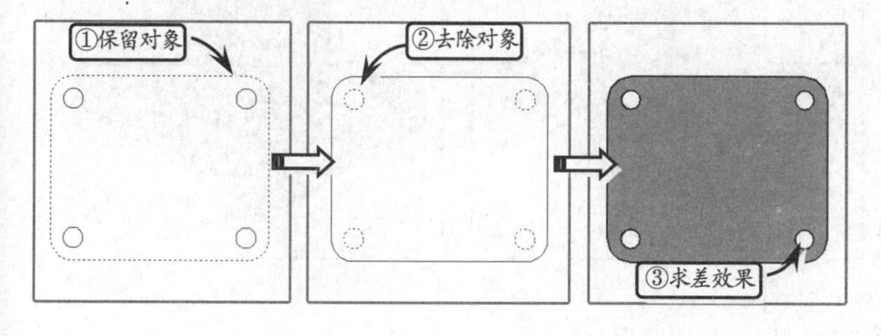

STEP|03 创建底板实体。切换当前视图样式为【西南等轴测】，单击【拉伸】按钮，选取求差后的面域为拉伸对象，沿 Z 轴方向拉伸 10，进行拉伸实体操作。

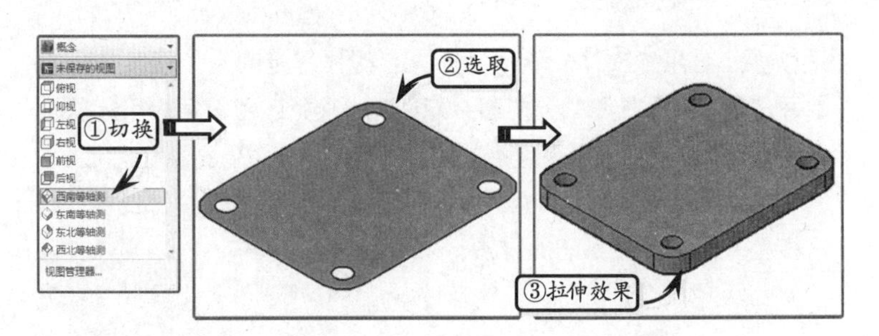

STEP|04 创建圆柱体模型。利用【直线】工具连接底板上表面边线的中点，绘制两条相交的辅助线。然后，单击【圆柱体】按钮，选取辅助线的中点为圆心，在命令行中输入底面半径为 R32.5，高度为 60，沿 Z 轴方向创建一个圆柱体。

提示

在实体模型上以某一边线的中点为连接点绘制线段时，切换视觉样式为二维线框，可以精确地选取中点进行绘制。

STEP|05 创建倒角特征。单击【并集】按钮，选取底板和圆柱体将其合并。然后，单击【倒角】按钮，选取圆柱体顶面的弧线为倒角边，按下回车键，并输入基面的倒角距离 2。接着，单击顶面的圆边线，创建圆柱体倒角特征。

提示

在三维环境中执行倒角操作，与二维环境中编辑效果的不同之处在于：这些操作是在三维实体表面相交处按照指定距离创建的一个新平面。

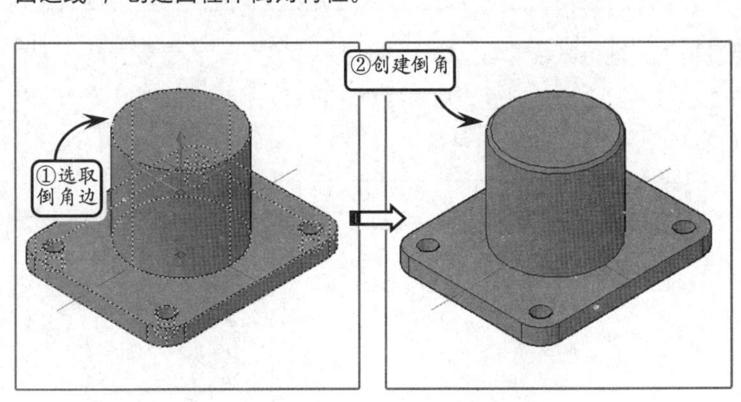

STEP|06 创建截面面域特征。切换当前视图样式为【前视】，利用【直线】工具绘制截面图形。然后，利用【面域】工具框选所有图形，创建面域特征。

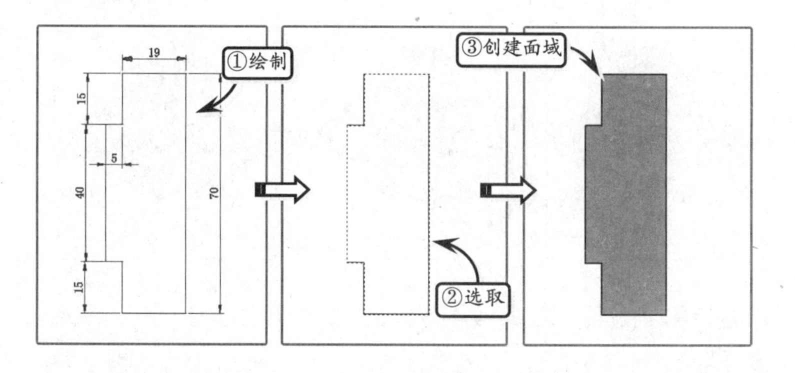

提示

创建面域的条件是必须保证二维平面内各个对象间首尾连接成封闭图形，否则无法创建为面域。

STEP|07 创建圆柱体实体。单击【旋转】按钮，选取上步创建的面域为旋转对象，并指定该面域的两个端点为旋转轴，然后再输入旋转角度 360°，创建旋转实体。

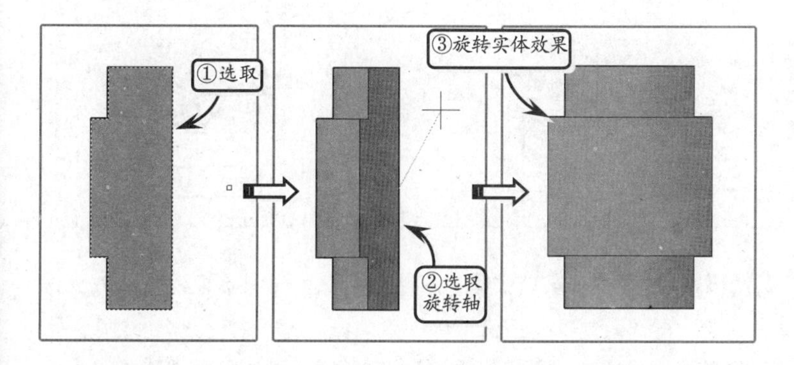

提示

旋转实体是将二维对象绕所指定的旋转轴线旋转一定的角度而创建的实体模型。单击【旋转】按钮，选取二维轮廓对象，并按下回车键。此时系统提供了两种方法将二维对象旋转成实体：一种是围绕当前 UCS 的旋转轴旋转一定角度来创建实体，另一种是围绕直线、多段线或两个指定的点旋转对象创建实体。

STEP|08 移动圆柱体。切换视图样式为【西南等轴侧】，利用【移动】工具选取上步创建的旋转实体为移动对象，实体顶面圆心为移动基点，并指定圆柱实体顶面的圆心为目标点，移动该旋转实体。

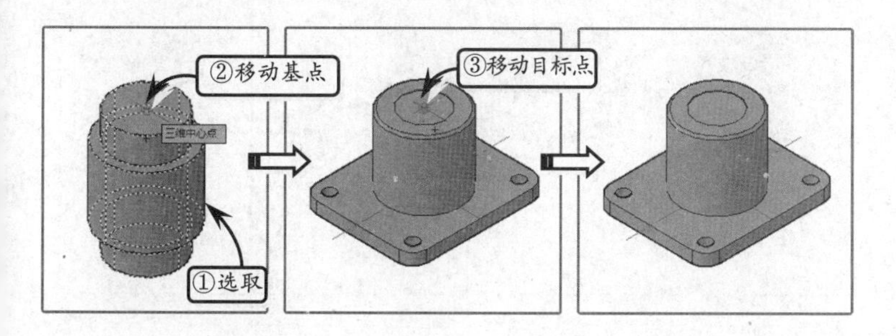

提示

在三维建模环境中，利用【三维移动】工具能够将指定的模型沿 X、Y、Z 轴或其他任意方向，以及沿轴线、面或任意两点间移动，从而准确地定位模型在三维空间中的位置。

STEP|09 创建实体求差和倒角特征。利用【差集】工具选取第 5 步合并的实体为保留对象，再选取圆柱体实体为去除对象，进行差集操作。然后，单击【倒角】按钮，选取圆柱体内面的弧线为倒角边，

按回车键，分别设置基面的第一和第二倒角边线距离为 2，再选取内圆的弧线为倒角环，创建倒角特征。

提示

在执行差集运算时，所选择的操作实体对象是有先后次序的，不能只是简单的框选。用户应该按照实体的最终造型效果，依次选择相应的实体对象进行差集运算操作。

STEP|10 创建支耳面域。切换当前视图样式为【左视】，利用【直线】和【圆弧】工具在绘图区的空白区域绘制截面图形。然后，利用【修剪】工具，修剪图形。接着，利用【面域】工具，创建面域特征。

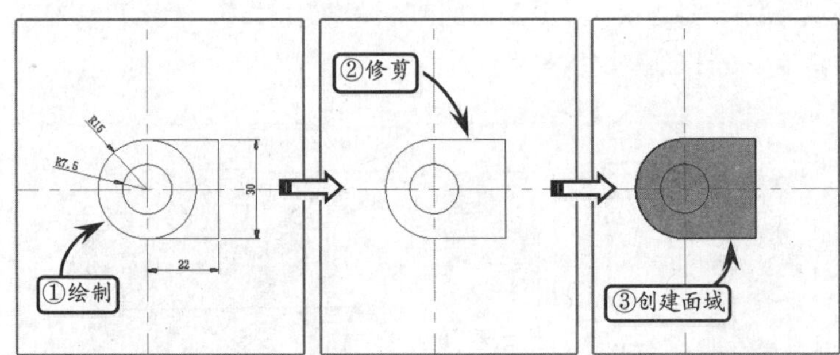

STEP|11 创建支耳实体模型。利用【差集】工具选取外部面域为保留对象，再选取内部小圆面域为去除对象，进行求差操作。然后，切换当前视图样式为【西南等轴测】，利用【拉伸】工具选取求差后的面域为拉伸对象，将其沿 Z 轴方向拉伸 8，创建拉伸实体。

提示

使用差集运算从一个面域中减去一个或多个面域时，可以获得一个新的面域。所指定的去除面域和被去除面域不同时，获得的差集效果也不相同。

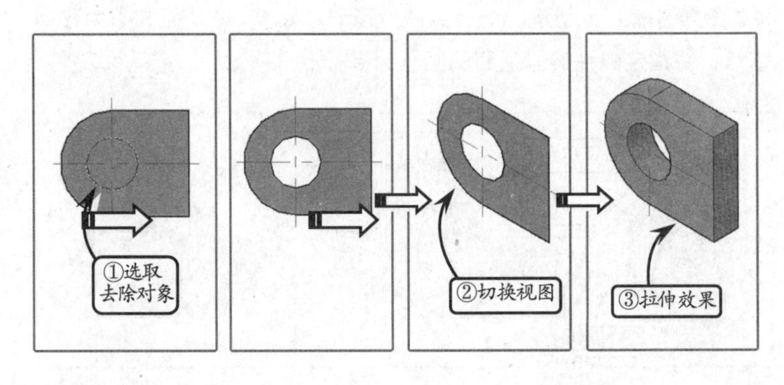

STEP|12 移动支耳实体。利用【移动】工具选取支耳实体为移动对象，指定该实体上的孔中心为基点。然后，在命令行中输入 From 指令，选取圆柱顶面的圆心为参照基点。接着输入相对坐标（@–43,–20,

–12.5）确定目标点。

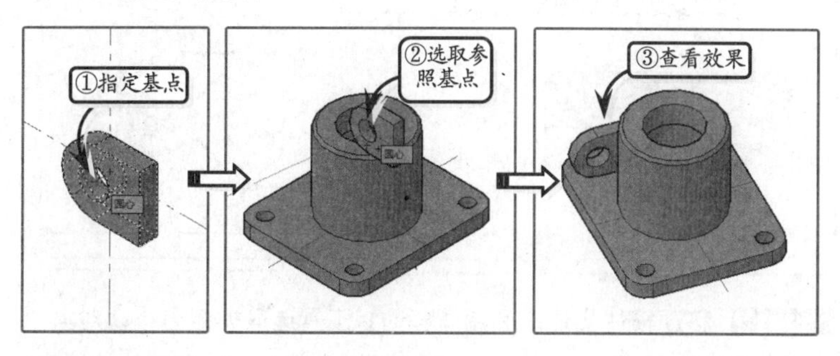

STEP|13 创建支耳镜像实体。将坐标系移动至孔中心，然后单击【三维镜像】按钮，选取支耳实体为镜像对象，并指定 XY 平面为镜像平面。接着选择默认坐标（0，0，0）为镜像中心点，创建镜像实体特征。

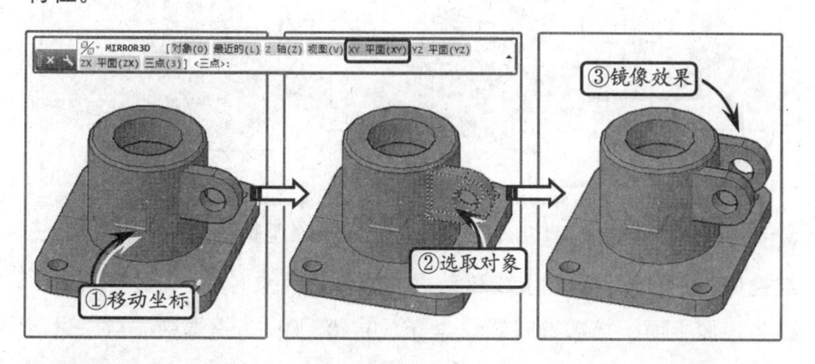

提示

指定 XY、YZ、ZX 平面镜像是将镜像平面与一个通过指定点的坐标系平面(XY、YZ 或 ZX)对齐，通常与调整 UCS 操作配合使用。

STEP|14 镜像支耳特征。继续利用【三维镜像】工具，选取两个实体为镜像对象，并指定 YZ 平面为镜像平面。然后选择默认坐标（0，0，0）为镜像中心点，创建镜像实体特征。

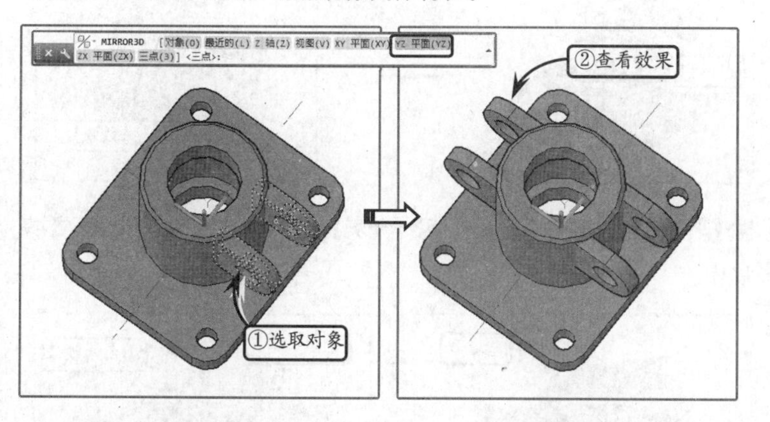

提示

楔体是长方体沿对角线切成两半后所创建的实体，且其底面总是与当前坐标系的工作平面平行。该类实体通常用于填充物体的间隙。

STEP|15 创建楔体特征。单击【UCS，世界】按钮，将当前坐标系恢复至世界坐标系。然后，单击【楔体】按钮，在绘图区的空白区域任意指定一点为楔体底面第一点，并输入相对坐标（@–35，10）确定楔体底面第二点。接着输入高度值为 45。

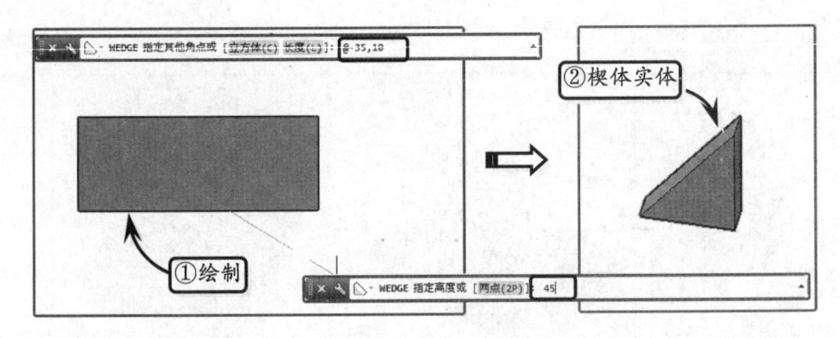

提示

楔体方向的限制受角点正负值的影响而改变。

STEP|16 移动楔体实体。利用【移动】工具选取楔体为移动对象。然后，指定楔体侧边线的中点为基点，接着指定底板左侧边线的中点为目标点，进行移动操作。

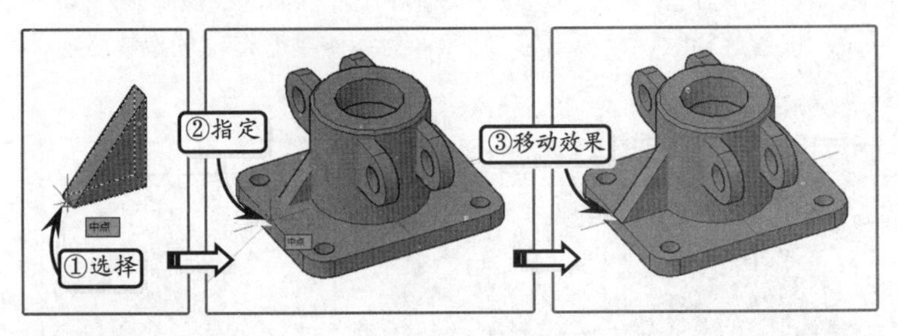

STEP|17 镜像楔体实体。将当前坐标系移动至顶面圆心，单击【三维镜像】按钮，选取上步移动后的楔体为镜像对象，并指定 YZ 平面为镜像平面。接着选择默认坐标（0，0，0）为镜像中心点，进行镜像操作。

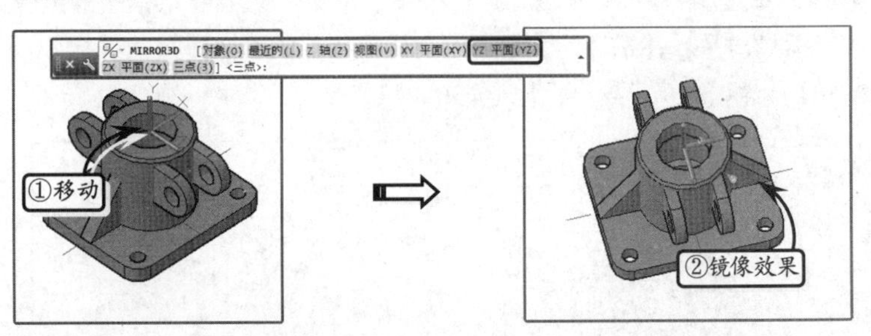

STEP|18 合并实体模型。利用【并集】工具框选所有对象进行并集操作。

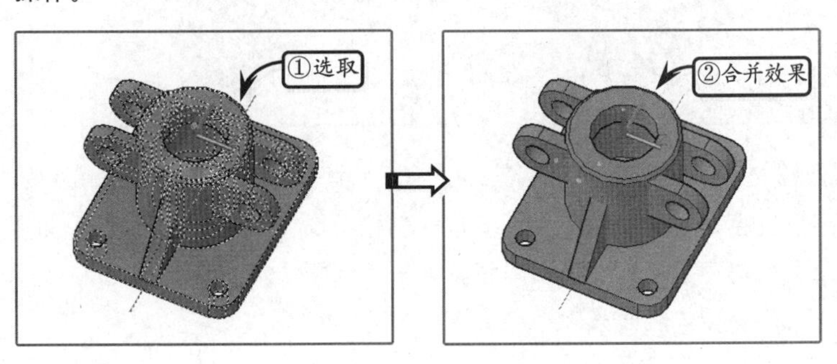

提示

由两个或两个以上的基本实体叠加而得到的组合体即为叠加式组合体。创建该类组合体，可以通过并集操作将两个或两个以上的实体组合为一个新的组合对象，类似于数学中的加法运算。执行并集操作后，原来各个实体相互重合的部分变为一体，成为无重合的实体。

STEP|19 创建剖切实体面。调整坐标系，单击【剖切】按钮，选取上步合并后的对象为剖切对象，并指定 YZ 平面为剖切平面。然后选择默认坐标（0，0，0）为切面点，并单击【保留两个侧面（字母 B)】选项，创建剖切实体。

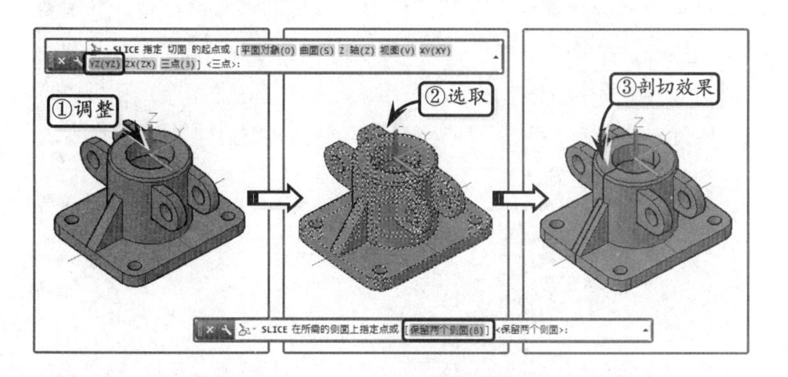

提示

在三维建模过程中，为了便于查看内部极其复杂的零件结构，如腔体类零件，可以通过剖切模型来实现。

STEP|20 创建剖切面实体。单击【剖切】按钮，选取右侧要剖切的对象，并指定 XZ 平面为剖切平面。然后选择默认坐标（0，0，0）为切面点，剖切右侧实体。

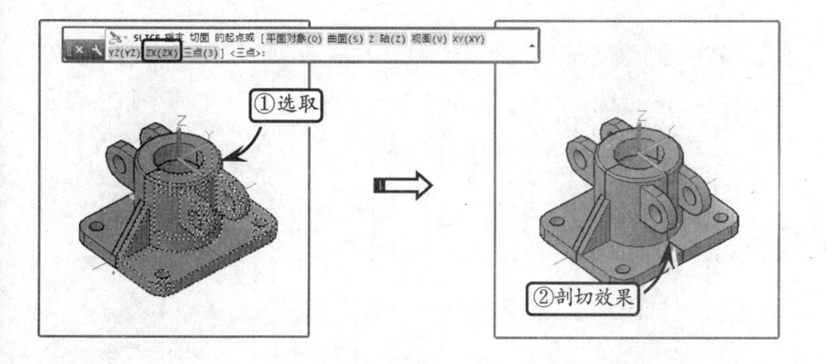

提示

指定要剖切的实体后，按下回车键。然后指定两点确定剖切平面，此时命令行将显示“在所需的侧面上指定点或[保留两个侧面(B)]”提示信息，可以根据设计需要设置是否保留指定侧面或两侧面，并按下回车键，即可执行剖切操作。

STEP|21 合并实体。利用【删除】工具选取右侧 1/2 剖切面，将其实体面删除。然后利用【并集】工具选取所有剖切实体将其合并，完成该轴承座模型的创建。

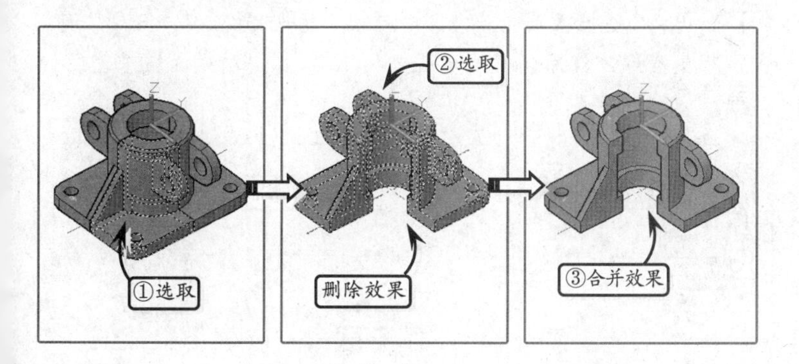

12.8 创建踏架模型

版本：AutoCAD 2013 downloads/第 12 章/

踏架是叉架类零件，主要起传动、连接和调节的作用。其主要结构由空心圆柱筒和一水平长方形板组成，且中间由弧形的宽、窄两个肋板连接。其中，长方形板上有两个沉孔，通过这两个沉孔可以将方形板固定在一端；而轴可以穿过底部的空心圆柱体，并通过凸台上的两个螺纹孔固定轴。

练习要点

- 切换线型
- 使用【面域】工具
- 使用【差集】工具
- 使用【拉伸】工具
- 使用【移动】工具
- 使用【圆柱体】工具
- 使用【倾斜面】工具

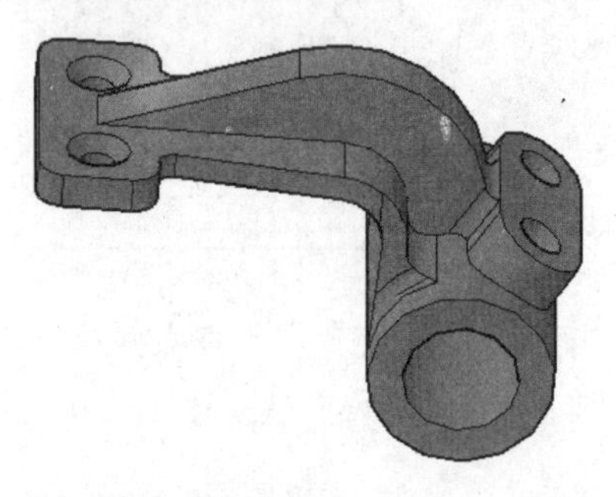

操作步骤

STEP|01 绘制圆轮廓。切换当前视图样式为【前视】，利用【圆】工具绘制两个同心圆。然后，单击【面域】按钮，选取两个圆轮廓创建两个面域。接着切换视觉样式为【概念】，观察创建的面域效果。

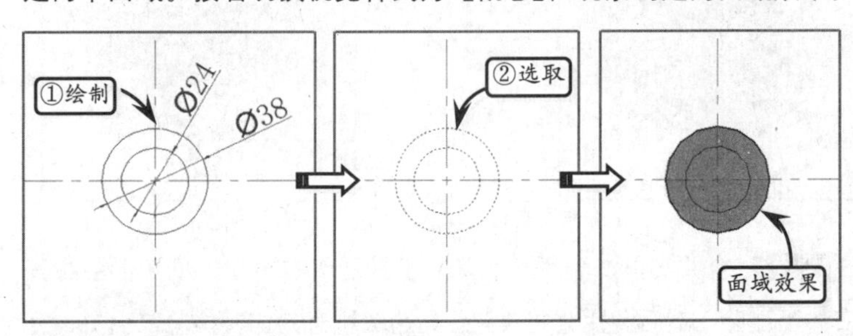

提示

虽然从外观来说，面域和一般的封闭线框没有区别，但实际上，面域就像是一张没有厚度的纸，除了包括边界外，还包括边界内的平面。创建面域的条件是必须保证二维平面内各个对象间首尾连接成封闭图形，否则无法创建为面域。

STEP|02 进行求差操作。切换视觉样式为【二维线框】，单击【差集】按钮，选取大圆面域为保留对象，选取小圆面域为去除对象，进行差集操作。然后切换视觉样式为【概念】，观察面域求差后的效果。

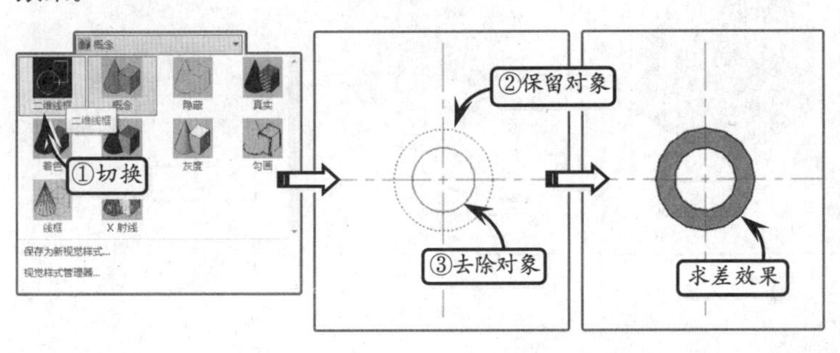

提示

差集是将一个对象减去另一个对象形成新的组合对象，类似于数学中的减法运算。其中，首先选取的对象为被剪切的对象，后选取的对象为要去除的对象。

STEP|03 创建空心圆柱体。切换视图样式为【西南等轴测】，单击【拉伸】按钮，选取求差后的面域为拉伸对象，并沿 Z 轴方向拉伸 58，创建拉伸实体特征。

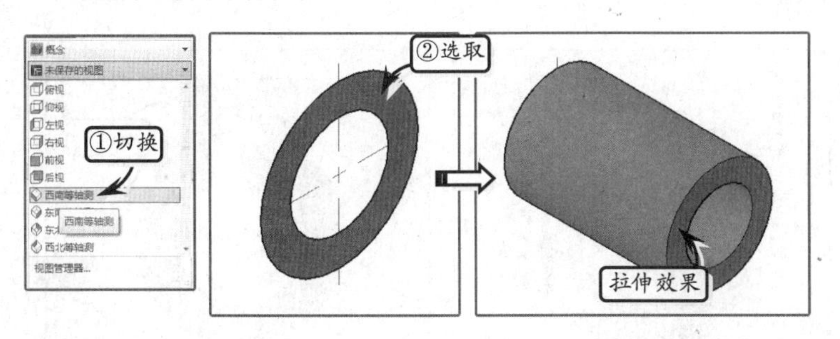

提示

差集是将一个对象减去另一个对象形成新的组合对象，类似于数学中的减法运算。其中，首先选取的对象为被剪切的对象，后选取的对象为要去除的对象。

STEP|04 创建拉伸实体。切换视图样式为【俯视】，利用【圆】和【直线】工具绘制一个截面图形。然后利用【面域】工具选取绘制的图形创建面域。接着切换视图样式为【西南等轴测】，利用【拉伸】工具选取上步创建的面域为拉伸对象，沿 Z 轴方向拉伸 14，创建拉伸实体。

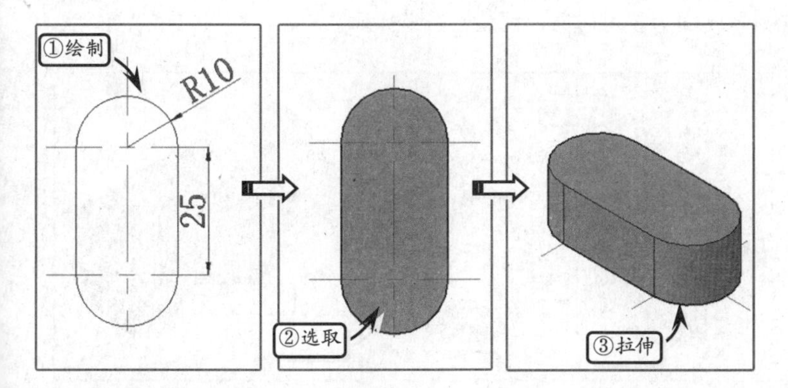

STEP|05 移动拉伸实体。切换视觉样式为【二维线框】，利用【直线】工具连接空心圆柱体两个端面的圆心，绘制一条辅助线。然后，单击【移动】按钮，选取上步创建的拉伸实体为移动对象，并指定中心线的中点为基点，目标点为空心圆柱体的中点，进行移动操作。

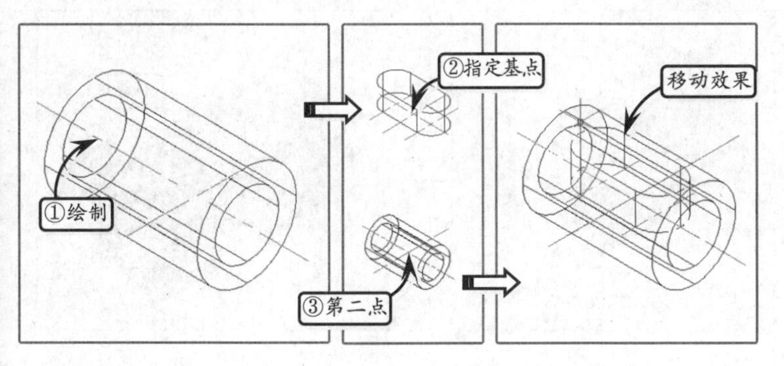

提示

在三维建模环境中，利用【三维移动】工具能够将指定的模型沿 X、Y、Z 轴或其他任意方向，以及沿轴线、面或任意两点间移动，从而准确地定位模型在三维空间中的位置。

STEP|06 向上移动拉伸实体。切换视觉样式为【概念】，再切换视图样式为【前视】。然后利用【移动】工具选取上步移动后的实体为移动对象，垂直向上移动 14。

提示

指定移动基点后，可以通过直接输入移动距离来移动对象。

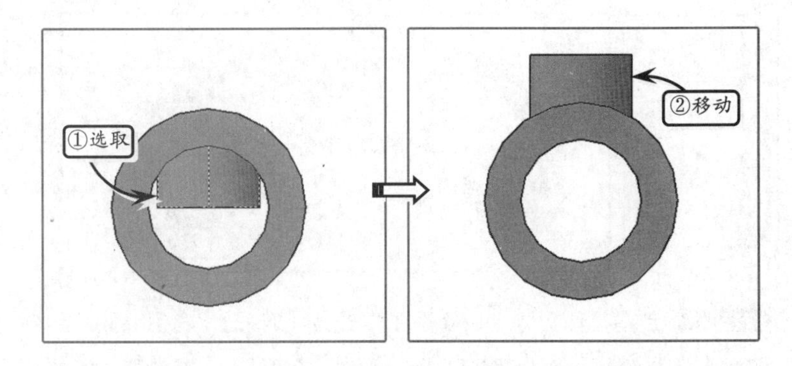

STEP|07 旋转拉伸实体。单击【旋转】按钮，选取上步移动后的对象为旋转对象，并指定圆心为基点，将其向左旋转 30°。然后切换视图样式为【西南等轴测】，单击【坐标】选项板中的【面】按钮，选取端面为参考对象，调整当前坐标系。

提示

三维旋转操作就是将所选对象沿指定的基点和旋转轴（X 轴、Y 轴和 Z 轴）进行自由地旋转。利用该工具可以在三维空间中以任意角度旋转指定的对象，以获得模型不同观察方位的效果。

STEP|08 创建圆柱体。单击【圆柱体】按钮，选取端面圆弧的圆心为圆柱底面中心点，创建一个半径为 R5、高度为 28 的圆柱体。然后按照同样的方法选取另一端圆弧的圆心创建同样尺寸的圆柱体。

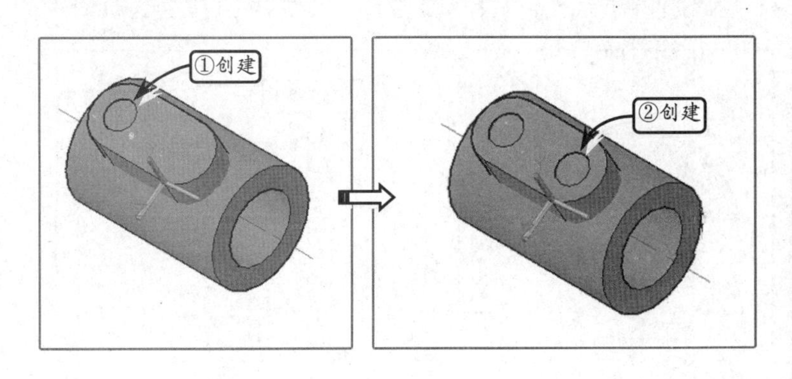

STEP|09 创建实体求差。单击【并集】按钮，将空心圆柱体与第 7 步创建的旋转拉伸实体合并。然后利用【差集】工具选取上步合并后的实体为保留对象，选取上步创建的两个小圆柱体为去除对象，进行求差操作。

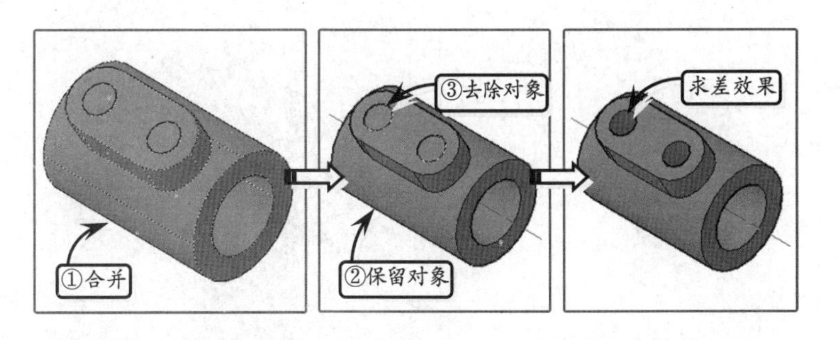

提示

在【实体编辑】选项板中单击【差集】按钮，然后选取源对象并右击，接着选取要去除的对象并右击，即可完成实体差集运算。

STEP|10 创建肋板面域。切换视图样式为【前视】，利用【直线】和【圆】工具绘制肋板截面图形。然后利用【面域】工具选取肋板截面图形，创建面域特征。

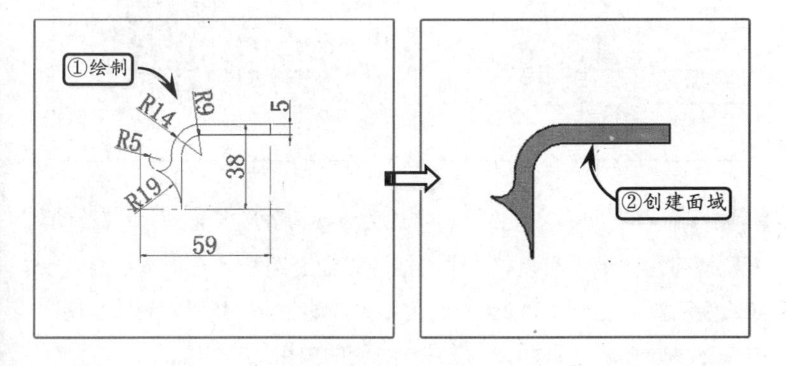

提示

创建面域的条件是必须保证二维平面内各个对象间首尾连接成封闭图形，否则无法创建为面域。

STEP|11 创建肋板拉伸实体。切换视图样式为【西南等轴测】，利用【拉伸】工具选取上步创建的面域为拉伸对象，沿 Z 轴方向拉伸 28，进行实体拉伸操作。

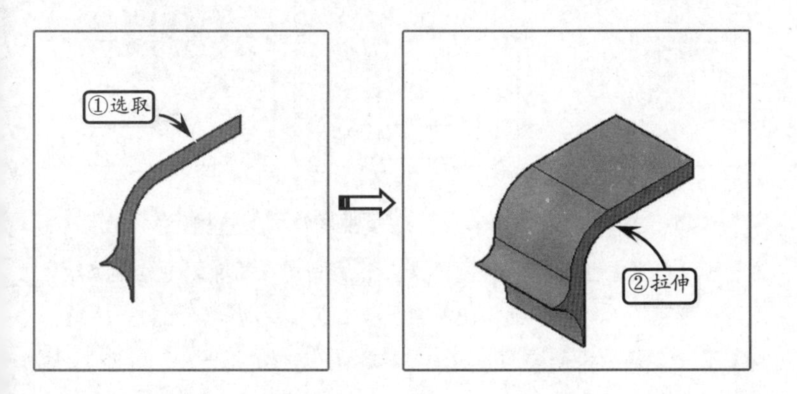

提示

在【建模】选项板中单击【拉伸】按钮，然后选取封闭的二维多段线或面域，并按下回车键。接着输入拉伸高度，即可创建相应的拉伸实体特征。

STEP|12 创建肋板倾斜面。单击【倾斜面】按钮，选取侧面为倾

斜面，并选取顶面两条边的中点为倾斜轴。然后输入倾斜角度6.5°，进行倾斜面操作。接着切换视图样式为【西北等轴测】，按照上步方法将另一端面倾斜相同的角度。

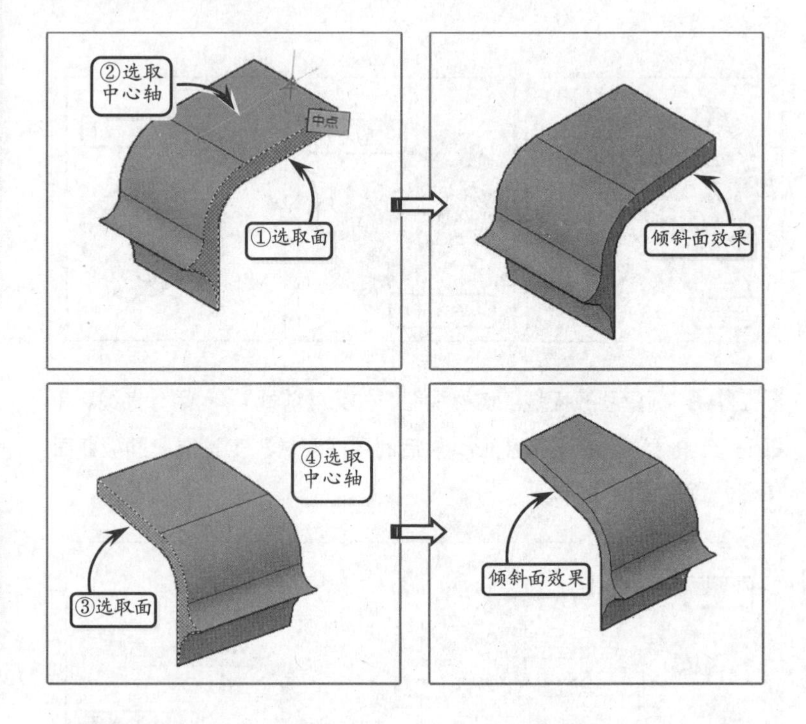

提示

利用【倾斜面】工具可以将实体中的一个或多个面按照指定的角度倾斜。在倾斜面操作中，所指定的基点和另外一点确定了面的倾斜方向，面与基点同侧的一端保持不变，而另一端则发生变化。

提示

三维实体倾斜面受倾斜轴方向的限制。

STEP|13 移动肋板。切换视图样式为【西南等轴测】，利用【移动】工具将圆柱体纵向和横向的中心线，移动至圆柱体右侧边缘的中点处。然后选取上步创建的倾斜面实体为移动对象，并指定倾斜面底部中点为移动基点，目标点为圆柱体右侧的中点处。

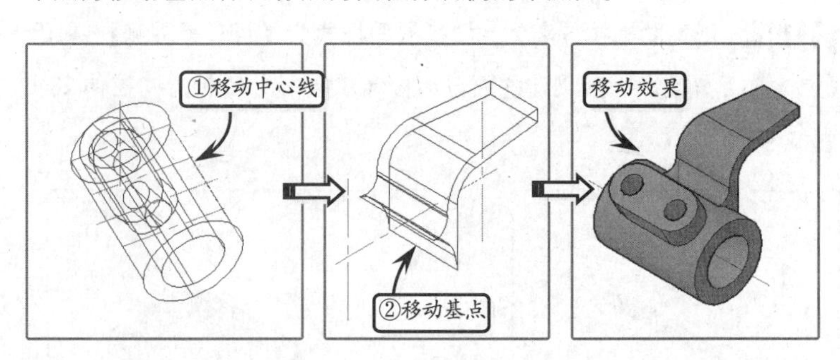

提示

绘制矩形后，单击【圆角】工具，输入半径距离，再分别选取矩形角点上的两条边线即可绘制圆角长方形。

STEP|14 创建圆角长方体实体。切换视图样式为【俯视】，利用【矩形】和【圆角】工具绘制截面图形。然后利用【面域】工具框选所有图形，创建面域特征。接着切换视图样式为【西南等轴测】，利用【拉伸】工具选取上步创建的面域为拉伸对象，并沿-Z 轴方向拉伸 7，创建拉伸实体。

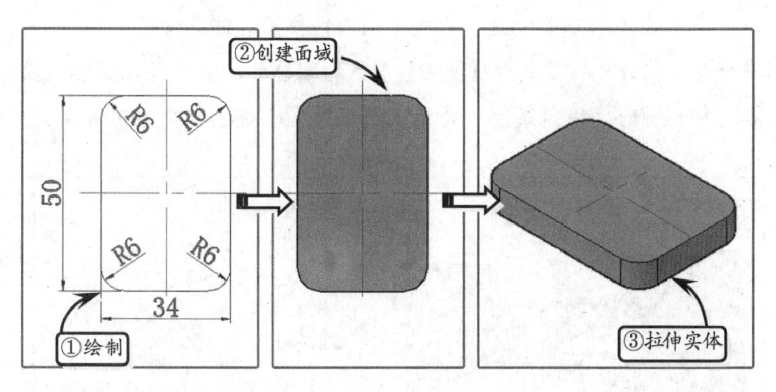

提示

移动圆角长方体时，分别选取实体和辅助线一块移动，后面绘制图形时要用此辅助线。

STEP|15 移动圆角长方体实体。利用【移动】工具选取圆角长方体实体为移动对象，实体顶面边线上的中点为移动基点，并指定肋板倾斜面右侧边线的中点为目标点，移动实体。

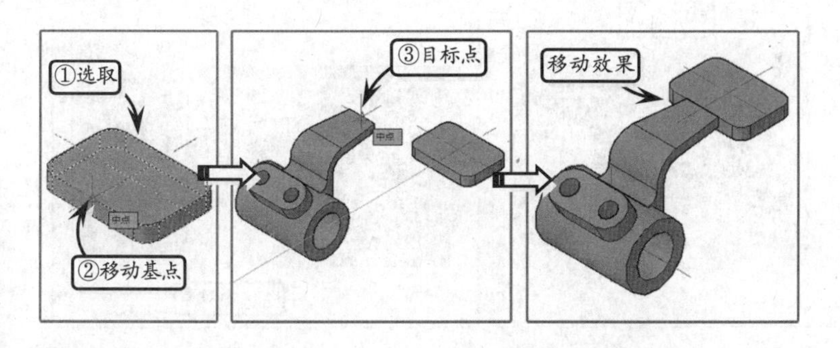

STEP|16 创建沉头孔实体。切换视图样式为【前视】，利用【直线】工具绘制截面图形。然后利用【面域】工具框选截面图形，创建截面面域特征。接着，单击【旋转】按钮，选取截面面域为旋转对象，旋转轴为右侧的垂直线，并设置旋转角度为 360°，创建旋转实体。切换当前视图样式为【西南等轴测】，观察旋转实体的效果。

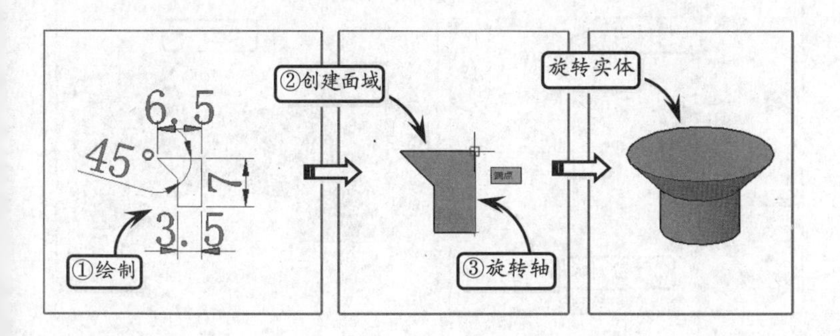

技巧

在绘制沉头孔图形角度尺寸时，可以取消正交模式查看相应的角度值效果。

STEP|17 移动沉头孔。切换视图样式为【俯视】，利用【偏移】工具选取圆角长方体上的垂直中心线为偏移对象，分别向上、下偏移 16。然后利用【移动】工具选取沉头孔实体为移动对象，其圆心为移动基

点，指定圆角长方体竖直中心线与向上偏移中心线的交点为目标点，进行移动操作。接着利用【复制】工具选取移动后的沉头孔实体为复制对象，圆心为复制基点，指定向下偏移中心线的交点为目标点。

提示

在 AutoCAD 中执行复制操作时，系统默认的复制模式是多次复制。此时根据命令行提示输入字母 O，即可将复制模式设置为单个。

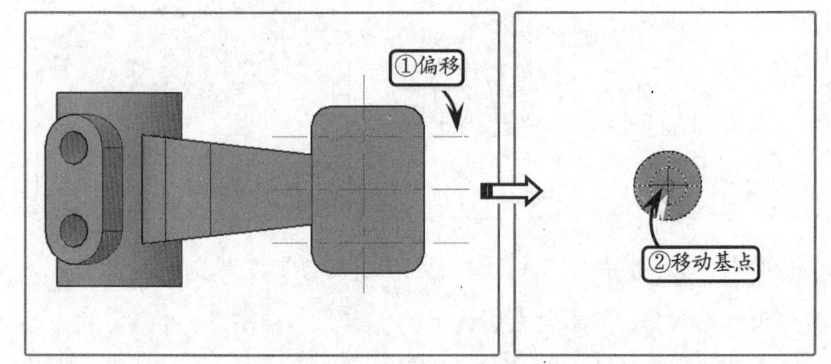

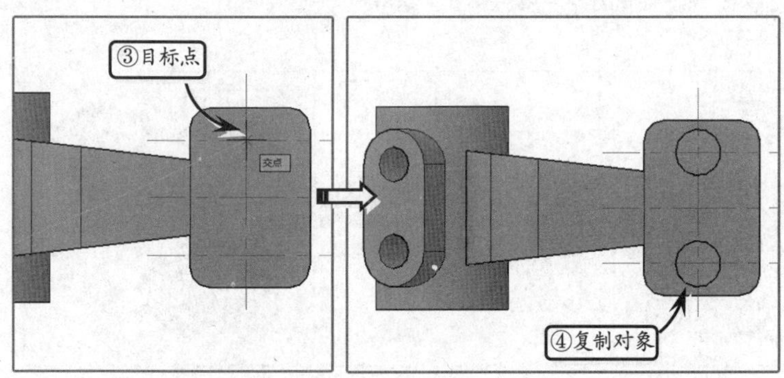

STEP|18 创建沉头孔实体求差操作。切换视觉样式为【二维线框】，利用【差集】工具选取圆角长方体实体为保留对象，其表面上的两个沉头孔实体为去除对象，进行差集操作。然后，切换视觉样式为【概念】，观察沉头孔求差效果。

提示

在执行差集运算时，所选择的操作实体对象是有先后次序的，不能只是简单的框选。用户应该按照实体的最终造型效果，依次选择相应的实体对象进行差集运算操作。

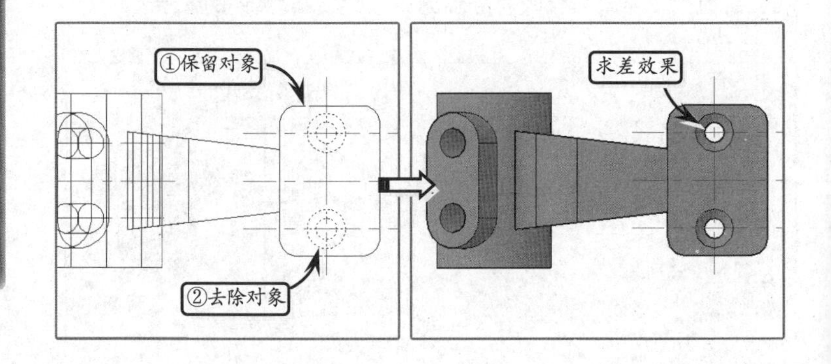

STEP|19 创建肋板面域。利用【直线】和【圆】工具绘制肋板截面图形。然后，利用【面域】工具框选肋板二维图形，创建面域特征。

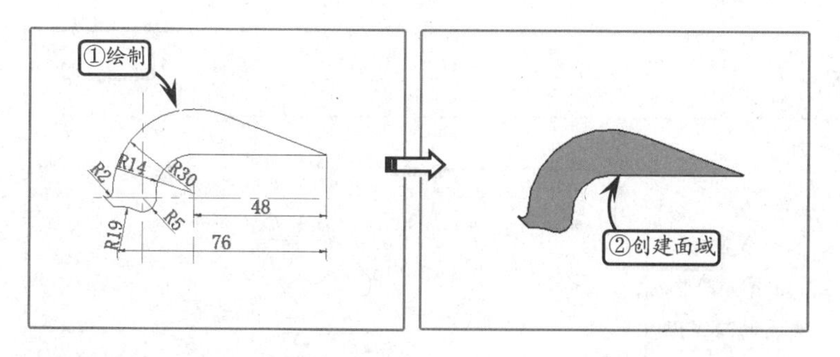

STEP|20 创建肋板拉伸实体。切换视图样式为【西南等轴测】，利用【拉伸】工具选取肋板面域为拉伸实体，沿 Z 轴方向拉伸 10。

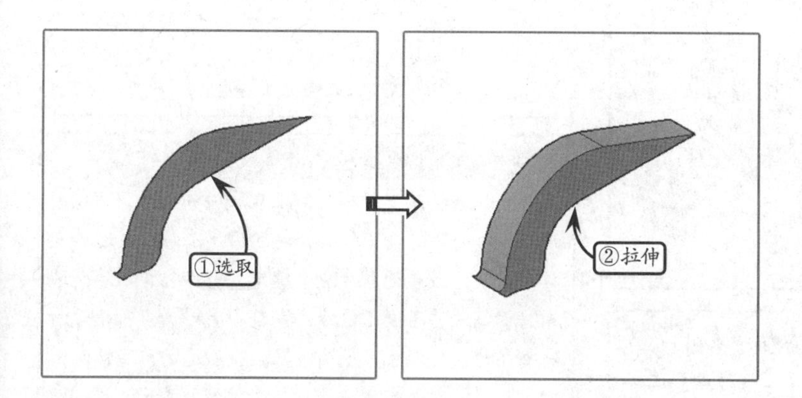

技巧

选择【拉伸】工具后，选取轮廓对象或面域，然后按下回车键，接着指定路径曲线，即可创建相应的拉伸实体特征。

STEP|21 合并踏架实体。利用【移动】工具选取肋板实体为移动对象，实体端部边线的中点为移动基点，并指定辅助线中点为目标点，进行移动操作。然后利用【并集】工具选取所有实体进行合并操作，即可完成该踏架模型的创建。

提示

在【常用】选项卡的【实体编辑】选项板中单击【并集】按钮，然后直接框选所有要合并的对象，并按下回车键，即可执行合并操作。

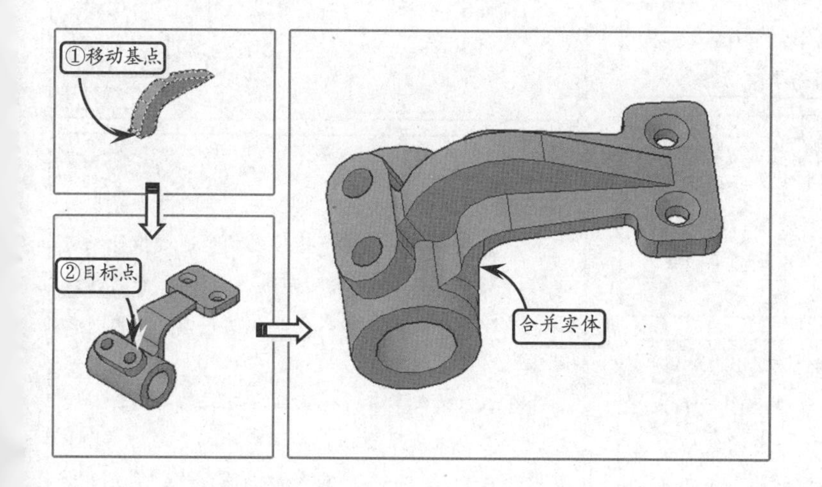

12.9 高手答疑

版本：AutoCAD 2013

问题 1：如何进行差集运算？

解答： 差集操作是指将一个对象减去另一个对象形成新的组合对象，类似于数学中的减法运算。其中，首先选取的对象为被剪切的对象，后选取的对象为要去除的对象。

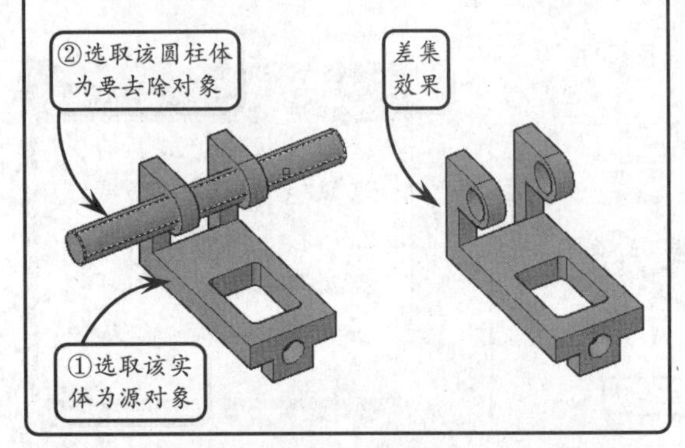

问题 2：三维移动操作包括哪些方式？

解答： 在三维建模环境中，利用【三维移动】工具能够将指定的模型沿 X、Y、Z 轴或其他任意方向，以及沿轴线、面或任意两点间移动，从而准确地定位模型在三维空间中的位置。

在【修改】选项板中单击【三维移动】按钮，选取要移动的对象，该对象上将显示相应的三维移动图标。然后通过选择该图标的基点和轴句柄，即可实现不同的移动效果。在 AutoCAD 中，用户可以通过指定距离数值、指定轴向和指定平面来移动对象。

问题 3：三维镜像和二维镜像有何不同？

解答： 两者都是通过指定镜像平面获取与之完全相同的对象。不同的是：三维镜像操作的镜像平面可以是与当前 UCS 的 XY、YZ 或 XZ 平面平行的平面，或者由 3 个指定点所定义的任意平面。

问题 4：提取边操作有何用途？

解答： 在三维建模环境中执行提取边操作，可以从三维实体或曲面中提取相应的边线来创建线框。这样可以从任何有利的位置查看模型结构特征，并且自动创建标准的正交和辅助视图，以及轻松生成分解视图。

值得注意的是，在完成提取边操作后，并不能显示提取效果。如果要进行查看，可以将对象移出当前位置来显示提取边效果。

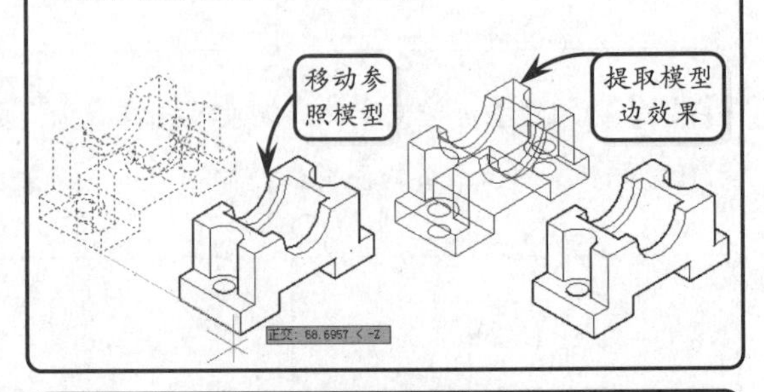

问题 5：如何偏移实体面？

解答： 如果要改变现有实体上孔或槽的大小，可以利用【偏移面】工具进行编辑。利用该工具可以通过直接输入数值或者选取两点来确定偏移距离，之后所选面将根据偏移距离沿法线方向进行移动。当所选面为孔表面时，可以放大或缩小孔；当所选面为实体端面时，则可以拉伸实体，改变其高度或宽度。

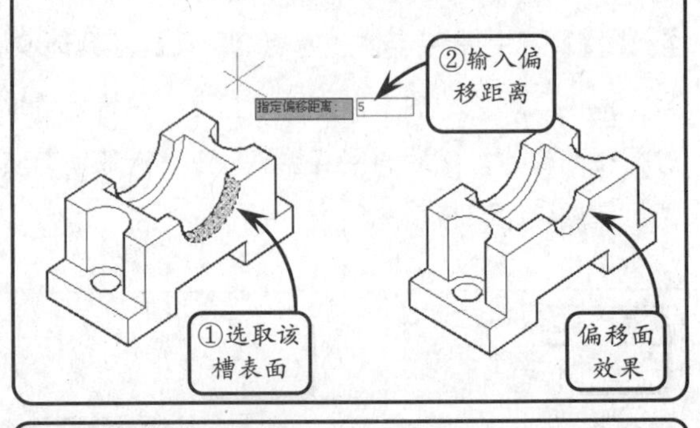

问题 6：什么抽壳操作？

解答： 抽壳是指从实体内部挖去一部分材料，形成内部中空或者凹坑的薄壁实体结构。通过执行抽壳操作，可以将实体以指定的厚度形成一个空的薄层。且当指定正值时从圆周外开始抽壳，指定负值时从圆周内开始抽壳。

在 AutoCAD 中，根据创建方式的不同，抽壳方式主要分为删除面抽壳和保留面抽壳两种类型。其中，前者是抽壳中最常用的一种方法，主要是通过删除实体的一个或多个表面，并设置相应的厚度来创建壳特征。

AutoCAD 12.10 高手训练营

版本：AutoCAD 2013

练习 1．三维镜像创建对称类零件

零件上的许多结构，为了实际的需求或自身的强度要求，均设计为对称形式。如模型上的支耳和肋板。创建该类对称结构，只需创建一个，通过三维镜像即可获得另一个。在 AutoCAD 中利用【三维镜像】工具能够将三维对象通过镜像平面，创建与之完全相同的对象。

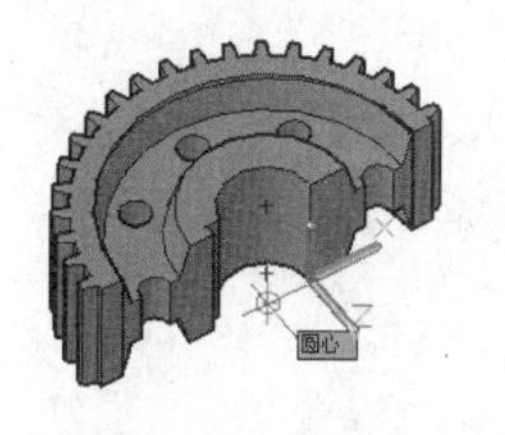

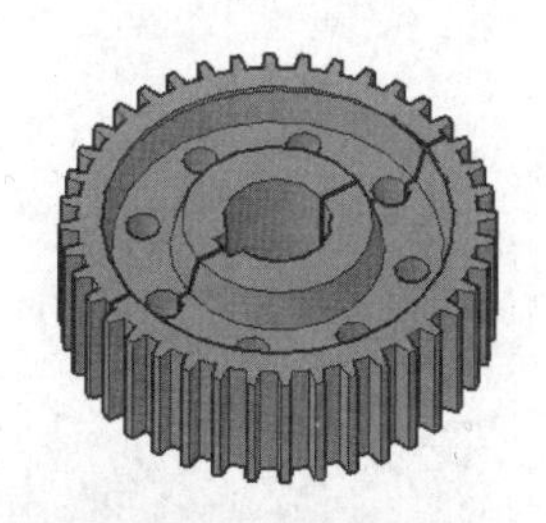

练习 2．三维移动创建爆炸图

一部机器往往由多个零件组成。为了清楚表达整部机器中的所有零件，可将其创建为爆炸图。在 AutoCAD 的三维空间中创建装配体的爆炸效果，可以利用【三维移动】工具进行创建。

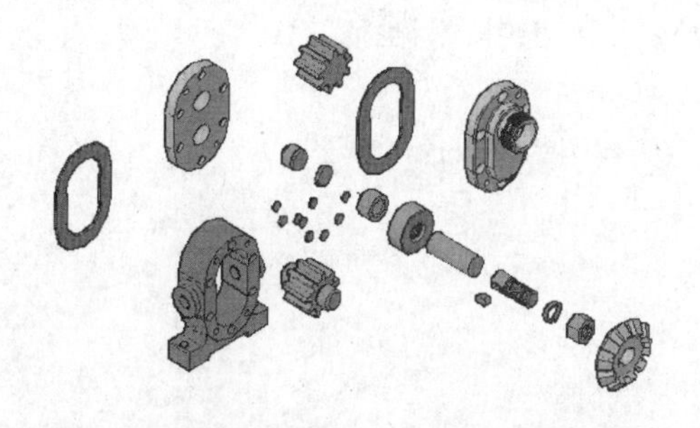

练习 3．剖切实体表现零件内部结构

一些复杂零件如腔体类零件，其外形看似简单，但内部却极其复杂。因此要表达清楚内部的形体结构，就必须对模型进行剖切。在 AutoCAD 中，剖切就是使用假想的一个与对象相交的平面或曲面，将三维实体切为两半。被切开的实体两部分可以保留一侧或两侧都保留。

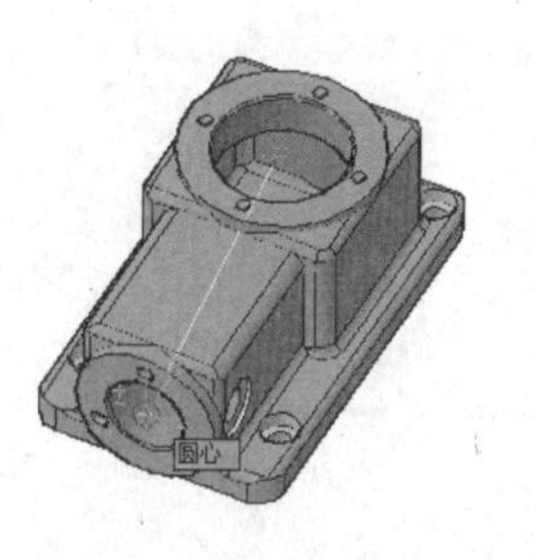

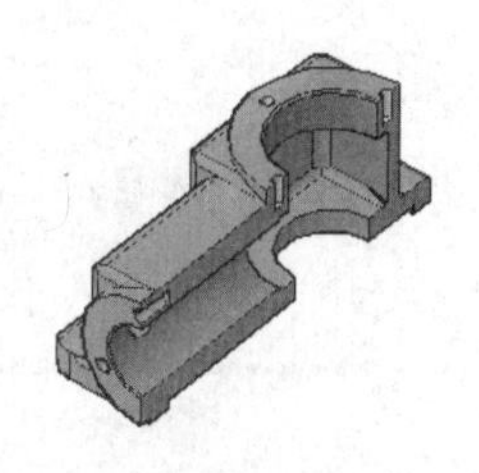

练习 4．利用三维阵列创建圆锥齿轮

利用【三维阵列】工具可以在三维空间中按矩形阵列或环形阵列的方式，创建指定对象的多个副本。在创建齿轮、齿条等按照一定顺序分布的三维对象时，利用该工具可以快速地进行创建。

常用　实体　曲面　网格　渲染　参数化　插入　注释　布局　视图　管理　输出

类型	项目		行		层级	
极轴	项目数：	24	行数：	1	级别：	1
	介于：	15	介于：	150	介于：	112
	填充：	360	总计：	150	总计：	112

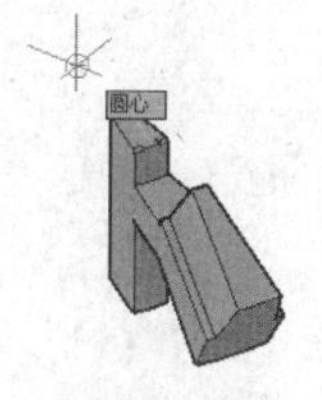

练习 5．抽壳创建箱体类零件

箱体类零件是安装其他零件的一个平台，是传动其他零件的基座，主要起支撑、容纳、润滑、密封和固定的作用。这类零件一般都有较复杂的外部和内部形状，且都有中空的内部结构。因此，创建箱体零件可以利用【抽壳】工具进行创建。抽壳广泛应用于铸造零件中，可使零件质量变轻、成本降低。

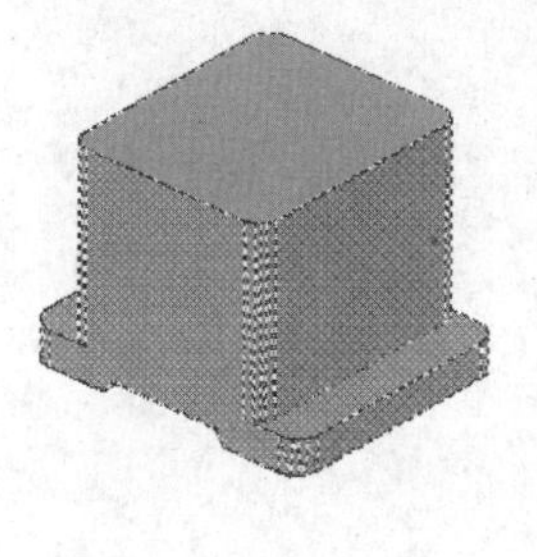

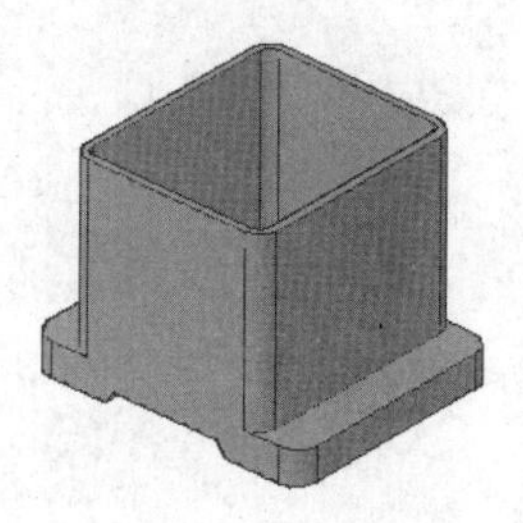

第 13 章

灯光、材质及渲染

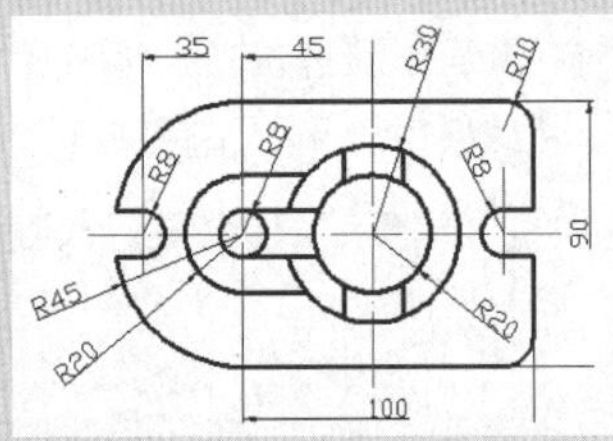

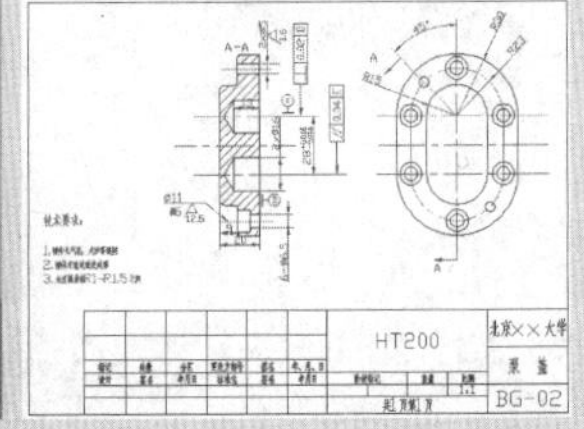

在 AutoCAD 中，当创建的模型经过渲染处理后，其表面将会显示出明暗色彩和光照效果，形成非常逼真的图像。利用 AutoCAD 提供的三维图形渲染功能，可以为三维模型定义各种材质和贴图，并可以在三维场景中添加灯光。然后通过构建场景、添加配景和调用渲染程序等方式获得完整、逼真的渲染效果。渲染的图像使人更容易想象三维对象的形状和大小，并且渲染图最具真实感，能清晰地反映产品的结构形状。

本章主要介绍添加光源和为模型赋予材质或贴图等渲染模型的基本操作方法。

AutoCAD 13.1 光源概述

版本：AutoCAD 2013

场景是特定视图与若干光源的组合，用来衬托物体使之更具有真实感。每个场景只能有一个视图，但可以同时有多种光源。

不同类型的光源物体，其照亮场景的原理不同，所以模拟出来的效果也产生了差别。如利用点光源模拟歌厅的顶灯、利用聚光灯模拟客厅的壁灯，以及利用平行光模拟室外的阳光等。

1. 光源简介

为一个场景添加光源，可以为整个场景提供照明，从而呈现出各种真实的效果，进而为用户的设计意图增加更真实的透明度。

❑ 光源的主要特性

要使用光源，首先需要了解光源的特性。光源主要由强度和颜色两个因素决定。在真实世界中，光源一般包括亮度、入射角、衰减和辐射等特性。

➢ **亮度**　灯光的亮度将影响其如何照亮物体，一个昏暗的灯光照射到一个色彩明亮的物体上将使物体的颜色变暗。

➢ **入射角**　光源偏离物体，物体接受的光越少，此时物体将显得比较暗。物体表面法线相对于光源的角度称为入射角。当入射角为 0 时，光源位于物体的正上方，此时物体接受的光比较多。随着入射角的增加，亮度将逐渐减弱。

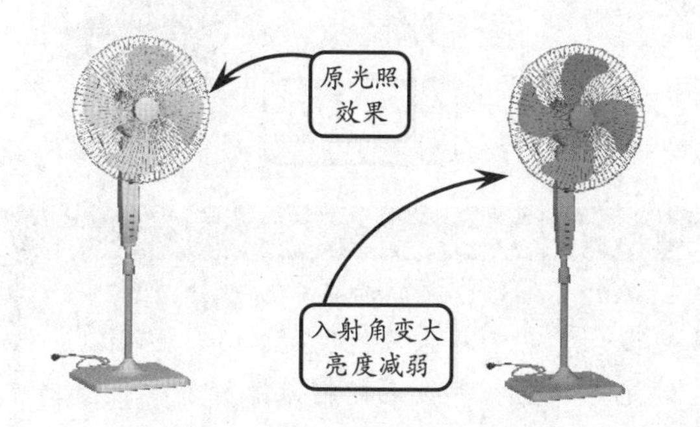

➢ **衰减**　在真实世界中，光线随着距离的增加逐渐减弱并显示，物体离光源越远越暗，这个过程被称为衰减。

➢ **辐射与环境光**　物体的反射光也可以照亮其他物体，该效果被称为辐射。环境光就是一种辐射效果，其具有统一的亮度并被均匀漫射，并且没有可识别的光源和方向。

➢ **颜色与光线**　光线的颜色部分依赖于产生光的方法。例如钨灯投射橘黄色光、水银蒸汽灯投射冷色调的蓝白色光，太阳光是黄白色光。此外光线颜色也依赖于光纤传递的介质。例如染色玻璃可使淡色光变为深色光。

❑ 光源的主要作用

不论在真实世界或模拟世界中，灯光的重要性无可替代。真实世界中的光源给了人们一个明亮的世界；而模拟世界中的光源是抽象的，它是根据设计者自己的思想假想光源的存在，用于烘托场景。用户可以在以下情况中使用光源渲染物体所在的场景。

➢ 使场景中的物体作为模拟光源，如吊灯、台灯以及霓虹灯等，因为 AutoCAD 中的光源物体本身是不能够被渲染的。

➢ 当场景的默认光源效果不足以实现明亮的场景效果时，用于增加场景的亮度。

➢ 通过真实的光源特效来模拟真实世界。设置合适的光源参数以及多种光源配合使用，可以模拟出非常逼真、自然的效果。

➢ 用光源创建逼真的阴影效果。所有的光源类型都可以创建阴影，而且还可以设置物体是否生成阴影以及它是否能够接受阴影。

提示

创建任何一个场景时，都离不开灯光的作用。它可以为整个场景提供照明，从而呈现出各种真实的效果，如反射效果、阴影效果和自发光效果等。在同一个场景中不同的灯光布置可以模拟出不同的效果。

2．各种光源的异同

AutoCAD 提供的光源包括默认光源、点光源、聚光灯、平行光和阳光五种光源类型。其中默认光源是两个平行光源，视口中模型的所有表面均被其照亮。

在【渲染】选项卡的【光源】选项板中单击【默认光源】按钮，系统将打开默认光源。而若再次单击该按钮，便可以关闭默认光源，并切换到用户创建的光源和太阳光模式。

此外，在该选项板的【光源亮度】和【光源对比度】文本框中可以设置默认光源的亮度和对比度。

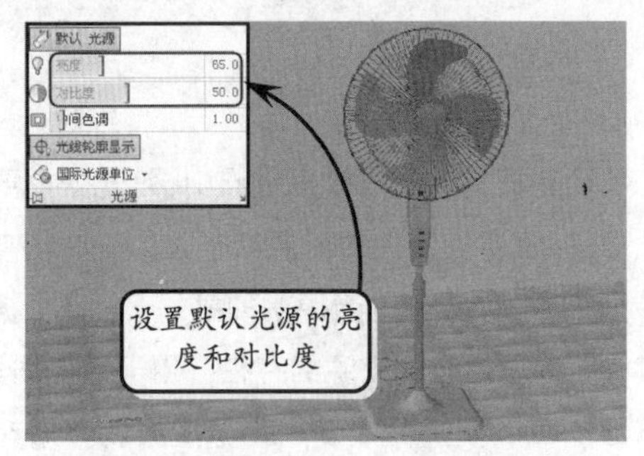

这几种光源间的异同现分别介绍如下。

- ❑ 默认光源没有方向，平行光和聚光灯具有特定的方向，而点光源则从光源出发处向所有方向发射光线。
- ❑ 点光源和聚光灯都具有特定的光源位置；而默认光源和平行光不存在固定位置。
- ❑ 点光源和聚光灯都可以设置衰减；而默认光源和平行光没有衰减。
- ❑ 点光源、平行光和聚光灯可以产生阴影；而默认光源不可以产生阴影。

提示

当场景中没有用户创建的光源时，系统将使用默认光源对场景进行着色或渲染。只有关闭默认光源，用户自行创建的其他光源和太阳光才有效。

3．光源管理

渲染一幅完整的场景，往往需要添加多种类型的灯光，或者同一种类型的灯光常需要添加数个。要获得完美的场景渲染效果，便需要有序地管理场景中添加的各个灯光。

在【光源】选项板中单击右下角的箭头按钮，在打开对话框的列表框中显示了当前模型所采用的所有灯光。

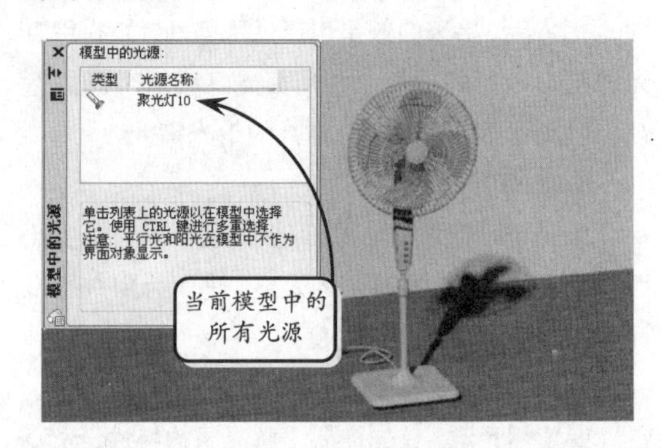

在该列表框中选择一光源对象，并单击右键。然后在打开的快捷菜单中选择【删除光源】选项，即可删除指定的光源。如果选择【轮廓显示】选项，即可设置灯光轮廓的显示状态；选择【特性】选项，即可在打开的【特性】面板中进一步设置灯光的各种特性。

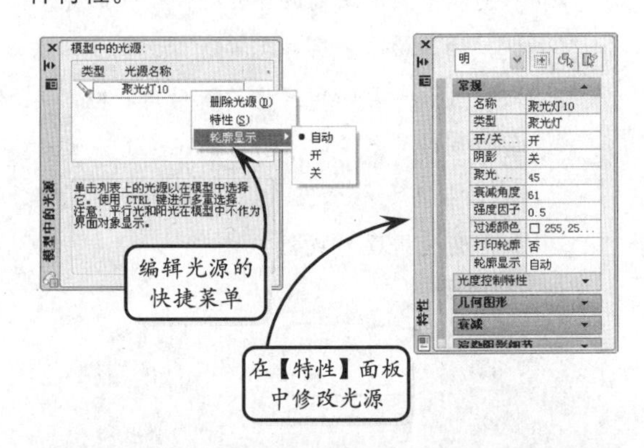

提示

在 AutoCAD 的模拟世界中，使用光源可以使设计者准确照亮目标位置，同时还可以通过光源特性的参数来控制光源位置、强度、亮度、照射范围以及显示光源产生的阴影效果等。

AutoCAD 13.2 添加光源

版本：AutoCAD 2013

灯光的选择主要取决于场景是模拟自然光，还是人工光。在自然光照明状态下，使用单一光源即可；在人工照明状态下，通常需要具有相同亮度的多个光源。在 AutoCAD 中，灯光包括以下 3 种类型。

1．点光源

点光源是从一点出发，向所有方向发射辐射状光束的光源，类似于现实生活中的电灯。因此可以用来模拟灯泡发出的光。点光源主要用于在场景中添加充足光照效果，或者模拟真实世界的点光源照明效果，一般用作辅助光源。

在【光源】选项板中单击【点】按钮，并在绘图区指定一点确定点光源的位置。此时命令行将显示“输入图要更改的选项[名称（N）/强度因子（I）/状态（S）/光度（P）/阴影（W）/衰减（A）/过滤颜色（C）/退出（X）]<退出>”的提示信息。各特性选项的含义现分别介绍如下。

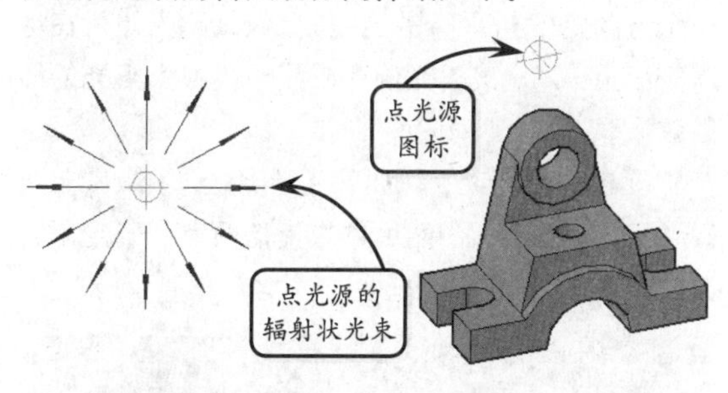

❑ 名称

选择该选项，在打开的文本框中可以设置光源的名称。

❑ 强度因子

选择该选项，可以在命令行中输入参数设置光源的强度。

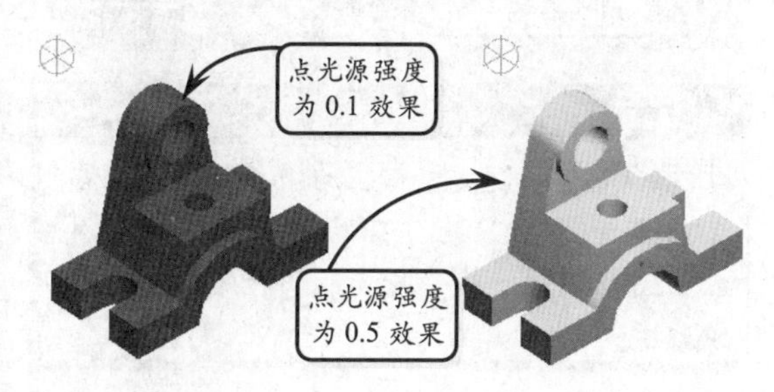

强度的最大值与衰减设置有关，两者间的关系如下所述。

➢ 衰减设置为“无”时，光源的最大强度为 1。

➢ 衰减设置为“线性反比”时，光源的最大强度为图形范围距离值的两倍。其中图形范围距离值是指从图形窗口左下角最小坐标到右上角最大坐标的距离。

➢ 衰减设置为“平方反比”时，光源的最大强度是图形范围距离值平方的两倍。

❑ 状态

该选项可以设置光源轮廓的显示状态，即控制创建的光源是否发光。

❑ 光度

光度是指测量可见光源的照度。在光度中，照度是指对光源沿特定方向发出的可感知能量的测量。当 LIGHTINGUNITS 系统变量设定为 1 或 2 时，光度可用。

❑ 阴影

该选项可以设置光源阴影的开关状态，并且可以设置阴影在开启状态下的类型。当关闭阴影时，可以提高系统渲染性能。但要注意只有在渲染环境中才能查看模型的阴影效果。

❑ 衰减

该选项可以设置光线的衰减方式。衰减是指光线随着距离的增加逐渐减弱，即距离点光源越远的地方光强越低，物体就越暗。在 AutoCAD 中有以下 3 种衰减类型。

类型	功 能 含 义
无	没有衰减。此时对象不论距离点光源是远还是近，都一样明亮
线性反比	衰减与距离点光源的线性距离成反比
平方反比	衰减与距离点光源的距离平方成反比

❑ 过滤颜色

该选项可以设置光源照射光线时的颜色。如下图所示就是将点光源的光线由白色修改为洋红效果。

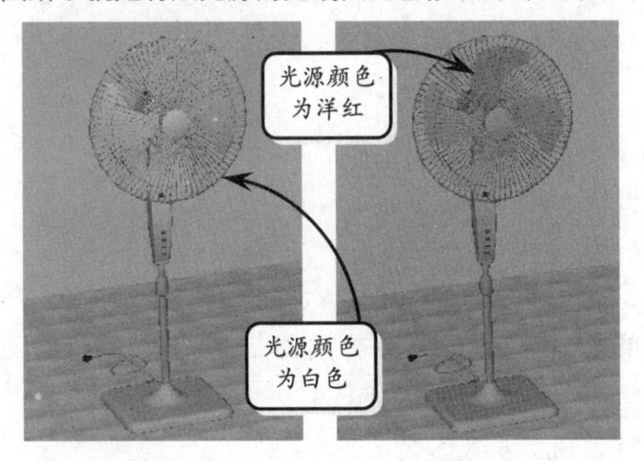

2. 聚光灯

聚光灯是向指定方向上发射的圆锥形光束。其照明方式是光线从一点朝向某个方向发散。在实际应用中聚光灯常用于模拟各种具有方向的照明，如制作建筑效果中的壁灯、射灯以及特效中的主光源等。

在【光源】选项板中单击【聚光灯】按钮，选取一点放置聚光灯，并选取另一点作为目标点，即可创建聚光灯。聚光灯离照射物体越远，照射效果越明显；反之则照射效果不明显。

聚光灯光源按设定的方向发出圆锥形光束。圆锥光束有聚光角和照射角（也称为衰减角度）。聚光角是指最亮光锥的角度，取值范围为 0°～160°，默认值是 45°；照射角是指整个光锥的角度，取值范围为 0°～160°，默认值是 50°。

调整这两个角度就改变了锥形光束的大小，同时光照区域也随之变化。但要注意设置的照射角必须大于聚光角。

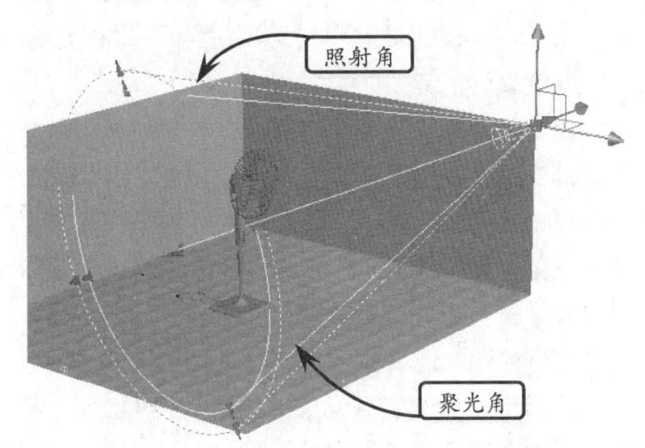

3. 平行灯

平行光是沿同一方向上发射的平行光束。平行光没有衰减，各点的光强保持不变。平行光可以在一个方向上发射平行的光线，就像太阳光照射在地球表面上一样。该类光源主要用于模拟太阳光的照射效果。

要创建平行光，可以在【光源】选项板中单击【平行光】按钮，然后依次指定两点，确定平行光的位置和照射方向即可。

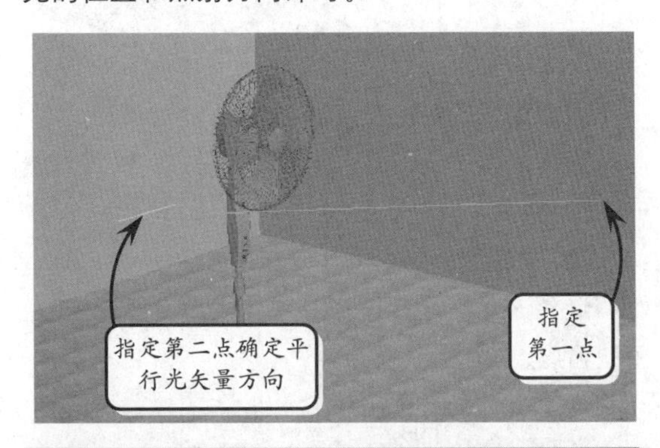

提示

此外，在为模型创建相应的渲染场景时，添加的点光源和聚光灯在绘图区域中均有对应的图标轮廓，而平行光和阳光不显示图标轮廓。

AutoCAD 13.3 阳光特性

版本：AutoCAD 2013

AutoCAD 为模型提供了太阳光，可以通过设定模型的地理位置、日期和时间，以确定太阳光的照射角度。同样也可以修改阳光的各种特性，如阴影的打开和关闭、光晕的强度等。

1．打开和关闭阳光

要打开阳光照射功能以查看阳光的照射效果，可以在【阳光和位置】选项板中单击【阳光状态】按钮，即可切换阳光的打开和关闭效果。

2．调整阳光的照射角度

开启阳光后，有时阳光的照射角度并不符合要求。此时可以对阳光照射角度进行调整。

用户可以单击【设置位置】按钮，在打开的对话框中选择【输入位置值】选项。然后在打开的对话框中单击【使用地图】按钮，并在打开的【位置选择器】对话框中分别指定地区和时区。

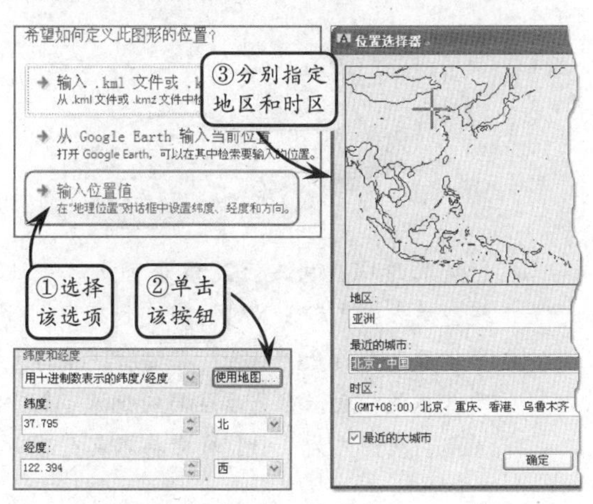

接着返回到绘图窗口，将显示位置图标。此时拖动【日期】文本框的滑块，调整阳光照射的日期，并拖动【时间】文本框的滑块，调整阳光照射的时间，即可完成阳光照射角度的调整。

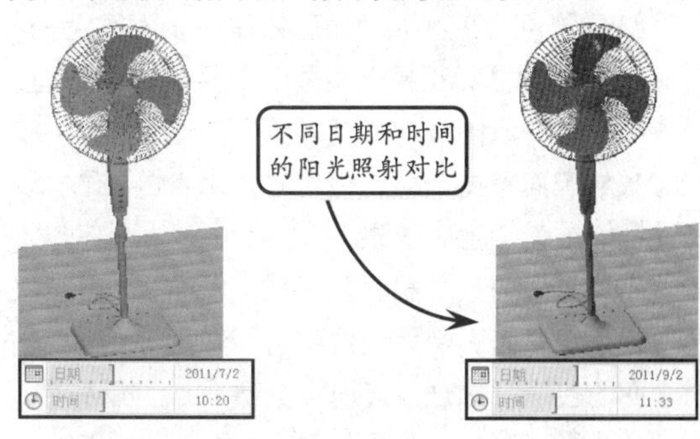

3．修改阳光的各种特性

在【阳光和位置】选项板中单击右下角的小箭头按钮，在打开的【阳光特性】选项板中可以修改阳光的开始和关闭、阳光的强度、阳光阴影的开关等特性。

此外，在【阳光特性】选项板中通过【太阳角度计算器】选项组，可以方便地计算出一年之中地球上任意时间、任意地点处的太阳角度，从而为使用平行光模拟太阳光提供了设置光源矢量的依据。

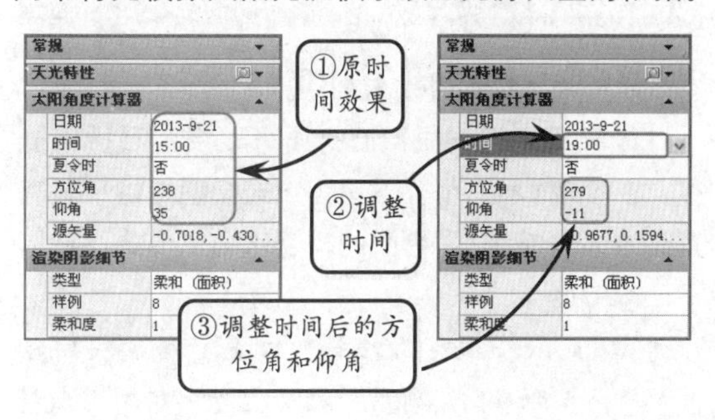

13.4 材质概述

版本：AutoCAD 2013

材质是表现对象表面颜色、纹理、图案、质地和材料等特性的一组设置。通过将材质附着给三维模型，可以在渲染时显示模型的真实外观。

1．材质简介

材质是为了在渲染时表现物体的表面颜色、材料、纹理、透明度和粗糙度等显示效果的一组设置。用户可以将材质附着在模型对象上，这样在渲染模型时对象表面将显示材质替代对象本身的特性，以获得惟妙惟肖的渲染效果。

材质可以看成是材料和质感的结合。在渲染程式中它是表面各可视属性的结合，这些可视属性是指表面的色彩、纹理、光滑度、透明度、反射率、折射率和发光度等。正是有了这些属性，为三维模型添加材质后所渲染出来的效果才会和真实世界一样缤纷多彩。如下图所示就是在 AutoCAD 中为齿轮油泵各个零件赋予相应的材质后渲染的效果。

> **提示**
>
> 创建三维模型后，如果再指定恰当的材质，便可完美地表现出模型效果。例如指定模型的颜色、材料、反光特性和透明度等参数，都是依靠材质来实现的。

2．光源与材质的相互作用

光源照亮了材质，而材质可以反射和折射光线。光源和材质的相互作用为三维模型提供了具有真实效果的外观。两者间的相互作用主要体现在以下三个方面。

- 光线在模型上的照射位置与角度决定了各种不同反射区的相对位置，从而影响材质颜色的分布。在材质中可以根据不同的光线反射区设置不同的颜色。

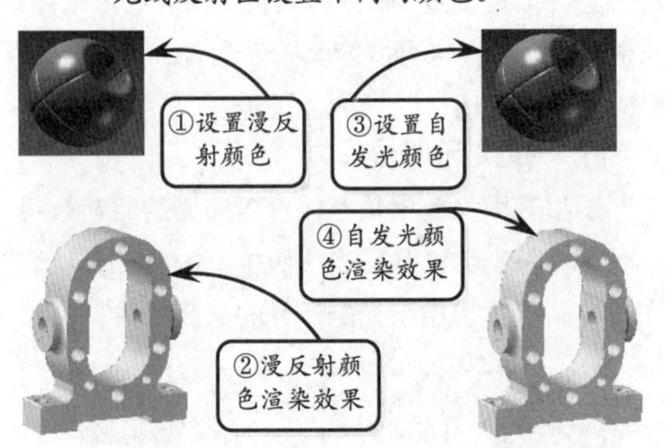

- 材质的光泽度决定了光线反射区的大小和亮度，使模型表面显示出光滑或粗糙的效果。所设置光泽度越大，表示物体表面越光滑。此时表面上亮显区域较小但显示较亮；反之所设置光泽度越小，对象表面越粗糙、光线反射较多、亮显区较大且较柔和。

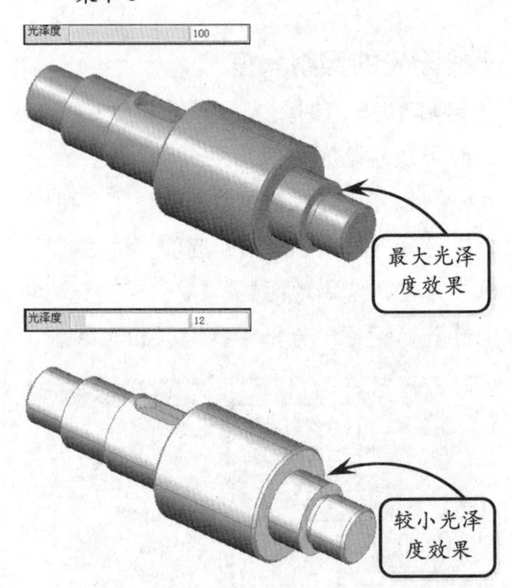

- 材质的透明度决定了光线是否能够穿过模型的表面。所设置的透明度越高，表示穿越该表面的光源越强；反之所设置的透明度越低，表示穿越该表面的光源越弱。当透明度设置为 0 时，对象将不具有透明度；当透明度设置为 100 时，对象将完全透明。

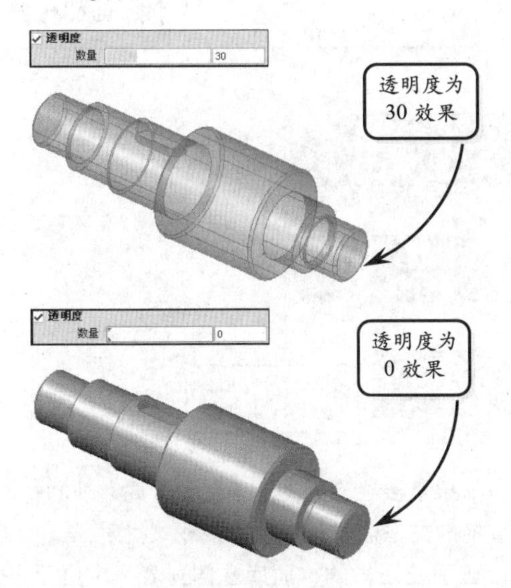

❑ 对于全部或部分透明的对象，材质的折射系数还决定着光线穿过模型表面时的折射程度。当折射率为 1.0 时（空气折射率），透明对象后面的对象不会失真；折射率为 1.5 时，对象会严重失真，就像通过玻璃球看对象一样。

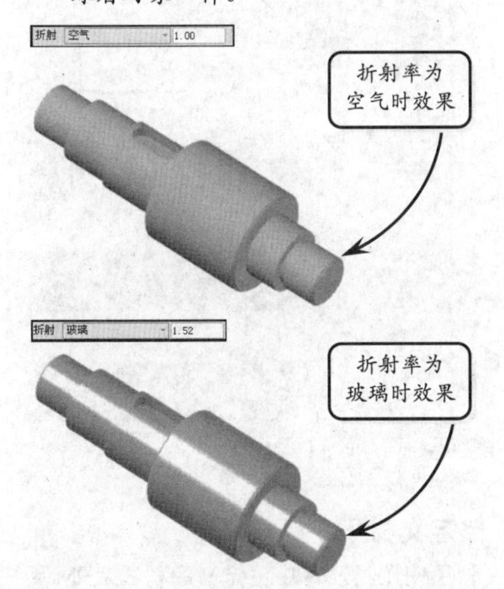

3．贴图与材质的关系

材质是一组相关的设置，而贴图是材质应用中所使用的一种技术，且贴图通过材质来实现。在一个材质中可以设置多种不同作用的贴图，如纹理贴图、反射贴图、透明贴图和凹凸贴图等。不同类型的贴图在材质中具有不同的作用，可以在渲染时产生不同的效果。

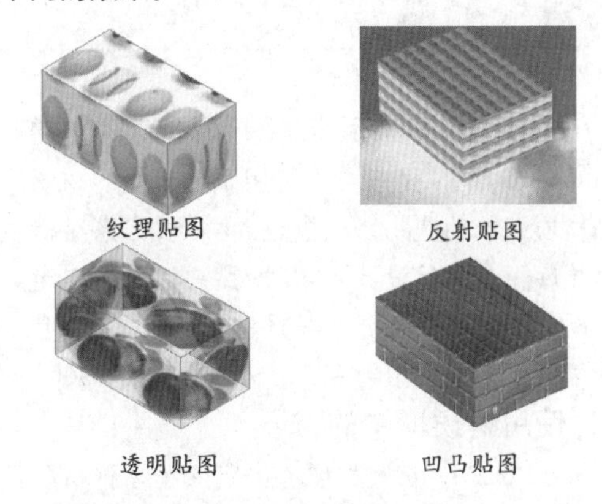

4．不同贴图方式对材质的影响

由于在材质中用于贴图的图像是二维的，而材质所附着的模型表面却是三维的。因此在贴图时，使用不同的投影方式和方向将会产生不同的效果。此外，贴图图像在三维表面上的位置、比例和排列方式也将影响着材质的最终显示效果。

❑ 投影方式影响着贴图图像和三维表面之间的对应关系。对于平面投影两者间是一一对应的，不会使图像产生变形。而柱面投影和球体投影将使贴图图像沿柱面或球面弯曲，使图像变形。长方体投影也会使三维材质在不同的贴图坐标方向上产生变形。

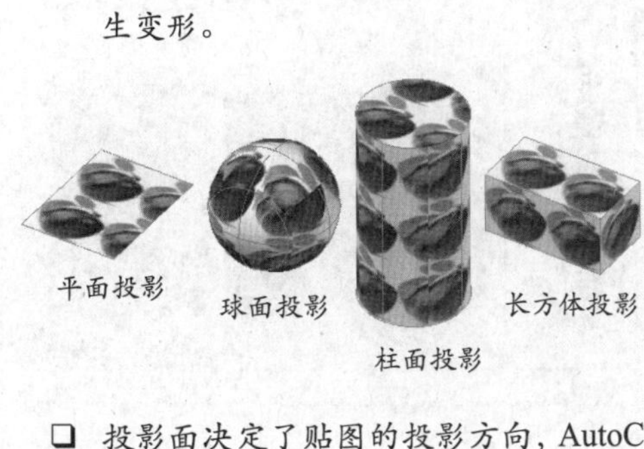

❑ 投影面决定了贴图的投影方向，AutoCAD 将在三维模型中与投影面平行的面上进行贴图。

❑ 贴图在三维表面上的位置、比例和排列方式决定着图像与每个模型表面的相对关系。由此可以使图像按指定大小附着在模型表面的指定位置上，并可以将图像进行拉伸或平铺而布满整个表面。

AutoCAD 13.5 应用材质

版本：AutoCAD 2013

为模型赋予材质，可以使物体更具真实感。在AutoCAD 中，用户可以利用系统提供的材质库中的材质赋予相应物体以指定的材质。当系统提供的材质库无法满足设计要求时，用户还可以自定义一个新材质。新材质可以根据需要，设置其颜色、透明度、反射率和折射率，以及自发光等条件。

1．使用材质库中的材质

AutoCAD 在其材质库中定义了多种材质，可以将其载入到当前图形中，并将载入的材质附着到各个模型对象上。

在【渲染】选项卡的【材质】选项板中单击【材质浏览器】按钮，系统将打开【材质浏览器】选项板。选择该选项板中的【Autodesk 库】选项，在其下拉列表框中包含了 AutoCAD 附带的多种材质和纹理库。

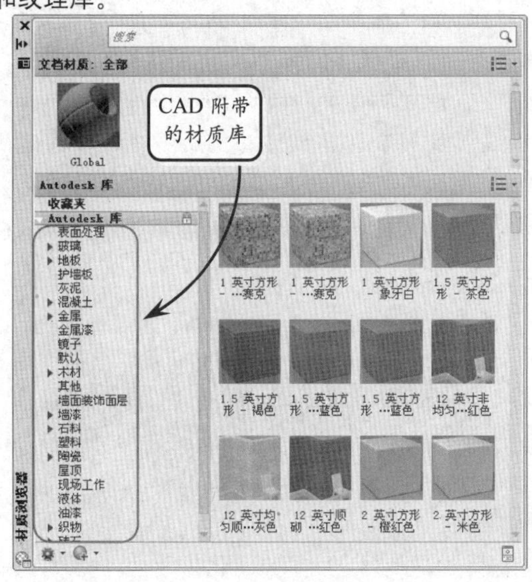

在【材质浏览器】选项板上部的列表框中列出了当前图形中所有可用的材质。该列表框中始终包含一个名称为“Global”（全局）材质。

该材质是 AutoCAD 自动创建，并默认使用的一种材质。任何没有被用户指定材质的对象都将在渲染时使用全局材质。该材质不能被删除，但可以修改。

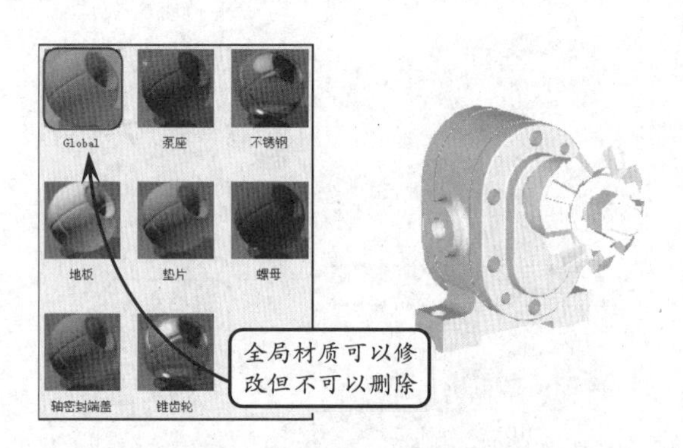

如果需要在当前图形中使用全局之外的材质，最直接的方法便是从材质库中载入材质。

在系统提供的材质库左侧列表框中显示了当前图形中可用的材质；在右侧的列表框中显示当前材质库所有材质的缩略图。用户可以单击选择一种材质，或者按住 Ctrl 或 Shift 键选择多个材质，所选材质将出现在选项板上部的列表框中。

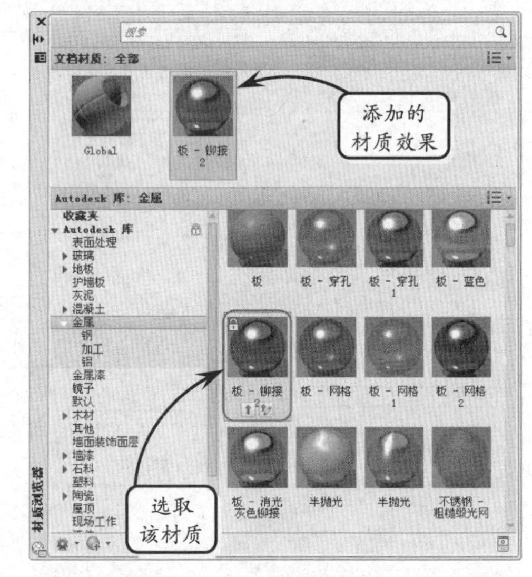

2．自定义材质

除了使用材质库中已定义的材质之外，用户还可以根据需要创建新的材质。

要自定义新材质，可在【材质浏览器】选项板底部的下拉列表中选择新材质的类型。然后在打开的【材质编辑器】选项板中即可对新材质进行详细的设置。

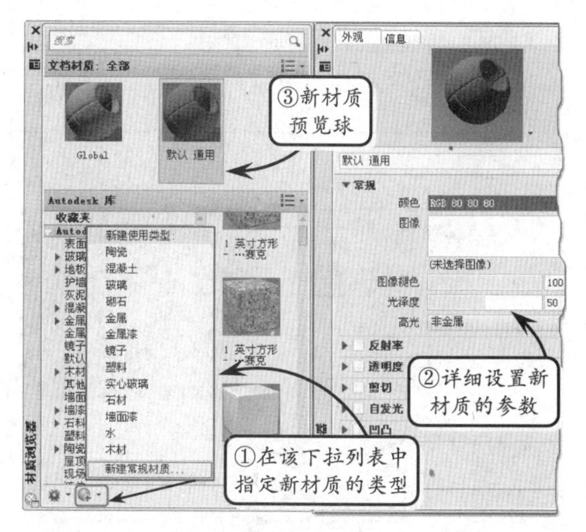

在【材质编辑器】选项板上方的预览窗口中，系统将以预览几何体形式实时显示材质的效果。单击该窗口右下角的小三角按钮，即可在打开的下拉列表中设置材质的预览样本类型。

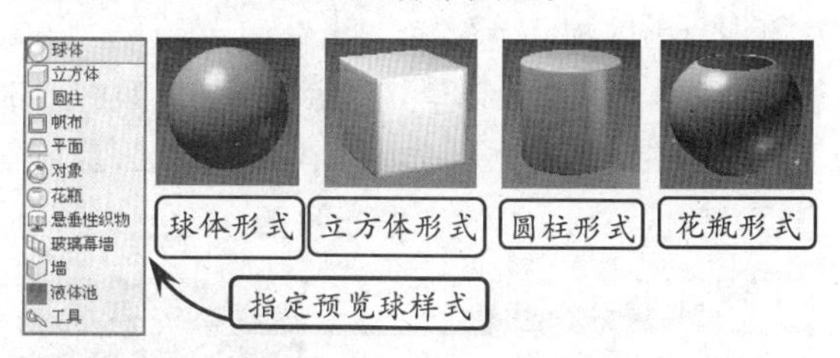

3. 赋予对象材质

从材质库中指定好所需材质或设置好所需材质后，便可以直接拖动材质球赋予指定对象。

在【材质浏览器】选项板中选择一材质球，直接拖动至当前模型释放，即可赋予该模型所选材质。利用该赋予材质的方法可以为合并实体的各个部分分别赋予不同的材质。

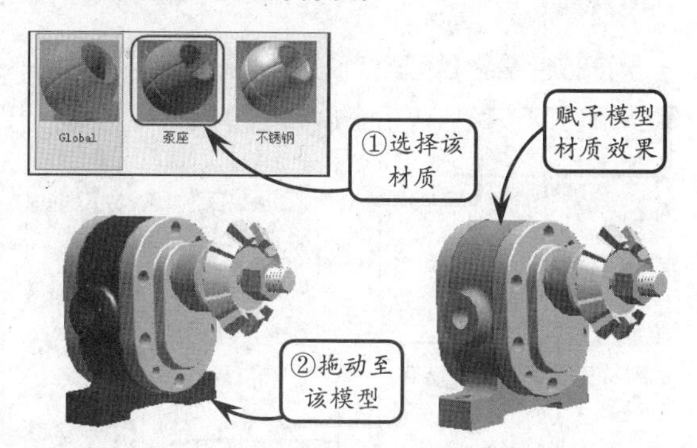

4. 随层赋予对象材质

利用【随层附着】工具将指定的材质应用于某一图层上，则属于该图层上的所有对象都将应用该材质。该赋予材质的方法常用于一些复杂装配体或建筑物附着材质。

在【材质】选项板中单击【随层附着】按钮，系统将打开【材质附着选项】对话框。然后在该对话框左侧的材质列表框中选择一材质，并向右拖动至相应的图层，则该图层上的所有对象都将应用该材质。如下图所示将【泵座】材质拖动至【泵座】图层，则泵座将应用该材质。

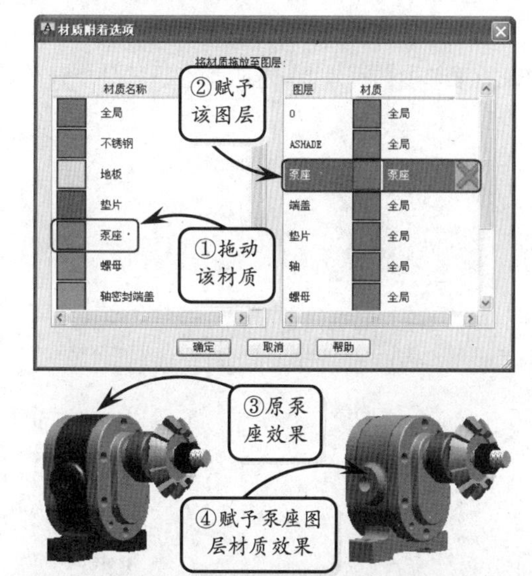

提示

要想将材质从图层上删除，可在【材质附着选项】对话框中右侧的列表框中单击该图层右侧的叉号按钮✕，并单击【确定】按钮，即可将材质从图层上删除。

5. 删除已赋予对象的材质

对于已赋予对象的材质，如果不符合要求，可以将该材质删除。在【材质】选项板中单击【删除材质】按钮，并选取已赋予材质的对象，即可将材质从对象上删除。

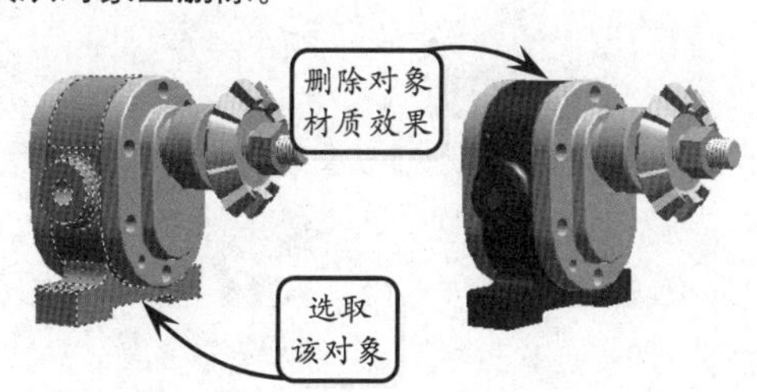

AutoCAD 13.6 编辑材质

版本：AutoCAD 2013

对于即将应用到当前实体模型中的材质，或已经应用到对象的材质，均可以通过 AutoCAD 提供的材质编辑器对材质进行编辑，以获得所需的材质效果。根据所选材质样板的不同，材质编辑器所呈现的选项也不尽相同。

选择一材质预览球，并单击右键，然后在打开的快捷菜单中选择【编辑】选项，系统将打开【材质编辑器】选项板。

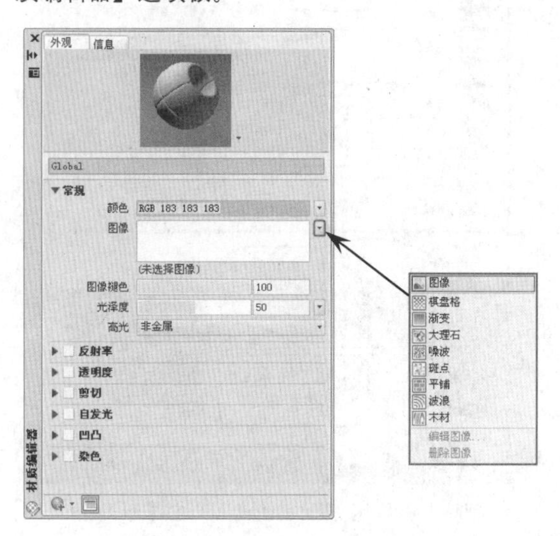

在该选项板中主要可以设置材质的以下特性。

1. 图像褪色

调整该选项的颜色块，可以控制由太阳光单独照射在物体表面上所显示的颜色。

2. 材质的颜色

当模型被光源照射时，可以根据光照的不同部位分为高光区、漫反射区和环境反射区三个部分。当在模型上使用材质时，可以根据这三个部分分别设置材质的不同颜色。

❑ 材质的主颜色

材质的主颜色是指漫反射区显示出来的颜色，该部分颜色表现了物体本身的特性。

在【常规】选项组中单击【颜色】选项右侧的色块，即可在打开的对话框中指定该部分的颜色。

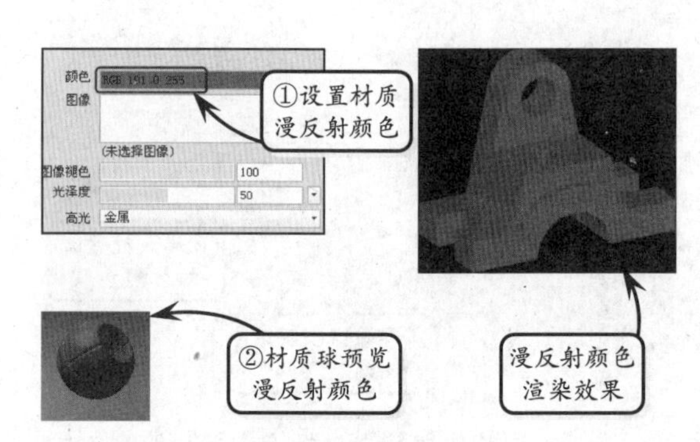

❑ 材质的环境颜色

该颜色也称为自发光颜色，是指模型上环境反射区所显示出来的颜色。且一般情况下，默认该颜色与漫反射区颜色一致。

此外，用户也可以单独指定一种环境颜色。如下图所示在【自发光】选项组中单击【过滤颜色】选项右侧的色块，指定自发光颜色为蓝色。

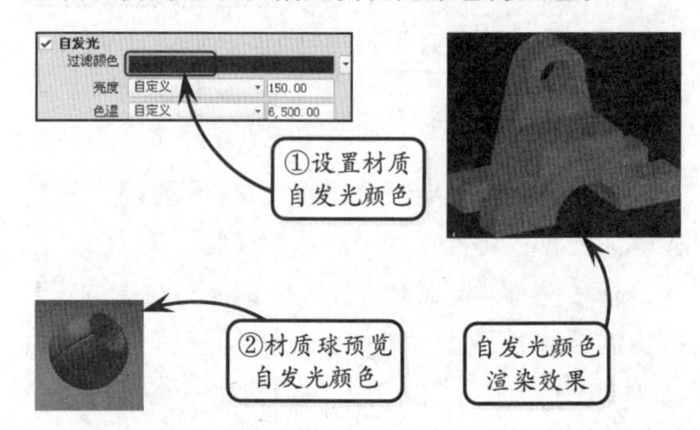

❑ 材质的高光颜色

该颜色是指模型上高光区所显示出来的颜色。默认情况下该颜色包括金属和非金属两种类型。

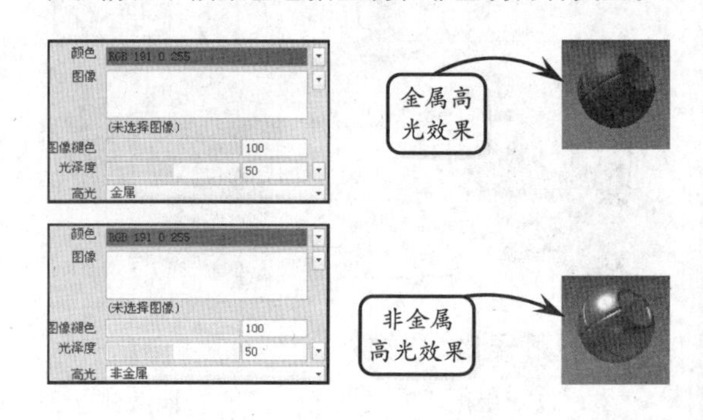

> **提示**
>
> 在设置材质的环境颜色（自发光颜色）过程中，当设置的参数大于 0 时，可以使对象自身显示为发光而不依赖于图形中的光源。

3．材质的光泽度

材质的光泽度又称为粗糙度，可以控制光线在物体表面上的不同反射效果，即模拟不同粗糙程度的对象表面在光照时的显示效果。

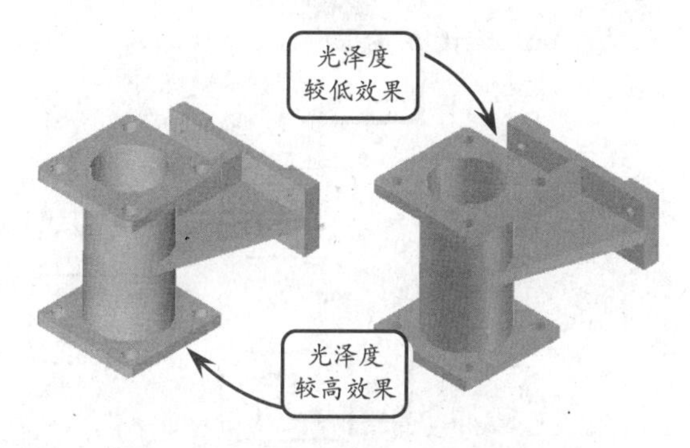

在渲染模型时，材质的光泽度将影响高光区的大小。在同样的光照条件下，材质的光泽度越高，说明对象表面越光滑，此时物体表面将产生高度镜面反射，高光区范围较小，且强度较高；材质的光泽度越低，说明对象表面越粗糙，此时物体表面的高光区范围较大，而强度较低。

如下图所示在【光泽度】文本框中分别设置不同的数值，即可获得不同的渲染效果。

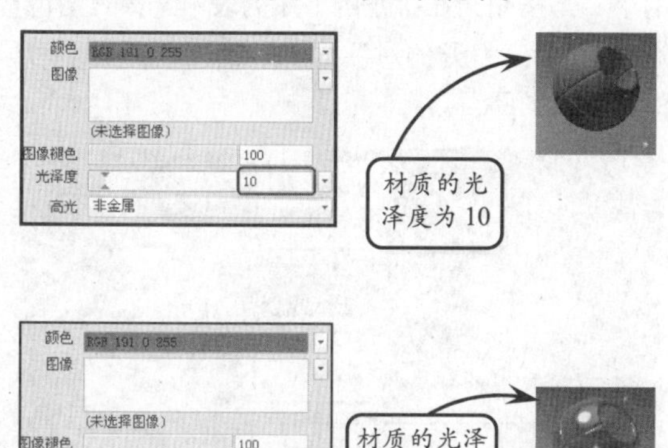

4．材质的透明度

材质的透明度可以控制光线穿过物体表面的程度。对于使用了透明材质的物体，渲染时光线将穿过该物体，显示该物体后部的对象。

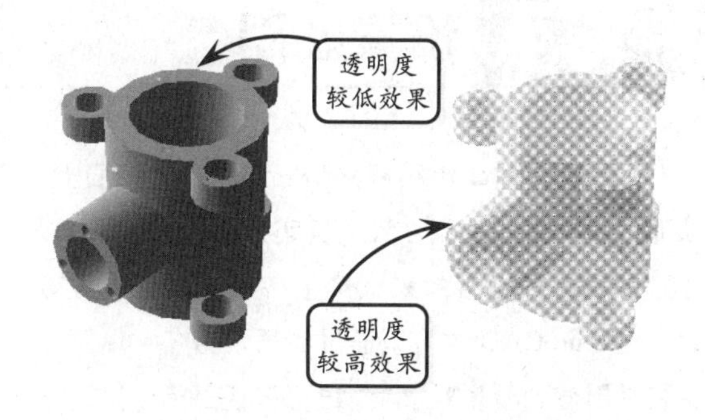

在【透明度】选项组的【数量】文本框中可以设置所需的透明度数值。当透明值为 0 时，材质不透明；当透明值为 100 时，材质完全透明。

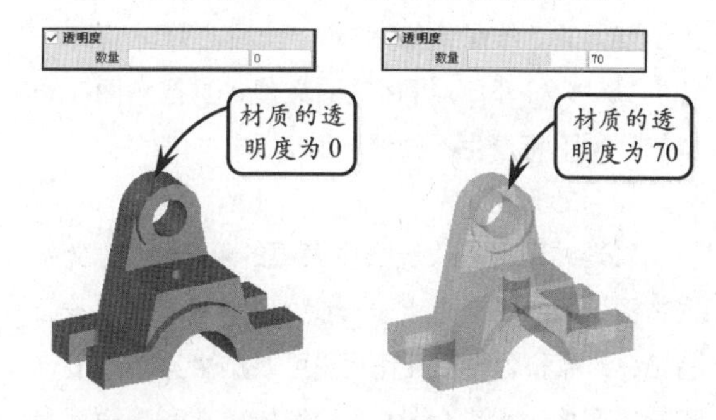

5．材质的折射

当材质的透明度不为 0 时，光线穿过物体将产生折射。此时，用户可以通过对材质的折射属性进行设置来控制光线穿过物体时的折射程度。

当光线穿过折射材质时会改变路径，因此所看到的对象会发生改变。不同的折射程度将使透过物体而显示出来的图像产生不同程度的变形。

在【透明度】选项组的【折射】下拉列表中，系统提供了不同介质所对应的折射率。如下图所示就是折射介质为【玻璃】时的渲染效果。

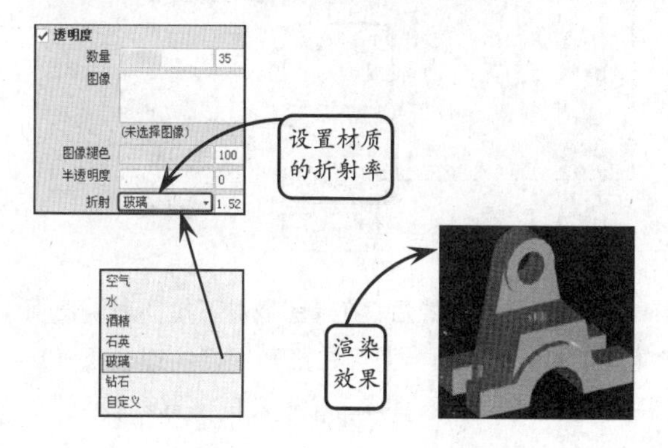

13.7 设置贴图

版本：AutoCAD 2013

贴图就是将二维图像贴到三维对象的表面上，从而在渲染时产生照片级的真实效果。此外还可以将贴图和光源组合起来，产生各种特殊的渲染效果。在 AutoCAD 中可以通过材质设置各种贴图，并将其附着到模型对象上。还可以通过指定贴图坐标来控制二维图像与三维模型表面的映射方式。

1．添加贴图

在 AutoCAD 中可以使用多种类型的贴图，可用于贴图的二维图像包括 BMP、PNG、TGA、TIFF、GIF、PCX 和 JPEG 等格式的文件。这些贴图在光源的作用下将产生不同的特殊效果。

❑ 纹理贴图

纹理贴图可以表现物体表面的颜色纹理，就如同将图像绘制在对象上一样。纹理贴图与对象表面特征、光源和阴影相互作用，可以产生具有高度真实感的图像。如将各种木纹图像应用在家具模型表面，在渲染时便可以显示各种木质的外观。

在【材质编辑器】选项板的【常规】选项组中展开【图像】下拉列表，并在该下拉列表中选择【图像】选项。然后在打开的对话框中指定图片，返回到【材质编辑器】选项板可发现材质球上已显示该图片，并且应用该材质的物体已应用该贴图。

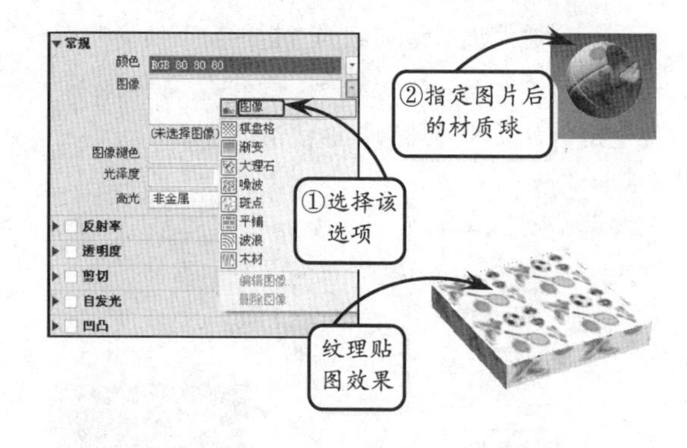

选择贴图图像后，在【图像】下拉列表中选择【编辑图像】选项，即可在打开的【纹理编辑器】中调整图像文件的亮度、位置和比例等参数。

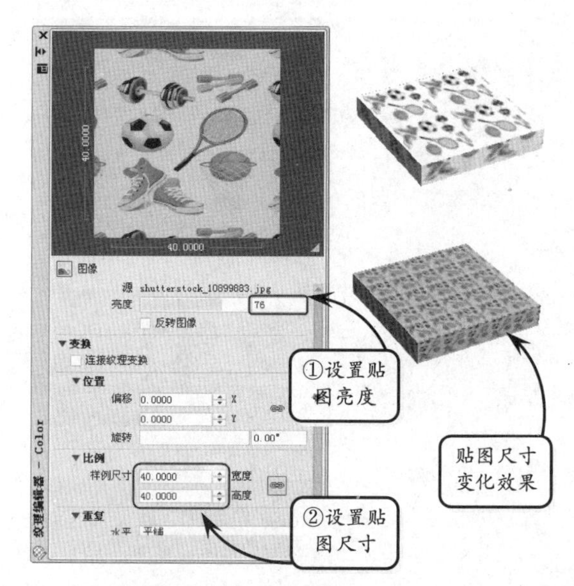

❑ 反射贴图

反射贴图可以表现对象表面上反射的场景图像，也称为环境贴图。利用反射贴图可以模拟显示模型表面所反射的周围环境景象，如建筑物表面的玻璃材质可以反射出天空和云彩等环境。使用反射贴图虽然不能精确地显示反射场景，但可以避免大量的光线反射和折射计算，节省渲染时间。

单击【反射率】选项组的【直接】文本框右侧的小三角按钮，在打开的下拉列表中选择【图像】选项。然后在打开的对话框中指定一图像作为材质的反射贴图即可。

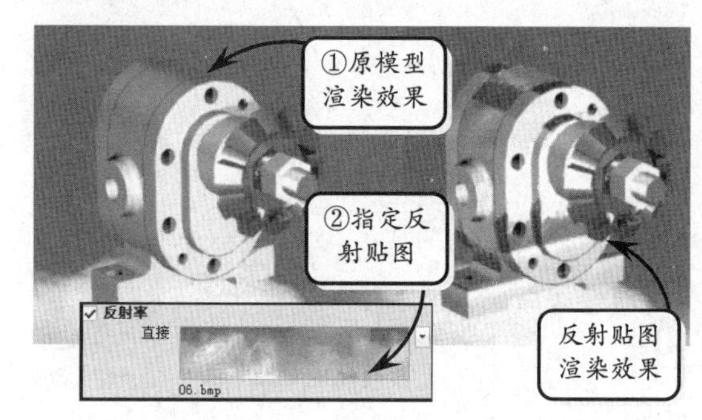

❑ 透明贴图

透明贴图可以根据二维图像的颜色来控制对象表面的透明区域。应用透明贴图后，图像中白色部分对应的区域是透明的，而黑色部分对应的区域是完全不透明的，其他颜色将根据灰度的程度决定透明程度。如果透明贴图是彩色的，系统将使用等价的颜色灰度值进行透明转换。

在【透明度】选项组的【图像】下拉列表中选择【图像】选项，指定一图像作为透明贴图，并在【数量】文本框中设置透明度数量值即可。

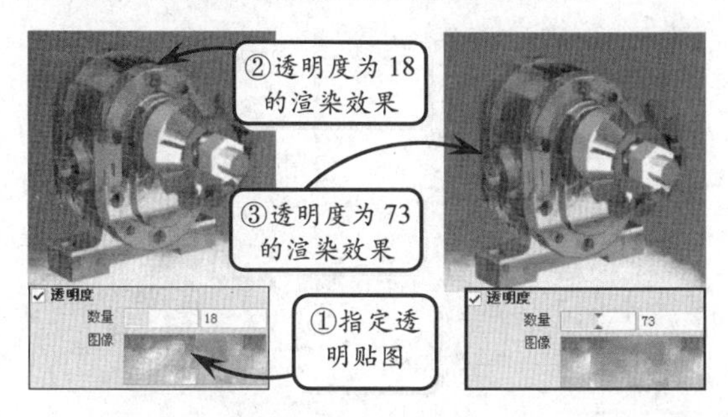

❑ 凹凸贴图

凹凸贴图可以根据二维图像的颜色来控制对象表面的凹凸程度，从而产生浮雕效果。在对象上应用凹凸贴图后，图像中白色部分对应的区域将相对凸起，而黑色部分对应的区域则相对凹陷，其他颜色将根据灰度的程度决定相应区域的凹凸程度。若凹凸贴图的图案是彩色的，系统将使用等价的颜色灰度值进行凹凸转换。

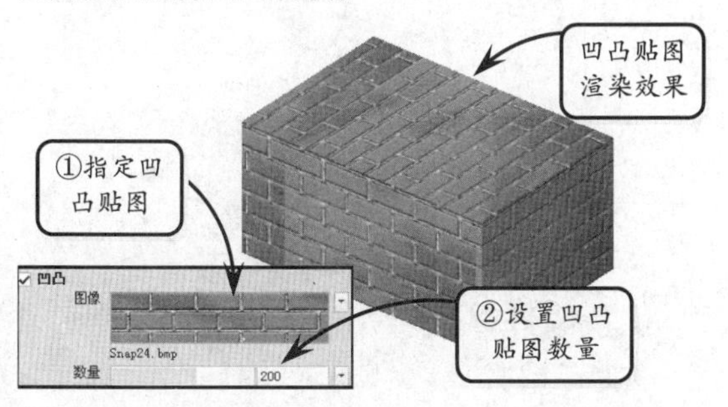

在【凹凸】选项组的【图像】下拉列表中选择【图像】选项，指定一图像作为凹凸贴图，并在【数量】文本框中设置凹凸贴图数量即可。

2. 调整贴图

在 AutoCAD 中给对象或者面附着带纹理的材质后，可以调整对象或面上纹理贴图的方向。这样使得材质贴图的坐标适应对象的形状，从而使对象贴图的效果不变形，更接近真实效果。

在【材质】选项板中展开【材质贴图】下拉列表，系统将展开 4 种类型的纹理贴图图标。这 4 种纹理贴图的设置方法分别介绍如下。

❑ 平面贴图

平面贴图是将图像映射到对象上，就像从幻灯片投影器投影到二维曲面上一样。它并不扭曲纹理，图像不会失真，而只是调整图像的尺寸以适应对象的大小。一般常用于面的贴图。

单击【平面】按钮，并选取平面对象。此时绘图区将显示矩形线框。然后通过拖动夹点或依据命令行的提示输入相应的移动、旋转命令，即可调整贴图坐标。

❑ 柱面贴图

柱面贴图可以将图像映射到圆柱形表面上，贴图后水平边将一起弯曲，但顶边和底边不会弯曲，图像的高度将沿圆柱体的轴进行缩放。

单击【柱面】按钮，选择圆柱面则显示一个圆柱体线框。默认的线框体与圆柱体重合，此时如果依据提示调整线框，即可调整贴图。

❑ 球面贴图

使用球面贴图可以使贴图图像在球面的水平和垂直两个方向上同时弯曲，并且将贴图的顶边和底边在球体的两个极点处压缩为一个点。

单击【球面】按钮，选择球体则显示一个球体线框，调整线框位置即可调整球面贴图。贴图后纹理贴图的顶边在球体的“北极”压缩为一个点；同样在底边的“南极”压缩为一个点。

❑ 长方体贴图

长方体贴图可以将图像映射到类似长方体的实体上。它主要是通过调整长方体线框的贴图坐标使其与长方体完全重合，从而使长方体上均匀分布贴图的面积。

单击【长方体】按钮，选取对象则显示一个长方体线框。此时通过拖动夹点或依据命令行提示输入相应的命令来调整长方体的贴图坐标。

13.8 添加相机及定义场景

版本：AutoCAD 2013

为了从不同角度观察模型以及为了实现各种不同的效果，通常会创建许多不同的视图和光源，两者的不同组合即形成场景。利用场景可使用户在运用不同光线的不同视图间轻松地来回切换。默认时当前场景即为使用所有光线的当前视图。一个图形可以拥有的场景数目不受限制。

1. 添加相机

场景是一个命名视图与一个或多个光源的组合。场景可以节省时间，因为不需要在每次渲染时都从头设置视点和光源。创建命名视图可以添加各种所需的相机视图，通过相机视图可以快速到达预先设置的视点位置。

选择【视图】|【创建相机】选项，此时光标将变为一个相机模型形状。然后分别指定相机位置和目标点位置，即可添加一相机。

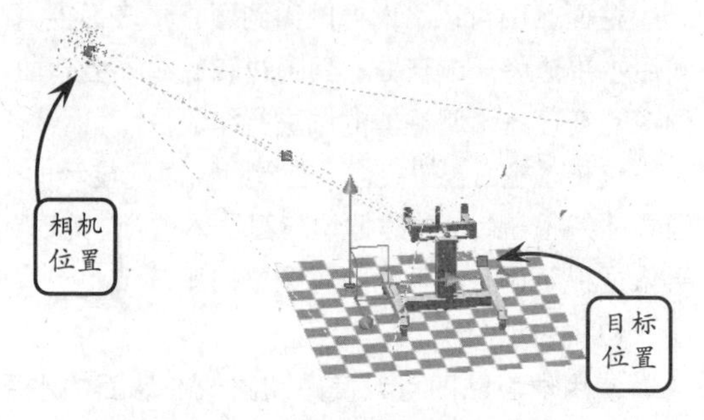

在【常用】选项卡的【视图】选项板中单击【多个视口】按钮，系统可将当前视口转换为平铺的4个视口。接着通过这4个视口对比调整相机的位置。

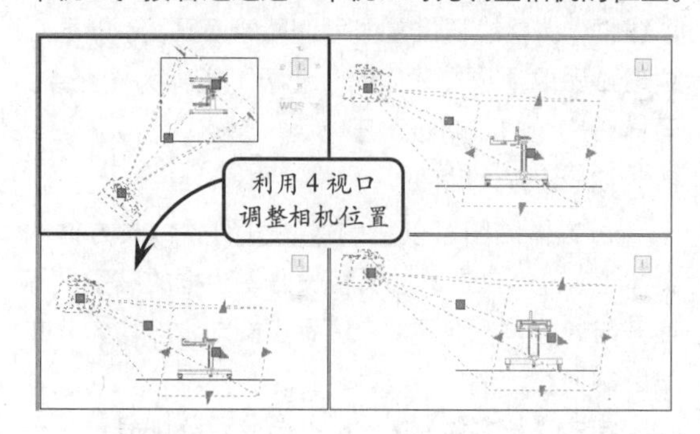

此外，在【常用】选项卡的【视图】选项板中单击【单个视口】按钮，系统可将当前4个视口转换为单个视口。然后在绘图区中选取相机图标，即可在打开的【相机预览】对话框中查看相机视图效果。

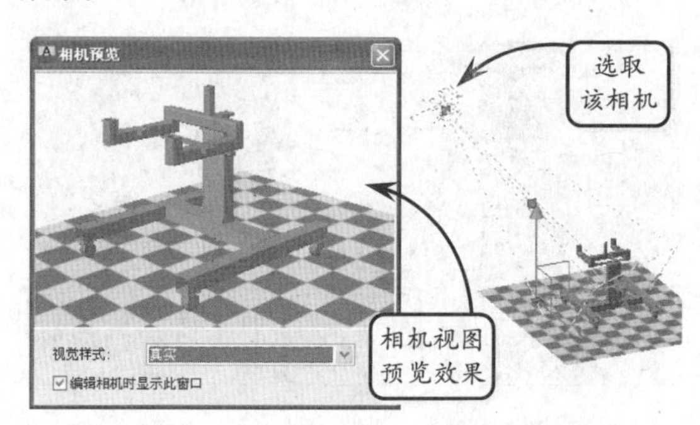

此时创建的相机视图，其默认名称为“相机1”。该相机视图在【视图】选项板的【三维导航】下拉列表中。选择该选项，便可将当前视图场景切换到相机视图场景。按照同样的方法即可以创建其他视点的各种场景。

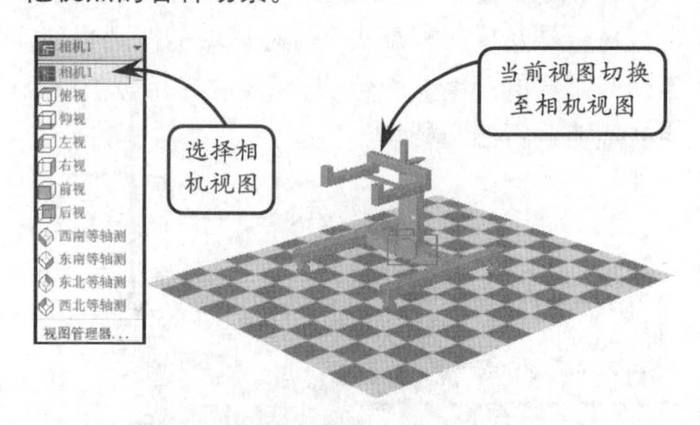

2. 设置场景背景

在默认情况下渲染场景时，AutoCAD 总是以绘图区域的背景颜色为渲染图像的背景颜色。用户可根据实际的需要，将场景的背景设置为各种单一纯色、渐变色，以及风景或天空类的位图图片，使场景更加的真实。

要设置背景效果，可以在【视图】选项卡的【视图】选项板中单击【视图管理器】按钮，系统将打开【视图管理器】对话框。然后在该对话框中选择前面创建的场景视图“相机 1”，在右侧的【背景替代】下拉列表中提供了5种背景类型。各主要背景类型的使用方法分别介绍如下。

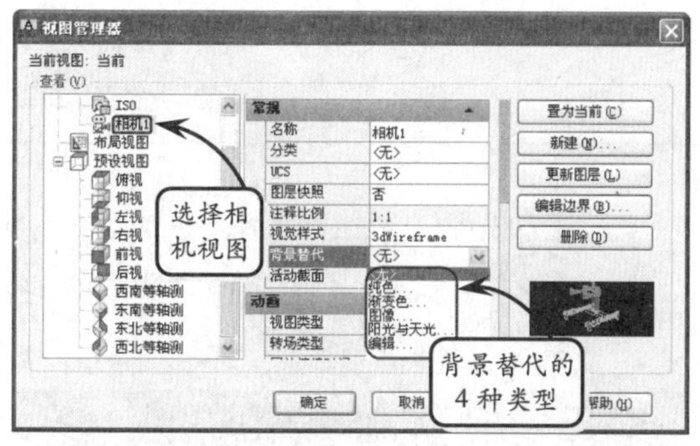

❑ 背景颜色为无

选择该选项，场景视图的背景默认与当前AutoCAD绘图窗口的背景相同。渲染时的背景始终为黑色。

❑ 修改背景颜色为纯色

可以修改视图背景为单一的某种颜色。选择【纯色】选项，在打开的对话框中即可指定任意一种颜色为背景颜色。然后返回到【视图管理器】对话框，单击【置为当前】按钮，并单击【应用】按钮。接着单击【确定】按钮，场景视图的背景即可修改为指定的颜色。

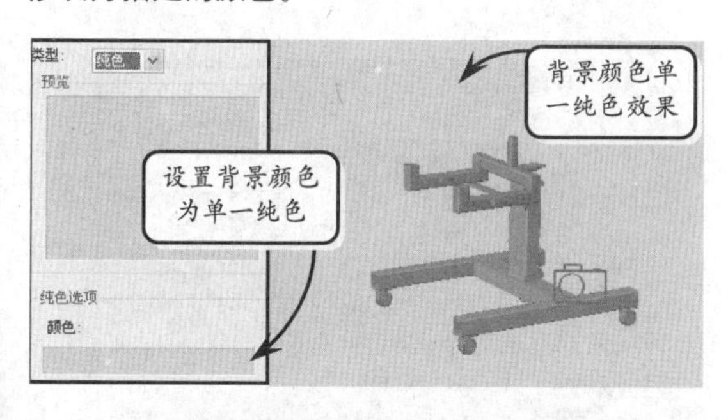

❑ 修改背景颜色为渐变色

可以将视图背景设置为两色或三色的渐变色。选择【渐变色】选项，在打开的【背景】对话框中便可以设置渐变顶部颜色和底部颜色，将场景视图的背景修改为两种渐变的颜色。

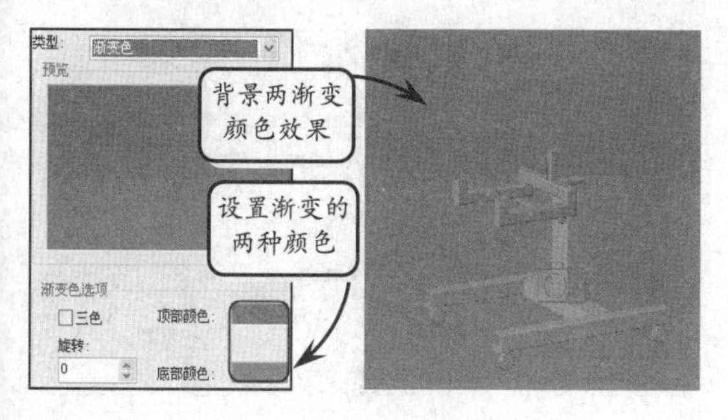

如果启用【三色】复选框，便可以将视图的背景修改为三种渐变颜色。此外，在【旋转】文本框还可以设置各个渐变色的旋转角度。

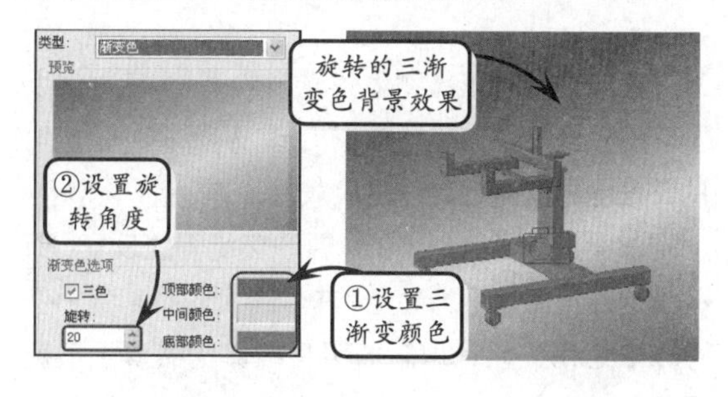

❑ 修改背景为图像

可以使用BMP、PNG、GIF、JPG、PCX、TGA和TIFF等类型的位图图像作为背景，将场景背景修改为这些位图图像，以获得更加逼真的渲染效果。

选择【图像】选项，在打开的【背景】对话框中单击【浏览】按钮，指定一背景图片，即可将当前场景视图的背景修改为图片。

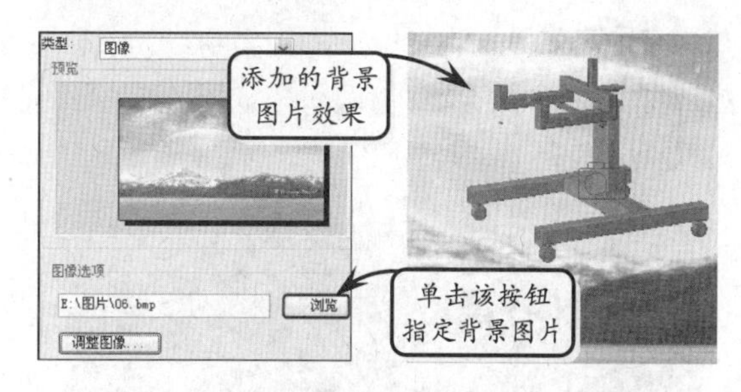

此外，若单击【调整图像】按钮，可在打开对话框的【图像位置】下拉列表中设置图像在当前绘图窗口中的位置。如果选择【拉伸】，将布满整个绘图窗口；选择【平铺】，将平铺于整个绘图窗口；选择【中央】，将位于当前绘图窗口的中央，并可以拖动滑块控制图像的具体位置。

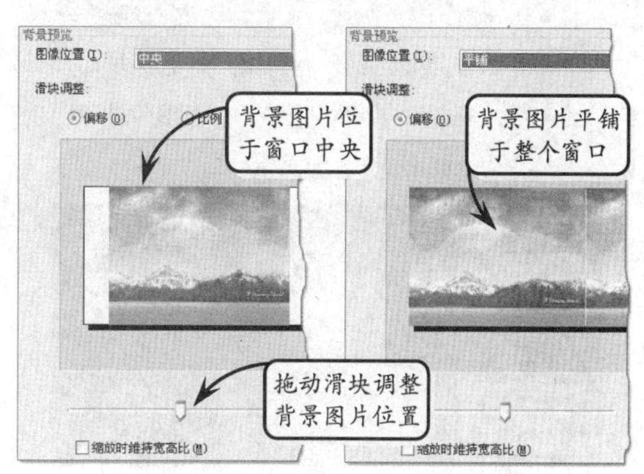

13.9 渲染基础

版本：AutoCAD 2013

通过渲染可以将物体的光照效果、材质效果以及环境设置等都完美地表现出来，从而将一个虚拟的三维世界利用软件的手段表现出来。

渲染可以通过材质、光源和环境等的设置，为模型的几何图像进行着色。其最终目的是创建一个可以表达用户设计理念的照片级真实感演示质量图像。

1．渲染概述

在绘制图形时，通常将大部分时间都花在模型建模上，但有时也需要创建更具真实感的图像。此时利用 AutoCAD 的渲染功能，完全可以控制渲染图像的形状、大小、颜色和表面材质等，获得完美渲染图像。如下图所示就是利用 AutoCAD 渲染的立式电风扇效果。

2．模型渲染流程

为了更好地表现三维建模效果，可通过渲染模型和环境的方式来更真实表达三维模型的显示方式，其整个流程介绍如下。

- **添加材质和贴图** 首先为三维模型载入各种材质和贴图。其中，材质与颜料一样，可以使苹果显示为红色，为玻璃添加抛光；而通过应用贴图可以将图像和图案，甚至表面纹理添加至对象。

- **添加光源** 在三维场景中启用自然光源或添加新的人工光源，如点光源和聚光灯等，从而增加渲染图像的真实感。

- **构建场景** 通过添加相机视图以构建所需的场景。利用场景可使用户在运用不同光线的不同视图间方便地来回切换。默认时当前场景即为使用所有光线的当前视图。

- **修改背景** 通过修改背景，可以将场景的背景设置为各种颜色、渐变色，以及风景和天空等各种位图图片。最后调用相应的渲染程序，获得完整、逼真的渲染效果。

AutoCAD 13.10 渲染预设

版本：AutoCAD 2013

渲染预设是渲染模型时使用的预定义渲染设置的命名集合，既可以使用标准渲染预设，也可以在渲染预设管理器中创建自定义渲染预设。

在【渲染】选项板的【渲染预设】下拉列表中包含了草稿、低、中、高和演示 5 种设置。选择不同的设置，可以产生不同质量的渲染图像。此外还可以选择【管理渲染预设】选项，在打开的【渲染预设管理器】对话框中创建自定义预设。

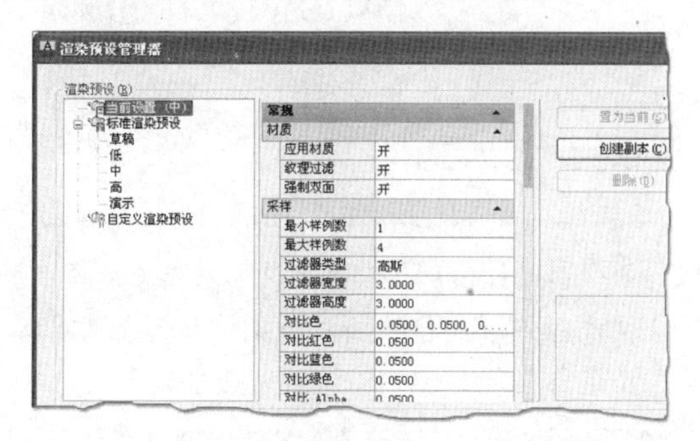

渲染预设管理器分为 4 部分，分别是【渲染预设列表】、【特性面板】、【按钮控制】和【缩略图查看器】，现分别介绍如下。

1. 渲染预设列表

该列表位于对话框的左侧，列出了所有与当前图形一起存储的预设，包括【标准渲染预设】和【自定义渲染预设】两种类型。在渲染预设列表中，通过拖动可以重新排列标准预设树和自定义预设树的次序。如果包括多个自定义预设，可以用相同的方式排列它们的次序。但是不能在标准渲染预设列表内重新排列标准预设的次序。

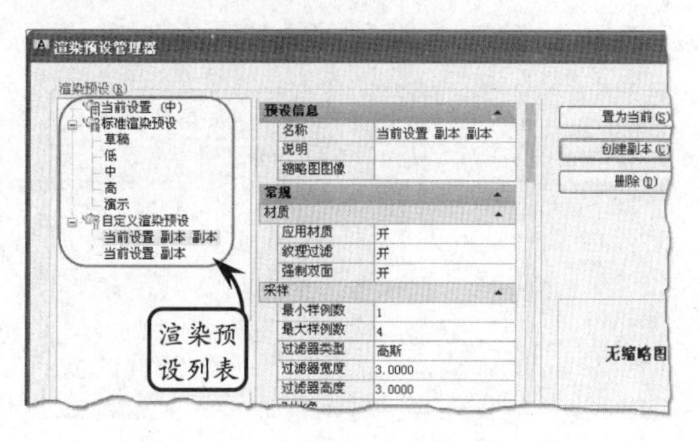

2. 特性面板

在该特性面板的【预设信息】选项组中，【名称】选项显示的为所选预设名称，可以重命名自定义预设，但不能重命名标准预设；【说明】选项显示所选预设的解释说明；【缩略图图像】选项用于指定与所选预设关联的静态图像。

若单击该选项右侧的按钮，即可在打开的对话框中为创建的预设选择缩略图图像。

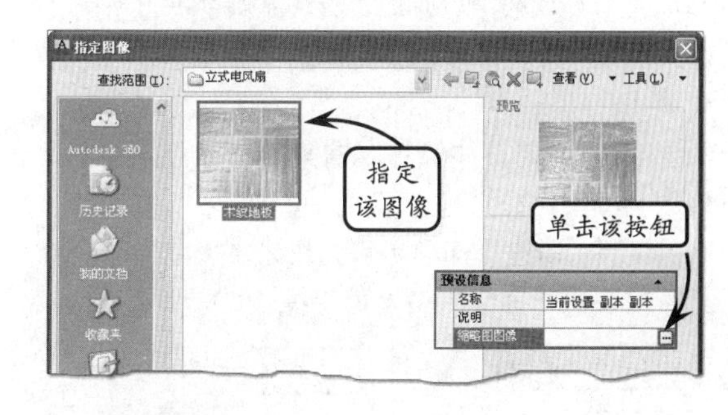

3. 按钮控制

在按钮控制区包括 3 个控制按钮：单击【置为当前】按钮，可以将选定的渲染预设设定为渲染器要使用的预设；单击【创建副本】按钮，可在打开的【复制渲染预设】对话框基于现有的渲染预设创建副本，并可对该副本重命名；单击【删除】按钮，即可删除选择的预设。

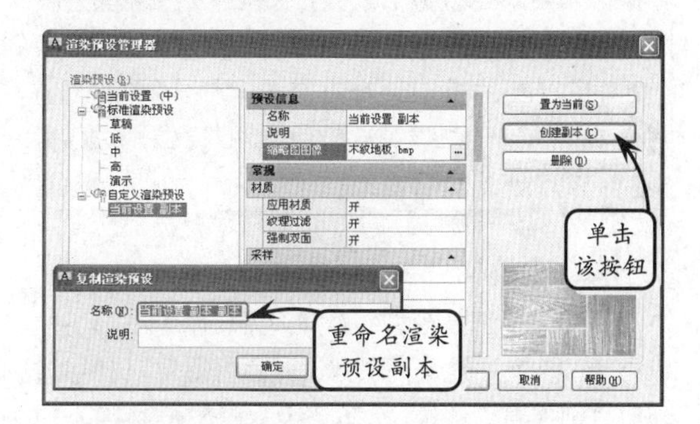

4. 缩略图查看器

该区域用于显示与选定渲染预设关联的缩略图图像。如果未显示缩略图图像，可以从预设信息下的【缩略图图像】设置中选择一个对象。

13.11 渲染操作

版本：AutoCAD 2013

渲染是一个有效的交流想法与显示对象形状的工具。如果需要展示一个项目或设计，并不需要创建一个原型，只需使用渲染图像即可清楚地表达设计思想。通过模型的真实感渲染，往往可以为产品团队或潜在客户提供比打印图形更清晰的概念设计视觉效果。

1. 渲染器简介

利用 AutoCAD 提供的渲染器可以生成真实准确地模拟光照效果。AutoCAD 提供的一系列标准渲染预设，以及可重复使用的渲染参数，均可以随意调用。

在 AutoCAD 中通过【渲染】选项板来控制渲染的全部操作。它包含了 AutoCAD 中所有渲染方面的工具。通过该选项板可以指定渲染的环境、模式、以及进行高级渲染设置等操作。

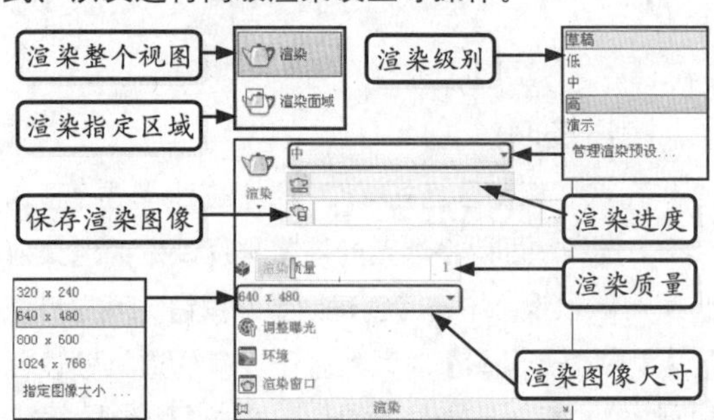

提示

在【渲染预设】下拉列表中包括草稿、低、中、高以及演示 5 种标准预设类型。其中，【草稿】用于快速测试图像，而【演示】则提供照片级真实感图像。

2. 基本渲染

在完成了创建模型、添加光源、附着材质、构建场景、修改背景等一系列设置后，便可以利用渲染工具创建渲染图像。基本渲染只是对已经加入的材质、光源和环境设置进行渲染。其最终目的是创建一个可以表达用户想象、照片级真实感的演示质量图像。

要渲染模型，可在【渲染】选项卡的【渲染】选项板中单击【渲染】按钮。此时在打开的【渲染】对话框中将显示模型的渲染效果。

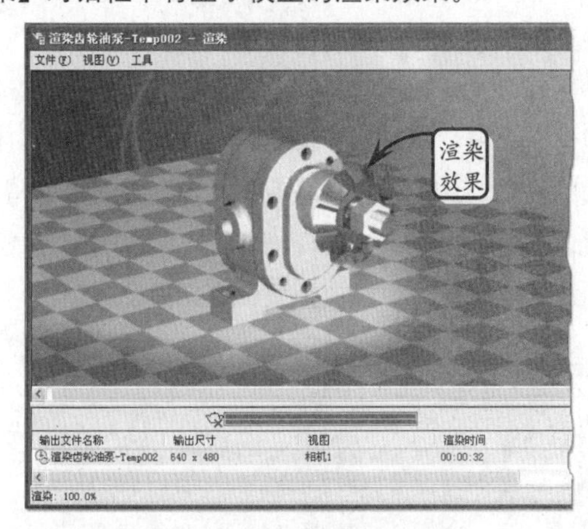

在【渲染预设】下拉列表中可以选择不同级别的渲染图像效果。其中，所选渲染预设的级别越高，渲染出的图像质量越高，渲染时速度越慢。

3. 渲染面域

当遇到渲染大型复杂的装配体或建筑物时，可以利用【渲染面域】工具只对指定的区域进行渲染，这样将极大地提高了渲染模型的速度。

单击【渲染面域】按钮，依次指定两个对角点确定渲染区域窗口，即可对所选区域执行渲染操作。

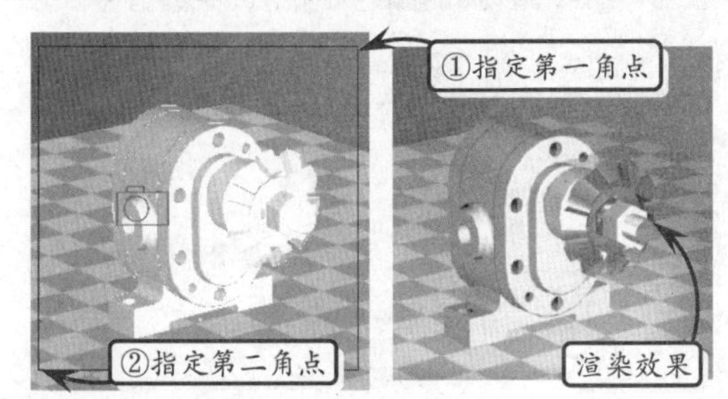

AutoCAD 13.12 高级渲染设置

版本：AutoCAD 2013

要渲染出更加细腻和具有照片级真实感的图像，是由多种因素决定的，如三维模型的面、材质、场景中的环境和图像的输出分辨率等。通过对这些因素进行调整，如设置模型边和面的渲染平滑度、添加渲染图像的雾化等陪衬因素，可以使图像的渲染效果显得更加真实。

1. 渲染时模型边的处理

在对三维模型进行渲染时，对于模型上相邻两个面之间的边界，可以进行平滑处理和不平滑处理。所谓平滑处理，就是在渲染时计算表面的法线，并合成两个或多个相邻平面的颜色，使得这些面之间平滑过渡，而不产生棱边。在 AutoCAD 中，由于曲面对象是使用多边形网格近似获得的，而不是真正的曲面，因此渲染时必须使用平滑处理，才能获得真实的曲面。

在绘图区空白处单击鼠标右键，在打开的快捷菜单中选择【选项】选项，系统将打开【选项】对话框。在该对话框中切换至【显示】选项卡，然后在【显示精度】选项组的【渲染对象的平滑度】文本框中设置渲染对象的平滑度数值，即可获得不同的模型渲染平滑度。

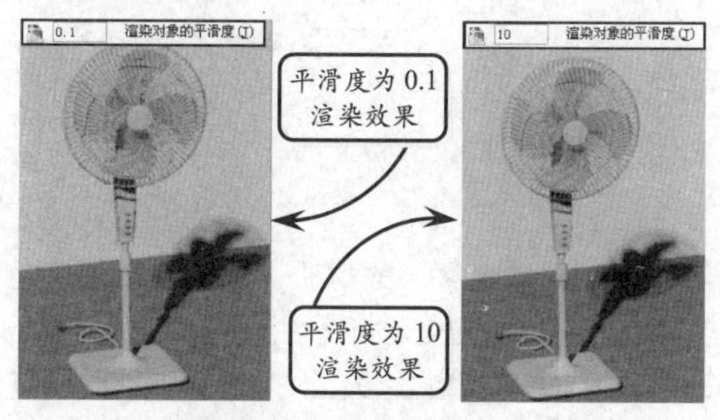

2. 渲染时模型面的处理

在实际的渲染过程中，三维模型中面的数量将直接影响渲染的速度，即模型的面越多，渲染时花费的时间也越多。因此通常是使用最少的面来表达一个实体模型。

在 AutoCAD 中，常见的三维模型面包括相交面和共面的面两种。当两个对象相互交叉时，就会产生这两种面。如将一个对象穿过另一个对象时，两个对象相交处的边可能显示为严重失真的波形；而当两个实体的面处于同一平面时，将会出现共面的面。

此时，利用布尔运算就可以获得更清晰精确的边，或将共面的面合并为一个面。此时对模型进行渲染，运行会明显加快。

3. 设置渲染时的雾化效果

一般来说，距离观察位置较近的物体比较清晰，而距离观察位置较远的物体比较模糊，因此在视觉上产生一个深度或距离的效果。为了产生较好的视觉效果，增强渲染图像的真实性，可以通过启用雾化效果来进行模拟。

在【渲染】选项板中单击【环境】按钮，在打开的【渲染环境】对话框中即可启用雾化和背景功能，并设置雾化的颜色、范围和浓度等。该对话框中各主要选项的含义介绍如下。

- **启用雾化**　设置渲染时是否使用雾化。
- **雾化背景**　设置背景是否也使用雾化。选择【开】时，可以在渲染背景时也使用雾化；选择【关】时，将只针对渲染对象进行雾化。
- **近距离和远距离**　在这两个文本框中可以分别指定雾化起始和终止位置。它们的值是相机到后剪裁平面之间距离的百分比，取值范围为 0～1。
- **近处雾化百分比和远处雾化百分比**　在这两个文本框中可以设置雾化在开始位置和结束位置处的浓度，取值范围为 0～1。值越高表示雾化设置越明显，即透明度越低。

AutoCAD 13.13 渲染机架组件

版本：AutoCAD 2013

本实例渲染机架模型。AutoCAD 可以模拟零件真实的实体显示效果，其中包括为各个零件赋予金属材质，并为这些零件添加材质贴图。此外，为了更真实地表现零件显示效果，可以为零件环境设置聚光灯等光源效果。

练习要点

- 使用创建新材质工具
- 使用赋予材质工具
- 使用添加光源工具
- 使用添加相机工具
- 使用渲染面域工具

提示

材质可以看成是材料和质感的结合。在渲染程式中它是表面各可视属性的结合，这些可视属性是指表面的色彩、纹理、光滑度、透明度、反射率、折射率和发光度等。正是有了这些属性，为三维模型添加材质后所渲染出来的效果才会和真实世界一样缤纷多彩。

操作步骤

STEP|01 单击【材质浏览器】按钮，在底部的【创建材质】下拉菜单中选择【新建常规材质】选项。然后输入新材质的名称为“不锈钢”，并按照图示设置该材质的各项参数。继续新建一名称为“地板”的材质，设置材质颜色为 80、80、80，并在【图像】下拉列表中选择【棋盘格】选项。接着在打开的纹理编辑器中按照图示设置棋盘格的各项参数。

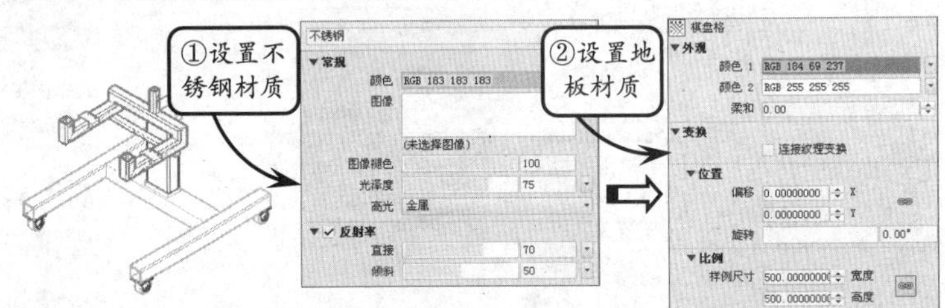

STEP|02 创建一名称为“黄色金属”的材质，设置材质颜色为 150、128、50，光泽度为 70，高光类型为【金属】。继续创建一名称为“橡胶”的材质，设置材质颜色为 92、75、206，光泽度为 20，高光类型为【非金属】。接着创建一名称为“氧化铜金属”的材质，设置材质颜色为 79、127、63，光泽度为 80，高光类型为【金属】。

提示

绘材质的光泽度决定了光线反射区的大小和亮度，使模型表面显示出光滑或粗糙的效果。所设置光泽度越大，表示物体表面越光滑。此时表面上亮显区域较小但显示较亮；反之所设置光泽度越小，对象表面越粗糙、光线反射较多、亮显区较大且较柔和。

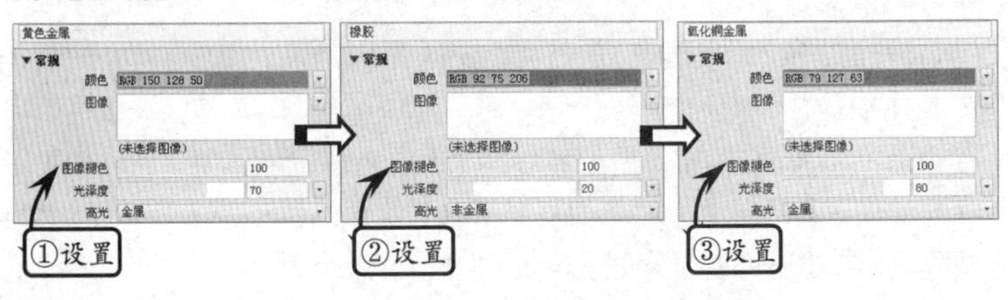

STEP|03 在【材质】选项板中单击【随层附着】按钮，拖动左侧的材质至右侧相应的图层，即可将该材质赋予指定的零件。然后在【阳光和位置】选项板中单击【阳光状态】按钮，启用日光效果。接着单击【渲染面域】按钮，在绘图区选取两个对角点确定要渲染的区域，查看模型渲染效果。

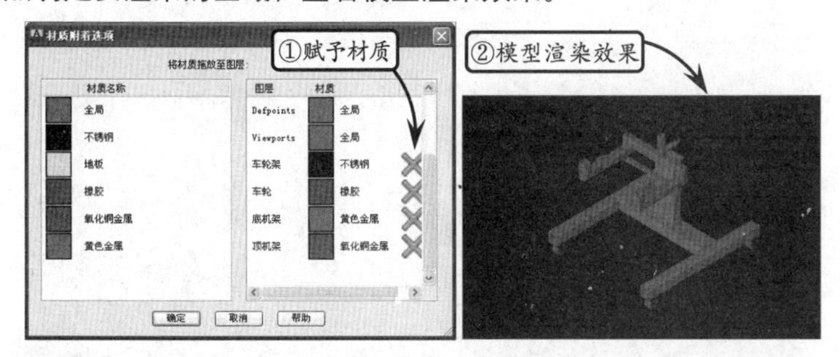

STEP|04 切换至【俯视】视图方向，利用【矩形】和【面域】工具绘制地板轮廓。然后利用【移动】工具将该轮廓移动至合适位置，并打开【材质浏览器】对话框，将“地板”材质拖动至地板轮廓上。接着切换至【前视】视图方向，在【光源】选项板中单击【聚光灯】按钮，依次指定位置点和目标点，添加聚光灯。最后切换至【俯视】视图方向，调整该聚光灯的位置。

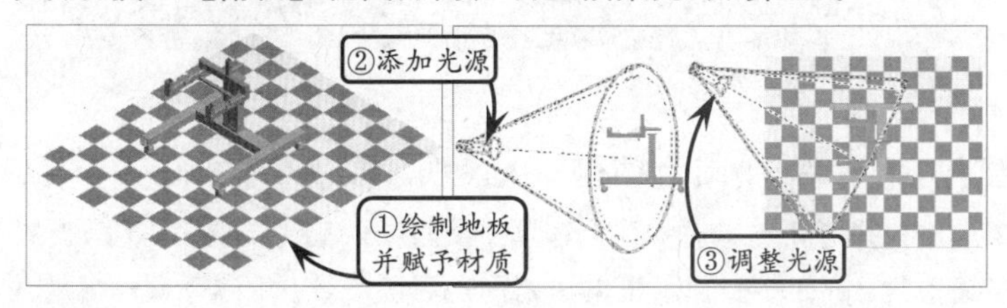

STEP|05 在【视图】选项卡中单击【工具选项板】按钮，并在打开的对话框中切换至【相机】面板。然后指定相应的相机，并在绘图区中依次指定两点，确定相机的位置和目标点的位置。接着在【常用】选项卡的【视图】选项板中单击【多个视口】按钮，在各个视口中调整相机至合适的位置。最后单击【单个视口】按钮，并在绘图区选取相机图标，即可在打开的【相机预览】对话框中察看相机视图效果。

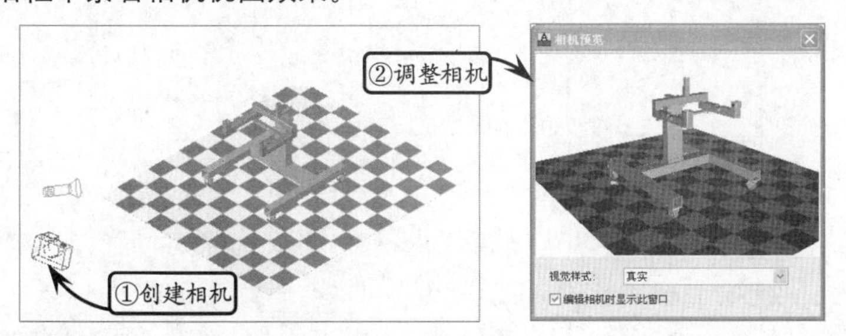

STEP|06 在【视图】选项板的【三维导航】下拉列表中选择【相机 1】视图，将当前视图切换至相机视图。然后单击【渲染面域】按钮，在绘图区选取两个对角点确定要渲染的区域，即可完成该模型相机视图的渲染操作。

提示

AutoCAD 为模型提供了太阳光，可以通过设定模型的地理位置、日期和时间，以确定太阳光的照射角度。同样也可以修改阳光的各种特性，如阴影的打开和关闭、光晕的强度等。

提示

聚光灯是向指定方向上发射的圆锥形光束。其照明方式是光线从一点朝向某个方向发散。在实际应用中聚光灯常用于模拟各种具有方向的照明，如制作建筑效果中的壁灯、射灯以及特效中的主光源等。

提示

场景是一个命名视图与一个或多个光源的组合。场景可以节省时间，因为不需要在每次渲染时都从头设置视点和光源。创建命名视图可以添加各种所需的相机视图，通过相机视图可以快速到达预先设置的视点位置。

13.14 渲染立式电风扇

版本：AutoCAD 2013 downloads/第 13 章/

练习要点

- 使用创建新材质工具
- 使用赋予材质工具
- 使用添加光源工具
- 使用添加相机工具
- 使用渲染面域工具

本实例渲染立式电风扇。其中包括为该立式电风扇的各个零件赋予金属材质，并为这些零件添加材质贴图。此外为了更方便地观察该模型，可创建一预设视点的相机视图。而为了更真实地显示该模型渲染效果，添加了聚光灯和地板背景。

提示

材质可以看成是材料和质感的结合。在渲染程式中它是表面各可视属性的结合，这些可视属性是指表面的色彩、纹理、光滑度、透明度、反射率、折射率和发光度等。正是有了这些属性，为三维模型添加材质后所渲染出来的效果才会和真实世界一样缤纷多彩。

操作步骤

STEP|01 单击【材质浏览器】按钮，在底部的【创建材质】下拉菜单中选择【新建常规材质】选项。然后输入新材质的名称为“风级按钮塑料“，并按照图示设置该材质的各项参数。继续新建一名称为“地面”的材质，并在【图像】下拉列表中选择【图像】选项，选择一木纹地板贴图，并设置比例为 200×200。接着选择【透明度】复选框，按照图示设置透明度参数。

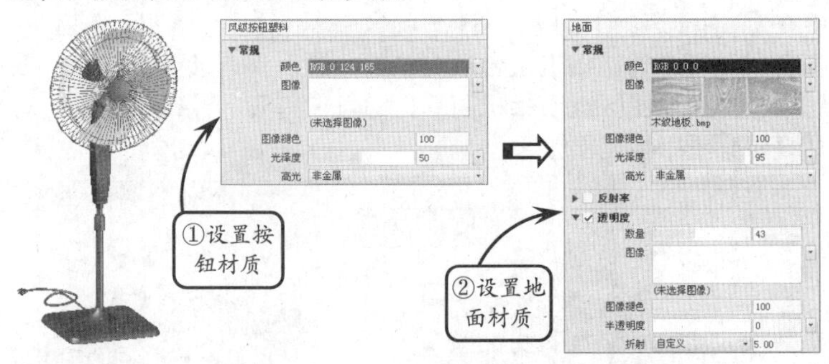

提示

材质的透明度决定了光线是否能够穿过模型的表面。所设置的透明度越高，表示穿越该表面的光源越强；反之所设置的透明度越低，表示穿越该表面的光源越弱。当透明度设置为 0 时，对象将不具有透明度；当透明度设置为 100 时，对象将完全透明。

STEP|02 新建一名称为“墙壁“的材质，并设置材质的颜色为 255、255、255，光泽度为 52，高光类型为【非金属】。然后新建一名称为“塑料外壳“的材质，并设置材质的颜色为 127、255、223，光泽度为 50，高光类型为【非金属】。继续新建一名称为“网罩金属”的材质，并设置材质的颜色为 124、165、82，光泽度为 50，高光类型为【金属】。接着选择【反射率】选项，按照图示设置反射率参数。

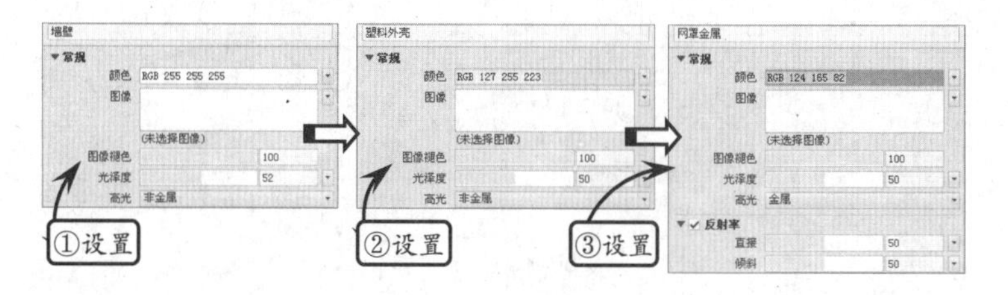

STEP|03 新建一名称为“按钮、插头金属”的材质，并设置材质的颜色为 45、45、45，光泽度为 50，高光类型为【金属】。然后选择【反射率】选项，按照图示设置反射率参数。继续新建一名称为“支撑杆金属”的材质，并设置材质的颜色为 183、183、183，光泽度为 80，高光类型为【金属】。接着选择【反射率】选项，按照图示设置反射率参数。

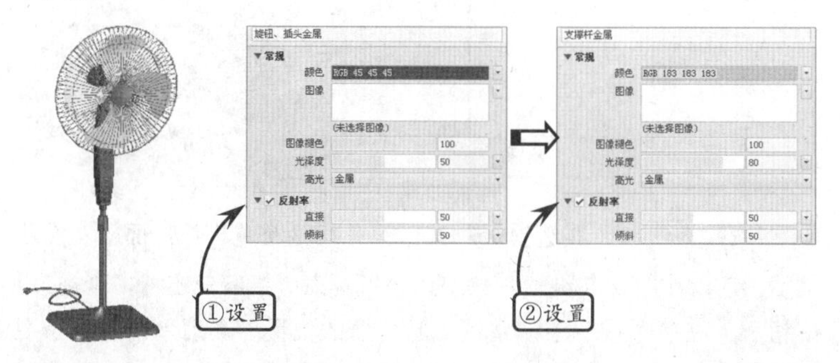

STEP|04 在【材质】选项板中单击【随层附着】按钮，拖动左侧的材质至右侧相应的图层，即可将该材质赋予指定的零件。然后在【阳光和位置】选项板中单击【阳光状态】按钮，启用日光效果。接着单击【渲染面域】按钮，在绘图区选取两个对角点确定要渲染的区域，查看模型渲染效果。

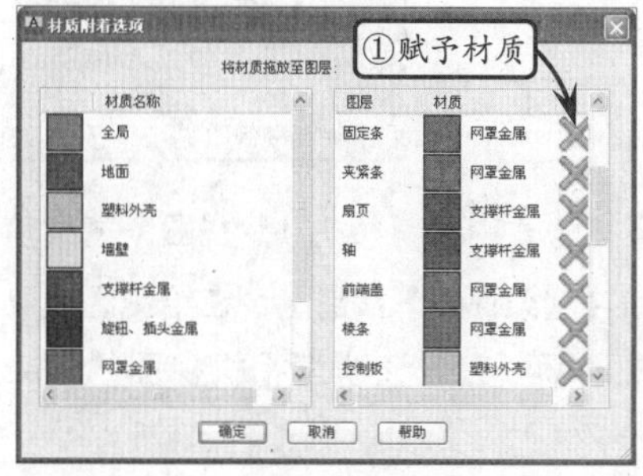

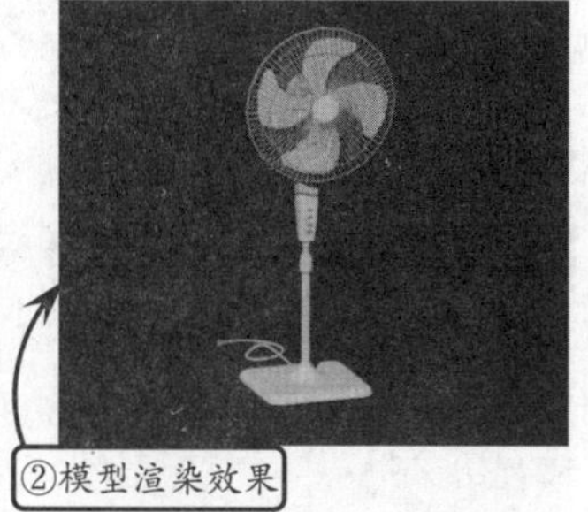

STEP|05 切换至相应的视图方向，利用【矩形】和【面域】工具绘制墙壁和地板轮廓。然后利用【移动】工具将相应轮廓移动至合适位置，并打开【材质浏览器】对话框，将指定的材质拖动至墙壁和地板轮廓上。接着切换至【前视】视图方向，在【光源】选项板中单击【聚光灯】按钮，依次指定位置点和目标点，添加聚光灯。

提示

材质的光泽度决定了光线反射区的大小和亮度，使模型表面显示出光滑或粗糙的效果。所设置光泽度越大，表示物体表面越光滑。此时表面上亮显区域较小但显示较亮；反之所设置光泽度越小，对象表面越粗糙、光线反射较多、亮显区较大且较柔和。

提示

AutoCAD 为模型提供了太阳光，可以通过设定模型的地理位置、日期和时间，以确定太阳光的照射角度。同样也可以修改阳光的各种特性，如阴影的打开和关闭、光晕的强度等。

提示

聚光灯是向指定方向上发射的圆锥形光束。其照明方式是光线从一点朝向某个方向发散。在实际应用中聚光灯常用于模拟各种具有方向的照明，如制作建筑效果中的壁灯、射灯以及特效中的主光源等。

提示

聚光灯光源按设定的方向发出圆锥形光束。圆锥光束有聚光角和照射角（也称为衰减角度）。聚光角是指最亮光锥的角度，取值范围为0°～160°，默认值是45°；照射角是指整个光锥的角度，取值范围为0°～160°，默认值是50°。调整这两个角度就改变了锥形光束的大小，同时光照区域也随之变化。但要注意设置的照射角必须大于聚光角。

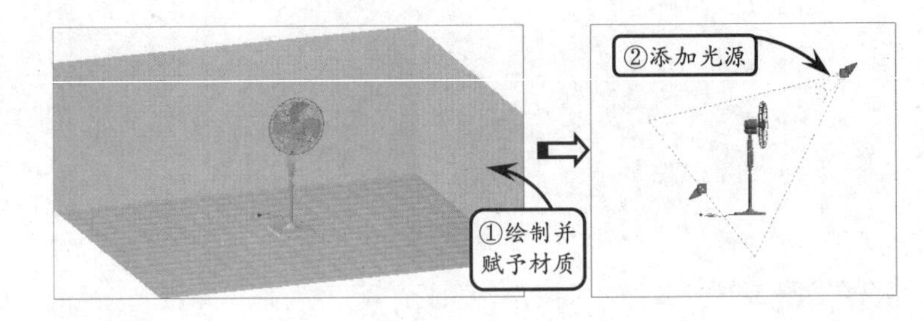

STEP|06 切换至【俯视】视图方向，调整该聚光灯的位置。然后选取该聚光灯，并单击右键选择【特性】选项。接着在打开的【特性】面板中关闭该灯光的阴影，并设置聚光角度为45°、衰减角度为61°、强度因子为0.5。

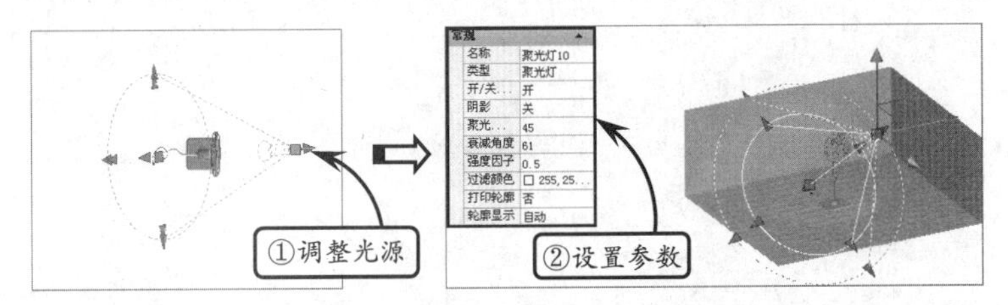

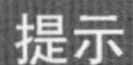

提示

场景是一个命名视图与一个或多个光源的组合。场景可以节省时间，因为不需要在每次渲染时都从头设置视点和光源。创建命名视图可以添加各种所需的相机视图，通过相机视图可以快速到达预先设置的视点位置。

STEP|07 单击【工具选项板】按钮，切换至【相机】面板。然后指定相应的相机，并确定其位置点和目标点。接着单击【多个视口】按钮，在各个视口中调整相机至合适的位置。最后单击【单个视口】按钮，并在绘图区选取相机图标，即可在打开的【相机预览】对话框中查看相机视图效果。

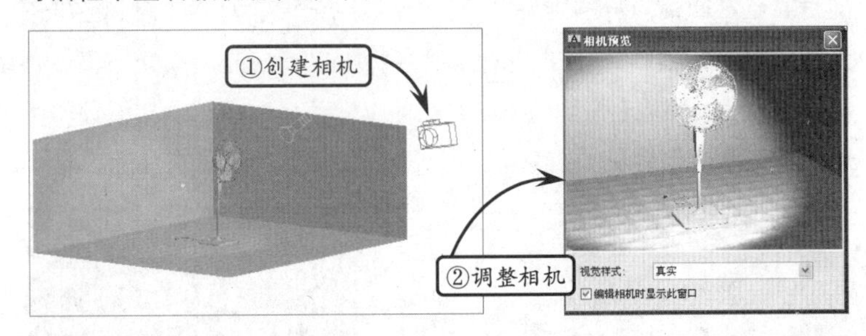

提示

当遇到渲染大型复杂的装配体或建筑物时，可以利用【渲染面域】工具只对指定的区域进行渲染，这样将极大地提高了渲染模型的速度。

STEP|08 选择【三维导航】下拉列表中的【相机1】视图，将当前视图切换至相机视图。然后单击【渲染面域】按钮，在绘图区选取两个对角点确定要渲染的区域，即可完成该模型相机视图的渲染操作。

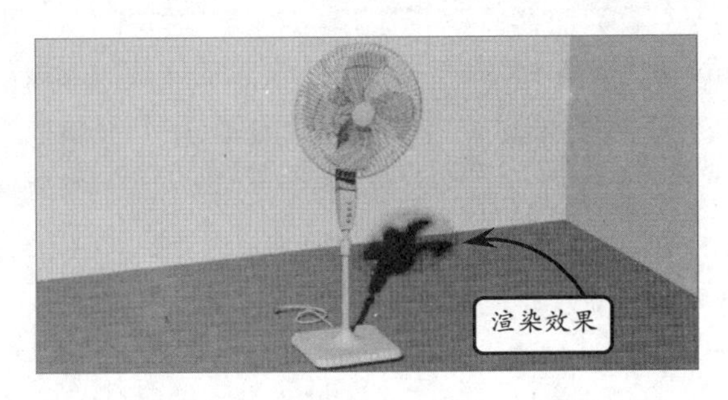

AutoCAD 13.15 渲染齿轮油泵

版本：AutoCAD 2013　downloads/第 13 章/

本例渲染一齿轮油泵模型。在 AutoCAD 中可模拟零件或组件真实的实体显示效果，其中包括为各个零件赋予金属材质，并为这些零件添加材质贴图。此外为了更方便地观察模型，可创建一预设视点的相机视图。而为了更真实地表现零件显示效果，还可为零件或组件环境设置点光源和聚光灯等光源效果，并添加相应的背景图片。

练习要点

- 使用创建新材质工具
- 使用赋予材质工具
- 使用添加光源工具
- 使用添加相机工具
- 使用渲染面域工具

操作步骤

STEP|01 单击【材质浏览器】按钮，在底部的【创建材质】下拉菜单中选择【新建常规材质】选项。然后输入新材质的名称为“泵座”，并设置材质颜色为 139、124、197，光泽度为 50，高光类型为【非金属】。继续新建一名称为“垫片”的材质，并设置材质的颜色为 95、88、198，光泽度为 50，高光类型为【非金属】。

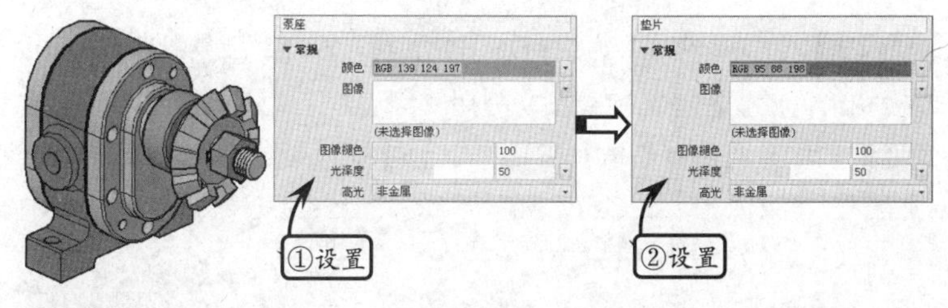

STEP|02 新建一名称为“不锈钢”的材质，并设置材质的颜色为 183、183、183，光泽度为 40，高光类型为【金属】。然后选择【反射率】选项，按照图示设置材质的反射率参数。继续新建一名称为“螺母”的材质，并设置材质的颜色为 148、148、148，光泽度为 50，高光类型为【金属】。

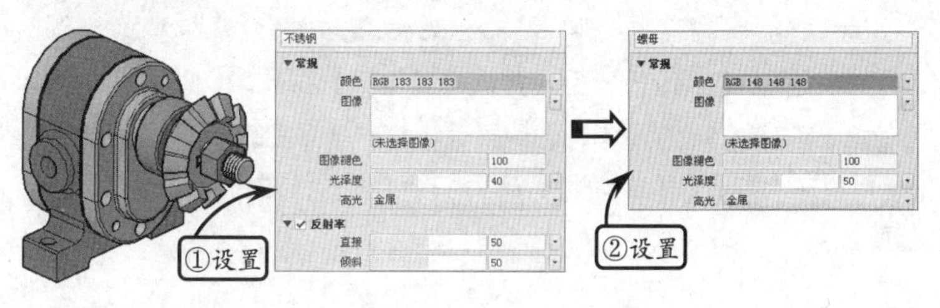

提示

材质可以看成是材料和质感的结合。在渲染程式中它是表面各可视属性的结合，这些可视属性是指表面的色彩、纹理、光滑度、透明度、反射率、折射率和发光度等。正是有了这些属性，为三维模型添加材质后所渲染出来的效果才会和真实世界一样缤纷多彩。

提示

材质的光泽度决定了光线反射区的大小和亮度，使模型表面显示出光滑或粗糙的效果。所设置光泽度越大，表示物体表面越光滑。此时表面上亮显区域较小但显示较亮；反之所设置光泽度越小，对象表面越粗糙、光线反射较多、亮显区较大且较柔和。

STEP|03 新建一名称为“轴密封端盖”的材质，并设置材质的颜色为 255、136、97，光泽度为 50，高光类型为【非金属】。继续新建一名称为“锥齿轮”的材质，并设置材质的颜色为 183、183、183，光泽度为 58，高光类型为【金属】。然后选择【反射率】选项，按照图示设置反射率参数。

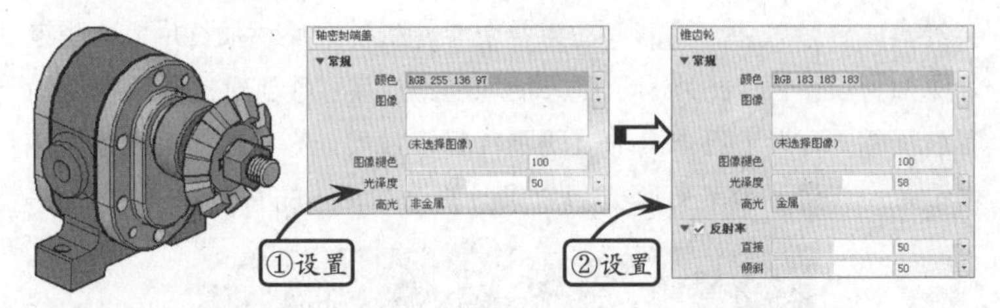

提示

要想将材质从图层上删除，可在【材质附着选项】对话框中右侧的列表框中单击该图层右侧的叉号按钮✕，并单击【确定】按钮，即可将材质从图层上删除。

STEP|04 在【材质】选项板中单击【随层附着】按钮，拖动左侧的材质至右侧相应的图层，即可将该材质赋予指定的零件。然后在【阳光和位置】选项板中单击【阳光状态】按钮，启用日光效果。接着单击【渲染面域】按钮，在绘图区选取两个对角点确定要渲染的区域，查看模型渲染效果。

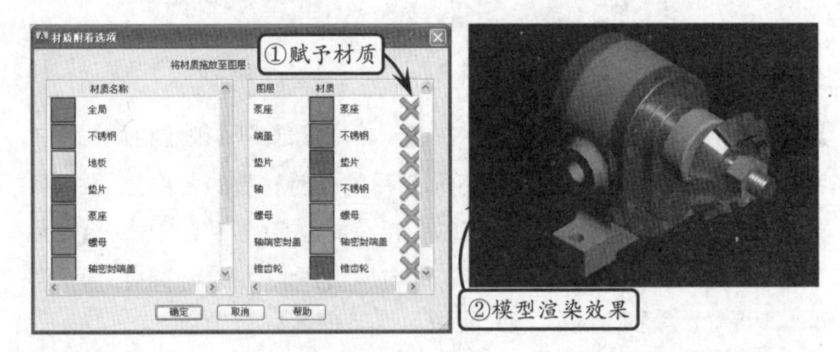

提示

AutoCAD 为模型提供了太阳光，可以通过设定模型的地理位置、日期和时间，以确定太阳光的照射角度。同样也可以修改阳光的各种特性，如阴影的打开和关闭、光晕的强度等。

STEP|05 切换【俯视】为当前视图，利用【矩形】工具绘制一矩形。然后切换【前视】为当前视图，利用【移动】工具将该矩形移动至合适位置。接着利用【面域】工具将矩形转换为面域。

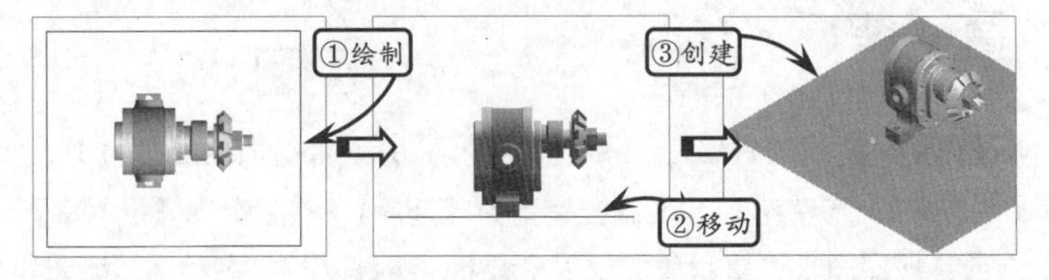

提示

对于已赋予对象的材质，如果不符合要求，可以将该材质删除。在【材质】选项板中单击【删除材质】按钮，并选取已赋予材质的对象，即可将材质从对象上删除。

STEP|06 新建一名称为“地板”的材质球，并在【图像】下拉列表中选择【棋盘格】选项。然后在打开的纹理编辑器中设置棋盘的颜色分别为 128、202、234 和 255、255、255，并设置棋盘格比例为 50×50。接着选取地板模型，并选择【地板】材质球。此时在该材质球上单击右键，并在打开的快捷菜单中选择【指定给当前选择】选项，即可将该材质赋予地板模型。最后切换至视觉样式为【真实】，观察材质效果。

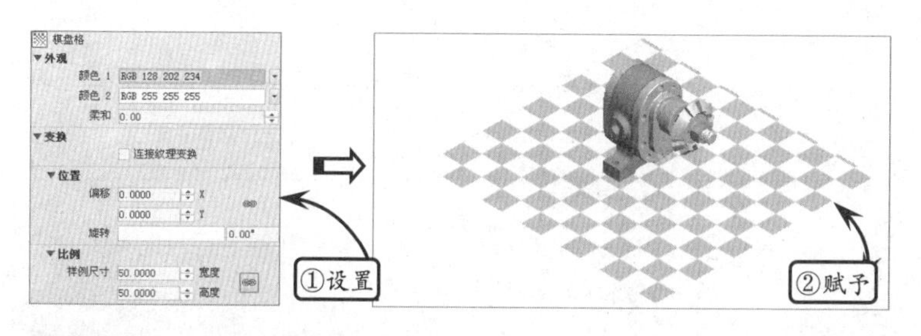

STEP|07 切换至前视图，单击【聚光灯】按钮，依次指定位置点和目标点，添加聚光灯。然后切换至俯视图，调整该聚光灯的位置。接着选取该聚光灯，并单击右键选择【特性】选项，在打开的【特性】面板中关闭该灯光的阴影，并设置聚光角度为 36°、衰减角度为 61°、强度因子为 0.5。

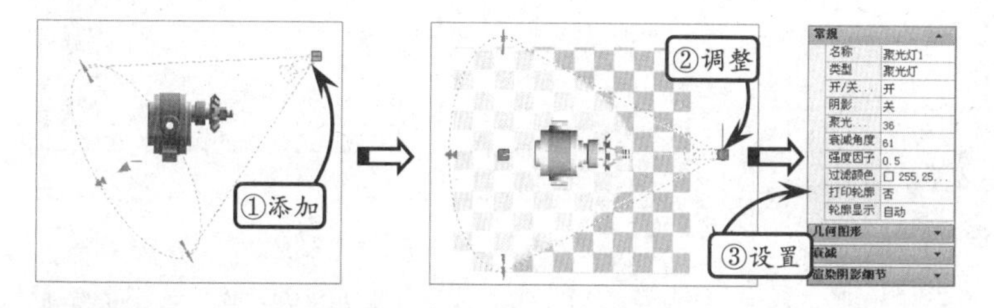

STEP|08 单击【工具选项板】按钮，切换至【相机】面板。然后指定相应的相机，并确定其位置点和目标点。接着单击【多个视口】按钮，在各个视口中调整相机至合适的位置。最后单击【单个视口】按钮，并在绘图区选取相机图标，即可在打开的【相机预览】对话框中查看相机视图效果。

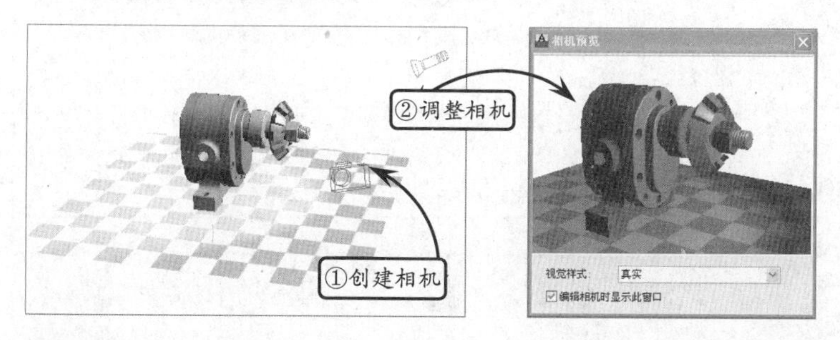

STEP|09 选择【视图】|【命名视图】选项，然后选择【相机 1】视图，并在【背景替代】下拉列表中选择【图像】选项。接着单击【浏览】按钮，并指定光盘素材文件“天空”。最后单击【渲染面域】按钮，在绘图区选取两个对角点确定要渲染的区域，即可完成该模型的最终渲染操作。

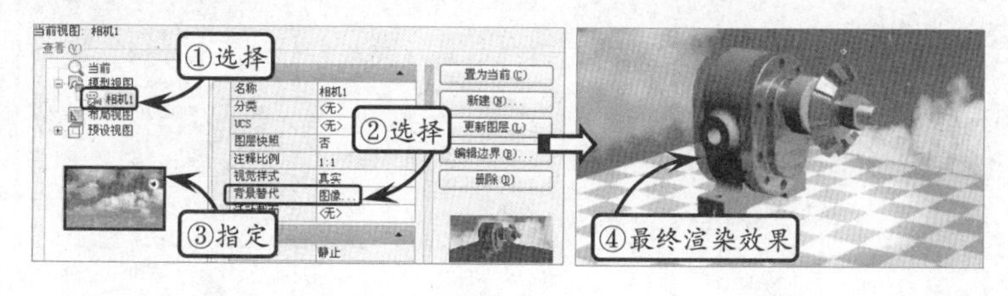

提示

聚光灯光源按设定的方向发出圆锥形光束。圆锥光束有聚光角和照射角（也称为衰减角度）。聚光角是指最亮光锥的角度，取值范围为 0°～160°，默认值是 45°；照射角是指整个光锥的角度，取值范围为 0°～160°，默认值是 50°。调整这两个角度就改变了锥形光束的大小，同时光照区域也随之变化。但要注意设置的照射角必须大于聚光角。

提示

场景是一个命名视图与一个或多个光源的组合。场景可以节省时间，因为不需要在每次渲染时都从头设置视点和光源。创建命名视图可以添加各种所需的相机视图，通过相机视图可以快速到达预先设置的视点位置。

提示

当遇到渲染大型复杂的装配体或建筑物时，可以利用【渲染面域】工具只对指定的区域进行渲染，这样将极大地提高了渲染模型的速度。

AutoCAD 13.16 高手答疑

版本：AutoCAD 2013

问题 1：为什么进行渲染操作？

解答：在 AutoCAD 中，当创建的模型经过渲染处理后，其表面将会显示出明暗色彩和光照效果，形成非常逼真的图像。利用 AutoCAD 提供的三维图形渲染功能，可以为三维模型定义各种材质和贴图，并可以在三维场景中添加灯光。然后通过构建场景、添加配景和调用渲染程序等方式获得完整、逼真的渲染效果。渲染的图像使人更容易想象三维对象的形状和大小，并且渲染图最具真实感，能清晰地反映产品的结构形状。

问题 2：点光源和聚光灯有何不同？

解答：灯光的选择主要取决于场景是模拟自然光，还是人工光。在自然光照明状态下，使用单一光源即可；在人工照明状态下，通常需要具有相同亮度的多个光源。

在 AutoCAD 中，点光源是从一点出发，向所有方向发射辐射状光束的光源，类似于现实生活中的电灯。因此可以用来模拟灯泡发出的光。点光源主要用于在场景中添加充足光照效果，或者模拟真实世界的点光源照明效果，一般用作辅助光源。

而聚光灯是向指定方向上发射的圆锥形光束。其照明方式是光线从一点朝向某个方向发散。在实际应用中聚光灯常用于模拟各种具有方向的照明，如制作建筑效果中的壁灯、射灯以及特效中的主光源等。

问题 3：什么是材质？为什么要添加材质？

解答：材质是为了在渲染时表现物体的表面颜色、材料、纹理、透明度和粗糙度等显示效果的一组设置。用户可以将材质附着在模型对象上，这样在渲染模型时对象表面将显示材质替代对象本身的特性，以获得惟妙惟肖的渲染效果。

材质可以看成是材料和质感的结合。在渲染程式中它是表面各可视属性的结合，这些可视属性是指表面的色彩、纹理、光滑度、透明度、反射率、折射率和发光度等。正是有了这些属性，为三维模型添加材质后所渲染出来的效果才会和真实世界一样缤纷多彩。如下图所示就是在 AutoCAD 中为齿轮油泵各个零件赋予相应的材质后渲染的效果。

问题 4：什么是场景？为什么要添加场景？

解答：为了从不同角度观察模型，以及为了实现各种不同的效果，通常会创建许多不同的视图和光源，两者的不同组合即形成场景。场景是一个命名视图与一个或多个光源的组合。利用场景可使用户在运用不同光线的不同视图间轻松地来回切换。默认时当前场景即为使用所有光线的当前视图，且一个图形可以拥有的场景数目不受限制。

场景可以节省时间，因为不需要在每次渲染时都从头设置视点和光源。创建命名视图可以添加各种所需的相机视图，通过相机视图可以快速到达预先设置的视点位置。

问题 5：一般情况下，模型渲染的流程是什么？

解答：渲染可以通过材质、光源和环境等的设置，为模型的几何图像进行着色。其最终目的是创建一个可以表达用户设计理念的照片级真实感演示质量图像。

在 AutoCAD 中，渲染模型的整个流程可以分为如下步骤。首先为三维模型载入各种材质和贴图，然后启用自然光源或添加新的人工光源，接着通过添加相机视图以构建所需的场景，最后可以修改场景的背景，并通过调用相应的渲染程序来获得完整、逼真的渲染效果。

13.17 高手训练营

版本：AutoCAD 2013

练习 1．为场景添加相应的聚光灯光源

聚光灯是向指定方向上发射的圆锥形光束。其照明方式是光线从一点朝向某个方向发散。在实际应用中聚光灯常用于模拟各种具有方向的照明。

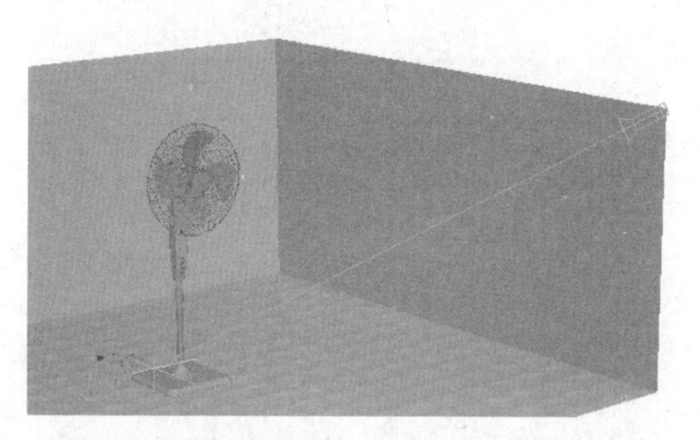

练习 2．打开阳光阴影

AutoCAD 为模型提供了太阳光，可以通过设定模型的地理位置、日期和时间，以确定太阳光的照射角度。同样也可以修改阳光的各种特性，如阴影的打开和关闭、光晕的强度等。

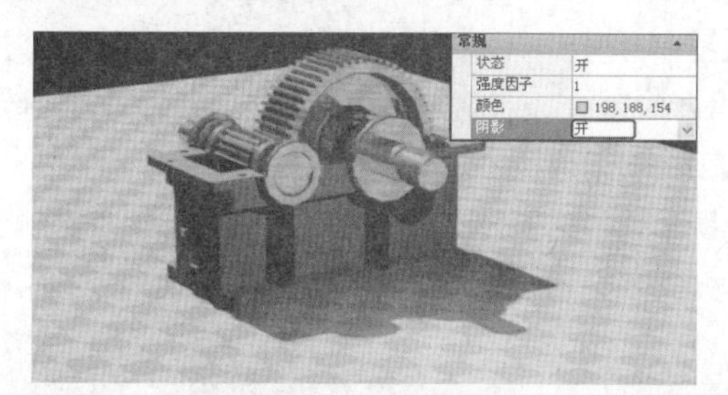

练习 3．为轿车模型添加材质

创建三维模型后，如果再指定恰当的材质，便可表现完美的模型效果。例如指定模型的颜色、材料、反光特性和透明度等。

练习 4．为支架模型创建相机视图

场景是一个命名视图与一个或多个光源的组合。场景可以节省时间，因为不需要在每次渲染时都从头设置视点和光源。创建命名视图可以添加各种所需的相机视图，通过相机视图可以快速到达预先设置的视点位置。

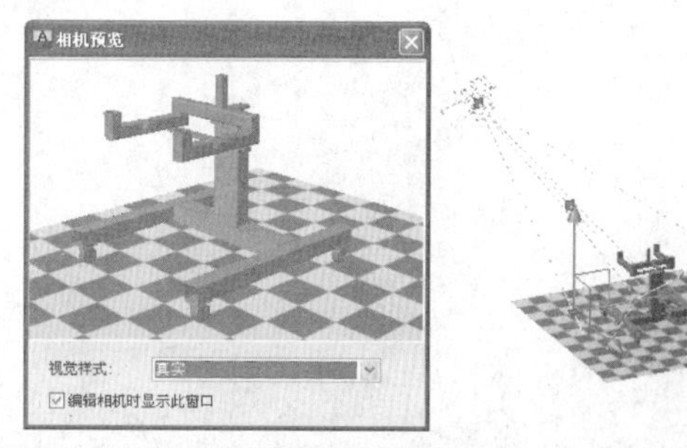

练习 5．渲染轿车模型

轿车是当今社会的重要的交通工具，其外观的设计会给消费者一种最直观的消费刺激。在 AutoCAD 中通过赋予材质、贴图和渲染等操作，一定程度上可以为模型外观增添美感。

练习 6．渲染安全阀组件

在 AutoCAD 中可模拟零件或组件真实的实体显示效果，其中包括为各个零件赋予金属材质，并为这些零件添加材质贴图。

第 14 章

设计中心、打印输出和发布

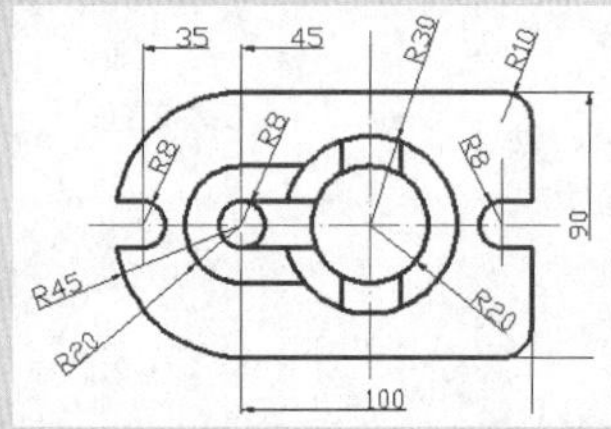

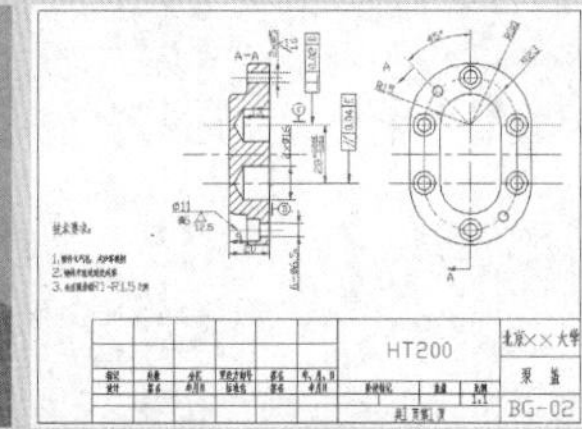

当完成图形内容的全部绘制和编辑操作后，用户可以通过对现有图形进行布局设置、打印输出或网上发布等操作，以便查看、对比、参照和资源共享。使用 AutoCAD 输出图纸时，用户不仅可以将绘制好的图形通过布局或者模型空间直接打印，还可以将信息传递给其他应用程序。除此之外，用户利用 Internet 网络平台还可以发布、传递图形，进行技术交流或者信息资源共享等。

本章主要介绍视图布局和视口的设置方法，以及常用图形的打印输出和格式输出方法。此外还介绍了 DWF 格式文件的发布方法，以及将图形发布到 Web 页的方法，并简要介绍了使用设计中心插入各种对象的方法。

14.1 设计中心

版本：AutoCAD 2013

利用设计中心功能可以有效地管理图块、外部参照、光栅图像以及来自其他源文件或应用程序的内容，从而将本地计算机、局域网或因特网上的图块、图层和外部参照，以及用户自定义的图形等资源进行再利用和共享，提高了图形管理器和图形设计的效率。

1．使用设计中心

利用设计中心功能，不仅可以浏览、查找和管理 AutoCAD 图形等不同资源，而且只需要拖动鼠标，就能轻松地将一张设计图纸中的图层、图块、文字样式、标注样式、线框、布局及图形等复制到当前图形文件中。

在【视图】选项卡中单击【设计中心】按钮，系统将打开【设计中心】选项板。

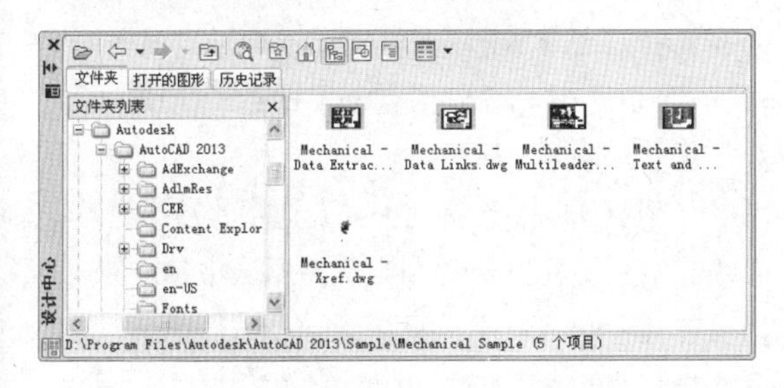

此时，用户可以反复利用和共享图形。该选项板中各选项卡和按钮的含义分别介绍如下。

❑ 文件夹

该选项卡显示设计中心的资源，包括显示计算机或网络驱动器中文件和文件夹的层次结构。要使用该选项卡调出图形文件，用户可以在【文件夹列表】框中指定文件路径，右侧将显示图形预览信息。

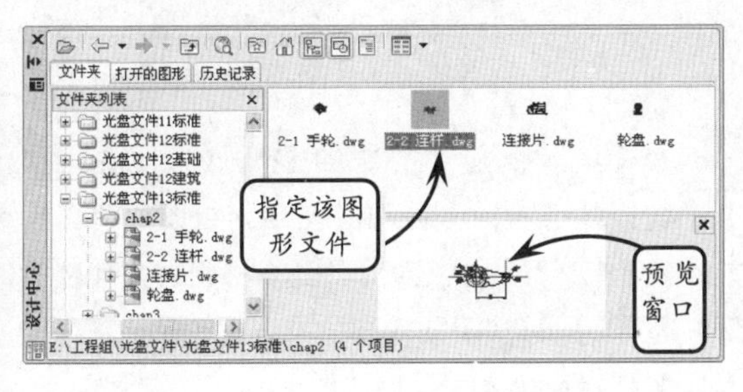

❑ 打开的图形

该选项卡用于显示当前已打开的所有图形，并在右方的列表框中列出了图形中包括的块、图层、线型、文字样式、标注样式和打印样式等。

用户可以选择并单击某个图形文件，在其下的列表框中指定一个定义表。然后进入该表双击所需的加载类型，即可将其加载到当前图形中。

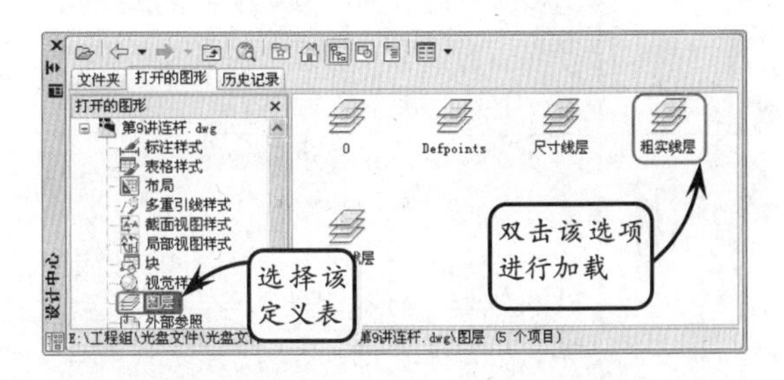

❑ 历史记录

该选项卡用于显示最近在设计中心打开的文件列表，双击列表中的某个图形文件，则可以在【文件夹】选项卡的树状视图中定位该图形文件，并在右侧的列表框中显示该图形的各个定义表。

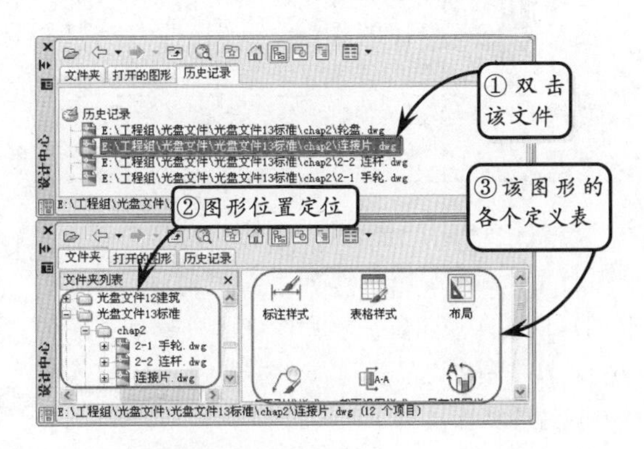

❑ 按钮功能

在【设计中心】选项板最上方一行排列有多个按钮图标，可以执行刷新、切换、搜索、浏览和说明等操作。这些按钮对应的功能可以参照下表。

按钮名称	功　能
加载	单击该按钮，将打开【加载】对话框，用户可以浏览本地、网络驱动器或 Web 上的文件，选择相应的文件加载到指定的内容区域
上一页	单击该按钮，返回到历史记录列表中最近一次的位置
下一页	单击该按钮，返回到历史记录列表中下一次的位置
上一级	单击该按钮，显示上一级内容
搜索	单击该按钮，将显示【搜索】对话框。用户可以从中指定搜索条件，以便在图形中查找图形、块和非图形对象
收藏夹	单击该按钮，在内容区中将显示【收藏夹】文件夹中的内容
主页	单击该按钮，设计中心将返回到默认文件夹。安装时，默认文件夹被设置为…\Sample，可以使用树状图中的快捷菜单更改默认文件
树状图切换	单击该按钮，可以显示和隐藏树状视图
预览	单击该按钮，可以显示和隐藏内容区窗格中选定项目的预览。如果选定项目没有保存的预览图像，则【预览】区域将为空
说明	单击该按钮，可以显示和隐藏内容区窗格中选定项目的文字说明。如果选定项目没有保存的说明，则【说明】区域将为空
视图	单击该按钮，可以为加载到内容区中的内容提供不同的显示格式

2．插入设计中心图形

使用 AutoCAD 设计中心，最终的目的是在当前图形中调入块特征、引用图像和外部参照等内容，并且在图形之间复制块、图层、线型、文字样式、标注样式以及用户定义的内容等。根据插入内容类型的不同，对应插入设计中心图形的方法也不相同，现分别介绍如下。

❑ 常规插入块

选择该方法插入块时，选取要插入的图形文件并单击右键，在打开的快捷菜单中选择【插入块】选项，系统将打开【插入】对话框。此时在该对话框中设置块的插入点坐标、缩放比例和旋转角度等参数即可。

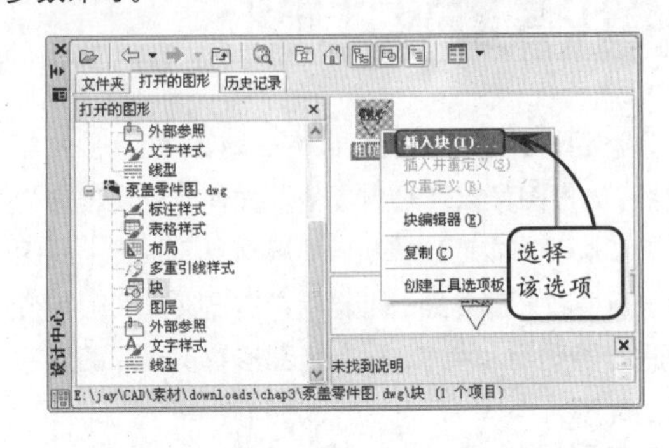

❑ 自动换算比例插入块

选择该方法插入块时。可以从设计中心窗口中选择要插入的块，并拖动到绘图窗口。当移动到插入位置时释放鼠标，即可实现块的插入。此时，系统将按照【选项】对话框的【用户系统配置】选项卡中确定的单位，自动转换插入比例。

❑ 复制对象

复制对象可以将选定的块、图层、标注样式等内容复制到当前图形。只需选中某个块、图层或标注样式，并将其拖动到当前图形的绘图区中，即可获得复制对象效果。

如下图所示，选择【图层】选项，并指定【中心线】图层，将其拖动到当前绘图区中释放鼠标，即可将【中心线】图层复制到当前图形中。

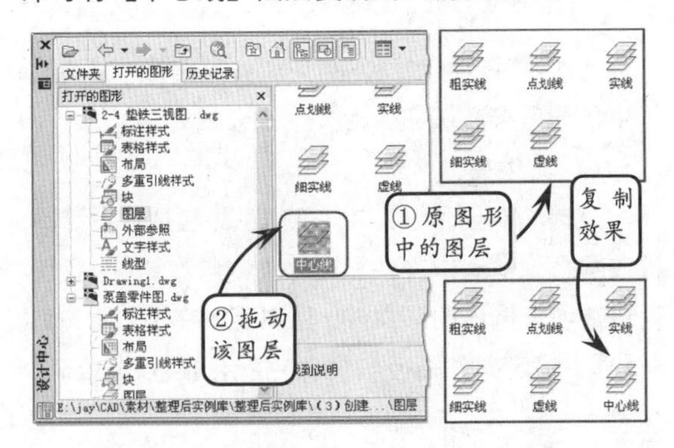

❑ 引入外部参照

在【设计中心】对话框的【打开的图形】选项卡中选择外部参照，并将其拖动到绘图窗口后释放。然后在打开的快捷菜单中选择【附着为外部参照】选项，即可按照插入块的方法指定插入点、插入比例和旋转角度插入该参照。

14.2 模型空间和布局空间

版本：AutoCAD 2013

模型空间和布局空间是 AutoCAD 的两个工作空间，且通过这两个空间可以设置打印效果，其中通过布局空间的打印方式比较方便快捷。

1. 空间概述

在 AutoCAD 中，模型空间主要用于绘制图形的主体模型，而布局空间主要用于打印输出图纸时对图形的排列和编辑。

❑ 模型空间

模型空间是绘图和设计图纸时最常用的工作空间。

在该空间中，用户可以创建物体的视图模型包括二维和三维图形造型。此外还可以根据需求，添加尺寸标注和注释等来完成所需要的全部绘图工作。

在软件界面底部的状态栏中单击【模型】按钮，系统将自动进入模型工作空间。

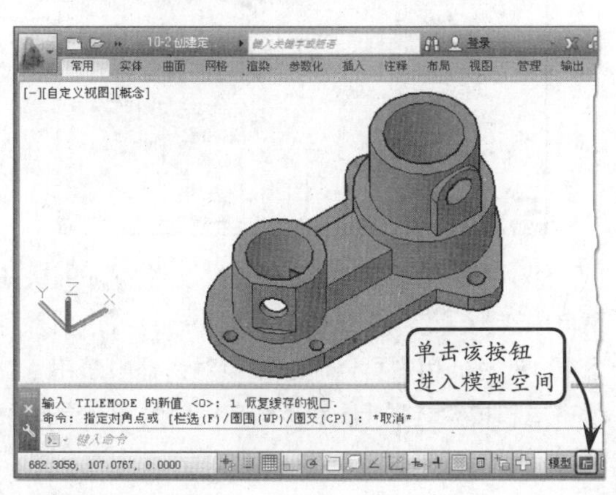

❑ 布局空间

布局空间又称为图纸空间，主要用于图形排列、添加标题栏、明细栏以及起到模拟打印效果的作用。

在该空间中，通过移动或改变视口的尺寸可以排列视图。另外，该空间可以完全模拟图纸页面，在绘图之前或之后安排图形的布局输出。

在软件界面底部的状态栏中单击【布局】按钮，系统将自动进入布局工作空间。

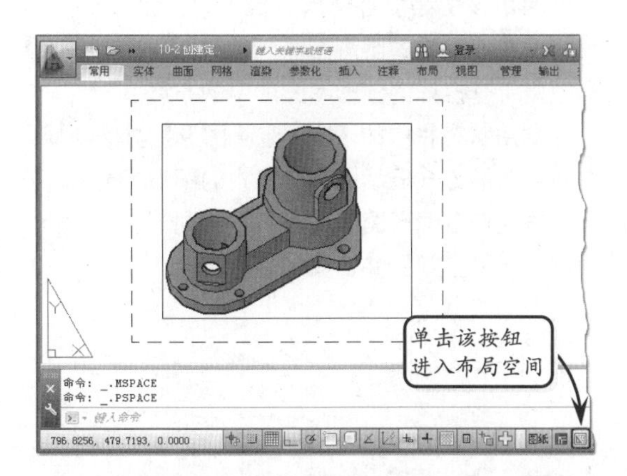

当在【模型】按钮或【布局】按钮上单击右键，并选择【显示布局和模型选项卡】选项，在绘图区左下方将显示【模型】和【布局】选项卡标签。此时，用户通过选择标签即可进行模型和布局空间的切换。

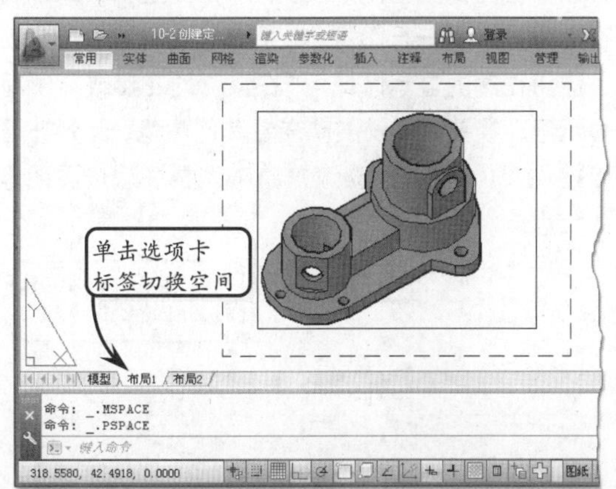

提示

当需要切换空间时，可以在命令行中输入命令 TILEMODE，并按下回车键。此时系统将提示用户输入新值，该选项的值包括 1 和 0。当值为 1 时，工作空间为模型空间；当值为 0 时，工作空间为布局空间。

2. 快速查看布局和图形

使用快速查看工具，可以轻松预览打开的图形和对应的模型与布局空间，并可以在两种空间之间任意切换，以及以缩略图形式显示在应用程序窗口的底部。

❑ 快速查看图形

利用该工具能够将所有当前打开的图形显示为一行快速查看的图形图像，并且以两个级别的结构预览所有打开的图形和图形中的布局。

启用状态栏中的【快速查看图形】功能，系统将以图形方式显示所有已打开的图形。当光标悬停在快速查看图形图像上时，即可预览打开图形的模型与布局空间，并在其间进行切换。

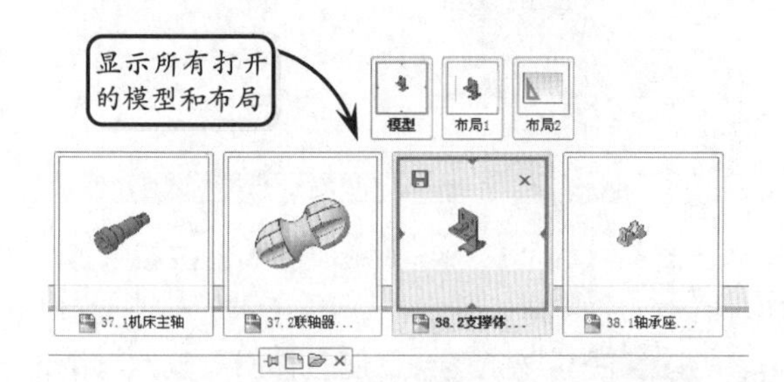

默认情况下当前图形的图像将亮显。如果将光标悬停在图像上，则该图形的所有模型和布局都将在上方显示为一行图像。如果快速查看图像行超出了应用程序的显示区域，则在该行的左侧或右侧将显示滚动箭头，可以滚动查看其他图像。此外还可以按住 Ctrl 键并拨动滚轮动态调整快速查看图像的大小。

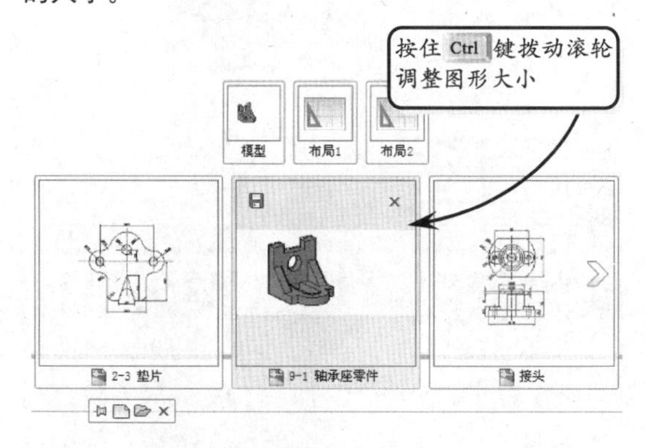

❑ 快速查看布局

利用该工具能够以图形方式显示当前图形的模型和所有布局空间。同样当前图形的模型空间与布局也将显示为一行快速查看的布局图像。

启用状态栏中的【快速查看布局】功能，即可以图形方式显示当前图形的模型和所有布局空间。当光标悬停在快速查看的图形图像上时，即可执行当前空间的打印和发布设置。

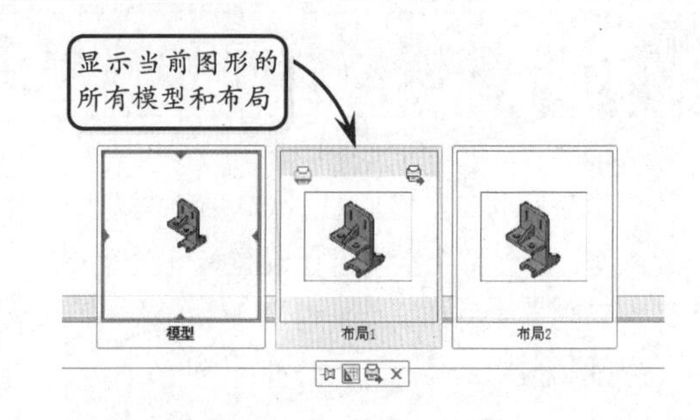

3. 隐藏布局和模型选项卡

经典界面上提供了【模型】选项卡以及一个或多个【布局】选项卡，如果要优化绘图区域中的空间，可以隐藏这些选项卡。

要隐藏这些选项卡，只需将鼠标移至选项卡的标签上并单击右键，在打开的快捷菜单中选择【隐藏布局和模型选项卡】选项即可。

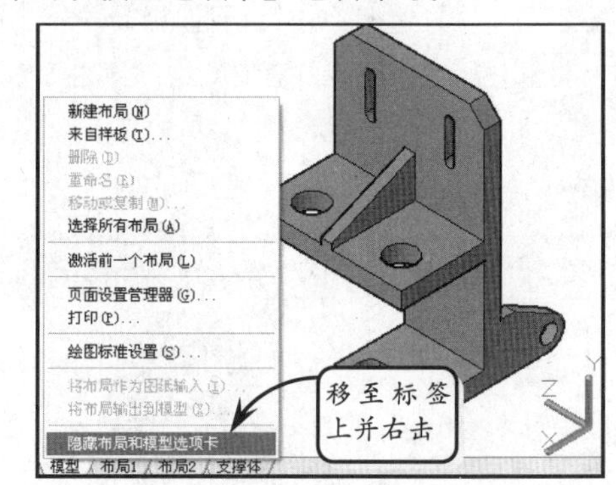

另外，在绘图区空白处右击，并在打开的快捷菜单中选择【选项】选项，系统将打开【选项】对话框。此时，用户可以通过在该对话框中禁用【显示布局和模型选项卡】复选框来实现隐藏布局和模型选项卡的效果。

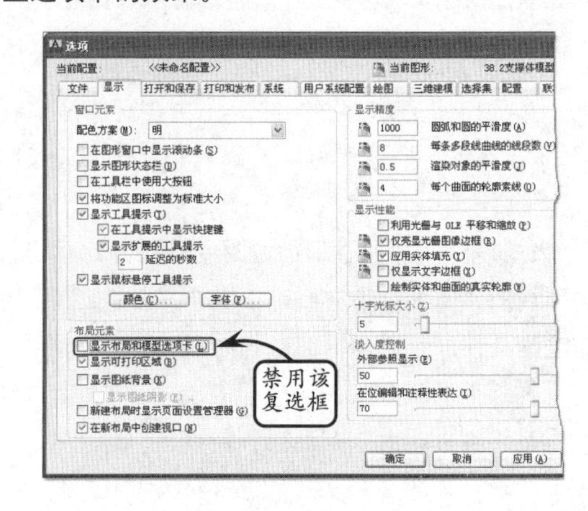

14.3 创建布局

版本：AutoCAD 2013

布局空间在图形输出中占有极大的优势和地位。在 AutoCAD 中，系统为用户提供了多种用于创建布局的方式和不同管理布局的方法。

1．新建布局

利用该方式可以直接插入新建的布局。切换至【视图】选项卡的【用户界面】选项板中，利用【显示工具栏】工具调出【布局】工具栏。然后在该工具栏中单击【新建布局】按钮，并在命令行中输入新布局的名称，如“支撑体”即可创建新的布局。接着单击【支撑体】布局选项卡标签，即可进入该布局空间。

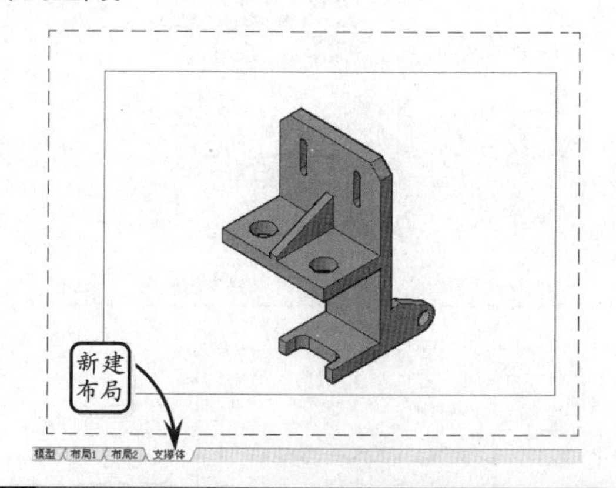

提示

此外，当执行完隐藏布局或模型选项卡操作后，如需重新显示这些选项卡，可以将鼠标移至状态栏中的【模型】或【图纸】按钮上右击，选择【显示布局和模型选项卡】选项，即可重新显示各选项卡标签。

2．使用布局向导创建布局

该方式可以对所创建布局的名称、图纸尺寸、打印方向以及布局位置等主要选项进行详细的设置。因此使用该方式创建的布局一般不需要再进行调整和修改，即可执行打印输出操作，适合于初学者使用。使用该方式创建布局的具体操作过程介绍如下。

❑ 指定布局名称

在命令行中输入 LAYOUTWIZARD 命令，系统将打开【创建布局－开始】对话框。在该对话框中输入布局名称。

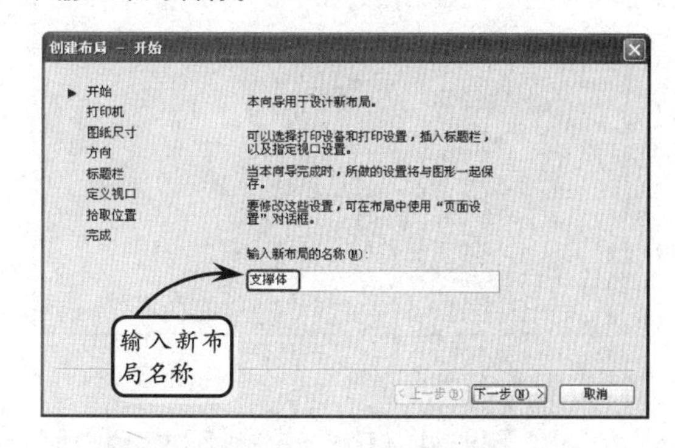

❑ 配置打印机

单击【下一步】按钮，系统将打开【创建布局－打印机】对话框。此时用户可以根据需要，在右边的绘图仪列表框中选择所要配置的打印机。

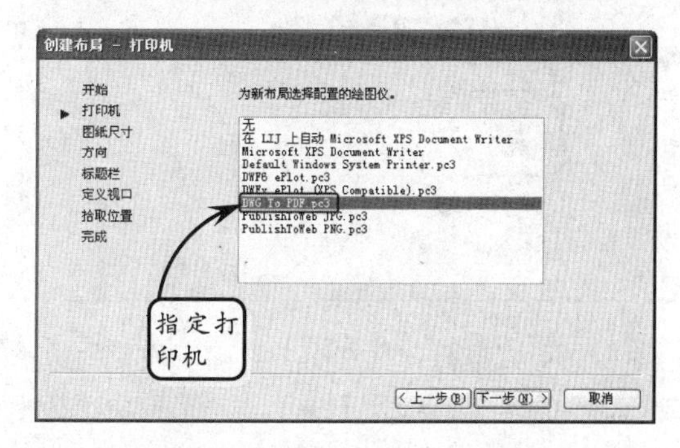

❑ 指定图纸尺寸

单击【下一步】按钮，在打开的对话框中选择布局在打印中所使用的纸张、图形单位。图形单位主要有毫米、英寸和像素。

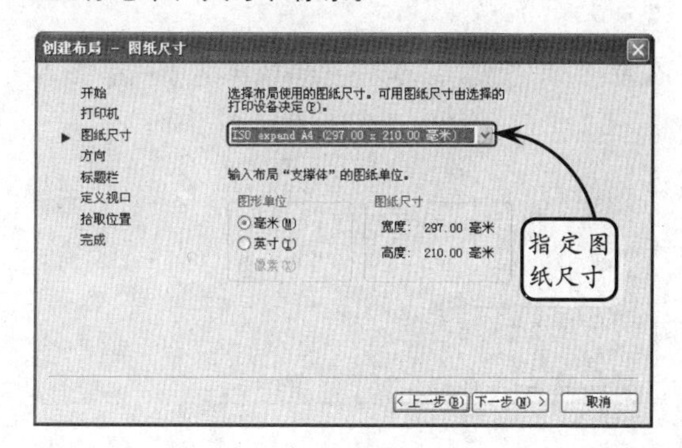

❑ 指定图纸布局方向

继续单击【下一步】按钮，在打开的对话框中可以设置布局的方向包括【纵向】和【横向】两种方式。此时，设置图纸方向为【横向】方式。

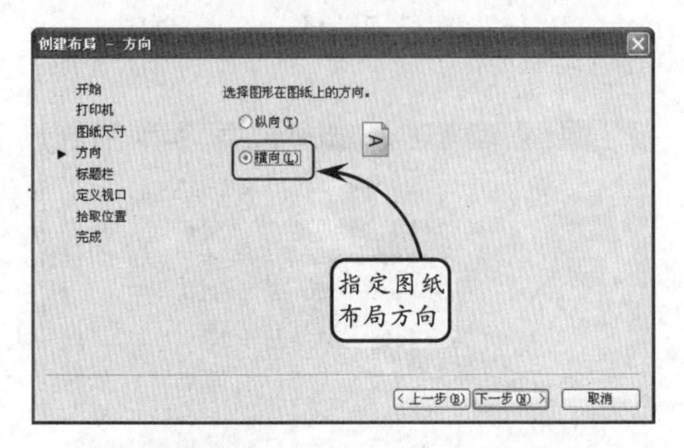

❑ 指定标题栏

单击【下一步】按钮，系统将打开如下图所示的【创建布局－标题栏】对话框。

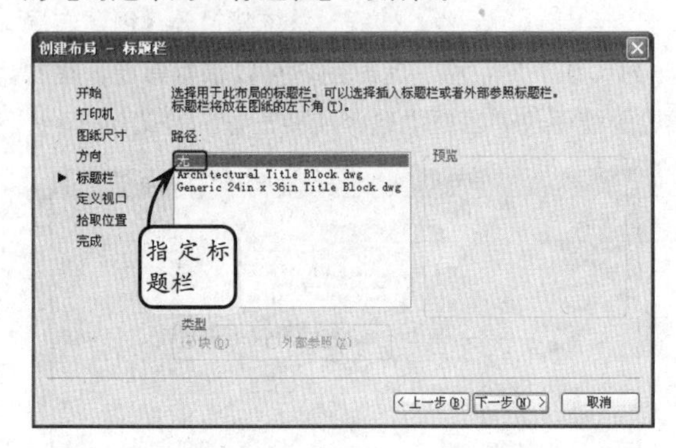

用户可以选择布局在图纸空间所需要的边框或标题栏的样式。此时，从左边的列表框中选择相应的样式，在其右侧将显示预览样式的效果。

❑ 定义视口

单击【下一步】按钮，在打开的对话框中可以设置新创建布局的相应视口，包括视口设置和视口比例等。

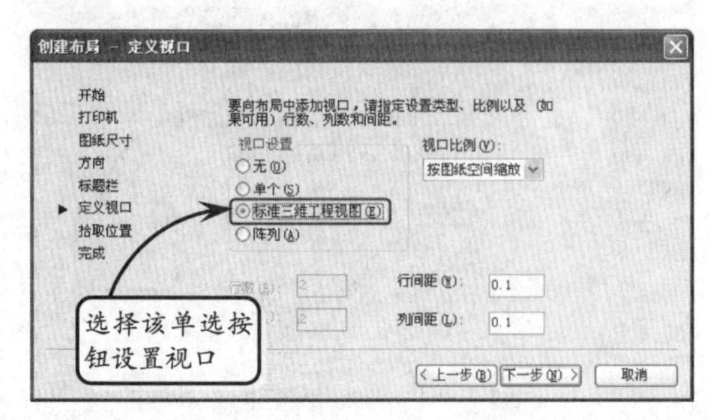

其中，如果选择【标准三维工程视图】单选按钮，则还需要设置行间距与列间距；如果选择【阵列】单选按钮，则需要设置行数与列数。

> **提示**
>
> 此外，在该对话框中设置视口的比例时，用户可以在【视口比例】下拉列表中指定相应的选项。

❑ 指定视口位置

完成上述设置后，单击【下一步】按钮，在打开的【拾取位置】对话框中单击【选择位置】按钮，系统将切换到布局窗口。

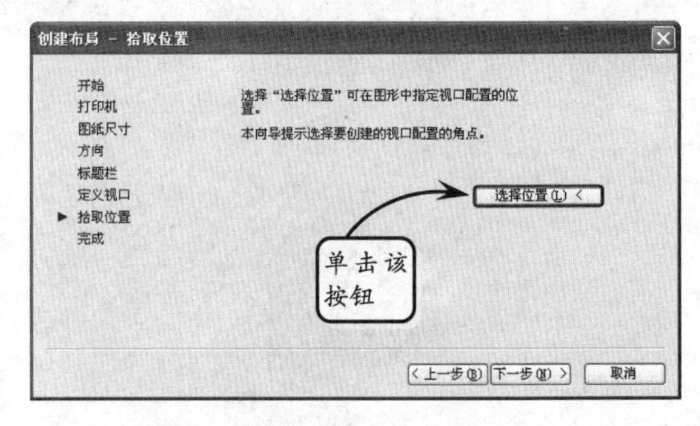

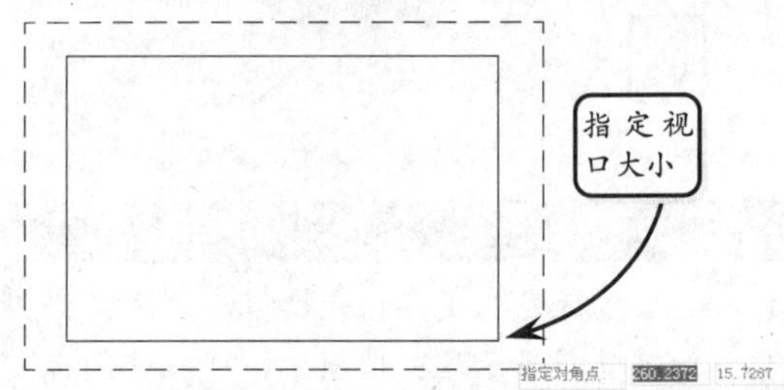

此时，指定两对角点确定视口的大小和位置，并单击【完成】按钮即可创建新布局。

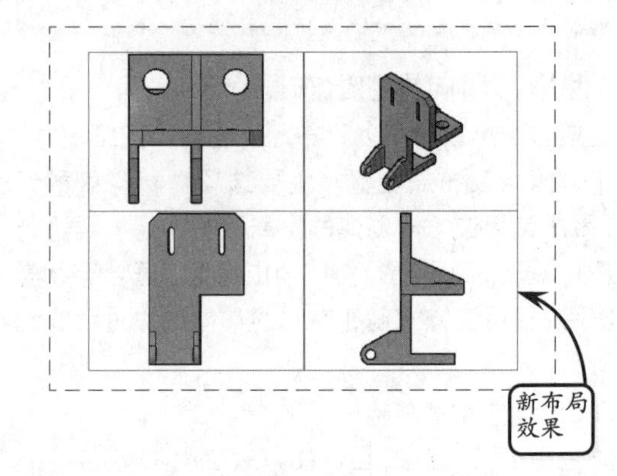

AutoCAD 14.4 页面设置

版本：AutoCAD 2013

在进行图纸打印时，必须对打印页面的打印样式、打印设备、图纸的大小、图纸的打印方向以及打印比例等参数进行设置。

1．修改页面设置

在【布局】工具栏中单击【页面设置管理器】按钮，系统将打开【页面设置管理器】对话框。在该对话框中可以对布局页面进行新建、修改和输入等操作。

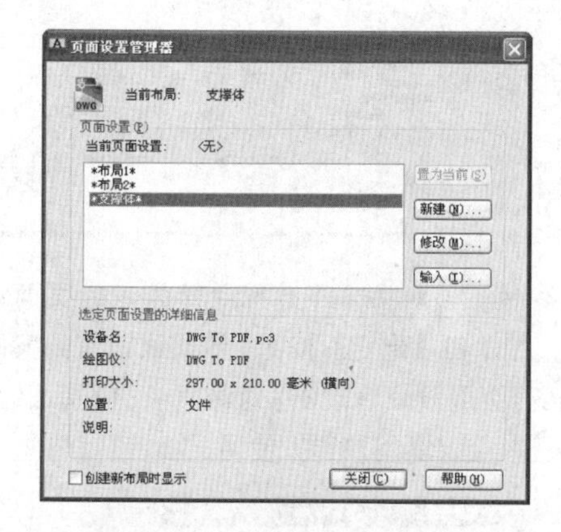

其中，通过修改页面设置操作可以对现有页面进行详细的修改和设置，如打印机类型、图纸尺寸等，从而达到所需的出图要求。

单击【页面设置管理器】对话框中的【修改】按钮，即可在打开的【页面设置】对话框中对该页面进行重新设置。

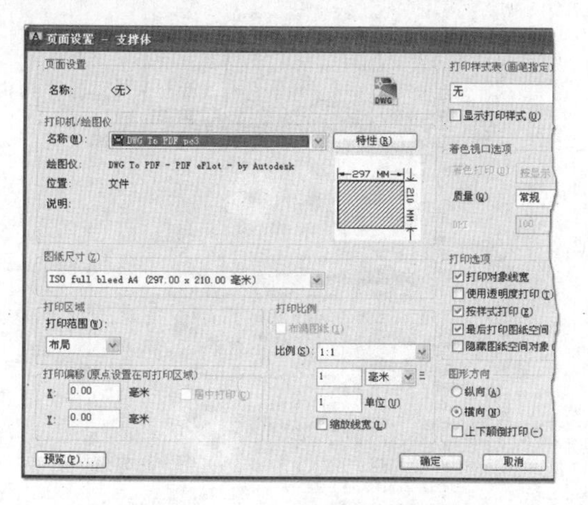

该对话框中各主要选项组的功能如下表所示。

选项组	功　　能
打印机/绘图仪	指定打印机的名称、位置和说明。在【名称】下拉列表框中选择打印机或绘图仪的类型。单击【特性】按钮，在弹出的对话框中查看或修改打印机或绘图仪配置信息
图纸尺寸	可以在该下拉列表中选取所需的图纸，并可以通过对话框中的预览窗口进行预览
打印区域	可以对布局的打印区域进行设置。用户可以在该下拉列表中的 4 个选项中选择打印区域的确定方式：选择【布局】选项，可以对指定图纸界线内的所有图形打印；选择【窗口】选项，可以指定布局中的某个矩形区域为打印区域进行打印；选择【范围】选项，将打印当前图纸中所有图形对象；选择【显示】选项，可以用来设置打印模型空间中的当前视图
打印偏移	用来指定相对于可打印区域左下角的偏移量。在布局中，可打印区域的左下角点由左边距决定。此外，启用【居中打印】复选框，系统可以自动计算偏移值以便居中打印
打印比例	选择标准比例，该值将显示在自定义中。如果需要按打印比例缩放线宽，可以启用【缩放线宽】复选框
图形方向	设置图形在图纸上的放置方向，如果启用【上下颠倒打印】复选框，表示将图形将旋转 180° 打印

提示

创建完成的图形对象都需要以图纸的形式打印出来，以便于后期的工艺编排、交流以及审核。且通常在打印图纸之前，需要进行必要的页面设置，以确定图形在图纸中的位置、方向等参数。

2．新建页面设置

单击【页面设置管理器】对话框中的【新建】

按钮，在打开的对话框中输入新页面的名称，并指定基础样式。

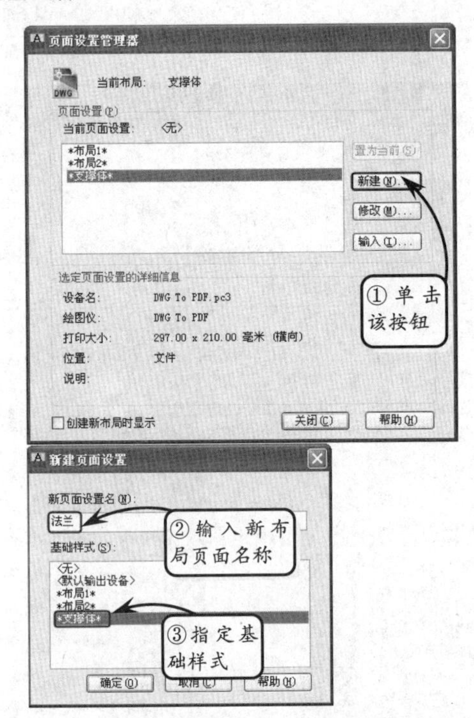

然后单击【确定】按钮，即可在打开的【页面设置】对话框中对新页面进行详细设置。接着单击【确定】按钮，设置好的新布局页面将显示在【页面设置管理器】对话框中。

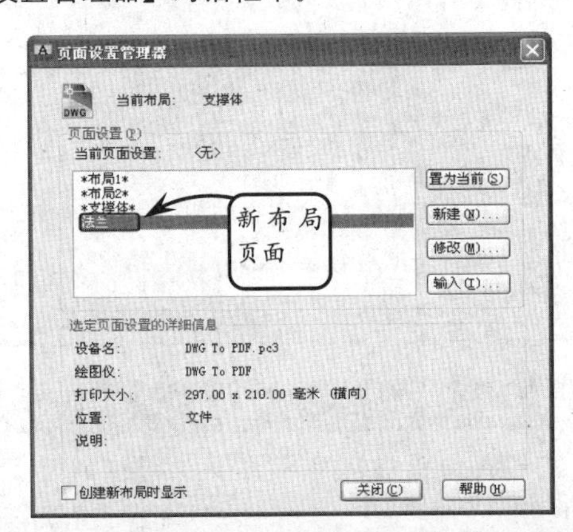

提示

在【页面设置管理器】对话框中，用户可以在【页面设置】列表框中选择任一选项并右击，在打开的快捷菜单中执行【置为当前】、【重命名】或【删除】等操作。

3. 输入页面设置

如要将其他图形文件的页面设置用于当前图形，可以在【页面设置管理器】对话框中单击【输入】按钮，系统将打开如下图所示的对话框。此时，在该对话框中选择要输入页面设置方案的图形文件，并单击【打开】按钮，系统将打开【输入页面设置】对话框。

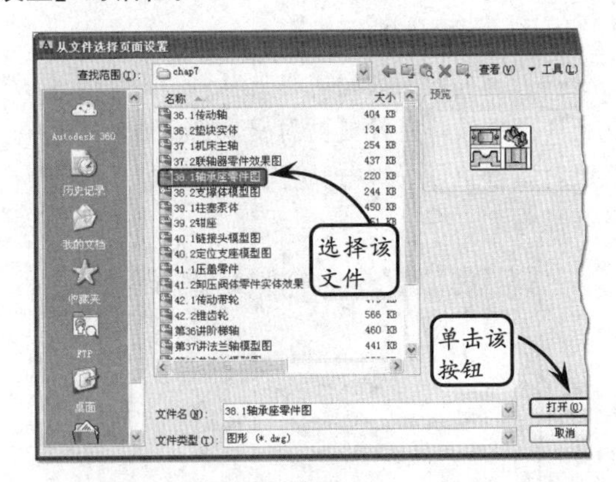

然后在该对话框中选择希望输入的页面设置方案，并单击【确定】按钮，该页面设置方案即可显示在【页面设置管理器】对话框中的【页面设置】列表框中，以供用户选择使用。

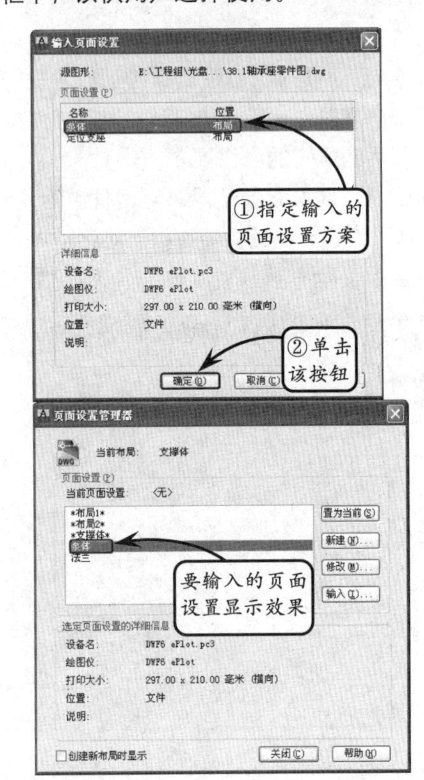

14.5 视口

版本：AutoCAD 2013

视口就是视图所在的窗口。在创建复杂的二维图形和三维模型时，为了便于同时观察图形的不同部分或三维模型的不同侧面，可以将绘图区域划分为多个视口。这些视口可以相互叠加或分离，并可以对其进行移动和调整等操作。

1. 创建平铺视口

平铺视口是在模型空间中创建的视口，各视口间必须相邻，视口只能为标准的矩形，而且无法调整视口边界。

在【视图】选项卡的【模型视口】选项板中单击【命名】按钮，然后在打开的【视口】对话框中切换至【新建视口】选项卡，即可在该选项卡中设置视口的个数、每个视口中的视图方向，以及各视图对应的视觉样式。如下图所示就是创建四个相等视口的效果。

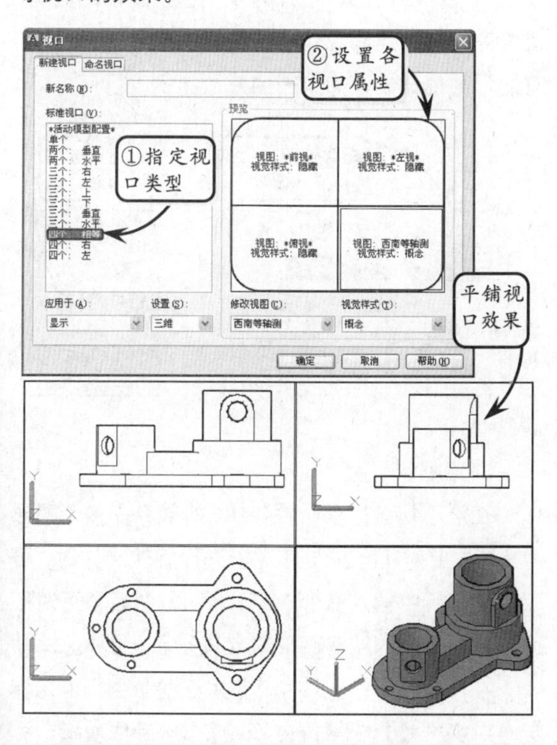

【新建视口】选项卡中各选项的含义介绍如下。

- **新名称**　在该文本框中可以输入创建当前视口的名称。这样添加有明显的文字标记，方便调用。
- **应用于**　该下拉列表中包含【显示】和【当前视口】两个选项，用于指定设置是应用于整个显示窗口还是当前视口。
- **设置**　该下拉列表中包括【二维】和【三维】两个选项：选择【三维】选项可以进一步设置主视图、俯视图和轴测图等；选择【二维】选项只能是当前位置。
- **修改视图**　在该下拉列表中设置所要修改视图的方向。该列表框的选项与【设置】下拉列表框选项相关。
- **视觉样式**　在【预览】中指定相应的视口，即可在该列表框中设置该视口的视觉样式。

2. 创建浮动视口

在布局空间创建的视口为浮动视口。其形状可以是矩形、任意多边形或圆等，且相互之间可以重叠并能同时打印，还可以调整视口边界形状。

- **创建矩形浮动视口**

该类浮动视口的区域为矩形。要创建该类浮动视口，首先需切换到布局空间，然后在【布局】选项卡中单击【视口，矩形】按钮，并在命令行的提示下设定要创建视口的个数。接着依次指定两个对角点确定视口的区域，并在各个视口中将对象调整至相应的视图方向，即可完成浮动视口的创建。

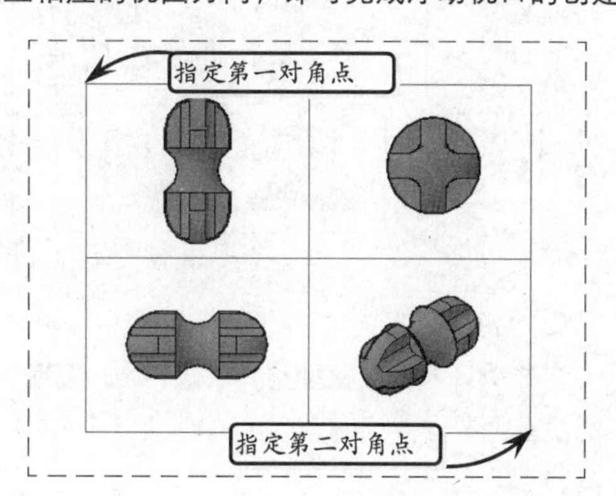

□ 创建任意多边形浮动视口

创建该类特殊形状的浮动视口，可以使用一般的绘图方法在布局空间中绘制任意形状的闭合线框作为浮动视口的边界。

在【布局】选项卡的【布局视口】选项板中单击【视口，多边形视口】按钮，然后依次指定多个点绘制一闭合的多边形并按下回车键，即可创建相应的浮动视口。

□ 创建对象浮动视口

在布局空间中可以将图纸中绘制的封闭多段线、圆、面域、样条曲线或椭圆等对象设置为视口边界。在【布局视口】选项板中单击【视口，对象】按钮，然后在图纸中选择封闭曲线对象，即可创建对象浮动视口。

3. 编辑视口

在模型和布局空间中，视口和一般的图形对象相似，均可以使用一般图形的绘制和编辑方法，分别对各个视口进行相应的调整、合并和旋转等操作。

□ 使用夹点调整浮动视口

首先单击视口边界线，此时在视口的外框上出现 4 个夹点，拖动夹点到合适的位置即可调整视口。

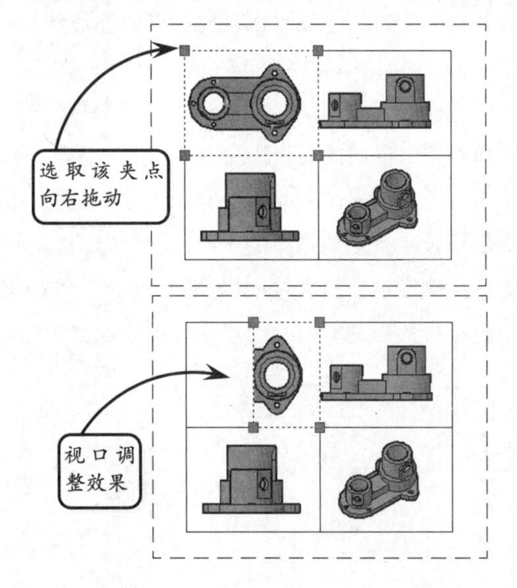

□ 合并视口

合并视口只能在模型空间中进行。如果两个相邻的视图需要合并为一个视图，就用到【合并视口】工具。

在【视图】选项卡的【模型视口】选项板中单击【合并视口】按钮，然后依次选取主视口和要合并的视口，此时系统将以第一次选取的视口占据第二次选取的视口。

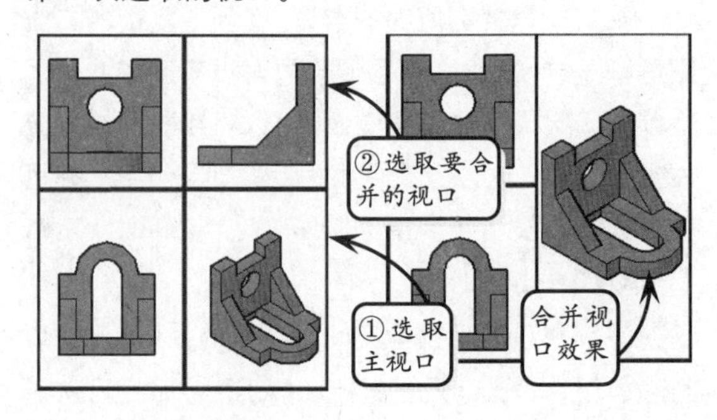

□ 缩放视口

如果在布局空间中的浮动视口存在多个视口，就可以对这些视口中的视图建立统一的缩放比例，以便于对视图大小的调整。

选取一浮动视口的边界并右击，在打开的快捷菜单中选择【特性】选项。然后在打开的【特性】面板的【标准比例】下拉列表中选择所需的比例。接着对其余的浮动视口执行相同的操作，即可将所有的浮动视口设置为统一的缩放比例。

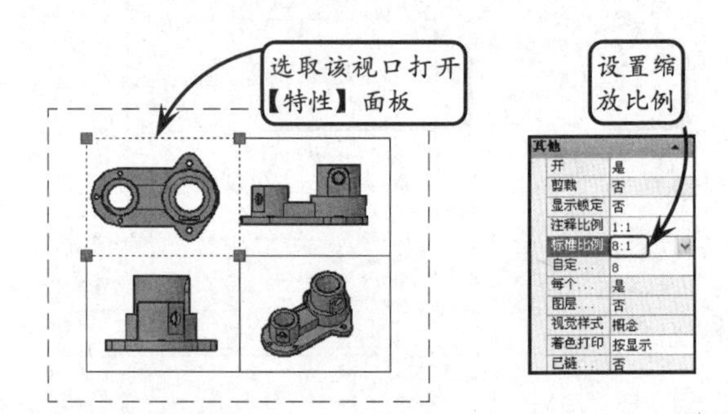

□ 旋转视口

在浮动视口的单个视口中，如果存在多个图形对象，并要对所有的图形对象进行旋转操作时，可以在命令行中输入命令 MVSETUP，然后即可对所选浮动视口中的所有图形对象进行整体旋转。

在命令行中输入该指令，并根据命令行提示指定【对齐方式】为【旋转视图】，然后依次指定旋转基点和旋转角度，即可完成浮动窗口中图形对象的旋转操作。

14.6 打印设置

版本：AutoCAD 2013

在打印输出图形时，对于所打印的线条属性，不但可以在绘图时直接通过图层进行设置，还可以利用打印样式表对线条的颜色和线型等特征进行设置。在 AutoCAD 中，打印样式表可以分为颜色和命名打印样式表两种类型。

1. 颜色打印样式表

颜色打印样式表是一种根据对象颜色设置的打印方案。在创建图层时，系统将根据所选颜色的不同自动地为其指定不同的打印样式。

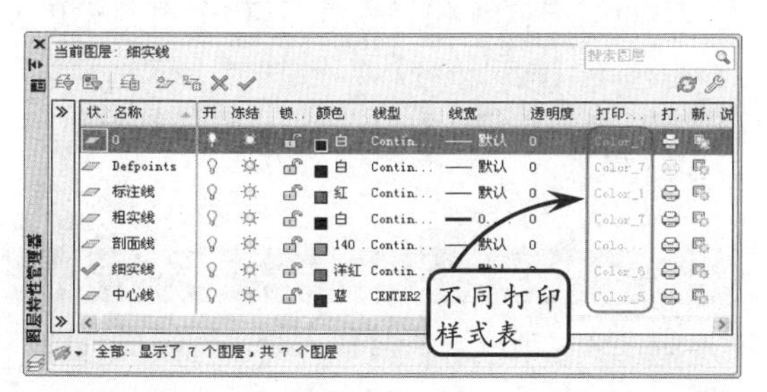

2. 命名打印样式表

在需要对相同颜色的对象进行不同的打印设置时，可以使用命名打印样式表。使用命名打印样式表时，可以根据需要创建统一颜色对象的多种命名打印样式，并将其指定给对象。

在命令行中输入 STYLESMANAGER 命令，并按下回车键，即可打开【打印样式】对话框。

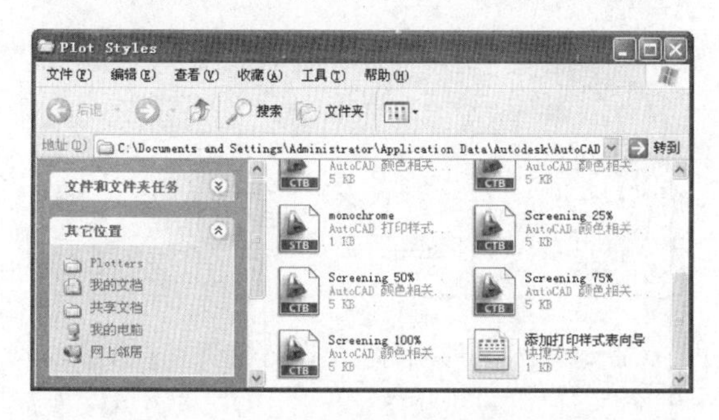

在该对话框中，与颜色相关的打印样式表都被保存在以.ctb 为扩展名的文件中；命名打印样式表被保存在以.stb 为扩展名的文件中。

3. 创建打印样式表

当【打印样式】对话框中没有合适的打印样式时，可以进行打印样式的设置，创建新的打印样式，使其符合设计者的要求。

在【打印样式】对话框中双击【添加打印样式表向导】文件，在打开的对话框中单击【下一步】按钮，系统将打开【添加打印样式表－开始】对话框。然后在该对话框中选择第一个单选按钮，即创建新打印样式表。

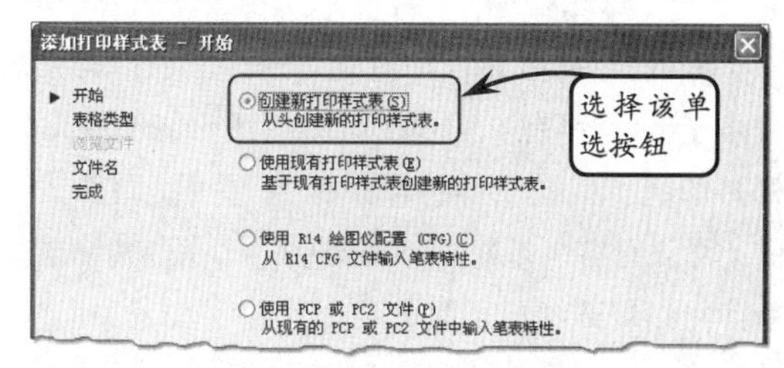

单击【下一步】按钮，系统将打开如下图所示的对话框。此时，用户可以选择是创建颜色相关打印样式表，还是创建命名相关打印样式表。

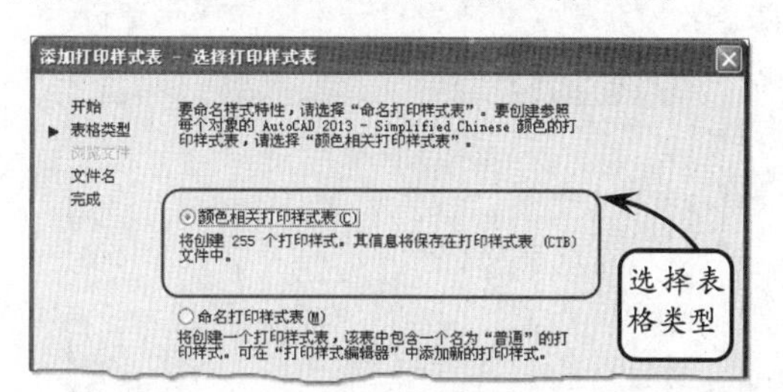

继续单击【下一步】按钮，并在打开的对话框中输入新文件名。然后单击【下一步】按钮，并在打开的对话框中单击【打印样式表编辑器】按钮，即可设置新打印样式的特性。

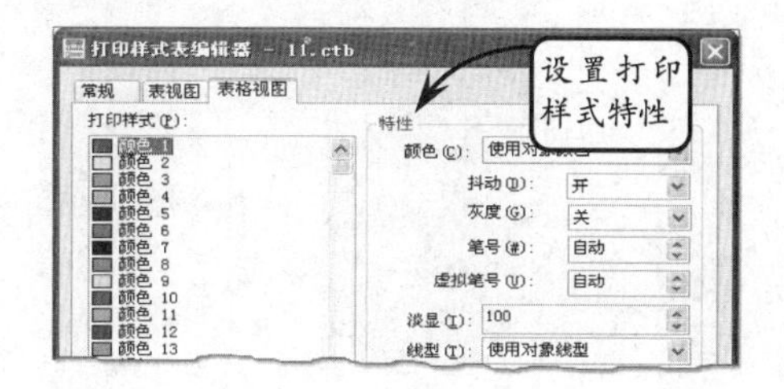

设置完成后，单击【保存并关闭】按钮返回到【添加打印样式表】对话框，然后单击【完成】按钮即可创建新的打印样式。

14.7 三维打印和输出图形

版本：AutoCAD 2013

创建完成的图形对象都需要以图纸的形式打印出来，以便于后期的工艺编排、交流以及审核。

一般情况下，首先通过在布局空间设置浮动视口来确定图形的最终打印位置，然后通过创建打印样式表进行必要的打印设置，最后执行【打印预览】命令查看布局无误，即可执行打印操作。

1. 三维打印

3D 打印功能让设计者通过一个互联网连接来直接输出设计者的 3D AutoCAD 图形到支持 STL 的打印机。借助三维打印机或通过相关服务提供商，可以很容易地将生产有形的 3D 模型和物理原型连接到需三维打印服务或个人的 3D 打印机，设计者可以立即将设计创意变为现实。

在三维建模工作空间中展开【输出】选项卡，并在【三维打印】选项板中单击【发送到三维打印服务】按钮，系统将打开相应的提示窗口。

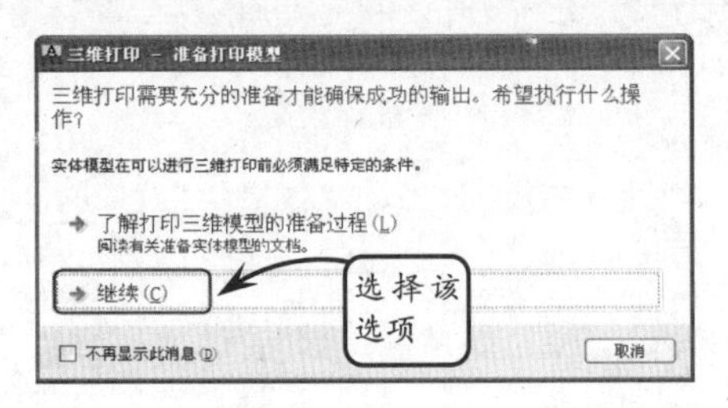

选择【继续】选项将进入到绘图区窗口，且光标位置将显示“选择实体或无间隙网络”的提示信息。此时可以框选三维打印的模型对象。

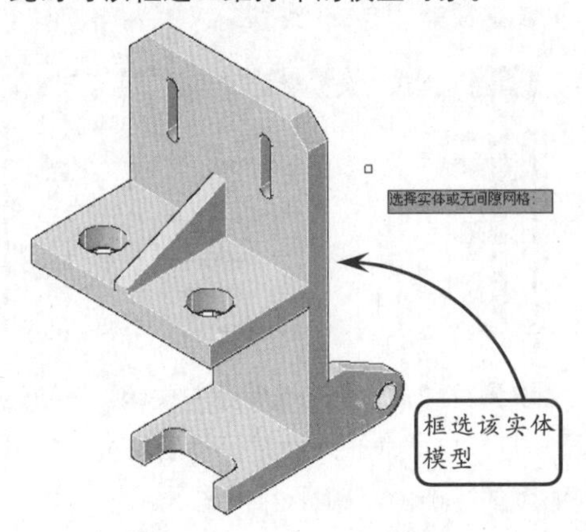

选取实体后按下回车键，系统将打开【发送到三维打印服务】对话框。

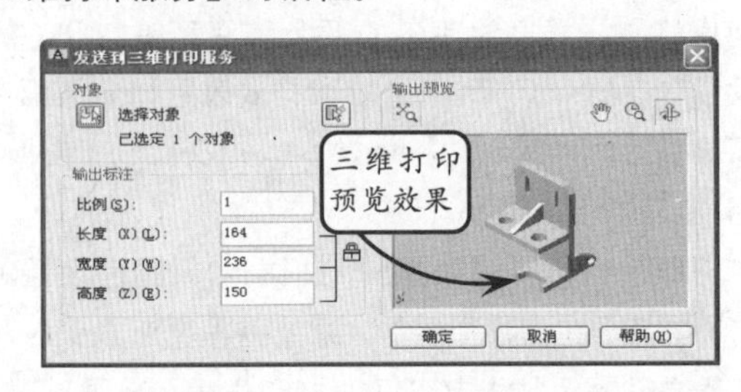

在该对话框的【对象】选项组中将显示已选择对象，并在【输出预览】选项组中显示三维打印预览效果，且用户可以放大、缩小、移动和旋转该三维实体。

> **提示**
>
> 此外，用户还可以在【输出标注】选项组中进行更详细的三维打印设置。

确认参数设置后，单击【确定】按钮，系统将打开【创建 STL 文件】对话框。

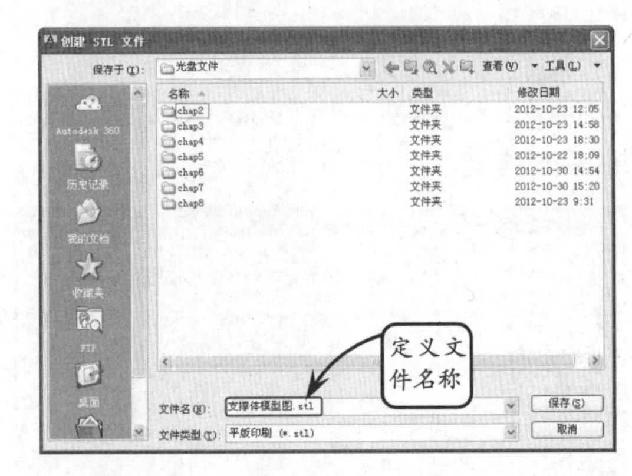

此时输入文件名称，并单击【保存】按钮，即可通过互联网连接直接输出该 3D AutoCAD 图形到支持 STL 的打印机。

2. 输出图形

打印输出就是将最终设置完成后的图纸布局，通过打印的方式输出该图形，或将图纸信息输出到其他程序中，使图纸从计算机中脱离，方便进行零部件加工工艺的辅助加工。

在【输出】选项卡的【打印】选项板中单击【打印】按钮，系统将打开【打印】对话框。

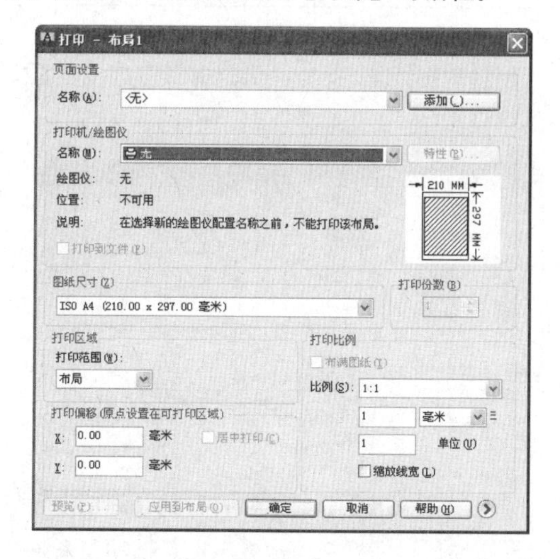

该对话框与【页面设置】对话框中的内容基本相同，其各主要选项的含义功能如下所述。

❑ 页面设置

在该选项组中，可以选择设置名称和添加页面设置。其中，在【名称】下拉列表框中，可以选择打印设置，并能够随时保存、命名和恢复【打印】和【页面设置】对话框中所有的设置。

此外，若单击【添加】按钮，系统将打开【添加页面设置】对话框，可以添加新的页面设置。

❑ 打印机/绘图仪

在该选项组中可以指定打印机的名称、位置和说明。其中，在【名称】下拉列表框中可以选择打印机或绘图仪的类型。

而若单击【特性】按钮，则可在打开的相应对话框中查看或修改打印机或绘图仪配置信息。

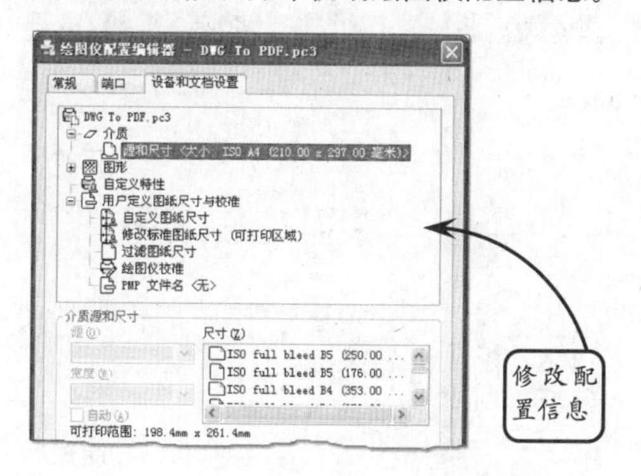

❑ 打印到文件

启用【打印机/绘图仪】选项组中的【打印到文件】复选框，则系统将选定的布局发送到打印文件，而不是发送到打印机。

❑ 打印区域

可以对布局的打印区域进行设置。用户可以在该下拉列表中的 4 个选项中选择打印区域的确定方式。

其中，选择【布局】选项，可以对指定图纸界线内的所有图形打印；选择【窗口】选项，可以指定布局中的某个矩形区域为打印区域进行打印；选择【范围】选项，将打印当前图纸中所有图形对象；选择【显示】选项，可以用来设置打印模型空间中的当前视图。

❑ 打印偏移

用来指定相对于可打印区域左下角的偏移量。在布局中，可打印区域的左下角点由左边距决定。此外，启用【居中打印】复选框，系统可以自动计算偏移值以便居中打印。

❑ 打印比例

选择标准比例，该值将显示在自定义中。如果需要按打印比例缩放线宽，可以启用【缩放线宽】复选框。

各参数选项都设置完成以后，在【打印】对话框中单击【预览】按钮，系统将切换至【打印预览】界面，进行图纸的打印预览。

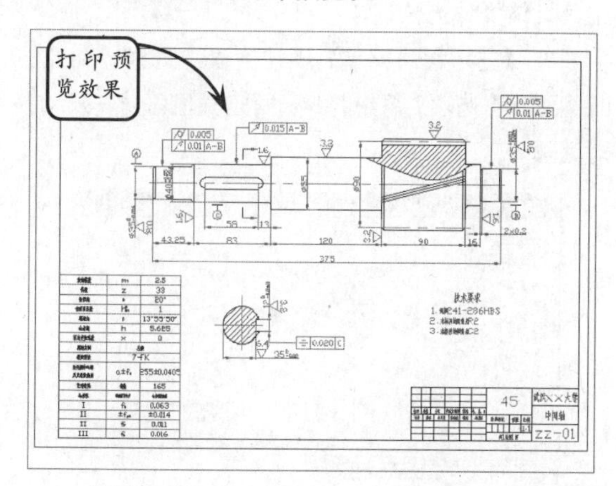

如果符合设计的要求，可以按Esc键返回到【打印】对话框，然后单击【确定】按钮，系统将开始输出图形并动态显示绘图进度。

14.8 创建图纸集

版本：AutoCAD 2013

图纸集是来自一些图形文件的一系列图纸的有序集合。用户可以在任何图形中，将布局作为图纸编号输入到图纸集中，在图纸一览表和图纸之间建立一种链接。

在 AutoCAD 中，可以通过使用“创建图纸集”向导来创建图纸集。在向导中，既可以基于现有图形从头开始创建图纸集，也可以使用样例图纸集作为样板进行创建。

❑ 从样例图纸集创建图纸集

在“创建图纸集”向导中，选择从样例图纸集创建图纸集时，该样例将提供新图纸集的组织结构和默认设置。用户还可以指定根据图纸集的子集存储路径创建文件夹。使用此选项创建空图纸集后，可以单独地输入布局或创建图纸。

❑ 从现有图形文件创建图纸集

在“创建图纸集”向导中，选择从现有图形文件创建图纸集时，需指定一个或多个包含图形文件的文件夹。使用此选项，可以指定让图纸集的子集组织复制图形文件的文件夹结构，且这些图形的布局可以自动输入到图纸集中。

现以“从现有图形文件创建图纸集”为例，介绍其具体操作方法。

在【应用程序菜单】下拉列表中选择【新建】|【图纸集】选项，系统将打开【创建图纸集-开始】对话框。

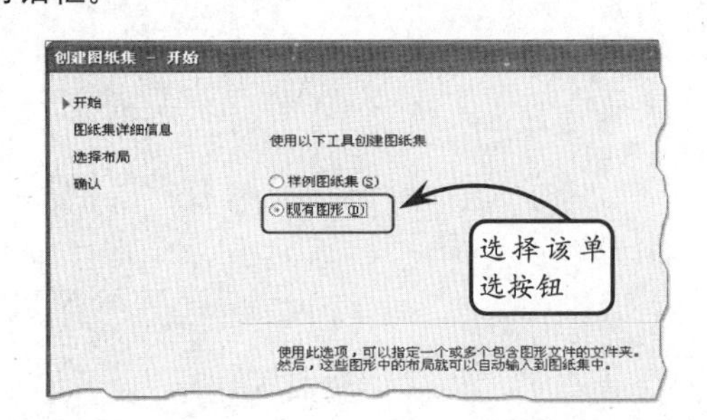

在该对话框中，选择【现有图形】单选按钮，并单击【下一步】按钮，系统将打开【创建图纸集-图纸集详细信息】对话框。在该对话框中可以输入新创建的图纸集名称，并指定保存图纸集数据文件的路径。

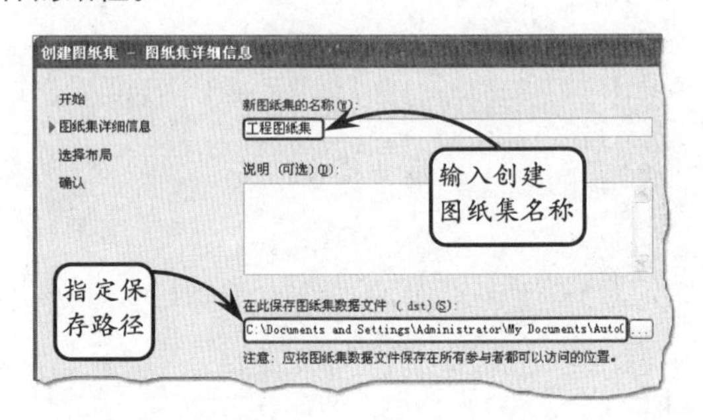

单击【下一步】按钮，在打开的【创建图纸集-选择布局】对话框中单击【浏览】按钮，系统将打开【浏览文件夹】对话框。此时，在该对话框中选择可以将图形中的布局添加到图纸集中的文件夹。

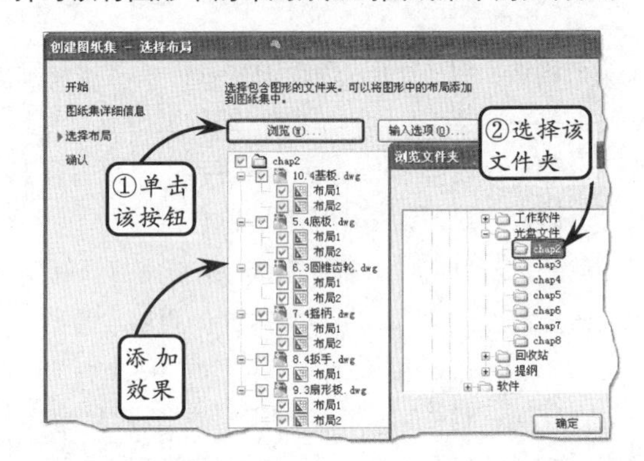

单击【下一步】按钮，在打开的【创建图纸集-确认】对话框中，审查要创建的图纸集信息。如无误，单击【完成】按钮，即可完成创建操作。

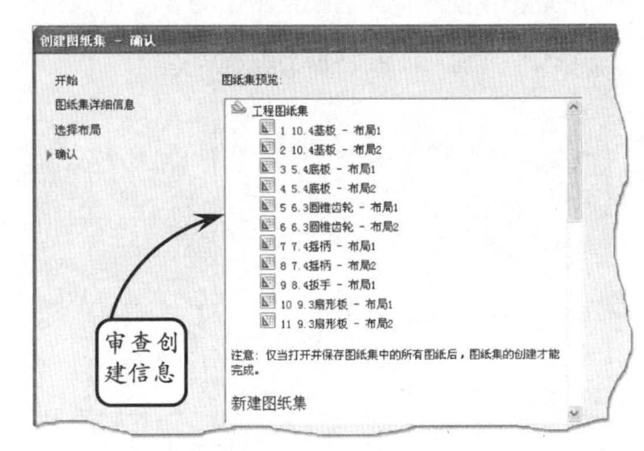

AutoCAD 14.9 三维 DWF 发布和网上发布

版本：AutoCAD 2013

AutoCAD 拥有与 Internet 进行连接的多种方式，并且能够在其中运行 Web 浏览器。用户可以通过 Internet 访问或存储 AutoCAD 图形以及相关文件，并且通过该方式生成相应的 dwf 文件，以便进行浏览和打印。

1．三维 DWF 发布

DWF 文件是一种安全的适用于在 Internet 上发布的文件格式，并且可以在任何装有网络浏览器和专用插件的计算机中执行打开、查看或输出操作。此外在发布 DWF 文件时，可以使用绘图仪配置文件，也可以使用安装时选择的默认 DWF6 ePlot.pc3 绘图仪驱动程序，还可以修改配置设置，例如颜色深度、显示精度、文件压缩以及字体处理等其他选项。

在输出 DWF 文件之前，首先需要创建 DWF 文件。在 AutoCAD 中可以使用 ePlot.pc3 配置文件创建带有白色背景和纸张边界的 DWF 文件。其中在使用 ePlot 功能时，系统将会创建一个虚拟电子出图，利用 ePlot 可指定多种设置，如指定旋转和图纸尺寸等，并且这些设置都会影响 DWF 文件的打印效果。

下面以创建一支撑体零件的 DWF 文件为例，具体介绍 DWF 文件的创建方法。选择【打印】工具，在打开的【打印】对话框中选择打印机为 DWF6 ePlot.pc3。

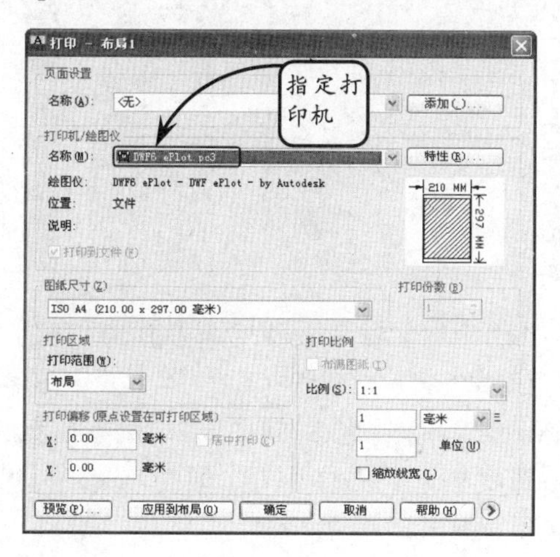

然后在【打印】对话框中单击【确定】按钮，并在打开的【浏览打印文件】对话框中设置 ePlot 文件的名称和路径。

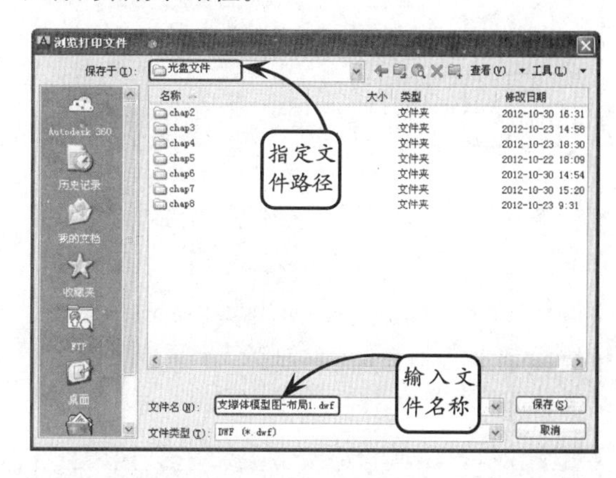

接着在【浏览打印文件】对话框中单击【保存】按钮，即可完成 DWF 文件的创建操作。用户可以双击该图形文件，查看创建效果。

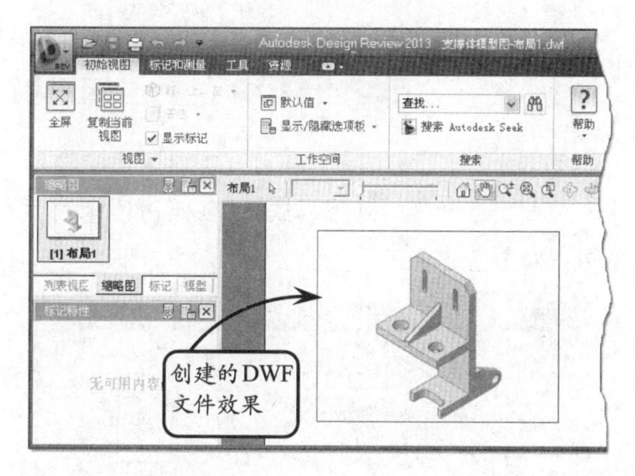

2．网上发布

在 AutoCAD 中，用户可以利用 Web 页将图形发布到 Internet 上。利用网上发布工具，即使不熟悉 HTML 代码，也可以快捷地创建格式化 Web 页。下面以将一模型零件图形发布到 Web 为例，介绍 Web 页的发布操作。

打开需要发布到 Web 页的图形文件，并在命令行中输入 PUBLISHTOWEB 指令。然后在打开的【网上发布-开始】对话框中选择【创建新 Web

页】单选按钮。

接着单击【下一步】按钮，在打开的对话框中指定 Web 文件的名称、存放位置以及相关说明。

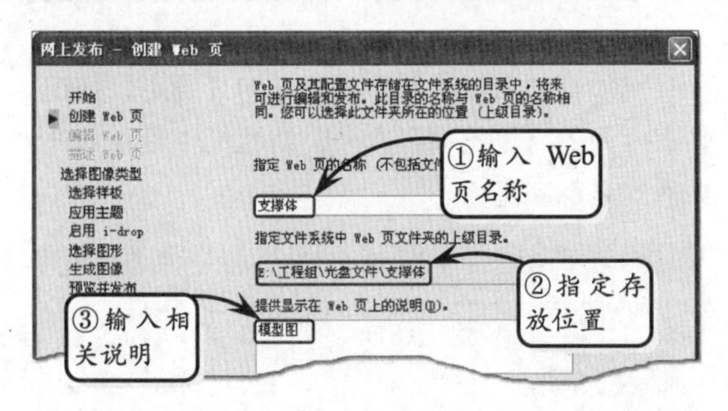

单击【下一步】按钮，在打开的对话框中设置 Web 页上显示图像的类型为【DWF】。然后继续单击【下一步】按钮，在打开的【选择样板】对话框中指定 Web 页的样板。此时在该对话框右侧的预览框中将显示出所选样板示例的效果。

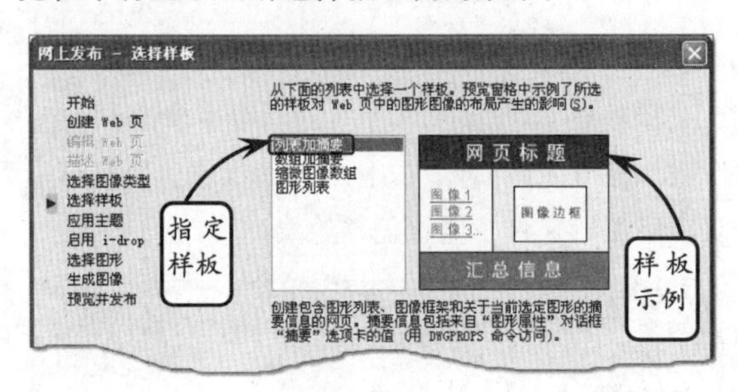

单击【下一步】按钮，在打开的对话框中设置 Web 页面上各元素的外观样式，且在该对话框的下部可以对所选主题进行预览。

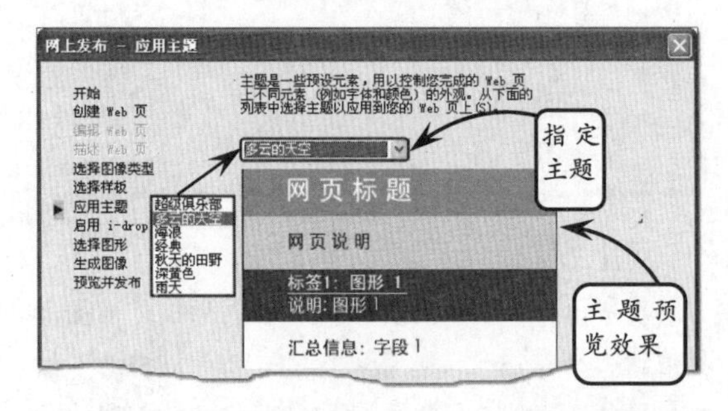

单击【下一步】按钮，在打开的【网上发布-启用 i-drop】对话框中启用【启用 i-drop】复选框，即可创建 i-drop 有效的 Web 页。

继续单击【下一步】按钮，在打开的【网上发布-选择图形】对话框中可以进行图形文件、布局以及标签等内容的添加。

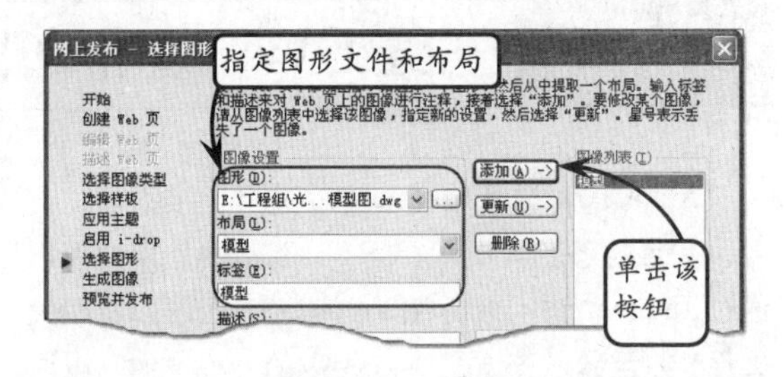

单击【下一步】按钮，在打开的对话框中可以通过两个单选按钮的选择来指定是重新生成已修改图形的图像，还是重新生成所有图像。

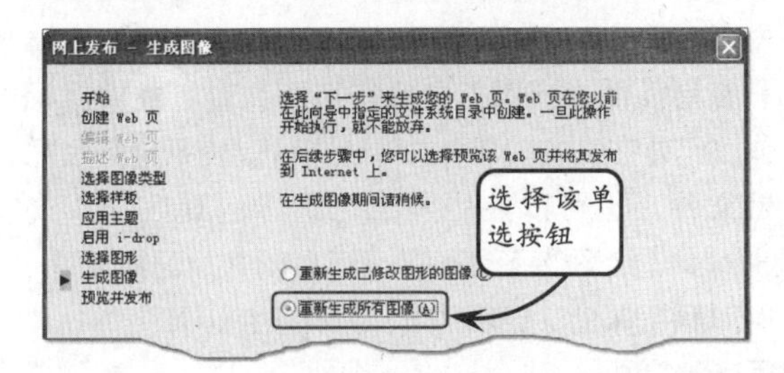

单击【下一步】按钮，在打开的【网上发布-预览并发布】对话框中若单击【预览】按钮，可以预览所创建的 Web 页；而若单击【立即发布】按钮，则可发布所创建的 Web 页。

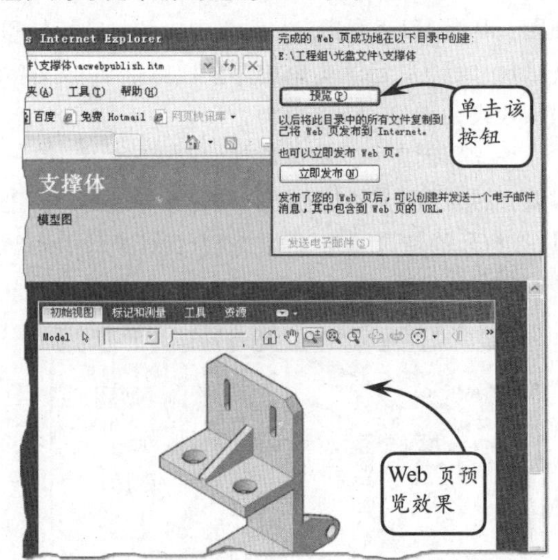

此外，在发布 Web 页后，还可以在【网上发布-预览并发布】对话框中单击【发送电子邮件】按钮，创建和发送包括 URL 及其位置等信息的邮件。最后单击【完成】按钮，即可完成发布 Web 页的所有操作。

14.10 打印踏架

版本：AutoCAD 2013 downloads/第 14 章/

本例打印踏架零件图。在进行图纸的打印时，一般情况下需进行视图布局的设置。在进行该踏架零件布局的设置时，首先插入标题栏样板。然后调整样板布局视口中的图形样式，并添加用以表达该踏架具体形状的三个基本视图视口。最终的打印效果是：在一张图纸上既有踏架的三维模型视图，又有它的主、左和俯视图。

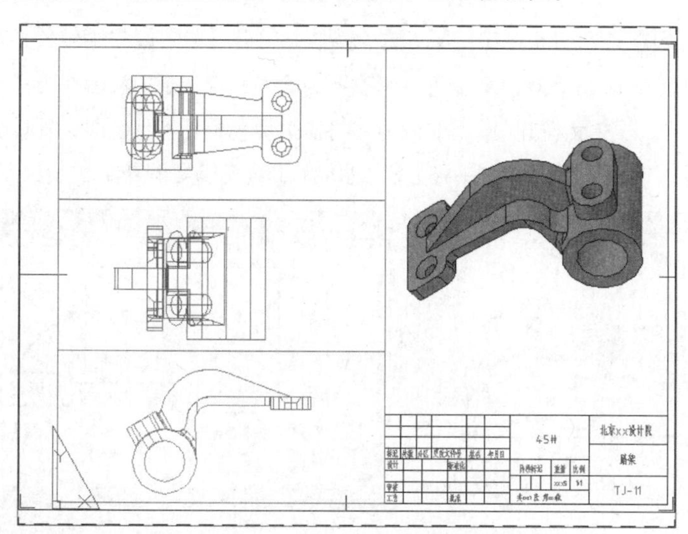

操作步骤

STEP|01 打开配套光盘文件"踏架.dwg"，并单击【布局】标签，进入布局模式。然后在【布局】标签上单击右键，并在打开的快捷菜单中选择【来自样板】选项。

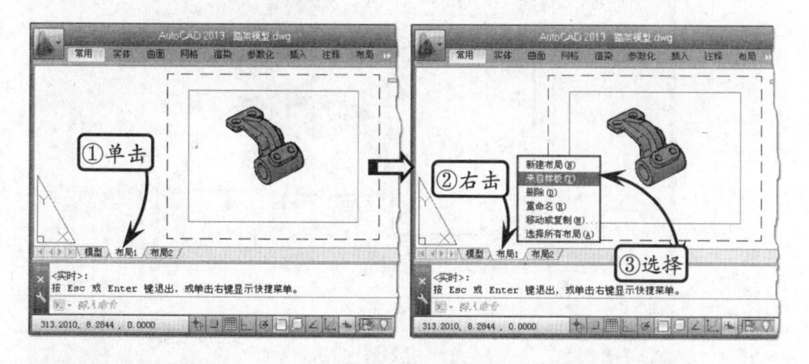

STEP|02 此时在打开的【从文件选择样板】对话框中选择本书配套光盘文件"Styles.dwt"，并单击【打开】按钮，系统将打开【插入布局】对话框。然后在【插入布局】对话框中单击【确定】按钮，【布局】标签后面将新增【Gb A3 标题栏】标签。接着单击该标签，进入

练习要点

- 使用相关的布局工具
- 使用【打印】工具

提示

布局空间又称为图纸空间，主要用于图形排列、添加标题栏、明细栏以及起到模拟打印效果的作用。

在该空间中，通过移动或改变视口的尺寸可以排列视图。另外，该空间可以完全模拟图纸页面，在绘图之前或之后安排图形的布局输出。

提示

当执行完隐藏布局或模型选项卡操作后，如需重新显示这些选项卡，可以将鼠标移至状态栏中的【模型】或【图纸】按钮上右击，选择【显示布局和模型选项卡】选项，即可重新显示各选项卡标签。

提示

在 AutoCAD 中，可以调出【布局】工具栏。然后通过单击该工具栏中的【新建布局】按钮，来创建新的布局。此外，用户也可以使用布局向导对所创建布局的名称、图纸尺寸、打印方向以及布局位置等主要选项进行详细的设置来创建指定的布局空间。

新建的布局环境。

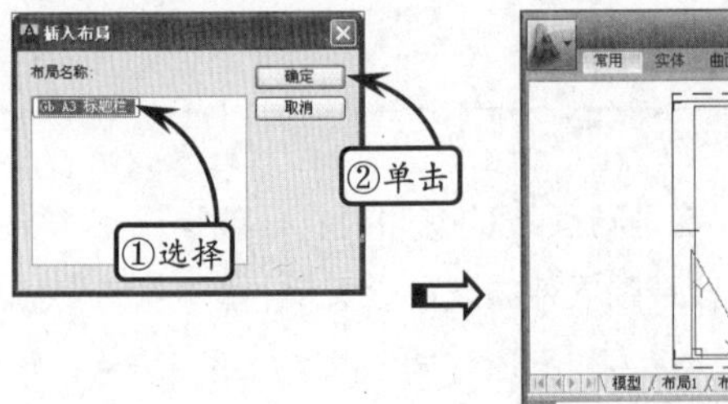

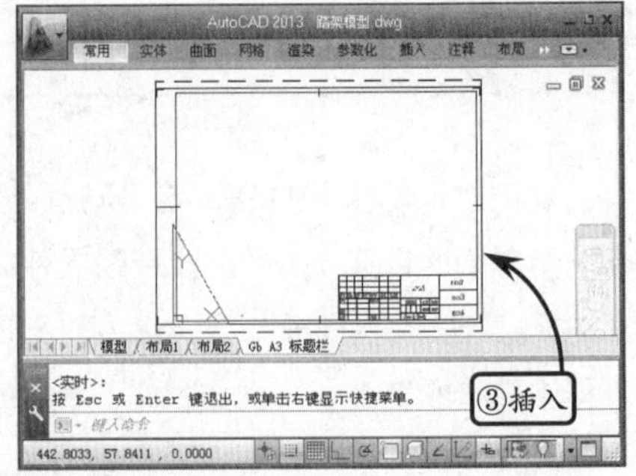

STEP|03 双击布局中的标题栏，系统将打开【增强属性编辑器】对话框。此时在该对话框中可以修改各列表项的标记值。然后在当前视口的任意位置双击，图纸的内边线将变为黑色的粗实线，即该视口被激活。接着利用【实时平移】和【缩放】工具将模型调整至图示位置。

提示

视口就是视图所在的窗口。在创建复杂的二维图形和三维模型时，为了便于同时观察图形的不同部分或三维模型的不同侧面，可以将绘图区域划分为多个视口。这些视口可以相互叠加或分离，并可以对其进行移动和调整等操作。

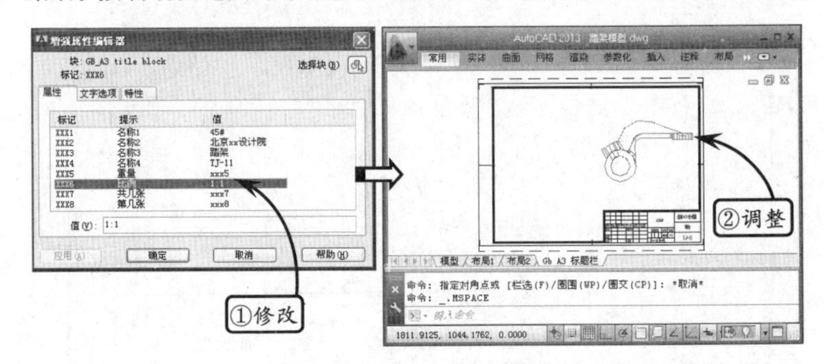

STEP|04 切换【西南等轴测】为当前视图，并切换【概念】为当前样式。然后继续利用【实时平移】和【缩放】工具将模型调整至图示位置。

提示

在【视图】选项卡的【模型视口】选项板中单击【命名】按钮，然后在打开的【视口】对话框中切换至【新建视口】选项卡，即可在该选项卡中设置视口的个数、每个视口中的视图方向，以及各视图对应的视觉样式。

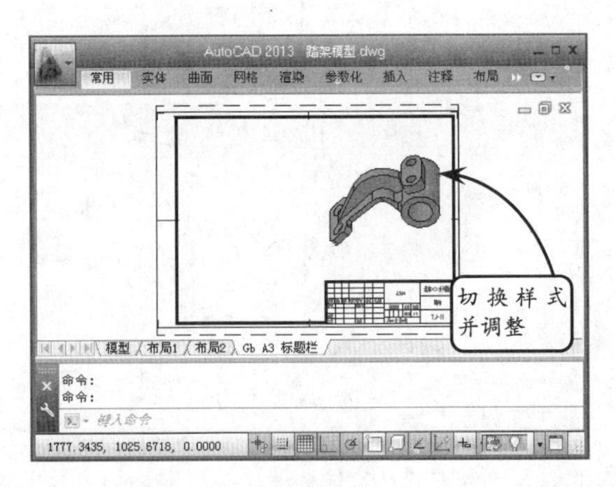

STEP|05 在【布局视口】选项板中单击【命名】按钮，系统将打开【视口】对话框。然后切换至【新建视口】选项卡，按照图示设置视口的视图方位和视觉样式。设置完各视口的属性后，单击【确定】

按钮。最后依次指定图示的两个角点 A 和 B 为布满区域的两个对角点。

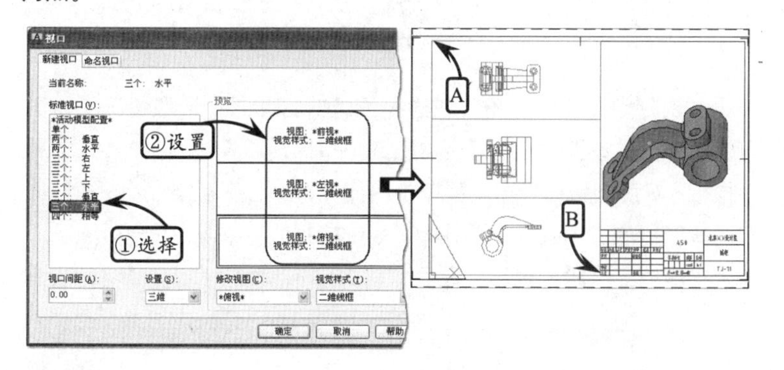

STEP|06 在【自定义快速访问】工具栏中单击【打印】按钮，系统将打开【打印–Gb A3 标题栏】对话框。此时，按照图示进行打印设置。设置完打印模式后，单击【预览】按钮，即可进行打印布局的预览。

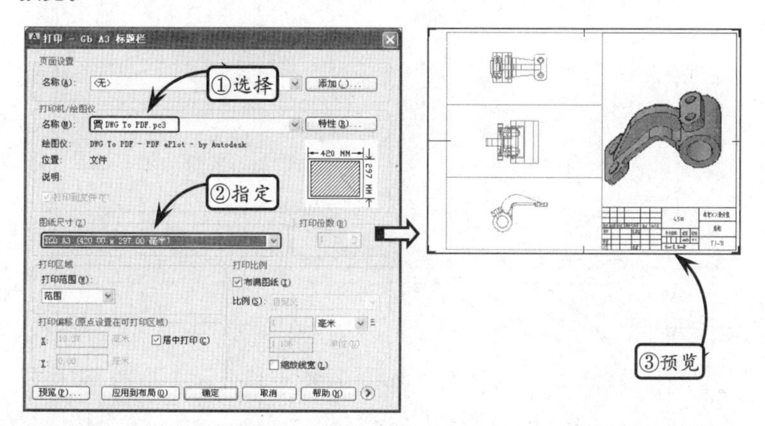

STEP|07 查看预览效果并满足要求后，单击右键，并在打开的快捷菜单中选择【退出】选项，系统将返回到【打印–Gb A3 标题栏】对话框。然后单击【确定】按钮，在打开的【浏览打印文件】对话框中指定保存路径和文件名进行保存，即可利用 Adobe Reader 软件打开所保存的文件进行查看。

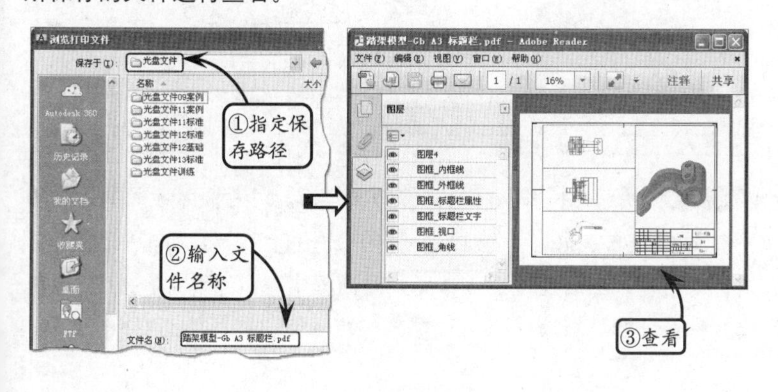

提示

在打印输出图形时，对于所打印的线条属性，不但可以在绘图时直接通过图层进行设置，还可以利用打印样式表对线条的颜色和线型等特征进行设置。在 AutoCAD 中，打印样式表可以分为颜色和命名打印样式表两种类型。

提示

打印输出就是将最终设置完成后的图纸布局，通过打印的方式输出该图形，或将图纸信息输出到其他程序中，使图纸从计算机中脱离，方便进行零部件加工工艺的辅助加工。

AutoCAD 14.11 打印支座

版本：AutoCAD 2013 downloads/第 14 章/

练习要点

- 使用相关的布局工具
- 使用【打印】工具

提示

布局空间又称为图纸空间，主要用于图形排列、添加标题栏、明细栏以及起到模拟打印效果的作用。

在该空间中，通过移动或改变视口的尺寸可以排列视图。另外，该空间可以完全模拟图纸页面，在绘图之前或之后安排图形的布局输出。

提示

当执行完隐藏布局或模型选项卡操作后，如需重新显示这些选项卡，可以将鼠标移至状态栏中的【模型】或【图纸】按钮上右击，选择【显示布局和模型选项卡】选项，即可重新显示各选项卡标签。

本例打印支座零件图。在进行图纸的打印时，一般情况下需进行视图布局的设置。在进行该支座零件布局的设置时，首先插入标题栏样板。然后调整样板布局视口中的图形样式，并添加用以表达该支座具体形状的三个基本视图视口。最终的打印效果是：在一张图纸上既有支座的三维模型视图，又有它的主、左和俯视图。

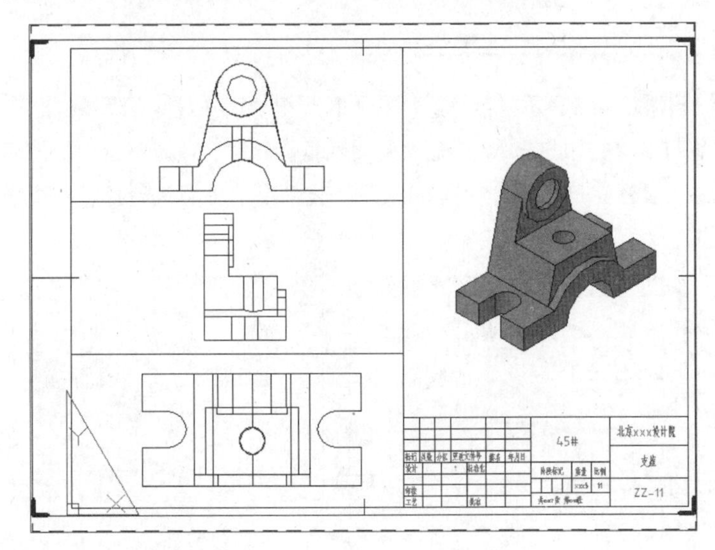

操作步骤

STEP|01 打开配套光盘文件“支座.dwg”，并单击【布局】标签，进入布局模式。然后在【布局】标签上单击右键，并在打开的快捷菜单中选择【来自样板】选项。

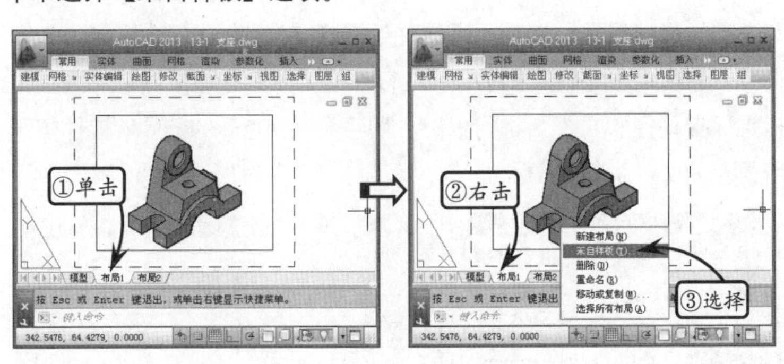

STEP|02 此时在打开的【从文件选择样板】对话框中选择本书配套光盘文件“Styles.dwt”，并单击【打开】按钮，系统将打开【插入布局】对话框。然后在【插入布局】对话框中单击【确定】按钮，【布局】标签后面将新增【Gb A3 标题栏】标签。然后单击该标签，进

入新建的布局环境。

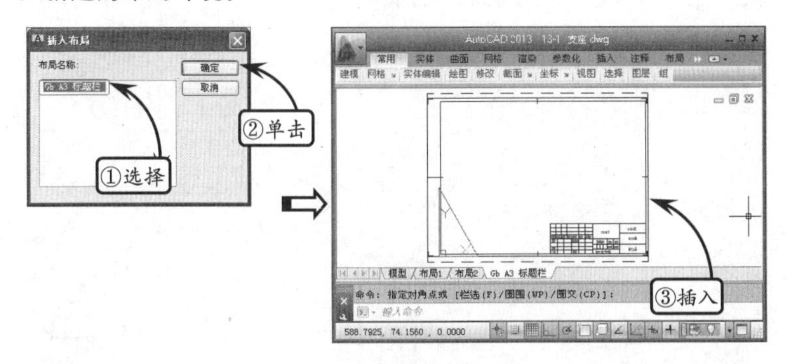

STEP|03 双击布局中的标题栏，系统将打开【增强属性编辑器】对话框。此时在该对话框中可以修改各列表项的标记值。然后在当前视口的任意位置双击，图纸的内边线将变为黑色的粗实线，即该视口被激活。接着切换【西南等轴测】为当前视图，并切换【概念】为当前样式。最后利用【实时平移】和【缩放】工具将模型调整至图示位置。

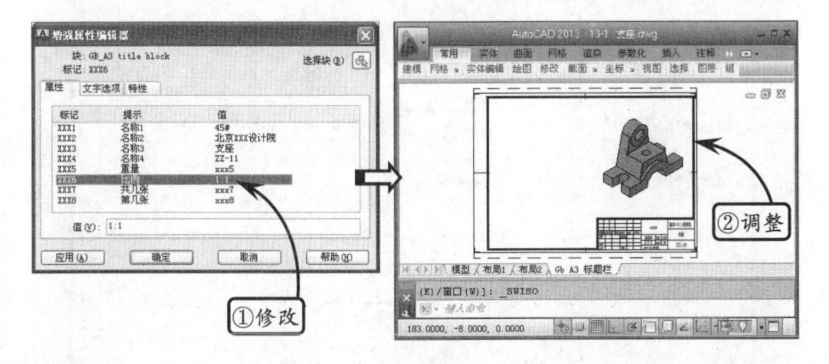

STEP|04 在【布局视口】选项板中单击【命名】按钮，系统将打开【视口】对话框。然后切换至【新建视口】选项卡，按照图示设置视口的视图方位和视觉样式。设置完各视口的属性后，单击【确定】按钮。最后依次指定图示的两个角点 A 和 B 为布满区域的两个对角点。

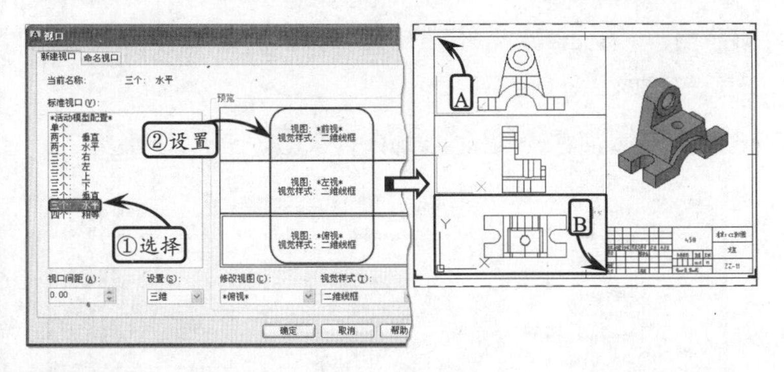

STEP|05 在【自定义快速访问】工具栏中单击【打印】按钮，系统将打开【打印–Gb A3 标题栏】对话框。此时，按照图示进行打印设置。设置完打印模式后，单击【预览】按钮，即可进行打印布局的预览。

提示

在 AutoCAD 中，可以调出【布局】工具栏。然后通过单击该工具栏中的【新建布局】按钮，来创建新的布局。此外，用户也可以使用布局向导对所创建布局的名称、图纸尺寸、打印方向以及布局位置等主要选项进行详细的设置来创建指定的布局空间。

提示

视口就是视图所在的窗口。在创建复杂的二维图形和三维模型时，为了便于同时观察图形的不同部分或三维模型的不同侧面，可以将绘图区域划分为多个视口。这些视口可以相互叠加或分离，并可以对其进行移动和调整等操作。

提示

在【视图】选项卡的【模型视口】选项板中单击【命名】按钮，然后在打开的【视口】对话框中切换至【新建视口】选项卡，即可在该选项卡中设置视口的个数、每个视口中的视图方向，以及各视图对应的视觉样式。

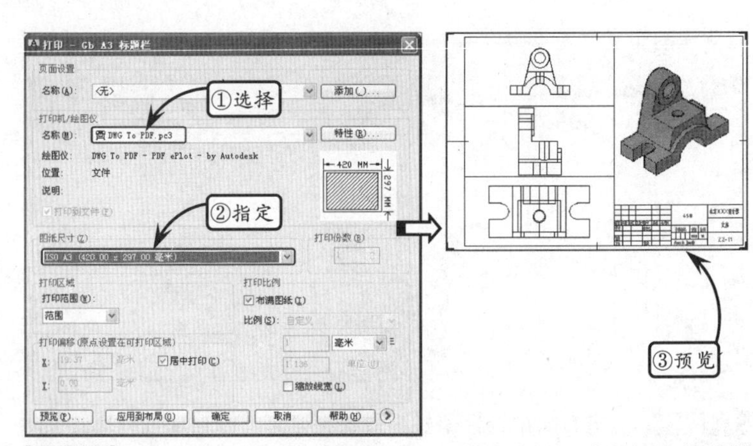

提示

在打印输出图形时，对于所打印的线条属性，不但可以在绘图时直接通过图层进行设置，还可以利用打印样式表对线条的颜色和线型等特征进行设置。在AutoCAD中，打印样式表可以分为颜色和命名打印样式表两种类型。

STEP|06 查看预览效果并满足要求后，单击右键，并在打开的快捷菜单中选择【退出】选项，系统将返回到【打印-Gb A3 标题栏】对话框。然后单击【确定】按钮，在打开的【浏览打印文件】对话框中指定保存路径和文件名进行保存。

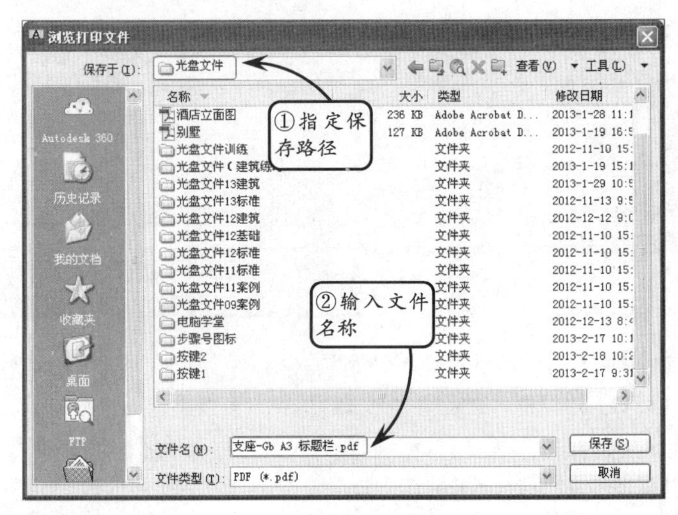

提示

打印输出就是将最终设置完成后的图纸布局，通过打印的方式输出该图形，或将图纸信息输出到其他程序中，使图纸从计算机中脱离，方便进行零部件加工工艺的辅助加工。

STEP|07 保存文件后，按照上面保存的路径，即可利用相关软件打开所保存的文件进行查看。

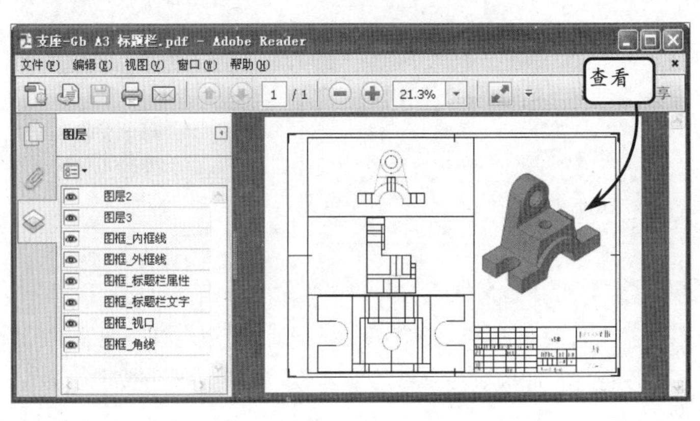

AutoCAD 14.12 高手答疑

版本：AutoCAD 2013

问题 1：设计中心有何用途？

解答： 利用设计中心功能可以有效地管理图块、外部参照、光栅图像以及来自其他源文件或应用程序的内容，从而将本地计算机、局域网或因特网上的图块、图层和外部参照，以及用户自定义的图形等资源进行再利用和共享，提高了图形管理器和图形设计的效率。

问题 2：模型空间和布局空间有何不同？

解答： 模型空间和布局空间是 AutoCAD 的两个工作空间。在 AutoCAD 中，模型空间主要用于绘制图形的主体模型，而布局空间主要用于打印输出图纸时对图形的排列和编辑。

问题 3：如何创建布局空间？

解答： 布局空间又称为图纸空间，主要用于图形排列、添加标题栏、明细栏以及起到模拟打印效果的作用，其在图形输出中占有极大的优势和地位。

在 AutoCAD 中，可以调出【布局】工具栏。然后通过单击该工具栏中的【新建布局】按钮，来创建新的布局。

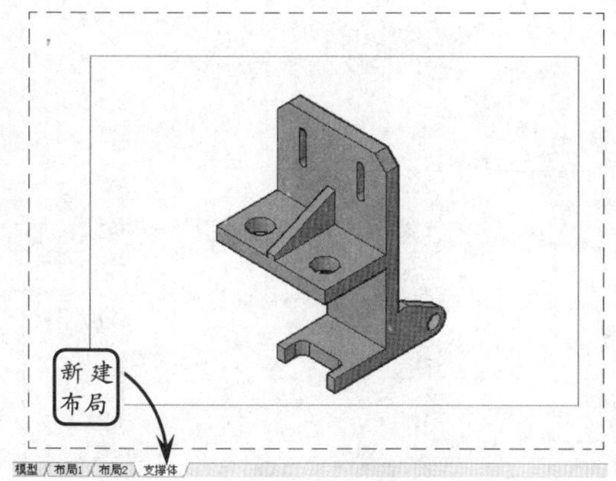

此外，用户也可以使用布局向导对所创建布局的名称、图纸尺寸、打印方向以及布局位置等主要选项进行详细的设置来创建指定的布局空间。

问题 4：为什么要进行页面设置？

解答： 创建完成的图形对象都需要以图纸的形式打印出来，以便于后期的工艺编排、交流以及审核。且通常在打印图纸之前，需要进行必要的页面设置，以确定图形在图纸中的位置、方向等参数。

问题 5：什么是视口？常规的创建方法有哪些？

解答： 视口就是视图所在的窗口。在创建复杂的二维图形和三维模型时，为了便于同时观察图形的不同部分或三维模型的不同侧面，可以将绘图区域划分为多个视口。这些视口可以相互叠加或分离，并可以对其进行移动和调整等操作。

在 AutoCAD 中，可以创建平铺视口和浮动视口两种。其中，前者是在模型空间中创建的视口，各视口间必须相邻，视口只能为标准的矩形，而且无法调整视口边界；后者是在布局空间创建的视口，其形状可以是矩形、任意多边形或圆等，且相互之间可以重叠并能同时打印，还可以调整视口边界形状。

问题 6：什么是三维打印？

解答： 3D 打印功能让设计者通过一个互联网连接来直接输出设计者的 3D AutoCAD 图形到支持 STL 的打印机。

借助三维打印机或通过相关服务提供商，可以很容易地将生产有形的 3D 模型和物理原型连接到需三维打印服务或个人的 3D 打印机，设计者可以立即将设计创意变为现实。

问题 7：如何发布三维模型的 DWF 文件？

解答： DWF 文件是一种安全的适用于在 Internet 上发布的文件格式，并且可以在任何装有网络浏览器和专用插件的计算机中执行打开、查看或输出操作。

在发布 DWF 文件时，可以使用绘图仪配置文件，也可以使用安装时选择的默认 DWF6 ePlot.pc3 绘图仪驱动程序，还可以修改配置设置，例如颜色深度、显示精度、文件压缩以及字体处理等其他选项。

14.13 高手训练营

版本：AutoCAD 2013

练习 1．利用设计中心插入图块

使用 AutoCAD 设计中心，最终的目的是在当前图形中调入块特征、引用图像和外部参照等内容，并且在图形之间复制块、图层、线型、文字样式、标注样式以及用户定义的内容等。

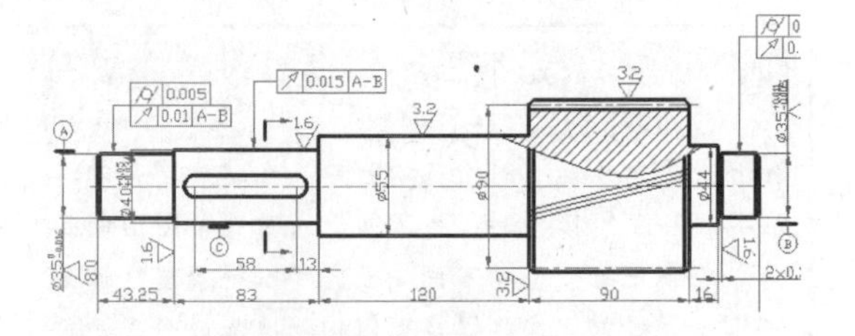

练习 2．利用设计中心引入外部参照

附着外部参照的目的是帮助用户用其他图形来补充当前图形，主要用在需要附着一个新的外部参照文件，或将一个已附着的外部参照文件的副本附着在文件中。

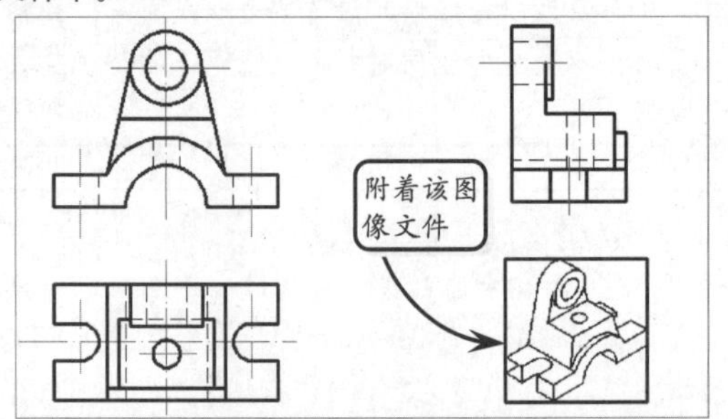

练习 3．创建轴承座布局空间

布局空间又称为图纸空间，用于图形排列、添加标题栏、明细栏以及起到模拟打印效果的作用，其在图形输出中占有极大的优势和地位。

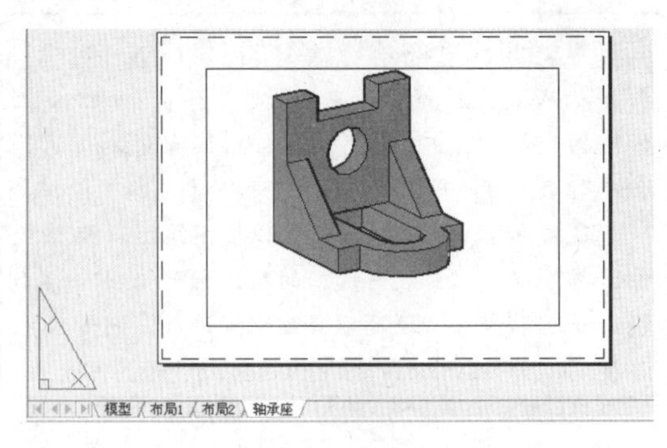

练习 4．创建平铺视口

平铺视口是在模型空间中创建的视口，各视口间必须相邻，视口只能为标准的矩形，而且无法调整视口边界。

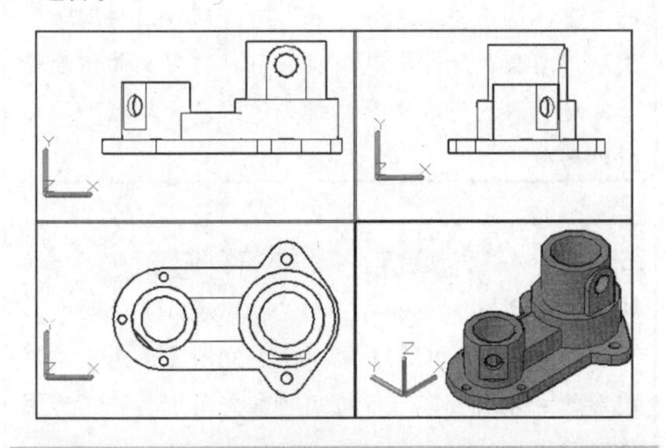

练习 5．创建矩形浮动视口

在布局空间创建的视口为浮动视口。其形状可以是矩形、任意多边形或圆等，且相互之间可以重叠并能同时打印，还可以调整边界形状。

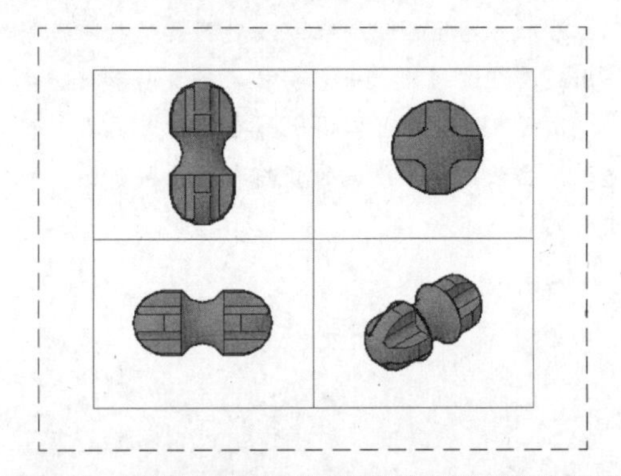

练习 6．输出轴承盖零件图的 PDF 文件

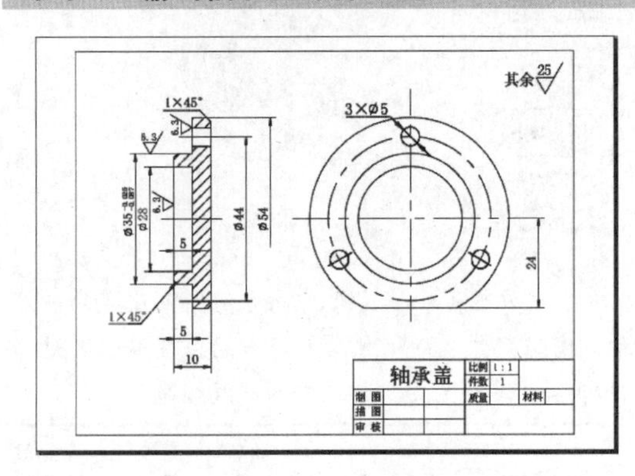